GeoScience Café 系列自主开放式学术交流活动记录

我的科研故事

第三卷

孙嘉 张洁 许杨 陈必武 许殊 罗毅
龚婧 等 编

WUHAN UNIVERSITY PRESS
武汉大学出版社

图书在版编目(CIP)数据

我的科研故事. 第三卷/孙嘉等编. —武汉:武汉大学出版社,2018.8
GeoScience Café 系列自主开放式学术交流活动记录
ISBN 978-7-307-20400-3

Ⅰ.我…　Ⅱ.孙…　Ⅲ.测绘—遥感技术—研究报告　Ⅳ.P237

中国版本图书馆 CIP 数据核字(2018)第 169602 号

责任编辑:鲍　玲　杨晓露　　责任校对:李孟潇　　版式设计:汪冰滢

出版发行:**武汉大学出版社**　(430072　武昌　珞珈山)
(电子邮件:cbs22@ whu. edu. cn 网址:www. wdp. com. cn)
印刷:武汉中科兴业印务有限公司
开本:787×1092　1/16　印张:35.75　字数:796 千字　插页:1
版次:2018 年 8 月第 1 版　2018 年 8 月第 1 次印刷
ISBN 978-7-307-20400-3　定价:120.00 元

编委会

序　一

测绘遥感信息工程国家重点实验室研究生自主组织和开展的GeoScience Café 活动，至今已经举办 186 期。这是一件很有价值、很有意义的事情！

学术交流，是学术研究工作的一个重要环节。我们在提倡走出去向国内外同行学习的同时，也重视和加强内部学术交流。研究生在导师指导下开展读书、思维、实践和创新活动，会产生无数经验与体会，加以总结，都是宝贵的财富；加以分享，更有巨大的价值。我们高兴地看到，实验室研究生自主搭建了 GeoScience Café 这样一个交流平台，把学术交流活动很好地开展起来，并得到坚持。

今天，GeoScience Café 编撰了《我的科研故事》文集，将此活动的部分精彩报告录音整理成文字，编辑成册，正式出版。这是一件很有意义的工作，不仅可以让更多的人了解、分享研究生和他们老师的创新价值，也会鼓舞同学们更好地组织和开展 GeoScience Café 活动，让优良学风不断得到发扬。

任何时代，青年人都是最为活跃、最能创新、最有希望的群体。祝愿同学们珍惜大好青春年华，以苦干加巧干的精神去浇灌人生的理想之花，为实现中华民族伟大的“中国梦”贡献一份力量！

李德仁

序　二

测绘遥感信息工程国家重点实验室是测绘遥感地理信息科学研究的国家队，也是高层次人才培养的重要基地。

学术交流，是科学研究的基本方式，也是人才培养的重要平台。

实验室一直积极倡导并支持研究生开展学术交流。以前，这种交流主要停留在各研究团队内部。自从2009年GeoScience Café活动开展以来，情况有了很大改变，实验室层面的研究生学术交流活动得到持续、稳定、有效推进，而且完全由研究生自主组织和开展，值得点赞！

记得GeoScience Café活动第一期有一个简短开幕式，同学们邀请我参加。当时，作为实验室主任，我讲了一些希望，也表示大力支持。数年过去了，我们欣慰地看到，此项活动得到顺利开展。许多研究生同学作为特邀报告人走上这个最实在的讲坛，介绍各自的研究进展，分享宝贵的经验和心得。无数同学参与其中，既有启发和借鉴，也深受感染和鼓舞。GeoScience Café活动因此也产生辐射力，形成具有一定影响的品牌。

一项事情，贵在做对，难在坚持。GeoScience Café活动从一开始就立足研究生群体，组织者来自研究生同学，报告人来自研究生同学，参与者也来自研究生同学。活动坚持了开放和包容的理念，秉持了服务和分享的精神，赢得了关注，凝聚了力量，取得了成效；在推进过程中，并非没有遇到困难，但在包括实验室领导、组织者、报告人等在内的各方支持和努力下，活动得到顺利推进，相信今后还会做得更好！

希望这套系列文集的出版，能让更多同仁和学子分享到实验室研究生及其导师所创造的价值，并让可贵的学术精神得到更好的传播和弘扬！

龚健雅

序　三

“谈笑间成就梦想”是 GeoScience Café 这个学生交流平台的真实写照。我曾在欧美高校和研究机构工作 30 余年，像这样一个充满激情、百花齐放、中西合璧的中英文学生交流平台，实属首见。每周五的科研故事丰富多彩，深深吸引着年轻的学子们。我也曾多次参与 Café 活动，受到了很多年轻科学家血性的、激情的科研故事的吸引，感觉自己也成为他们中的一员，充满了活力。

2009 年以来，Café 举办了 180 余期，吸引了上万人次的学术交流，大家高谈前沿探索，激荡争鸣浪潮，碰撞思想火花。在这个平台上，掀起过对很多前沿的讨论，发出过很多不同的声音，去伪存真，凝聚思想，推动了测绘遥感领域的学术交流，现在已经成为领域很多年轻科学家的精神家园。

经过 Café 组织人员的多年努力，Café 已经发展为一个比较完善的平台，不仅拥有了约 3000 成员的 QQ 群，还发展了微信公众号和网络直播平台。网络直播平台的推出让交流突破了时空的限制，受到了国内外相关学科年轻学者的欢迎，观众经常达到 200 人。为了让更多人受益，Café 组织人员在 2016 年 10 月出版了 Café 学术交流的报告文集《我的科研故事(第一卷)》，图书里面饱含质朴的语言、鲜活的例子和腾腾的热血，受到了师生们热烈的欢迎。在大家的喜爱和鼓舞下，Café 组织人员以更高的效率推出了《我的科研故事(第二卷)》，我看了很是喜欢！

Café 的特点体现在其日益扩大的影响，在学术交流和各项社团活动丰富多彩的今天，Café 仍然能吸引成千上万的忠实“粉丝”，不能不说是大家努力和智慧的结晶。从成立之初，Café 就以解决年轻科学家的交流问题为己任，促进科学思想、科学经验、科学方法、科学知识的传播和发展；此外，Café 又做到了时时结合新时代信息传播的特点，与年轻科学家对学术交流、思想争鸣的需求相呼应，我想这就是 Café 受欢迎的主要原因吧！

作为实验室的领导，我想跟 Café 的组织者和报告人说，你们的坚持和努力没有白费，请大家继续坚定目标、求是拓新、汇聚思想，把 Café 办好，让她继续陪伴广大年轻科学家一起成长、一起积淀、一路同行！

陈锐志

目 录

1 智者箴言：GeoScience Café 特邀报告

编者按：犹太以色列国王大卫王曾说过，与智者同行，必得智慧。在过去的一年里，GeoScience Café 有幸邀请到十位智者给我们分享他们在人生的旅程中的“智慧”。这十期“智慧”中，有包括杨元喜、李德仁、龚健雅三位院士和两位博士的学术嘉年华，有张祖勋院士从 VirtuoZo 谈到的摄影测量的时代变迁，也有各位学术先锋们在各自领域的创新与探索。“物之可备者，智者尽备之，可权者尽权之，此智者所以寡患也。”智者们把他们所具备的“物之可备者”和“可权者”都讲述在了这些报告里，阅读这些智者们的经验体会，相信我们也会获得更多的智慧！

1.1 学术嘉年华

（杨元喜　李德仁　龚健雅）

摘要：第155期的GeoScience Café活动围绕“北斗导航周”展开，此次活动邀请到了杨元喜、李德仁、龚健雅三位院士，以及多位实验室及其他单位的老师作为嘉宾出席。整个活动共分为三个部分：①博士学术沙龙，由王锴华和旷俭两位同学分别带来题为《热膨胀对GNSS坐标时间序列的影响研究》《基于智能手机端的稳健PDR方案》的学术报告；②实验室研究生会举办的“我的科研故事”活动的颁奖仪式；③三位院士与在场观众互动交流，分享他们的人生经历并对同学们提出殷切希望。

【报告现场】

主持人陈必武：尊敬的各位老师、同学，欢迎大家来到GeoScience Café第155期的活动现场。地面上飞驰的高铁和天空中飞翔的“北斗”，是中国在国际高端科技产业中的两颗璀璨明星。今天，我们非常荣幸为大家带来一场关于“北斗”的科学盛宴。

主持人李茹：首先请允许我介绍一下今晚的特邀嘉宾，他们是中国科学院院士、“北斗”卫星导航系统副总设计师杨元喜先生；中国科学院院士、中国工程院院士李德仁教授；中国科学院院士、武汉大学遥感信息工程学院院长龚健雅教授；武汉大学测绘遥感信息工程国家重点实验室主任陈锐志教授；武汉大学卫星导航定位技术研究中心姜卫平教授、牛小骥教授。此外，本次到场的还有来自武汉大学测绘遥感信息工程国家重点实验室的张良培教授、陈能成教授、王密教授、杨旭书记、汪志良书记，以及蔡列飞副主任。

主持人陈必武：请允许我再次为大家隆重地介绍本次“‘北斗’导航周”的中心人物——杨元喜院士。杨院士1980年毕业于郑州测绘学院，1990年获得中科院测量与地球物理研究所博士学位，2007年当选为中国科学院院士。杨院士先后主持了“2000中国GPS大地控制网数据处理工程”和“全国天文大地网与空间网联合平差工程”，创建了相关观测抗差估计理论和自适应导航定位理论。其中，两项成果获得国家科技进步奖二等奖，五项成果获得省部级科技进步奖一等奖。

主持人李茹：感谢各位院士和教授莅临此次学术嘉年华的现场，也感谢实验室把承担这次盛大活动的任务交给GeoScience Café，这是对我们的充分肯定和极大的鼓励。本次活动主要包括三个部分：博士学术沙龙、“我的科研故事”颁奖典礼以及院士交流活动。

1. 博士学术沙龙

(1) 热膨胀对GNSS坐标时间序列的影响研究

主持人李茹：王锴华是武汉大学卫星导航定位技术研究中心 2015 级博士研究生，入选“地球空间信息技术协同创新中心跨学科拔尖创新人才计划”，已在《测绘学报》等刊物以第一作者发表论文 5 篇、会议论文 2 篇，并在 ISGG 国际会议上作口头报告，获计算机软件著作权 1 项，曾获武汉大学研究生国家奖学金、熹光励志奖学金。

王锴华：大家好，我的报告将从三个方面展开。

1)研究背景概述

随着大地测量技术的革新以及近 20 多年来观测数据的不断积累，基于 GNSS 技术的连续运行基准站能全天候获取实时、高精度位置信息，目前已广泛应用于各类科学研究与工程领域。比如，联合 VLBI(甚长基线干涉测量)、DORIS(多普勒定轨和无线电定位系统)以及 SLR(卫星激光测距)技术建立与维持地球参考框架；GPS 联合 InSAR(合成孔径雷达干涉测量)技术，监测地表形变；GPS 联合验潮站及卫星测高数据，监测全球海平面变化；GPS 联合 GRACE 卫星数据，反演地表水文变化；基于 WAAS(广域差分增强系统)和 CORS(连续运行参考站)系统，提供高精度的导航与位置服务等。

GNSS 基准站坐标时间序列的定义为：一组按时间顺序排列的基准站坐标。如图 1.1.1 所示，我们可以发现时间序列中有丰富的地壳运动信息：同震和震后位移、长期的构造运动趋势以及显著的季节性周期变化。GNSS 坐标时间序列中存在显著的非线性(季节性)变化的原因有很多，包括 GPS 数据处理中模型不完善引起的误差以及其他未模型化的非线性信号。根据已有的研究成果，已知的误差源只能解释当前 60%的非线性信号。由季节性温度变化驱动的热膨胀效应，在高纬度地区测站年际振荡可达十几毫米，忽略该影响会造成站坐标失真、站速度估计偏差以及信号解释错误。

为了保证 GNSS 天线的稳定性，我们将天线固定在观测墩上。观测墩的热膨胀效应可以视作一种固体材料的热弹性效应，它的大小和以下几个因素有关：环境温度、日照情况；观测墩材质、类型；观测墩结构、固定深浅；观测墩及附近建筑物的高度。根据现有的研究成果我们得出，观测墩的热膨胀可以引起坐标时间序列产生周日/亚周日的短周期变化，在水平方向上的变化有 3mm。同时，它对于长周期的季节变化也有影响。以 3m 高的观测墩、20℃的年温度变化为例，高程方向的周年振幅可以达到 1mm。此外，在噪声模型上，还表现出了随机游走的特性。

不同观测墩的稳定性、造价和适用范围是不同的。以我国为例，CORS 基准站的观测墩要建在 3m 以上的水泥墩上。有些地方为了增加卫星信号的稳定性，避免多路径效应的影响，也会将观测墩建在建筑物的顶部。这部分水泥墩才会产生热胀冷缩的效应。

基岩热膨胀与浅层地壳的热反应形变，其大小主要与地表温度梯度和基岩类型有关。由于岩石是热的不良导体，在温度的变化下，岩石表层与内部受热不均，会产生季节性的膨胀与收缩。如图 1.1.2 所示，黑色表示地表温度，红色表示模型拟合出来的地面 10m 以下的温度。我们可以看到显著的温差，由温差导致的热应力会积累产生热形变。全球尺度下的基岩热膨胀引起的地表形变已经达到了毫米量级，尤其对于季节性变化较为显著的我国而言，北方地区的周年振幅普遍在1mm，且呈现沿纬度分布的特征。

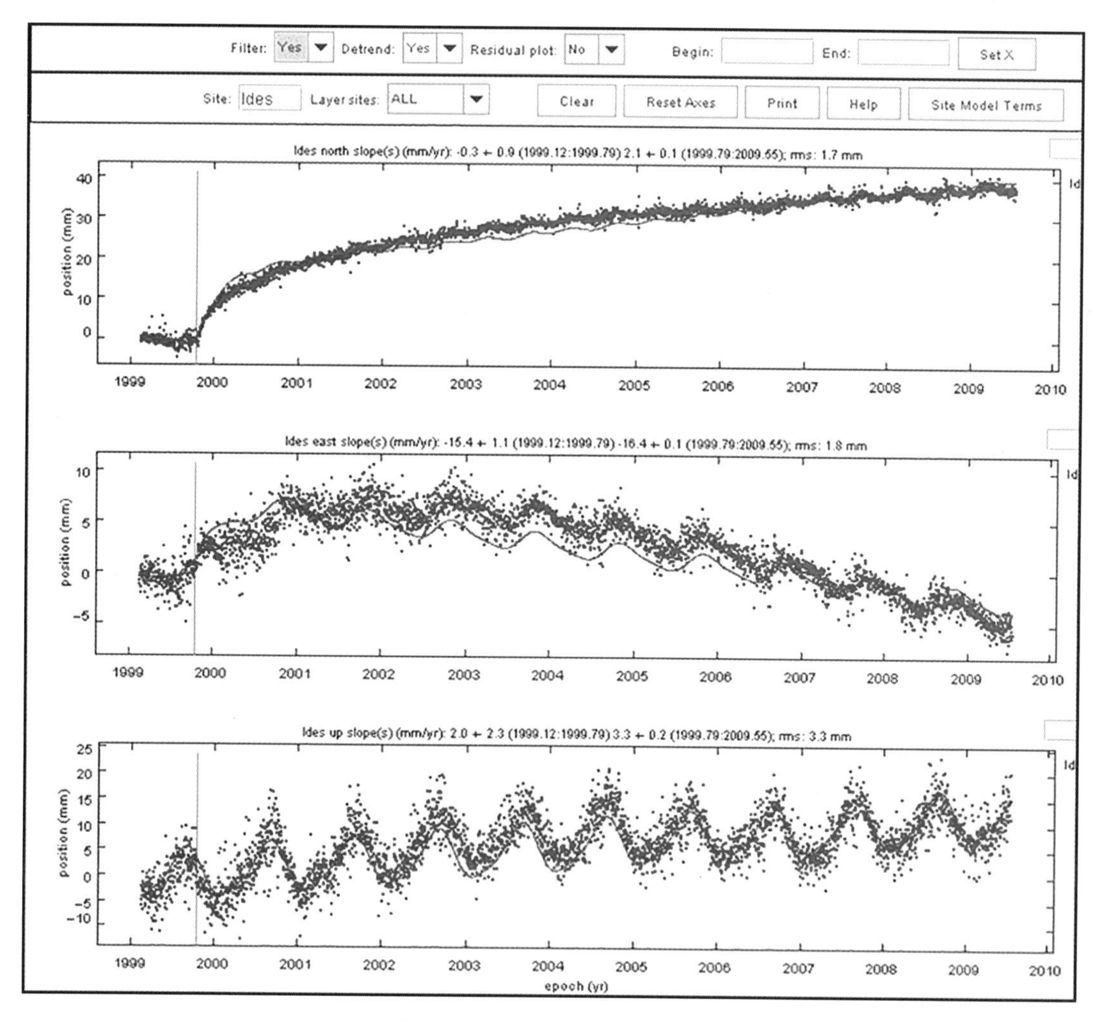

图 1.1.1 IDES 站坐标时间序列

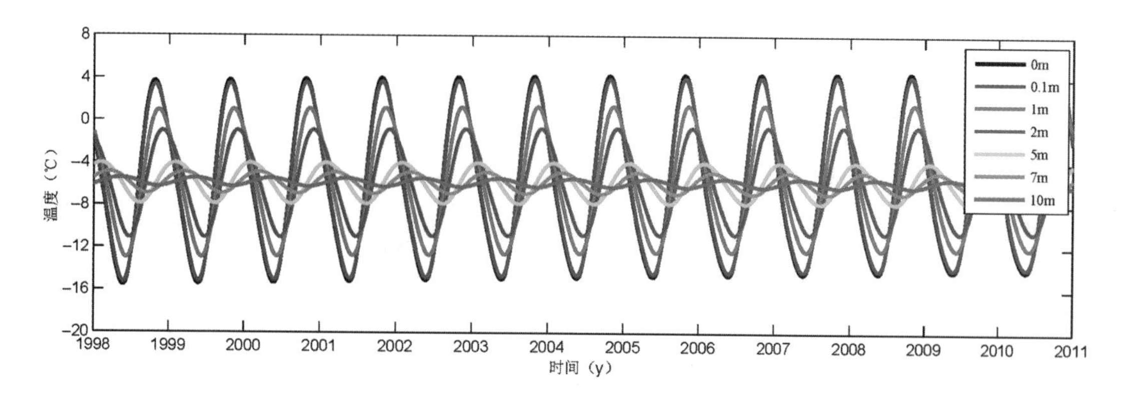

图 1.1.2 基岩热膨胀示意图

我们研究温度变化引起的热膨胀效应对 GNSS 基准站坐标时间序列影响的目的主要有两个：第一，通过构建热膨胀模型，解释坐标时间序列非线性变化的成因；第二，通过施加热膨胀模型改正，反映基准站的真实位置。而亟待解决的问题也有两个：第一，如何构建更为合适的热膨胀模型；第二，如何精确量化热膨胀效应的影响。

2)研究进展与成果

目前，我在上述的两个问题中已经取得了一些进展。首先是在热膨胀模型的构建方面。我们都知道，GPS 的短基线由于其距离较短，可以消除绝大部分公共误差。同时，大尺度的地球物理效应在短基线上的影响是可以相互抵消的。因此，短基线中只剩下和测量环境有关的地球物理信号，十分适合研究热膨胀效应的影响。但是，我们在处理和观测高差比较大的短基线时，发现基线解垂直方向时间序列普遍存在大于 1mm 的周年振幅，并且与测量温度正相关。这其中就存在问题——现有的观测墩热膨胀模型仅顾及观测墩本身的高度，无法解释该周年变化。事实上，很多观测墩都建在很高的楼顶，这些混凝土建筑往往也会产生热膨胀效应。因此，我们的模型中考虑的高度，包括了观测墩及其附属建筑物。

为了验证模型的有效性，我们选取了五组短基线作为研究对象。这五组短基线的距离均在 1000m 之内，观测墩的高度差距在 5m 以上。此外，我们还设计了一组对照组，这一组的两个观测墩是完全一致的。根据基线解的结果，我们可以得到以下几个结论：第一，实验组均有显著的周年变化，振幅高达 1. 86mm，而对照组则没有；第二，各方向序列在时间域上与基准站环境温度变化趋势一致或者完全相反，这取决于基线的正负；第三，实验组周年振幅大小和温度年振幅、墩高差均存在正比关系——在相同的温度下，墩高差越大，振幅越大，在相同的墩高差下，温度年变化越大，振幅越大。因此，我们对前面的模型建立了热膨胀效应影响的时间序列。

图 1. 1. 3 描绘了短基线垂直方向上，GPS 的结果和我们建立模型之后的结果。我们可以看到，二者在时间域上的符合度是很高的，观测墩热膨胀对基线解垂直方向周年振幅的贡献中位数是 83%，证实了该模型的有效性。

在热膨胀效应影响的精确量化方面，同样存在一些问题。大家都知道，环境负载是垂直坐标时间序列周年振幅的主要贡献因素。平均贡献可以达到 40%以上，部分甚至达到 80%。因此，在量化热膨胀效应影响之前，首先要把环境负载的影响从 GPS 时间序列中扣除。

根据上面的模型，我们计算了全球 560 个 IGS 站热膨胀效应影响的时间序列，并且用这个模型拟合出了周年及半周年振幅。根据计算结果，全球最大的周年、半周年振幅分别为 5. 8mm 和 0. 5mm；在空间分布上，中高纬度的测站振幅普遍大于低纬度，振幅较大的测站主要分布在 30°N 至 60°N，这个分布规律其实也和温度变化的规律一致。同时，我们还发现 GPS 观测的结果和测站所在地环境的时间序列是明显相关的，它们的平均相关系数可以达到 0. 4。

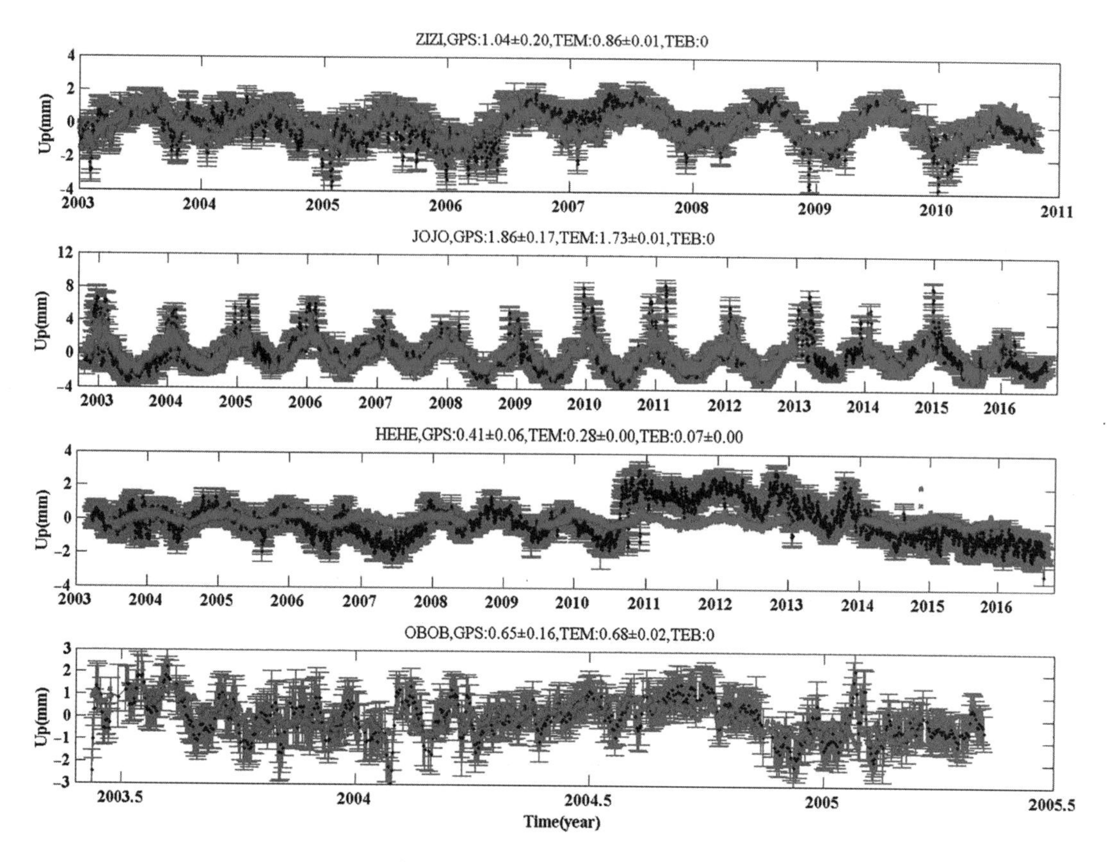

图 1.1.3 实验组观测墩热膨胀模型与基线解对比结果

图 1.1.4 描绘了堆栈测站坐标时间序列的功率谱密度。其中，蓝色表示 GPS，绿色表示扣除环境负载，红色表示进一步扣除热膨胀效应。我们可以看出，扣除环境负载模型后，周年信号能量显著减小；再将热膨胀效应扣除，周年信号进一步削弱。根据我们的计算结果，热膨胀效应平均可以解释非线性变化周年振幅的 17.7%。从周年振幅来看，扣

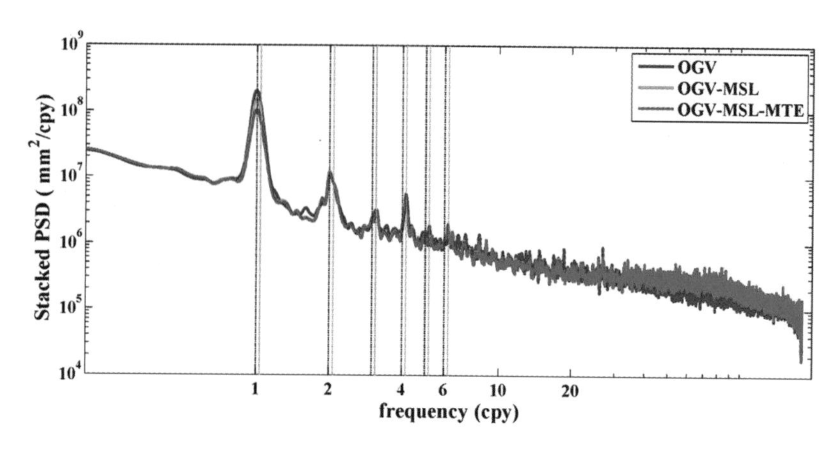

图 1.1.4 堆栈测站坐标时间序列的功率谱密度

除环境负载(MSL)后平均减小1.1mm，继续扣除热膨胀(MTE)后再减小0.8mm，这表明热膨胀量级相当于环境负载的80%左右。

图1.1.5中给出了部分中国区域测站的周年振幅的改善，图中的乌鲁木齐测站、北京测站在经过热膨胀和环境负载的改正之后，周年振幅减小了7mm左右。上海测站经过改正之后，振幅几乎为0。这也证实了我们模型的效果。

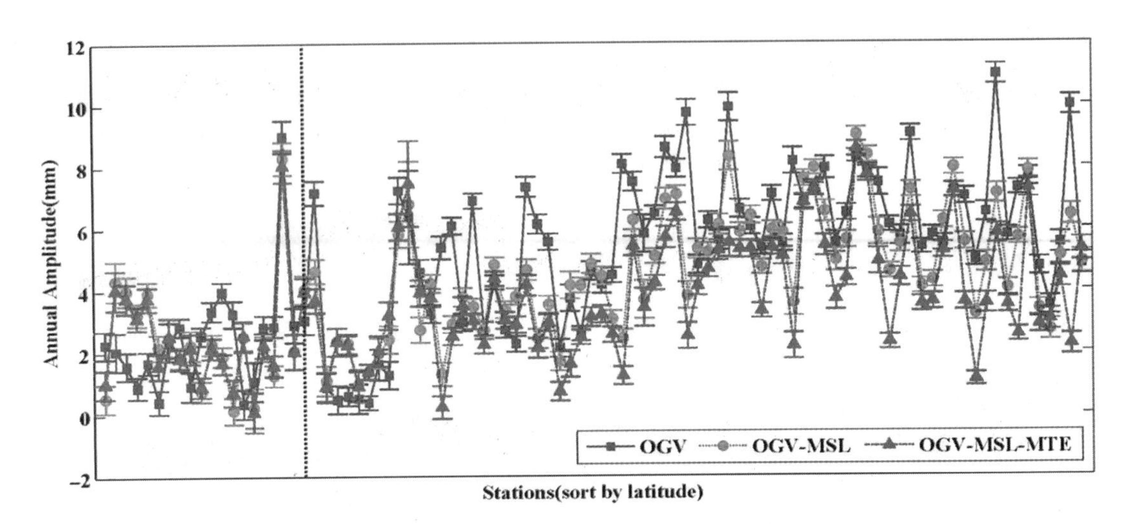

图1.1.5 相继扣除MSL和MTE后测站的周年振幅变化

基于以上研究，我们得到了一些结论，主要的效果和意义包括两个方面。第一，顾及观测墩附属建筑物的热膨胀模型平均可将基准站垂向时间序列周年振幅降低1mm左右，有助于解释时间序列非线性变化的成因。第二，采用热膨胀模型改正之后，可以消除观测墩季节性运动，将进一步提升基于GPS短基线的大型构筑物形变监测的精度。

3)研究展望

我在博士期间拟开展的研究内容，依然是GNSS基准站坐标时间序列非线性变化中热膨胀效应的影响。我本人将从时间域和空间域上分别对观测墩热膨胀以及基岩热膨胀进行一些深入的研究。谢谢大家！

主持人李茹：我们首先请院士们对王锴华的报告进行点评。

杨院士：这是一个很好的主题。在我们研究地壳行为的时候，往往把仪器墩的形变和地壳形变混为一谈，把仪器墩的变化和季节性的地壳变化混为一谈，这是经常出现的问题。这位同学做的工作，思路很好，短基线可以完全抵消空间信号和地壳运动的误差，在这个基础上，他来讨论仪器墩热膨胀时间序列的变化，可以避免很多误差，让仪器墩的热膨胀更纯净一点。如果他的区分是合理的，那么将来用这种方式来研究地壳形变以及反演其他地球物理现象就会更科学、更可靠、更真实。这是我对他的报告充分肯定的地方。

还有几个地方可以继续进行思考。第一，短基线两个仪器墩的共模误差是相近的，温度也是相近的，这是需要认真考虑的。因为一个仪器墩在膨胀，另一个也在膨胀，短基线的误差是强相关的。第二，观测墩热膨胀和本地岩石热膨胀的共模误差也是强相关的，这也是需要考虑的。第三，观测墩的热膨胀和地壳的实际形变是强相关的，这个相关尽管弱很多，但也是要考虑的。能解决以上一个问题，这篇文章就会更好一些。进一步再提一个建议，为了让文章的质量更高，可以再做一个实验。让所有仪器墩，除天线之外，均保持一个恒温状态，作为一个没有热膨胀的参考墩。做两个这样的短基线，再和其他具有热膨胀的实验组进行对比。按照我这个思路，测量出来的热膨胀是纯净的，最终的结论会更加可靠。

最后我再提一点，小课题不要用“研究”二字，这两个字的用法很谨慎。“研究”表示的都是大课题。

李院士：武汉理工大学的姜院士专门研究各种传感器来测量形变和热膨胀。在这个实验中，你用了短基线反演的方法，但是没有做仪器墩的热膨胀。你可以请姜院士帮你装一个仪器墩热膨胀的传感器来解决这个问题。

王锴华：非常感谢杨院士和李院士的建议。我们目前只做了模型和 GPS 观测这两者之间符合度的检验。如李院士所说，如果我们再加入一些独立观测量，比如全站仪或者其他传感器的话，结果肯定会更可靠一些。同时，如果加入一些对比实验，比如控制一个墩温度恒定，结果会更加可靠。我们下一步也打算这样改善实验。

(2)基于智能手机端的稳健 PDR 方案

主持人李茹：旷俭是卫星导航定位技术研究中心 2016 级博士，研究方向为室内定位与行人导航。目前主要从事基于智能手机端和基于脚上安装惯性器件的行人航迹推算算法研究、室内环境磁场特征匹配算法研究以及多源信息融合算法研究。

1)研究背景概述

旷俭：如何获得精准、稳健的行人定位，以提供更好的位置服务，这是一个严峻挑战。目前，由于 GNSS 的广泛应用，室外环境已经达到了 1m 以及更高的定位精度，然而稳健可靠的室内定位系统的精度普遍还停留在 2~5m。因此，要获得精准、稳健的室内外无缝定位服务，当前的主要矛盾集中在室内定位系统。

现阶段的消费级室内定位系统的主要特点是不稳定。在室内环境中，无线信号的传播会受到严重的遮挡以及多路径的影响；同时为了不增加用户的使用成本，利用集成多种传感器的智能手机作为定位终端更大程度地降低了室内定位系统的稳定性。典型的影响因素包括：复杂的室内空间结构、低成本传感器的低性能、智能手机用户的使用习惯多样性。基于惯性传感器推算的 PDR(Pedestrian Dead Reckoning，行人航迹推算)具有不受传播环境的影响的特点，通过感知行人动态推算当前的位置，可以很大程度上改善定位的稳健性。因此，基于智能手机端的稳健室内定位对稳健 PDR 方案的需求越来越迫切。

如何达到构建一个稳健 PDR 方案的目的，首先需要解决两个问题。第一，手机传感器的性能比较差。从表 1.1.1 中我们可以看出，智能手机内置传感器的性能相对于移动测绘使用的传感器要差好几个数量级，其中核心误差来源——陀螺零偏的表现尤其明显。所以，一个稳健的 PDR 必须具有实时估计传感器零偏的能力，从算法层面最大限度地发挥传感器性能。第二，手机使用模式多，切换频繁。PDR 需要应对模式切换，并快速准确地估计模式切换后的手机安装角(前进方向与手机端航向的角度差)，尤其是航向轴。举一个极端的例子，如果安装角是 180°，在不进行安装角补偿的前提下，手机推算的方向将会和前进方向完全相反，而这对 PDR 的性能将会造成一种破坏性的影响。

表 1.1.1 **各种传感器的性能**

	IMPU-6500 (InvenSense)	LSM9DS0 (ST Microelectronics)	SPAN-FSAS (Novatel)
等级	低端 MEMS	低端 MEMS	战术级
陀螺零偏	25°C：±5 deg/s 温度漂移： ±0. 24 deg/s/°C (−40 to +85 °C)	25°C：±10 deg/s 温度漂移： ±0. 05 deg/s/°C (−40 to +85 °C)	±0. 0002 deg/s

传统 PDR 的基本原理为：从已知位置开始，沿已知航向行走了一段已知距离后到达 $P1$，此时 $P1$ 的位置可以根据之前 $P0$ 的位置、航向以及距离来进行推算，如图 1.1.6 所示。此后的 $P2$、$P3$ 同理。

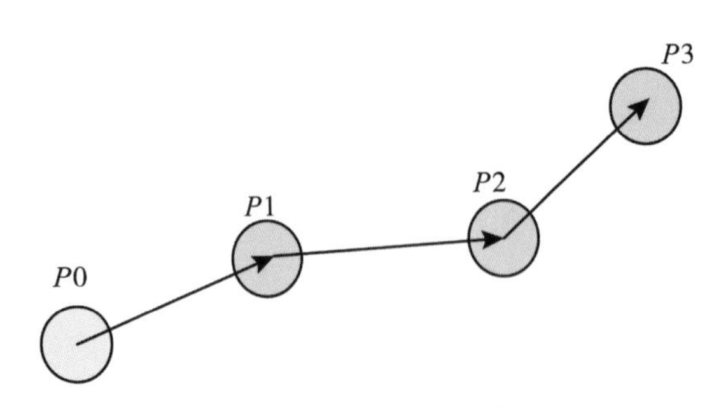

图 1.1.6 传统 PDR 的基本原理

具体算法(图 1.1.7 中橙色部分)：传感器输出数据后，首先进行姿态解算，并判断姿态滤波的条件(图 1.1.7 中灰色部分)是否成立，在约束信息判断条件满足的情况下则进行卡尔曼滤波；否则，跳过姿态滤波环节。接着，使用预先设置的安装角对航向角进行补偿。然后，进行脚步探测，若检测到新的脚步点，则使用预先训练好的步长模型估计行人向前移动距离，结合行人航向进行位置更新；否则，跳过位置更新步骤。现阶段，传统 PDR 方案的主要研究方向集中在航向约束条件的挖掘和使用，因为检测脚步点和步长估计模型已经有了很大的完善。

接下来我将介绍一些常用的航向约束信息。第一，准静态航向锁定约束，是指当手机处于接近于静态的状态时将默认航向不变，使用这种方法可以有效地估计陀螺零偏；第二，低动态置平约束，是指当外部施加的加速度较小时，使用加速度可以得到一个较精准的水平角(即横滚角和俯仰角)；第三，准静态磁场相对航向约束，是指局部区域的磁场足够稳定，此时根据磁力计计算的航向相对变化量是一个较精准的观测值，它能有效地约束航向发散。

纵观整个传统 PDR 方案，我们可以发现两个问题：第一，航向约束信息只能在满足一定的条件下使用，因此无法保证约束信息时时可用。第二，安装角补偿不具有安装角估计的能力，所以在状态切换时无法准确获知安装角。

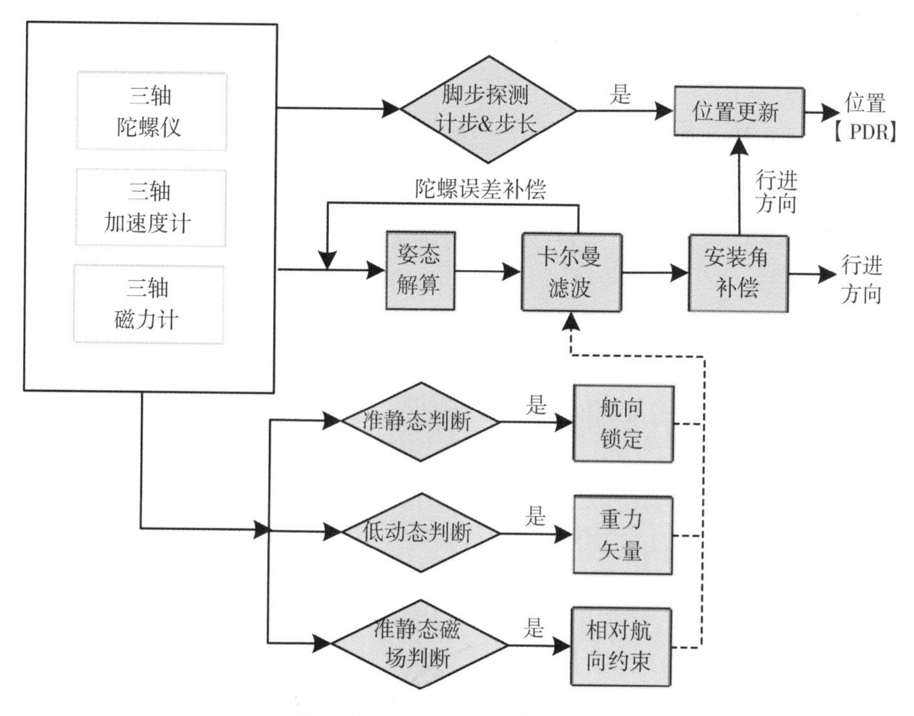

图 1.1.7 传统 PDR 的具体算法

2)研究进展与成果

参考传统 PDR 方案的设计思路，我们设计出一种更完善的 PDR 算法，如图 1.1.8 所示。该算法以捷联惯性导航算法(INS)为核心，以脚步探测和运动约束提供的伪速度作为辅助信息，基本原理与车载导航中的惯导加上非完整性约束以及里程计的思路类似。本方案相对于传统方案，能够提升水平角的精度，进而达到提升航向角的精度。另外，在模式切换中提供了一个时间窗口，可供估计安装角。

估计安装角的基本思路(如图 1.1.9 所示)：当检测到状态切换时，中断所有速度约束，利用 INS 自主推算的位置结合前一个脚步点的位置计算位置偏移量，进而估计出行人行进轨迹的方向；然后与手机自身推算的朝向作比较，两个角度差异即为安装角。而它具

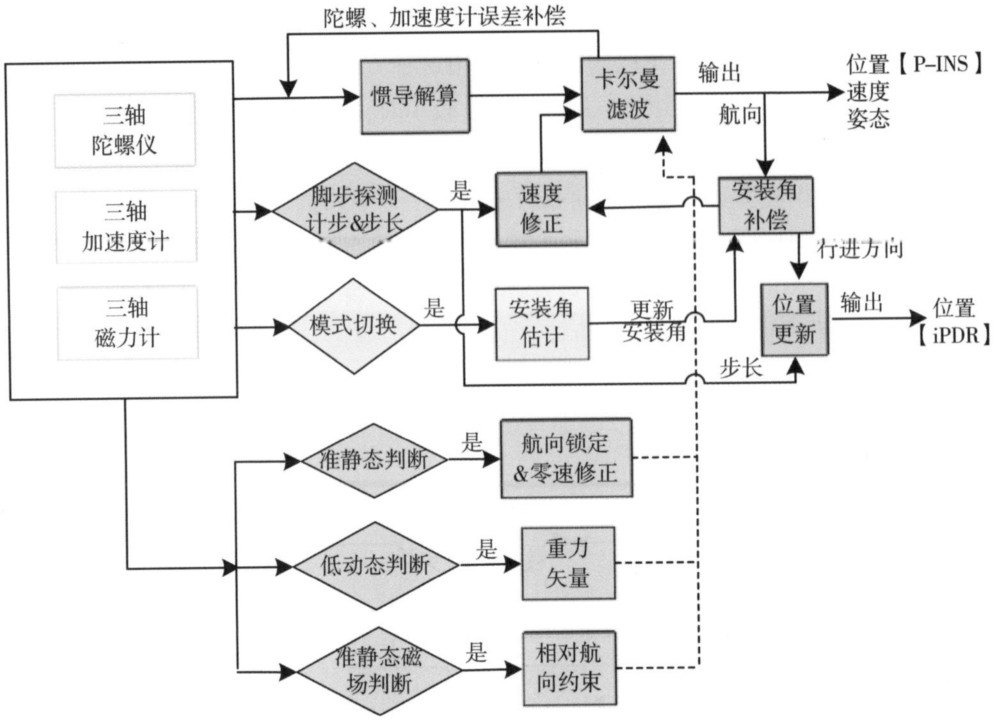

图 1.1.8 新的 PDR 算法

体利用的理论基础：INS 自主推算能够真实反映行人运动轨迹，同时短期内惯导推算的精度足够高。

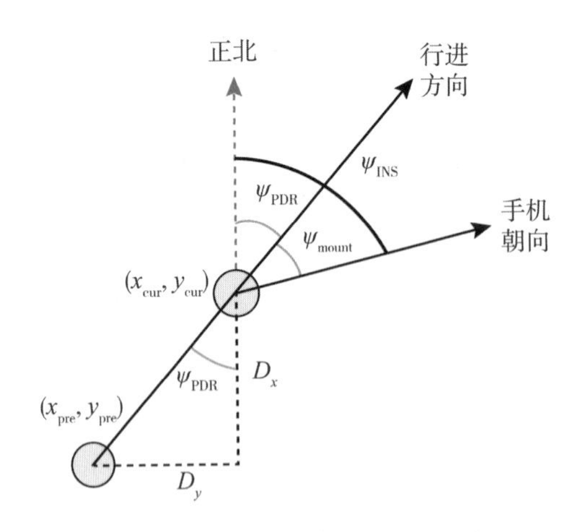

图 1.1.9 估计安装角的具体思路

综上所述，相对传统方法而言，我们的方案可以对航向角精度具有一定的提升；同时，还提供了安装角估计的时间窗口以及估计方法。因此，我们的预期效果：第一，正常使用条件(没有手机使用模式切换)下，传统方案和新方案的精度一致；第二，存在显著加速度计零偏和强烈磁场干扰的条件下，新方案相较于传统方案有精度改善；第三，当手机使用模式变化时，新方案能够提供一定长度的时间窗口用于切换，并且提供一种快速估计安装角的方法。

图 1.1.10 中给出了端平和打电话这两种状态。其中，黄色是惯导输出的位置信息；蓝色是惯导输出的航向结合步长模型；红色的是传统 PDR 算法。从图 1.1.10 的两种状态中可以发现，在基本使用模式的条件下，新的方案与传统方案的精度较为接近。

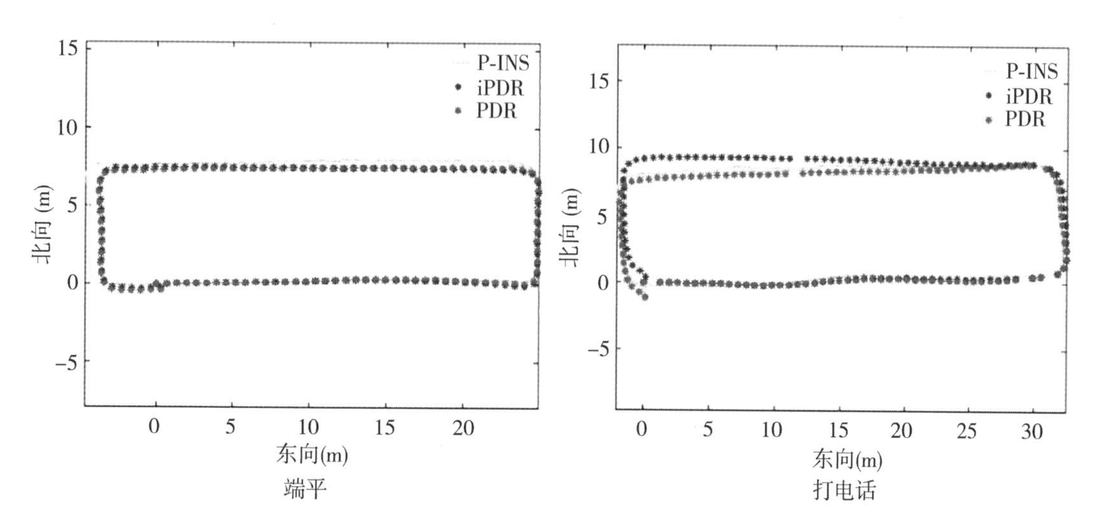

图 1.1.10　新方案和传统方案比较

为了验证新算法对于加速度计零偏和磁场干扰的改善效果，我们人为地添加了零偏，如图 1.1.11 所示。在存在陀螺零偏时，两种方案都可以得到一个较好的估计。当陀螺零偏和加速度计零偏都存在时，传统的方案会受到很大的影响，因为传统方案中置平的方法

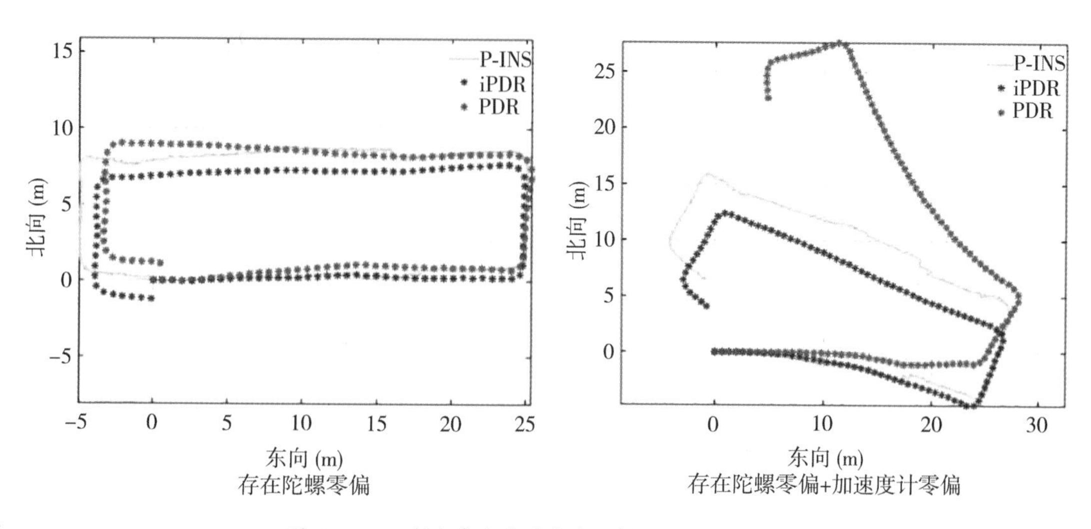

图 1.1.11　新方案和传统方案比较(人为添加零偏)

就是依靠加速度计。在加速度计零偏偏大的情况下，置平精度就会受到严重影响。此时再使用相对的航向约束，不但不会提升性能，反而会降低。

从图 1.1.12 中我们可以看出，相对于图 1.1.11，如果不使用航向，传统方案的表现反而更好。因为在水平角估计精度较差的情况下，磁力计辅助并不能达到提升航向精度的效果。

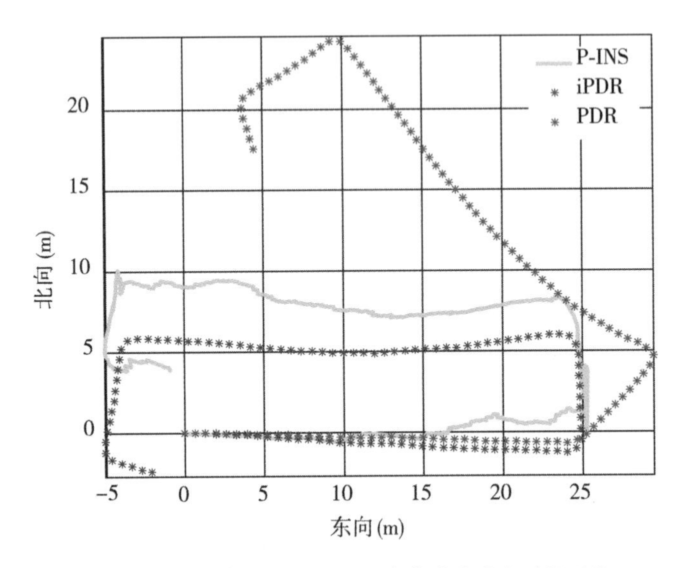

图 1.1.12　存在陀螺零偏、加速度计零偏和磁场干扰

为了定量分析在当前的智能手机平台上此思路能提供多大的时间窗口供安装角估计，我们做了以下实验：假设安装角的最大容许误差为 20°，正常步长为 0.6m，那么最大误差就为 0.2m。此时，我们再考虑惯导漂移的特性，观察在多长时间内误差会发散到 0.2m。经过统计，在使用小米 4 手机传感器的条件下，存在 1.5s 的时间窗口可供我们估计安装角。

图 1.1.13 中给出了一个简单的测试，整个测试时段在端平、打电话以及摆手三种状态的进行了自由切换。我们发现，状态过渡的表现比较流畅，但是因为手机传感器的性能较差，并不能很精准地估计安装角。

在表 1.1.2 中，我们对传统方案和新方案进行了一个比较。新方案可以提供三维位置，同时还可以估计加速度计的零偏、安装角的估计以及提供实时的速度信息。可以看出，新的方案相对于传统方案具有很大的优势。并且在 MEMS(Micro Electro Mechanical Systems，微机电系统)快速发展的情况下，随着未来 MEMS 性能的提高，新方案的优势会越来越明显。

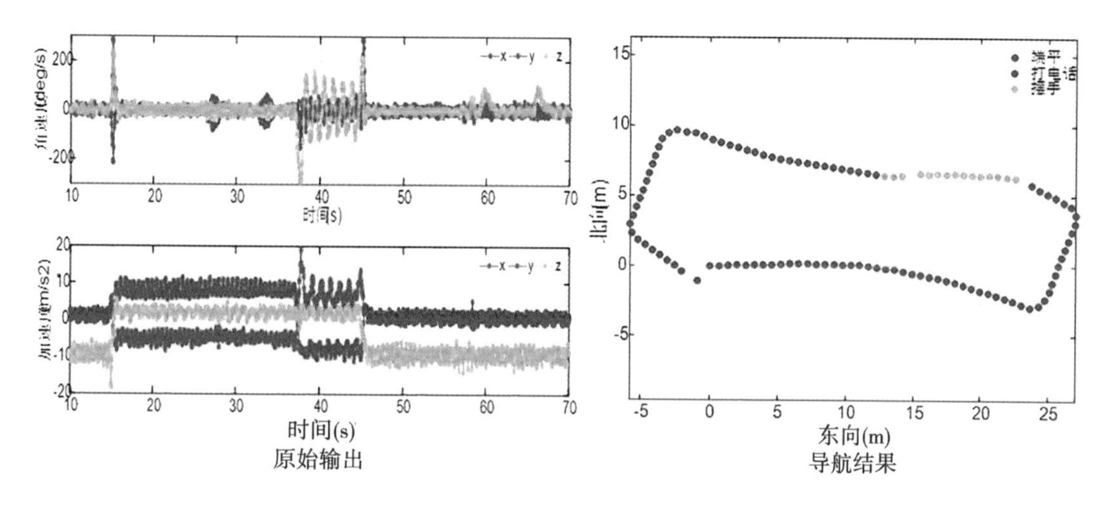

图 1.1.13 状态切换的导航结果

表 1.1.2 **新老方案比较**

	传统方案	新方案
三维定位		✓
支持陀螺零偏估计	✓	✓
支持加表零偏估计		✓
支持安装角切换		✓
支持安装角估计		✓
提供实时速度信息		✓
算法复杂度低	✓	

3)研究展望

后续的工作将针对两个问题。第一，摆手模式，该模式中存在 INS 和 PDR 在距离尺度因子上的差异；第二，裤兜模式，在这种情况下速度受人体影响较大，安装角估计不稳定，如图 1.1.14 所示。

主持人李茹：首先请院士们为旷俭的报告作出点评。

杨院士：首先要肯定这是一个实用性的课题，是我们每个人都可能会面对的。他的思路也是新颖的，把所能利用的传感器和信息包括步长方向等都归纳进来，这符合我们研究的整体思路。这个思路是正确的，也是优化的。在这里，我提出以下几个问题：

第一，对于米级室内定位的需求要做适当描述。大家想一想，什么样的场景下需要米

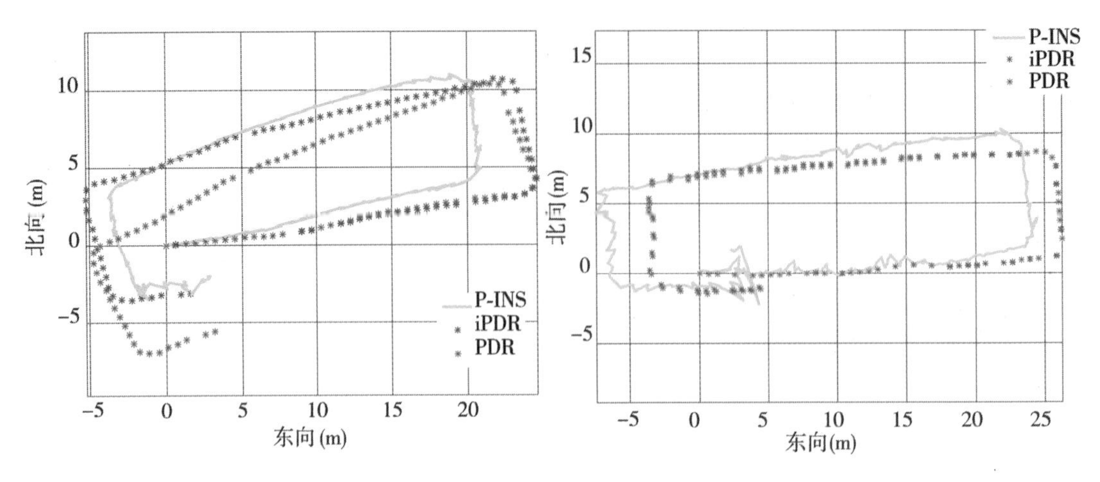

图 1.1.14　摆手模式与裤兜模式

级的室内定位？哪个群体需要用？这样，我们就可以根据具体的需求和群体制定方案。比如，消防队员如果有室内定位的需求，他们要求的精度可能不是米级；而未来的物联网可能需要米级的室内定位精度。把需求详细写一下，这个报告就会精细得多。需求决定了你的方案，其他的信息，比如外部目标信息，就会是强有力的约束。

第二，初始状态没有描述。初始状态里面的所有信息都是相对信息，包括惯导、步长以及航向角等。这些信息非常重要，可以说是整个算法的核心，但是报告中对它没有描述。另外，步长加上航向推算，我认为应该是一个动力学模型。在进行卡尔曼滤波时，动力学模型是相当不自洽的。比如老年人在行走时，步长很难确定，航向也很难确定，特别是用手机当传感器时，任何一个微小的摆动都会影响航向角。这个时候，动力学模型的精度是不可靠的，报告中没有描述动力学模型的自补偿。一旦有很好的行为信息或者观测信息，动力学模型的补偿要用什么方式？我这里提供一个思路，自适应的卡尔曼滤波就可能是一个很好的约束和控制方法。

第三，尺度因子的误差不确定，这里误差表现的形式是尺度因子，但实际上不是，而是其他误差混入了尺度因子中。比如摆手时，只是位置在变化，位置的变化和尺度无关，是位置不精确，所以不要把它归类为尺度误差。

最后提一个小建议，题目中最好不要用“方案”，因为这篇报告的核心是误差补偿。

李院士：我很同意刚刚杨院士的点评，我这里再提出一点。除了初始值很重要以外，中间的漂移误差需要不断归零。比如在一些坐标已知的位置进行归零，误差的积累就不会很大，精度就会得到提高。否则，误差会累积得很大。

龚院士：报告中研究的主要是沿着一个方向在行走。但是无论是室内定位还是室外定位，路上肯定会遇到一些其他辅助信号，单单只用报告中提到的算法，漂移量可能很大。

旷俭：我们研究的主要是在修正信息不可用的情况下来保证算法的可用性。

陈锐志教授：我来补充一下，旷俭参与的是我们大课题中的一部分。刚刚李院士提到的信息修正，我们团队中有其他同学在做，比如用 Wi-Fi、指纹库等信息来纠正。旷俭做的内容，是在两个控制点之间做相对的，不是做绝对问题。

2.“我的科研故事”颁奖活动

主持人陈必武：从两位师兄如此严谨的治学态度，我们可以知道为什么他们可以获得如此多的科研成果了。听了刚才两位师兄的报告，大家可能觉得科研生活是如此地高大上。但是，在严谨的科研工作背后，我们的生活也是非常丰富多彩的。对于我们测绘学科的研究生来说，我们的科研生活可以通过一些学生平台来展示。比如，GeoScience Café 从2009 年开始，一共举办了 155 期学术讲座，从前一百期中选取了几十篇编成《我的科研故事(第一卷)》一书，其中讲述了许多老师和学生们的科研故事。今年(2017 年)，实验室研究生会举办了“我的科研故事”分享活动，本次活动搜集了大量研究生日常生活的点滴故事，并且通过微信投票来选出其中的一、二、三等奖。今天，我们非常荣幸能够邀请到各位院士及老师来为获奖同学颁奖。

(1)一等奖获得者 李丹丹

在参加这个活动时，相信大家和我一样，都是重新回顾了自己平时看似单调的科研生活。看到大家的作品，我自己也可以从更加深入的层次了解别人的科研生活。我的这段“科研故事”选材于研二暑假去厦门出差的经历，我的文章中比较详细地介绍了自己的学习工作以及研究情况。我们这一次出差的主要项目是关于“智慧物联”，在经过大约两个月的实习之后，取得了一些成果。我们实现了一项可以应用的安卓移动端的系统，并且获得了一项软件著作权和国家专利。我们组的同学还根据这次的成果发表了一篇 SCI 论文和一篇中文论文。

而在科研学习之外的生活方面，也是非常丰富多彩的。在双休日，我们去游览了厦门及周边地区很多著名的景点，比如鼓浪屿、沙滩、云水谣等。在这个过程中，我们还结识了一位来自香港的单人游的游客，他对内地文化非常感兴趣。他还告诉我们，他的家人最爱看的内地剧是《武媚娘传奇》。

在这个出差的过程中，我们收获很多，每个人的实践能力都得到了极大的锻炼和提升。而我这个选材，就是希望从一个不一样的视角向各位师弟师妹展现一个丰富多彩的科研生活。

(2)二等奖获得者 金炜桐

我这次作品的拍摄对象，是我们武大自主开发的天线，这张照片是我在不同时刻拍摄之后拼接而成的。首先简单介绍一下这个天线，它是在光谷七路的立交桥附近，打车过去有四十分钟左右的车程。这个天线是由李德仁院士牵头，并且在“985”项目的经费支持下建成的。天线的口径为13m，主要用来接收卫星的遥感数据，它搭载了S和X两个频段的三项测速基带，而且可以接受我国“嫦娥”系列卫星和美国LRO月球探测器的信号。我是大地测量专业的，所以天线主要用来接收“嫦娥”3号着陆器、“嫦娥”5T1试验星以及美国LRO月球探测器的数据。我们接下来将要扩展这个功能，使其能接收VLBI的信号，并且尽量能加入我国的深空网。

(3)三等奖获得者LVG小组

3D打印机的名字叫做“Mcor IRIS HD”，产自爱尔兰。我们小组之前参与了激光扫描和敦煌“973”的科研项目，所以做出了很多模型。这个打印机最大的优点就是可以支持全色打印。尤其是在打印敦煌壁画时，效果非常好。我手上的鞋子就是3D打印出来的，细节非常丰富。打印机的耗材都是A4纸，无污染而且可以回收利用。因为还处于初步开发阶段，所以这个打印机可以支持的最大高度是15cm。而且切割过程比较慢，比如我手上这个小香蕉需要五个小时才可以打印出来。不过它是全自动的，不需要人为进行干预。大家可以看到，视频中展示的小锤子也非常结实。

3. 院士交流活动

主持人李茹：通过活动前期的宣传，我们在GeoScience Café的微信公众号里收到了很多问题。我首先代表大家来问一个问题吧。现在的科研工作往往以团队的形式开展，一个大教授带着几个年轻的老师，年轻老师再带着若干个硕士生和博士生。我们看到杨院士的科研经历中也有过类似的过程，我想请问杨院士在科研人生的发展过程中一共历经了哪些阶段，您对于不同角色，比如研究生、博士、教授等在团队中的定位是如何理解的呢？在自己的角色发生变化时，您又是如何适应的呢？

杨院士：我当过硕士，当过助教，当过讲师，也当过副教授，时间都比较短。助教我当了两年，讲师当了一年多，副教授当了两年，然后稀里糊涂地就到了今天这个位置。

第一个阶段是我当助教和讲师的时候，我们学校测绘学院大地系的所有教授都选过我当他们的助手。其实他们的专业都各不相同，有做重力场的，有做卫星大地测量的，有做坐标系统的，等等。尽管专业方向不同，但我和所有这些教授合作得都很愉快。这是我和同学们分享的第一个体会：乐于当一个助教，乐于当一个助手，是我们人生成长的一个极好平台。因为在这个过程中我们可以学到很多知识，增加很多才干，这是在其他地方无法获取的，并且这对于我们来说是一个很好的锻炼机会。第二点，在利用当助手这个平台的过程中，除了可以增长知识、经验和才干外，还可以攒足我们的人脉关系。大家都知道，我是我们测绘学院第一个破格提升的副教授，当时评上副教授的有两个，等到评教授的时候就只有我一个了。我有很好的人脉关系，那些教授，包括李院士，都是我的终身引导者和支持者。我的科研之路可以说是一马平川，没有什么坎坷。我想这和我乐于当一个助教，也乐于当一个助手的心态和经历是有一定关系的。所以，同学们给老师当助手，不要觉得自己吃亏了。

第二个阶段是我当副教授和教授的时候。在我当副教授的时候，我没有领头做过任何一项课题，这不是因为我没有能力，而是我不乐意做。因为我们有那么多的教授在，而我当时又很年轻，我没有勇气去领头做一项课题，我仍然乐意给教授们当助手。而且我非常乐于编程序，一直到后面当副总设计师和副所长，我仍然愿意自己编程序、写软件、写论文。坦诚地讲，到目前为止，只要论文的第一作者是我，那一定是我自己一个字一个字地写出来的。这是我确保自己要一直坚持的一点，直到我不能写为止。在我当教授的时候，我不希望自己是一个甩手掌柜，我希望我是学生们的合作伙伴。我会指导学生，和学生们讨论问题，像今天这样的活动我们也经常会举办。我有点话唠，每个学生的问题我都乐于去点评和讨论。我和我的学生们相处得很好，我们的团队也合作得很好。我的团队到目前为止，没有任何两个同学之间闹过矛盾，没有任何一个同学对我有意见，我们都是平等相处的，甚至在分奖金的时候，我都不会比学生多拿一分钱。我要确保我自己一直这么做，至于合不合理，另当别论。

第三个阶段，也就是现在，现在我是“北斗”卫星导航系统的副总设计师，终于有一点权威人士的感觉了。当院士，就是忙着开会，每天不是在开会就是在开会的路上。不过我依然利用一切可以利用的时间，自己动手做一些工作。春节期间，从初一到初七，我写文稿，我的夫人帮我录到电脑中。大家在《测绘学报》上看到我最近发的一篇文章，也是我在今年(2017年)的春节期间写的。大家不要认为，我是学报的主编所以我的文章就一定可以刊登，不是这样的。另外，院士的文章，都是我自己来选的，我不让别人选，我怕这些好文章会被拒了。因为这些院士所写的文章立足点一般很高，但是如果找一个年轻人来审稿，他们往往比较容易眼高手低，会觉得这些题目比较过时，这样很多院士的文章在第一关就被拒了。等我把这些文章捡回来的时候，我发现其实大多数都是好文章。现在，院士们的文章都不送初审了，都是由我来亲自审稿，确保这些好文章可以和同学们分享。我很乐于利用一点一滴的空闲时间来做自己的工作，特别是在周末，我喜欢把学生们叫来一起讨论问题。同学们看到我没出差就很苦恼，因为我一在，大家就会辛苦一些。

主持人陈必武：非常感谢杨院士的分享。我们从杨院士的讲述中可以发现，杨院士是一个非常谦虚的人，这种精神是非常值得我们同学们学习的。现在，我再来提第二个问题。古人云“常立志不如立长志”，简单来说，天天给自己定一个目标不如直接给自己设定一个远大的目标。我想请问一下三位院士，您们对于这种说法是否认同，在自己年轻的时候或者是在科研工作中，是否有过相似的经历？

龚院士：我觉得我的目标是在不断修正的。我考大学的时候想，（想着）只要能够当个技术员就很好了，因为那个时候看电影觉得技术员就很牛了。上了大学以后，觉得当一个技术员应该没有问题，那就努力当工程师吧。当了工程师之后，又想着能不能再往上提成副教授，那个时候当副教授也挺难的。我当了六年的讲师，还没有当上副教授，后来就读李老师的博士了。读了博士之后，我觉得副教授应该没有问题，就这样逐渐修正自己的目标。

有时候，我们很难直接定一个最高的目标，三十多年以前我怎么也没有想到自己能当院士。不过，我很同意杨院士刚才讲的：首先要把自己的事情做好，做好了之后肯定有机会可以进步的。所以，我觉得年轻的时候还是多做一些事，直接给未来定一个宏伟的目标还是不容易的。

主持人陈必武：关于这个问题，我想问一下李院士有没有和我们分享的？

李院士：我这个人从小就有一个目标，但是这个目标是模糊的：母亲把我生下来，祖国把我养大，所以我一定要做一些不虚度这一生的事。这个目标，从小时候到现在，是明确的。但是，人生的环境是多变的。我是 1957 年来到的武汉测绘科技大学，到今年整整六十年。我们所有人都要有一个志向，要为国家做点有价值的事。做点什么呢？

“文化大革命”期间，国家测绘局解散了，我们这些知识分子就被分到了各个工作单位。我当时被分到了水泥制品厂，负责做水泥电线杆：把一个钢筋绑好了放到模具里面，倒上混凝土来搅拌，在离心机上转五分钟之后拿下来送到蒸汽机上去，快速凝固之后用扳手把盖子掀开，然后吊到水池进行冷却等工作，十天时间就变成了可出厂的水泥电线杆。那个时候没有钢材，国家就希望能够找到一种高强度的水泥管来作为钢材的替代品。所以，那个时候我们不是做硅酸盐水泥，而是做矾土水泥，是以铝酸钙为成分的水泥。铝矾土含铝低的不能使用，在厂里堆积成山。厂长就问我，“你不是大学生吗，你能不能把那些低品位矿石处理一下？”我就花了一个星期的时间，看硅酸盐水泥学、工艺学这些书。然后我就到北京的建材院找院长，和他反映材料中多了硫。因为我当时是化验室主任，自己做了化验，发现硫多了，由原来的铝酸钙变成了硫铝酸钙。我就去问水化所的薛所长，硫酸铝钙有没有用处。他说由于硫酸铝钙是中性的不是碱性的，所以在硅酸盐水泥中，它是硅酸盐的“癌细胞”，并提到日本人有一个专利，好像对解决这个问题有用。过了一个星期他告诉我，硫酸铝钙单独成矿快凝高强。后来我找到他，准备两个人做一些硫铝酸钙水泥来试试看。当时国家建材总局很快就立项攻关研究。由石家庄水泥制品厂与国家建材院成立攻关小组，顺利地攻克难关，在世界上第一次成功研制硫铝酸盐水泥系列产品。这种新水泥每一吨 120 元，是特种水泥，快凝高强，不是碱性而是中性的，就可以下海抗盐分。青海湖，还有海上的工程都可以用这些水泥。唐山地震，用这些水泥就把地下工程修好了。

我的第一个国家发明奖，不是测绘也不是遥感，是硫铝酸钙水泥。当时没有署名，一共发了5000块奖金给建材研究院和水泥制品厂。我们厂长拿了120元奖金，我拿了80元。那时我已经回到武汉跟着王之卓老师读研究生，我夫人看到80元的奖金说已经很多了，因为那个时候一个月的工资才55元。所以，在任何环境下，做事都应该做得深入。

我和杨院士有点不同，我给王之卓先生当助手的时候，我给自己的要求就是不能让王先生挑出我的毛病来。你们做学生的时候要记得，不要让你们的导师能挑到你们的毛病，这就是好学生。我跟着王先生读硕士，跟着阿克曼先生读博士，我的老师们几乎没有挑到我的毛病。所以，要相信自己的力量，不要偷懒，不要总是“老师你帮我改，老师你帮我查一查”。虽然，我的这两个老师都比较特殊，都是世界权威，年龄也比较大，我想着不能让老师费心。所以做事情，要做出深度来，而目标永远没有终止。

现在，我已经79岁了，杨院士做PNT，我在做PNTRC。为什么要做PNTRC呢？我认为，点是一个位置，时间点还是一个位置，导航是一条线。除了这些信息，我们还需要一个面。比如，我在当前位置，周边交通堵塞，我需要知道堵塞的状态，相关图像要提供给我。我去抗震救灾，我需要知道灾区在哪里。灾区的图像需要处理，要知道倒塌的房子在哪里。所以，做大地测量和导航的人是做PNT的。我们做遥感和地理信息的人，就要加一个遥感“R”。这一个“R”还不够，我要把这些信息快速送到需要的人手上去，就要把通信“C”(communication)加上去。

同学们，你们要有自己的理想、顽强的精神和创新的本领。创新是很重要的，同学们不要怕权威，也不要怕我们这些老师。敢于创新，做前人没有做过的，做国家需要的，那么你就不白到人世间走一趟。谢谢大家。

杨院士：我和大家分享一下我的目标，我应该说是一个没有目标的人。不是谦虚，是真的没有。我只想把自己做好，如果这个算目标的话。我在这里和大家分享几个故事。我当士兵的时候没有想过立功，也没有立过功，至少不能算是一个好士兵。当教授的时候大家都想当优秀教师，轮了一个轮回，到了第二轮的时候，我们整个教研室唯一一个没有当优秀教师的人就是我。我们当时立三等功的时候，也只有我一个人没有。从这个意义上来说，我几乎是没有目标的，以上是我想描述的第一点。第二点，我会放弃所有目标。很多人都有上进心，争强好胜。别人希望立功时有自己，我希望没有我；别人希望优秀教师有自己的提名，我希望没有我。包括当院士，测绘学会推荐了我两次，我根本就不敢报，因为我不认为我应该是。评教授的时候，我们学院述职要答辩，我根本就不答辩。为什么？我认为我不够当教授。后来我们院长出差回来，问我报教授了没有，我说我没报。他问我为什么不报。我说我想过五年之后再努力一把。他说我如果不报，我们学院今年就可能“光头”了，但我心想应该没这么严重。后来院长又找了我们大地系的主任给我补报了，这是很不合程序的。因为大家都已经述职答辩过了，然后我才来补报。不过很巧的是，那一年我们学院只有我一个人评上了教授。当院士也如此，立功也如此。但是到最后，稀里糊涂地这么过来了。

2007 年到 2010 年，我立了两次二等功。第一次是我牵头完成了“国家 2000 大地控制网处理工程”，构建了 2000 中国大地坐标框架。2007 年 7 月 1 号国务院文件正式启用 2000 中国大地坐标系，就因为这个工程我立了功。我们系党委书记离任时，说了一句话，“我当了八年党委书记，所有人我都对得起，就对不起你。”我说：“没有，你很对得起我，破格升副教授、破格升教授。已经拿了那么多荣誉，没有必要一定要拿优秀教师。”我和同学们坦诚地讲，我有两个博士拿了全国优秀百篇论文，我们郑州信息工程大学的优秀博士中有三分之一以上是我的学生。全国优秀百篇我们一共拿了五篇，我们团队贡献了两篇。虽然我不是优秀教师，但我并不遗憾。我从来不追求目标，我只是随大流。

我还有两次放弃的经历，一次是在调级选升过程中，有一个老同志长我 12 岁，我们两个在同一个单位的同一个研究室，我根本没有理由和老先生去争。所以我没有述职，让给老同志去述职，但是他没过。第二年又调级，我还是把述职机会让给了老同志。后来上级领导专门问了一下，是不是有一个叫杨元喜的，让他来报一下。我就这么稀里糊涂又被提到研究员一级了。我觉得我作的贡献比这位长者少很多很多，但是组织上给我这个不求上进的人的荣誉太多了，所以我一直觉得非常惭愧。这就是我这个没有目标的人的科研经历，感谢大家。

主持人李茹：听了三位院士给我们分享的自己在生活和科研上的经历，我们都有非常非常多的收获。不管从小是否有一个明确的目标，不断地提升自我都是十分必要的，这也是我们需要学习的地方。接下来，我们将把提问的机会给在座的各位观众们。

提问者一：我已经是博士了，想当大学老师，但是担心无法承担教书育人的责任，怕辜负学生。您们有没有过这种担心？有没有一些建议可以给我们。

杨院士：大家听了我这么半天的唠叨，知道我不应该是一个很好的老师。为什么？我教了几十年书，普通话都没讲好。当一个老师，不仅仅取决于你的普通话，它取决于你对学生的热情、你对教材的热情和你对专业的热情。只要你拥有了这些热情，就一定可以当一个很好的老师。

李院士：我补充一下。我把王之卓老先生讲过的一句话送给大家。我曾经问过王老师，“为什么您讲课可以讲得那么好？”王先生说，“我们拿一个勺到油缸里面去舀油，如果缸里只有一勺油，你舀上来就是一点点。如果缸里面是满缸的油，你不用动脑筋，一舀就是满勺的油。”如果你当老师，你首先要把自己充实。你的学问、品行如果都是满满一缸的，那你绝对是一个好老师。这就是王之卓先生告诉大家他如何成为一个好老师的奥秘：要充实自己。

龚院士：两位老师都说过了，我没有很多要补充的，就和大家分享我的一个小故事吧。我上大学之前，当过民办老师。当时“文革”刚刚结束，学生们也不怎么愿意上课。学校当时把我调过去当老师的时候，我面临着一群小学四五年级的孩子。那时候有75%的小学生可以升初中，意味着剩下25%的学生如果没有考好的话，十几岁就要回家种田，没有书读了。那时我自己也在准备高考，但是怕那群孩子以后没书读，所以就准备好好教他们。刚开始的半年，我主要是培养他们的学风。我自己教两门主课，然后联合其他老师一起合作来提高班内的学习氛围。最后，我们班上的学生都考上了初中。甚至连最调皮捣蛋、不愿意读书的学生，我也想办法把他送到了初中。因为“文革”刚结束，学生们还没有认真学习的意识，比较难管。最严重的一次是闹到了乡政府那边，说老师把考试不及格的学生关在教室里面。我说，“如果我不管的话，这些小孩以后就可能没书读。”最后，我教的两门课，都是全校第一，我的学生们也都上了初中。那个时候虽然自己也很忙，但是当老师一定要有把学生教好的责任心。

提问者二：“北斗”是国家大力扶持的产业，运用也将越来越广泛。但是我们目前在用的时候，特别是车载数据的配准，大多数还是用的GPS数据。想请问杨院士，“北斗”的数据和GPS的数据在质量上有哪些不同？

杨院士：坦率地说，“北斗”目前的质量与GPS相比，不相上下。目前所存在的问题主要有两点。第一点，卫星的星座决定了我们的定位性能。如果是东西方向走的，南面有一座山，5个同步卫星被挡住了，那么就会影响最终的定位结果。这个是由我们目前的卫星星座所决定的，再过两到三年，这个现象会消失。第二点，我国厂商所做“北斗”接收机质量还不过关。接收机的厂商太多，一共有一万三千多家企业在做“北斗”导航。如果我们用美国天宝的北斗接收机，定位精度反而会好很多。我举一个简单的例子，今年(2017年)在河南省，有人反映为什么“北斗”跳了一秒？在座的各位，应该都知道今年有闰秒吧，这是一个非常基础的常识，可是我们很多接收机的厂商没有把这个闰秒计算在内。那一秒接近30公里的误差，所以定位的点突然就跳了。大家都在问“北斗”怎么跳了，但其实“北斗”没有跳，是接收机跳了。

提问者三：我们都知道，一个专业的发展往往会带动其他专业的发展。一个行业的崛起，也会给其他行业带来很多机会。我想请问杨院士，您觉得“北斗”的发展会给其他哪些行业带来巨变？

杨院士：我们来算一下。有了“北斗”，我们测绘更方便了；有了“北斗”，我们的各种测量工作更加便捷了；有了“北斗”，我们的高铁运行将更加便利了。有了“北斗”，马航 MH370 是不会失去联系的；有了“北斗”，汶川地震中失踪的直升机不会迟迟找不到；有了“北斗”，我们的生活将会更加丰富多彩。现在，很多行业都在用“北斗”。比如遥感，现在的“北斗”可以装在卫星上，可以装在飞机上。“北斗”还可以装在汽车上，装在我们的手机里。所以说，有了“北斗”，将会带动我国各行各业的发展。

提问者四：我想问一下三位院士，在你们的科研经历中，印象最深刻的一件事是什么？

龚院士：我印象最深刻的一件事，就是在我读博士的时候，李老师给我花了五万元，买了一台 IBM 的计算机。

李院士：我做科研最难忘的，还是做特种水泥的时候，那时我还很年轻。做采样工作的时候，我穿着一身石棉衣，淋上水，进到九百多摄氏度的窑头。我按照测量学的方法，每隔十米采样，一直从窑头走到窑尾。那次我也是非常勇敢，从九百多摄氏度的窑头走到了两百多摄氏度的窑尾，年青人，就要有闯劲。

杨院士：让我难忘的事情非常多，科研是丰富我人生的一个重要渠道。我们测绘学院当时有一个小型计算机，上机是要排队的。因为我参加的工程需要运行的数据量极大，运行一次要好几个小时，无法和同学们共享计算机。我最难忘的是，我们学院当时给我开绿灯，让我可以晚上用。但是，他们把外面的铁门锁上了。我在里面待了七天七夜，我夫人每天从门缝里面给我送饭。完成这个小工程，我也挺开心的，花了那么长的时间没有白费。不过，对方为了检验我的水平，给了我一个已知点，让我来做平差。大家都知道，已知点在平差中是起到控制作用的。我把这个已知点加进去之后，发现数据非常糟糕。后来，对方告诉我，我的平差结果不对。我问他哪里不对，他说他把已知点的坐标改了，现在对不上了。那个已知点是控制点，是不能改正的。一个错误的外部条件导致了一个错误结果，七天白干了。这是我科研经历中最难忘的一件事。

（主持人：陈必武、李茹；摄影：幸晨杰、光 in 协会；录音稿整理：李韫辉；审核：陈易森、孙嘉、王源）

1.2 从 VirtuoZo 谈摄影测量时代的变迁

(张祖勋)

摘要：中国工程院院士、国际欧亚工程院院士、摄影测量与遥感学家张祖勋院士做客 GeoScience Café 第 179 期。从 VirtuoZo 出发，为我们讲述自己和摄影测量背后的各种故事。本期报告，张祖勋院士用诙谐幽默的语言，以 VirtuoZo 为线，讲述了摄影测量时代的变迁、自己学术生涯中的各种经历、当年摄影测量研究之艰苦、VirtuoZo 的研发以及合作谈判的历程，还有对摄影测量未来的展望。最后，张祖勋院士以其学术经历，为学生们解答疑问，指点迷津。

【报告现场】

主持人：欢迎来到 GeoScienceCafé 第 179 期报告现场，今天我们很荣幸地邀请到了中国工程院院士、国际欧亚工程院院士、摄影测量与遥感学家张祖勋院士。张院士长期从事摄影测量与遥感的教学和研究工作，在航空航天、摄影测图自动化方面，取得了国际一流的研究成果。同时，我们今天也很荣幸地邀请到了遥感信息工程学院的张永军教授、郑顺义教授、胡翔云教授，还有测绘遥感信息工程国家重点实验室的汪志良书记、王密教授、江万寿教授、廖明生教授、郭丙轩教授以及张叶廷老师。

20 世纪 90 年代，在国内数字摄影测量软件市场被国外垄断的情况下，张祖勋教授带领团队自主研制开发并推出了我国首套拥有自主知识产权的数字摄影测量系统 VirtuoZo，彻底简化了摄影测量的仪器设备，改变了摄影测量的贵族身份，使我国的数字摄影测量走到了世界前列。迄今为止，VirtuoZo 在国内外已经推广应用一千余套，产生经济效益逾亿元。

本次报告，张院士将为我们讲述 VirtuoZo 研制背后的故事。下面让我们以热烈的掌声欢迎张院士为我们带来今天的报告。

张祖勋：很高兴能够参加这次活动，今天我给大家讲讲 VirtuoZo 的故事。我想题目叫“从 VirtuoZo 谈摄影测量时代的变迁”会好一点，因为从我进入大学学习摄影测量的那一天开始，我经历了摄影测量整个时代，那是比较难得的。

1. 从 VirtuoZo 谈摄影测量时代的变迁

为什么我把反光镜放在最前面？我是在 1955 年进入同济大学的，当时我们入学时不分专业，都是测量系。高考填志愿时我报的全是数理化，中学毕业时别的专业也不懂，从北大、复旦到南大，一切都报，报完以后谁也不要(笑)，然后同济大学不知道怎么把我捡了，所以就进了同济大学。进同济大学以后，有大地测量，有工程测量，有航空摄影测量，没有制图系。学生对专业不了解，所以就要由老师来介绍专业，我们去参观。当时同济大学也没有摄影测量这个系，我除了纠正仪以外也看不懂，但是看得懂的一个就是反光镜。反光镜看懂了什么东西呢？因为有两张照片，眼睛一放上去就看到立体，我的眼睛看立体可能比较好，如果看不到立体我可能就不选摄影测量了，看到立体我觉得很好玩，所以选了这个专业。我 1955 年进入这个专业，到现在已经六十多年，六十多年时间，的确是经历了一个时代。什么时代呢？我们一开始进入的是模拟摄影测量时代，后来我们从研发开始一直到成功进入数字摄影测量时代。一个新时代的进入，也代表着一个时代的完成，而这个新的时代，应该说就是信息自动化的时代。我们的手机都可以变成 3D Scanning，然后就可以 3D 打印、3D 重建，整个就是摄影测量的过程。

我进入大学以后，碰到了好老师。当时我不懂什么叫测量，也不懂什么叫摄影测量。我读了两年普通测量，进大学第一堂实习课，也没有接触任何仪器，(就)接触了一个 45 度夹角的反光镜，一反射就是一个直角，然后开个空的窗口，一个人拿滑竿，一个人拿着钢尺，然后垂直过去就反射过去，那个滑竿就是房角，然后这两个距离一量，以钢尺为基线，把房子就测出来了。当时我想，这就是测量，这太简单了，中学生都知道，什么仪器都没有，就拿反光镜加滑竿。在过去什么叫测量的人？测量的人就是草帽加滑竿，这玩意儿近看就像个要饭的(笑)，当时没想到现在的高科技会发展到如此水平。

后来，我跟着王之卓先生学习。王先生跟我接触时间的确比较长，什么叫长呢？我是 1955 年入学的，到 1960 年毕业。1959 年下半年开展生产实习，1960 年上半年做毕业设计。1959 年到 1960 年，摄影测量主要的课叫立体摄影测量，还没上。王先生在我们放暑假之前，给我们单科突击，一门课，每个礼拜六礼拜天上课，每天三节。上午就是王先生给我们讲课，用六个礼拜把这个立体摄影测量上完了。所以，我说这个接触时间比较长，受他的教诲比较多，从上本科的立体摄影测量课，到毕业设计。毕业设计指导期间最大的收获是什么呢？我的毕业设计进行得比较快，做完了没事，王之卓先生当时就要我编个程序，编相对定向的程序。可是在当时计算机是怎么样的，我都没有见过，王先生也没有见过，谁都没有见过计算机是什么样的。我说没有见过计算机，怎么编程序？他说武测有三个老师到北京去学过，武测的计算机在当时是比较潮的。在 1958 年，我们国家开始仿制苏联计算机，我们就派了三个老师到北京去学计算机，然后我就跟那个软件编程的老师开始学计算机。学完后编了个相对定向程序，相对定向编完了以后也没计算机试，完全是机器码，左指令右指令，还不是汇编语言，什么语言都不是，自己念了念，大概念通了，给王先生看了看，王先生大概也知道一点。所以有人问我为什么现在还编程序，我说可能从那个时候就编出瘾来了。我编程历史比较长，从左指令右指令机器码开始到汇编语言、各种各样的语言，接触是不少，但最重要的一条原因，是我自己有兴趣，自己有想法，自己会编程序，今天有想法，明天就可以看结果，这是最有意思的地方。

后来，我跟着王先生读研究生。我是 1963 年开始读研究生的，1966 年“文化大革命”爆发，中间 1965 年还“四清”，后来就运动不断。所以我 1963 年考上研究生之后一直没毕业，到 1984 年周忠谟才给我补发毕业证书，至今也没学位，只是个硕士毕业，就是这样子(笑)。“文化大革命”结束以后，我就跟王之卓先生做全数字化，他在 1978 年底提出要做全数字自动化测图方案(图 1.2.1)。这篇文章当时只是讨论稿，直到 1989 年才正式印出来，《测绘学报》补登这篇文章。我一直保存这个手稿，它的全部手稿。这个东西的确是 1979 年的，那时我说的第一个阶段是谁也没见过计算机，1979 年武测有一台计算机，这个计算机叫 TQ16，我们根据王先生的方案做了试验，计算机用的穿孔打印机，还没磁带，没磁卡，那个时候磁卡上计算机几乎不可想象。从那时起就跟王之卓先生做全数字化研究。根据王先生的要求，影像的灰度元素作为基本元素，首先一条就是我们要把影像数字化，然后通过数字电子计算机的运算。这个名词大家听起来有语病，什么叫数字电子计算机的运算，什么叫数字电子计算机，计算机就计算机，但当时确实还有模拟计算机，数字是区别于模拟的，所以这个东西听起来就有点古董了，现在人不大懂，叫数字电子计算

图 1.2.1　王之卓先生手稿

机。当时我们国内武测就有 TQ16。通过计算之后，我们就要输出带等高线的正射影像图，就需要输出设备。所以，我们当时从这里可以看出王之卓先生的超前精神和创新精神，有的人总喜欢用“原创”这个词，全数字化测图系统是不是王先生原创？原创最好不要提，如果是你原创的话，你后面的参考文献大概就没有。王先生这个讨论稿，后面没有写原创，那肯定是王先生当时有参考的。王先生参考的最早的应该是 1965 年美国人做的试验，在他那本《摄影测量原理》里就介绍了这个东西，最后是 20 世纪 70 年代，德国大学有一个博士生 Kreiling 写的博士论文，这是他的主要的参考文献，所以我觉得作原创来讲是不太好。但是即使不是原创，要说这降低了他的水平，我觉得这完全不对。刚才是 1978 年，到 1988 年的时候，十年以后，在京都的 IP 大会的时候，我们碰到了 Kreiling，当时他在徕卡，我们就问他，你那个全数字化怎么样，他回答了：forget it！忘了它！当时确实是这样，一是，时代背景确实这样，二来，相当长的时间里，大家都认为胶片是影像最好的载体，当时这东西占了很大的主导地位。这个项目论证的时候，我记得王先生的项目论证是 1979 年或者 1980 年，应该是 1980 年。1980 年论证的时候，跟现在论证不一样，我们是让王先生做总体报告，我在后面做技术报告，然后还有计算机系的章启骏做计算机的报告，做三份报告。会上讨论，大家肯定方向正确，在座的所有人都是王先生的学生，他们也不好说方向不正确。但是会后总是会说，为时过早，时间做得太早。当时他们确实提出了，影像最好的载体，就是胶片。说来话长，不仅是我们国内，直到 1992 年，在华盛顿开会的时候，国际摄影测量大会已经推出了全数字自动化的计算机，我记得很清楚，当时有一个瑞士的制造商，搞光学仪器的制造商，比较小的仪器制造商，做影像修测的。因为中午吃完饭后有个座谈，各场都可以去听，他拿了一张照片，透明胶片，说这就是 100M 的数据，很容易旋转 κ 角，你用计算机，能把这 100M 的数据，转 κ 角吗？我听了以后，因为自己的英语水平不高，也不好意思去跟他辩论，但这个讨论完全就是要辩论。我就说了一条，因为你没有搞过数字摄影测量，他说得很对，我不能实时地将 100M 数据，一下子转 κ 角，包括今天，100M 一下子把 κ 角转过来也是相对困难的。但是有一条反问句，我为什么要去转这个 κ 角？实际上我也不转 κ 角，但是我可以做全数字化，他完全以模拟仪器来讲，完全以模拟仪器来理解数字摄影测量，根本牛头不对马嘴。所以当时有段时间，胶片是最好的载体，是指导思想。这个东西应该说直到柯达公司正式解体，到 2000 年以后。2000 年以前，柯达销售情况慢慢变差，但航空胶片还在生产，到 2000 年以后就正式开始下滑，到那个时候，可以说胶片这个东西就正式结束了它的时代。所以说我们讲数字摄影测量，千万不要放胶片。实际上，等会我会讲到，全数字化产生并不完全等同数字摄影测量的革命。因为当时我们用的滚筒扫描仪，首先要把模拟影像进行数字化，所以实际上还没有真正实现全数字化。第三个问题（摄影测量的全数字化不被重视）等会我会讲，这些都是原因。最最重要的原因，还是当时的计算机完全不能承受数字摄影测量生产工作，所以当时也没有多少人来研究这个。反过来说，很长一段时间，我们那段时间也没多少竞争者，直到了 20 世纪 90 年代真正推出来以后，刘先林推出来 JX4。所以当 VirtuoZo 研究成功以后，首先受到的不是国内而是国际上的重视。如果跳出摄影测量的圈子来讲，从计算机视觉到全数字化，进了这个门以后，就发现这个世界更大，竞争就会更多。在数字摄影测量里面还很稳，没多少竞争者，出来以后这个竞争者就更大更多。所以，从这里应该看到 VirtuoZo 的研发，目前来说应该是它的低谷期。当然我觉得我们技术还在发展，但总体来讲，我们应该还是后者。

2. 从 VirtuoZo 谈我的人生

我们刚才谈到计算机视觉，看看 20 世纪 90 年代的计算机视觉，当时有个叫游素亚的人在《中国图象图形学报》里面发表了《立体视觉的现状及进展》。计算机视觉里要做立体视觉，这个立体视觉的现状他分了六个部分，我们摄影测量的部分也是分六个。但是如果我们比较一下现在的学生，我们的博士生，一看我们做这个东西，太落后，现在哪有这个相机，还定标。现在谁也不定标，不管你是什么破相机，都可以做摄影测量，从来没有相机定标一说。所以从这里可以看出，计算机视觉和人工智能在那一段时间是低谷，而摄影测量是更加兴旺的时候，所以当时计算机视觉、立体视觉对我们摄影测量挺关心。他说："最近人们利用立体视觉正在综合运用运算获得三维地形图"，可以看到我们的时代刚好走得相反。20 世纪八九十年代摄影测量正红火的时候，计算机视觉这个时候的确是低谷，因为他们的数据量处理得越大，越不能满足他们的要求。而当时我们的摄影测量是处在什么时代呢？当时王先生提出"数字摄影测量"是在 1978 年底，在武测的科技报告大会第二届会上提出来的这个问题。70 年代，国家测绘局重建，进口了大批的 B8S 精密立体测图仪，当时国家测绘局想用它来替代原来的多倍仪，还有比多倍仪更低档的，也不叫更低档，同一个类型的立体量测仪，加单个投影器。原来是1∶50 000的图，国家测绘局成立以后要能测1∶10 000的图，所以进口了大批 B8S，全国进口了大概一二百套。因此我有了机会去瑞士学半年，等会我会讲到在瑞士的半年经历。70 年代不仅进口 B8S，遥感院（航测系）在 90 年代利用世界银行贷款，也就是我们这个重点实验室建设的时候，用世界银行贷款，进口了解析立体测图仪 BC1 和 OR1 的正射测图仪（图 1.2.2），当时这个仪器价值上百万，所以你可以想象，我们那时还完全是模拟、解析的时代。这个照片（图 1.2.3）就是我当时到瑞士学习的照片，学了半年。我们两个人，一个是薛家斌，薛老师。学半年的原因是这样子，因为刚才说了，我们进口了一两百台 B8S，他说你们买了这么多仪器，我们 WILD 厂又免费给你们培训，你们只要出来回路费就行了，其他的生活费学费全部免费，你们买了那么多仪器总要有人维修啊，国家测绘局听了也觉得有道理，再说又是免费，为何不去呢（笑）？但是有个问题，不能说去两个人再带两个翻译去吧，所以生

图 1.2.2　遥感院仪器

图 1.2.3　张祖勋在瑞士学习

产单位找不着，就到学校找两个老师，老师一说我们就去学习培训。因为我们买得比较多嘛，一去就待了半年，半年那个 WILD 厂的培训部都发愁，这两个人也没接触过这个仪器，实际上学这个东西，要把它拆掉，再安装起来，再检校一下。后来我回来以后，1976 年去，1977 年回来，去成都安装 A10。安装完了以后，我说 WILD 厂仪器就像小孩搭积木一样搭起来就行，按照说明书拼起来就行，精度肯定是可以达到一万分之一以上，一般可以达到三万分之一以上，非常简单，拆装非常简单。所以我们在那里把航测仪都学完，学完了以后把所有的大地仪器，所有的精密水准仪 T1、T2、T3，除了 T4 没拆装，其他全部拆过了，没东西好学的，所以在那待了半年。当时看起来挺神奇，这是什么——雪花绒大衣，当时两个商务参赞，到机场来接我。在瑞士苏黎世下飞机的时候，早上五点多下飞机，我们一人一套雪花绒大衣，租的啊(笑)。然后是毛帽子，两个人统一着装，黑的皮鞋，背两个北京背包。他说你们这着装啊，看起来像是中国人民解放军来了。你看起来洋气实际上很土，跟这个图里的人一比就很土。现在想起来，我当时在瑞士待了半年，感觉就是刘姥姥进了大观园。

当时的摄影测量主要就是模拟胶片，就是 RC30 这个相机。RC30 照片，如果说我们要进行数字化，它的数据量有多少呢？现在假定说，一毫米用它 50 个点，也就是说 20 个点作为一个像元来计算的话，23cm×23cm 的照片，数字化有 132M 的数据量，所以当时就认为根本不可能由这个计算机来实现全数字化。如果我们仔细算一算呢，我感到心里有点害怕啊，要通过这个数据量来实现它，对于这个数据量，我们就买了整套机器，整套仪器花了 25 万美金。当时我们这个课题是国家测绘局报科委报下来 120 万人民币，单项给武测用，1∶3 的汇率，所以 25 万美金相当于 75 万人民币，就买了全套的这个设备。还留下了一张照片，就是这样一张照片(图 1.2.4)。这是滚筒扫描仪，胶片放在滚筒上进行扫描，这个叫 SCANDIG-3。这边呢，NOVA 机，大家可以看到，这个 NOVA 机有两个磁盘，两个磁带。当时在设计上这两个磁带就带了两张照片，就是立体摄影测量装了两张照片，一个立体像对。所以存储器主要靠磁带存储，每张照片扫描完了以后，132M 放在磁带上还是可以放的。但是下面数据要处理的话，麻烦就来了，数据不能总放在磁带上，数据要进计算机的话，计算机内存是多少呢？计算机内存是 64K，可以扩展到 256K。除了这个内存以外，还有两个硬盘，我们叫它卡盘，把它卡进去就行了。每个盘 10M，比起我们要处理的数据来，除了磁带能放以外，其

图 1.2.4　扫描仪

他什么也不能放，内存放不了，磁盘放不了，卡盘放不了。除了这些以外还有图像输出设备，再加一个打印机，还没有图像显示，什么也没有，就这么搞全数字化。所以，无怪乎那个人说“forget it!”那就完了，条件完全不成熟。

因为王之卓先生高瞻远瞩，能够超前那么长时间考虑全数字化，所以最后才有可能在全数字化这个领域有他一席之地。当时我们跟北京遥感所联系过，当时遥感所的所长叫杨世仁，他有一个扫描仪。我是在德胜门外面下车，然后到北沙滩，大约有两三千米吧，整天就走，大约去了五六次。为什么呢？我就是想用他的扫描仪来做我们的试验。在做扫描以前，我们用穿孔打印机，就手动去一个个点，做一点点都头疼。刚才我讲的主要是立项的过程，下面我们讲一下研究的过程。

3. 艰苦(痛苦)而又好玩的研究进程

研究是艰苦的，我觉得艰苦还不太好说啊，还真有点痛苦，但却也挺好玩的过程。为什么呢？这里有一张照片(图 1.2.5)，这是我的第一个博士生吴晓良，在做全数字化。当时王先生来参观，那时的重点实验室已经有了工作站，那个时候已经有 1M 的内存，王先生看完以后就很高兴，说一句：“好玩吧。”所以，我说这是痛苦而又好玩的一个过程。最主要的问题就是内存实在太小。两张照片数字化完全可以进到磁带里面去，但磁带里面一点点导进去的话，来回再导的话，那不知道多少天能把这个照片做完，做完也没有地方放。所以说整个不知道怎么进去，这里我想给大家讲一下，64K 位置实在太小，而且盘也就 10M 一个盘，所以这里我想给大家看看，这(图 1.2.6)叫排核线，核线跟照片不平行，一条核线穿过了很多条扫描线，所以每进一段以后就要洗盘，然后又把盘里又进一段，又

图 1.2.5　王之卓先生说：“好玩吧”！

图 1.2.6　排核线

洗盘，所以到底怎么去做数据结构，简直叫痛苦，那简直烦得不得了。又没有图像显示，这个程序调得对不对还不清楚。最后，我们就用行打把每个像素做成一个字符，再看这个曲线跑得差不多了，这个核线大概就排对了，所以就叫排核线，我们调程序就用了三个月到半年。哎呀，真够痛苦(笑)。所以花费的时间根本就不是算法的问题，而是小内存，小硬盘的原因。所以说的确是非常痛苦。当然搞完了以后这个成果还是很好的。这是(图 1.2.7)1995 年第二届学术委员会，图中是徐冠华在开会的时候进行讨论和汇报全数字化工程。这是(图 1.2.8)Konecny 在参观我们的全数字化工程。等 SGI 出来以后，那才完全解决。

图 1.2.7　1995 年第二届学术委员会

图 1.2.8 国际友人参观

Konecny 来参观我们的影像数据，Konecny 对我们国家的摄影测量发展，包括王之卓先生的荣誉会员，柏林工业大学授予王先生金博士学位，我们国家加入摄影测量学会等都提供了帮助，当时他是秘书长，他花了很大的精力来帮助我们国家恢复摄影测量学会的合法地位，这整个就是他完成的。他对我们的确非常友好。在改革开放以后，大概 1979 年、1980 年，他曾经在我们学校里讲了六个礼拜的课，非常长。有一次我记得很清楚，王先生请他来家里吃饭，Konecny 到别人家吃饭，不带别的礼物，最重要的就带一束鲜花。我跟他跑了一天，跑到汉口，就为了买一束鲜花(笑)。买了一盆花，提到王先生家里去了。他当时给我们讲课时，除了讲摄影测量以外，我最关心的就是影像匹配。Konecny 那里有一台由解析制图仪改装的全数字化的东西，完全是电子线路的。他讲了很多，讲完以后我们就追着他问，好像他有点保密要求。但这个人真的不错啊，他说我也讲不清楚，你自己去学习，就邀请我到汉诺威大学学了两年，学完以后我也知道了，就那么多东西，他也讲不出更多东西。那个时候印象比较深的，当时李德仁院士在斯图加特大学读博士，他去的时候是 1984 年，也是我要回来的时候。到邮局里面去发传真，我说要发北京，那个小女孩看着我，说："北京？北京是不是东京啊？"她的地理知识实在太差。也就是说，当时，我 1984 年到德国去的时候，刚改革开放，我们看看有没有什么中国造的东西，所有的城市转过来以后，布鞋，只有 1 马克一双的布鞋是中国造的，别的什么都没有。现在好了，满地都是，完全反过来。这里我跟大家聊 Konecny，就是要说，国际友人我们不能忘。1988 年国际摄影测量学会才接受王之卓先生为荣誉会员，1989 年在德国柏林的时候，柏林工业大学授予其金博士学位。我是下午去的，Konecny 要坐飞机到西柏林参加下午的会。但是那天雾大，飞机起飞不了，他为了赶下午的会，在当地打了个出租车到了西柏林，参加下午的会。下午回来吃完晚饭以后，他又坐飞机回去了。他说，因为第二天你们要从柏林到我们汉诺威大学去参观，我们作为主人，有必要到机场去迎接你们。所以我提前一天回汉诺威，可以明天来迎接你们。我说即使是现在也很难找到这样的国际友人了。

有了 VirtuoZo 以后，这个模型样本形成以后，在国际上还是有了一定的名声。这是（图 1.2.9）Gruen Armin，我们去过 HTA 几次，1993 年，我记得很清楚，但这个照片不是 1993 年的照片。Gruen Armin 问我，你什么时候到欧洲去，我说我十月份要到欧洲去。当时我们是叫，“洋人他们的教育中心”，要派一个代表去访问一下。但是首先要经过香港，当时香港还没有回归，要办护照，然后到泰国，先到亚洲理工，然后再到荷兰。他说你到荷兰去多久，我说去一个礼拜。他说你去过荷兰吗，我 1979 年去过荷兰。他说你到我这里 3 天，帮我装一套 VirtuoZo，当时还没有 VirtuoZo 这个名字。但是当时我的护照，一本护照办不了这么多签证，所以我这本护照呢，就是从海牙到 SK 的，在路上，海牙的瑞士大使馆办的护照。他问我要去几天，大家可能没有这个经历啊，在外国去办外国的护照，我说我要去 3 天，他说好，我给你 4 天。我这是用最短的时间，去了 3 天，帮他们去装上 VirtuoZo。所以下面的话我们就会谈到签合同。

图 1.2.9　友人照片

4. 有趣、艰难的谈判历程，可喜的结果

当时是 1992 年，武测有次开国际报告会，有两个教授看上了这套东西，一个就是国际摄影测量学会的会长，叫 Shunji Murai——我发现做摄影测量的人跟做大地测量的不太

一样，大地测量的比较学术，摄影测量的都有商业气息(笑)——他带了一个代表团来，也不叫代表团，有四五个人，带了影像和数据，包括林宗坚的地图扫面器，他都想看。他看了我们这个以后，在私下聊天的时候，他说他准备花一万块钱买一套，过了一会儿，Kubic——澳大利亚的一个教授，说，他准备花五千美元买一套，我说行了行了，五千美元也行一万也行，我当时就心里琢磨五千也行，一万也行。因为我知道，这玩意放在抽屉里永远只能自己欣赏的，永远出不去，不管你五千也好，一万也好，只要能出去，又不要我的钱。因为 Shunji Murai 在 1992 年的时候正在竞选华盛顿大会主席，这段时间他都忙他的事了。他出一万美元不知道是什么任务，想问问他，后来就忘掉了。Kubic 就成交了，于是我们和 Kubic 正式开始了合作，从 1992 年一直到 1994 年，这段时间我们在澳大利亚把 VirtuoZo 实现商品化。首先一个问题，他看到我们开始，见面就说这玩意不行，所以教我们做了很多试验，经历了很长时间。当时我们跟他们签合同的时候，的确很艰难，但是很有趣。这样一个谈判的过程，结果还挺好。

澳大利亚是个英属的体制，跟其他国家不一样，因为它是英属的体制，所以谈判，谈商业合同，它在法律这一块上，一个字一个字抠得非常厉害。他为了签这个合同，合作不是在 1992 年到 1994 年吗，他在 1993 年到 1994 年，就首先花了一万美金，去问香港了解我国有关知识产权的有关条文。他花了一万美元得到两句话：第一条，你拿到的这个软件，它的知识产权是属于他本人，开发者的，不能盗版；第二条，政府允许出口，要是不允许出口那就更麻烦了，国防的，保密的东西更麻烦。这两条信息他就花了一万美金。然后就要我们出具有关证明，一个是知识产权证明，第二个呢，国家测绘局要出证明，允许出口，达到这两个要求，符合我们国家的知识产权法。这是前奏。之后要签合同的时候，整个合同，大家可以看到，这是有 22 页的合同(图 1.2.10)，是律师事务所起草的合同。起草完了以后，他首先用传真发给我。律师的语言我就更不懂，但基本还能知道一条，知识产权最重要，那时根本搞不清这玩意儿。22 页里面的语言，这 12 条不是我搞成的，最后他成稿，搞不成以后把那 license 也弄丢了，因为变得太复杂以后，他们自己也搞不清楚。所以最后他传真过来，我们看了一下。看了以后，他当时给我讲：这个传真里面，如果当时有比较好的资料保存下来，我们国家的数据库的建设，数据的保存啊，确实太差了。包括我今天讲的很多照片、资料，如果我当时没有保留，这个原稿早就不知道哪里去了。照片照下来，扫描可能扫下来了，但传真过来的原稿子，就完全找不到了，肯定全部没有了。当时他给我们谈知识产权，到 1992 年之前，跟他合作之前，知识产权全部属于武测。在 1992 年合作以后，VirtuoZo 的知识产权就是两方共有，这个大家听起来肯定是合情合理。但是有一条，如果是这一切都同意的话，那可能就没有今天的 VirtuoZo 了，那知识产权是人家的。所以我们用了近两个礼拜，花了一个多礼拜，就谈知识产权。我肯定不放这个知识产权。从下飞机开始，我就跟接我的那个人来往过几次，他在合作之前就来过，买这个 VirtuoZo 时他来过。我就跟他说了一下。我说请问你自己对文本全懂了没有，我相信他也没懂，他说他也没懂。我说你不懂就叫我签字，这合适吗？他说所以我们不是请了你来谈吗？谈了以后他们的确感到我们抠得非常紧。第一条我就说，我们两年的合作时间，他们的确提了很多建设性的意见，但编程还是我们编的；第二个我们国家测绘局整个投入一百二十万，投入那么多人力，直到 1992 年出产全是我们的。最后我说，按照你们的要求，1992 年以前的原始版本成果是我们的，1992 年以后是共享。我说这个事你要谈分家，一个软件一除以二，最后谁也没有谁，什么也搞不成。所以一分家的时候不是这一段和那一段，而是整个整体共有。实际上我这块没有，最后只供你们。我咬住这一条始终不放，否则我没法交代。最后谈了一个礼拜，不是公司的人谈，是跟起草合同的律师谈，当时总代理就是吴晓良，刚才我们看的照片有一个就是吴晓良，是我第一个博士生，他也是当时自然科学基金二等奖的获得者，他排在第四名，我们有五个人(当时也不知道为什么只允许五个人)反正当时只派了五个人。他是第四个，但他已经到澳大利亚去了，当时他还是学生，他不发言。所以，我是一个人跟他们律师对付了一个多礼拜，最后他们没法子就同意了。

图 1.2.10　VirtuoZo 合同

第二个谈销售，销售他们提出来一条，也是非常不利。谈判首先要承认你这个合理，不能胡搅蛮缠。他说你一套东西，所有的，很多国家都已经销售了，我就是这个销售权，从一个完全不成熟的软件，到成熟，去销售，这样，我必须要有全球的销售权。这个销售权实际上是 give a license，它叫做 So Exclusion，还要排外，国家占有。所以这个东西就是讲排外性，任何人不能再有这个 license，这个合同只能发给他，这就是法律文本。这就可以看到，这个法律文本里还有什么东西，还有涉及语言啊，什么的，非常广。后来呢，我说这很有道理，我应该是认可这个条约的，但是谈判慢得像蚕食一样。我说中国就不应该由你们去销售了吧，我出口转内销，我发给你，你发回来。他说你说得有道理，中国可以不要。我说否则我更不好交代了，这个出口转内销。然后慢慢地谈呢，我们讨论的商务，不涉及政治问题。中国不只是大陆，还包括台湾，香港，都是中国的（当时中国香港也没有回归）。我说这个政治问题更不好谈，他说也有道理。然后我说日本，我们跟日本正在谈。我说你又不懂日本，你还没开始销售呢，你们把那么多国家拿去有什么用呢，日本我们已经有谈的了。他说好好好，日本也给你。我说将亚洲给我们（笑），其他全给你们。这个销售，整个二十几页里面，他就把我们所占有的国家，一个国家一个国家的名字列出来了，为什么这样，不能用亚洲，因为中东传统的市场是欧洲市场，中东要寻求产品，一般都是向西方寻求，找欧洲，我们也不知道什么时候到中东去，这次的话我们就可以看到这个，记录下来，把所有的我们能销售的国家都罗列出来，这个其他的就是他的，这就是历史文本的所有归档详情。下次我想我们的同学有机会做产品销售的话，我觉得应该学一下这个再出来做销售。后来就比较顺利了，因为其他的地方他给我们每套分的是 20%，他销售一个 license，就给我们 20%。当时一套，要 4 万澳币。给我们一套就是一万澳币，所以武测当时是拿了一些澳币。在这里还有一个插曲，就是 VirtuoZo 这名字可能非常拗口，这个在谈判过程中也谈了，这个不是主要的。谈的过程中他们就提出了这个名字，我们叫（SODAMS），SODAMS 这个名字实在是不好，为什么不好呢？他说第一条，我们不喜欢用技术的语言压缩成产品名字。第二条，他说你们的 SODAMS，因为当时刚刚第一次海湾战争，这个萨达姆的名称不是很好，他说你这 SODAMS 念快了就像萨达姆。我说这好像也是啊，这个萨达姆肯定不怎么好听。然后他说，我们叫 WuDAMS 也不行，他说这个 wu 你去查英文词典，没有这两个字母开头的英文单词，只有你们中国的拼音，wu，没有这个词的，WuDAMS 发不出音。这个不是原则问题，我说好，干脆你们起名字算了，他们就起了 VirtuoZo，他的哥哥刚好是从事商标行业的，他起的这个名字的确非常好，VirtuoZo 本义是一个非常好的经典的东西。这个应该是两个 o，它变成一个 o，它不是元音，这个 Z 含义，XYZ 嘛，就是三维。我有一次跟澳大利亚的教授讲起这个 VirtuoZo 的名字，我说你应该理解意思，我就不介绍了，他说的确是不错的名字。我们后来把这商标从澳大利亚买回来，又花了六万块钱，才有了 VirtuoZo 商标注册权。所有涉及商业活动这方面，包括商标，等等，都有注册权。

第一次是 1994 年，在黄金海岸，澳大利亚的一个测绘学会的展览会上，开始推出这个 VirtuoZo，这是（图 1.2.11）他们的展台。刚才我说的商标名称，就是他哥哥取的。这是（图 1.2.12）他们出的那个第一张广告，这个大石头 Ayers Rock，不知道你们知不知道，这是澳大利亚中部，一个非常大的岩石，转一圈要十来公里。这是（图 1.2.13）他第二个

图 1.2.11　澳大利亚 VirtuoZo 展台

图 1.2.12　VirtuoZo 第一个广告

广告。我们回来以后，这是那个(图 1.2.14)David，就是起商标那个，在重点实验室签字。这是(图 1.2.15)王之卓先生专门为它写了篇文章，所以它整个一套商业活动是很全的。特别是举行了(图 1.2.16)很多展览，我们 1995 年在美国展览的时候，他就传了一句话，很鼓舞人的一句话，他用了一句话叫，stole the show，意思就是把主角抢过来。大家可以看到，VirtuoZo 的柜台是很小的柜台，跟 Zeiss，WILD 之类的没法比，主角是他们。但是这个软件确实有它吸引人的地方，它速度比较快，而且现场就可以看片，2 维到 3 维。当地的公司，自己看完后把其他人又叫过来看，所以有时排队看，他感到非常自豪。

图 1.2.13　VirtuoZo 第二个广告

图 1.2.14　VirtuoZo 商标命名者

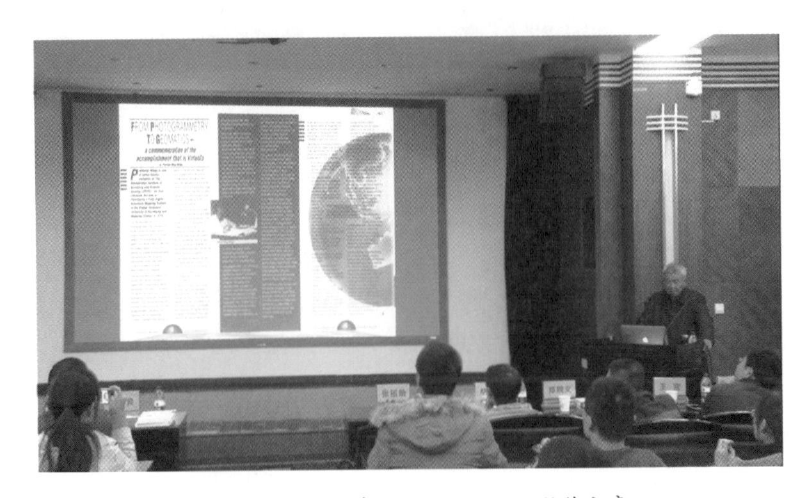

图 1.2.15　王之卓先生为 VirtuoZo 所作文章

图 1.2.16　VirtuoZo 参加各种展览

这张照片(图 1.2.17)大家可能不知道，这是阿克曼(Akkerman)，这是李院士的导师，这是维也纳大会的时候，他们在做介绍，由他们做销售。为什么说当时有一定的名声呢？包括商业，特别在学校里面，他们国内一开始就装了，用它来做巴比扬大佛的重建，很多地方都会提到 VirtuoZo，在国际上产生比较好的影响。在 1996 年维也纳大会的时候，Glasgow 大学的一个教授，还有徕卡的产品总监 Stewart，回顾了 1992 年到 1996 年，四年间整个摄影测量的进展。其中，对 VirtuoZo 的评价应该是比较高的。特别让我感兴趣的几句话，实际上我们国家的语言非常非常丰富，但是为什么四个等级，没什么话讲。这个时候，你看(图 1.2.18)，“这里羽翼丰满”，这个，“with many innovative features”，这个也一样创新了。但我觉得，这个“羽翼丰满”，包括“全球竞争”，这个就很厉害，我就感到非常满意了，这个产品能真的传到全球皆知。

Armin Gruen 有一次在这个会议室，在重点实验室学术委员会开会的时候，应该是 2016 年。我听他说了一句话，他说，无疑，这个重点实验室在全球的位置很高了。当然，不光是这个重点实验室，中国现在摄影测量发表的论文很有水平，但是在国际上面能够拿得出来的东西，还是要说一下 VirtuoZo。我在旁边加了句“maybe”，可能算一个吧。VirtuoZo 应该算一个，当时在国际上确实是有一定影响力的。这影响不仅说我们是 1994 年推出来的，1996 年能够在这个第三方非常系统描述这个软件，全球皆知。而且一直到了 2000 年，当时在摄影测量大会的时候，在一个学校，讲冰川研究的事情，除了蔡司和其他两个，它用了 Match-T，LHS DPW770，还有一个 VirtuoZo，他将三个系统进行比较，VirtuoZo 是最好的。速度很快，快一个数量级，其他我搞不清楚了，但的确速度很快，现做现看。后来我当评委的时候，他对我讲过一句话，当时他们看到 VirtuoZo 的时候，他就

图 1.2.17　李德仁导师 Akkerman

图 1.2.18　VirtuoZo 国际评价

觉得很惊奇，只需要一刻钟，照片就可以变成三维效果显示。速度快是非常非常重要的，对于我这个速度来讲，Nova 机也好，TQ16 也好，就速度来讲，没有速度就没有今天的 VirtuoZo。所以这个快一个数量级，我觉得是很重要的。包括日本的 Shunji Murai，2002 年 9 月，他在日本的《测量杂志》上发表了一篇文章，叫《中国的 IT 产业登陆日本》，最后一句话说：我想我们已经到了该向中国学习的时候了。所以当时 VirtuoZo 还是有一些影响力的。包括我们现在的摄影测量协会主席，叫 Christian Heipke，他在《GIM》杂志上，把 VirtuoZo(Supesoft)——当时销售 VirtuoZo 的公司叫 Supesoft，列为第一类摄影测量产品，应该说这个是比较有威望的。当时的销量，网上介绍的是一千套，实际上是不正确的，最少一万多套。因为我也不关心这事，我来管这个干啥，当时适普他们最清楚。适普给我做了这么一个东西。全球的总销售量，占到全球总销售量的41%，应该说不止那一千套。特别在学校里，可能很多接触到中国的摄影测量的人，都会提起 VirtuoZo，操作比较简单速度也比较快。这个 VirtuoZo 对我国摄影测量的生产产生跨越式发展起到推动作用，我想应该不用讲了。

我就说一条，数字摄影测量的发展过程大家了解得也比较清楚了。很早之前，20 世纪 60 年代开始，数字摄影测量，然后 70 年代，一直到 90 年代，到 2000 年，到现在。但是数字摄影测量应该说到了 1992 年就开始推出，到了 1996 年，应该说 1994 年我们就参与到这个行业里面了。但是，应该说“全数字化摄影测量”这个词，那个时候还没有实现，为什么呢，因为有一条，我们当时还是用扫描仪进行扫描，只有到了 2000 年以后“照相机的胶片是最好的载体”这个神话破灭，这个时候才实现了真正的全数字化。但是当这个时候实现，大家很高兴，但问题产生了，新的东西实现，反过来说，老的东西的时代也终结。如果说我们的数字摄影测量时代，在国内来讲，国内主要就是我的 VirtuoZo 和刘先林的 JX4。有些人说，刘先林是我们的竞争者。我说有了竞争才能做得成事，做得好就可以，做不好你就自动退出去。这个无所谓，竞争就是这样客观公正。但是现在的话，这个竞争者就远远不是摄影测量自身，我们明知过来的是新时代，紧接着信息和智能化的时代到了，这个时候我们就很高兴，就是数字摄影测量从最艰苦的时代都过来了，很高兴能把它结束。在这个时候，我刚才也讲了，学摄影测量很费钱，因为过去只有同济大学，军测，有一点点摄影测量仪器，可以招摄影测量学生。那么贵重的仪器，几十万，几百万，只能一个人来操作，根本做不成，所以完全是贵族身份。所以，数字摄影测量使摄影测量从贵族走向平民化，这条是事实。现在到了什么时代呢？人人都可以玩摄影测量的时代。玩，我是很喜欢，大家不知道，我在朋友圈里状态发得很少的。我常常说一些话，不知道你们知不知道，爬树也可以成为旅游景点，哎——“我要去爬树，在澳大利亚的西部，树高 60 米，我就上去了。”当然我爬 20 多米啊，因为上面是瞭望塔，看森林火灾。现在肯定用不着了。现在都用遥感来看，不用到 60 米的树顶上去看火灾。所以说这个成了旅游景点。所以我对玩可能是比较有兴趣的。但是学问要学到玩的时候，可能要做到一个境界了，因为很轻松了，并不觉得是负担。没想到的是，那次王之卓先生过来参观说了这句“好玩吧”。我刚刚看到，这个陈省身是数学大师，南开大学数学系，江泽民给他两个亿，培养了好几个人才，就是数学非常厉害。但他还有说“数学好玩”，如果你们到网上去找“陈省身”、“数学好玩”的话，就可以找到这个。

现在摄影测量从宝座上走下去，的确是走向平民化了，现在这个东西我想没时间报告了：人人都可以玩摄影测量，手机都可以玩摄影测量，都可以玩 3D Scanning，扫描完了就可以打印出来。应该在这个月初，我们测绘的技能竞赛，教育部的技能竞赛，刘延东是组长，都是很重视的。原来我们的技能比赛，都是只有大地、工程，就是一个测量。在 2016 年 10 月 5 号，在南阳举行了首届全国无人机测绘技能竞赛，他们说明年(2018 年)三四月份还要办一次。8 月份要报教育部，变成全国性的摄影测量技能赛。用无人机就可以做测绘，谁都可以玩。当时参加这个竞赛的有 39 个高校和一部分本科学生。他们一看是摄影测量，感觉高不可攀，高科技，做不了。后来一看用这个就可以做摄影测量，从外业飞行，内业处理，一天就做完，所以的确走向了平民化了。这个(图 1.2.19)不知道大家知道不知道，陶本藻原来是武测大地系的系主任，平差专家，他是竞赛每场必到。当时我们是 4 号，刚从北京工程院士选举回来，5 号闭幕式的时候，我和毕卫民书记一块去，龚健雅去北京开科学院的选举大会，他没去，所以陶老师来主持这个竞赛。

图 1.2.19　陶本藻

5. 由 VirtuoZo 到 DPgrid

我们再回顾一下这个 VirtuoZo。VirtuoZo 这几年应该说还是有所发展的，而且发展应该还不小。它总的发展是从 VirtuoZo 到 DPGrid，从单机到网络处理，这就是我们的 DPGrid。这里我引用了张永军今年(2017 年)申请国家科技进步奖的几张照片。如果说过去我们是跟澳大利亚合作，那么现在我们的 DPGrid 就是跟 ESRI 合作。这方面我就不仔细讲了(图 1.2.20)，给全球 500 强里的多少人提供服务之类的。这也说明 VirtuoZo

从 1994 年开始到现在 DPGrid 的进步。但是总的来说，我的看法是，我们应该铭记的不是摄影测量的竞争对手，真正的不应该是对手，而真正的竞争者是计算机视觉。所以这一点，特别是我刚才讲到的，数字化和信息化，在这计算机界，是一个最大的竞争对手。

图 1.2.20　VirtuoZo 影像范围

这些(图 1.2.21)都是胡翔云老师发给我的东西。在这里我想说的是，我们不是没有走网格的道路，没有走并行处理的道路，在高性能计算机的扩展及发展上，做得还是不够，特别是对我们云计算的云平台，根本不够。我们总喜欢做自己的东西，所以这一点的确可能会落后很多。包括我们跟 ESRI 合作，ESRI 可能会算得很好，我们可能就算得没那么好。原因是什么呢？它整个都是用云平台来计算，速度快得不得了，我们跟不上他的速度。速度快和不快就完全不一样，差两个数量级，100 倍的话，那就完全没法比，差到 3 个数量级，那就完全不是一回事了，这对我来说是切身体会。所以我就说，带 GPU 的深度学习，我们还是做得不够，我们在 GPU 的并行处理做得比较多。在这里(图 1.2.22)引用的几条，包括了 GPU 的深度学习，这个网格处理，我看了一下，这里有几句话，就是——深度学习，可能是低谷，坐了三十年的冷板凳。有的是人工智能三十年，有的是二十年。“人工智能”是从 1956 年开始提出的，有高潮，有低谷，那个时候计算机还远远达不到人们对它的期望。老板愿意投资，你才能往上升，做事业你做不到，就没有人投资。而这二三十年的过程中，刚好我们在拼命干，还干出来了。我们做得很苦，但有的人就 forget it，忘了。但 20 世纪 90 年代以后，SGI 工作站做出来以后，速度就快了，到 2000 年，特别 2000 年以后，我觉得这就完全不同了。

图 1.2.21　人工智能

图 1.2.22　GPU 深度学习

在这里我还是要说一条，回到这(图 1.2.23)上面来，人工智能。可能王老先生，大家说起来就是，全数字化就是他提出来的，没问题。但是可能一说人工智能王之卓，这个好像没听说。我给大家在这里也讲点故事。1987 年，我当时还是系主任，周忠谟是校长，宁津生是副校长，当时陈俊勇是测绘学会的会长。当时测绘学会的理事会在海南召开，1987 年什么时候呢？1987 年海南还没有独立成省，还是广东管辖的一个区。所以还是算在广东省，我们的会，就是到广东去开。现在讲起来也有去玩的意思，但那一年的经济比较困难，大概整个学校里面压缩了经费，宁津生和周忠谟就没去，经费不足就不去，但是王先生当时并不知道这个情况，他就推荐了两个研究生，一个是张文星，计算机系的，后来是计算机系的副院长，还有就是李海鸿，是我的博士。两个人开发“所见即所得”人工智能，那时他就给我讲 Prolog 语言，人工智能的计算机语言，用逻辑的语言来表达，就是人工智能。整个项目后来也得了国家测绘科技进步一等奖，这也很不容易。当然这个项目并不能够算成功，因为当时计算机条件完全达不到这个要求。但是我跟大家说的，从王之卓先生，说要做人工智能，叫学生给我们老师们讲课。但是这些东西我们现在好像还不多啊，我希望今后我们的学生能够给我们的老师去讲课。

图 1.2.23 王之卓与人工智能

好，最后我想给大家看看，我们现在的人工智能的影像。现在这个计算机视觉推动了我们的摄影测量，第一条，我印象最深的一条，把我们传统的摄影测量航线淘汰了。做航空摄影测量，这也是第一个要学的，你的航线要 60% 的重叠度，现在我们的航线全没有了。这个(图 1.2.24)是我们 2014 年做了以后，当时这个农场主要求视察他的农田，长势情况怎么样，他外面就是无人机，他把无人机放出去，怎么飞他不管，铺满了以后就能把正射影像做出来。所以，计算机视觉进来了以后，才帮我们打破了这个，不然我们在这个框框里面永远出不来，所以计算机技术对我们有极大的提高。这个人工智能对于我们而言也是极大的提高。

最后，我想，我希望，引用 Gruen 的一句话，希望能够把我们的论文也要写在祖国大地上！希望我们的各位年轻人，将智能化、信息化的摄影测量，比我们数字摄影测量，更上一个台阶！好，谢谢大家。

图 1.2.24 农场主的无人机航线

【互动交流】

主持人：非常感谢张院士给我们带来的报告。今天张院士用风趣幽默的方式为我们介绍了 VirtuoZo 艰苦又好玩的研究进程，然后又有趣又艰难的销售谈判过程，以及到最后获得可喜的成果。同时，张院士还带我们一起回顾了他从本科到现在，六十余年的求学和科研之路，还为我们分享了许多有趣的小故事，然后在张院士的报告中，我听到他提到过很多"好玩"这个词。说是"好玩"，但我觉得主要是因为有着对摄影测量的热爱和不断创新的精神才能够达到像张院士这样"在科研中玩，在玩中科研"的境界。让我们再次用掌声感谢张院士为我们带来精彩的报告。下面进入提问环节。

微信提问：在 VirtuoZo 的研制过程中，想必困难重重。请问，在这样一个过程中，您是怎样建设团队然后提高团队凝聚力的？

张祖勋：VirtuoZo 的成功，不是一个人的成功，而是整个团队的成功。我曾经在武测一次开发设备的会议上说，一个项目要想做成功，仅仅靠教授、靠博士是不行的，还需要高级的试验员。当时我就举了徐轩的例子，徐轩我们当时是叫他轻工，1975 年进来的工人，后来在四川成都电子工程学院读过两年书，是专科。但他的手非常非常巧，如果没有他的话，我们根本就玩不转。在这里我要给大家讲一下他的故事。我们刚才讲的，设备全套从英国进口来的，除了刚才看到的三个设备以外，还有一个是叫 Kyborb，一个叫 Lineprinter，大概三个月后这个 Lineprinter 的滑尺坏了。后来英国来人修，弄了半天也没修好。他说，我回去再寄一个，等他回去了以后又说，你把坏东西寄给他，他再寄过来。哇，那一去一来多久啦。我们这个徐轩不仅懂电，手也非常巧，他说我试一下。实际上这个油是卡住的，要拆开的确精细手巧才能做到。他的故事很多，我在这里也不可能全讲他的故事。但的确，他帮了我们很多。我到香港理工大学的时候，学习三个月，学汇编语言、Java。我们这个 256K，他去了半年，就是学怎么维修我们这个打印机。后来我们重点实验室有个系主任访问欧洲两个月，包括好几个人都出去了，我们航测系去的就是徐轩。因为我们觉得，该投入的要投入，该回报的要回报。这样才能把团队聚集起来。但是有一条，必须要靠团队，我记得许光明，工程院院长，曾经有一次讲过，什么叫搞工程，什么叫团队，就是大家围在一块，做一件事，这事才能做得成。创作文学作品的人就得下乡，我半年关起门来，可以把一部小说写出来。工科的就完了。数学可能还可以，有的人可以背公式，其他的，物理化学，我看都不行。这也就是说团队是非常重要的。

现场提问一：您是如何看待地图制图综合问题以及 GIS 室内定位这两个方向的？如果作为未来的研究方向哪个更合适？

张祖勋：这两个不同领域叫我怎么比。地图综合的确是个难题，根据我了解，地图综合我接触时间也比较长，因为我当时在武测制图系，毋河海是最早从德国回来的，他就是在做地图综合，后来研究数据库，当然地图综合确实是个比较大的难题，包括我们郭仁忠院士都这样认为。但是现在北京有人做得也挺好。地图综合与室内定位，这是两个东西，你说这叫我怎么比。不过就目前来讲，室内定位的确是非常重要的，室外摄影测量在做，而且进展应该是非常顺利的，成果比较多。室内定位可能研究得更多，研究的人可能也更多。我看到同济大学，也还不是测绘人做的，做电子的人在做。所以你这个问题我很难比较，难以回答。

现场提问二：您如何看待航空摄影测量未来发展？目前计算机视觉已经得到了迅速发展，在这个过程中，三维重建这一块您怎么看？

张祖勋：航空摄影测量这一块我可以发表感想，很多人问我，摄影测量往何处去。我说摄影测量还是摄影测量，摄影测量有测量两个字。摄影测量和计算机视觉最大差别是测量。测量是讲精度的，而计算机视觉做出来的结果，我相信很多软件它没有精度评价。它做不出来，甚至进去的数据错了，它也给你一个错的结果。能不能用呢？这就是计算机视觉。而也有人跟我说，计算机视觉一开始，本身就是要给测量用。包括现在，不光是同名点识别，点云产生的问题。计算机视觉肯定走在摄影测量前面，这是毫无疑问。包括大规模的解算，也有很多，那也比摄影测量好得多得多。为什么呢？它从来不会死机，摄影测量里面，张永军可能知道，弄不好，摄影测量它会大几率死掉，解不出来。但摄影测量解不出来以后呢——这又证明了它，我觉得这就是摄影测量和计算机视觉最大的差距。包括我现在说的相机标定，相机检校，过去很早的时候，研究就开始了，因为不仅摄影测量，计算机视觉里有大量文章讲相机标定，现在几乎就没人讲相机标定。当然你可以看一下，这样标定起来精度怎么样，没法看。有没有一个未知数的中误差，没有，它不讲这个。因为我们知道，这个摄影测量里面有一个方程，逆矩阵是非常非常重要的，能够解释很多问题，但是计算机视觉目前来讲，只要结果，逆矩阵是不给你的。因为矩阵到底有多大，它的解算方法，这里我们大部分人也不知道这个过程。所以我觉得差距还是在这里。计算机视觉关心到精度还有一段时间，相当一段时间。

相对于摄影测量来讲，计算机视觉历史可能并不长。上一次遥感日，龚院士在做报告的时候，介绍了一下 SLAM，他说 SLAM 是一个单航线的摄影测量。我没有发言权。我在网上看过一点 SLAM 的，但是它就是一个序列，如果照片在这物体周围转一圈，和原始照片又重叠了，它才能检测相应的闭环。如果把它开了口，这个物体的网不闭合，可能就有问题。我没有做过 SLAM 应用，也没有测试过，我没有发言权了。但是我觉得摄影测量和计算机视觉还是有一定差距的。测量必须讲精度，测量必须讲规范，没有规范，就不成摄影测量。不仅是摄影测量，工程院很多院士做了这个标准啊，论证啊，计算机视觉从来没有规范过。工科和自然科学之间，计算机就更偏自然科学，还是有差距。所以说，摄影测量以后什么样。我觉得摄影测量肯定有自己的一套，不过要重新向计算机学习。上次我问过 Forstner，德国的一个教授，我说你这有 Forstner 算子，还有一个类似的算子，Harris 算子，后者在网上能查到成千上万，Forstner 算子查不到几条。他本身学数学，他极力提倡计算机视觉。我说好像计算机的不理我们。他说，是啊，所以我们提倡计算机视觉，否则人家更不理我。所以，摄影测量和计算机之间，我相信还是有差别的，看它有没有可能出规范。它现在最大的问题就是，不管好坏，都会给结果，这是最大的问题。那些结果，都让我去检测，那不可能的。所以研究不要紧，但从生产来讲可能还不够。目前生产单位问我，计算机视觉里很多软件，包括 PhotoScan，Smart3D，pix4d，等等，一个大程序，很多照片传进去，做做做做，嘣，做不通，死了。怎么死了？死在那里？不知道。然后就分区，然后再崩，再分区。可能你这个区五万张照片，一个礼拜做完，这就很顺利，弄不好半个月一个来月，弄通了，好了，测试精度好了，行。所以我了解的，很多人都在用这样的软件，包括我们四川省测绘局，但是它也会用控制点来检查，它的自动化程度也高，就这么去算吧。所以他们整个空三和正射影像这一块三维重建出来的，生产单位还没怎么做。整个四川省测绘局才几个人，整个局的空三和正射影像的，六个人，下面测图的就这几个人。

第二个就是计算机视觉，都在家测图，包括这个"SLAM"和"mapping"这个词。上次龚院士也说了，"mapping"不太好，这个"mapping"不是我们讲的那个"mapping"，如果换掉它可能比较好，"Modeling"，建模比较好。SLAM 就是这个定位和建模，但是它名字全称就叫"mapping"，和摄影测量里面差不多。但摄影测量跟它完全不是一回事，要属性，要地名，这玩意乱七八糟的，还有地名库。所以这里面还是有差距的。

现场提问三：您提到摄影测量面临计算机视觉方面的竞争压力，我们找工作的过程中也发现有一些本来跟我们摄影测量没什么关系的企业，比如华为、大疆，甚至百度、腾讯这种企业，也开始做我们这些业务，三维重建之类。并且他们有很多摄影测量方面的人才需求。在这种情况下，您对我们应届博士或硕士找工作有什么建议或者看法？

张祖勋：这是大好事，这是扩宽你们就业渠道。我们课题组孙明伟，华为就把他请去了。我那个时候还在澳大利亚，发短信告诉我，他说希望我同意他去，他说工资可以好几十万。我说好几十万不错，不是二三十万，要超过五十万。所以这样很好的，用摄影测量知识。我曾经到北京，腾讯他们有个微景天下，这个公司里看过，他们有 2013 年理工大本科毕业生，做制图的，花了两年时间把整个国外的三维重建的开源代码弄过来，他能把这个西藏的四百多张照片，还原出它原来大小。我就说你这样钻研进去，有这个技术，还是可以做一些事的。

现场提问四：您是江苏无锡人，李院士也是江苏泰州人，王之卓先生中学时期也是在江苏度过，所以，你们师生之间是不是也带有一点乡情？

张祖勋：没有(笑)。王先生接触时间比较长，我当时跟王先生学习，我毕业以后，他当系主任，我就当了两年系秘书。在系办公室，王先生是系主任，黄老师是副主任，我这个江苏人王黄不分，问清楚才能接电话。因为我们那里有个电话，要系主任来接电话，跟他之间就是这样。

主持人：非常感谢张院士为大家解答问题。今天的报告就到这里，让我们以热烈的掌声再次感谢张院士！

（主持人：龚婧；摄影：杜田、赵程；录音稿整理：罗毅；录音稿校对：许殊，赵书珩，史祎琳、王源）

1.3 博士研究生学习

——从技能到智慧的全面提升

（李志林）

摘要：李志林教授首先对“为什么大学要做科研?”“为什么要读研究生?”“为什么在英美国家博士要叫做 PhD”这三个问题进行了阐述，然后重点论述了科学研究的本质及 PhD 要学习的 5 大方面的内容：研究哲学、研究方法、研究态度、研究道德及研究智慧，最后结合自己的体会讨论“怎样能提高科学研究水平”。

【报告现场】

主持人：各位老师、同学，大家下午好！欢迎来到 GeoScience Café 特别讲座。我们在硕士与博士做科研的过程中，除了专业技能的提高之外，自我成长也是十分重要的。埋头读文献、踏实做实验必不可少，而抬头看看路有时也是很重要的。

本期讲座李志林教授将为大家阐述为什么大学要做科研？为什么要读研究生？为什么英美博士要叫做 PhD？PhD 要做些什么？学些什么？

下面让我为大家简单介绍一下李教授（图 1.3.1）。李志林教授是香港理工大学土地测量及地理资讯学系地理信息学讲座教授，也是西南交通大学特聘教授（兼职）、高铁运营安全空间信息技术国家地方联合工程实验室主任，“杰出青年基金”（海外）获得者、国家“千人计划”入选者。李教授是《国际摄影测量与遥感学会丛书》主编、《英国制图》杂志（亚洲区）主编及多个期刊的编委。他曾任国际制图学会副主席（2007—2011）、中国测绘学会名誉副理事长（2007—2011）、国际摄影测量与遥感学会顾问委员会委员。李教授从事教学科研 30 多年，先后出版中英文专著各 2 部，在国际期刊上发表 SCI 论文 120 多篇。

现在让我们用热烈的掌声欢迎李教授作报告。

杨旭：还有一个职务，你忘了介绍，就是测绘遥感信息工程国家重点实验室客座教授。

李志林：对！这个最重要。当年顾书记在的时候，专门给我们颁发了学校讲座教授的聘书。各位，今天我作的不是学术报告，学术的问题明天在遥感学院再谈。今天我来谈一些自己对科学研究的体会，因此可能带有个人偏见，不对的地方敬请指正。大家知道年纪大些的人，话就多起来了，该忘的忘不掉，该记的记不住。所以，我的讲话可能会比较啰嗦，敬请原谅。今天我们随意些，有问题时，你们可以随时打断报告。

图 1.3.1 李志林教授作报告

1. 我的学习与科研生涯

我毕业于西南交通大学。西南交通大学建于 1896 年，当时西南交通大学英文名叫“Imperial Chinese Railway College”，很洋气的名字；中文名叫“山海关北洋铁路官学堂”。它是由时任直隶总督王文韶上奏、光绪皇帝御批而设立的中国第一所工程高等学府。图 1.3.3 是中国大陆现存最早的大学毕业证，它就来自西南交通大学。1900 年，八国联军入侵，山海关沦陷，学堂教学被迫中辍。后来 1905 年在唐山复校，改名多次，在唐山时期的名称是唐山交通大学和唐山铁道学院。学校曾跟上海交通大学一起合并成“交通大学”。当时的交通没有什么飞机，也没有什么汽车，就只有铁路和航运。上海的特长是航运，唐山的特长是铁路。西南交大的交通运输学科一直是全国第一，但总体排名比武汉大学差了些，国内排三十几名。不过，西南交大在培养高铁人才方面是响当当的。举个例子，京沪高铁获得国家科技进步特等奖，50 个人上了英雄榜，其中有一半是西南交大的校友。所以，如果大家坐上高铁时没有想到西南交大，那是西南交大的宣传不够成功。如图 1.3.2，展示的是西南交通大学的真空管道高铁实验线。

我在格拉斯哥大学待了四年半，因为是硕博连读，所以待的时间长一些。格拉斯哥大学大家应该不是很了解，它在全世界的排名 70 多。但是其中有几个人，你们必须知道。瓦特(James Watt)知道吧？他当时是格拉斯哥大学土木工程与机械工程的教授，他改善了蒸汽机，开启了工业革命。还有亚当 · 斯密(Adam Smith)，当时是伦理哲学教授。因为当时工业革命爆发在格拉斯哥，自由市场很兴旺，所以诱发他创立了资本主义经济理论。还有开尔文(Lord Kelvin)，是自然哲学(物理学)教授。这个人大家一定知道，中学读物

图 1.3.2 西南交通大学的真空管道高铁实验线

（图片来源：http：//www. 360oc. cn/imagelist. aspx？versionid＝41605001 & pagenum＝8）

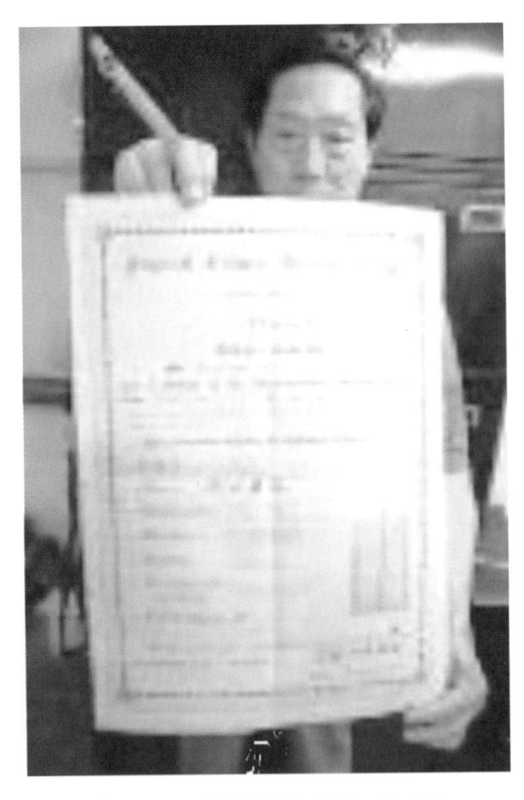

图 1.3.3 中国大学最早的一张文凭

（图片来源：https：//cms-bucket. nosdn. 127. net/catchpic/5/57/5746dc5cb6051c8a4608f31ef57747024. jpg）

理的时候有很多开尔文的理论/定律，绝对温度的单位"K"就是他的名字的缩写。他是和牛顿一块儿被葬在伦敦西敏寺(Westminister)皇家大教堂里的大科学家。其他的就是至今拥有的7位诺贝尔奖获得者和一位英国首相。之后我就去了纽卡斯尔大学，然后到南安普顿大学，继续往南走就到了柏林工大。柏林工大对你们来说有什么特别之处吗？你们应该知道，那是当年王之卓老先生获得博士学位的学校。后来我就飘洋到西澳的珀斯去了，据说，珀斯号称为“世界上最遥远的城市”。1996年我到了香港理工大学，一待就是二十年。2011—2014年，我在西南交通大学地球科学与环境工程学院任创院院长。

2. 为什么大学要做科研？

从前，大学的理念就是传授知识，一般就是老师讲、学生听。以早期法国、意大利大学为代表的大部分欧洲大学讲授专业知识，训练医生、律师、神职人员和技术人员，而以英国的牛津、剑桥为代表的大学是培养绅士的“博雅教育”，教师引领学生阅读经典著作，陶冶学生的情操。所以，牛津和剑桥当时是不接收平民子弟的。19世纪初，伦敦大学的建立就是为了打破阶级壁垒，让平民子弟也能接受高等教育。但是老师仍然只授课、不做研究，这就带来了许多问题。耶鲁大学门口的两座浮雕(图1.3.4)就反映了当时的状态：台上老师侃侃而谈，台下学生昏昏欲睡(图1.3.4(a))；或是老师酣然大睡，而同学却在台下争辩得不可开交(图1.3.4(b))。

(a)

(b)

图1.3.4 耶鲁大学门口的浮雕

(图片来源：http://you.ctrip.com/sight/newhaven36624/138777-dianping-92.html)

面对这个问题，1810年，德国洪堡兄弟构想“透过研究的教育”，提出了让学生与老师一起做研究的想法，创建了柏林大学(现柏林洪堡大学)。也就是说，“大学的教师不单是‘教导者’，而学生也不单是参与学习过程的人。学生应能自发研究，教授则是给予学生指导、帮助”。洪堡的理念第一次以探索知识作为大学的目标，从而将大学从一个纯粹的教学机构变为教学与科学研究相结合的机构，科学研究开始在大学中占据核心地位，柏林大学成为“近代大学”的鼻祖。

在德国大家能看到很多洪堡兄弟的塑像，当时的马克硬币上也印有他们的头像(图1.3.5)，还有用来纪念他们的著名奖学金——洪堡奖学金。你看中国有哪个教育家的头像能够印到货币上？这说明了洪堡兄弟对德国教育的影响特别大。

经过洪堡兄弟改革后的德国高等教育彻底改变了德国的工业进程。德国在自然科学领域获得的诺贝尔奖数目世界第一，工业长盛不衰。在欧洲范围内德国的出口水平最高，其中洪堡式的高等教育功不可没。

(a)

(b)

图 1.3.5 马克币上的洪堡兄弟像(a)和洪堡兄弟的塑像(b)

(图片来源：(a)http：//www.e1988.com/picshow/？type=1&Id=313401&bigcategory=A

(b)http：//blog.sina.cn/dpool/blog/s/blog_41345d5c0101f54k.html)

1937 年，美国教育学家克拉克(Clark Kerr)将这种教育制度创新概括为实验室与研讨班(teaching-research laboratory and teaching-research seminar)。这样，上课后学生们可以到实验室做实验。这就是近代西方教育的理念。所以，在西方和香港的大学，一门课一定包括讲课和实验两部分，学生一定得动手做实验。

1945 年，德国哲学家雅斯贝斯(Karl Jaspers)指出：研究能陶冶人格、增取智慧、丰富教养。真理是能通过研究探求的，所以研究是大学的根本。唯有自身进行研究的人，才能实质上起到导师的责任。由此，“研究”是大学的关键所在，这样就确定了“研究”的地位。

3. 为什么要读研究生？

为什么要读研究生呢？我还特意上网查了一下，一个叫“崔果果”的知乎用户说：

① 多了三年美好的时光；

② 可以考要求硕士以上学位的事业编制单位；

③ 可以去看看美好的世界，眼界比学习更重要；

④ 找不到对象又有了借口。

最后的这个理由就比较搞笑了。也有人(知乎用户“人生得意须尽欢”)这样说：

① 读研以后视野不再狭窄，不再觉得自己不可一世；

② 学会诚信，诚信做事，真诚做人；

③ 不再受外界干扰，不再乱想其他，专心学好本专业；

④ 学会如何读文献，如何从网络获取需要的知识；

⑤ 英语能力慢慢提高了；

⑥ 还可以去健身，身体感觉不错。

我要强调的是：我们在中小学，甚至大学本科期间，研究能力培养得不够，远远落后于西方的同龄人，读研究生是补课。这是因为我们采用以记忆为中心的传授式教育，而西方采用以研究为中心的创新性教育。

研究学习可以帮助我们提高辨别真伪的能力，因为研究就是区别真伪的。我一直跟我的学生这样讲，世界上三种职业是非常神圣的，一种是神职人员，讲善恶关系；一种是法官，判对错关系；最后一个就是科学家，研究真伪关系。这三种人在重大的场合都会穿上礼袍、戴上礼帽。你看港剧里面，是不是法官每次出庭都需要穿上礼袍、戴上鸭绒的帽子？

比如英国脱欧，许多人认为是民众对欧盟移民政策及官僚习气的反感。但美银美林首席投资策略师 Michael Hartnett，在英国公投后发表报告指出：在一个没有出现经济或金融危机的国家，选民想要通过投票明显改变国家的政治状态并不简单。其深层次的原因是全球决策者在 2008 年的大力救市带来的社会不公。可见，研究人员对于社会现象的观察更为客观和深入(图 1.3.6)。

图 1.3.6　李志林教授风度翩翩、侃侃而谈

4. 博士学位的不同称谓指的是什么？

在国内，博士分为文学博士、理学博士、工学博士、医学博士等，这是参考德国的博士体系。而英美则不同，博士统称“PhD”。在英美体系里，不管是学医、学理、学工，通过在大学注册学习得到的博士学位统统称为 PhD。PhD 是拉丁文 *Philosophiæ Doctor*(Doctor of Philosophy)的缩写。这里的 Philosophy 不单是指哲学这门学科，而是强调智慧与哲理。

也就是说，通过几年的磨炼、体会和感悟，你悟到了研究的智慧和哲理后，就有了独立研究的能力，你就能得到一个 PhD。博士学位之于研究人员，就像驾驶执照之于司机。当考官觉得你能安全行驶后，你就能通过驾考，拿到驾驶执照。有了博士学位代表一个人可以在科研的道路上平稳安全地行驶了。

在英美体系，文学博士、法学博士等意味着荣誉博士学位，它们用以表彰某人在某一领域的贡献或为学校捐了大款。例如，邓小平曾获美国费城坦普尔大学的法学荣誉博士学位，以表彰他“重新确立了学术水平并且鼓励和尊重教育和科学发展基础的智力劳动，从而整顿了中国的教育制度”。

但是，科学博士(Doctor of Science，DSc)只能授予在自己领域里作出了世界认可的学术成就的学者，可以是理科、文科、工科或医科。如果这位学者在工学领域，则学位为 Doctor of Science(Engineering)；如果在医学领域，则学位为 Doctor of Science (Medicine)(图 1.3.7)。

图 1.3.7　李志林教授于 2009 年获科学博士荣誉

5. 科学研究的本质是什么?

科学研究的定义不尽统一，但两个关键词是公认的，即“系统性”与“客观性”。而社会科学研究的很多东西客观不了，所以不被承认为科学，因此加上了“社会”一词的前缀，叫作“社会科学”。

什么是科学研究的本质呢？我们不妨将“research”一词拆开看，即“re”+“search”，就是不停的寻找。寻找什么？寻找真理。有个牛人(忘了名字)将“research”拆成三部分，就是“re”+“see”+“arch”。这意味着，“research”就是往科学的拱门里看，而且不停地看。

科学研究是一种文化，需要随性而自由的思维空间。英国人认为科学家在一起喝喝咖啡、聊聊天、交流交流思想就是搞研究。我在英国留学时英国人告诉我，他们的诺贝尔奖想法都是酒吧里吹出来的。看看历史就可以发现：19 世纪末 20 世纪初的时候，是物理界非常激动人心的时期，相对论的出现、γ 射线的发现、量子论的发明，这些都是短短十年内出现的伟大成果。这段时期的科学家们就经常聚集在酒吧里面，各种思想的火花都在这里碰撞，升华出更加杰出的思想。所以，自由随性的环境对科研是非常重要的。我觉得测绘遥感信息工程国家重点实验室的 GeoScience Café 就是这样一个自由的环境，很好。

科研的文化能从教育中体现，也能从社会活动中体现。在西方，从小学就开始做课题，锻炼科学研究的思维。而在中国，科学研究是舶来物，古时中国人讲“学问”，强调记忆，但不讲科学研究。我们常听到有人夸奖谁家的孩子 2 岁就能记得 300 个字，谁家的孩子 3 岁就熟读唐诗 300 首。我们的科举制度不考科学，科学在中国也没有地位，科学家也没有地位。之前听到过一个笑话，“文革”时期有这么一道考试题“李时珍是何许人?”，居然有考生答是九大代表。我早年读过一本老外写的数学史，书中称，“中国的数学成绩是辉煌的，但是对主流的发展没有影响”。这句话刺得你很痛。

在早期西方，科研是一种贵族式文化活动，探索真理。贵族们吃饱了没事干，就开始探索。举个例子，俄罗斯曾经有一个贵族，他在家闲着没事儿干，就整天观察街道上跑的马。看得多了，他就发现所有马的膝盖上都有一撮毛是白色的，然后他就开始思考并研究为什么所有马都是这样的。结果他就发现，马跑的时候出汗，产生盐分并且不断积累，再加上一代代的遗传，使得马膝盖都有一撮白毛，后来他成了动物学家。贵族人士拥有良好的经济条件，不会把科研当作谋生的手段。大家知道，格林尼治天文台为科学作出了极大贡献，赢得了全世界的尊敬。维多利亚女王有一次视察天文台，她问了一下台长的工资。女王认为他的工资与贡献太不相称了，决定翻倍他的工资，但是台长拒绝了。他说提高了工资，这个位置就可能不是科学家的了。

研究科研的分类体系有很多。最常见的是分为“纯研究”与“应用研究”。但几年前我曾经听过一个英国皇家科学院院士的讲演，他将研究分为“应用研究”和“有待应用的研究”。我套用 20 世纪 60 年代的一句话“有所发现、有所发明、有所创造、有所前进”来将科学研究分为四类：发现、发明、创造和前进。

① 发现：发现规律(如牛顿定律、爱因斯坦的相对论等)、发现现象(如帕累托原则、二八现象、墨菲定律等)、发现物质(化石、星体等)等。这些大家很容易理解。

② 发明：发明新材料、新产品、新技术、新工艺等。我们往往轻视工艺，但工艺常常是产品质量上不去的重要原因。举个例子，以前的俄罗斯玻璃硬度不够，但法国玻璃硬度非常好，所以俄罗斯就想取得法国的工艺，结果花了多年也没有得到，最后通过技术交换才得到。而法国人告诉他们：该技术就是在玻璃还是液态时不停地搅拌。

③ 创造：指的是整合，包括理论整合和方法整合。理论整合的典型是爱因斯坦的相对论。他在瑞典人洛伦兹的工作基础(洛伦兹变换)上做了两个假设，然后形成了一个体系，就得到了相对论。他后来的统一场理论是一个更大的理论整合。方法整合最出名的就是美国人的"阿波罗"登月计划。美国人说，我们没有进行任何新发明和新发现，就是把原有的方法和技术进行了整合，然后"阿波罗"就成功登月了。

④ 前进：指的是新应用，包括本领域的方法用到别的领域和其他领域的方法用到本领域。这个新应用也是很重要的，我们做的很多事情就是新应用。比如计算机领域的人工智能方法就可以运用到我们测绘遥感中，而我们的近景摄影测量也可以运用到土木工程的管理上。

总之，科学研究创新类型有很多种，包含：提出或建立新理论、新模型、新思路或新方法；改进他人的理论、模型或方法；整合多种理论或模型；将已有的理论或方法应用于新环境、解决新问题；应用已有的理论或方法，但有新发现；重复他人的实验，但是有新分析、新发现，等等。

6. 研究生要学习什么内容？

研究生期间要学什么本领？那就是科学研究哲学(思维)、科学研究方法、科学研究态度、科学研究智慧和科学研究道德。

(1)科学研究哲学(思维)

科学研究分为四个层次：工程、技术、科学和哲学。研究越深入，层次越高。研究生往往从技术层面着手，努力使自己提升到科学水平。研究生需要经历磨炼，练就敏锐的洞察力和丰富的想象力，最后才有创新思维，这是一个感悟的过程。科学研究的更高一级就是哲学研究，当科学家悟到这个水平的时候，就会有触类旁通的能力，对事物的看法就会更加抽象与通透。所以，一个伟大的自然科学家最后一定是一个哲学家。实验室的李德仁院士就有两本书：《不停歇的思考》和《不停歇的创新》，都类似于哲学专著。

西方人对研究哲学非常重视。我记得当时从格拉斯哥大学到纽卡斯尔大学城市与区域发展研究中心去参加第一次面试的时候，中心主任问我："你以前从事的是硬科学，而我们这里许多是软科学，你觉得你能适应吗？"当时我也不知道怎样回答才好，就胆战心惊地说："不管是硬科学还是软科学，地理空间的三维坐标是一样的"。我到了纽卡斯尔大学工作后，我的同事对我说：当时就是因为我的这句话，他们就决定要我了，因为他们觉得我的这句话特别有哲理。

杨旭：听李老师说到这里，我有个感想。敏锐的洞察力、丰富的想象力，从讨论的意义上来说，这都是一种结果，但是怎么样才能获得这些能力呢？我觉得可能以下三个方面是比较重要的：首先要具有一种批判的精神，用批判的眼光去看待所有的事情；然后思想一定是不受束缚的，要有自由的思想；最后要有一个开放的学习态度。这三个方面作为途径去实验，依靠敏锐的洞察力和丰富的想象力，最后形成创新性的思维。

李志林：杨书记说得很好！我去英国前，大家在讨论中国能不能贡献一个爱因斯坦。

有人说要贡献一个爱因斯坦，需要外因条件和内因条件两个方面。外因条件有两个，一是不为生活而奔波，二是有一个自由想象的境地。我们现在能解决温饱问题，但是花了太多的精力去跑课题，课题拿到了就胜利了，具体做什么以后再说，这就是问题。内因条件包括：具有丰富的想象力、有能力将想象具体化、有能吃苦和甘于寂寞的精神、有几十年磨一剑的魄力和毅力。我们中国现在的外因条件是：已经不为生活而奔波、收入很不错了；也没有(政治、宗教、道德)禁区了，但忙于“跑”课题。而我们研究生本身的内因条件是：有些训练不足、缺乏想象力；有些实现能力不足；有些总结能力不高；有些精神不饱满。

杨旭：我们平时谈到的这个创新能力包含的要素是什么？我觉得有两个方面是很重要的：一个是要有扎实的积累，但不是说有了积累就可以了，所以还要加上一个创新思维。两个加在一起，你就有能力去做并且能够按照创新的方式去做。

李志林：就是你有想象力，并且有计划地去实现。下面我继续讲了——

(2)科学研究方法

科学研究方法涉及的内容很多，包括科学问题的选择、假设的建立、假设的检验、分析和表达等。假设的检验可以通过统计、物理和化学的方法来实现；分析又可以通过数学和模拟的方式解决；而表达则主要体现在写文章和讲演上。

科学研究方法还包括文章的读法。杨元喜院士说过，10 个人同时阅读一篇文章，8 人能完成阅读，6 人读懂，4 人感兴趣，2 人发现问题，只有 1 人发现问题并解决问题。所以，读文章需要从问题思考到方法研究和到最后的结论，都要保持敏感性。

我把科技论文的写作要点归纳为“三大纪律”和“八项注意”。三大纪律为：

①一切听从格式的指挥：杂志要求和笔者须知是必读的；

②一切服从结构的领导：遵循科学论文的一般结构，即四股文结构。

③一切为了主题的突出：一篇文章只有一个主要创新点，杜绝星星点点的创新。

八项注意包括：

①继承“走群众路线”：要为读者考虑；

②表现“谈恋爱的激情”：写文章要有激情，突出重点；

③坚持“公私分明”：自己的是自己的，别人的是别人的，不能含糊；

④采取“表扬与自我表扬”：对于他人或自己的突出贡献应当积极表扬；

⑤减少“误会的积累”：仔细检查细节错误；

⑥确保“水流的畅通性”：保持文章逻辑关系的畅通性，易于阅读；

⑦避免“龙头蛇尾”：尤其是博士生论文要有深度；

⑧做到“前呼后应”：前面提出的假设，后面都需要作出验证。

(3)科学研究态度

对科学研究的态度，有不同的看法，有以下十大要点：

①要有信念：相信任何事情的发生都有其原因；

②要有好奇心：对事物特别关注，提出问题并回答；

③要有客观性：不能有主观感情；

④要诚实：不能对不满足预期的实验结果遮遮掩掩；

⑤要有批判性思维：敢于质疑；

⑥要有开放性思维：尊重他人观点，接受别人的批评；

⑦要有创新性：有新的和原创性的点子；

⑧要敢于承担风险：敢于表达自己观点，实验新想法，敢冒失败的风险；

⑨要谦虚：要承认他人更好的成绩；

⑩要负责：对自己的课题要负责。

(4)科学研究智慧

我想用一个故事来说明研究智慧。我在中文网上发现一个故事(但在英文网上没有查到)：日本有一个名不经传的运动员，叫山田本一，在1984年东京国际马拉松比赛中成为一匹黑马，最后夺冠；两年后在意大利的国际马拉松比赛中，他再次拿下了冠军。当被问到是怎么做到的时候，他答道是凭智慧拿到的冠军。十年之后，他退出马拉松比赛，写了一本书，在书中提到每次比赛前他都会提前几天去赛道上走几圈，记下许多地标，这样四十多公里的赛程就被分成一段段的短路程，比赛中只需要完成这一个个小目标就可以了。心理学曾经做过这么一个实验，把一拨人分成了三部分，分别完成从A地走到B地的任务，第一部分出发前只知道从A地到B地的距离和方向，第二部分较第一部分人详细一些，而第三部分知道从A地到B地整个路线。最后第三部分的人一会儿就走到了目的地，第二部分的人花了很长时间但是也走到了，第一部分的人最终没有走到目的地。我们做科学研究也是一样的，刚开始读研究生，对于三年的研究生生活其实是很迷茫的，但是如果把这三年划分成好几段，给自己在每个阶段定下目标，然后按着计划一步步地完成，那最终一定会收获满意的答卷，这就是做科学研究的智慧。

所以，PhD最好能做“T”形的博士，既有广度也有深度。有了广度才能有眼界，对于世间万物才能有更清晰的看法；有了深度，才能为科学研究某一具体方向的进展作出自己的贡献，推动科学进步。

(5)科学研究道德

研究道德也有各种版本，以下5项为最基本的原则：

①要尊重知识产权：如不能随意传播；

②要有多角色意识：如作为审稿人不能主观贬低作者文章；

③要遵循大多数人的意见：如要和多方利益者沟通好；

④尊重秘密与隐私：如不要随意公开私密信息；

⑤要采用符合伦理的资源。

学术研究的基础是信任，信任是基于学术道德的。作为研究人员，我们要相信学术道德良好的人的学术成果是健全的。做好了学术道德，社会大众才能相信科学家的研究成果是诚实的、精确的，由此才能信任科学家的成果。没有诚信是会出大问题的。举个例子，以前有一个在法国的留学生去大公司应聘，各项指标成绩都很好但是最终没有被录用，原因是在诚信记录上显示他在巴黎有三次地铁逃票。由此可见，一个人的诚信是多么的重要。

7. 怎样能提高科学研究水平呢?

对于这个问题，每个人有着自己的体会，我觉得大家需要做到以下5点：

(1)要有丰富的想象力

想象力来自于积累，但不等于知识。爱因斯坦就说过“想象力比知识更重要，因为知识是有限的，而想象力包括着世上一切，推动着进步，并且是知识进化的源泉”。知识就像胆固醇，有好的一面，也有坏的一面。有些人一开始读文章就读得很细，这其实约束了我们的想象力。我建议大家多读一些科普性的东西、一些简单的东西，它们会给你一种思想。我当年上大学的时候最喜欢的一门课就是“相对论与早期量子论”，同时还喜欢“物理化学”、“胶体化学”和“半导体化学”这些选修课。我做三年助教的时间里读了很多科普的东西，它们给了我很多启发。读文章的时候可以重点放在少数几个人的文章上，因为一般都是少数几个人有好的想象力、好想法。学术界也是有“二八”现象的即20%的人有着80%的新想法。其他的泛泛看看就行，吃得太饱是会出现问题的。

(2)要有敏锐的洞察力

对科学要有敏感性，通过对想象出来的东西作评估，选出有意义的课题。这个时候又需要有一定的判断能力，而判断能力是同知识、见识、经历和经验分不开的。苏格拉底曾经让柏拉图去麦田选一根最好的麦穗，但是不能回头，最后柏拉图空手而归。为什么呢?因为他总觉得前面还有更好的。这就像我们一样，身边诱惑的东西太多了。这个时候我们就应该避免赶时髦、小猫钓鱼，而要步步为营、徐徐前进，要学一心一意只追逐目标羚羊的豹子。

(3)要有强大的执行力

选出的课题，要发展出方法来解决问题，要有抽象和逆向的思维。比如洗衣机的发明就来自于手工洗衣的揉与涤这两个动作的抽象。又如，以前的圆珠笔芯很大，装很多墨水，结果过一段时间后就会出水太多，将纸搞得一塌糊涂，问题的解决就来自于逆向思维，即少装墨水。

(4)要有正确的战略战术

要考虑三大策略：

①打好基础与急用先学：基础固然重要，但是不能一直做基础，不然房子就建不起来了。我觉得有句话说得特别好：活学活用、急用先学、立竿见影、在用字上狠下工夫。

②打持久战与打游击战：做研究需要打持久战。如果没有主要的研究方向，经过大浪淘沙，什么都留不下来。

③大题小做与小题大做：博士论文需要小题大做，深入研究。在德国，教授的资格论文是大题小做，要求要宽广。

(5)要有饱满的精神

强烈的好奇心、满腔热情、坚强的信念、坚韧的意志和永不满足的求知欲在我们整个科学研究阶段都是必不可少的。

最后，我以美籍黎巴嫩诗人纪伯伦的一句话来结束我今天的讲话。“生命是灰暗的，除非有了激情；激情是盲目的，除非有了知识；知识是徒然的，除非有了梦想”。现在我们有了知识，还要有激情和梦想，这样就可以把科学研究做好。谢谢大家！

【互动交流】

主持人：感谢李教授的精彩报告！李教授风趣幽默、贴近我们的生活实际，分享交流了几个大家都非常关心的问题，其中既有思想又有实际的具体操作，虚实结合，让我们大开眼界，受益匪浅。相信大家一定还有很多问题想同李教授进行沟通交流，下面是我们的互动环节，有问题的同学可以向李教授提问。

提问人一：李教授您好！关于研究生的学术道德，可能会存在一些学术不端的情况。请问您是否遇到过类似的情况？如果有人的想法在投稿的过程中被审稿人剽窃，在这样的情况下，投稿人应该怎么办？谢谢！

李志林：我个人没有遇到过这样的情况，但是历史上有类似的事情发生。现在这样的事情不多见了，因为期刊都已经电子化了，新的文章见刊更快了。以前，信件投稿来来回回要很久，就为这样的学术不端的不良事件提供了温床。

提问人二：感谢您的报告，请问您对比观察内地高校和欧美高校，认为内地高校在研究生培养方面还有哪些地方需要加强？

李志林：现在内地大学的条件越来越好了，硬件设施超越了许多欧美国家。在科研教育方面，香港浸会大学的周启鸣老师一直认为，内地的工程味比较重，教育科学味就比较淡。我们内地比较强调记忆；西方更加重视创新思维的培养，从小就教育小学生做科学研究并作报告。所以，西方有更多概念上的突破，我们则较少。

提问人三：李老师您好，在确定研究之前，怎样判断一个方向是否值得深入研究？

李志林：有几个准则：第一，自己要感兴趣：比如你对遥感感兴趣；第二，适合自己的：就是要考虑自己的编程能力和数学能力，等等；第三，课题可控性：课题范围太大，时间太长也不行；第四，可行性：软硬件设备都必须要有。这样可以选择一个大方向，然后深入研究，直到能够提出假设并做实验验证，就可以确定一个具体的课题了。

提问人四：您在讲座中提到毛泽东思想，请问您怎么看待毛泽东思想？另外，如何提高创新能力？

李志林：我认为毛泽东的哲学思想非常伟大，美国的西点军校和俄罗斯的军校都学。诺贝尔物理奖获得者格拉肖说，当夸克之类粒子一旦被发现并得到证实，应该将其命名为毛粒子来表达对毛泽东的敬意，因为这一世界科学史上的重大发现，“是与毛泽东主席的哲学思想分不开的”。格拉肖说，自己两次受到毛泽东主席的接见，并同他一起讨论基本粒子到底还有没有自己的内部结构和矛盾这样一个现代物理学的前沿问题。毛泽东主席认为基本粒子有自己的内部结构和矛盾，在理论上是可以再分的。我觉得毛泽东这样一种哲学思想很伟大，推荐大家去看看。

杨旭：我认为毛泽东同志的创新能力是无与伦比的。这种能力高度体现在他领导中国共产党和中国人民很好地解决中国革命和发展中的实际问题上。他创造了一个崭新的世界！任何问题都有自身的特点，即使相似的问题，由于时间、空间和条件不同，也都不会完全相同，所以任何一个问题都是独一无二的。解决所有问题，都必须坚持实事求是的精神，不能囿于旧的观念和老的方法，必须针对新的情况、新的特点，创造性地加以解决。我认为创新能力的培养，取决于扎实的基本功与创新思维，且必须通过解决实际问题来实现。科学研究需要创新，工作和生活中的其他问题，何尝不需要我们多动脑筋、创造性地去加以面对和解决？创新能力，是我们在解决所有问题的实践中一点一滴地培养和提高起来的。

（主持人：许殊；录音稿整理：黄雨斯；摄影：陈必武；校对：李韫辉、赵雨慧）

1.4 资源环境时空连续遥感监测方法与应用

(沈焕锋)

摘要: 遥感是获取地表资源环境要素信息的重要手段。然而,成像辐射偏差导致的数据不准确,厚云覆盖等引起的观测不连续,多源遥感表现出的时空不一致,观测指标相互制约带来的分辨率不精细,为资源环境监测与分析带来了极大的应用困扰。在 GeoScience Café 第 164 期报告中,沈焕锋老师针对以上遥感应用中存在的不准确、不连续、不一致、不精细等问题,探讨了遥感数据质量改善、多源信息融合的处理方法,以及高质量、时空连续遥感数据的生成策略,并进一步分析了它们在植被气候响应、城市热环境、大气 PM2.5 监测中的应用。

【报告现场】

主持人: 各位老师、同学,大家晚上好,我是本期活动的主持人顾芷宁。欢迎大家参加 GeoScience Café 第 164 期的学术活动。本期活动我们很荣幸地邀请到了沈焕锋教授,他将为我们带来"资源环境时空连续监测方法与应用"的报告。沈老师是资源与环境科学学院的教授,主要研究方向包括遥感影像质量改善、数据融合与同化、资源环境遥感监测等。主持科技部重点研发计划(1 项)、国家自然科学基金(5 项)等系列科研项目,在包括 IEEE TIP、IEEE TGRS、RSE、JGR 等国际期刊上发表 SCI 论文 80 余篇(二区以上 50 余篇),SCI 他引 1000 余次。入选国家"万人计划"青年拔尖人才、国家优秀青年基金、"教育部新世纪优秀人才"支持计划、湖北省杰出青年基金等,担任 *Journal of Applied Remote Sensing*、IEEE TGRS 编委。下面,让我们以热烈的掌声有请沈焕锋老师。

沈焕锋: 大家晚上好,首先感谢主持人的介绍,感谢 GeoScience Café 的邀请。其实 Café 团队从上学期就一直在和我约时间,但我一直拖延到了现在,最近时间比较方便,所以来和大家进行交流。

今天我的题目,之前有同学问我应该怎么断句?我想应该是,资源环境的时空连续的遥感监测方法与应用,资源环境和遥感监测没有问题,那是怎么样的遥感监测呢?时空连续的遥感监测,是这样的一个含义。

1. 时空连续数据处理

首先来看背景和问题。为什么要进行时空连续的遥感监测?卫星遥感是资源环境监测的一个重要手段，从地理学角度来看，资源环境监测的内容分为格局、过程和机制三个方面。格局是指空间上的分布，过程是指时间上的演变，机制则为驱动因素以及影响等。格局和过程分别代表空间与时间，如果既希望得到空间格局，又希望得到时间过程，就需要时空连续的数据，这样才能更好地进行机制的分析研究，因此时空连续的监测非常重要。

在实际情况中，虽然目前已经拥有了很多颗卫星，但仍然很难达到时空连续的监测。目前存在的问题主要集中在以下几个方面，首先，时空连续监测中最主要的问题——不连续，是指时间、空间上的不连续；其次，即使时空数据连续了，由于遥感成像过程受到诸多因素的共同影响，会出现数据不准确的问题；再次，对于多源数据的处理，卫星与卫星之间还会存在着不一致的问题；最后，由于空间分辨率的不同，存在着不精细的问题。对于以上四个问题，我们该如何从遥感信息处理方法的角度来进行处理呢？

第一个问题是不准确。遥感影像的成像会受噪声、模糊、雾霾、阴影等的影响。影像质量改善就是对这些因素造成的缺失进行弥补，提高数据的质量。今天，从我们课题组的一个例子展开介绍。如图 1.4.1(a)所示为 NDVI 产品(SPOT VEGETATION)某一年从 1 月到 12 月的数据。可以看到，代表植被状态的原始 NDVI 产品波动较大，2 月和 4 月达到较低值，3 月达到较高值，而植被是缓慢生长的，因此获取的数据和代表的对象变化有一些出入。这就是典型的数据质量问题。因为它是多天合成的产品，受各种因素特别是云的影响，虽然缺失的数据补上了，但是低值部分出现了过低的状态。

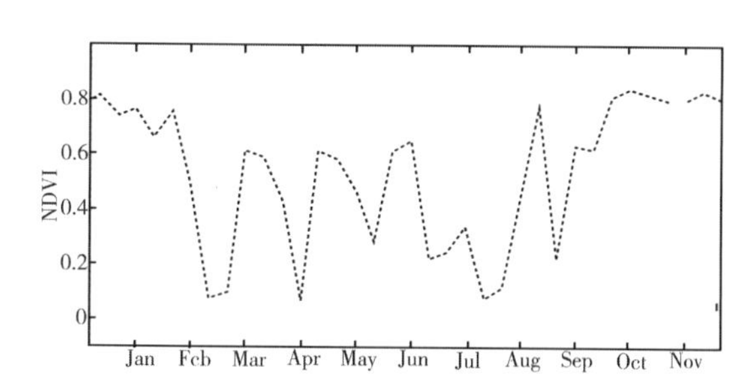

(a) 10 天合成 NDVI 产品像素点某一年时间序列图

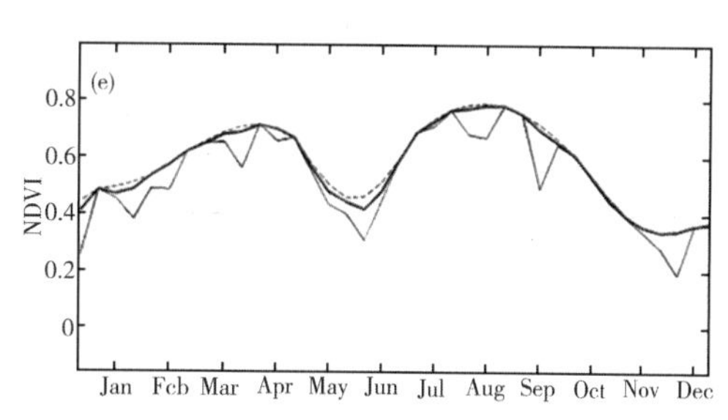

(b) 改善后的 NDVI 产品像素点某一年时间序列图

图 1.4.1　NDVI 产品像素点某一年时间序列图

如果我们直接用这种 NDVI 产品来做时间序列的分析，难免误差较大，结论没有可靠性。因此为了更加精确地进行分析，我们需要将影像的噪声去掉。接下来，简单介绍我们提出的方法。这种方法最后得出的结果如图 1.4.1(b)所示，我们经过处理，使原始 NDVI 曲线达到其上包络线。由于大部分 NDVI 产品值是偏低的，我们的算法使它被拉伸，最终得到的曲线我们认为是真实的。此外经过地面验证表明我们得到的结果相对可靠。如图 1.4.2 所示，在基本上都是植被覆盖的区域，原始影像出现了一些偏差，而经过改善后，该影像能够较为客观地代表地物。因此，对于时间序列影像进行处理其实也是一个“去噪”的过程，此处的噪声相当于时间维上的噪声，整个过程为一个一维去噪过程，同时我们也可以同时考虑时间维与空间维上的共同去噪。

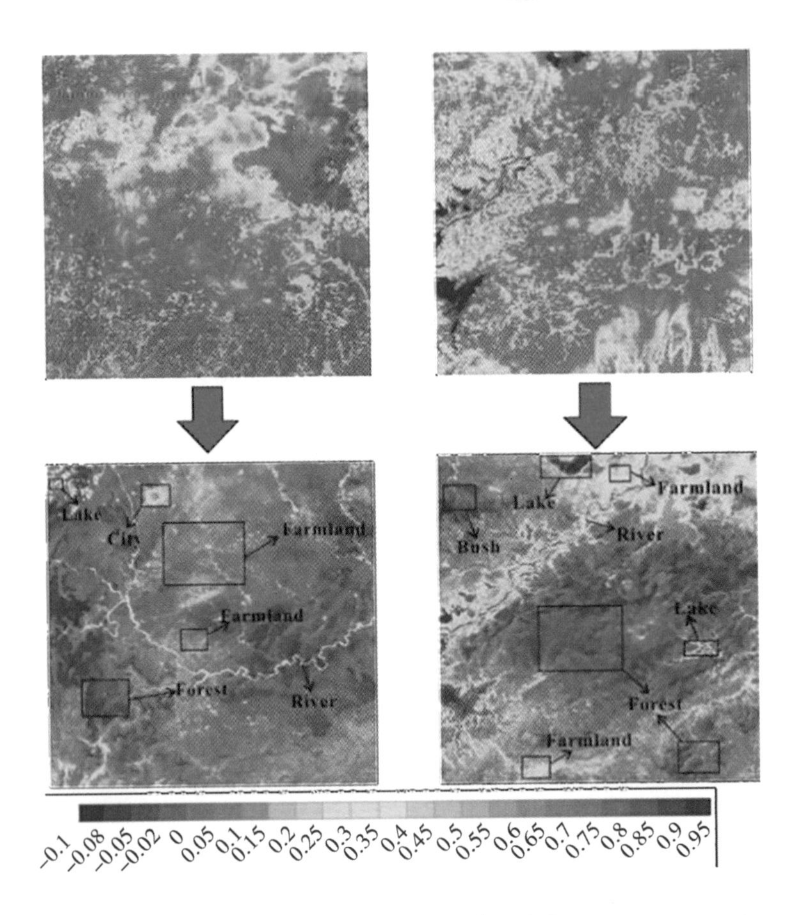

图 1.4.2　NDVI 影像改善效果图

第二个问题是不连续。影像数据不准确还有值，但是不连续则没有像素值。如图1.4.3 所示，图(a)为 Landsat7 数据，出现大量的死像元，图(c)为 Aqua MODIS 的第六个波段的数据，由于传感器故障出现缺失条带的现象，图(e)为由厚云造成获取的数据不连续现象。对于缺失数据，我们如何将其恢复出来？主要可以从三个方面着手：空间域、时间域和光谱域展开。遥感影像质量改善的过程，就像是给一个病人治病的过程。数据不准确问题是“小病”，数据不连续就可能是“大病”了，由于此时没有任何信息，我们要做的工作是“无中生有”。“治病”尽管会有“副作用”，但也有可能只是为了“美观”的效果，只要掌握了科学的方法，“治”总比“不治”要好。因此，影像数据恢复也是很有必要的。

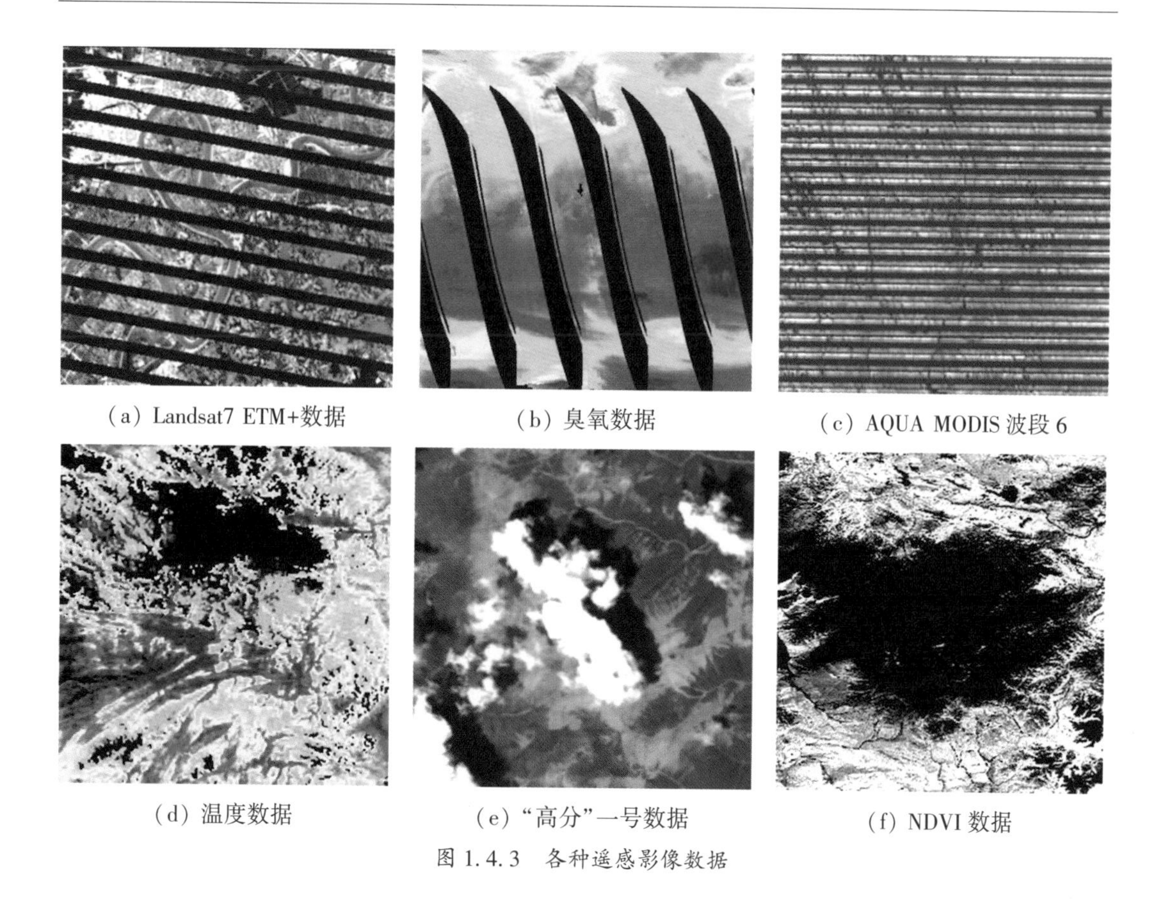

(a) Landsat7 ETM+数据　(b) 臭氧数据　(c) AQUA MODIS 波段 6

(d) 温度数据　(e) “高分”一号数据　(f) NDVI 数据

图 1.4.3　各种遥感影像数据

具体来说，从空间域恢复影像数据的传统方式是内插，当然现在也有很多方法比内插的效果要好。而从时间域的角度则是用没有缺失的时间段的数据来恢复缺失的数据，事实上，我们使用的很多合成产品就是基于这个思路得到的，值得注意的是，以上所有方法的前提是关注的时间域内地物类型没有发生变化。利用我们小组提出的一种方法的恢复效果如图 1.4.4 所示。

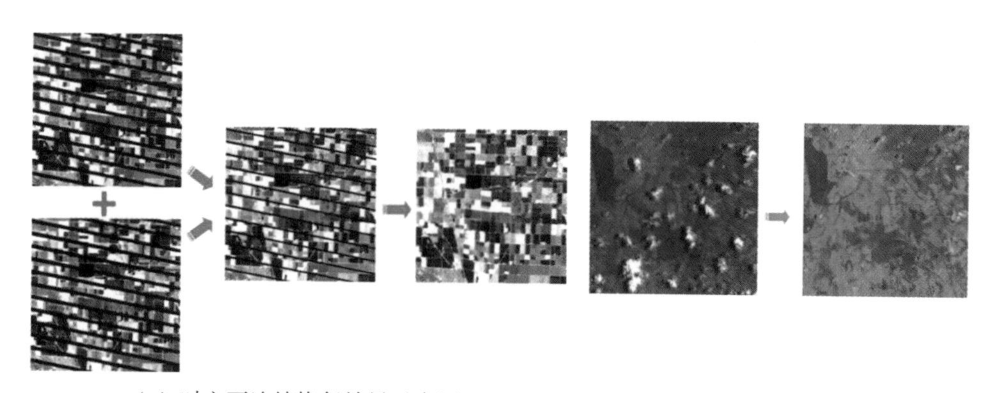

(a) 时空不连续恢复效果示意图　(b) 去云效果示意图

图 1.4.4　时空不连续恢复和去云效果图

(图片来源：http：//sendimage. whu. edu. cn/send-resource-download/)

第三个问题是不一致。不一致分为几何和辐射两种。几何不一致可以通过几何配准来解决，今天重点介绍辐射的不一致。根据图 1.4.5 可以发现，MODIS 和 AVHRR 传感器同一时间同一地点的 NDVI 曲线之间存在的差别很大，若需对多个传感器下的数据同时进行处理，不进行归一化，误差较大。对于辐射归一化，通常建立两种传感器之间的关系进而实现校正(如公式 1 所示)。

$$Sensor\_A = f(Sensor\_B) \tag{1}$$

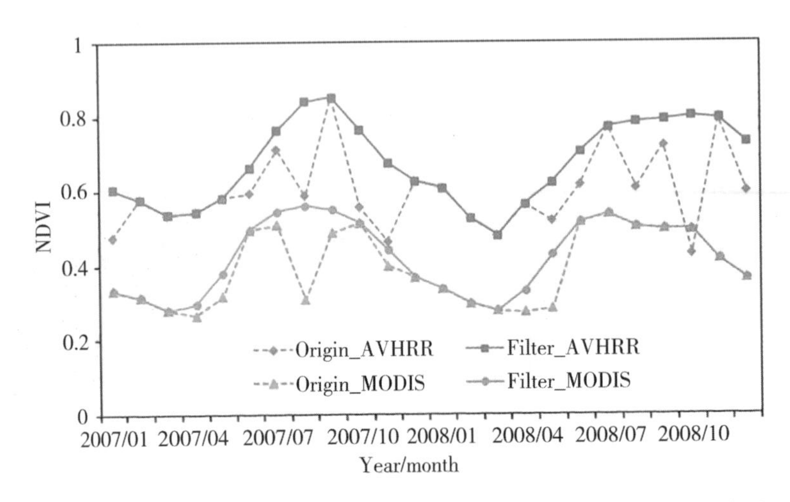

图 1.4.5 同一时间同一地点下 MODIS 和 AVHRR 传感器的 NDVI 曲线图

公式(1)的成立，基于假设两者之间存在时间或者空间上的重叠，但在实际情况中，两种传感器可能没有有效的时空重叠，或者两种传感器的数据精度都不高，又希望同时提高精度。面对这些问题，我们可以引入第三个传感器 Sensor_C，让 Sensor_A 和 Sensor_B 都与 Sensor_C 匹配。要满足 C 与 A 和 B 一直都有重叠，那么就要求 C 的时间分辨率高、幅宽大，但是这样 C 的空间分辨率就较粗。因此，实际上是在用低空间分辨率的数据对两个中分辨率的数据做归一化，利用粗分辨率参考数据的时空一致性，传递至待归一化数据集，实现多源中分辨率数据之间的归一化。

图 1.4.6 给出实例，利用 MODIS 对 Landsat ETM+和 ASTER 进行归一化。由于给出的 ETM+数据存在条带效应，若直接利用 ASTER 数据进行替换，由于两者辐射差异较大，条带效果依旧明显，若经过归一化之后进行替换，效果较好。

最后一个问题是不精细。分辨率包括空间分辨率、时间分辨率、光谱分辨率以及辐射分辨率，而我们时空连续监测中重点强调的是时间分辨率和空间分辨率的不精细问题。首先是时间分辨率不精细，以 Landsat 数据使用为例，比如说我们获取了某地 2001.10.8、2001.11.2 和 2001.12.25 的三幅影像，要做时间序列的分析，可以看到它们在时间分辨率上还不够精细。另一方面，在中间的时间间隔内，没有 Landsat 数据，而 MODIS 是有可

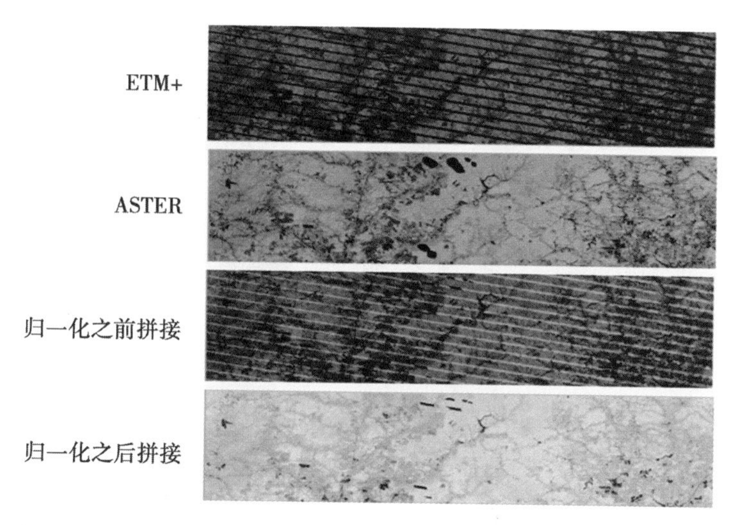

图 1.4.6　利用 MODIS 对 Landsat ETM+和 ASTER 进行归一化实验示例

用数据的，但是其空间分辨率不精细。我们能不能尝试通过遥感时空数据融合的方式将两者结合起来，提高 MODIS 数据的空间分辨率(图 1.4.7)。时空融合目前也是比较热门的研究领域。如图 1.4.8 所示，获取时相 1 和时相 2 的 MODIS 数据以及时相 1 的 Landsat 数据，我们融合出时相 2 的数据，可以看到，融合后的数据相对于原始 MODIS 数据空间细节更加精细，而且和原始影像的光谱特征也是一致的。

图 1.4.7　MODIS 与 Landsat 在时间序列上的数据示例

图 1.4.9 将 Landsat、MODIS、Geos 静止卫星进行融合用于温度制图，Geos 时间分辨

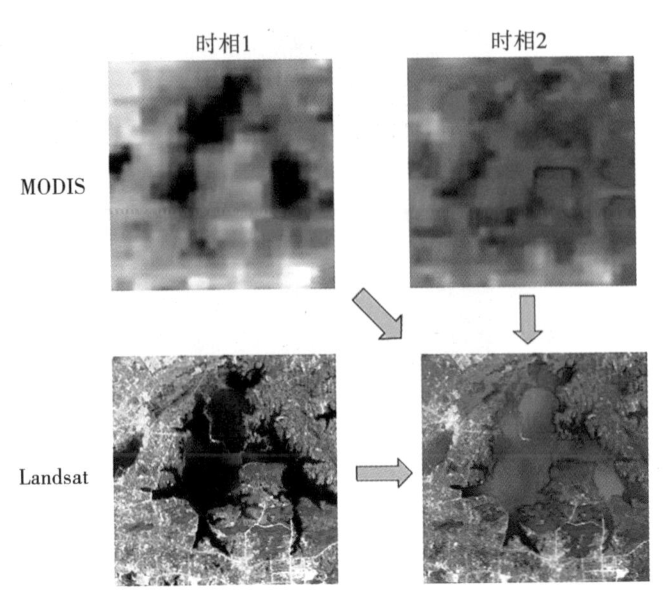

图 1.4.8 东湖地区 Landsat 与 MODIS 时空数据融合示意图

率为 15min，空间分辨率为 8km，在三者中，其空间分辨率最低，时间分辨率最高；而 Landsat 空间分辨率最高，时间分辨率最低，将这三种数据融合，可以得到每半个小时间隔的 30m 格网温度图，具有最高空间分辨率和最高时间分辨率。

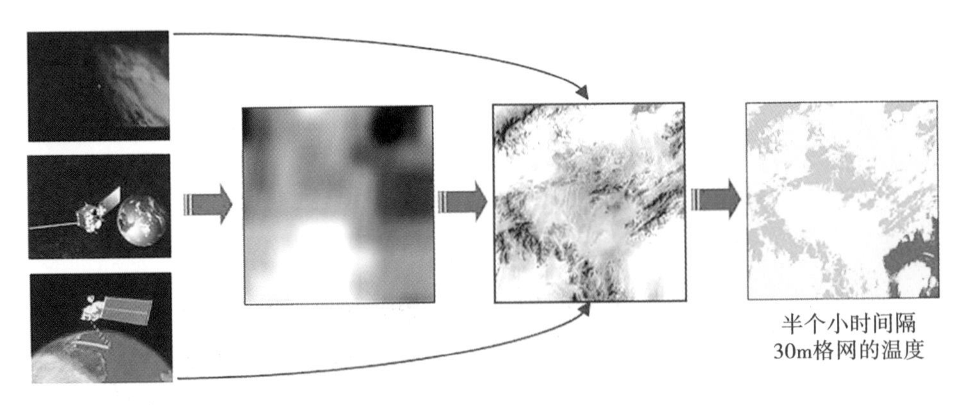

图 1.4.9 极轨与静止卫星融合用于温度制图

2. 资源环境监测应用

在上一部分，主要给大家介绍了数据处理的方法，主要解决四个问题：不准确、不连续、不一致、不精细。接下来一部分，我们来探讨一下这些技术该如何应用到资源环境监测中，并且较于传统的方法有哪些提升之处。

第一个案例是城市热岛分析。这是一个由来已久的研究问题，很多人也用遥感手段研究了几十年。但它一直存在着一个问题，在做长时间序列的城市热岛的演变时，可以用 Landsat 数据。尽管我们已经掌握了几十年的数据，但是比如要研究武汉，因为厚云覆盖，可能整个夏季也很难找到一景可用数据，造成时间上的不连续。而使用 MODIS 数据，空间分辨率过低。因此采用常规的方法很难做出完整的连续几十年的几十米空间分辨率的城市热岛时序分析。而采用时空融合技术，将有条带的 Landsat 数据进行修复，与粗空间分辨率的 MODIS 等数据融合，最终得到连续 26 年的武汉市夏季高空间分辨率数据，用于城市热岛的时序分析。图 1.4.10 为利用时空融合技术研究得到的武汉市热岛分析的结果，经过融合之后，细节更加精细。如图 1.4.10 所示，一般我们认为随着城市化进程的加快，城市中心的热岛强度会越来越高。但是融合数据监测结果显示，随着进程的加快，中心城区的热岛效应反而不那么明显，较强的热岛效应在向郊区、开发区转移。但在几十年的演变过程中，武昌的武钢地区由于相关的产业结构，热岛效应一直很明显。

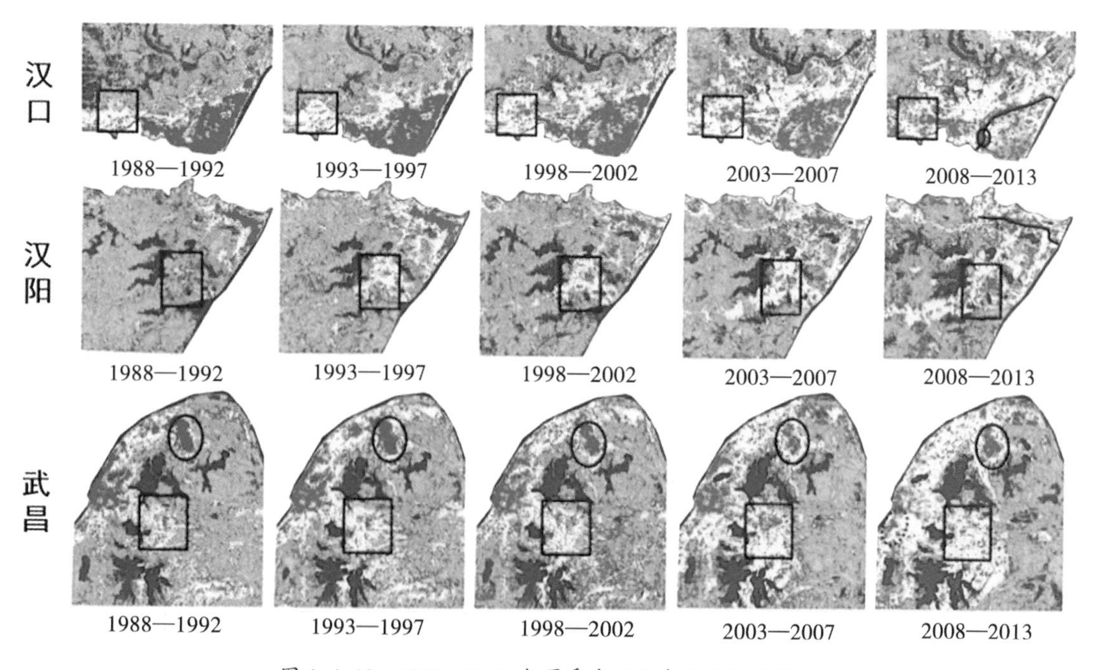

图 1.4.10　1988—2013 年夏季武汉热岛结构格局演变

利用融合的时序数据，我们还可以发现武汉市近 30 年的热岛强度(如图 1.4.11 所示)呈现先增加后减少的趋势。随着城市化的推进，房屋建筑面积扩大，热岛强度增大，但是后期却有所放缓。这与城市化进程中“城中村”的改造有关系。改造后，城中村被拆掉建成公园小区，植被增加，绿化面积增大，因此热岛强度会呈现下降的趋势。

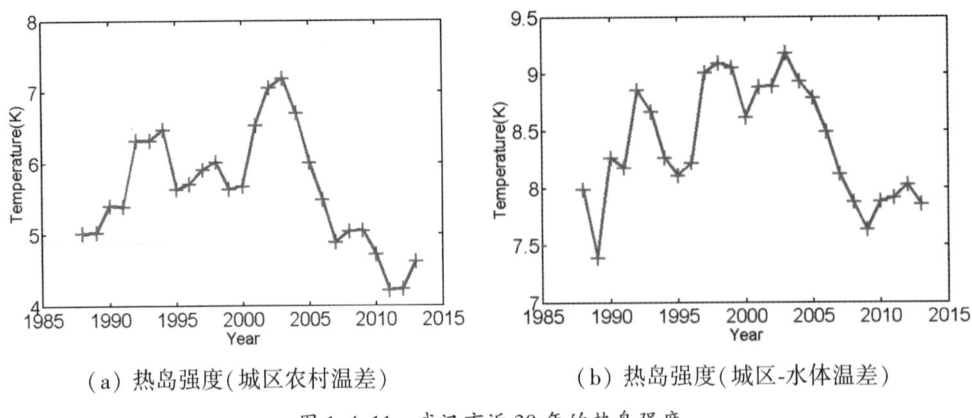

(a) 热岛强度(城区农村温差)　　(b) 热岛强度(城区-水体温差)

图 1.4.11　武汉市近 30 年的热岛强度

另外，利用融合时序数据，我们还可以研究热岛强度一年四季以及昼夜的区别。图 1.4.12 结果显示，白天的热岛形态随着季节变化非常明显，夏季和春季高温区主要集中在中心城区，秋季中心城区高温区较为分散，而冬季中心城区的高温区则十分分散；夜晚的热岛形态无明显的季节变化，夜晚各个季节的高温区都十分分散，但是中心城区的温度还是明显高于周围农村的温度；秋季热岛强度昼夜无明显差异，但其热岛形态差异非常明显，秋季白天相对于夜晚来说，中心城区的高温区聚集程度明显要高，但是昼夜的热岛强度差异不明显。白天和夜晚其热岛强度随着季节变化存在明显差异，白天热岛强度是先增加后减小，在夏季最高，冬季最低。而夜晚热岛强度稳定波动，在秋季有明显的峰值，秋季最高，春季最低。不同季节其热岛强度昼夜差异非常明显，在春季和夏季，白天的热岛强度大于夜晚。而在冬季，则是夜晚大于白天。在秋季，昼夜热岛强度差异非常小。因此，时空融合技术不仅对于长时间序列的研究，例如几十年时间序列热岛效应演变过程等的分析有益，对于短时间序列，分析热岛效应的昼夜差别也有不错的效果。

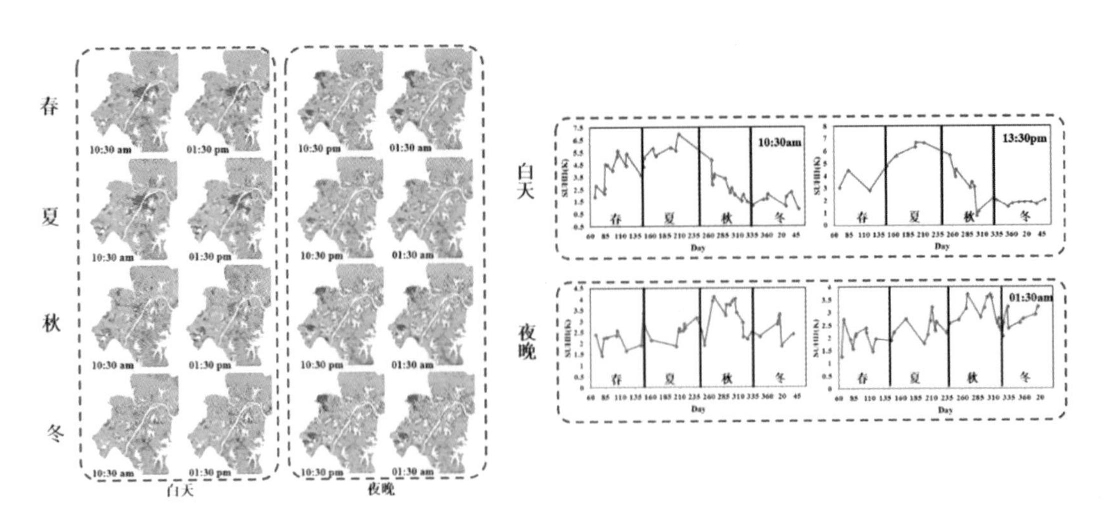

图 1.4.12　昼夜热岛效应结果分析图

第二个案例是利用时空融合技术做大气 PM2.5 的遥感监测，该项目是和实验室、测绘院、遥感院的一些年轻老师联合申请的国家重点研发计划。一方面，站点数据的监测精度很高，但是分布不均匀，农村等偏远地区站点较少；另一方面，卫星可以实现面状观测，但是精度不高。我们的目标是实现星地融合的 PM2.5 实时无缝监测，实时通过静止卫星来实现，无缝则是通过融合补全缺失的时间数据来达成。经过一年的研究，目前已小有进展，如图 1.4.13 所示，根据极轨、静止卫星反演 AOD，利用深度学习来提高卫星监测的精度，然后进行星地时空融合达到无缝衔接，最后进行三维分析。

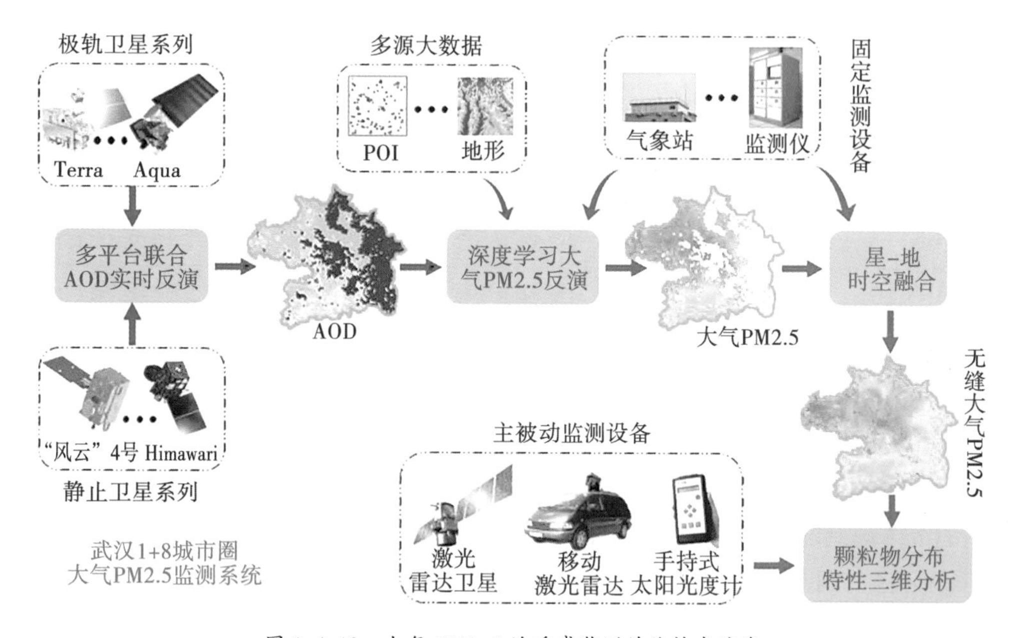

图 1.4.13 大气 PM2.5 的遥感监测总体技术路线

用卫星进行 PM2.5 反演，首先就需要建立映射关系，可以是线性关系，也可以利用地理加权回归或者神经网络，由于 PM2.5 与气溶胶、光学厚度等参数之间的具体关系是未知的，通过神经网络进行训练，可以得到它们之间的映射关系。首先在神经网络上进行反演，通过卫星得到 PM2.5 的值，相关系数可达 0.8，较之于传统的方法，优势明显；第二个问题是无缝的问题，对于缺失较多的数据，结合站点数据内插得到的“低分辨率数据”，进行时空融合。传统的卫星直接反演合成的 PM2.5 在华南地区明显偏高，而站点内插的结果显示 PM2.5 京津冀区域偏高，华南地区不高，明显内插的结果更加接近真实趋势，但分辨率较低。而经过时空数据融合技术以及填缝技术就可以得到分辨率较高而且误差较小、趋势正确的数据产品。

误差存在的主要原因是，PM2.5 结果为年平均产品，年平均产品主要是将整年所有可用数据收集起来进行计算，而 PM2.5 一般冬季比夏季高，而华南地区，一般来说，冬季数据较多，夏季数据较少，因此平均之后的结果，冬季数据占比较多，最终导致此地区结果偏高。而在我们的方法中，对于数据缺失的部分，我们通过预测重建出来，最终计算的结果更能代表全年的平均水平。

近年来，深度学习一直很火，由于在计算机视觉领域应用广泛，实验室的很多老师也在利用深度学习进行着分类、识别等工作，实际上它在定量反演上，优势也较为明显，在之后的一个工作中(见表 1.4.1)，利用深度学习进行 PM2.5 反演，最终的相关系数达到 0.94，有一点值得注意的是，这不是完全依赖于深度学习达到的，如果只用深度学习模型，相关系数只有 0.73，不一定比传统的神经网络要高，但是深度学习是一个与地理位置无关的方法，我们考虑到地理、时间、空间上的相关性，最终将结果提升到了 0.94，远远高于传统的神经网络。

表 1.4.1　　**考虑时间、空间、地理属性的神经网络 PM2.5 反演结果比较**

模型	模型拟合		交叉验证	
	R	RMSE	R	RMSE
BPNN	0.66 0.92	28.58 15.23	0.63 0.91	29.56 15.74
GRNN	0.88 0.93	18.51 14.66	0.78 0.90	23.82 17.40
DBN	0.75 **0.94**	25.12 **13.44**	0.73 **0.94**	25.95 **13.73**

第三个案例是植被生产力监测与气候响应。云南是重要的碳汇区域，近年来干旱频发，我们想研究干旱对 NPP 有什么影响，以及 NPP 对干旱有哪些响应，想进行几十年的研究，首先考虑到的是 MODIS 数据，但 MODIS 只有 2000 年之后的数据，AVIHRR 数据一直都有，但它空间分辨率较粗，因此我们考虑将 MODIS 和 AVIHRR 数据进行融合，AVIHRR 时间序列较长，MODIS 时间序列相对较短，首先通过滤波解决不准确的问题，再通过归一化解决不一致的问题，最终利用时空融合解决不精细的问题，得到 1982—2013 年 1km×1km 的月 NDVI 产品，结合降水和气温数据进行分析，反演 NPP。图 1.4.14(a)为是滤波前后效果，由于两者之间差距较大，如果直接进行反演，效果如图 1.4.14(b)，相关系数只有 0.33，归一化之后的结果可达 0.44(图 1.4.14(c))，通过时空融合提高分辨率之后的相关系数可达 0.79(图 1.4.14(d))，因此，每个过程都是十分重要的。

结果显示，如图 1.4.15 所示，在年际水平上，NPP 和气温呈正相关，和降水呈负相关。按照常理，NPP 不应该和降水出现负相关的情况，为此，我们对每月的情况开展了实验，结果发现，每个月的情况都不一样。NPP 与降水在生长季呈负相关，但在干旱季呈正相关，年平均下来就呈负相关，因此我们仅仅在年际上做研究的话，可能就会得到一个错误的结论。另外，在对 NPP 的影响因素中，是气温占主导还是降水占主导？结果显示在 1982—1992 年、2002—2014 年降水影响占主导，1992—2002 年气温占主导。因此对于 NPP 来讲，在不同的年际、不同的阶段影响因素是不一样的，也就是，植被对气候因子的响应在高程上呈现较大的异质性。这也是为什么要做时空连续监测的原因，如果只做短时间的监测的话，得到的规律就未必准确。

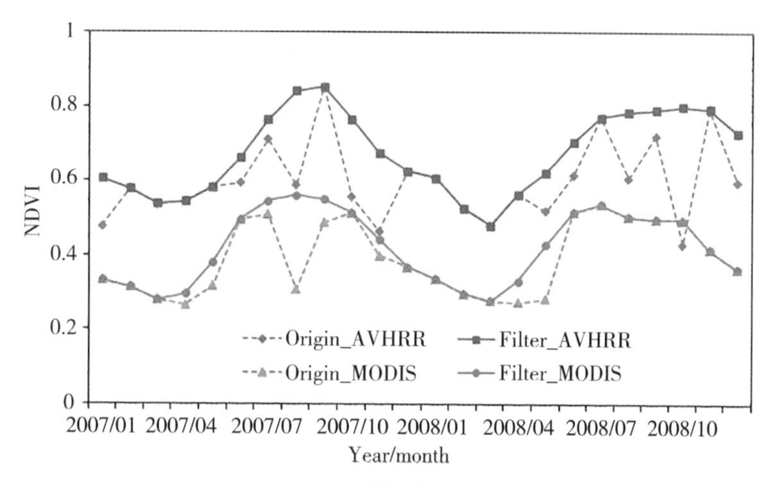

（a）滤波对比图

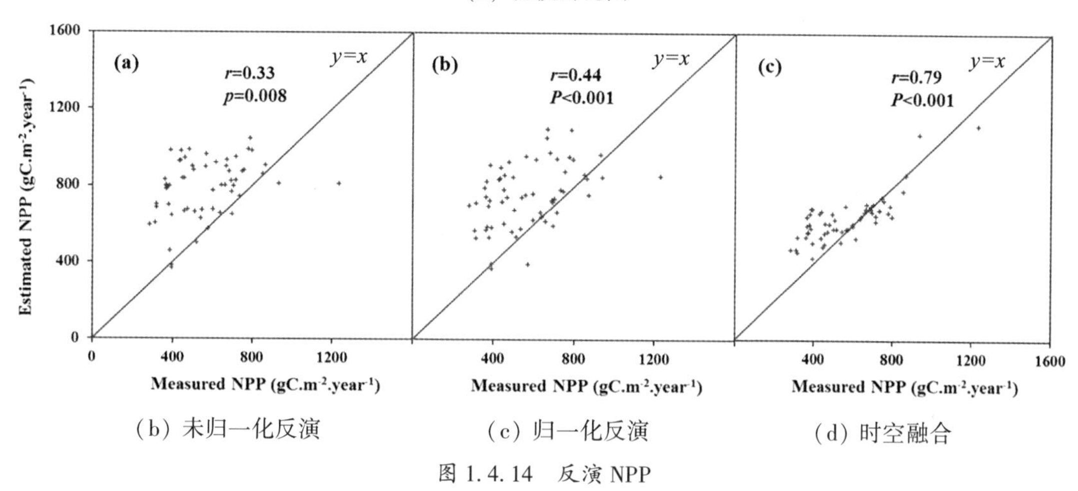

（b）未归一化反演　　（c）归一化反演　　（d）时空融合

图 1.4.14　反演 NPP

以上三个案例是将数据处理技术用于地学分析、资源环境监测上，并从中发现一些潜在规律。基于此，我们考虑是否可以生成一些可用的产品，因此，提出了产品的产品（Product of Product，POP）的概念，由于目前网上发布的产品存在或多或少的问题，我们想在其基础之上，再加工，提高现有产品的质量，以供大家使用。例如，我们目前生产的臭氧产品制图以及融合 SRTM-1、ASTER GDEM v2、雷达数据生成的空间无缝 DEM 数据，目前已覆盖全球 1/3。除此以外，我们还进行了针对 SMAP 土壤水分产品的改进。SMAP 有两个传感器，其中被动传感器提供 36km×36km 的产品，分辨率很粗；主动传感器提供 3km×3km 的产品，精度提高很多，但存在其他方面的问题。所以 SMAP 团队自己做了主被动结合的 9km×9km 的产品。后来主动传感器运行几个月就损坏了，3km 的数据不再能得到，9km 的数据也随之不能得到，所以现在我们只有连续的 36km 的产品，9km 和 3km 只有几个月的数据。为了获得更高分辨率可用的土壤湿度产品，很多学者用 NDVI、温度等和土壤湿度建立关系来做传统意义上的降尺度，这样处理我个人认为误差相对较大。针对这种情况，利用 9km 和 3km 的已有产品和重叠时间内 36km 的产品之间建立关系，然后

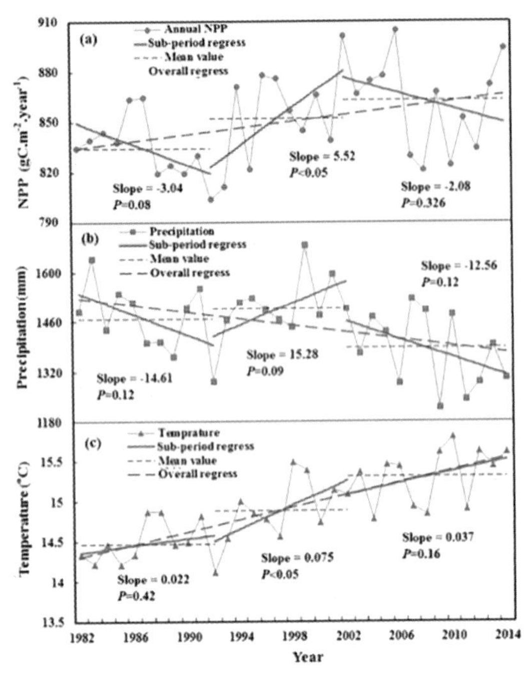

总体相关性：

气温正相关：*r*=0.41 (*P*<0.05)

降水负相关：*r*=-0.43 (*P*<0.05)

月份相关性：

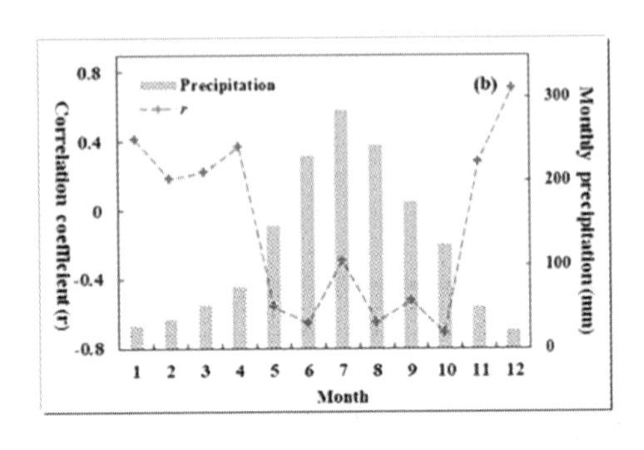

图 1.4.15　NPP 与气温降水的相关性

采用时空融合技术就可以获得相对高分辨率的土壤水分产品。经过验证，生产的高精度产品和土壤湿度实测值较为一致。

3. 总结与展望

最后，我采用王任享和李小文两位院士的话来对今天的报告进行一个总结。王任享院士谈“遥感数据要‘好用，会用，用好’”。李小文院士将这六个字称为“六字箴言”，并在博客中谈到“综合天空地采集的各种数据的不同优势，生产出用户需要的数据产品，降低用户的使用门槛，提高数据的应用能力。”李小文院士解释道，“好用”是指数据下载下来能直接使用。但现实中遥感数据由于一些天气等客观原因或者传感器质量等主观原因导致数据不好用，我们要做的就是将这些数据看作资源，从中挖掘有用的信息，这是“会用”。“用好”数据针对于用户而言，就是指将遥感数据应用到具体的行业，在行业指标体系的基础上能够加上我们遥感的指标体系。而对于我们做遥感的人来讲，可能重点关注会用数据，搭建遥感信息处理与地学应用之间的桥梁，这样的话主要强调了两个方面，即数据处理技术和地学应用。目前来说，我们实验室在数据处理方面比较有优势，而北京方面在物理定量反演方面优势较为明显，当然两边的方向也有融合，我们也有老师在做定量遥感，北京很多老师做数据处理也很厉害。但现在存在一个现状，比如在进行数据处理时，我们会应用到深度学习这些非常先进的方法，但实际上在很多遥感应用中，用到的方法都非常的简单，例如线性回归等。因此，我认为这两个领域还是需要交叉，要将最好的数据处理技术应用到定量遥感以及应用中。

【互动交流】

主持人： 非常感谢沈老师为我们带来精彩的报告，下面我们把时间交给大家，现在进入现场提问环节。

提问人一： 谢谢沈教授的报告，深入浅出，让我受益匪浅。在这里我想向沈教授请教三个问题，第一个是，您的时空无缝融合技术与我们采用的同化模型的融合技术两者之间有什么异同点？第二个问题，您在融合过程中采用的传感器的数量对融合的精度和效率有影响吗？第三个，您在刚开始做研究时是如何选定这样一个有系统性而又比较前沿热门的研究方向？

沈焕锋： 谢谢你的问题。第一个问题，我也有学生在做同化，同化我认为是数据和模型的融合。模型有水文模型、大气模型、陆面模型等，它是一个动态的过程。遥感数据加进来，可以改变它的轨迹。我认为它们的差别有以下几点：首先从时间连续性上来讲，模型本身就是连续的，而且连续性更强。第二个，精度问题，理论上，模型的精度更高，但在实际中，由于模型太复杂，需要的参数过多，利用模型将水、植被、温度等全部集中起来进行模拟，误差不确定性很大。很多情况下，用数据融合的结果，虽然简单，但精度反而更高。

第二个问题，传感器的数量，理论上来说，是越多越好，但实际上不一定。例如，本来有三个质量很好的传感器，已经能满足要求，但为了追求数量，加入了第四个传感器，但第四个传感器的质量不好，对结果的影响还是很大的，因此我认为，传感器的数量要根据具体的需求来定，根据需要的最高空间分辨率和时间分辨率以及传感器的质量来进行恰当的选择。

第三个问题，我说一下我个人的经历吧。我硕士是在实验室读的，当时负责了小组课题“地面预处理模型”中的辐射校正工作，后面就做遥感数据质量问题改善。遥感数据的质量会受传感器的影响、大气、噪声、建筑物的阴影等的影响，后来，我就想能不能把所有影响辐射质量的问题做一遍呢？后面这方面的研究在小组慢慢就铺开了。因此到现在关于影响质量改善的研究我们组做得还是比较全的。后来到了资环院做老师，院里要求要与地理和环境结合起来。我就想如何把前面做的工作结合起来，把质量改善应用到资源环境监测上来。因此，我从一开始到现在做的是基本上相关的。所以给很多博士的建议就是，博士毕业能不换方向就尽量不换方向，最好是在原来的基础上进行扩展。

提问人二： 谢谢沈老师精彩的报告，您今天的报告主要集中在光学影像融合方面，想请教您在关于光学影像和SAR影像融合方面的见解和指导？

沈焕锋： 光学和SAR的融合，我感触还是挺深。融合有三个层次，像素层、特征层和决策层。像素层又称数据层，对于光学数据和SAR的融合，我个人认为意义较小，但是由于光学数据和SAR影像的成像机理不同，融合之后难免有光谱偏差，在特定情况下可能是有意义的。如果要是开始做新的工作的话，我不建议从这方面展开。从特征层和决策层来展开可能会更好一些。

提问人三：您在做 SMAP 降尺度的时候，针对数据缺失，能不能考虑将传统做图像的超分辨率重建的方法迁移到数据融合上来？

沈焕锋：首先谢谢你的建议，我觉得迁移是没有问题的。我在博士期间做了变焦的超分辨率，小组同学有将其迁移到 DEM 产品的融合上来。因此模型之间是通的，但是具体处理时可能要考虑一些参量，如地学因素、物理因素等。其实你说的超分辨率和融合这两个概念严格的界定很难。融合其实也是一种超分辨率，只不过传统的超分辨率是基于多个时间的低分辨率数据，而时空融合是基于历史的高分辨率。它们的基本框架是一样的。

主持人：由于时间关系，我们的提问到此结束，非常感谢沈老师带来的精彩报告！同时也非常感谢各位同学的到来，也希望大家继续关注我们 GeoScience Café 的后续活动。

（主持人：顾芷宁；摄影：马宏亮、王源；录音稿整理：马宏亮、戴佩玉；校对：沈高云、王宇蝶、韦安娜）

1.5 室内导航定位技术与智能位置服务

(柳景斌)

摘要：柳景斌教授以“室内导航定位技术与智能位置服务”为主题，以轻松愉悦的风格给大家精彩讲述了相关的研究内容，并坦诚地分享了各种定位手段、算法、应用，同时表达了对人才的殷切期望。本次报告吸引了实验室与其他院系的众多学生，更有不少观看直播的观众，大家互动频繁，现场学术氛围浓厚。柳景斌教授以其独特的报告风格和精彩的报告内容吸引了全体同学，让人获益匪浅。

【报告现场】

主持人：欢迎大家来到第144期GeoScience Café的现场，今天我们邀请到的是测绘遥感信息工程国家重点实验室的柳景斌教授，他是第12期“千人计划”学者，其主要研究方向是室内外无缝导航与智能位置服务，在多源数据融合、室内外无缝定位、智能手机泛在定位与智能位置服务、智能室内同步定位与制图、卫星导航理论与方法等交叉领域都做出了原创性的成果，开发了从数据源到可视化的整套智能手机三维导航的完整技术体系，主持研制了手机室内外混合定位引擎，提高了复杂环境下室内定位的精度和可用性，有利于室内定位技术的产业化。以此为支撑，研究开发了智能手机室内三维导航原型系统，在2010年上海世博会上成功演示，并入选了中国科技部十一五国际合作成果，被GPS *World* 选为封面文章并进行报道，这喻示着该项技术达到了世界领先水平。他还提出了室内外导航新方法，在系统总结了人类与自然界生物的基础上，创造性地利用普适存在的环境光的时域和频域信号，首次提出用环境光做观测源的仿生物定位导航技术。柳景斌教授已发表SCI/EI论文50篇，获得两项国际专利授权和一项软件著作权，是15个导航定位领域SCI期刊的审稿人和英国The Leverhulme Trust基金资助机构的评审专家。下面请我们的嘉宾柳景斌教授上场。

柳景斌教授：很感谢大家周末晚上都没有休息来听报告，通过直播看报告的朋友可能会有点失望，因为我有可能是有史以来颜值最差的主播了。还有一些没有座位的同学也很辛苦，总之谢谢大家花时间来听这个报告。今天报告的题目是关于室内定位技术和智能位置服务。

1. 室内定位的应用前景

首先，介绍一下室内定位和室内位置服务方面的现状及其发展的应用和前景。

对于室外地图，随着 GPS 和卫星影像、制图的发展，最近 20 年在室外地图和导航定位这些方面，得到了大量的研究和应用，包括现在手机上的 GPS 导航和地图等产品，不管是研究还是商业产品都已经很丰富，这些产品的应用规模也越来越大。但是目前在室内定位方面，无论在研究还是商业产品方面都是一个比较欠缺的领域。首先，GPS 在室内不能用；其次，室内地图现在也还没有一个标准化的技术开发产品，商业产品也还是一片空白。所以在此背景下，目前无论在国内还是国外，室内定位的技术和相关研究都是一个亟待开发的领域。虽然室内无法使用 GPS，但是人的一些活动，比如打电话或使用互联网经常都是在室内发生的。根据市场调查统计，70%的电话拨打发生在室内，80%的互联网连接发生在室内，人们 80%～90%的时间在室内度过，超过 90%的人和物的信息也在室内。这是经过一定群体的样本统计的，大家对照一下这些数字，根据自己的日常生活分析，思考一下是不是跟自己的体验一致。

另外，室内定位有大量的需求。比如在交通枢纽、商场、各类办公场所、各类室内空间，人们的活动大多在这类室内空间中。刚才主持人问了一个很好的问题："室内是怎么定义的？"实际上我们可以很简单地来定义室内：没有 GPS 信号的地方都可以叫室内，比如在办公室、建筑物、房间、地下停车场、地铁隧道内，等等。GPS 定位信号不能到达的地方都是我们室内定位领域所研究的范围。室内定位的第二个需求来自于前沿颠覆性技术的发展。所谓前沿颠覆性技术，现在发展得比较热门的有无人车、无人驾驶、虚拟现实、智慧城市、人工智能、物联网和工业 4.0 的发展等。我们首先介绍一下前沿颠覆性技术中的无人车。为什么无人车属于室内定位的领域呢？通常而言，室外环境下无人车使用 GPS 较多，但是在很多地方，比如城市峡谷、地下室内停车场等，GPS 是一个很脆弱的系统。即使加上了惯性导航系统(IMU)，无人车对 GPS 的依赖还是很强的，所以现在研发的所有无人车，GPS 都不是唯一的定位手段，甚至不是最主要的定位手段。无人车通常使用激光雷达技术，采用 SLAM 定位技术来辅助，从此提高它的安全性和可靠性。第二个介绍一下虚拟现实。虚拟现实跟室内定位联系更为紧密。现在，很多虚拟现实的应用都在室内，比如游戏、医疗等。所以，虚拟现实的玩家与其本身虚拟内容的地理位置，都是其中的基础元素。在智慧城市领域，现在研究的大尺度的城市管理还没有延伸到室内，但未来智慧城市的发展会逐步向室内延伸。第三个就是人工智能，人工智能包括室内的机器人或者其他的一些智能系统。人和机器人本体和它所处场景的所有物体的地理位置，是人工智能发展的一个重要基础元素。第四个是物联网和工业 4.0，涉及智慧工厂和这种工业产品的用户等，这些物体和工厂里面的机械或者是物体的位置，也十分重要。以上所有这些技术都不能依靠 GPS 或者是 IMU 等其他现有的技术手段得到解决，因此，目前这些颠覆性的技术领域对于室内定位技术的可靠性和精度以及应用性的要求越来越突出。室内定位的发展与这些领域的需求是分不开的。

这有几个应用的例子。例如，图 1.5.1 展示的是联想公司在 2016 年 5 月发布的基于 Google Tango 项目的 PHAB2 Pro Tango AR 手机。它的特点是手机里集成了一个深度相机。我们可以用这个深度相机在室内进行自主定位、导航，之后可以重建室内三维场景。

图 1.5.1 联想 PHAB2 Pro Tango AR 手机

图 1.5.2 展示的是通过虚拟现实技术转播体育比赛的一个应用。

图 1.5.2 转播体育比赛

图 1.5.3 展示的是一个混合现实游戏的应用，它可以让玩家身临其境地融入游戏。在这些应用里，人和物体的位置都是十分重要的元素。

比较典型的手机室内定位技术包括：惯性导航定位技术、视觉定位技术、超声波定位技术、红外传感器的技术。在射频信号方面，手机定位技术还包括：Wi-Fi 或蓝牙定位、采用 RFID 的定位、GNSS 的方式(在室内基本不能用)、类似 GNSS 定位的伪卫星定位方式，还一种是超宽带的 UWB 的定位方式。这些定位技术都有其各自的优点。但是，因为

图 1.5.3 混合现实游戏

手机应用或者是其他消费类电子产品有低成本、易携带的特点，如果以此来要求的话，以上这些定位技术都有各自的一些原理上的缺陷。如果我们以手机或者其他智能设备为定位平台，来研究智能位置服务的应用，目前的定位技术都还不能满足这些应用的需要。所以，我们现在提出的解决方案就是，把这些不同的定位技术通过算法融合来实现高精度与高可用的目标。

2. 智能手机室内定位方法

(1)手机定位传感器

第二部分是关于手机的高精度室内定位的技术，手机有 GNSS 和各类传感器以及各类射频信号，它已经发展成为一个多源室内定位技术混合的一个载体。这是我们以手机为平台来研究室内定位技术的一个先决条件。它的主要的传感器包括 GNSS 信号，泛在信号，各种传感器(加速度计、陀螺仪、磁力计、光线传感器、相机)以及各种射频信号(蓝牙、Wi-Fi、RFID、NFC、数字电视信号)。

(2)智能手机无缝定位与三维导航

图 1.5.4 是我们在 2010 年以诺基亚手机为平台研制的一款三维手机导航系统，其中包括室内定位技术，同时也集成了三维建模与可视化的技术。这一套原型系统当时在 2010 年上海世博会上做了现场展示，并提供给游客使用。

它背后使用的传感器包括：Wi-Fi、蓝牙、地磁、IMU、环境光信号、GNSS。它采用的方法就是感知。这个应用主要是面向行人，其采用的方法是通过感知行人的运动状态，辅助 Wi-Fi 和蓝牙的射频信号来进行定位。其中最主要的部分是多源传感器的融合。采用的融合算法包括隐马尔可夫模型和无迹卡尔曼滤波(UKF)。图 1.5.5 的上半部分是加速度

图 1.5.4 三维手机导航系统

计的信号，可以明显看出，人在行走时加速度计的读数与静止时加速度计的读数有很大差别。如图 1.5.5 的下半部分所示，我们可以通过步态对人行走的过程进行分解。我们把从一只脚到另一只脚的长度称作步长，把人的脚从后面走到前面的过程称作一个步，然后检测步态的这个事件发生的频率，通过步长的模型和步态发生的频率来感知人行走的速度。

隐马尔可夫模型可以用来做数据融合，它最主要的思想是通过人行走的步态和步型的估计来感知人的位置，从而建立一个从某一位置转换到另外一位置的隐马尔可夫模型。其中一个基本的概念是，如果把行人的位置作为一个状态量，这个状态量不会一下子突变，它的位置应该是在人的行走范围之内变化，然后以此作为假设的理论模型。把其中的数学语言翻译成白话文就是，人的位置不会一下子从我现在的位置跳到门口去，它总是在人的行走的动态范围之内。人的行走速度大概是一米每秒，之后我们通过 Viterbi 算法或者是格网滤波算法来估计每个人的位置。需要注意的是，人在行走状态下，方向和步态的变化很剧烈，行走时方向可能随时发生改变，比如说一个人可能突然转弯，或者是刚才一步在向前走，突然下一秒就站住不动，等等。因此，隐马尔可夫模型的好处就是对传感器的要求不高，即使是在步态变化比较大时，这个算法对模型的不可确定性部分容忍度也比较大。

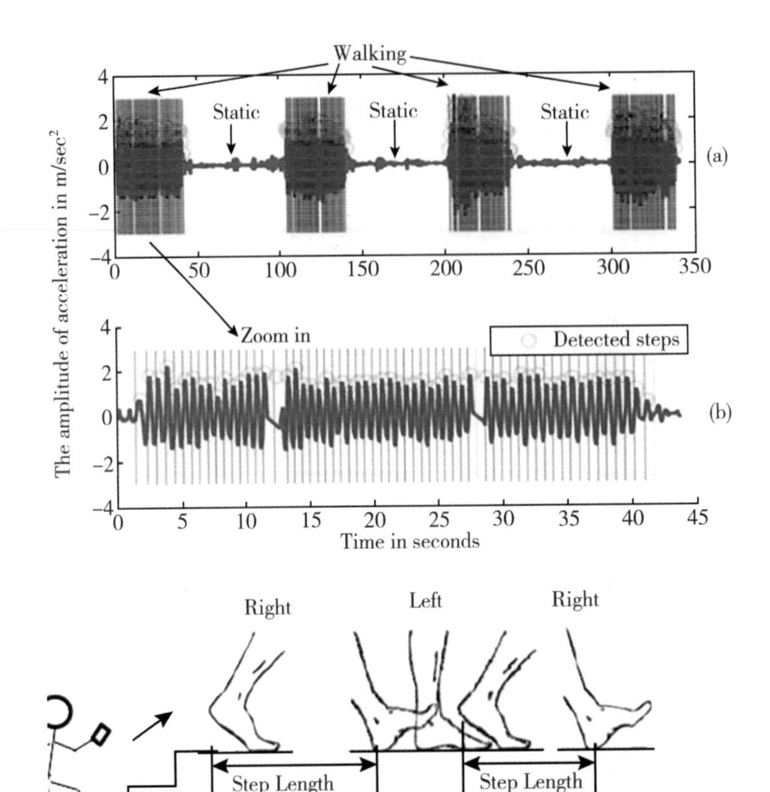

图 1.5.5 信号的融合

（Liu J.，et al.（2012）. A hybrid smartphone indoor positioning solution for mobile LBS Sensors，12，pp. 17208-17233）

图 1.5.6 是关于定位精度的描述，右上扇形表示只有方向信息没有人的位移信息，左上环形表示只有人的位移信息但是没有方向信息，不知道人在向 360 度的哪个方向移动。左下扇环就是既有方向信息又有位移信息。我们可以从手机上的陀螺仪和磁力计得到方向信息，从加速度计上得到位移距离的信息。右下圆形就是没有任何信息。

我们首先假设人行走的速度，比如一米每秒。在不同的传感器可以获得不同位移信息的情况下，表 1.5.1 列出了一些定位精度的指标，定位精度范围在 2~5 米。

另外一种数据融合的方法是无迹卡尔曼滤波。无迹卡尔曼滤波从数学原理上讲，和普通的卡尔曼滤波类似，同样包括一个系统的动态模型和一个观测值的观测方程。其跟卡尔曼滤波的差异是，我们定位时的大部分模拟都是线性模拟，而在无迹卡尔曼滤波算法的框架下，通过一个 UT 变换的方式来重采样，进行滤波处理，没有线性化的要求。所以，无迹卡尔曼滤波更加适合于处理非线性的问题。尤其是在室内小范围的定位问题中非线性因素比较大，此时无迹卡尔曼滤波在性能上比卡尔曼滤波要好。

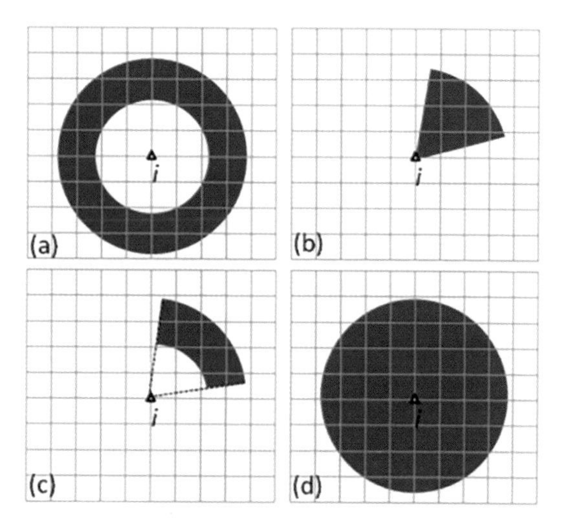

图 1.5.6 定位精度

表 1.5.1 定位精度的指标

Applied motion dynamics	RMS error	Error mean	Maximum error
Measured distance & heading	3.09	2.07	6
Measured distance	3.17	2.14	9
Measured heading & assumed speed	3.48	2.30	15
Assumed speed	3.87	2.56	15
MLE	4.43	3.07	15

(Liu J., et al. (2012). A hybrid smartphone indoor positioning solution for mobile LBS Sensors, 12, pp. 17208-17233)

图 1.5.7 是我们做室内定位与人的行为识别的精度，所谓行为识别就是感知人的运动状态，然后用这个运动状态来辅助提高定位精度。

(3)各种定位手段

1)利用泛在环境光定位

前面讲到关于环境光定位的特征，其实，各种不同的定位技术，在定位本质上都是要观测一定的物理量，这些物理量跟地理位置有概率关系或者函数关系，如果能建立这样的关系，那观测值就可以用来进行定位。我们以环境光的此特征为例，如在室内环境中，有灯区域和无灯区域在光的色域、强度或光的频谱特征方面存在区别。那如果我们通过特定的仪器或者设备能够采集到光的频谱特征、强度或者频率的信息时，建立一个数据库，然后用这个数据库跟实时测量的特征进行对比，或者进行某种信号处理的话，就能反演出这

>80%

~90%

*高精度GPS/INS测量地面真值

Applied motion dynamics	RMS error	Average error	Maximum error
Measured distance & heading	3.09	2.07	6
Measured distance	3.17	2.14	9
Measured heading & assumed speed	3.48	2.30	15
Assumed speed	3.87	2.56	15
MLE	4.43	3.07	15

图 1.5.7　室内定位和人的行为识别的精度

（Liu J.，Reciprocal estimation of pedestrian location and motion state toward a smartphone Geo-Context computing solution. Micromachines，2015,6:699-717）

个人或者这个设备所在的位置。以上就是这个方法的本质。频率特征与光源的特征有关系，也与小范围环境物体的特征有关系。因为仪器所测量到的光的信号是它的色域信号和周围环境反射，把光线反射到仪器上时，还跟反射面的物理特性有关系。比如一本红色的书或是旁边一盆绿色植物，它们所反射的光的频率特征是不一样的。图 1.5.8 是仪器所测到的某个光源的频谱特征。将房间里每隔一定长度的位置上建立一个光源的频谱与位置一一对应的关系，那么，这些信息就可以用来定位。此时定位的原理就类似于指纹匹配。

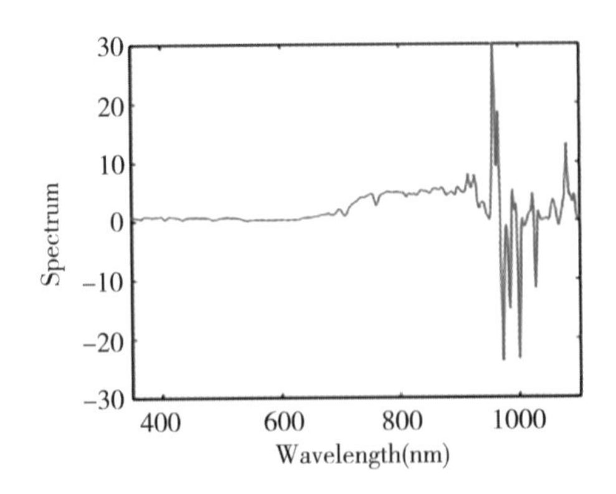

图 1.5.8　光源的频谱特征

（Liu J.，et al.（特邀）. A Bright Idea-Testing the Feasibility of Positioning Using Ambient Light. GPS World（Innovation 创新栏），2014（11）. http：//gpsworld. com/innovation-a-bright-idea）

环境光的另外一个特征表现在时域上，即强度特征。例如，拿一个测光源强度的设备，在室内某一条线上走一圈，它的频谱特征与室内几个灯的位置，形成一个类似于正弦函数的模式，我们可以从此模式中感知灯的位置。如果事先知道灯的位置，就可以通过此关系来反算出这个测光源的设备所在的位置。当然这个技术需要专门的设备采集数据，测量时域和频率信号，所以目前还不太实用。但是这表现了一层含义：无论是怎样的定位手段或者定位技术都没有超出根本的特征，即建立某一种物理量和位置的概率或者函数的联系，这就是一个最本质的问题。

2)利用城市三维特征改进 GNSS 定位

我们还用了另外一种方法，这种方法我们提出来比较早，现在国际上成为了一个新的研究方向，就是基于环境遮挡的 GNSS 在城市中的定位。它的思想是：在城市峡谷里，因为建筑物的遮挡(一般认为是拐角、建筑物的遮挡)导致 GPS 定位不准，这对 GPS 是一个干扰源，是导致 GPS 不可用的误差源。但是在此方法中恰恰相反，它把 GPS 被遮挡的事实作为一个判断 GPS 定位结果是否可靠的依据，如果是不可靠就对其进行修正。例如，在城市峡谷，一个人站在某个位置，他理应能接收到某些 GPS 卫星信号，但是根据他现在所处的位置，有一些卫星是他本来能看得见，但是实际上并没有看见的。中间差异的那部分就是因为附近的建筑物遮挡导致的。那我们就可以根据他实际上接收到的卫星的信号，得到一个特征，然后根据用户所在的位置以及卫星所在的位置，算出一个理论上不考虑建筑遮挡时的卫星的特征，把这理想的卫星信号特征和实际观测到的卫星信号特征做对比，下一步就是根据对比得到的差异和周围环境的特征，跟现有的三维地图的建筑物的特征去做比较。如果这两个能匹配得上，那说明这个时候的定位结果是可靠的。如果这两个结果匹配不上，那说明这个定位结果不对。如果两个结果不匹配的话，我们可以在它周围一定的范围之内，比如 200 米或 300 米内进行搜索。人只会在街道上面，用它做一个搜索的过程来改进它定位的精度和可靠性，以及和地图匹配的程度。

3)室内同步定位与制图

另外一类技术是 SLAM(Simultaneous Localization and Mapping)技术，图 1.5.9 右上方是我们研制的一个低成本的 SLAM 系统，是一个扫地机器人。这个扫地机器人是一个运动的载体，其中搭载有激光扫描头和 IMU 等传感器。图 1.5.9 下方是机器人在扫办公楼的场景，图中可以看出，在有玻璃的地方，激光会穿透玻璃，然后可以把室内轮廓图扫描出来。我们研制的这个扫地机器人在工作时不需要任何输入信息，它就能知道自身在房间里的位置。

4)基于 RGB-D 相机的视觉 SLAM

图 1.5.10 是基于 RGB 深度相机的方法，采用 SLAM 来做室内的三维扫描，三维建模和自主定位。

5)音频定位

还有一类技术是基于音频的定位。我们知道，空气中音速在 1 个标准大气压和 15℃ 的条件下约为 340 米/秒。与光速相比，它的传播速度比较慢，所以对时间的要求也就比

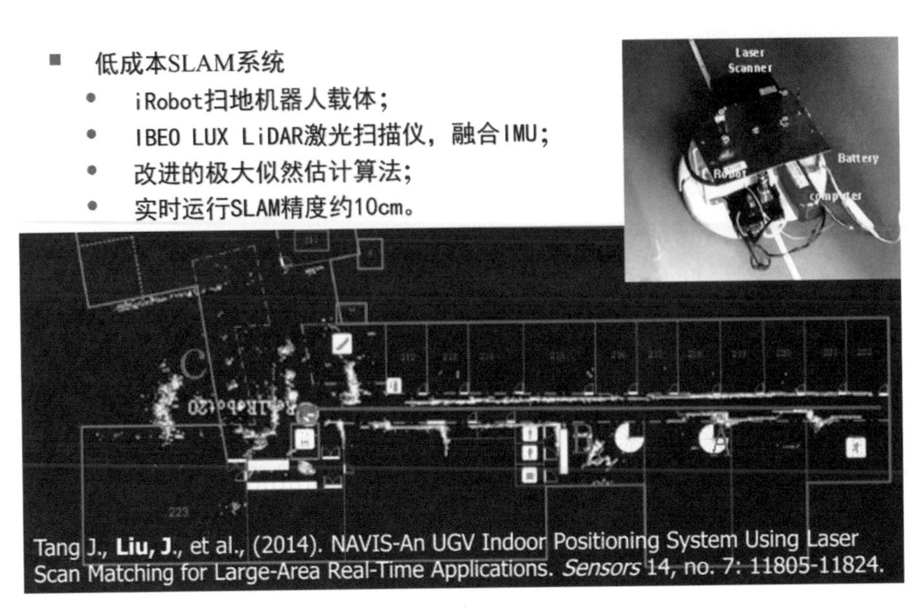

图 1.5.9　扫地机器人

图 1.5.10　基于 RGB 深度相机

较低，所以我们可以用它来做测距。如图 1.5.11 所示，我们在某些位置放置几个声音的发射源，然后用手机接收这些声音，再通过测量信号从每个声音源到接收机的位置上的时间差，来计算手机到播放源的距离，通过三角交会的方式来进行定位，可以得到分米级的结果。

6)光源定位

图 1.5.12 是采用 LED(Light Emitting Diode)光源的定位，这利用了光源编码。它的原

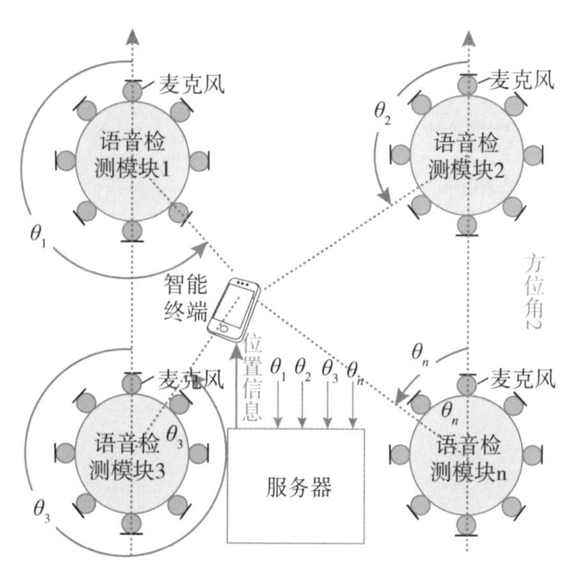

图 1.5.11　音频定位

理是：图 1.5.12 右边是一个球，光源在球的中心位置，光源穿过球上的小孔照射到地面上的每一块位置。可以想象得到，如果某一个用户在某个位置，光线落到他的身上之前穿过了某一个孔。在这个小孔上放置适当的编码，那么当光源到达某一个用户位置的时候，通过反算出它是穿过哪一个小孔，就可得到它相应的位置。LED 光源定位的精度也在分米级。

图 1.5.12　采用 LED 的光源的定位方式
（图片来源：中科院深圳先进技术研究院，谭光，2013 年）

图 1. 5. 13 是 LED 光源定位原理的示意性描述。通过手机照相机，我们可以接收到一个编码的信息，然后反算出它自己在这个平面中所处的位置。

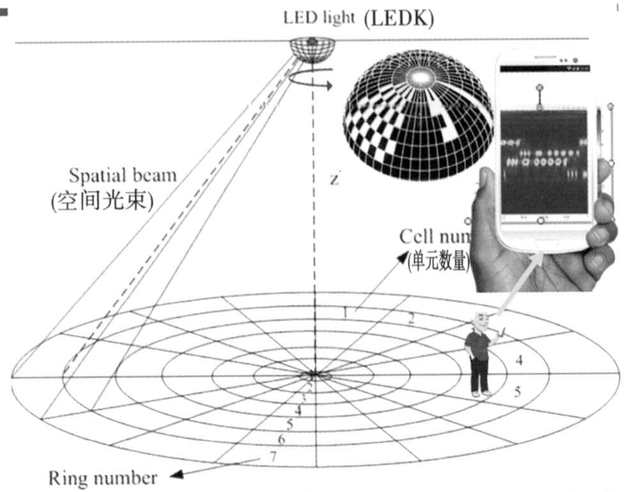

图 1. 5. 13　LED 光源定位示意图

7) 蓝牙天线阵列

这种方式是通过定制的蓝牙天线阵列来确定用户的位置。图 1. 5. 14 展示了如何利用一个蓝牙设备来进行定位。通过蓝牙天线阵列，我们可以精确测量出信号发射的角度。如果手机用户能精确测量出这个信号的角度，同时也知道高度信息，通过和天线阵列所在的

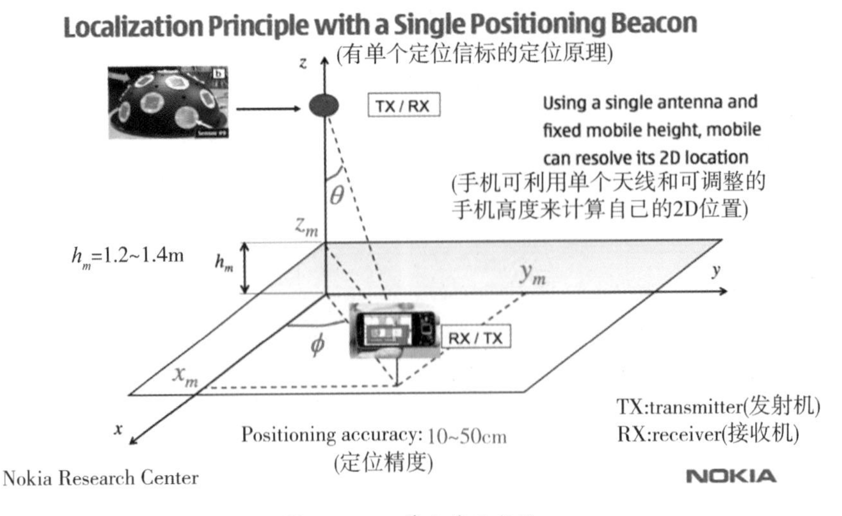

图 1. 5. 14　单点蓝牙定位

位置形成的三角关系，我们能够很准确地算出手机所在位置。其定位精度与天线阵列本身的高度和手机离天线的距离远近有关，距离越远精度越低。

(4)多源融合观测值类型和主要融合算法

前面介绍了很多不同的定位传感器，如图 1.5.15 所示，包括地磁、普通的手机蓝牙、蓝牙天线阵列以及通过 SLAM 的视觉算法的定位等。这些不同的定位原理使用的传感器也不一样，它们的观测值可以归纳为三类：第一类是它的坐标和它的导数，坐标的导数也就是坐标变化，即矢量速度；第二类是角度及其一阶导数；最后一类就是距离和距离的变化。这些不同的观测元素要想实现高可用高精度的定位，必须在观测值层面进行紧耦合融合的定位。定位过程涉及角元素，角元素通常是三角函数的关系，可想而知，其中非线性是一个很严重的问题。所以在这些前提下，我们怎样来对这些观测值进行紧耦合融合呢？这中间有 4 类算法，其中一类就是之前介绍过的隐马尔可夫模型，接下来对其他三类进行介绍。

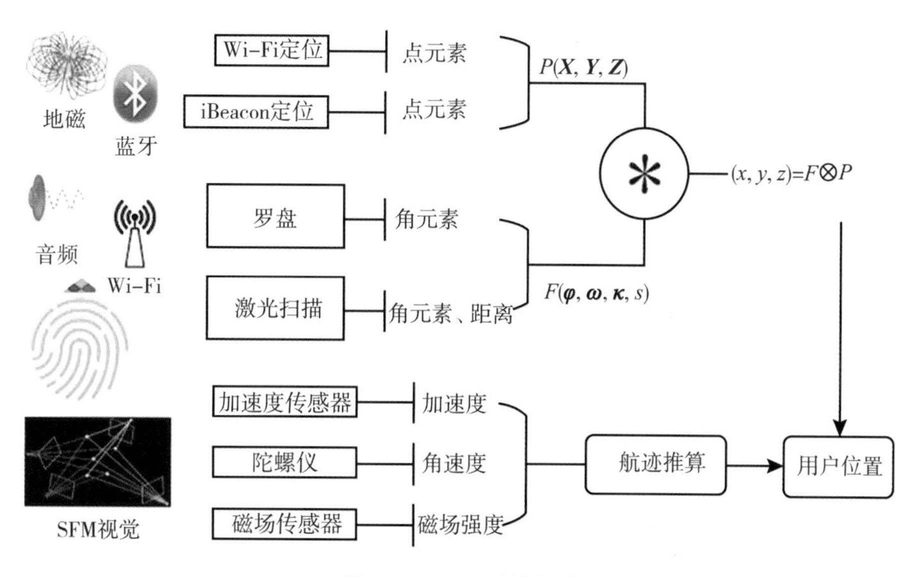

图 1.5.15 观测值类型

1)粒子滤波

第二类是粒子滤波的方法，如图 1.5.16 所示。粒子滤波和隐马尔可夫模型类似，也是基于贝叶斯法则的方法。因为没有显式函数关系，它的好处是不用建立显式的函数关系，适合解非线性问题，适用于人步行时出现突然的、不规则的变化的状态。其基本过程是根据所在的工作区域建立采样，然后在每一个采样上计算其概率。可想而知，由于采样较多，即使是通过一些其他信息进行辅助，如通过行人的运动信息来优化减少它的采样个数，它的计算量也还是很大。尤其是涉及这种概率计算的时候，概率的计算取决于所在的概率模型，是计算量很大的工作。总体来说，从实用角度来讲，粒子滤波的主要问题是计算量太大。尤其是在手机这种移动设备上使用的时候，计算量是一个很大的限制。

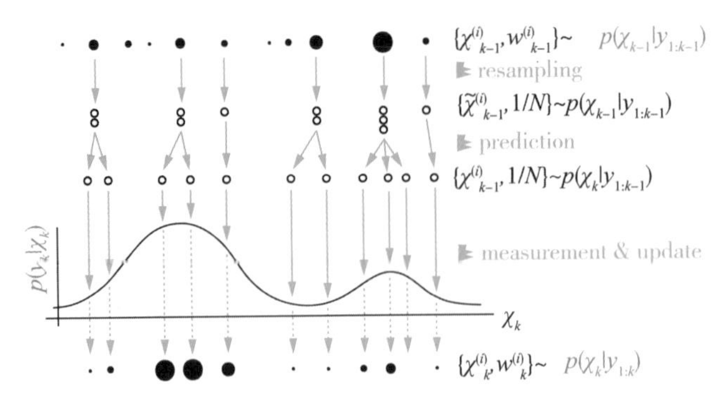

图 1.5.16　粒子滤波

(Kuusniemi H., Liu, J. et al. Evaluation of Bayesian Approaches for Multi-sensor Multi-network Seamless Positioning. Proceedings of ION GNSS 2011, pp. 2 137-2 144, 20-23 September, 2011, Portland, OR, USA)

2)扩展卡尔曼滤波

第三类算法是扩展卡尔曼滤波。卡尔曼滤波基于状态模型和观测模型，需要建立严格的状态模型以及严格的观测值的函数模型，其中还涉及观测量的误差的假设，例如它要求是高斯白噪声，等等。但这个方法实现起来很简单，我相信不少同学可能都使用过这个方法，尤其是 GPS 和惯导这种组合导航里面很多都用到了卡尔曼滤波。这是一个很经典的算法，它的基本步骤是，首先通过状态模型来对状态量做一个预告，然后用观测值来对这个状态量进行更新。其中比较关键的步骤是建立状态向量，即用一个什么样的状态向量来描述这个系统。我们把模型建立起来后，通过图 1.5.17 中的若干公式算出来。

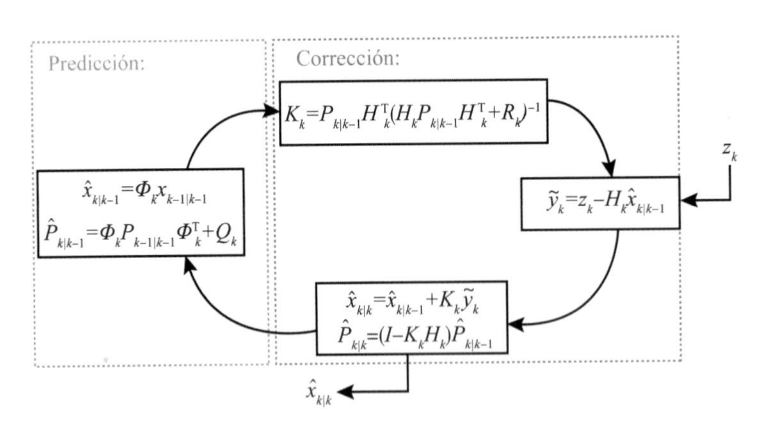

图 1.5.17　扩展卡尔曼滤波公式

(Chen L., Liu J. et al. Constrained Kalman Filter for Indoor Bluetooth Localization. In Proceedings of EUSIPCO 2015, Nice, France, 2015, Volume: 1, pp1 960-1 964)

其形式简单，运算量适中，适合于移动设备的运动类应用。但是对于室内定位来说，由于非线性的问题比较严重，在用这种方法通过泰勒级数展开时，其非线性误差很大。另外，行人运动的时候，突然的状态变化会导致这个状态模型不准确，误差比较大。因此，它需要使用惯性传感器如加速度计和陀螺仪来实时地监测人的运动状态和行为状态，来辅助维持该状态模型的正确性。

3)无迹卡尔曼滤波

第四类是无迹卡尔曼滤波(UKF)，这个方法前面也介绍过。它跟卡尔曼滤波不同的是，在 UKF 里没有泰勒级数展开这一步。它的方法是，通过建立一个适当的采样，然后做一个 UT 变换。做 UT 变换的方式也比较简单，但它的采样跟粒子滤波不一样的地方在于其采样个数是有限的。例如，采样个数是状态向量的两倍加一，如果状态向量是 5 个或 6 个的时候，它的采样个数只有十几个。这个时候它的计算量就没有粒子滤波那么大。而且因为它没有线性化误差，该方法也适合于室内定位，尤其是这种有的是点元素，有的是角元素，有的是距离信息的不同类型的原始观测值的深度组合。和各种扩展卡尔曼滤波一样，此方法也要采用手机上的惯性传感器来对于行人的状态做实时监测以维持状态模型的正确性。

3. 智能位置服务

前面介绍了各种室内定位从传感源到定位算法的过程。但是定位终归只是一种技术手段，研究这些技术手段的最终目的还是要开发各种智能应用。其中一种最容易想到的智能应用就是导航。通过比较在室内的二维导航和三维导航的关系，大家可以感受一下二维平面的导航和以三维模型为背景的导航的用户体验。你们是喜欢二维还是三维呢？应该要看在什么样的情景下，从我个人体验来说，有时候三维可能更好，但二维更有宏观感。

另外一类应用就是商场的基于位置的精准营销。如图 1.5.18 所示，根据这个用户所在的位置，通过分析他逛商场的行为特征，看他经常去哪些商场，然后分析他的个人购买习惯和兴趣偏好等，就可以给他更准确地推送其更感兴趣的商场打折信息或者商场其他信息。

图 1.5.18　基于位置的精准营销

还有一种是室内停车应用。尤其是在大城市，室内停车是一个很痛苦的过程。我们开发了一个智能停车的原型系统。以一个人从家里出发到商场购物然后返回家里这样一个完整的周期来举例，这个人可以在家里在线预定一个停车位，然后在商场的车库里找一个停车位，指定时间段，比如从下午 3 点到 5 点需要这个停车位，做一个预登记，之后启动导航。从家里到商场的路上提供的是车道级的导航，到达商场以后，进入车库，提供的是精确的室内导航。先到达他所预定的停车位，停车后再把他引导到商店的位置。购物时就切换到购物应用“iShopping”。购物结束后告诉他停车的位置，然后把他从商店的位置引导到地下车库，帮助他找到停车的位置，最后再返回家里或办公室。以上就是在芬兰的大苹果商业中心的地下停车场做的一个示范性的应用。根据我们在地下停车场的实验，这个系统有 85%的概率能把车导航到他所预定的位置，误差不大于一个车位。

前面举的应用都是基于单个用户位置的应用，另外一类智能应用则是融合了多个用户的位置。例如，现在我们房间里有六十多个人，把每个人的位置信息都搜集起来，包括每个人的行为状态，可能有的人站着有的人坐着，搜集位置所在的空间地图和它的属性，比如这个房间平时用途就是会议室或者报告厅，还要搜集这一群人的信息和社会属性，比如说我们在座的各位大部分是学生，最后通过把这些信息做一个融合，用专家系统来做一个推算，就可以推测出这个房间里在做什么。有时候可以推断人的行为状态，比如老人一个人在家里，如果他突然摔跤了，或者发生了别的什么事，如果这个系统跟医疗系统或社会医护的系统能够连接起来，就可以判断这个老人是不是发生了紧急状态，是否需要紧急救助。这就是一个基于位置的情景感知的计算和相应的智能计算。

4. 未来方向

做一个小的总结：目前手机室内定位的精度普遍在 2~5 米，可用度比较高，但可用度的问题并没有完全解决。例如，在人工智能与虚拟现实等方面，定位精度还需要进一步提高。未来的设想主要是通过基站增强，比如说前面介绍的音频的基站。因为音频的基站，蓝牙天线阵列或者是采用新的 LED 编码过后的光源，都可以提高定位源的精度。然后可以在融合算法的支持下，提高整体的定位精度，达到 1m 的精度目标。当然在整个过程中，我们的目标是不改变大众手机的硬件，也就是以市场上每个人都能买到的手机作为所用到的传感器，只在软件和算法上做提高。另外一个研究方向就是，虽然定位解决了移动终端的位置问题，但是在室内空间的图和三维属性这些方面的技术研究还需要深入。

我的报告的主要内容到这里就结束了，接下来有什么问题大家可以一起交流。

【互动交流】

提问人一：有没有其他类似 GPS 的信号可以穿过建筑？

柳景斌：这个可能需要你来发明。其实现在广播信号、手机信号可以穿越建筑，我们在室内也可以看电视、打电话，但这些信号用来做定位的话存在的一个问题就是多路径的传播。我们知道 GPS 信号做定位时需要一个直射的路径，从手机到发射机是直线路径。

如果有多路径比如反射信号，测出的距离就不是接收机到发射源的直线距离，而是经过一次或多次反射之后的距离，所以用来定位时精度较差。不排除未来有什么信号能以直射的方式穿过建筑，但至少目前还没有。

提问人二：导航时如何在2D和3D间流畅切换？3D模型的大数据如何压缩、储存？

柳景斌：3D可视化是一个很大的领域，我个人没有涉及太多。我们做的只是小范围演示用的系统。整个城市范围的应用可能单靠手机不行，可以通过服务器的方式，用手机的通信流量缓解内存不足的问题，这是一个用时间换空间的问题。你说的3D可视化涉及手机资源的问题，我不能很好地回答你，但我知道有比较成熟的解决方法。但这不是我所研究的方向和范围。

提问人二：现在的方法大多是依赖于这种先验条件或者现有的一些基本条件，那么在未知环境下，没有这些硬件，没有先验知识，又是如何去实现这种定位的呢？

柳景斌：据我所知，IMU是一个相对来说比较成熟的方案，紧急情况可使用。无线传感网的方式是另一个途径。这都涉及精度问题，有很多人在做这方面的研究。

提问人三：仿生物导航能不能介绍一下？

柳景斌：所谓仿生物导航就是通过感知环境光，就是没有任何额外基础设施的光线。动物界有很多也是通过对环境光的感知来识别方向和自己的位置。通过环境光来识别方向和位置时，具体的观测量就是周围环境光线的频谱特征，如果旁边有绿色叶子，那么频谱特征上绿色波段就比较高。如果在这个门边，那它的黄色波段就比较高，绿色比较少。先建立一个数据库，再在环境里把设备推着移动，走到门边时，感知到的信号跟在这里采集的频谱特征的相关系数匹配程度比较高，在植物旁边时，绿色特征比较明显，跟在门边相比匹配程度就很低，而跟植物旁采集到的频谱特征匹配程度比较高。但这个方法要用到频谱仪，我所知道的频谱仪还没有能做到手机上的，所以这种方法实用性不太高，但我相信这个方法在其他对其尺寸重量不那么敏感的地方(如机器人)也许用得着。

提问人四：在现有手机硬件的基础上通过软件和算法提高了定位精度后，如果手机更新了硬件，可以取代之前的软件算法，会不会有这样的困惑？

柳景斌：应该不会。室内定位不是只用于手机定位，室内定位跟手机的室内定位不一样。室内定位还包括其他方面，比如工业上的特种定位，它不用手机作载体。另外，手机硬件确实更新快，但不管什么传感器，只要测量就会有误差，测绘学科六十多年就是在对付误差。所以有更好的传感器，算法就能发挥更大的作用，不会做了很多算法却因为一个新传感器而没用。

提问人四：步态模型里，因为人的体型不同产生的步长不同会不会对定位精度有影响？定位有没有迟缓的现象？

柳景斌：有。即使是同一个人有时也走得快或有时走得慢，不同的人步态特征可能都不一样。只用一个模型来训练的话会有模型上的损失。但模型都会这样，除非把模型复杂度提高，通过增加参数来提高模型的精度和准确度。定位迟缓的问题，手机的惯性传感器采样频率是很高的，蓝牙和 WLAN 涉及功耗问题会有迟缓。

提问人五：手机上实时三维场景构建时，数据量是怎么处理的？

柳景斌：联想那个手机上用的是深度相机，范围没那么大，数据量没有激光点云那么多，深度相机范围只有 5 米左右的样子，计算量没有激光点云那么大。

提问人五：室内定位时蓝牙信号是不是比 WLAN 好一点？多源信号融合时，哪一种作为主要信号源呢？

柳景斌：取决于你的标准是什么。蓝牙的好处是功耗低，不需要外接电源；WLAN 必须外接电源，大规模布设会很困难，成本也比较高。从信号统计来讲，蓝牙的信号比较稳定。

提问人六：机器学习与室内定位的创新点，它是否是未来新的研究方向？

柳景斌：机器学习和指纹匹配比较像，但它在精度方面比指纹要好得多。机器学习确实是未来室内定位的新的研究方向，除了它的精度外，另外就是跟人的运动模式结合起来，然后提高定位精度和可用性。

提问人六：人的方向信息是通过获取手机的姿态信息，这要求以固定姿势拿手机，这对应用很受限，有没有可以随意放置手机的方法？

柳景斌：只要人和手机相对关系固定就可以。如果一边摇晃手机一边走路就不行了。

提问人七：磁场如何在室内定位中应用？三维场景的卡顿该如何解决？

柳景斌：卡顿涉及三维可视化，视频中卡顿是因为 5 年前的诺基亚手机性能有限，现在商业的系统是基于实景的三维点云或全景照片的方式而不是三维场景，采用互联网的 HTML 的三维可视化的技术，现在浏览时很流畅无卡顿。关于磁场定位，现在有很多公司商业的系统号称用磁场做室内定位，可想而知，灯的开关会导致磁场不一样，多放一台电脑，它的磁场又不一样。现在我们正在做一个研究，在各种不同环境下采集室内磁场数据，来分析哪些因素对磁场影响大，哪些因素影响小，看磁场到底适不适合做室内定位。

提问人七：平时我们可以通过摇晃手机使得手机以为我们在走路。室内定位是不是也存在一些现在无法解决的死角？

柳景斌：摇晃手机使得手机以为我们在走路主要是因为惯导，室内定位时惯导也是很重要的，它的好处是不依赖任何基础设施，就是所谓的自包含的传感器。如果故意摇晃，它也会以为你在走路。蓝牙、WLAN 的死角就是信号源的可获得性，比如停车场大多没有 WLAN 信号，但惯导是可以的。

提问人八：室内定位的瓶颈是什么，几年内可以大范围应用？做卫星导航的有没有可能转到做室内定位导航？华为 mate8 进行三维立体导航所用的传感器是什么？基于 5G 网络通信技术和您说的那些技术相比有什么优势和不足？

柳景斌：从最后一个问题开始回答。5G 确实是一个研究热点，但无线信号定位在室内有多路径效应，5G 信号可以在室外定位，但定位跟通信不一样的是，定位需要 4 个定位源才能确定一个位置，具体会怎么发展我不知道，但至少是有技术上的问题。5G 信号在室内有多路径效应，所以会有定位精度问题。倒数第二个问题，我没了解过，但并不稀奇，其他手机也可以。倒数第三个问题，可以。第一个问题，一个是信号源的问题，没有统一的信号源，没有一个可以在所有室内都观测到的信号源；另外一个是定位方式可用性的问题，人为变化导致指纹库可用性比较差。我希望等我这个项目结束，就可以满足一些主要的位置服务和一些颠覆性技术对室内定位的需求。

（主持人：徐强；摄影：陈清祥、高浩然；录音稿整理：罗毅；校对：李榅辉、赵雨慧）

1.6 天空之眼
——高分辨率对地观测

（汪韬阳）

摘要：武汉大学遥感信息工程学院遥感教研室讲师汪韬阳做客 GeoScience Café 第 124 期，带来题为《天空之眼：高分辨率对地观测》的报告。本期报告，汪韬阳老师围绕高分专项、高分湖北中心和各个高分中心的遥感应用成果展示这三个方面的内容，介绍了高空对地观测系统以及高分卫星应用实例。

【报告现场】

1. 引言

现在看来这个题目其实起得太大了，再过十年我再来讲这个题目比较好，现在入行还是比较浅的。现在我以在这个方面做了两三年的经验给大家介绍一下高空对地观测的系统以及我们在这方面的应用。

我在遥感学院读了硕士和博士，然后又做了两年博士后，研究方向是卫星影像区域网平差和区域影像纠正。

因为主办方给我的模板是“地图之美”，这个大家可能听说过，所以我起了一个题目叫“天空之眼”。以前遥感卫星不是很多，有人吹它是“上帝视角”，“天空之眼”。后来在网上搜索还真有这个电影，当然这个电影跟我们没什么关系，我们说的主要是围着地球转的低轨或高轨卫星，有光学、微波，还有高光谱。我希望通过这短短一个多小时的时间让大家对它有充分的认识，看看高分辨率对地观测对我们的生活到底有什么帮助。

我的报告分以下三个方面的内容：第一，“高分”专项，就是中国高分辨率对地观测系统的组成，我主要讲天基的，低空间、航空和无人机不在我们的范围内；第二，“高分”湖北中心，2014 年我作为第一批人员之一筹办了这个中心，现在一共有 21 个省级数据中心，这是因为咱们中国的卫星上天后，数据越来越多，大家希望尽可能地把数据给利用好。现在看来，数据的应用还是处于一个非常初级的阶段，有更多的信息等待我们去挖掘；第三，各个“高分”中心的遥感应用成果展示。

2. 高分辨率对地观测系统

（1）“高分”专项

我们可以看一下，高分辨率对地观测系统重大专项（简称“高分”专项）是《国家中长期科学与技术发展规划纲要(2006—2020年)》确定的16个重大科技专项之一，从“十一五”开始，到“十三五”，也就是2020年之前要全部完成。可以看出，国家在这些专项上投入了很多，相当于国家科技发展的方向。“高分”专项天气系统包含了7个卫星，“高分”一号到“高分”七号是民用“高分”。“高分”八号“高分”九号也是“高分”系列的卫星，但它们就是另外一套体系了，就不再细说了。

(2)高分辨率对地观测系统简介

“高分”一号到“高分”七号按载荷特点分为以下几个方面：第一，高空间分辨率，就是按看得清楚程度划分；第二是时间分辨率，2015年年底高四上线之后可以分出这个类型，其搭载的相机可以对地球不停地拍；然后就是“高分”五号，是高光谱的，上面也有偏振，可以做偏振遥感。“高分”三号，做全天候主动观测的。最后一个是国家测绘局的“高分”七号，有激光测高，可以做到全球的高精度测图，可以达到1∶10 000甚至更高的比例尺。表1.6.1是它们的状态，包括它们的特点，以及每颗星的主要服务部门，就是它们的主用户单位，即这些卫星发射后主要是给哪些行业用的，大家可以看一下，主要有国土的，海洋的，林业的，气象环保的，农业的，最后是测绘的。图1.6.1是“高分”一号、“高分”二号到“高分”七号的影像，上面是彩色融合的，1m分辨率的影像。然后是“高分”四号，“高分”四号最近刚刚升空，它跟前面几个不太一样，是一个高轨验证卫星，轨道高度3.6万千米，跟地球同步；一次成像是16万平方千米，分辨率不是很高，但是鉴于它的轨道很高，可以看出它的成像的能力还是很强的，在那个高度还能够看到50米。基于这方面，就可以做时序影像分析，或者做植被生长参数反演工作。“高分”五号和“高分”七号都有高光谱载荷。

图1.6.1 **各星状态**

“高分”卫星	特点	服务
“高分”一号	光学遥感卫星：全色2m、多光谱8m、宽覆盖16m	国土资源部、农业部、环境保护部和气象部门
“高分”二号	光学遥感卫星：全色1m多光谱4m	国土资源部、住建部、交通运输部、林业局
“高分”三号	雷达卫星，12种观测模式	海洋、水利和减灾
“高分”四号	地球同步轨道上的光学遥感卫星，可见光谱段分辨率50m，中波红外谱段分辨率400m	民政减灾、林业、气象
“高分”五号	高光谱卫星 高光谱载荷 和多部大气环境和成分探测设备	环保、国土，可以间接测定PM2.5的气溶胶探测仪
“高分”六号	载荷性能与“高分”一号相似	农业、统计、测绘
“高分”七号	光学立体测绘卫星	高分辨率立体测图、城乡建设高精度卫星遥感、遥感统计调查

图1.6.2通过反射曲线可以看出不同地物的品种。在这个图上，通过不同波段的组合，就能把不同地物区别开来。高光谱一般用来做地物的精细分类，比如土壤的变化、病

图 1.6.1 “高分”一号、“高分”二号到“高分”七号的影像

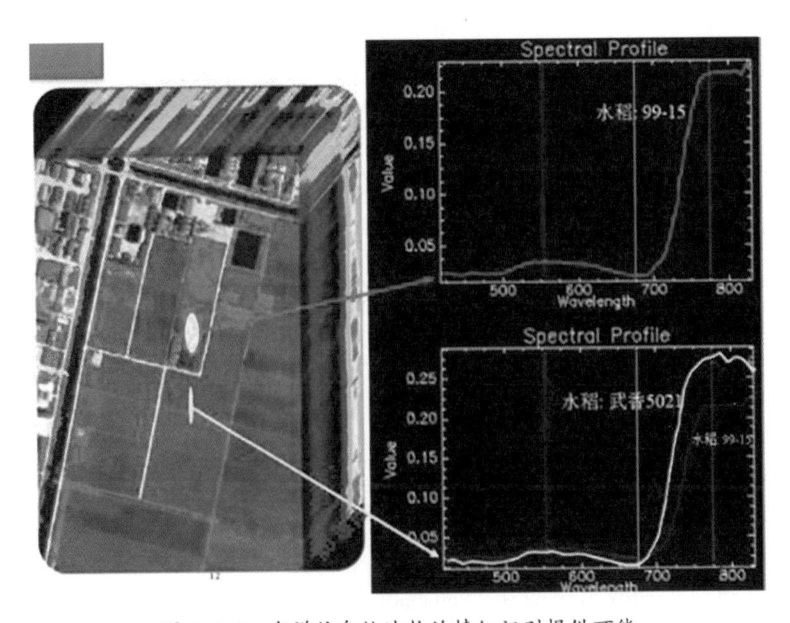

图 1.6.2 光谱信息给地物的精细识别提供可能

虫害、精细农业等。卫星上面还有测温器，用来测量大气的温度。还有偏振仪，现在做偏振遥感的也很多，就是利用光的另外一个特性进行研究。我们现在看到的都是由可见光反射的一部分信息，这里还有很多信息可以挖掘。再就是多角度的载荷，多角度的能力，基本上这几个卫星都有，也就是同轨立体成像的能力，这是为了减少它的重访时间。如果用其他卫星，重访一个点，大概要一个月或者两个月，而对“高分”一号、“高分”二号来说，想重访一个点的话，一周之内就可以。

“高分”三号，它是一个 SAR 卫星，SAR 卫星跟光学卫星的成像方式不一样。光学卫星是被动的，主要是被动接收可见光的信息。而“高分”三号主要是发射一束波，然后接受反射回来的信号，它有一定的穿透能力，比方说有些云雨、地震或者其他灾害的时候，天气不太好，看不清地面，为了进行这种详查，一般会调一些雷达卫星去看。

“高分”六号跟“高分”一号很像，包括它的幅宽、载荷，它就是把这四个相机做成了一个。2m 的全色和 8m 的多光谱，可以融合成 2m 的彩色影像，16m 的是多光谱载荷，幅宽特别大，一个 200km，四个拼在一起接近 800km，用来做大面积遥感普查。图 1.6.3 是它搭载的相机，表 1.6.2 是它卫星上的载荷信息。

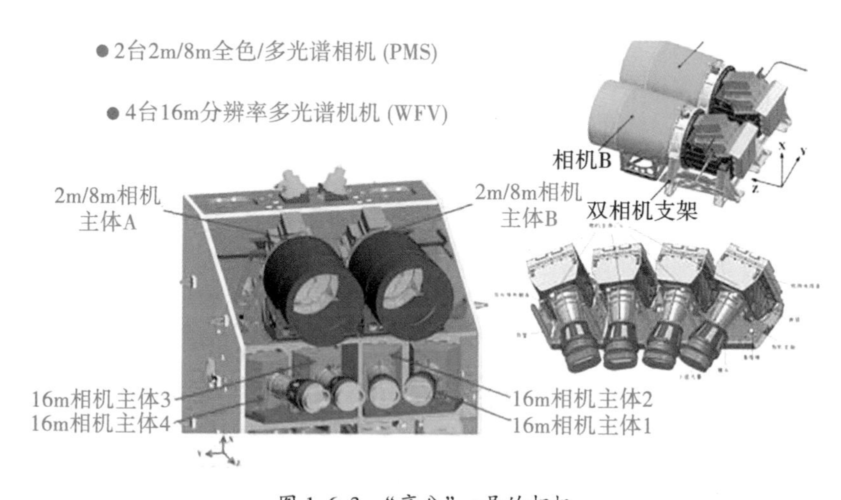

图 1.6.3 “高分”一号的相机

“高分”一号是 2013 年升空的，比我们听得比较多的“资源”三号晚了一年半。其实现在可以多星之间互补，它跟“资源”三号的分辨率也很接近：2m 和 1.5m。图 1.6.4 是“高分”一号第一轨融合之后的影像，这是 16m 分辨率的宽幅宽影像。16m 分辨率能做到 800km 幅宽，在全世界来说也是非常先进的，一景影像可以把整个日本都拍下来。

然后是“高分”二号的载荷，“高分”二号号称是亚米级的分辨率，能达到 0.8m，我们一般认为就是在 1m 左右。1m 的全色和 4m 的多光谱。它比 2m 的影像分辨率提高一倍，地面看得更清晰了，表 1.6.3 是它的载荷参数，它是 2014 年 8 月份发射的。图 1.6.5 是“高分”二号在巴黎的凯旋门上空拍的影像，在 2m 的分辨率下，路上的车是看不太清楚的，而在这个 0.8m 的分辨率下，细节确实是丰富很多了。图 1.6.6 是在华盛顿特区上空拍的影像。

表 1.6.2　　　　　　　　　　**“高分”一号的载荷**

项目名称	2m/8m 载荷参数	16m 载荷参数
谱段范围	全色谱段(P)：0.45~0.9μm 蓝谱段(B1)：0.45~0.52μm 绿谱段(B2)：0.52~0.59μm 红谱段(B3)：0.63~0.69μm 近红外谱段(B4)：0.77~0.89μm	蓝谱段(B1)：0.45~0.52μm 绿谱段(B2)：0.52~0.59μm 红谱段(B3)：0.63~0.69μm 近红外谱段(B4)：0.77~0.89μm
星下点地面像元分辨率	全色优于 2m、多光谱优于 8m	优于 16m
星下点幅宽	两台组合幅宽大于 60km	优于 800km
多光谱配准精度	≤0.3 像元(1σ，通过畸变参数校正后)	≤0.3 像元(1σ，通过畸变参数校正后)
相机静态传函(全视场平均)	≥0.2(奈奎斯特频率处)	B4 谱段的系统 MTF≥0.14，其他谱段 MTF≥0.2
信噪比	全色： 太阳高度角 30°、地面反射率 0.03 条件下，≥28dB； 太阳高度角 70°、地面反射率 0.65 条件下，≥48dB； 多光谱： 太阳高度角 30°、地面反射率 0.03 条件下，≥20dB； 太阳高度角 70°、地面反射率 0.65 条件下，≥46dB	太阳高度角 30°、地面反射率 0.03 条件下，≥20dB 太阳高度角 70°、地面反射率 0.65 条件下，≥46dB
地面积分球定标精度	绝对定标精度≤7%；相对定标精度≤3%	绝对定标精度≤7%；相对定标精度≤3%
相机寿命	5 年(在轨运行)	5 年(在轨运行)
重返周期	侧摆条件下 4 天，不侧摆 41 天	不侧摆 4 天

图 1.6.4　“高分”一号第一轨融合之后的影像

表 1.6.3 “高分”二号的载荷参数

项目名称	1m/4m 载荷参数
谱段范围	全色谱段(P)：0.45~0.9μm 蓝谱段(B1)：0.45~0.52μm 绿谱段(B2)：0.52~0.59μm 红谱段(B3)：0.63~0.69μm 近红外谱段(B4)：0.77~0.89μm
星下点地面像元分辨率	全色 0.8m，多光谱优于 3.2m
星下点幅宽	大于 45km
多光谱配准精度	≤0.1 像元(1σ，通过畸变参数校正后)
相机静态传函(奈奎斯特频率处)	全色谱段：≥0.15；多光谱：≥0.37
信噪比	全色： 太阳高度角 20°、地面反射率 0.05 条件下，≥28dB； 太阳高度角 70°、地面反射率 0.65 条件下，≥49dB； 多光谱： 太阳高度角 20°、地面反射率 0.05 条件下，≥28dB； 太阳高度角 70°、地面反射率 0.65 条件下，≥49dB
地面积分球定标精度	绝对定标精度≤7%；相对定标精度≤3%
重返周期	侧摆条件下 5 天，不侧摆 69 天

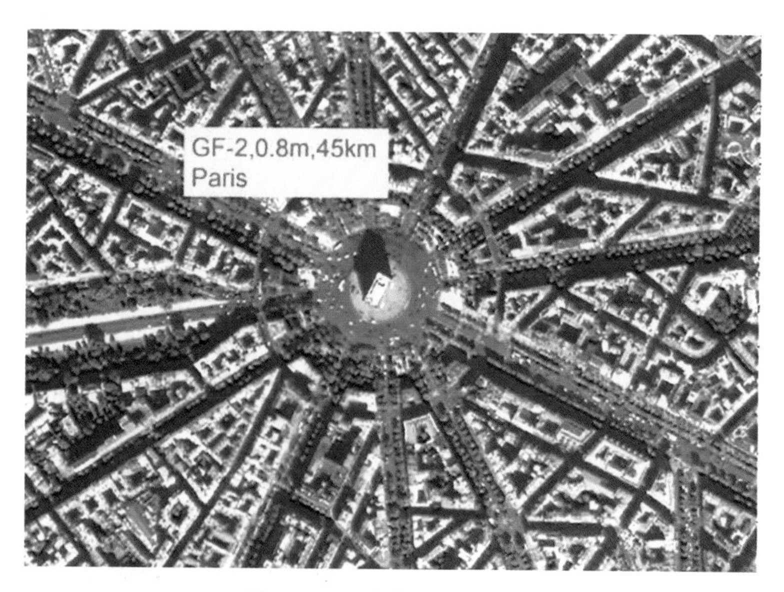

图 1.6.5 “高分”二号的载荷

“高分”四号的载荷是面阵的，前面几个一般是线阵成像。它具有可见光、红外两种成像方式。分辨率一个是 50m，一个是 400m。在这种三万六千米的轨道高度，地面分辨单元至少要在两格以上，也就是说至少是 100m 到 200m 的长度，如果地面物体是 50m×

图 1.6.6　华盛顿特区的影像

50m 的话，那它在影像上面就是一个点，可能做一个滤波就被处理掉了。也就是说，要看清楚一个地物，它至少要在影像上占两到三个点。“高分”四号是目前在地球同步轨道上空间分辨率最高、幅宽最大的卫星，紧急情况下一天可以把全中国拍一遍。下面是它的集中拍摄能力的显示：“高分”四号每张照片覆盖范围约 16 万平方千米；完成对西太平洋 1 000万平方千米海区的覆盖约需 60 张，4～12 分钟即可完成拍摄；足以承担对航母群的快速侦察任务。“高分”一号、“高分”二号的数据已经分发了，“高分”四号目前还处于在轨测试阶段，还没能拿到它的数据，图 1.6.7 是网上发布的一些影像，是北京和珠穆朗玛峰的，它的一幅影像基本能涵盖一个省。

图 1.6.7　“高分”四号的影像

3.“高分”中心

前面把各个“高分”卫星的特点做了一个简单的介绍。下面我们说一下“高分”中心。因为高分的数据要通过一定的渠道方式为大家进行服务，那么怎样把它们真正服务到我们大家的生活中来呢？现在“高分”专项已经在21个省建立了省级的数据营运中心，已经分发了“高分”一号、“高分”二号卫星数据345万景。我们也做了一个网站，我们的老师有密码，大家可以登录这个网站查询数据或者下载下来，方便大家的科研，给大家提供数据便利条件。数据主要应用在国土、环境、测绘、农业、林业等行业。

(1)中心基本情况

湖北数据与应用中心于2014年成立，主要是由测绘遥感信息工程国家重点实验室和遥感学院筹建的。中心最开始就定位于公益服务，即免费的。但是因为现在有很多数据用户拿到后还是没法使用，所以我们还根据用户需求提供应用服务，对数据进行进一步加工。也就是说中心有两个职能：公益服务和数据应用服务。我们给湖北省所有与“高分”应用相关的厅局，如公安、林业、气象等，做了一个“高分”应用的推广会，以此来用我们手头的产品服务好大家以及一些相关企业。

关于数据管理办法。数据发放不针对个人用户，只针对有独立法人的单位。数据发放出去后需要有定期的反馈，例如做了什么事情，这个反馈数据属于我们公益性分发的成果。关于中心的场地，首先我们在武汉大学先进技术研究院有办公室，然后在珞珈创意城有一间办公室。图1.6.8是卫星地面站，经过我们的测试，它接受“高分”三号卫星的能力是可以的。图1.6.9是存储。在这些基础之上，我们搭建了整个的应用网(图1.6.10)，前面两个主要用了一些现有的数据管理系统，后面的“高分”区域数据处理系统基本是我在搭建。图1.6.11是我们网站的情况，大家可以登录这个网站，注册后使用一些“高分”数据，现在网站上面有“高分”一号和“高分”二号的数据。我在遥感院留了一个用户名和密码，基本上老师们都可以用这个进行下载，方便大家科研。

图1.6.8 卫星地面站

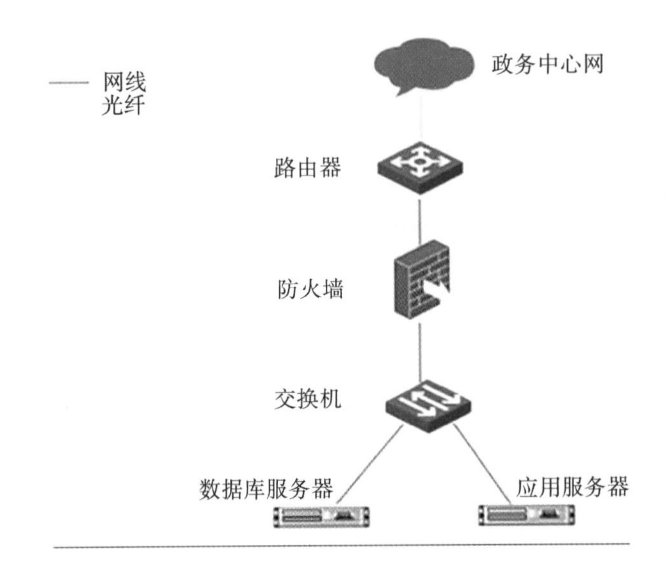

图 1.6.9 存储

数据管理系统　　分发服务系统　　“高分”区域数据处理系统

图 1.6.10 应用网

http://hrshbc.whu.edu.cn/hbgf/
提供用户注册、数据查询和数据下载服务

图 1.6.11 网站情况

现在中心分发的图像有两千余景，都是免费的。主要包含两部分，即存档数据和定制数据。定制数据就是以前所说的编程数据，科工局每年在年末会搜集各个区分中心的观测需求，包括在座的各位，如果有这方面的观测需求的话，想对一个地方，提出明确的区域范围、观测频次以及其他需求，我们都可以利用观测体系。科工局给了每个区域分中心一个表格，现在除了我们服务的几个用户单位，在科研方面大家用得还比较少。一般一年可以把湖北省全部覆盖两次，这对一颗星来说已经到极限了。如果有特殊需求，比如说应急方面，地震或洪水，所有卫星都不接受其他任务，全部调动过来观测受灾地区。因为定制的用户级非常高，也就是说，如果有需求，一定有非常明确的区域、观测频次和时间范围。比如珈和遥感，他们想和我合作做襄阳的冬小麦生长观测，冬小麦生长季节就那么几个月，范围很确定，我们就让这几个卫星这个时候去观测一下，然后就可以做后续工作。

除了之前的“高分”以外，有两个卫星的分辨率也非常高，一个是非常有名的测绘星代表，“资源”三号 01 星，02 星在 2017 年 5 月底也升空了。还有一个是“吉林”一号，这算是国内商业遥感的第一颗星，是 2016 年 10 月份左右上市的，相比于美国的 2003 年，晚了十几年，差距也是体现在这儿。“资源”三号是一个三线阵卫星，它可以一次性形成同轨的前正后视三个影像，这样可以形成立体观测条件，可以进行立体测图，图 1.6.12 是“资源”三号的一些影像。“吉林”一号 A 星是线阵推扫式卫星，主打高分辨率的特色，拥有 0.7m 的分辨率，包括全色和多光谱，上面还搭载了两个小的视频星，例如从视频中，我们可以看到路上有车在动。其实这是挺有技术难度的，卫星在飞，地球也在转，如何盯着一个地方看保持不动，还把地面上运动的物体显示出来，这是很难的。它还可以拍月亮或其他卫星，具有空间目标监视的能力。图 1.6.13 是“吉林”一号的影像，这是法拉利主题公园，看它的颜色、辐射，还是非常不错的，地面分辨细节也很好，这是一个 0.5m 分辨率的卫星影像，其实咱们国内也有这个能力，这幅影像是我们针对美国的

图 1.6.12 “资源”三号的影像

GeoEye，分辨率 0.5m 数据，做了融合之后北京南站的影像(图 1.6.15)，可以看到影像的辐射很好，建筑上面的钢筋都看得很清楚。

图 1.6.13 “吉林”一号的影像

图 1.6.14 美国的 GeoEye 影像

大家可以看到“吉林”一号的视频(这里有一个视频)，它是从一个方向飞过来的，这有一个塔，它的高度在变。影像的稳定性非常好，除了比较大的地物、高的房子外，其他地物都非常的平稳。下面看一下我们做的“吉林”一号的一个简单的运动目标监测。因为视频卫星和我们平时拍的静态卫星有点不一样，能获取地面地物的实时动态，一秒 20 帧，它一共拍了 120 分钟，可以看到地面上的车子、大型飞机、舰船的运动。然后，我们考虑通过研究把这些目标跟踪出来，计算它的轨迹和速度。

我们想给武汉大学发一颗卫星，就是“珞珈一号”。2014 年 3 月份，我跟老师聊天时说到，做一颗卫星也不是太难，就是采购一些器械然后拼起来，可是后来发现做起来还是蛮难的。这颗卫星一共有六大系统，有电、热系统，用来观测的、保护的、隔离的系统，但我们还是想把这个事情做好。第一颗星我们做的跟大家想的不一样，前面我们讲的卫星都是白天看的，我们想的是做一个晚上景象图，看晚上的灯光分布。当然现在做夜光遥感的也有很多，我们许多的老师就做得很好，做叙利亚战事的估计等，都是夜光遥感相关的一些东西。第二个是想做天基导航增强，想法来自我们的手机导航信号一般在室内不太好，所以看能不能做一个轨道比“北斗”低的卫星，作为一个信号增强的站，来实现在地下车库或其他室内的连续定位。当然这纯粹只是我们的一个想法，只是想做一个科学试验。图 1.6.15 是“珞珈”一号的载荷情况。夜光图就是图 1.6.16 这样，我们的影像还没获取到，这是美国 DNSP 的图。这是美国的一颗气象卫星，上天之后发现可以通过微光观测城市的夜光。可以看到，日本这一块比较亮，韩国和韩鲜分界也很明显。其实夜晚的灯光一天两天看不出来，这个图是取了一年的均值叠加到一起的，从上面可以反映出很多关于经济、能源、人口分布的情况。我们的想法是把这个卫星的夜光数据做好了然后给大家看看，做遥感经济分析、社会分析、能源分析，也就是跟更多学科交叉，做出一些新的好玩的东西。

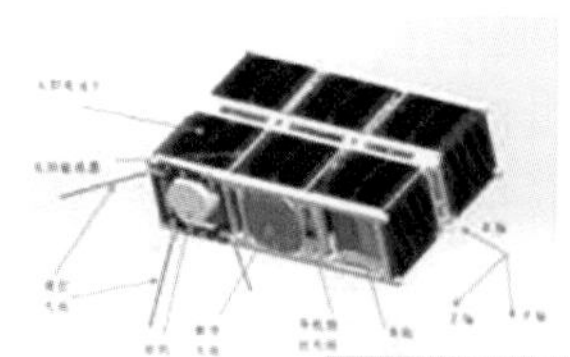

体积：
$340.5(X)\times 100(Y)\times 226.3(Z)\text{mm}^3$
重量：约6kg
功耗：长期功耗6W，短期功耗16W
寿命：6个月
轨道：500~600km高度 太阳同步轨道

重访周期	3~5天
地面分辨率	星下点100米
最小重叠率	4%
成像波段	0.5~0.75μm
图像量化位数	不小于8位
观测点地方时	10:30PM
指向精度	优于1°
几何定位误差	优于1个像素
图像模糊程度	小于0.5个像素
拍摄范围	200km × 200km

珞珈系列多功能卫星：
“珞珈”一号：夜光遥感+天基导航增强，2016年12出厂
“珞珈”二号：AIS等

图 1.6.15 “珞珈”一号载荷

那么，我们获取数据之后第一个工作就是加工。得到 3D 的数据，也就是 DEM、DSM、DLG，主要就是对图像进行勾画。我们希望每个季度做一次湖北全覆盖 16m 数据。这样做的好处是，就像去年年底在学研会上说过的，要把这个影像做得不仅是一个影像产品，还要定期发布一些遥感专题产品。比如做叶面积的，做植被的、NDVI 的，做水体的，等等，就这些类似于标准化的遥感产品，不单是影像产品，发布出去，即在影像基础上提出了进一步的更高的要求。第二个是做 2m 数据湖北全覆盖，2m 数据的作用主要是

图 1.6.16 夜光图

用于城市规划和一些监测工作，这些应用 2m 数据其实是已经够用，基本能看到房屋和主干道，中间一些小路也都能看清。我们当时考虑的是主要以“高分”一号为主，但是“高分”一号现在是一颗星，有时候，特别是像湖北的西南边，神农架或者森林覆盖的地方，由于云层的原因，常年得不到一些好图，但是这一块又需要做普查，所以我们考虑是不是能够协调其他的几颗卫星来做，如“资源”三号，然后关注重点区域。比如我只关注那几个地方，但是我每年都想去看那个地方，就拿武汉市来说，要做全市的监测，可能要提供更高的分辨率，1m 的覆盖数据，所以现在主要是采用“高分”二号。图 1.6.17 是 2m 的数据做了影像融合成彩色图，用 2m 的全色影像和 8m 的多光谱，融合成了 2m 的彩色影像。

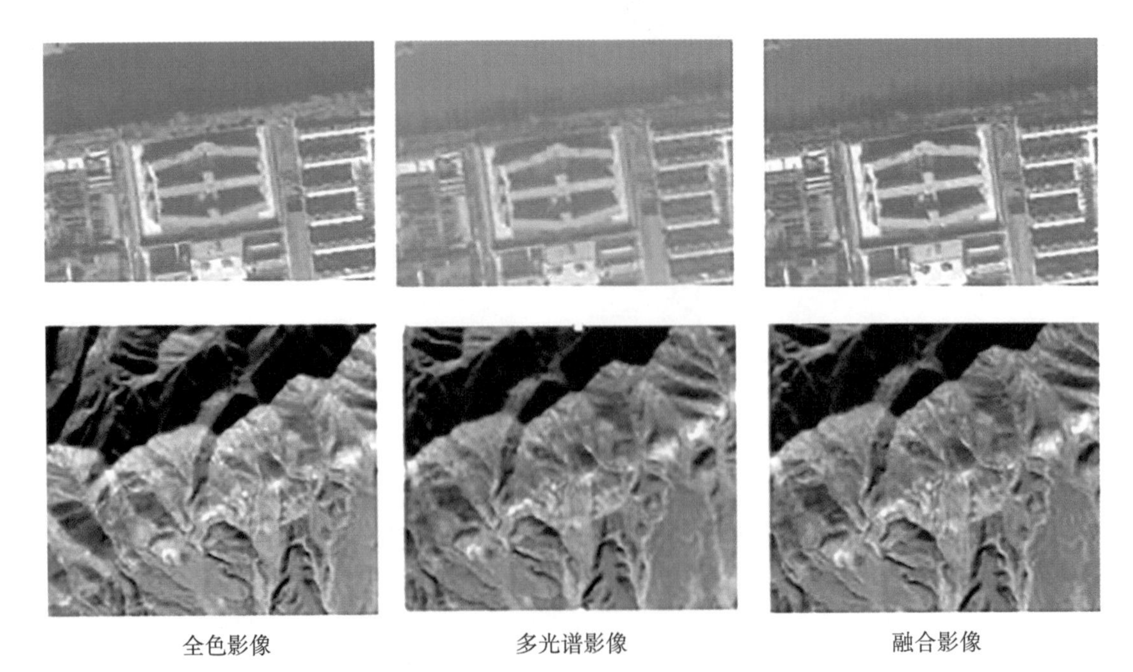

图 1.6.17 影像融合

之后就是区域正射，这是我们比较在行的。先做平差处理，然后导入影像之间的接边。图 1.6.18 是做匀光匀色，保证影像的几何、辐射的精度尽可能的高。图 1.6.19 是我们做的一张湖北省的图，用"高分"一号的 2m 分辨率的影像数据拼出来的，可以看到西南这边还是有很多云，我们用了半年的数据来整理，但这边的云量还是非常大的。这只是初步的匀色，我们过滤了一下，就是图 1.6.20 这样，局部是绿色的。图 1.6.21 是用"资源"三号数据做的，2m 分辨率的全色覆盖的影像。图 1.6.22 是 16m 分辨率的湖北省地图。

图 1.6.18 匀光匀色

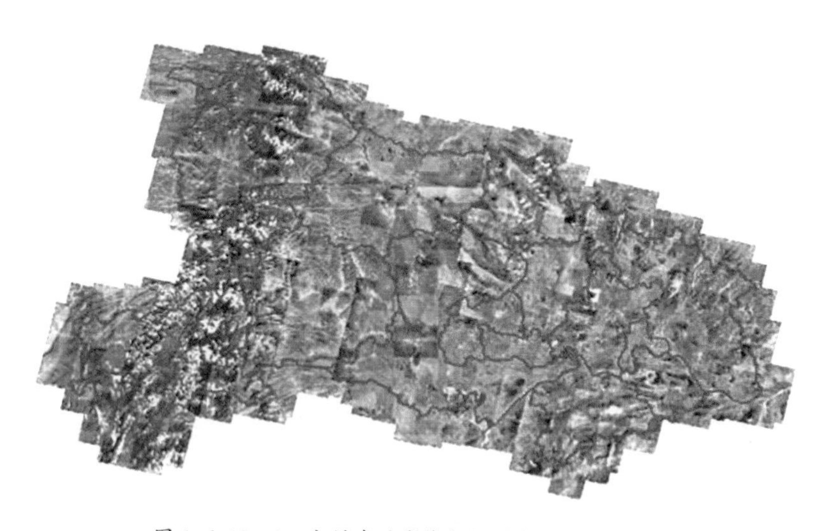

图 1.6.19 2m 分辨率的影像数据拼成的湖北省地图

刚才说的正射影像是平面的，那么立体这一块呢？其实 20m 分辨率的 DEM 用"高分"一号的宽覆盖是可以做的，刚才说的"高分"系列的卫星除了"高分"七号外，其他几个星都没有。但是我们通过研究发现，"高分"一号安置的侧摆其实是很大的，有二十多度，那么我们考虑到它的异轨立体的情况，可以飞完后在另一个轨道上对同一个地方成像，以此让"高分"一号上 16m 分辨率的相机，做 20m 分辨率的 DEM；第二个阶段，用"资源"

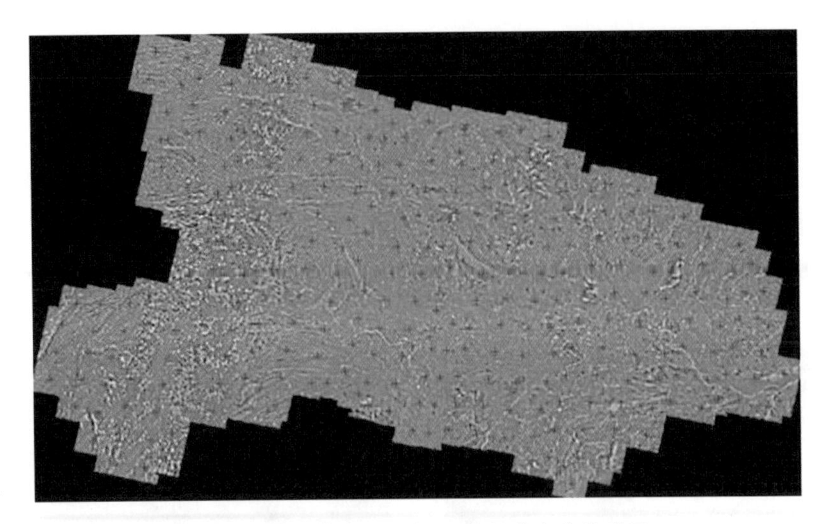

图 1.6.20 “高分”一号 2m 分辨率全省覆盖图

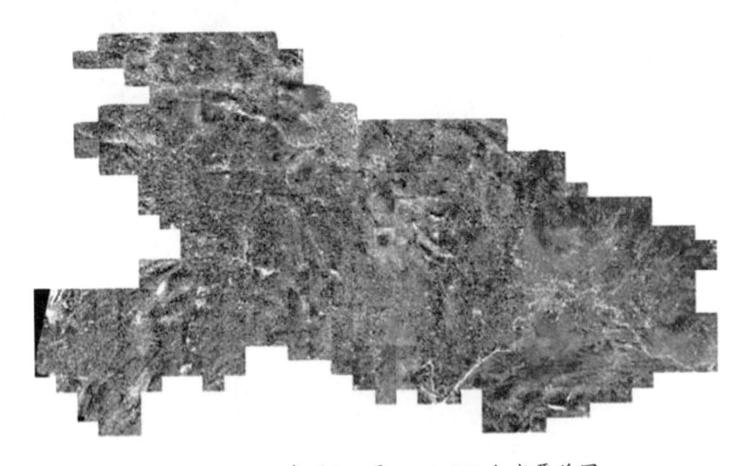

图 1.6.21 “资源”三号 2m DOM 全省覆盖图

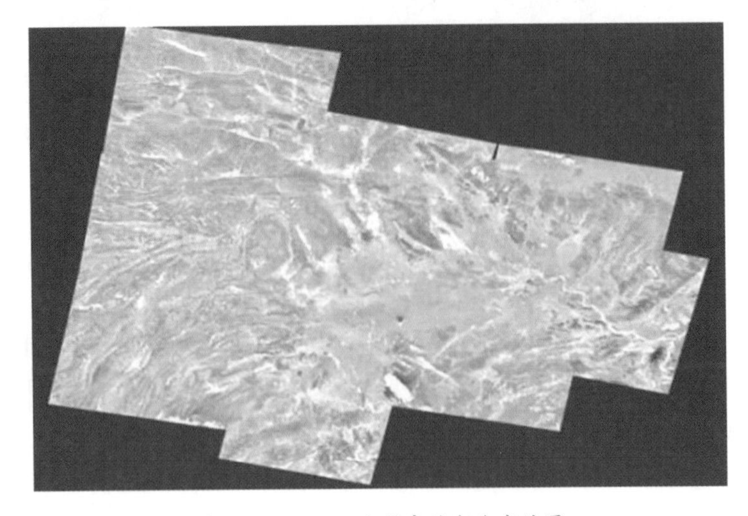

图 1.6.22 16m 分辨率的湖北省的图

三号做10m分辨率的DEM，第三个是未来的“高分”七号，做3m分辨率的DEM。图1.6.23是拿“资源”三号的数据做的咸宁地图。图1.6.24为10m分辨率的将整个湖北省全覆盖的DSM影像。

图1.6.23 湖北省咸宁市覆盖图

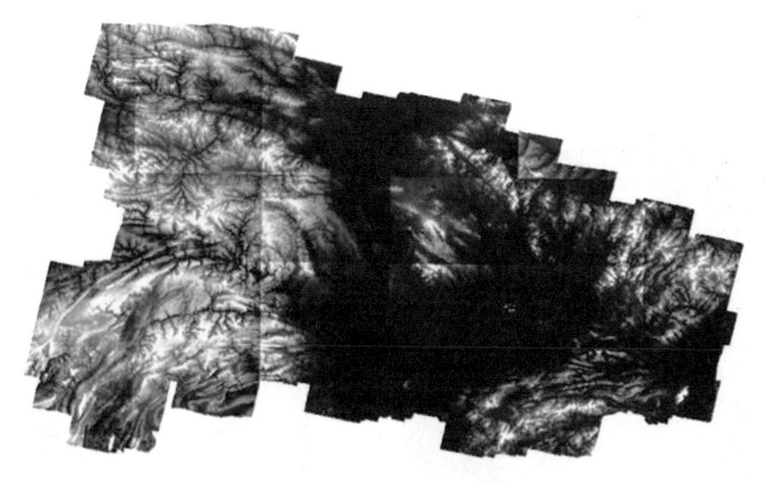

图1.6.24 “资源”三号10m DSM全省覆盖图

目前还不太可能实现DLG采集全自动，我们可以用计算机来自动做一些主干道、水域，其他的还是需要人工来做。表1.6.4是我们做的一些项目的情况。图1.6.25是长三角的影像，图1.6.26是16m分辨率的西藏全区的影像，图1.6.27是西藏自治区DOM局部成果。

表 1.6.4　　区域卫星影像生产软件项目实施情况

项目名称	单位名称	软件使用情况
“资源”三号卫星数据处理	国家测绘地理信息局卫星测绘应用中心	“资源”三号卫星应用系统工程定制软件项目立体测图生产分系统定制软件研发；“资源”三号卫星数据1：50 000分幅 DEM、DOM 成果生产
	国家发展和改革委员会自然资源和地理空间基础信息库项目办公室	基于“资源”三号卫星数据的高分前期攻关 DOM 数据生产
地理国情监测	国家测绘地理信息局第一航测遥感院	1：10 000、1：25 000 卫星数据的区域网平差、DOM 成果数据生产
	四川省第二测绘地理信息工程院	
	国家测绘地理信息局重庆市测绘院	
	国家测绘地理信息局第四航测遥感院	
天地图影像电子地图	国家基础地理信息中心、天地图有限公司	5 个月完成 35 个城市 DOM 生产任务、数据量约 25TB，面积约 6 万平方千米
西部测图 DSM 生产	国家测绘地理信息局卫星测绘应用中心	基于 ZY3 三线阵数据进行西部地区 DSM 生产，包括区域网平差、DSM 匹配、DSM 编辑
	国家测绘地理信息局第一航测遥感院	

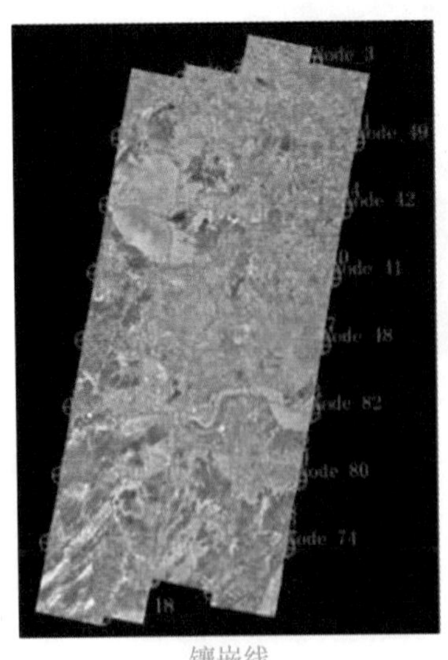
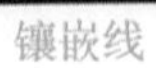
镶嵌线

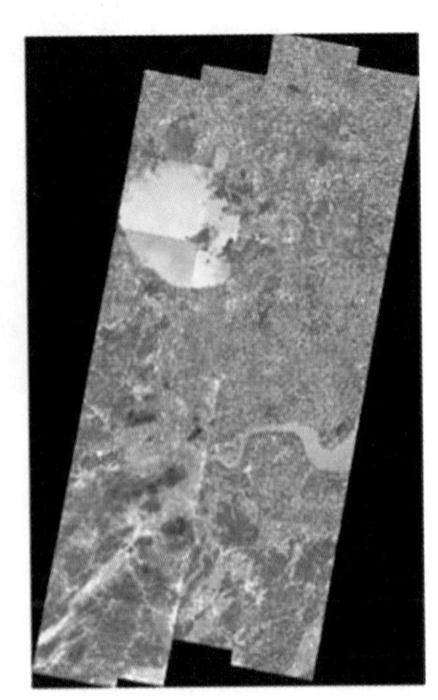
成果图

图 1.6.25　“高分”一号 2m/8m 长三角数据生产

图 1.6.26 西藏自治区全区 DOM 成果

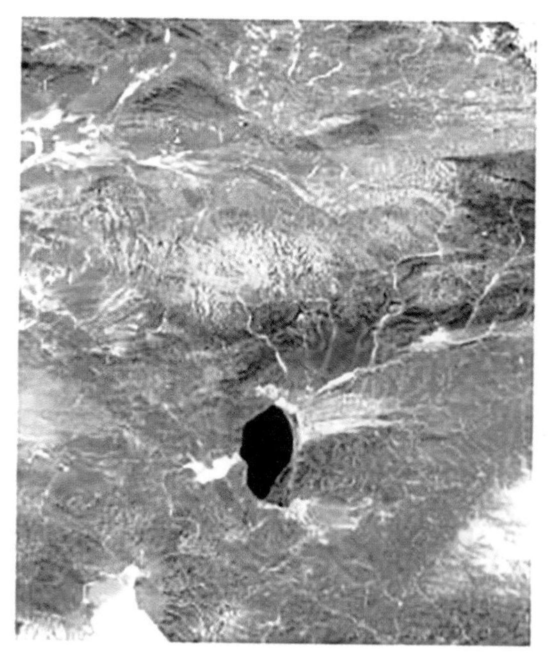

图 1.6.28 西藏自治区 DOM 局部成果

(2)中心已完成工作

由于很多单位拿到数据没法用，没法和他们的基准 DB 地图套合，如果套合精度不高，就没办法在上面做变化检测。因此，我们将拿到的第一手数据做好图后，还对省内的一些单位进行了调研，发现不同的地方提的需求明显不一样。比如说公安厅的 PGIS 即警用 GIS 系统，现在做得特别先进。可以坐在房间里，放一张底图，分了很多级，2m 分辨率的数据大概能满足 15 级到 16 级的量数。上面有各种摄像头的摆放，警亭位置的标识，小区里面住的哪些人，点进去每个人的信息都看得很清楚，哪个地方出问题，这么一点，就可以调用那个地方的摄像头把那个地方看得很清楚，这就是警用地理信息系统。因为它的基准地图每年都需要更新，所以这一块的需求是非常直接的。然后气象局、住建局、地震局、农业厅、民政厅这些单位基本都很需要我们的影像，特别是高精度的地图。其次，这些单位在自己行业里做了很久后都有自己的专业知识，比如地震局，他们提取了很多关于震前震后因素的分析，他们可以把这个图变成专题图，标注各种各样的标识。调研过程中发现，很多单位并不是一片空白，比如环保厅，他们用 TF 之类的数据已经做得非常好了，湖北省的几个大图全部有他的设备，他们可以定期去收取那边的测量数据。那么这种单位我们只能给他们提供多一种手段。其他已经有了相应系统的单位，我们就看能不能通过我们的数据将它进一步完善，增强其观测能力。下面介绍的是跟几家单位合作的项目"高分"数据有几个层次，一个是国家层面的，一期的时候主要是给国家几个部委，比如林业部、公安部，做一些比如查罂粟花和一些运毒通道，但是后来慢慢的，想把这东西继续往地市推。我们就去宝钢，人家看了这张图后发现其实还是挺有用的，因为虽然这些信息在 Google 地图上也能看，但他们的更新频率没有我们这个快。并且，基本上你想看哪一块位置，说一个时间，基本上是可以进行一个周期的重访，进行一个周期的对比，然后做一个趋势性的分析。图 1.6.28 是一个示范县，刚才说的公安厅的地图情况。对于黄石区，我们除了用"高分"一号的数据外，还用了一个 1m 分辨率的数据。

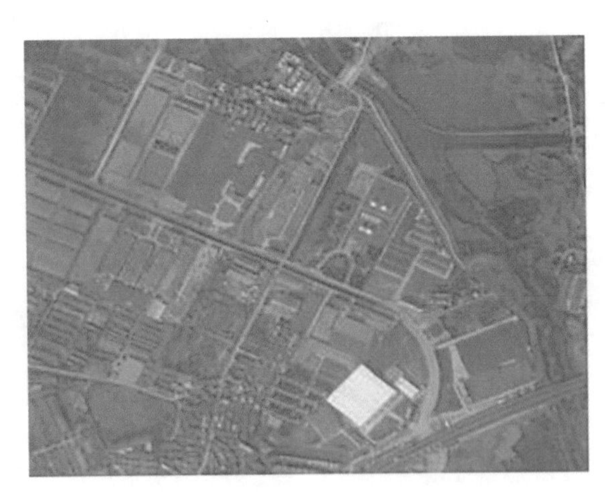

图 1.6.28 "高分"一号 1m 分辨率湖北省黄石市

图 1.6.29 是给省住建厅做的四个区域的图。因为住建这一块也有需求，一般做规划时都有一张规划底图，有一些红线是不允许越过的，因此，住建厅需要知道这几个城市在不同时期比较短的间隔内有没有出现一些违章建筑，相当于是卫片执法的依据。也就是跟底图进行套合，然后看旁边的建筑情况。当然他们不是直接去执法，他们只是把信息反馈到相关的部门再让他们去实地调研。图 1.6.30 是给天门交通路网做的图，这是底图，其实我们遥感、摄影测量很大一个优点就是会减少人工工作量。在没有这个图之前，他们更新路网的方法是每年利用好几台车，每个车上好几个人去路上跑，拿着手持 GPS，大概精度是 5m。而这个图也几乎差不多，有时他们想看我们这个图精度有多高，于是把它们的

路网数据套合到这个图上，发现我们这个精度还不错，觉得可以用。后来，因为有这个基础，我们和他们一起向国家申请了这样的一个应用化的产业项目。以后路网更新就可以直接在图上勾画了，不再需要人去实地测量。

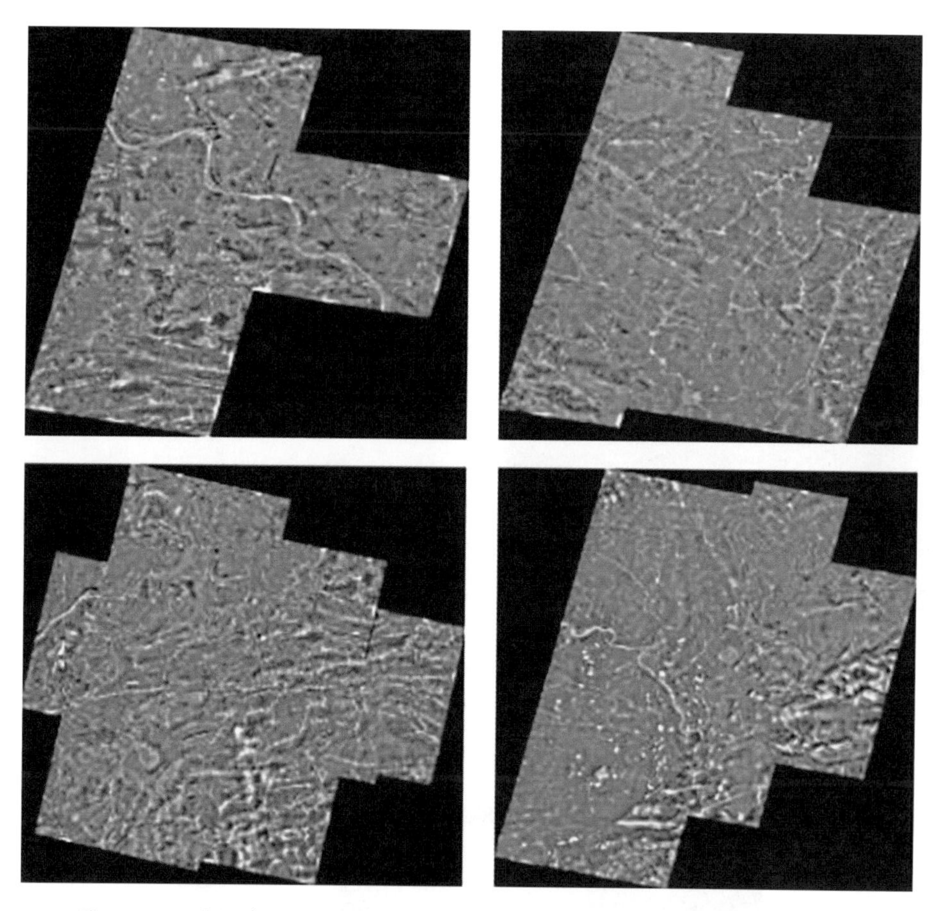

图 1.6.29 省住建厅宜昌、鄂州、咸宁、随州四城“高分”一号 2m 分辨率影像

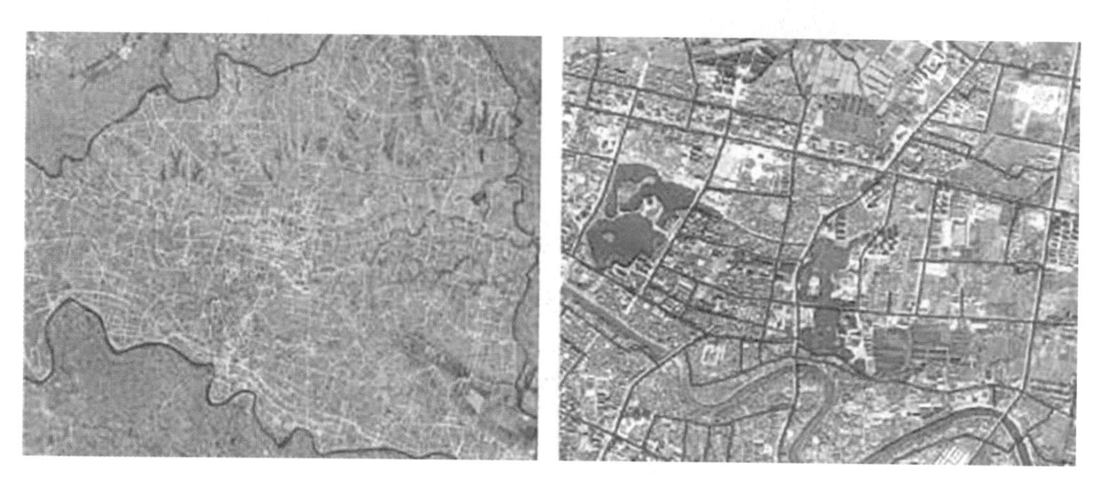

图 1.6.30 “高分”一号 2m 分辨率湖北省天门市交通路网图

图 1.6.31 是给湖北省航空监管局做的，其实湖北省有很多小型的军民两用的机场，民用机场的净空区就是飞机跑道两周要有图 1.6.31 右边这样的一个模型，这是我们研发的模型，他们有一条很严密的规范，就是飞机的下降和起飞以及四周的高度到底是什么量级，包括它在不同的阶段，到达多少米的时候，它旁边建筑物的控制高度是多少。因此我们想到的是，把这个 DSM 的图进行叠加，叠加之后看到有些建筑的高是明显超出了范围。两个模型直接作差，这样最简单，这里有几个交点，因此我们认为这几个建筑可能是违章建筑。他们当时提出来希望能形成这样一个监管系统。对这样的几个机场我们都建了这样一个模型，旁边还可以看它有没有间谍建筑。图 1.6.32 是给测绘院做的地图，当时是用“高分”一号，“资源”三号，“天绘”一号做了联合平差，精度挺高的。

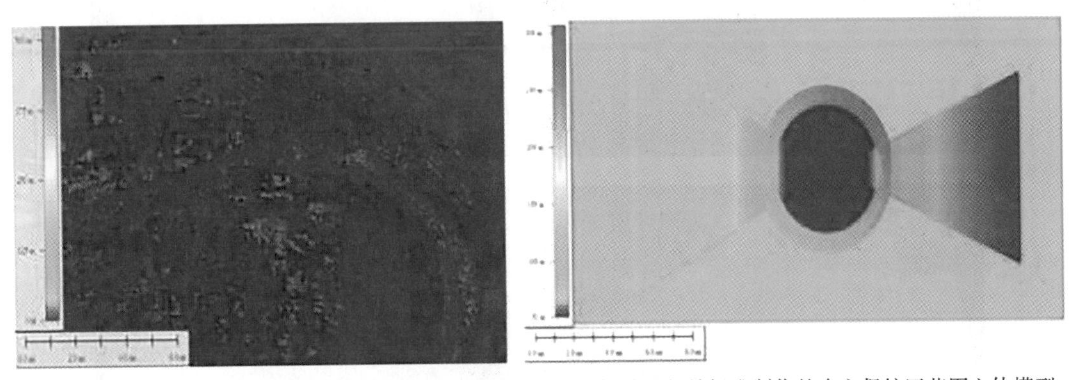

使用“资源”三号前视后视影像制作的荆州市沙市区DSM　按照民航总局相关标准制作的净空保护区范围立体模型

图 1.6.31　民航监管局用图

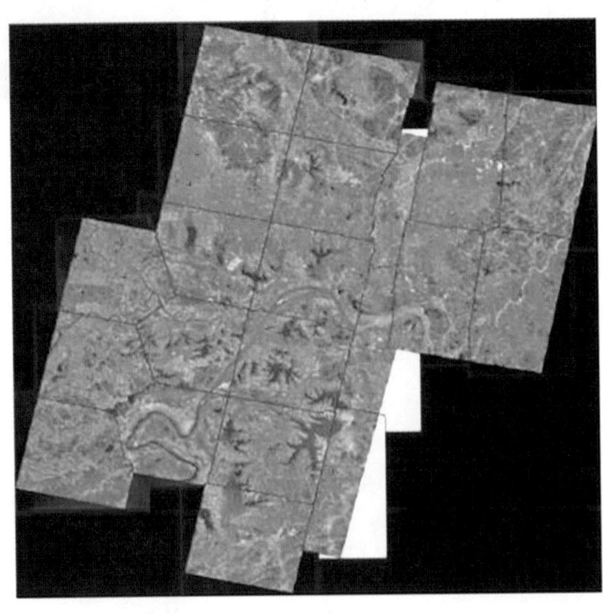

图 1.6.32　“高分”一号、“资源”三号、“天绘”一号联合平差

图 1.6.33 是深圳的区域，这块区域云很多。深圳很少有自然河流，都是人工挖的，人工河流通过雨水的冲击很容易导致河底抬高，每年水土流失导致河底抬高后形成的灾害，都要花很多钱去治理。通过这四类的分类情况，可以做一个水土流失的模型，我们把这四类分类信息导入到模型里面去，就可以了解到，如果今年下雨量达到什么程度，就需要进行什么样的防护措施，这就是我们给深圳市做的事情。

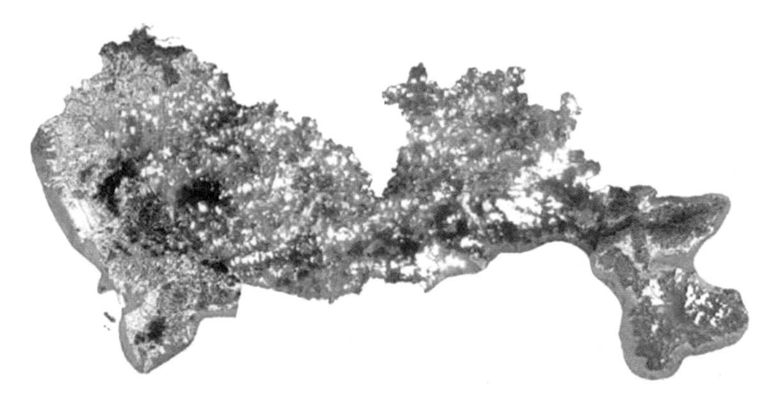

图 1.6.33 利用"高分"一号制作基准地理数据图

图 1.6.34 是乌鲁木齐的。新疆的卫星工程应用中心是我国最早套牌的，因为新疆这块地方确实是很好。可以看到，这跟深圳的影像是非常鲜明的对比。在新疆做应用示范的单位非常多，因为日照条件好，卫星看得非常清晰。我们当时是参加一个技术交流，他们给了我们一些影像，进行了一些处理，中误差是 5m。

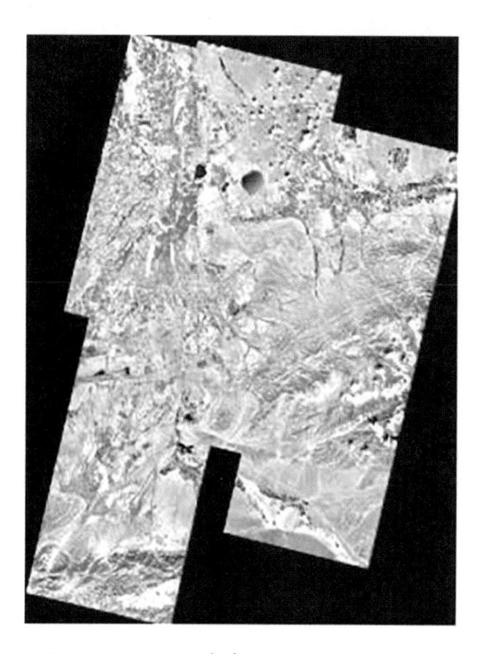

图 1.6.34 新疆乌鲁木齐 2m 卫星影像图

4.“高分”应用示例

以上就是从 2014 年中到现在我做的一些工作。下面给大家简单介绍一下“高分”卫星应用在各个行业里面，做了哪些事情。这些不是我们具体做的，这是整个“高分”办给各个卫星数据中心布置的任务，做完后的应用实例。

首先是国土，最直接的是做土地分类。图 1. 6. 35 是拿“高分”一号做的土地分类，这是按照城镇化的体系划分，大概分了这么几类。第二个是做地质的，有一些岩性的分析可以在“高分”一号、“高分”二号上做，能做到这样一些岩性分析其实是对地质很有帮助的，免去了人工实地外业勘探的成本。第三个是比较直接的地质灾害，图 1. 6. 36 是开发区的情况，冲积出现的情况，从图上颜色可以看出来，这应该是不同时间段的比对。因为“高分”三号是 2013 年之后的，2013 年前的数据其实也可以跟这些图进行套合，分辨率大致采样成一样就可以了。

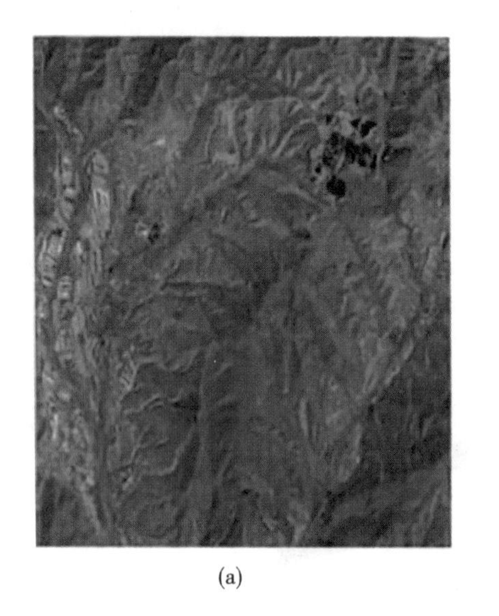
(a)

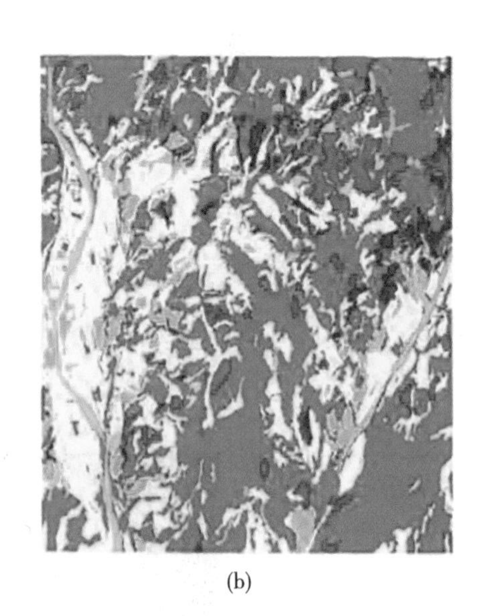
(b)

图 1. 6. 35 “高分”一号做的土地分类

海洋带监测，图 1. 6. 37 是连云港的影像。因为海洋方面，中国有过一个调查，40%的人口生活在海洋边上，并产生了 60%的 GDP。全世界范围内，也可以想象到，人多是生活在海边，离海岸线一两百千米之内。图 1. 6. 38 是围填海的情况，围海造田或者在上面建一些其他建筑。

接下来是水利行业，大概有图 1. 6. 40 这些方面。图 1. 6. 39 是滑坡发生前后河流不同时期的对比。图 1. 6. 41 是江河湖泊水体分布监测，以淮河干流中游为例。图 1. 6. 42 是做水环境的监测，水葫芦在这波段中反映出来还是很明显的，可以看出它在不同时期的生长情况。图 1. 6. 43 是防洪抗旱的，发生灾害后，我们的遥感卫星是出现在最前排的前排兵。

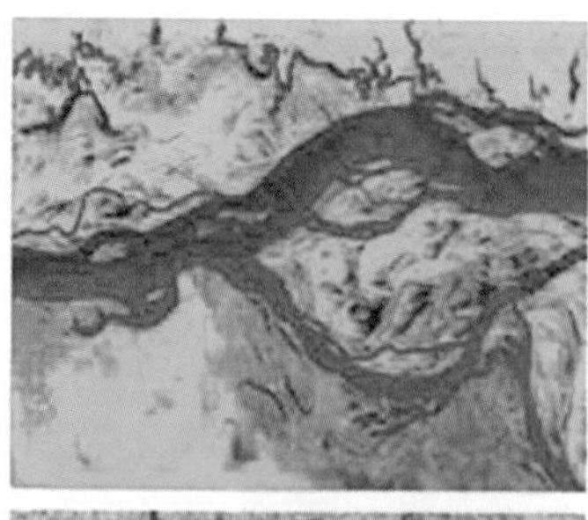

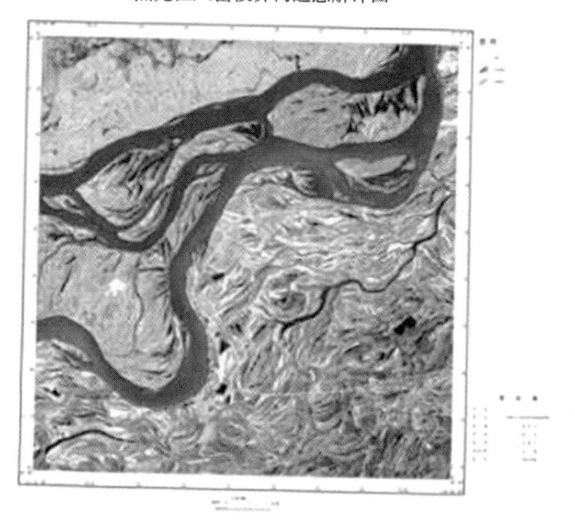

图 1.6.36 “高分”的地质应用

图 1.6.37 海岸线监测结果

图 1.6.38 连云港围填海的监测结果

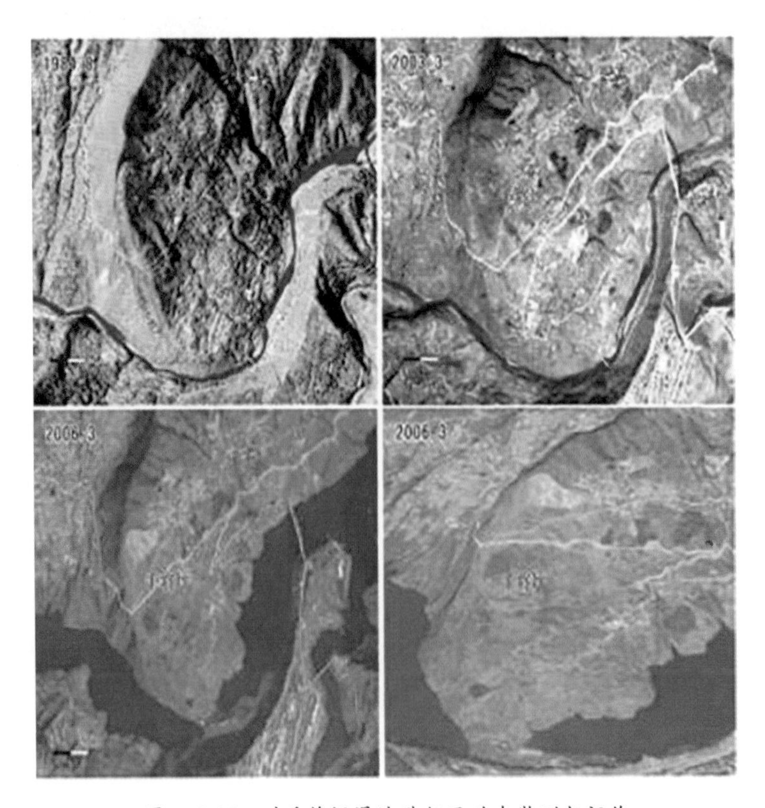

图 1.6.39 对千将坪滑坡进行了动态监测与评价

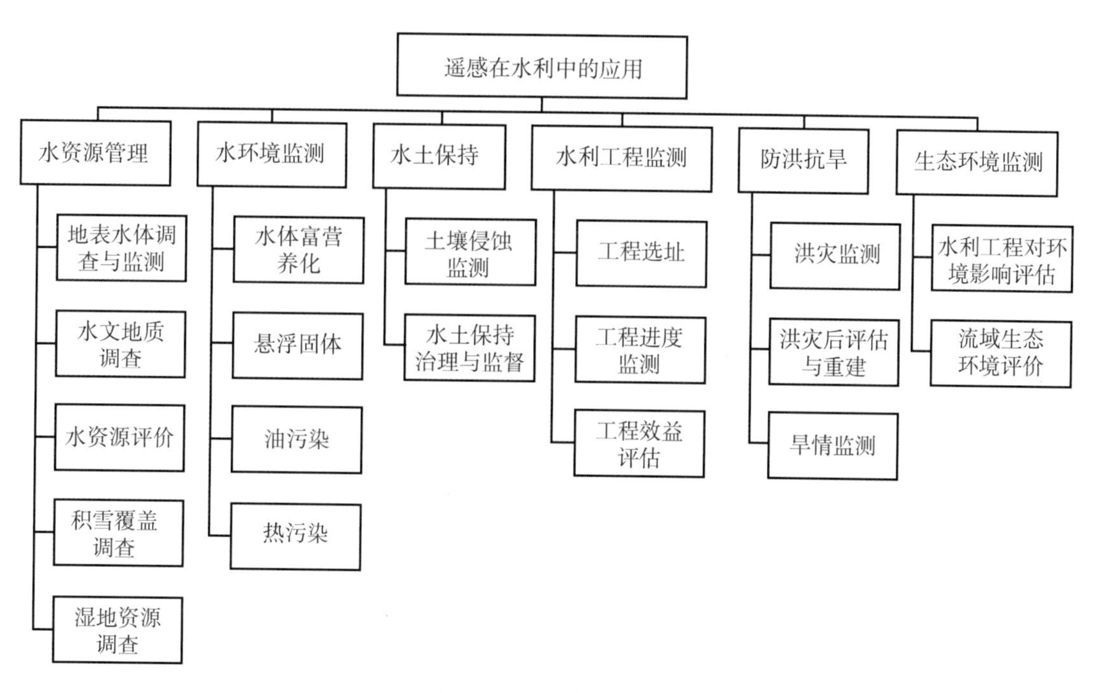

图 1.6.40 遥感水利

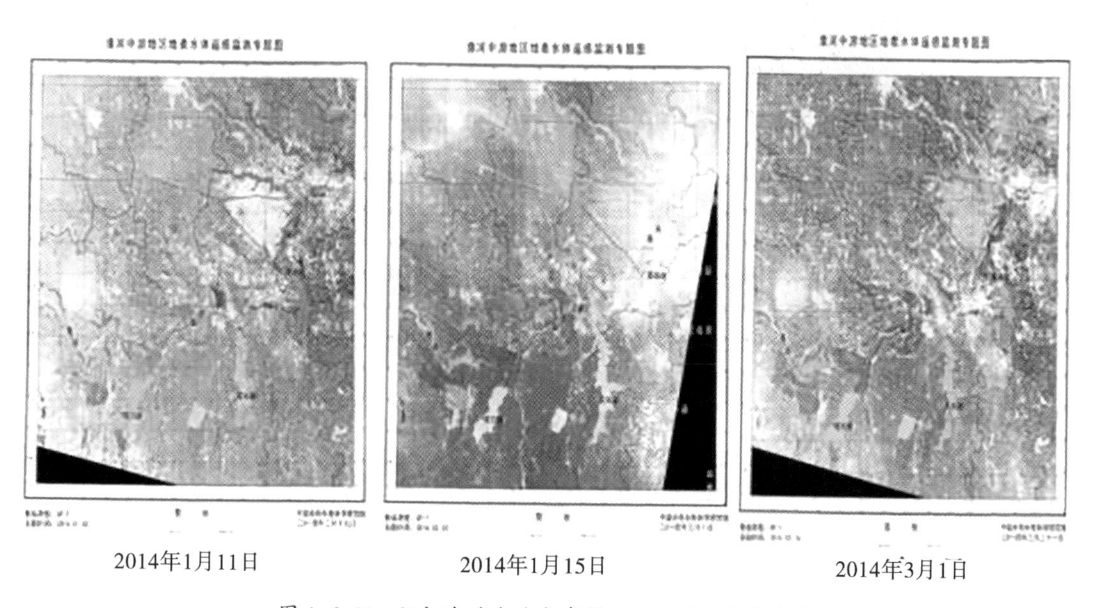

图 1.6.41 江河湖泊水体分布监测——淮河干流中游

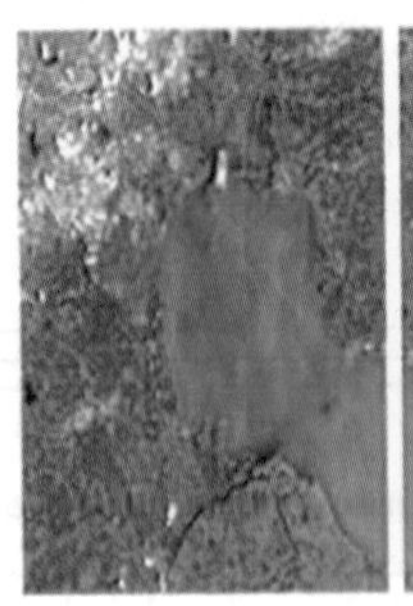

2013年7月4日太湖西北鱼水华分布图(8m相机)　2013年6月18日的GF-1卫星8m分辨率多光谱遥感影像

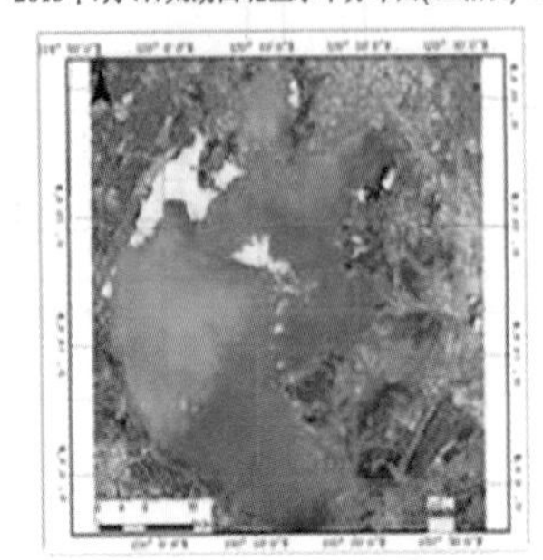

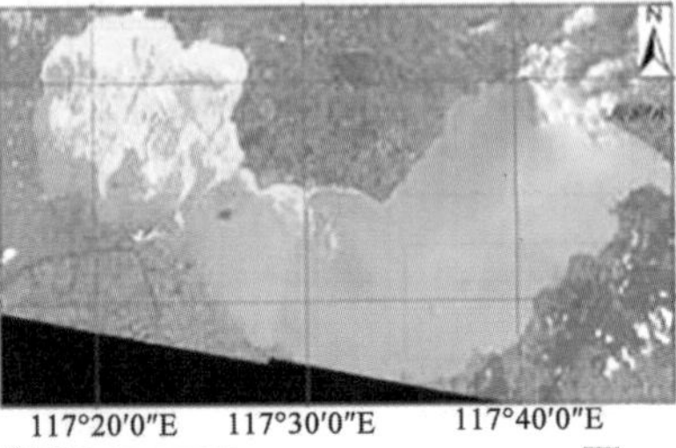

2013年8月9日太湖水华分布图(16m相机，面积137.5平方千米)　2013年6月18日巢湖水华分布图(8m相机，面积69.09平方千米)

图 1.6.42　“高分”一号 8m 影像数据太湖、巢湖水华范围与分布特点监测

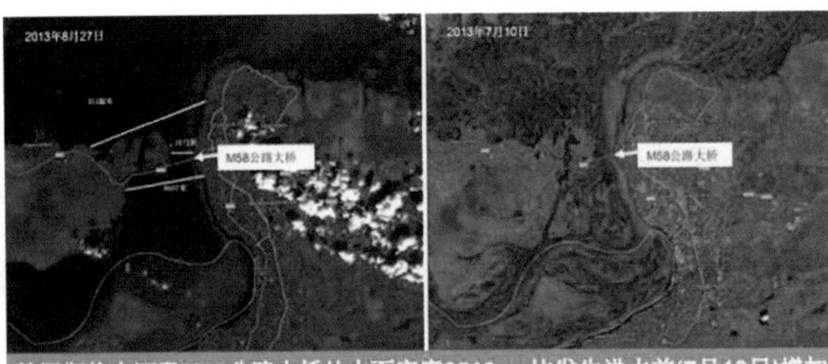

俄罗斯伯力河段M58公路大桥处水面宽度2516m，比发生洪水前(7月10日)增加了1077m，大桥上游和下游水面宽度分别为8607m和13101m，比发生洪水前分别增加了6006m和11132m。由此可见，洪水期间该河段大桥上、下游水面均大幅变宽，洪水来量大，但桥梁跨越处由于地形因素，行洪断面急剧缩小，对水流形成瓶颈，泄洪能力小，严重影响了河道行洪，从而致使抚远河段长时间维持高水位，超警历时达46 d。

图 1.6.43　防洪抗旱应用

通过我们卫星影像的观测和之前影像的对比，就可以知道受灾区的面积和分布，这个图只是看了两期也就是 7 月和 8 月的对比，我们就可以知道哪些地方被淹了。这个是河面宽度的变化。其实还可以在这个基础之上做深化的研究，可以看出每个地区的水量和水深，也就是受灾程度的不一样。这个用处是，现在跟民政沟通后，以前赔付都是大家上报，现在用遥感手段，可以精细到多少范围，按每平方千米多少钱赔付。未来，因为民政还有一堆户籍信息，把户籍信息叠加到我们的影像上面的话，可以知道倒塌的房屋里到底住了多少人。希望可以做到这么精细的量化的赔付标准。

下面是灾害，包括几个方面：一个是灾害的情况分析，图 1.6.44 是汶川地震的，但是用的是雷达，可以看到跟光学影像差别是非常大的。因为雷达的成像方式跟光学不一样，它是主动成像方式，导致一些透视、收缩的情况，它的分辨率还是挺高的。卫星是 COSMO 和 QuickBird-2，是目前最好的两颗卫星。地震的时候可以保证一定的穿透能力，不会被阴霾的天气遮挡，用 SAR 影像星还是很有必要的。图 1.6.45 是承灾体，就是灾后评估时，哪些道路是不通的，对交通影响非常大。这都是用“高分”卫星看的。图 1.6.46 是房屋损失的研判，哪一块区域，包括其等级，损毁的严重程度。图 1.6.47 是灾后重建情况，与之前的影像对比，工程进度的监管，都可以从这个“高分”影像上看到。

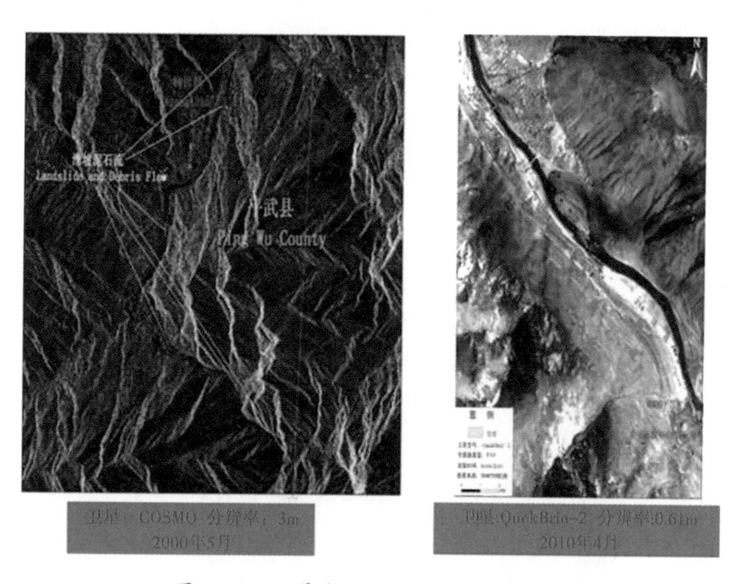

卫星：COSMO 分辨率：3m 2000年5月　　卫星:QuckBird-2 分辨率:0.61m 2010年4月

图 1.6.44　滑坡、泥石流致灾因子研判

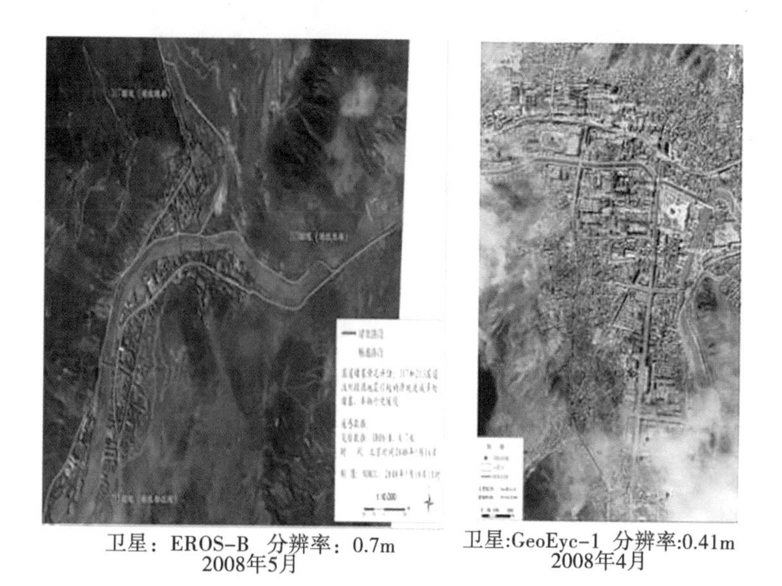

卫星：EROS-B 分辨率：0.7m 2008年5月　　卫星:GeoEyc-1 分辨率:0.41m 2008年4月

图 1.6.45　317 和 213 国道汶川路段堵塞情况监测研判

卫星：COSMO 分辨率:3m
2008年5月

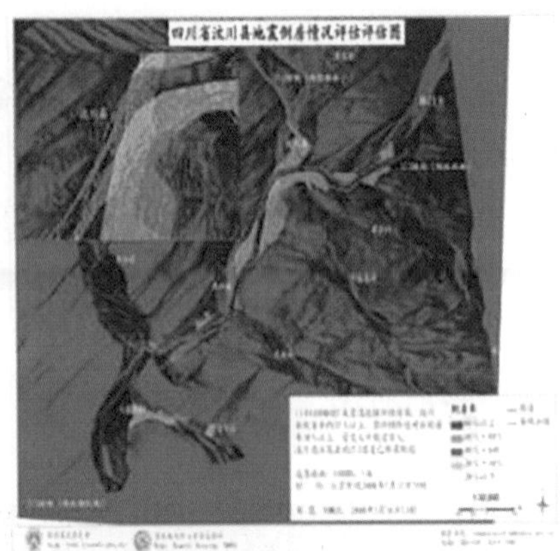

卫星：COSMO 分辨率:1m
2008年5月

图 1.6.46 都江堰、汶川县倒塌房屋情况评估研判

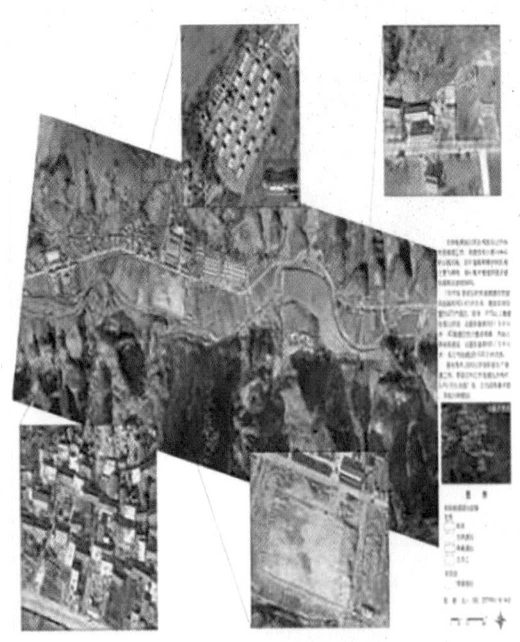

卫星：QuickBird-2 分辨率：0.61m
2010年4月

图 1.6.47 四川省康王县恢复重建工作进度监测

环保方面，跟之前所讲的内容也有交叉。图 1.6.48 是关于水质的研究，这是南京的一段。水质分不同的级别，整个图上一目了然，能够看得出来。矿区监测(图 1.6.49)，矿区周围很容易开采过界，每个矿山有一个矿采石量，超过的话属于违规开采。后面图 1.6.50 是一个自然保护区的分类，农村用地的分类，城市用地的分类，跟我们的生活也是相关的。想要知道一些环境中会影响到我们生活健康的指数，我们希望这些信息能从高

分影像上直观地获取，并可以周期性地提供这些信息。农业遥感，这个就不多说了，这个是种植面积，可以做农作物估产的。图 1.6.51 是草场的植被退化的情况和草量评估。

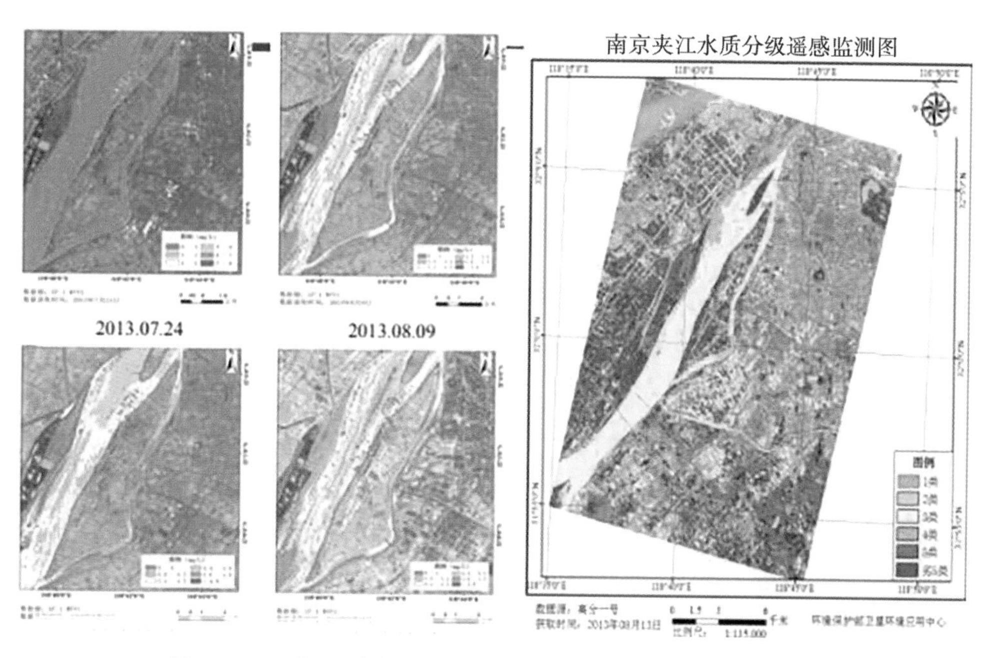

图 1.6.48 基于"高分"一号卫星的夹江水质监测——COD 浓度

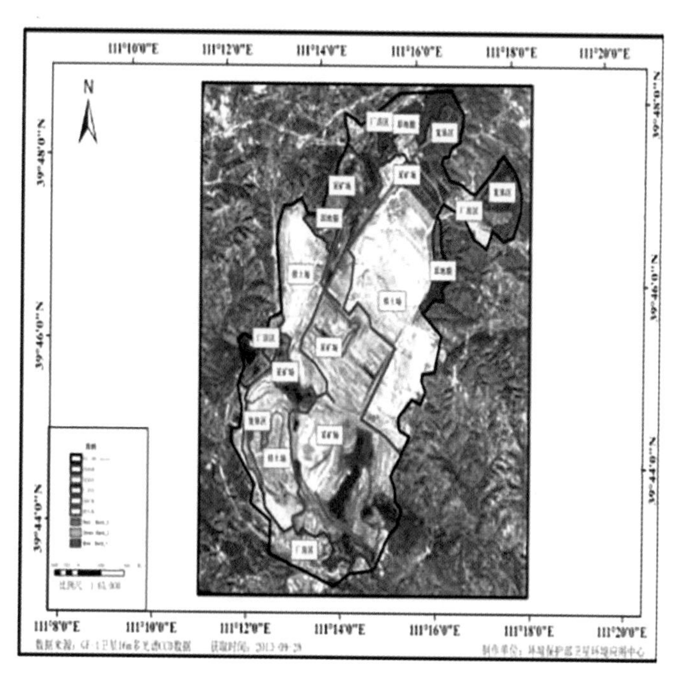

图 1.6.49 2013 年 9 月 28 日黑岱沟煤矿"高分"一号卫星 16m 分辨率影像

图 1.6.50　小五台山自然保护区生态环境状况监测
（2013 年 8 月 26 日，“高分”一号 16m 多光谱数据）

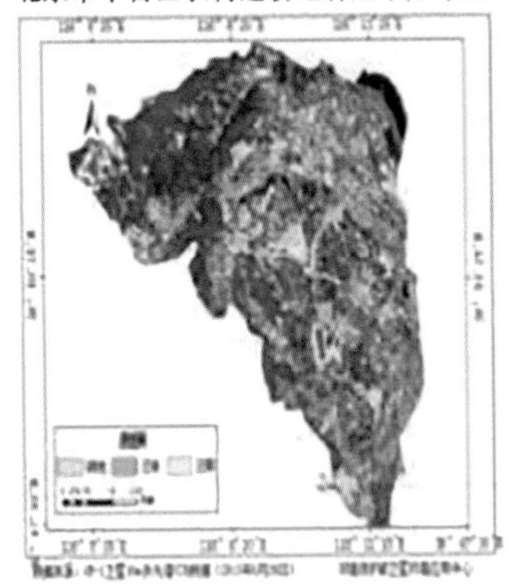

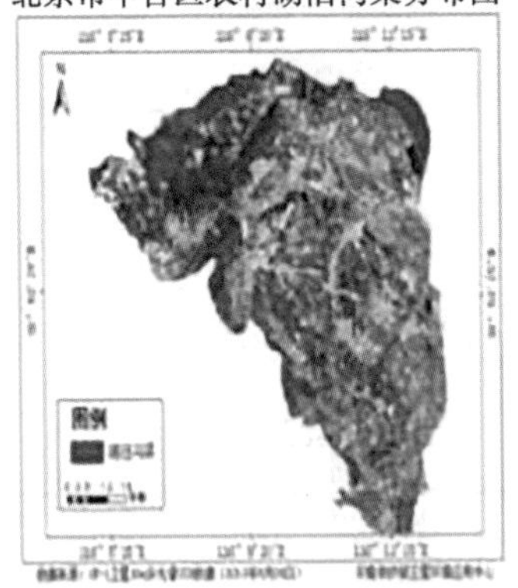

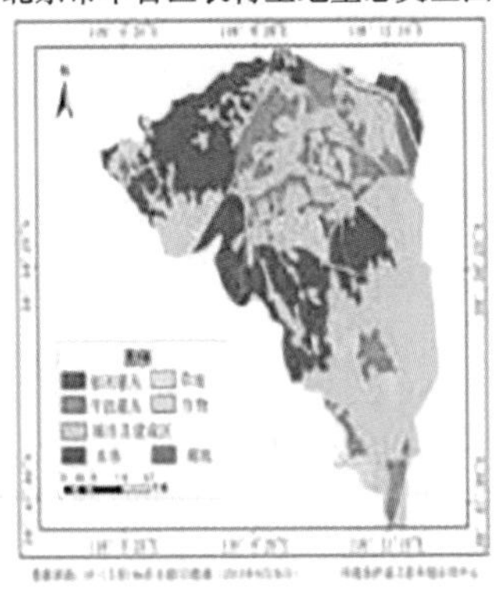

图 1.6.51　北京市丰台区长辛店镇农村地区生态环境遥感监测
（2013 年 8 月 26 日“高分”一号卫星 16m 多光谱数据）

交通应用，主要有这几个方面，一个是做交通规划，需要叠加经济社会信息和自然信息，才能综合分析路要怎么修，堵还是不堵，未来要往哪个方向发展。“高分”就在这些方面起到了这样一些快速方案确定、环境影响、综合评价的作用。另一个是勘测，可以减少外业工作量，直接从影像上做三维模型、水文地质解译或者交通快速评价。

还有灾害、河道、机场选址的应用，刚才也提到了，关于机场净空区的保护，包括怎么选择。很多偏远地方，之前给旅游局做项目，需要做景观区内的导航，做得都不好，因为景观区都在郊区，分辨率不够，一些小路很多地图上都看不清楚，现在也都在慢慢开始重新做。用咱们自己的卫星扫过去，所有地方的分辨率都是一样的，可以做这种人不是经常去的地方的测图工作。

最后一个是卫生，主要是说高速公路。高速公路一般两边有一些居民，会经常有一些疾病，我们来分析一下到底是什么范围，在这范围内最好不要住人。图 1.6.52 是做的一个八达岭高速周边的情况，最后分析了一下，如图 1.6.53 所示，蓝色的点大概在什么范围，做了一个缓冲区。图 1. 6. 54 是缓冲区周边居民的风险示意图。图 1. 6. 55 是疫情，是血吸虫病的例子。还有地震灾害后，都会有一些疫情，这也是它的处理流程。图 1. 6. 56 是最后做的统计分析，它把这个疫情里面的钉螺的密度在图上进行了标注，可以看出哪些地方是重灾区，哪些地方情况稍微好一点。

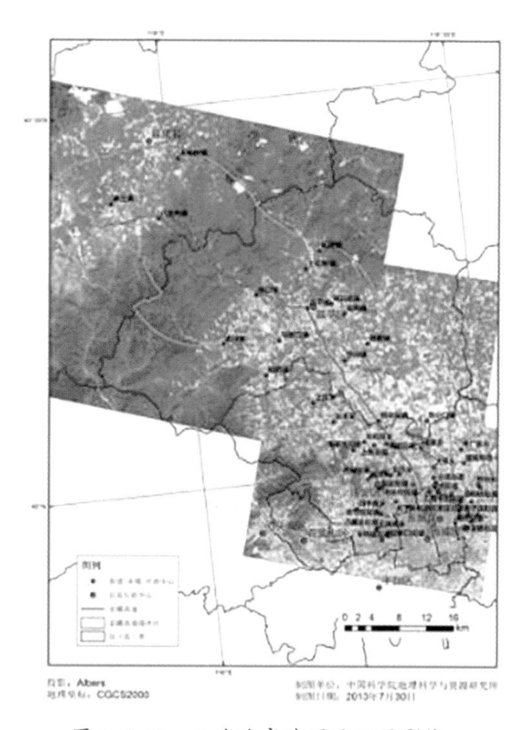

图 1. 6. 52 八达岭高速周边卫星影像

图 1. 6. 53 G2 高速公路的 1km、1～2km 缓冲区分布示意图卫生健康数据可视化表达

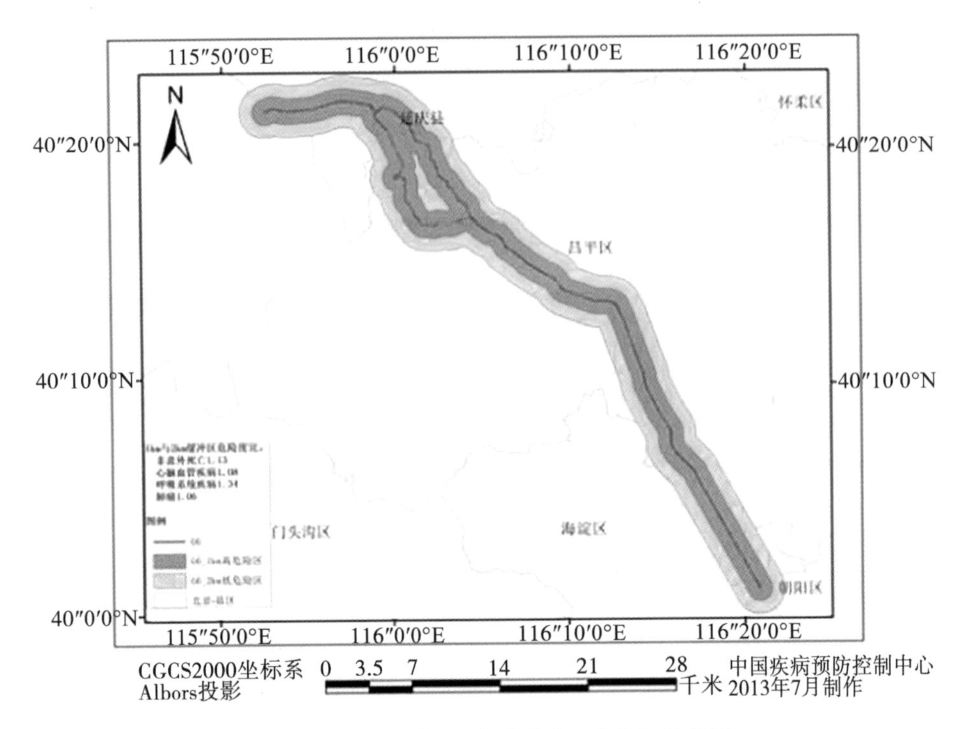

图 1.6.54 2010 年 G6 周边居民死亡风险示意图

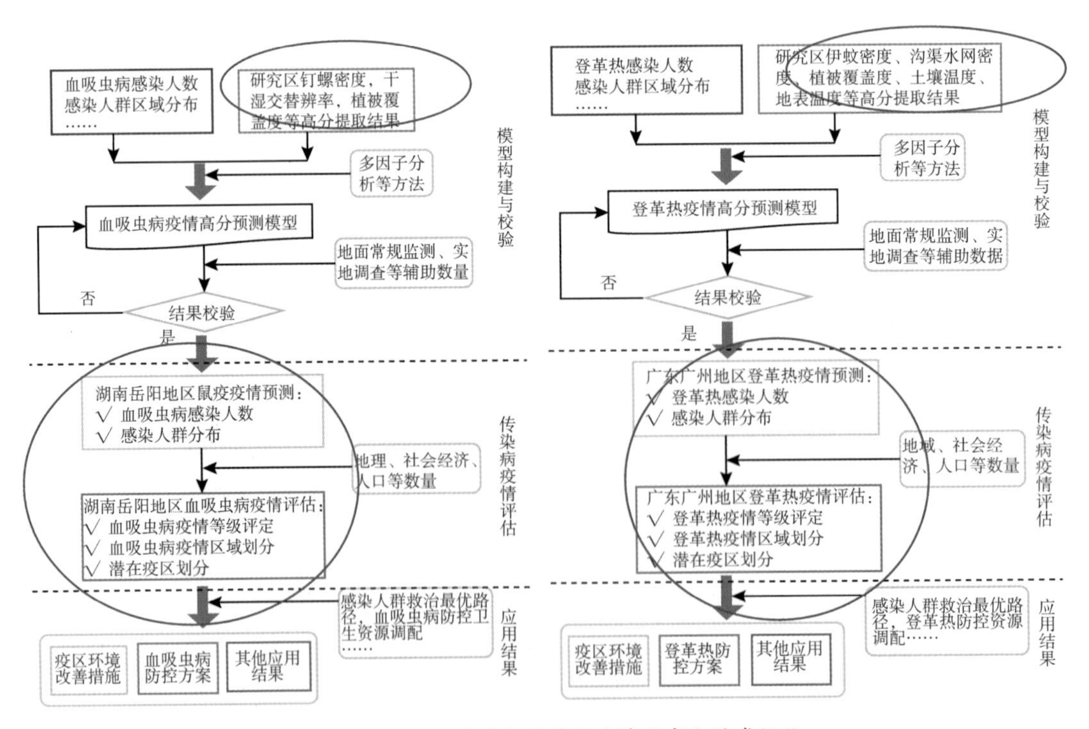

图 1.6.55 血吸虫病和登革热疫情的高分遥感评估

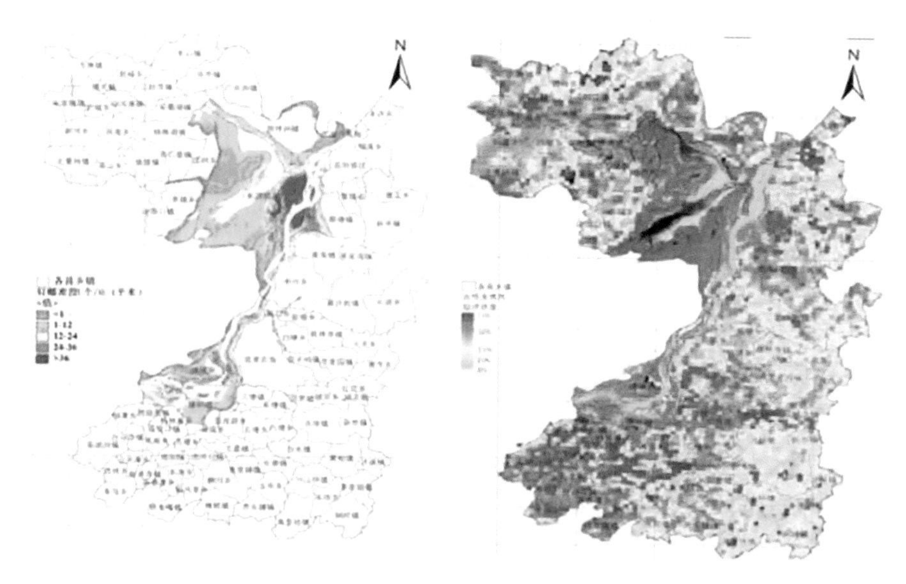

图 1.6.56 血吸虫病和登革热病疫情监测与评估

主要内容就介绍到这里，谢谢。

【互动交流】

主持人：谢谢汪老师！可以说刚才汪老师用或翔实的数据，或浅显的图片给我们介绍了咱们国产的高分辨率影像数据的来龙去脉，怎样产生了这些数据，这些数据又用在哪些地方，如何服务于我们的生产生活。那么听完了这么多的信息，在场的各位同学如果有什么想问汪老师的，可以踊跃提问，欢迎大家！

提问人一：我曾听到过一些说法，有一些不是很了解我们测绘或者遥感影像处理的同学会有一些说法，就是光学遥感影像出现那么多年了，好像很多该研究的问题都已经研究过了，但似乎其实又并不存在这种已经研究透了、烂了的问题，包括我们国家的高分辨率卫星还在不断地被研制出来，发射到天上为我们提供新的数据。假设我是一个刚刚毕业的本科生，我学了遥感影像处理和摄影测量等基本的课本知识，您作为一位老师，对于我这样刚刚涉入这样的研究当中的同学，应该怎样建议选择他的研究方向？或者是您作为一个生产前沿的工作者，您觉得这个方向的同学有什么值得关注的问题？可能我问得比较大，您可以简单地谈一谈吧，谢谢。

汪韬阳：我仅代表我个人观点。就是方向选择最开始其实可能是盲目的，即便是你听了很多，但是你的知识结构，你的阅历包括你的理解能力，刚开始可能都不太清楚。但是随着慢慢深入，你肯定会对这个行业有所了解。本科毕业后，要么是从事工作，要么是继续读研究生，我现在只说研究生这一块儿。研究生过了一年以后，其实这一年的压力也不是特别大，但是你会学到很多，在这种情况下，通过专业的学习和与周围的人交流，你已经有了进一步的、前沿的认识。在这种基础之上，我的建议是参加一些实践，一个是跟项目，我认为研究生一定是需要跟一些项目的，有的事情你只有做了才会更加清楚。包括整个项目的流程以及什么地方会出现问题，最后精度的评价是如何进行的，都有一个清晰的认识，我认为这对个人能力的提高还是很有效的。另一个是科研，比如说做数据处理，过程中可能会遇到各种各样的问题，那么在解决问题的过程中，你的能力也会得到提高。比如有的问题，常规方法解决不了，而你能够找到一种新的办法解决，那么这就是提高。以上是我的一点建议。

提问人二：遥感的光学影像在水下会存在一些问题，那么是如何监测到水下的含矿量的呢？

汪韬阳：这个一般是通过影像上颜色的变化，泥沙的含量可以通过水面颜色的变化来反映，这个具体的问题我也不太清楚，但应该是通过影像的表面进行反演的。

提问人三：使用“高分”一号能够做到河水哪一些指标的监测呢？也就是您在这一块儿做过哪些工作呢？

汪韬阳：就像我刚才展示过的那样，各个行业会需要我们做不同的成果。

提问人四：老师，我问一个比较实际的问题，前段时间做了一些项目，就是入网数据图像会不会在您的中心或者各行各业用作公共服务？因为我觉得这种数据用得还是比较多的。

汪韬阳：现在只能说我们的数据具有入网采集的能力，但是我们的数据以什么形式发布，这个问题我需要跟我们的用户沟通。

提问人四：老师，我想问一下，您在处理“高分”数据的时候，遇到的主要的问题有哪些呢？您举一些例子就好了。

汪韬阳：比如说这张湖北省影像图，最开始用平时的平差方法解不出来。所以，我们结合数据的特点，对平差的方法做了改进，计算的时候加点的高程去求，用一个 DEM 做辅助，形成加密点，内插出来，平差就可以继续进行。还有一个问题就是在做系统控制的时候，同一纬度拍下来中间的控制点很少，不能控制住，因此类似于同一轨道的话，我们就想到了利用虚拟低轨的方式去做，再用一点格网去补偿，算完以后再进行误差分配，所以系统控制这一块也针对平差方法进行了一些改进。至于你说应用方面，就是协调各种数据源，大范围与周期性是非常重要的。还有很多问题，我们的想法有很多，现在还在实践中。

提问人五：老师好，我有一个小问题。“高分”四号对全国成像是怎么样一个成像方式？然后就是像“高分”四号这样的静止卫星国外是如何发展的呢？我们为什么要发这样一颗静止卫星呢？

汪韬阳：静止轨道卫星有一个好处就是它的重访周期时间非常短，能够实现分钟级图像，那么就意味着时时刻刻发生的事情我都知道，这是它最大的优势。至于国外的静止卫星发展我确实不知道，回去以后我会关注一下这个问题的。至于全国成像的方式，虽然卫星不能动，但是相机可以动啊！

提问人六：那么相机摆角大概是多大呢？它需要拍多少照片才可以把全国覆盖呢？

汪韬阳：验证过程我用了很多卫星。它的覆盖面积是16万平方千米，60幅影像，大概需要拍大半天，因为它拍完以后还需要上传，周期为小时级。

提问人七：汪老师您好，我有一个问题，就是您在做机场旁边高楼的监测的时候大概是一个什么样的精度呢？因为我觉得高楼上的匹配点比较难找。

汪韬阳：我们的格网大概达到了10m，高分辨率是5m，我们选择了5m左右的一些数据来进行应用。

提问人八：老师，“高分”三号是“高分”系列唯一的一颗SAR卫星，您也提到了和国防科技大学有合作，对它的12种成像方式进行几何处理。我想问一下，SAR影像的几何处理与光学影像的稽核处理有什么不同呢？

汪韬阳：对，我刚才也提到了一点。作为一个水循环来说，地下水是很重要的一个部分。但是鄱阳湖没有监测站，我这里也没法去进行估算。另外，也有水文方面的研究表明地下水对它影响不大，所以我就把它忽略了。我参考其他文献，有关其他流域的研究也有把地下水忽略的。但是我不是水文专家，也不敢说这个结论有多准。SAR的成像模型与光学的不一样，无论是我们做框幅式的还是线阵推扫，SAR是用RD来做，这两个模型都不一样。但是光学和SAR可以放在一起，我们也做过类似的实验。

提问人九：刚刚听到您说“珞珈”一号，它会有一个导航增强的功能，我想问一下，具体是怎么实现的呢？在设计的时候精度指标是什么呢？

汪韬阳：第一，它比一般的卫星轨道要低一些，低轨的几何模型在解算的时候会稍微快一点；第二，它的信号会比较强。精度指标应该是和“北斗”卫星差不多的。

（主持人：幸晨杰；摄影：李帅；录音稿整理：罗毅；校对：韦安娜）

1.7 基于遥感光谱数据的植被生长监测

（彭 漪）

摘要：利用遥感数据监测农作物的生长发育和健康状况是精准农业的一个重要应用领域。在 GeoScience Café 第 149 期活动中，彭漪老师介绍了如何利用植被的光谱特性建立具有物理意义的遥感模型，从而准确反演农作物的生化参数。此外，她还和听众分享了定量遥感的魅力。

【报告现场】

主持人：各位老师、各位同学，大家晚上好，非常感谢大家参加 GeoScience Café 第 149 期活动！本期活动我们非常荣幸地邀请到了彭漪老师，她将与我们分享基于遥感光谱数据的植被生长监测。彭漪老师是遥感信息工程学院的在任副教授，她于 2006 年和 2008 年分别获得了武汉大学学士学位和硕士学位，2012 年获得了美国内布拉斯加大学博士学位。另外，彭老师还于 2012 年至 2013 年期间担任美国马里兰大学地理科学系的初级研究员。目前，研究成果已在 *Remote Sensing of Environment*（环境遥感），*Agricultural and Forest Meteorology*（农林气象）等顶级杂志发表，迄今共计发表 SCI 文章 18 篇。彭老师一直以来专注于定量环境遥感的研究，近期她比较关注利用遥感光谱数据来监测农作物的生长发育情况和健康状态，以辅助精细农业。下面让我们以最热烈的掌声有请彭漪老师！

彭漪：感谢大家能来参加我的报告，其实我今天来到这里还是感到比较惶恐的，来这里最初的原因是我给今天的主持人上"定量遥感"课程，他邀请我过来做报告。我想象中这是一个比较休闲的事情，大家在走廊上喝着咖啡吃着蛋糕，一起讨论学术问题。我心想可能是大家课堂上有些内容不太懂，可以讨论一下，就答应了，没想到后来活动形式这么隆重。虽然早有耳闻 GeoScience Café 活动办得很好，但是后来发现海报贴得到处都是，确实有点受宠若惊。其实追根溯源，我也算是大家的师姐。我在遥感信息工程学院读的本科和硕士，实验室张良培、邵振锋等很多老师都给我上过课，所以和实验室渊源颇深。我从硕博到现在的研究方向涉及定量水遥感、定量植被遥感和湿地遥感等，研究方向很窄。而且由于时间比较仓促，可能报告准备得不是很深入，只是把我之前做的以及我对定量遥感的一些看法拿出来分享给大家。希望大家批评指正。

1. 一个指数饱和的故事

首先，我想谈谈为什么要将遥感应用到农业方面。我们知道，目前农林采样大多还是手工采样。我们实验室目前和生科院的一位老师合作，他们院士级别的教授还需要亲自去田间看一看、数一数麦穗，这样的工作非常耗时耗力。而使用遥感手段，我们可以实现无损测量，定量遥感的优势之一也在于此。另外，使用遥感还可以实现大范围、实时监测，这些在座的各位应该都很清楚，就不细讲了。

我们以植被绿度指数 NDVI 为例，如图 1.7.1 至图 1.7.4 所示，从 NDVI 的分布图中就可以看出相应位置的作物长势如何。

我们知道做科研时，不管哪个领域，都有一个假设和前提。植被遥感的假设是：植被的绿度或者生物量的变化会导致光谱反射率的变化，而这种光谱信号可以被传感器所探测到。叶子由黄到绿，其光谱信号发生了变化，且变化有差异，这种差异即可被我们利用。基于这个假设，我做了一部分工作。

图 1.7.1 美国本土 7 月份 NDVI 分布示意图

图 1.7.2 高植被指数对应田间作物长势示意图

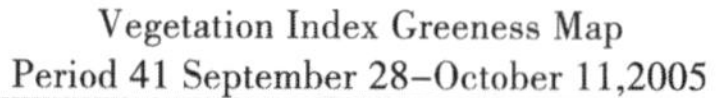

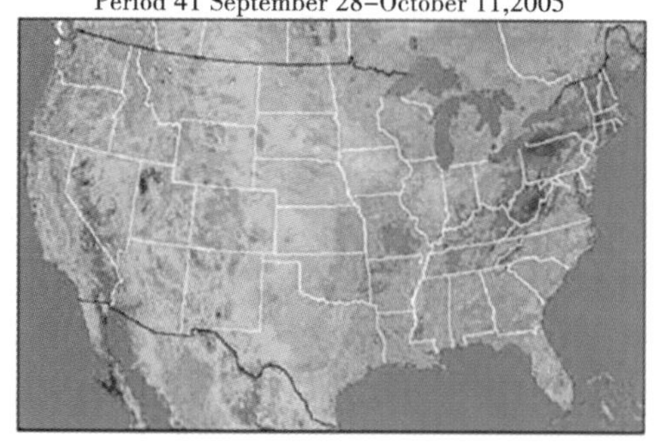

图 1.7.3 美国本土 9 月份 NDVI 分布示意图

图 1.7.4 低植被指数对应田间作物长势示意图

如图 1.7.5 所示是我曾经做的一个实验，按照从黄到绿采集叶子。最黄的是叶绿素含量最低的，最绿的可以看到绿得发黑，叶绿素含量是最高的。随后我们在实验室中将样品进行研磨，提取出叶绿素，并测量其光谱曲线，如图 1.7.6 所示。

研究一个指数，我觉得最重要的是要掌握它的规律。根据实验结果我们可以发现，最

图 1.7.5　采集不同叶绿素含量的叶子样本

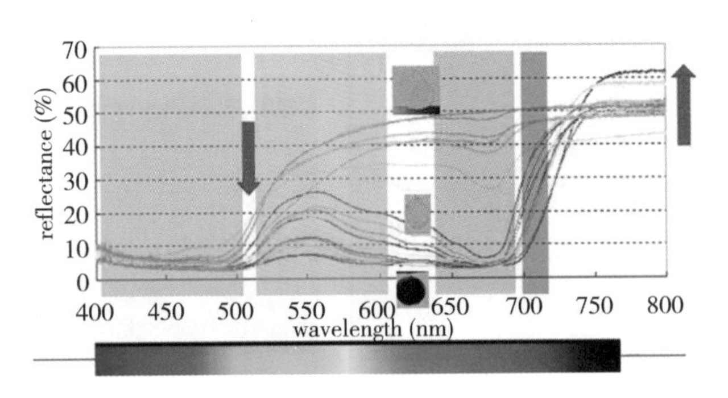

图 1.7.6　叶子光谱曲线

上面一条线是颜色最黄的叶子的光谱曲线，最下面一条是颜色最绿的叶子的光谱曲线。多次实验表明，叶子由黄变绿时，可见光波段的反射率在不断降低，而近红外的反射率在不断升高。听过我的课的同学应该知道原因：可见光是植被色素吸收的主体，而近红外的变化则和叶子的散射有关。

但是分析到这里远远不够，我们具体来观察图 1.7.6：在蓝波段光谱曲线(蓝色覆盖)基本上重叠到一起，没有过多的变化；红波段区域，叶子颜色由黄变成嫩绿时，反射率突然大幅度下降，因此红波段是经常被我们用来检测植被是否长出来的一个波段。但是我们发现，叶子由嫩绿继续变化到深绿时，红波段的反射率就基本上重叠了。因此，可以总结如下：蓝波段对叶绿素是饱和的，红波段对中低浓度的叶绿素不饱和，而对中高浓度的叶绿素是饱和的。绿波段和红边波段的反射率相差较大，易于区分。我们构造植被指数，就是要利用这种反射率相差较大的波段。

另外，植被指数是将高光谱的数据转换成一个值，并通过该值来突出植被的特性。目前已有的大部分植被指数的构造是利用近红外的升高和可见光的降低来实现的，其目的就是希望增强这种强升高和降低之间的对比，从而突出植被的特性。基于这一点，1974 年 Dr. Rouse 在其博士期间提出了归一化植被指数(NDVI)并一举成名，他当时的年龄也和在座的各位差不多。我们可以看到 NDVI 的原理很简单，利用的就是叶绿素在增大时，近红外的增大、可见光(红光)的降低，他就是做了一个归一化的工作。

对遥感来说，我们做的工作就如图 1.7.7 所示：首先测量光谱，然后在一系列定标之后，利用方程得到指数，这样我们就可以得到植被绿度，进而得到植被生长状态。

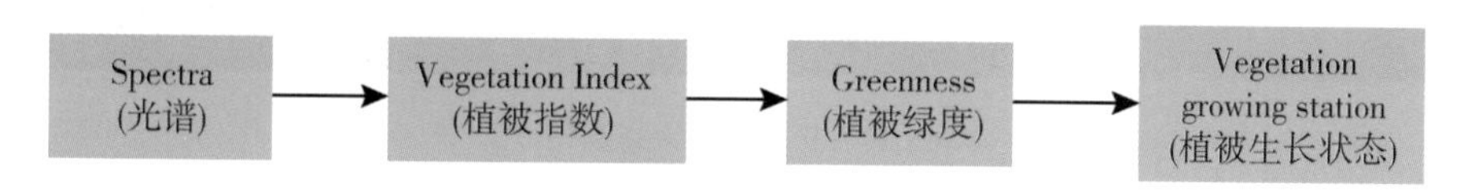

图 1.7.7　遥感监测作物长势示意图

“故事”到这里还没有结束。一直到现在，美国 NASA 发布的如 LAI 等很多产品都是基于 NDVI 生产的，很多研究人员做分类也喜欢用 NDVI。但是 NDVI 是不是完美的呢？

这里我们可以看到一个很明显的现象，如图 1.7.8 和图 1.7.9 所示，NDVI 有一个很严重的饱和现象。什么意思？就是植被绿度从 3 到 5 的时候，NDVI 的变化趋于饱和。对现实中的农作物来说，绿度为 0~2 时，大家一眼就能看出来是即将枯萎的农作物。绿度为 3~5 时，农作物看起来比较健康，但实际上可能已经受到轻度或者中度的胁迫。在这种情况下，NDVI 无法实现有效的监测。特别是对于精细农业来说，等到农民发现 NDVI 开始降低时，可能农作物已经无药可救了。

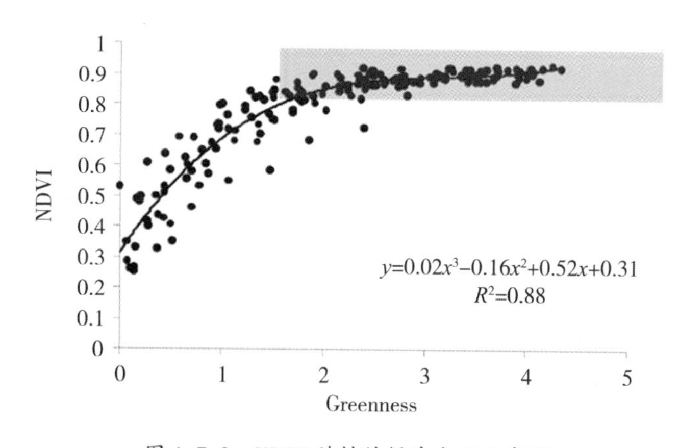

图 1.7.8　NDVI 随植被绿度变化示意图

要解决问题，我们首先要找到问题所在。我所研究的就是为什么会出现这种情况，虽然是在做遥感，但其实更像是在做数字游戏。前面讲过，红波段对于中低浓度叶绿素敏感，但是当叶绿素浓度升高时，红光的反射率会出现饱和现象。我们观察 NDVI 的公式(1)，当红光饱和时，NDVI 数值也趋于平稳，这在一定程度上解释了 NDVI 随着植被绿度

图 1.7.9　农作物样本图

的增加而逐渐饱和的现象。这一现象很明显，为何 NDVI 发明后很多年才被发现呢？我想可能和实验采样有关系：采样涉及的大多数样本，如小麦、草地等，绿度没那么高，因此饱和效应不明显。后来有人接着测大豆、玉米等较为稠密的农作物时，终于发现了饱和的现象。

$$NDVI=(NIR-Red)/(NIR+Red) \tag{1}$$

知道饱和的原因之后，接下来解决问题就容易得多了。既然红波段会饱和，那为什么不用不饱和的绿波段和红边波段呢？于是我的导师便据此提出了 Green NDVI 和 Red edge NDVI，见公式(2)和公式(3)。由图 1.7.10 和图 1.7.11 可以看到，Green NDVI 到绿度为 3.5 时饱和，而 Red edge NDVI 到绿度为 4 时饱和，饱和现象都得到了明显的改善。

$$Green\ NDVI=(NIR-Green)/(NIR+Green) \tag{2}$$

$$Red\ edge\ NDVI=(NIR-Red\ edge)/(NIG+Red\ edge) \tag{3}$$

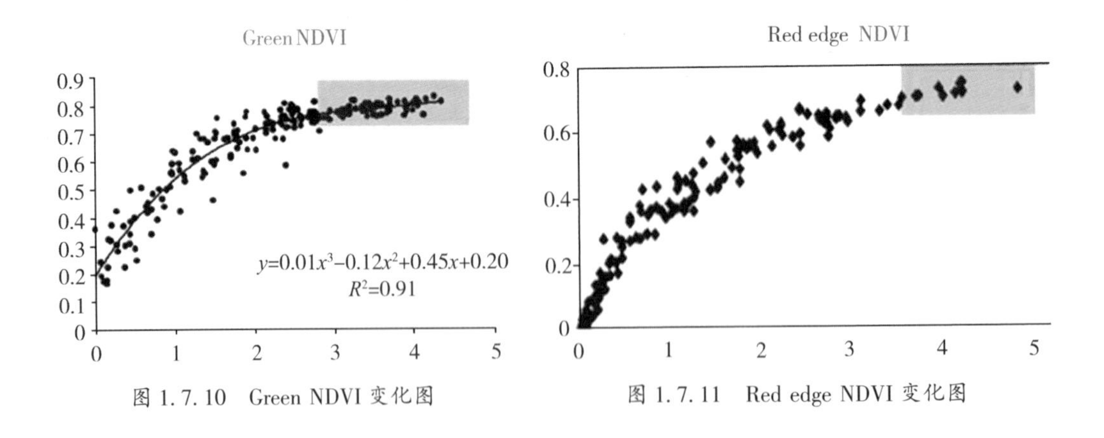

图 1.7.10　Green NDVI 变化图　　　　图 1.7.11　Red edge NDVI 变化图

为什么已经考虑了红光的饱和现象，植被指数的饱和依然存在呢？我的导师继续思考，大概过了三年，他终于想通了。我们回到式(1)的 NDVI 计算公式和图 1.7.6，对于中高浓度的叶绿素来说，近红外反射率不断上升，接近 50%；而红光波段反射率不断下降到 4%左右。50%和 4%相差不止 10 倍，两者不在一个数量级，也会导致指数出现饱和。

因此，对于归一化植被指数来说，这是一个数学问题。解决办法就是给原始 NDVI 公式中的近红外波段加一个系数，使得该波段与红光波段降为同一个数量级，即 WDRVI 指数的提出见式(4)，由此饱和现象得到了明显改善。至于这个系数取多大，也有学生会过来问我。我的回复是要根据自己实验中测得的近红外反射率和红光反射率的差距来定。

$$\text{WDRVI}=(a\cdot\text{NIR}-\text{Red})/(a\cdot\text{NIR}+\text{Red});\ 0<a<1;\ \text{usually};\ a=0.2\ \text{or}\ 0.1 \tag{4}$$

以上事例介绍了很多指数是如何被发现的。在实际工作中，要避免盲目性，例如在进行指数计算的过程中，当被除数受到噪声影响时，会导致结果出现很大差异，因此要格外注意去噪。还有同学会问，增强植被指数(enhanced vegetation indix，EVI)为什么那么容易随观测角度、天气等的变化而发生变化？事实上，大家可以回去试一下，EVI 的本质就是近红外。而近红外的光谱特点受到叶子散射的影响，叶子稍微摆动一下，近红外光谱就会跟着动，进而导致 EVI 发生较大变化。

另外，我们可以看到图 1.7.12、图 1.7.13 和图 1.7.14，分别为 NDVI、Green NDVI 和 WDRVI 的实验结果图。黑色的点代表玉米，白色的点代表大豆。为什么要选这两种作物呢？因为它们是两类植被的代表：玉米的叶子是竖着长的，大豆的叶子是平着“铺开”的，它们的冠层结构不一样。玉米是 C4 作物，大豆是 C3 作物。我们可以观察到，作物种类的不同会导致植被指数实验结果的不同。我还记得硕士论文答辩的时候有人问我方程有没有通用性，我那时想都没想就回答没有通用性。作物不一样，方程怎么可能会通用？我给每一种作物建立一个模型就可以了。但是这样做会带来一个问题，面对 MODIS 的 500m 或者 1000m 分辨率的影像，我们需要将混合像元中的不同作物种类进行解混。这样做就很麻烦，有没有办法解决呢？听过我的课的同学都知道三波段模型。我们利用三波段模型，在采用红边波段探测时，发现两种截然不同的农作物的散点图重叠到了一条直线上(图 1.7.15)。这意味着我们不需要进行作物分类，只需要算出植被指数，即可估算出叶绿素的含量。

指数的故事说不完，每个指数都有它自己的故事，也有它自己的魅力所在。很多指数的发现也没有大家想象得那么难，大家要学会积极探索和细心观察。

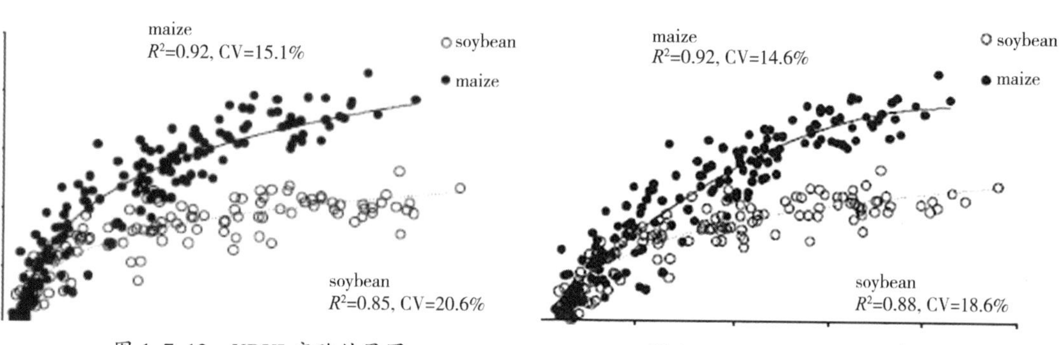

图 1.7.12 NDVI 实验结果图

图 1.7.13 Green NDVI 结果图

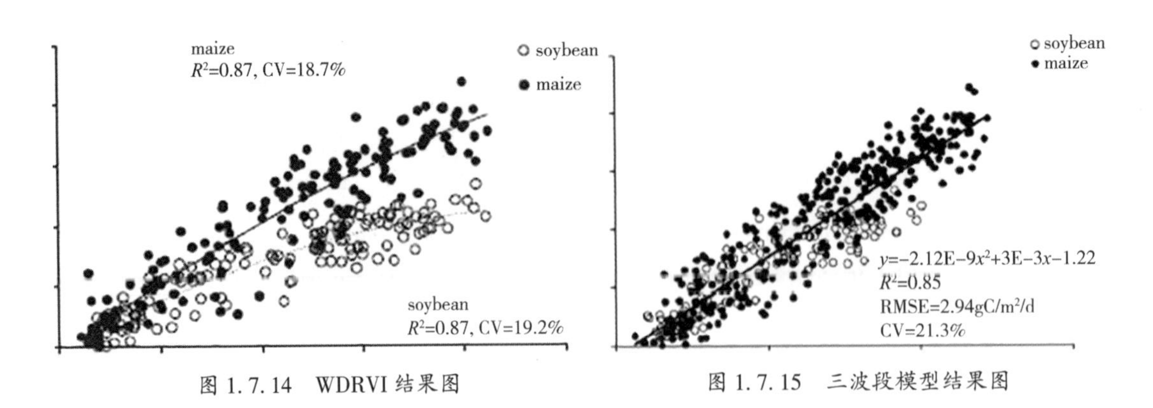

图 1.7.14 WDRVI 结果图　　图 1.7.15 三波段模型结果图

2. 植物叶绿素的光谱特性

定量遥感的魅力在于光谱曲线的变化。可是为什么会出现这种状况？红波段会饱和，红边波段和绿波段不饱和的内在原因是什么？当然这些已经超出了遥感的范畴，大家如果感兴趣可以深究下去，也会很有意思。下面为大家分享一些我的实验结果。

首先，将植物叶片进行研磨，用相应的化学试剂将色素提取出来。测量溶液中各种色素的光谱吸收率，如图 1.7.16 所示，叶绿素、类胡萝卜素、花青素等大部分色素的光谱吸收集中在蓝波段，叶绿素在红波段(670nm)处吸收系数也很高。因此，对于叶绿素来说，吸收系数最大的地方集中在红波段和蓝波段，这也是为什么早期研究植被指数的人们都喜欢围绕着这两个波段做文章。相比之下，绿波段的吸收系数则没那么高。

然而，当我们测量完整叶片的光谱吸收系数时，如图 1.7.17 所示，与预想相反，红波段和蓝波段吸收率很低，而在原来溶液中色素光谱吸收率比较低的绿波段和红边波段，此时吸收率却很高。这中间发生了什么？两种情况的区别在哪里？

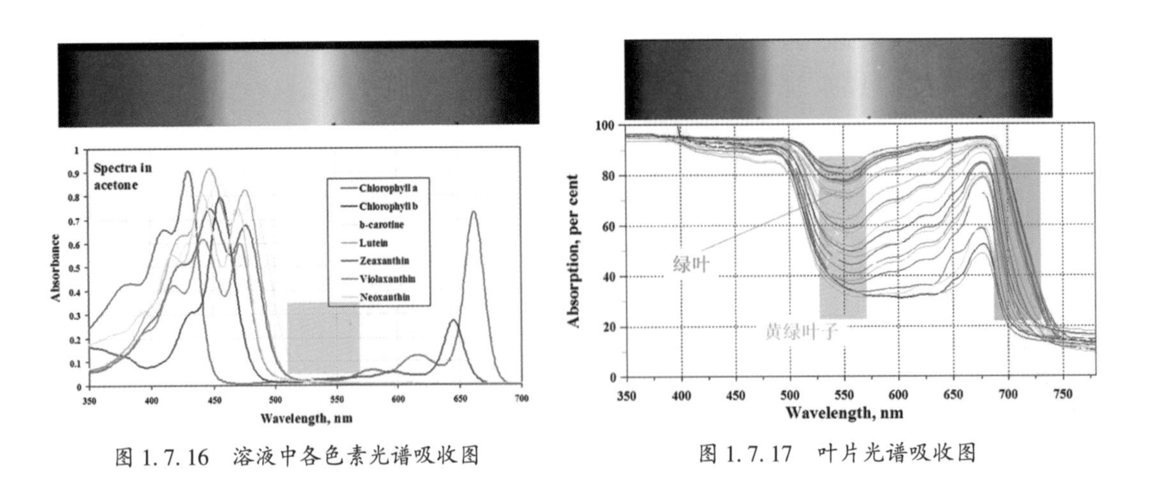

图 1.7.16 溶液中各色素光谱吸收图　　图 1.7.17 叶片光谱吸收图

叶子和溶液的区别在于叶片结构。所以我有时候觉得大自然真的很神奇，叶片在进行光合作用时，不仅需要蓝光和红光，也需要绿光的帮助。从图 1.7.18 中可以看到植被的叶片结构，尽管叶绿素对于绿波段的吸收系数很小，但是当光进入叶片结构中后，会与叶片细胞的细胞壁等发生碰撞，使得能量不断衰减。类似于大气中，能量的吸收(衰减)不仅和消光系数 a 有关，还和其厚度有关。在叶片结构中，也存在这样一种“厚度”。它不是叶片实际的厚度，而是一种光学厚度，即图中的 d。消光系数 a 虽然小，但是光学厚度 d 可以通过不断折射，增加路径使得吸收得更多一些。

同样地，我们可以解释为什么蓝波段和红波段容易饱和。因为蓝波段和红波段的吸收系数 a 本身较大，只要有一点叶绿素(例如植物稍微发了芽)，能量就会发生较强的衰减，也很容易饱和；但是绿波段的吸收系数 a 较小，其能量的衰减是通过细胞壁的增多而逐渐增大的，而细胞壁的增多反映出植被叶片的生长状态，这是一个较为缓慢的过程，所以最后会出现一个不饱和的现象。

这也在本质上对第一部分指数饱和的现象做了一部分解释。

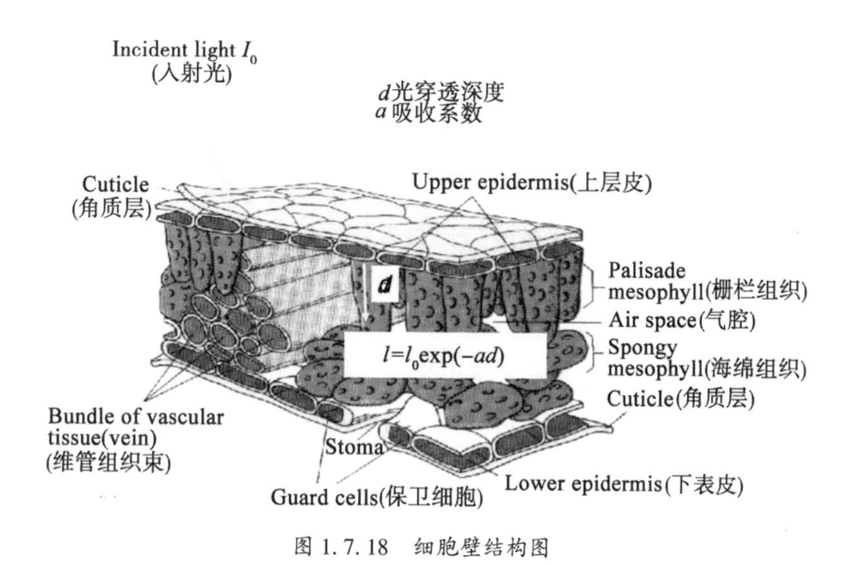

图 1.7.18 细胞壁结构图

因此，要达到区分叶绿素含量的目的，使用红边波段和绿波段更为有效，而不是按照通常的做法使用蓝波段和红波段。

其实植被遥感本质上是一个生物驱动的测量方法。它不像人口增长、疾病评估等问题，有一些我们不知道的模型，植被的原理很直观。植被需要做光合作用，而光合作用需要吸收太阳光，吸收太阳光后反射率就会变低，继而被我们探测到。所以大家在面临波段选择时不要盲目，要想清楚植被的原理。我跟大家分享一个例子。

我的导师有一次组织了一个关于农业遥感的小型研讨会。面对眼前大量的叶绿素数据、高光谱数据以及其他各种数据，来自世界各地不同行业的专家分别采用了不同的方法来建模：做工程的采用机器学习、支持向量机、偏最小二乘法等方法，将所有数据都放进去；而一些做生物的则采用三波段模型(3-Band Model)。最后得出来的结果发现，虽然机器学习的精度能达到90%，但是三波段模型精度也能达到89%，也就是说使用了那么复杂的模型，精度也并未提高多少。而且当变换数据之后，机器学习的精度就达不到理想的效果，但是三波段模型仍然适用。以此为例，关于定量遥感我想说的是：在研究开始前，重要的不是追求方法和复杂的模型，而是先把研究问题及对象的假设想清楚。

3. 遥感对 GPP 的估算

通过讲叶绿素，只是想在报告中给大家分享关于定量遥感的看法。下面给大家分享一下关于 GPP(Gross Primary Production，初级生产力)的研究内容。

农作物的 GPP 是指其单位时间内通过光合作用固定的有机碳总量，它对于农作物产量、全球碳循环和碳交易都很重要，因此也是目前的研究热点。常规测量农作物的 GPP 是通过实地观测塔来实现，然而其建造和维护费用较大，而且只能观测到某一块区域。现在则可以利用遥感多尺度观测、数据免费等特点进行 GPP 的测量。

关于 GPP 的模型在 1972 年就被提出，如公式(5)所示，PAR_{in}表示入射光，fAPAR 表示农作物所能吸收的光能比率，LUE 代表农作物吸收单位光能转化为有机物的效率。所以 GPP 也可以用来评估植被的健康状态。植被吸收了光并将多少转化为有机物，正如人吃了饭长了多少肉一样，“消化”得好，表明人的健康状态较好，植被也是如此。

$$GPP = fAPAR \cdot LUE \cdot PAR_{in} \tag{5}$$

从遥感的角度，首先，fAPAR 的模拟，大多数文献中的实验是通过 NDVI 来进行的。它们之间确实有较好的关系，但也存在一定的饱和现象。这意味着什么？意味着生物具有生长周期。如图 1.7.19 所示，绿色为 fAPAR，红色为对应的 NDVI。fAPAR 在框中的两个月是有起伏的，但是使用 NDVI 无法检测出来。另外，LUE 一般通过查找表来进行输入，但实际上它并不是一个常数，这也是需要改进的地方。

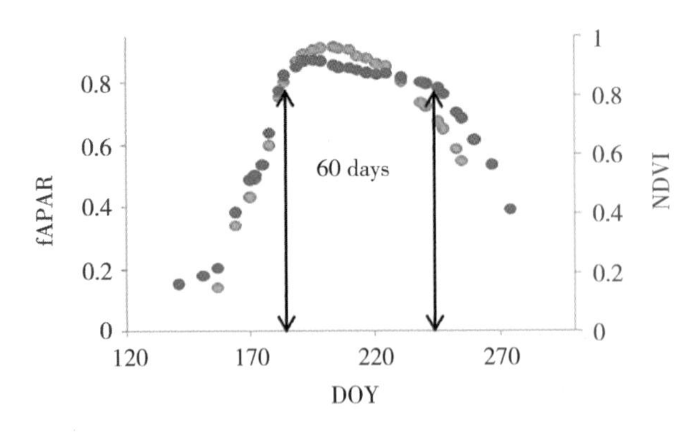

图 1.7.19　fAPAR 与 NDVI 关系图

fAPAR 还可以利用式(6)的形式来进行模拟：认为其等于叶面积指数乘以消光系数。可能很多同学有疑问，这里的叶面积指数(绿色叶子、黄色叶子不考虑)到底是不是一个客观量呢？

$$GPP = fAPAR_{green} \cdot LUE \cdot PAR_{in}$$

$$fAPAR_{green}=0.95(1-\exp(-k\cdot LAI_{green})) \tag{6}$$

图 1.7.20 和图 1.7.21 中叶面积大小是一样的，但如果说两者的光合作用一样显然不科学。实际上，测量叶面积指数也是一个很主观的过程：将一株植物的所有叶子摘下来进行肉眼判断，是绿色叶子就测，是黄色叶子就不测，所以最后测出来的叶面积指数是一个相对主观的量。因此，将其作为 fAPAR 的模拟量并不合适。同时，消光系数和 LUE 一样，也难以得到准确的值。

图 1.7.20　绿色叶子

图 1.7.21　偏黄叶子

于是，后来发展出一个假设：GPP 相关参量都和叶绿素有关，即不管是玉米还是大豆，都用类似的公式来进行计算。叶绿素被认为是研究该问题中一个相对本质、通用的因素。可以看到图 1.7.22~图 1.7.24，叶绿素与 fAPAR、LUE 以及 GPP 之间的关系，饱和现象明显减少，而且不同作物使用的是同一个方程。

简单回顾一下 GPP 建模的历史(图 1.7.25)：先是式(5)形式，然后用 VI 替换 fAPAR，再进一步发展，用叶绿素来解释 VI 以及 LUE，最后用 $PAR_{potential}$ 替换 PAR_{in}，这也是针对一个建模问题不断改进的过程。

我们的实验区域选的是美国内布拉斯加州的几个区域，实验数据涉及 MODIS、Landsat 以及地表实测数据等。对于实验结果，我们首先看叶绿素能不能用植被指数表示出来，这个方面已经有大量的相关文献，前面我们说到，GPP 可以用叶绿素 Chl 和 PAR_{in} 的乘积来表达，因此在实际操作中，我们采用相关植被指数来计算叶绿素。

讨论完叶绿素，我们再看看 GPP 模型中的 PAR_{in} 到底是什么，它表示每天入射的光照。如图 1.7.26 所示，PAR_{in} 的变化有两个趋势，一个是高频变化：每天的天气都不一样，比如说天上飘过一朵云，入射光就会发生较大变化；另一个是随着季节变化而下降的

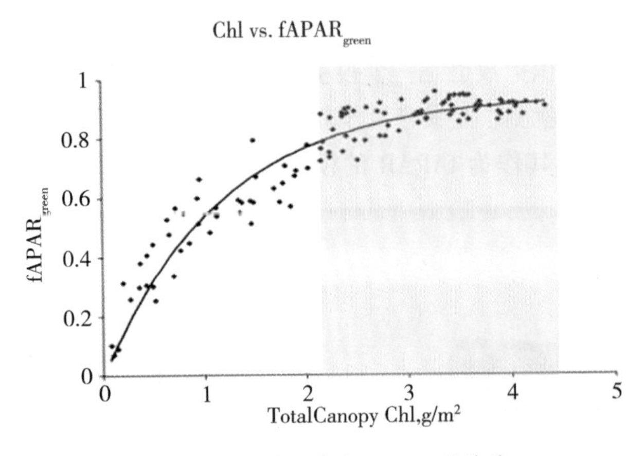

图 1.7.22　叶绿素和 fAPAR 的关系

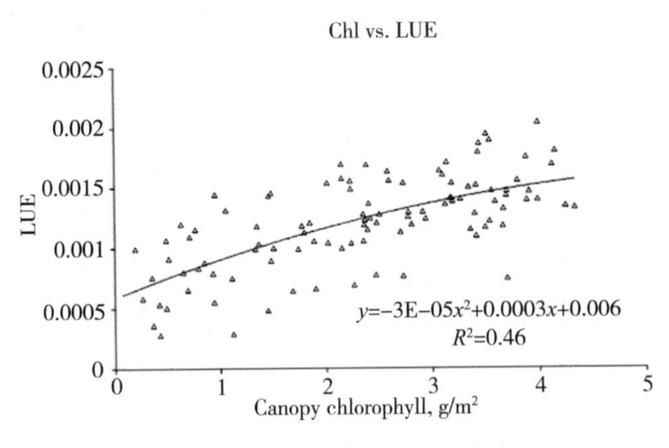

图 1.7.23　叶绿素和 LUE 的关系

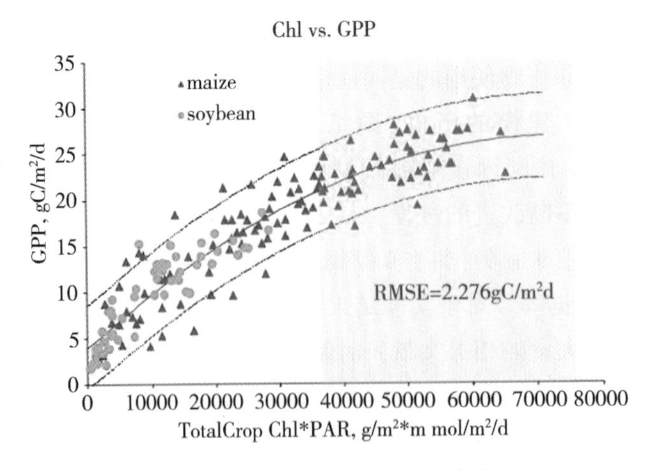

图 1.7.24　叶绿素和 GPP 的关系

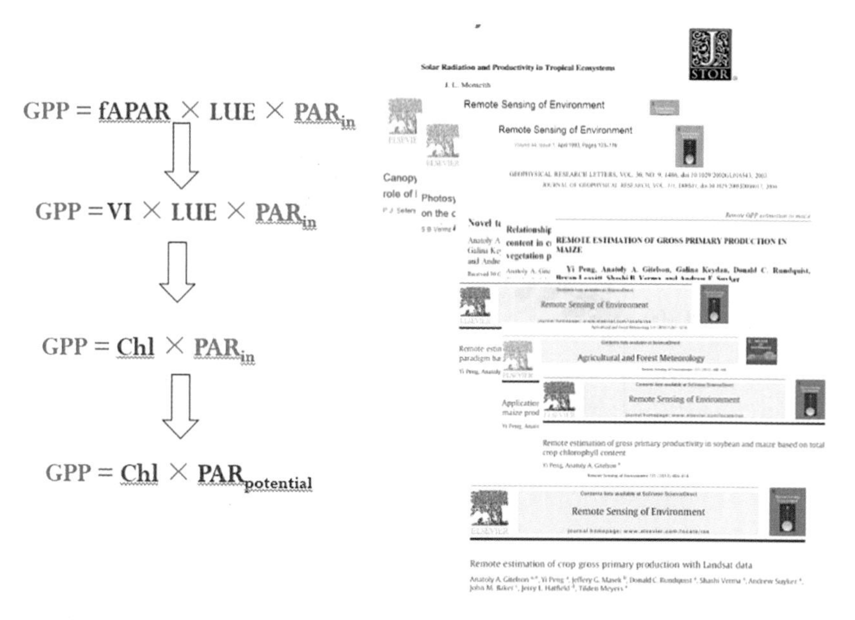

图 1.7.25　GPP 建模发展史

趋势：比如夏天光照多，冬天光照少，有一个整体趋势。而在理想条件(没有云、雾霾等外界条件的干扰)下，我们所能得到的最大的入射光照，被定义为 $PAR_{potential}$。

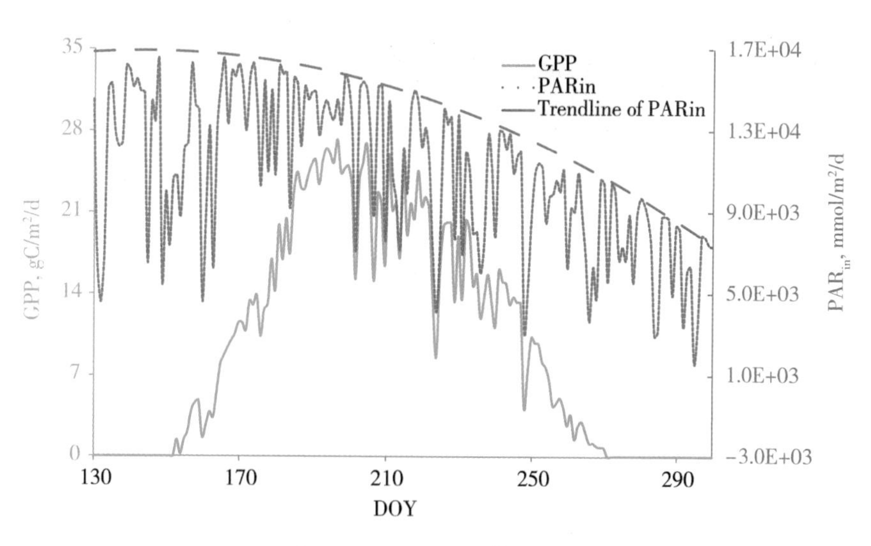

图 1.7.26　PAR_{in} 趋势变化图

因此，当我们单纯地将 GPP 和 VI 进行回归时，可以发现 GPP 也是高频变化的，而 VI 乘上 PAR_{in} 之后结果就发生了变化。我们先看一下基于 GPP = VI · PAR_{in} 的建模结果(图 1.7.27)，得到的结果很好，R^2 在 0.8 左右(图 1.7.28)。建模到这种精度已经可以发文章了，而且我也确实发了文章。

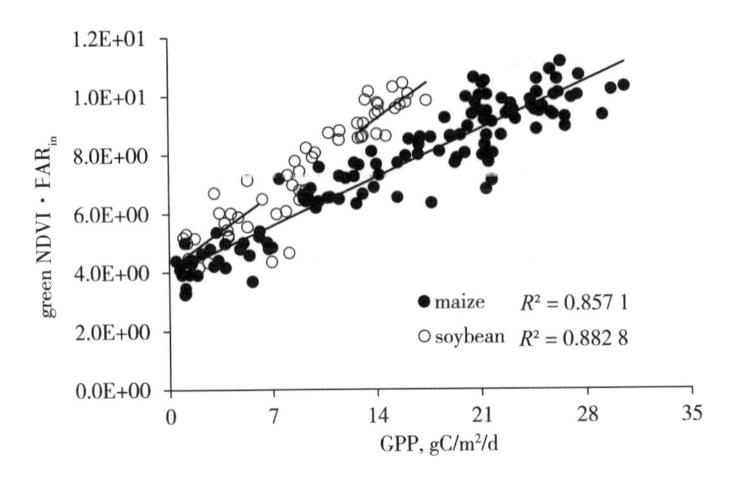

图 1.7.27 Landsat 数据 GPP 建模结果

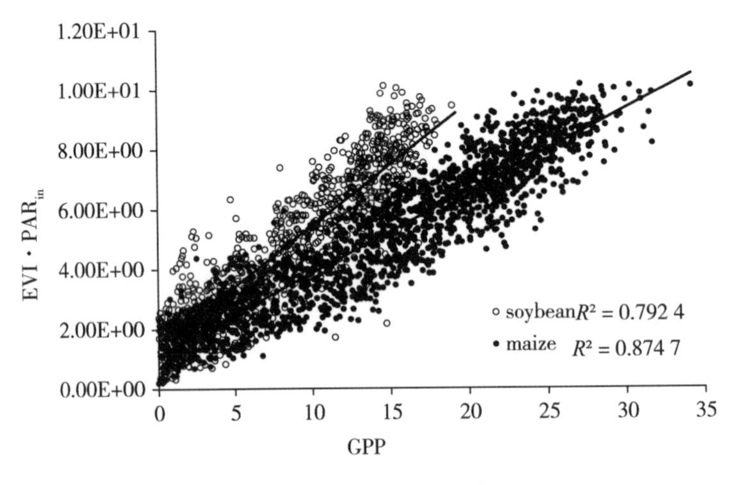

图 1.7.28 MODIS 数据 GPP 建模结果

可是当文章发出去之后我发现，好像不太对。继续做实验之后，我的后一篇文章把前一篇文章推翻了。在前一篇文章的结果中，虽然 R^2 很高，但是仍然存在大量的散乱点。为什么会这样？我们回到 GPP 最原始的建模公式(5)，针对单一作物，假设作物没有受到胁迫，那么 LUE 为一个常量。当 fAPAR 相同时，就认为 GPP 和 PAR_{in} 线性相关。但是，这个假设是否正确呢？我们针对这个假设做了进一步的实验。

我们以一株作物为例，在相邻两天做实验(相邻两天植被叶绿素变化不大)。如果假设成立，那么 PAR_{in} 的变化量应该和 GPP 的变化量是同步的。但在图 1.7.29 中我们发现，只有少数情况下两者的变化是同步的。很多情况下 PAR 没有变化，GPP 却有变化；或者是两者的增减速度不一致；也有光变强，光合作用反而变弱的情况，这种情况结合生活常识可以体会到，当光过强时，出于自我保护，植物的生理活性反而会降低，因此光合作用没有相应提高。另外，当阴天时，尽管光线很弱，但是由于云的遮挡没那么强，对植物来说反而是好事。而且植被本身会依据光的强弱自己调整姿态来吸收光线。所以在这些情况下，当 PAR_{in} 变化时，GPP 并没有随之而变化。因此在 GPP 的模型中，用叶绿素含量乘以高频变化的 PAR_{in} 时，会给模型带来较大噪声。

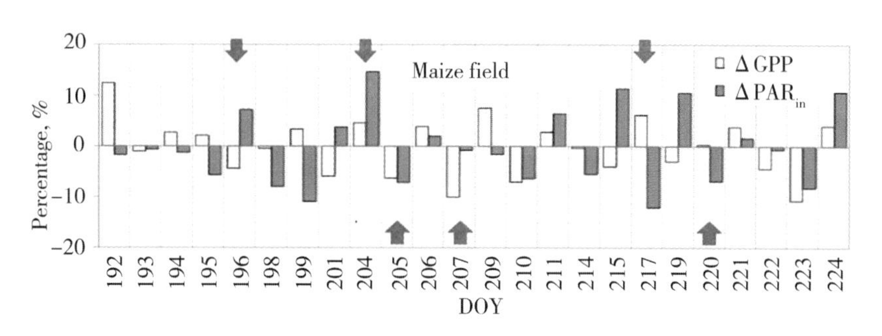

图 1.7.29 PAR_{in} 变化量与 GPP 变化量关系图

于是，我不采用 PAR_{in}，而是直接采用 $PAR_{potential}$ 来对 GPP 模型进行改进。但是这里有一个前提：在光照没有降到特别低以至于会影响植物光合作用的情况下，用 $PAR_{potential}$ 会比较好(图 1.7.30)。基于此，我提出了“$GPP = Chl \cdot PAR_{potential}$”的模型。

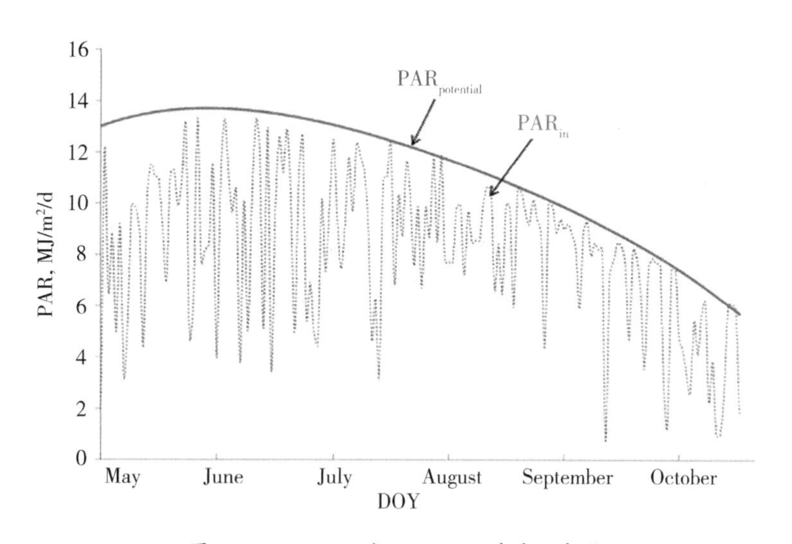

图 1.7.30 PAR_{in} 与 $PAR_{potential}$ 关系示意图

这个模型主要有两大好处：①模型得以简化，完全依赖于遥感数据；②精度得到提高。可以看到图 1.7.31 和图 1.7.32 为利用 Landsat 数据针对两种作物的建模结果，模型精度很高。另外，在其他条件没有变化的情况下，我们将改进后的模型应用在美国的另外一个州，也取得了较好的效果。

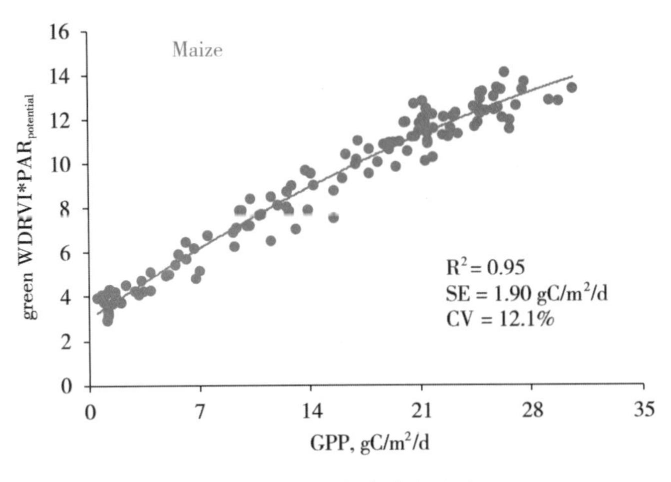

图 1.7.31　玉米建模结果图

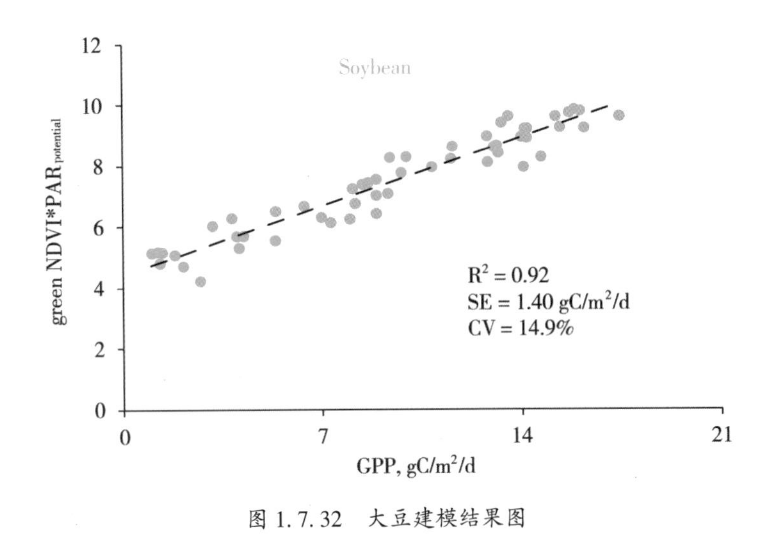

图 1.7.32　大豆建模结果图

最后，我们再来比较一下 PAR_{in} 和 $PAR_{potential}$。按照常规思路出发，有人说要是能够得到高频变化的 PAR_{in} 数据，肯定能提高模型精度，我们经过对比发现，完全不必如此，利用代表大致趋势的 $PAR_{potential}$ 一样可以提高建模的精度。我觉得定量遥感的魅力也在于此，注重研究对象的内在机理，有时比获得更高精度的数据取得的效果更好。

以上是我的一些分享，希望对大家有所帮助，也祝愿大家能体会到定量遥感的魅力并享受科学研究的过程。

【互动交流】

主持人： 非常感谢彭漪老师为我们带来的精彩报告。听完彭老师的报告，大家可能还意犹未尽，下面就把时间交给大家，进入提问环节。提问的观众可以获得收录了

GeoScience Café 报告的《我的科研故事(第二卷)》一书。

提问人一：您在《环境遥感》《农林气象》等顶级杂志上发表了很多文章，请问关于写文章、发论文有没有经验可以分享？

彭漪：其实我每次作报告都会被问到这个问题，但是我确实不知道该如何回答。发文章的确有一些技巧和经验，但我个人还是觉得，写论文是一个水到渠成的过程。大家可以看到，我报告中的实验并不复杂，反而很常规，我们要做的是讲好一个完整的“故事”。我是 2008 年去美国读的博士，到 2011 年才开始发文章。现在大家都很厉害，很多同学在低年级就发表了文章。但是我希望大家还是能够多多体会 Science 给大家带来的乐趣，如果急着发论文、跑程序的话，可能会错过很多东西。比如说在前面报告中，还没测到指数的饱和点以及在 GPP 估算中，PAR_{in} 精度已经很高了，假如这个时候急着发文章，很可能就不会去深入思考以及做进一步提高，这样也失去了一次发好文章的机会。

我的外国导师 Gitelson 几乎每隔一期都在《环境遥感》上发表文章，但是我发现他没有一篇文章是匆忙写完的，每一篇论文都要经过十几遍的反复修改。我在发文章技巧上给不了大家很好的建议，但是我想告诉大家的是：有好的技巧，可能会发一篇好文章；但是有一个好的主题和好的故事的话，一定可以发一篇好文章。不知道我给大家的导向对不对，但还是希望大家在做实验时慢一点，多观察数据，认真想一想，是否能够发文章要做到自己心中有数。当然这不是说大家可以懒散，而是说要真正投入进去，慢下来认真思考。以上只是个人意见。

提问人二：在精准农业实施中，美国的田块比较规整，作物也比较均一，所以采样也相对简单。但是中国却没有这样的条件，想请问一下彭老师对于在国内做精准农业采集相关数据有没有比较好的建议？

彭漪：这也是我们目前面临的问题。好的建议有：第一，采样还是要继续，不然没有地面数据；第二，可以选择一些对植被类型不敏感的指数；第三，就是尽量去农作物分布均一的大田中做实验。在实践中，我更加倾向于使用近景遥感的数据，尽量排除不相关因素的干扰。对不同植被分别建立模型，然后进行比较分析，进而找出通用的模型，最后再将通用模型推广到大田中。当然，这些是我们需要克服的现实问题，在实践中还是需要和农民进行协商。

提问人三：您对目前基于卫星数据的农业估产有什么看法？从您的角度来看，这样的估产可信度有多高？

彭漪：就美国的遥感农作物估产来讲，可信度还是比较高的。但是对于国内的农业估产来讲，会面临很多问题：首先是国内田块的农作物没有那么均一，北方还好，南方有很多分布较分散的小田块。所以，制约估产可信度的不一定是模型和方法，而是数据采集的问题。农业遥感前景很好，中国作为一个农业大国，这一块目前还没有得到较好的发展。

提问人四：您在报告中的实验有基于叶绿素的，也有基于叶片的。同样在辐射传输模型中，叶片模型和冠层模型也是分开来研究的，想请问您一下这些有什么不同？

彭漪：叶片和冠层是明显不同的，可以说"冠层就是一个大叶子"。比如利用叶片估测叶绿素时，绝大部分叶片利用三波段模型估测叶绿素都可以达到一个较高的精度；但是冠层则不行，它会受到叶子倾角、叶片的分布的影响。而在实际操作，特别是大田实验中，我们不太可能去测量每一片叶子的叶倾角，这种情况下用冠层的光谱来进行反演，做法虽然简单，但我个人认为很实用。

主持人：由于时间的关系，今天的提问环节到此结束。非常感谢彭漪老师今天给我们带来如此精彩的报告，让我们再一次以热烈的掌声感谢彭老师。同时感谢各位同学参加我们 GeoScience Café 的活动，欢迎大家继续关注 GeoScience Café 后续的活动，谢谢！

（主持人：马宏亮；录音稿整理：马宏亮；校对：孙嘉、顾子琪）

1.8 探索与思考

——空间数据挖掘与空间大数据

(卢　萌)

摘要： 大数据概念如火如荼，大数据万能论也甚嚣尘上，从数据角度出发，大数据最终还是需要落入到数据科学范畴里面来。数据挖掘这门学科自诞生之日起，从未像今天这样如此被业界重视。空间数据挖掘作为GIS领域一个前沿课题，受到了产学研三界的青睐。那么抛开学术界不谈，在企业界，空间大数据和空间数据挖掘的现状又如何呢？本次讲座，卢萌老师作为业界一线技术和架构人员，从实践者的角度出发，与大家分享了他对于空间大数据现状的一些思考及感悟。

【嘉宾简介】

卢萌，ESRI中国大数据首席架构师，国内空间大数据先驱者之一，参与和主持过多个国家级和省部级大型项目。主要研究方向是传统GIS领域中的空间分析、空间统计、高级地理处理等技术和算法，行业性数据分析与挖掘，大数据项目架构、设计以及技术实现。目前在其个人技术博客和微信公众号(虾神daxialu)编写连载了国内第一套空间统计的系列入门简介《白话空间统计》，在互联网上的阅读量超过了百万人次。

【报告现场】

主持人： 大家晚上好，欢迎来到GeoScience Café第186期学术交流活动的现场！今天我们有幸邀请到了来自ESRI中国的首席大数据架构师——卢萌老师来跟大家做分享和交流。卢老师将从实践者的角度出发，和大家一起聊一聊空间大数据的现状和一些思考。卢老师作为GIS界空间大数据研究领域的先驱者之一，致力于对并行计算以及空间数据挖掘的推广和普及。相信在座的各位很多都是慕名而来，我们对卢老师也有一个更加熟悉和亲切的称呼——虾神。接下来就让我们把时间交给卢老师，一起聆听卢老师关于空间数据挖掘与空间大数据的探索与思考。

卢萌： 非常开心能够来到武大，也特别激动和感动，因为本次来武大是参加社会地理计算的年会，主要想见一见卢克教授，当然啦，还有在座的小伙伴们。我们这一代学GIS的人还是很幸运的，因为提出始祖级算法的老一代GIS大牛们都还在，包括上次在北大见到的提出了 GWR(Geographically Weighted Regression，地理加权分析)的 Fotheringham 教授，当然还有 GIS 界当今头把交椅 Goodchild 教授也还在。等我们的下一代人再学 GIS 的时候，这些老教授的名字就只能在传说中听到了，所以我这次是专门来见卢克院士的。备受感动的是武大作为中国测绘界的头把交椅，邀请我来跟大家做这样形式的交流，我也是非常激动的。

今天我所作报告的题目是《空间数据挖掘与空间大数据》，看到这个题目很多同学可能会想：又来了一个忽悠大数据的。但是我讲述的大数据可能与你们常规接触到的有所不同。首先我们从数据挖掘说起，在数据分析领域有这样一个传奇的故事，叫做啤酒与尿布，是说沃尔玛把啤酒和尿布放一块会提高销量，当时我刚入门的时候对此也深信不疑。直到上一次去美国，我还专门去了南加州最大的国际城的沃尔玛超市，发现尿布并没有和啤酒放在一起，才明白过来这只是一个都市传说，是数据分析界的一碗心灵鸡汤。于是我追根溯源，发现这个案例最早来源于一个数据库公司的售前经理的某次报告。但它确实只是一个心灵鸡汤，滋润了无数刚刚入行做数据挖掘的小白们。那么数据挖掘是什么呢？实际上数据挖掘并非是那些神奇而高大上的东西，它的最终目的是直指核心。这是一句出自 Netflix(美国制作电视剧《纸牌屋》的出版商)的话——公司真正的价值观和那些动听的表态完全相反，它们具体通过哪些人被奖励、被提升、被解雇来体现。所以，我们经常看到有很多公司将“以人为本”挂在门口，结果发现其互联网跳槽率排名第一；有些标榜诚信第一，或者正直善良、重视人才、尊重个性，如果把这些醒目的标语当成是这些公司所标榜的企业文化，可能就会出现贴着尊重个性标语的公司要求大家上班全部穿白加黑；而所谓以人为本的公司晚上九点钟灯火通明的现象。所以其实这些标语都没用，我们如果真的想了解他们的企业文化，只需要看这些公司去年的优秀员工是谁，为什么被评为优秀员工，就可以知道公司的真正价值。

那么我们再来看空间数据挖掘，它其实是一门非常古老的学科，大家都难以想象有多古老。传说中有这样一帮人，它们可以根据天上星辰的排列和地上山川河流的分布找到他们要挖的东西，并且把它挖出来，这就是最早的空间数据挖掘，我们通常亲切地称呼他们为“摸金校尉”。那么空间数据挖掘的用处有哪些呢？我们知道公交车里外都贴了广告，这趟公交能被越多的人看到，那么广告的投放价值就越高；不同时间段发车所影响的受众也有所区别，比如早高峰或者早高峰之后、中午、以及晚高峰和半夜。这样来说我们是不是可以根据“在行驶过程中所影响的人群”来不同地定义它的广告价位呢？在早高峰发出的几辆车，它的广告价位是不是就可以适当调高一点？这是最朴素的一种空间数据挖掘的直观表现，还有更多的一些表现形式。我们的空驶率问题是非常严重的，根据交通部最新的统计，中国的道路上奔跑的汽车的空驶率达到了 34.7%，也就是说有三分之一的车是放空跑的。我们再来看一下全球港口航运，根据最新的统计数据，2015 年全球的集装箱制造量多达三亿个，集装箱通常使用一次之后就被扔掉了，造成了很大浪费。所以，现在国际航运界计划了一个项目，就是通过全球范围内的调度，在一些不那么热门的航线上运输这些集装箱，并将其重新利用起来，这也是空间数据挖掘正想解决的问题。还有UPS在2015年的一个案例，UPS提出每人每天少开1英里，公司每年可省下5 000万美元，因而UPS计划在美国对5.5万条道路进行优化，已完成1万条，通过优化道路地点之间的调度，每年可节约150万加仑汽油，减少1.4万立方吨的二氧化碳排放量，UPS通过简单的算法达到了开源节流的目的。

1. 空间数据挖掘

空间数据挖掘回归本源是地理分析。

首先，地理分析给予了一个关于世界的独特视角，曾有人开玩笑说学GIS的人为什么老迷路，原因可能是学GIS的通常是从上往下看地球，每天悬浮在300m的高空像神一样俯视着大地，把这些人放到地面上平视就会迷路了。

第二个是提供了一个范围，上至无穷的太空，下至最深的地底，人类所有已知的位置都是我们的研究范围。曾经有位哲学家说过一句话：所有的时间都交给历史，所有的空间都交给地理。

第三，地理分析提供了一个足迹，每个过程都将留下独特的足迹，我们可以对足迹的意义进行解释。

最后，我想说的是"人机"的概念，这也是我今天要重点阐述的内容，任何技术都是存在于人和计算机之间，人和计算机都发挥着重要的作用。人工智能要替代人类的大脑需要很长一段时间，但在人工智能完全替代我们大脑之前，任何情况都不能单独突出计算机的作用，或者单独突出人的作用，所以任何的分析技术是在人和计算机之间共同发挥着作用。其实就是说明一句话，即小学生日记里常写的"在什么时间、什么地点、发生了什么事情"。这也是我们地理人更应该去探明的一点，我们要跟着不同的地理足迹去回溯它。

有时候，想要了解信息看一张地图就够了。图1.8.1是美国本土2000年人口统计数据，灰色的球表示所在州的人口数量，美国的三大人口中心是纽约、芝加哥、洛杉矶，红色的球代表原住民数量。如果将这张图做成Excel表，打印20页没有问题，但实际上只要给出下面这样一张地图就很清楚地展现了美国本土人口分布是什么样情况。

2. 地理数据平台

接下来我们来谈一下地理数据平台。这里有一个很简单的例子，我们先看两份数据，第一份是中国各省的GDP数据，这类数据一般由国家统计局管理和发布；第二份是中国地质公园，这类数据一般存放在国家地质调查局，大家也都知道，地质公园代表的是某一类地貌特征。你不会想到国家统计局和地质调查局的两份数据会有什么关联，但是如果有人想让你告诉他，中国的经济和中国的地质公园或者地貌特征有怎样的关联，你会怎么做呢？你可能会先到统计局拿数据，再到地调局拿数据，然后写了

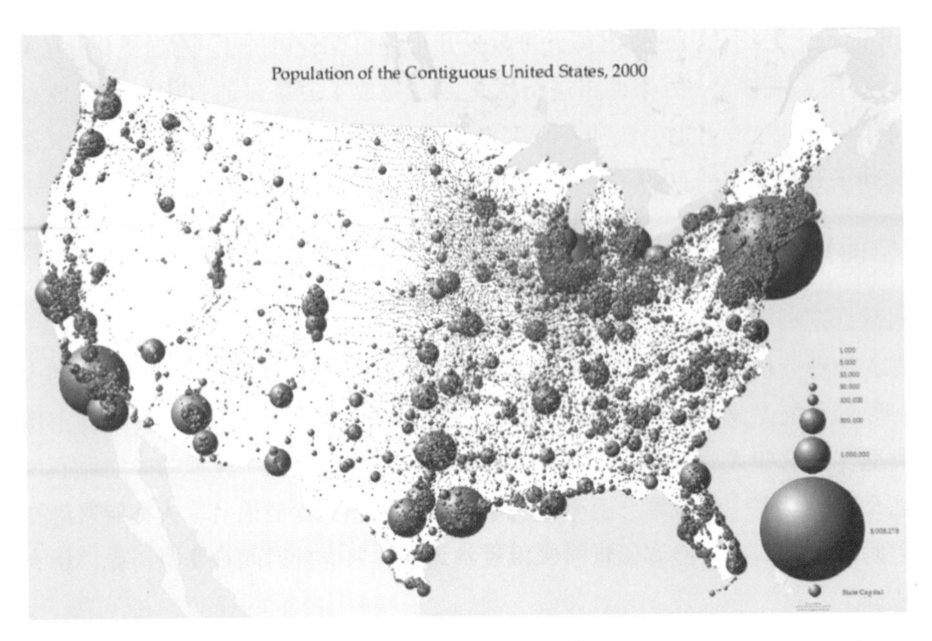

图 1.8.1 美国本土 2000 年人口数据统计图(图片来源：www. esvichina. com. cn)

一个 500 页的报告。但其实他要的是不是这个 500 页的报告呢？不是的，你只需要告诉他一个很简单的结论，并且让他很清晰地了解，就达到目的了。如果用地理平台来做这个事情的话，不需要复杂的报告，仅仅需要把两个图叠在一起就行：下面做一个 GDP 分布图，上面叠一个地质公园的图。这时候你就可以告诉他，中国的地质公园和中国的 GDP 没什么关系。所以，我们说地理就是天然的数据平台，任何数据叠在地理上面，通过其空间位置关联在一起，就能形成完全不同的一套解答方案。所以，我们学 GIS 的人在可视化和汇报方面有天然的优势，我们永远有一个数据可视化平台，地理信息就是这个天然的信息平台，任何数据都可以放在上面。当然有些时候只给一张图是看不出什么的。

比如像这种情况：如果我是校长，有一天教育局局长来我的学校视察，然后我俩在站台上看。课间操铃声响了，所有学生都跑出来，局长就问我，下面这些学生里哪些学生关系好？我作为校长只能回答“对不起，我不知道”，局长就会说你这个校长当得不合格，哪些学生关系好都不知道。再接下去，体育老师的口号响了，所有学生都排得整整齐齐，局长又问我，“刚才学生很乱，你不明白我原谅你，现在他们站得这么整齐了，请问哪些学生关系好?”我也只能回答不知道。之后，体育老师说解散，这时候我们再看这个分布情况，就很清楚了，现在可以告诉局长哪些学生关系好，哪些学生关系不好。实际上，这就是地理分析里面的空间自相关，通过某一类关系，人类可以自然而然地分成不同的类别，这是我很喜欢的一个例子(见图 1.8.2)。

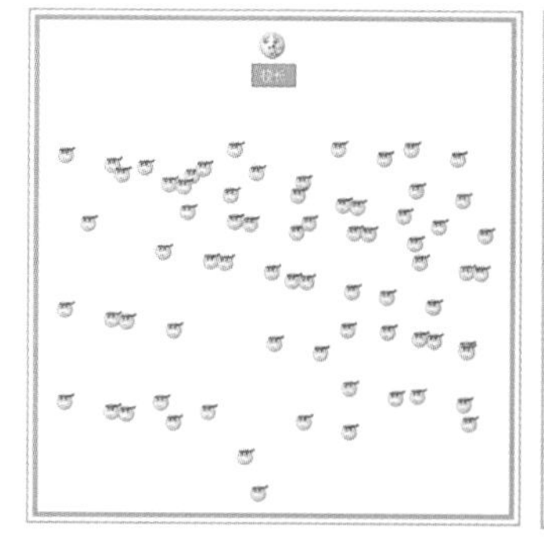 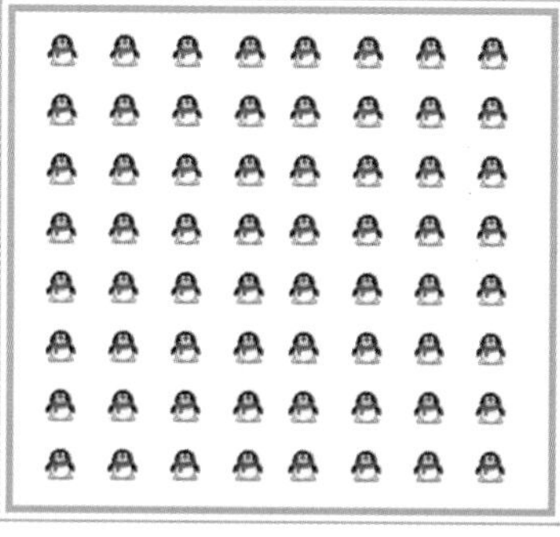 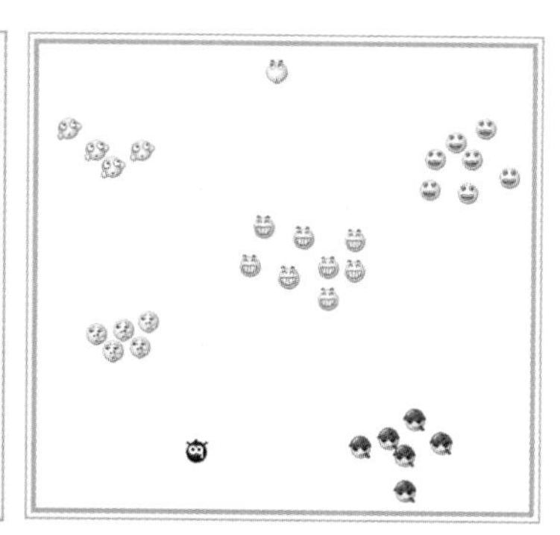

图 1.8.2　学生做操的例子(空间自相关)

3. 空间统计学

地理的分析核心是来源于所谓的空间统计学，空间统计学有四个最基本的概念——空间概率、概率密度、不确定性和统计推断。

第一个概念是空间概率，空间概率是一种符合地理学第一定律的联合概率。举一个简单的例子，女孩要找男朋友，她说她的要求很简单，就三个。第一个要求要长得高一点，高很容易解决，十个人里面总有一个高个子；第二个要求是长得稍微帅一点，帅的人也多，抛开个人的审美观念的不同，帅的人至少也有十分之一；第三个要求就是要稍微有钱一点，中国现在经济这么发达，十个人里面起码有一个人有钱。三个条件的概率都是十分之一，那是不是表示十个人里面就有一个是她的真命天子呢？所谓的联合概率，就是两件事情同时发生的概率，实际上应该是“十分之一的高乘以十分之一的帅乘以十分之一的富”。因此，同时满足高、帅、富这三个条件的人只占千分之一的概率，要求一点也不低。这是传统的概率，那么空间概率是什么呢？我们来看图 1.8.3，图上有 4 个点，如果说 A 点发生滑坡的概率是二分之一，B 点发生滑坡的概率也是二分之一，那么 A、B 两点同时发生滑坡的概率是不是二分之一乘以二分之一等于四分之一呢？肯定不是，因为根据地理学第一概率，任何事物之间都是有联系的，这种联系跟距离相关，即“万物皆相关，越临近，关系越紧密”。也就是说如果 A 点发生滑坡，很容易就会影响到 B 点，所以，这两点同时发生滑坡的概率应该是大于四分之一小于二分之一，这就是所谓的地理学的联合概率。那么同样的，A 点、B 点、C 点同时发生滑坡的概率是不是也是相乘呢？肯定不是，要大于八分之一的。

第二个概念是概率密度。概率密度是指事件点处在任何一个定义区域的概率等于钟表面(见图 1.8.4)在这个区域上的体积，钟是概率在二维地图上的分布的抽象，越靠近中心，定位点的密度越大。

第三个概念是不确定性。我们知道，测量是有不确定性的，但是在 GIS 里，不确定性是会发生传递的，每一点的不确定性都会传递到下一个点当中去。我们做测量时，每测一节，这一节产生的误差也会传递到下一节的测量中。

图 1.8.3 滑坡图

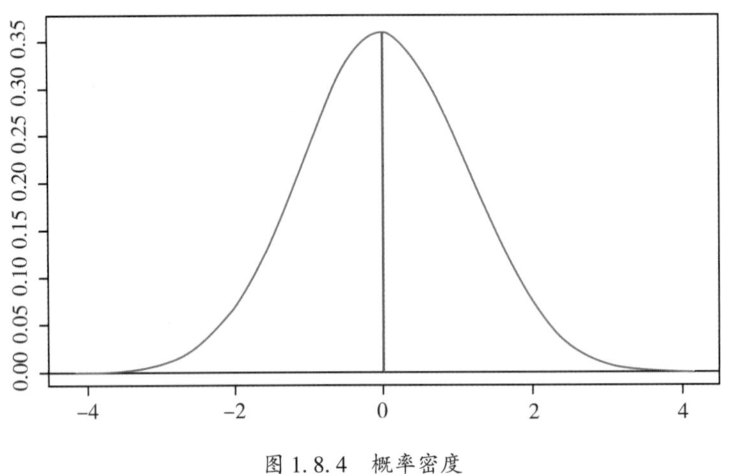

图 1.8.4 概率密度

最后一个概念是统计推断，统计推断是科学研究最重要的工具之一，那么空间中的统计推断和传统的统计推断有什么不同呢？传统的统计推断只用保证随机性就可以了；但是空间统计的抽样需要保证样本之间原始的空间相关性，保证抽样不破坏数据的空间异质性。同样一批数据，抽样以后分布的疏密不同，能否保持原有的空间关系，都是需要去考虑的。以上四个概念基本上被认为是空间统计学的基础理论。

我们回过头来看数据，在 1880 年，詹姆斯 · 加菲尔德（美国第 20 任总统）说过这样一句话："传统来说，历史学家们是以一种总体的方式来研究一个国家，他们只能给我们讲述帝王将相以及战争的历史。"小学、中学所有历史课本上面讲的都是各种战争以及伟大人物的故事，但关于人民本身——我们庞大社会中每个生命的成长、各种力量、细节等都是历史学家们讲述不出来的。而普查把我们的观点放大到民房、家庭、工厂等任何地方，使新的历史记录成为可能。也就是从 1880 年开始，美国认识到数据将成为我们新的历史记录方式。中国现能获得的最早成系统的真实数据是抗战时期的地质图，2015 年抗战胜利七十周年纪念时，国家地质调查局曾公布了一批资料，是日本的测绘学家在中国探矿的资料。现在我们经常在做研究时发现，中国的数据太难获取了，想找十年前的数据根本找不到，而美国可以找到一百年前的数据。中国真正开始收集数据是在 1995 年，因为 1995 年中国的互联网正式接入国际互联网，那时中国的信息高速公路刚刚开通，有大量的数据往服务器上发送。现在我们的数据会越来越全，国家已经把它提到一个战略性的高度。

4. 数据中心

接下来谈一谈数据中心。

全球最大的两个数据中心，第一个是 Facebook 北欧数据中心，它是民用型数据中心，这个数据中心在挪威的北极圈里，提供 5 亿人的数据存储。最为人称道的是它的环保，利用北极圈的冷气对服务器进行冷却，每年可以节约几百万的电费支出。

第二个叫做犹他数据中心，是军用型数据中心，其全称为"情报体系综合性国家计算机安全计划数据中心"，所属机构是 NSA(美国国家安全局)。美国"棱镜"计划的所有数据都存放在这个数据中心，可以提供 ZB 级存储。当时做了一个最简单的盘算，把这个数据中心所有硬盘全部垒起来，可以绕地球一圈，它每年运营所需能源需要中国三峡发电站年发电量的六十分之一。美国的科学家做过这样一个实验，他们在全球的任意一个节点上使用公用的账号邮箱发出任何一封匿名邮件(邮件包含一些关键词，比如"恐怖袭击"、"真主万岁")，那么他们的要求是：在 24 小时之内，这封信的信息出现在档案局的情报里。

5. 对大数据的理解

讲完了空间统计学和数据中心，因为我现在在 ESRI 中国主要做大数据，下面我来讲一讲业界很多政府官员以及我对大数据的认识和理解。

第一种认识，数据量大就是大数据，这是我去交流的时候很多政府官员提到的。

第二种认识是不用传统数据库就是大数据，很多单位认为大数据不能用传统数据库存储，用了数据库就不能叫大数据。

第三种认识是培训届的一个认识，大家只要在互联网上搜大数据培训，那么马上会跳出来两个名词——Hadoop 和 Spark，他们认为只要用了 Hadoop 和 Spark 就是大数据。

第四种认识是人多力量大——多台机器并行就是大数据，这也是中国人的传统思维。但实际上我跟一些写小说的朋友们做过一个很有趣的评估，说一个人若有两个人的综合素质，是不是只可能打得过两个人？其实不是的，一两百人他都可能打得过，为什么？如果我有你的两倍综合素质，也就说明你所有动作在我这里都是放慢二分之一的慢动作，我所有的力量都是你的两倍，你打在我身上跟挠痒痒一样，我打你一拳你就飞了，依此类推，如果一个人有普通人十倍的力量，用小说上的一句话来说就是可以一人屠军、一人灭国。

所以说，很多台机器并用就是大数据吗？在某些运算的时候，一百台机器一起也不如一台有两倍或者三倍性能的机器。大家知道，中国战斗机的发动机马力不够，有没有任何一个军方设计师会想装一个发动机马力不够，装四个发动机就可以了？我估计没有哪个设计师敢这样做。在现实生活中我经常碰到有些领导提出，我们的数据算一下要两个小时，我给你一百台机器，你能不能在两分钟之内给我算完，我回答是我从北京坐火车到武汉要四个小时，我给你买四张火车票你一个小时把我送到武汉去可以吗？

所以说，并行不是万能的。以上是我经常遇到的四个对大数据的错误认知。

实际上对大数据的认知已经超出了科技的范畴，更多地进入一个哲学层面，这里我列出了大数据的 11 个“V”(见图 1.8.5)。我们知道美国人写文章和中国人写八股文很像，中国人很喜欢写“一二三四”、“甲乙丙丁”，美国人喜欢写“3W4C5H”，这 11 个“V”也是美国人提出来的。实际上很早以前，密歇根州立大学有两位学者就提出了大数据与传统数据的不同，他们给出了十个不同的论断，分别是目标、位置、数据结构、数据准备、数据生命周期、衡量、可重复性、成本、内省、分析。我解释一下最简单的位置，这个位置指的是数据存放的位置。谈大数据大家都会谈到微博，大家知道发出的一条微博存放在哪台服务器的哪个硬盘里吗？不知道。按照传统方式，做数据分析必须要知道物理路径。现在要分析新浪微博的存放位置，我们用 URL，一个统一资源定位符就可以获取到数据。不需要知道数据的物理存放位置在什么地方，你只需要利用资源定位符就能获取到它，包括未来的数据中心的概念也是这样，我们通过各种资源定位符获取数据，而不需要知道它存在哪张盘的文件夹下。

图 1.8.5 大数据的 11 个“V”

6. 空间大数据

再来谈谈空间大数据，我认为空间大数据与互联网真正接壤的有两大类。第一类是遥感影像产品。第二类是 LBS 信息，LBS 就是基于位置的服务，它由三个维度组成：

- 空间数据，没有空间数据就不能称为基于位置的数据；

- 时间数据，如果没有时间数据，那么这个数据就成了“死”数据；
- 唯一 ID，还可以附加其他信息。

我们来看一下哪些是 LBS 信息。最狭义的 LBS 信息就是 GPS 记录信息，来源于各种行车记录仪、全站仪和智能手机等，这个数据会包含经纬度信息；第二类是公交车的刷卡记录，这份数据会告诉你在什么时间、坐的哪一趟车、从哪一站上车和哪一站下车，它没有明确定位站台在哪个位置，但是通过唯一 ID 给出了一个位置信息；第三类 LBS 信息是电商物流信息，这一类信息没有很详细的位置信息，但是不妨碍你对它的使用；接下来一类 LBS 信息是微博、微信、足迹相片，根据最新的统计，有三分之一以上数据能够通过算法识别出所在的地理位置。比如我现在在武大拍张相片发一条状态，没有加上定位，那么通过那张相片就能定位我在什么位置。当然，还包括很多其他类的信息，比如气象站点、智能电表、监控摄像头和设施传感器。任何一类我们用得上的信息都是一类 LBS 信息。关于智能电表，这个概念是从德国开始的，任何一种电器在接入电网时都会发送一个信号，这个信号被称为电流浪涌。就是断路瞬间接入开路的时候，电流会发出一个波动，这个电流浪涌称为电器的指纹，通过这个电流浪涌的波动就知道家里面在什么时候用了什么电器。如果突然发现电器插入电流发送的信号和平常不太一样，就会知道电器可能需要换了，这样还可以把这个信息卖给电商，然后电商会给你寄微波炉的优惠券，说你家的微波炉快要换了，等等。

我们再来看一下空间大数据有一些什么样的作用。这里有一个很简单的分析案例，图 1.8.6 中每一个蜂窝网格都代表一个手机信号基站提供的服务区，服务区内绿色的点是手机，由此可以知道某一区域为哪些手机提供信号服务。当收集到足够多的手机盗窃案，把数据做一个简单的交集就会发现，某一区域内发生盗窃案时某一个手机信号会重复再重复出现，那么持有这个手机的人可能就是犯罪嫌疑人。

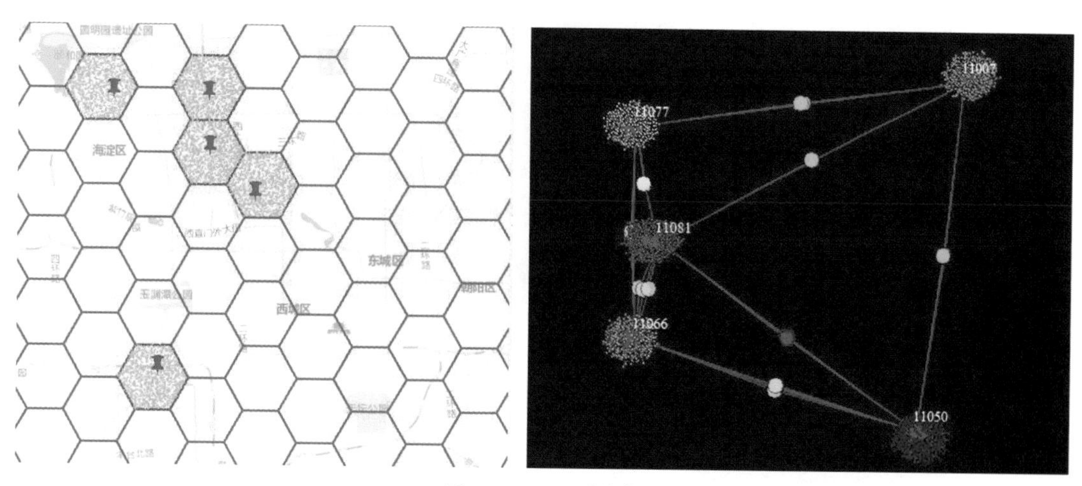

图 1.8.6 犯罪分析

接下来，我们看一下我在实际工作中遇到的一些与大数据建设有关的案例。这里有一幅北京市地图，在地图上画出一个多边形区域，想知道区域内有多少个居民区(见图1.8.7)；再比如做一个人文分析，想了解北京市的每条公交线路覆盖了多少居民区，也就是每个公交车站的一千米、两千米、三千米范围内有多少居民区。已知截至2015年，北京市共有1 200条公交线路，5 000余个公交站，那么需要画出15 000个圈来计算覆盖了多少个居民区(见图1.8.8)。

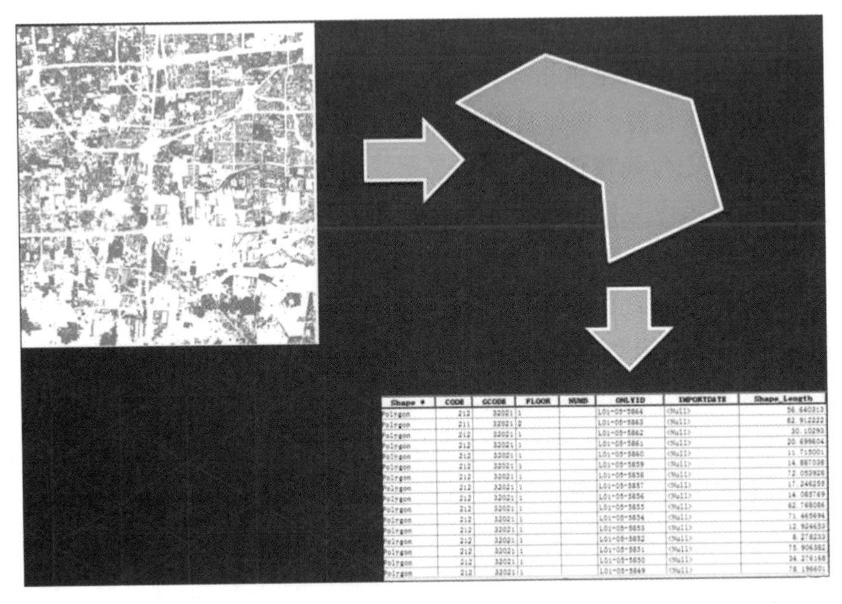

图1.8.7　求北京市某个区域的居民区个数

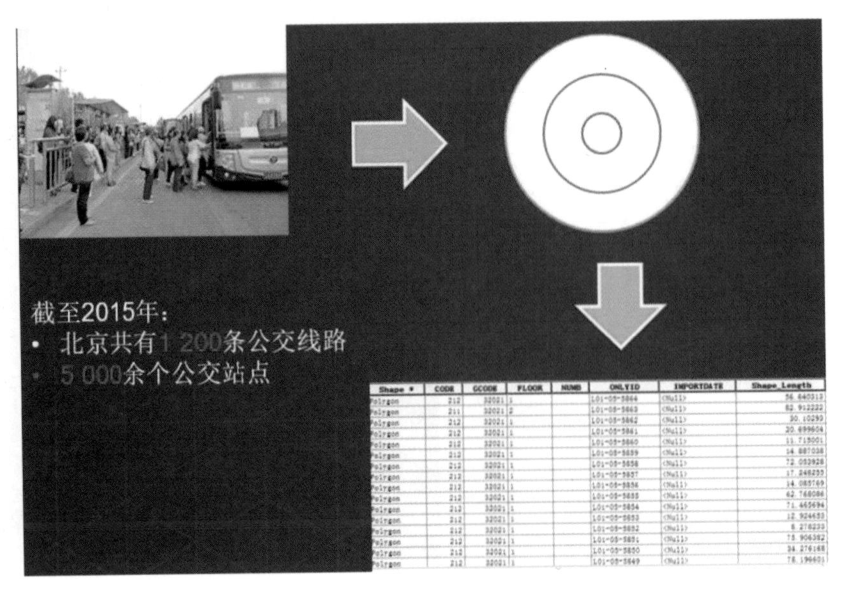

图1.8.8　求北京市公交路线覆盖的居民区

还有一个案例是，把北京市划分成186 000个格网，724 000个地块，现要计算每个网格和每个地块里有多少数据(见图1.8.9)。我们从算法上解答一下，地图等原始数据我们称为资源数据，所有的数据优化(索引、查询、分析)都是在此基础上进行的；第二类数据是条件数据，上面案例中的多边形区域、圆圈和划分的地块都是条件数据。如果我用500万条数据对70万个地类图斑进行计算，最后会算出一个非常庞大的矩阵，而且还是不可分的。

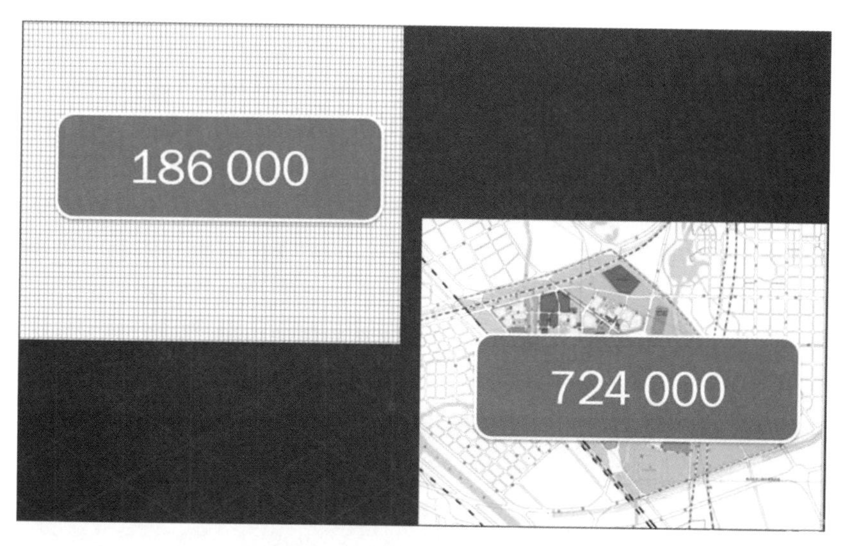

图1.8.9 求格网中的地块数据

那么，如何提高计算速度呢？现在主流的有三种解决方案，分别为矩阵运算、多线程运算和分布式运算。

- 矩阵运算是数值分析的标准形式，有严谨的数学模型支持，缺点是编程模型比较缺乏，我写了十几年的代码，真正用到矩阵运算的代码非常少。
- 多线程方法的优点是编程模型成熟，任何一种语言都可以用多线程，缺点是难度较大，限制较多，我在实际工作中也很少写多线程代码。
- 第三种分布式方法，优点是符合当前发展的主流趋势，缺点是被赋予的期望值太高，使用分布式运算要从核心的需求和真正解决的问题入手。

举个例子，把一批数据从北京运到广州，第一种方式是宽带，速度很快；第二种是快递，把数据刻成盘寄过去。如果数据只有100KB，发邮件就可以了；如果是100MB，可以先传到云盘上让对方下载；当数据到了100GB的时候，使用宽带也能传过去；但是如果是企业要搬迁，有100TB的数据甚至100PB的数据要迁移，这时候就要选择交通运输，所以亚马逊就能提供这样的服务，当你的数据量太大的时候，亚马逊会开着一辆卡车到你的公司，把你们公司的数据通过光缆导入到卡车上面的硬盘存储器中，然后开着卡车把这些数据运送到亚马逊的数据中心去。这个例子就说明任何一种解决方案都是有瓶颈的，到了一个顶点会发现用原始的方法解决反而会更快一点。

7. 面向数据组织的编程

这里给大家介绍一种最新的编程法——面向数据组织的编程法，毕业以后有立志于做数据科学家的同学可以关注一下这种编程方法。传统的编程法我们称之为面向功能的编程思想，实现功能之后，我们还需要对这个功能进行复用。面向功能的编程最讲究的就是算法优化，还要有高可维护性。这种编程思想有两个“一”，即“一劳永逸”与“一刀切”。“一劳永逸”是指写一次代码到处运行，“一刀切”是指用一种方法去解决所有问题。现在提出了面向数据的编程思想是因为在工作中有很多代码实际上只运行了一次，处理完要解决的问题这份代码的生命周期就结束了，这种新的编程思想是任务定制型的，最重要的是讲究结构的优化。Spark 的编程语言 Scala 就是面向数据组织的编程语言的典范，Scala 甚至可以重写 for 循环，可以根据自己的数据结构去定义自己的 for 循环以达到最优，它还具有高专用性，很多方法可能是用完一次就不再用它了，所以它具有能够快速编写脚本的能力。这种编程思想也有两个“一”，即“一个萝卜一个坑”和“百艺通不如一艺精”，不用维护所有地方都能跑的代码，写一次代码分析完这个任务就结束(见图 1.8.10)。这样代码就能写得很快，这也是为什么 Python 这种语言这么流行的原因。

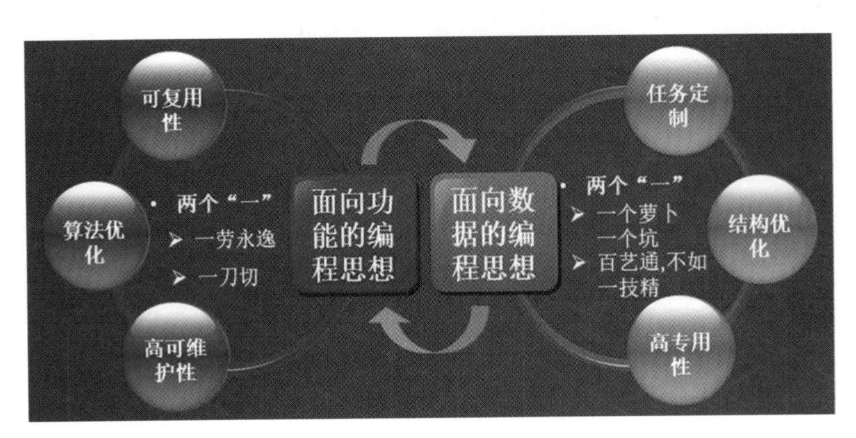

图 1.8.10　面向功能的编程思想和面向数据的编程思想

那么，针对前面的三个“简单”问题，我们的解决方案可以分为实时型和任务型。

- 实时型有简要条件、个性化、频率低、开销小等特点，这种方案用时少，实时需要就实时计算，比如第一个问题求多边形区域内的居民区数量就可以用实时型解决方案。
- 任务型方案有复合条件、定制型、重复性高、开销大等特点，比如对北京市的七十多万个地块做分析，这样一年才做一次的事情不要求在两分钟内做完，跑一个星期留下结果数据就行了。

还有一种数据叫中间数据，我通常称为速度与精度的平衡策略。这是北京市出租车的 GPS 记录点(见图 1.8.11)，基本信息有经纬度、车牌号等。现在要知道哪个地方点比较密，实际上你需要的不是每个点的实际意义，单独一个点是没有任何意义的，只有形成一个区间或者一条线才有意义。所以需要进行网格化提取，把北京市的关键道路提取出来，用网格化的方式把每个点放入格子中以形成热点区域。由此可以很明确地看见哪些地方车流比较多，也就是说我们只需要对数据进行定性分析。

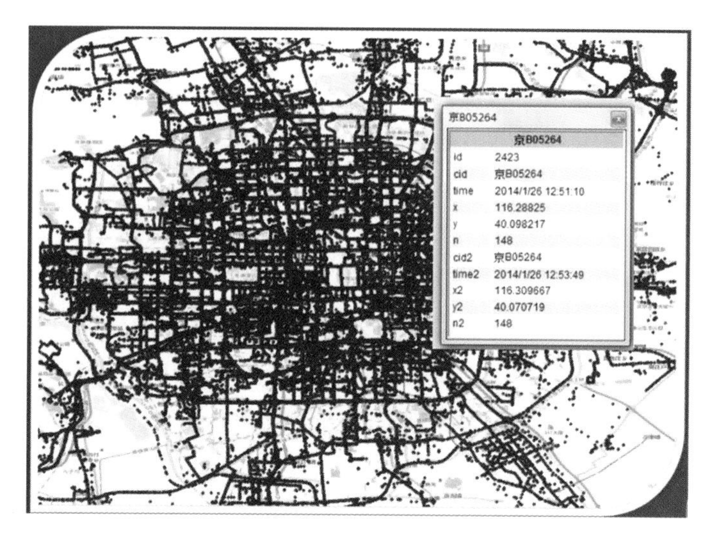

图 1.8.11 北京市出租车 GPS 记录

我们还可以把每个网格里数据的统计信息进行计算，图 1.8.12 是我们最新做的一个网格中间数据的应用，这是把宁夏农地面积比例分布图缩放到 500m 网格里面得到的结

图 1.8.12 宁夏农地面积比例分布示意图

果，可以看到沿着河流的区域的农地分布是很密集的。除了了解分布状况，还可提高统计效率和统计精确性，1 千米网格的精确度可以达到 99.17%。

8. 大数据的战略节点

接下来我们看一下对于大数据我们能做什么，这个话题企业界比较感兴趣，在学术界可能谈论得比较少。大数据战略目前有三个关键节点：系统轻载，应用闭环，数据变现。

第一个节点也是最重要的节点就是系统轻载。大家知道从一亿条数据中查询一条数据和从一万条数据中查询一条数据是截然不同的两种速率，庞大的历史数据已经严重影响了系统的效率、稳定性，极大地增加了维护成本和系统开销，特别是现在的电商和银行，而大部分收集到的历史数据，因为其存储的不可(快速、方便)访问性，变成了数据化石。

第二个节点应用闭环，是指对生产系统中在运行过程产生的数据进行收集和存储、提出分析建议和进行改进。当你访问网页时在每个页面停留的时间，鼠标的每一次点击都会被收集起来专门进行数据优化，你会发现通过这样一个优化，对你的推荐越来越精准。

最后一个环节就是数据变现。有人会问数据变现是不是传统的卖数据的概念，它不仅是一个传统的数据交易，它包括了行业数据交换、数据产品生产、专业分析服务、软件人才和价值，还有未来的社会价值，比如智慧高效的决策管理、行业智库、领域主导话语权。

9. 大数据中的故事与思考

最后，来谈一下大数据中的一些故事与思考。图 1.8.13 表示的是两个城市之间的“交流”，红色的是佛罗伦萨，蓝色的是比萨。意大利的几所大学的教授在征得车主同意的情况下，给大约有 5 万多辆家用轿车安装了匿名收集 GPS 信息的设备，历时两年得出了这样一张图。

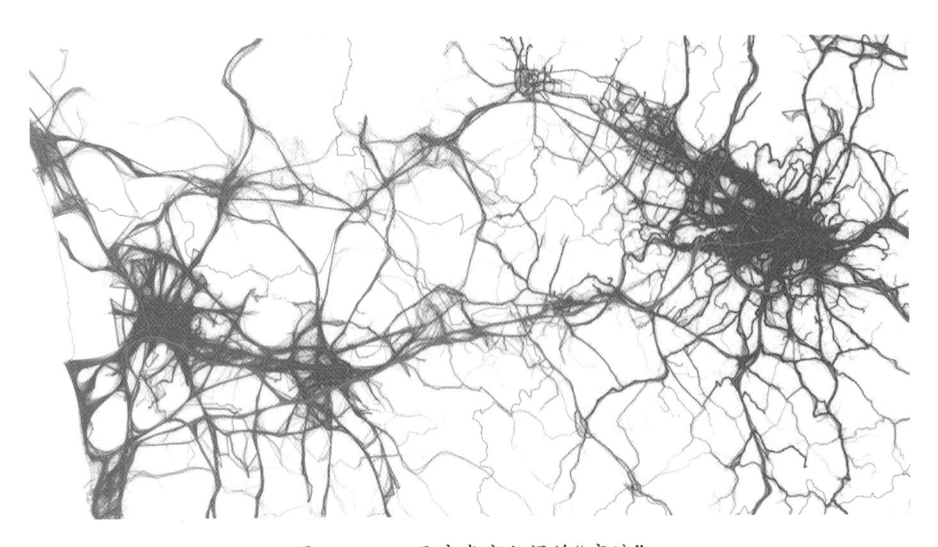

图 1.8.13　两座城市之间的“交流”

之后他们做了一个非常有意思的分析，他们发现不需要刻意去分类就把人类分成了两类，一类人称之为归客，他们基本上是两点一线或者三点一线地行动；第二类人的行径呈星型，他们比较喜欢旅游或者经常出差，这一类人称为探索者(见图 1.8.14)。分类的标准设在 100 千米，是指在一定范围内，一个人的行动轨迹如果超过了 100 千米，就更可能被归类为探索者。这篇论文最后写到的一句话是"人类最强大的传播，比如某种病毒感冒，如果你是一个归客，可能与你关系不大，但如果你是一个探索者，你可能会把病毒传播到更远的地方去"。

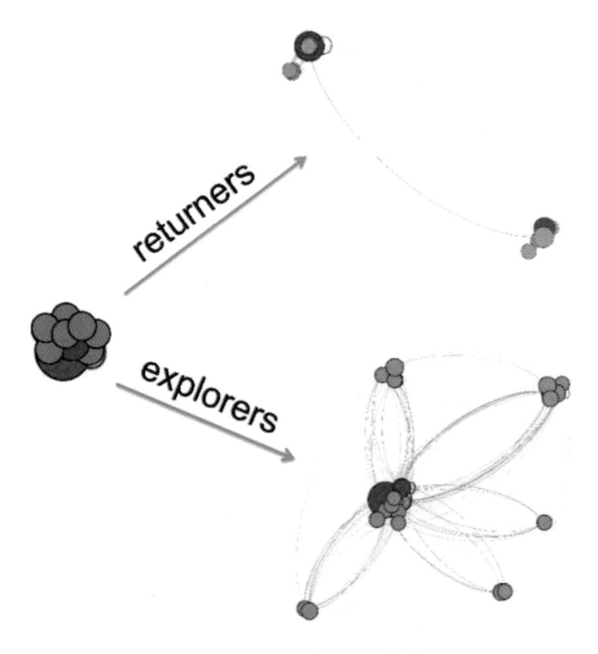

图 1.8.14 归客与探索者

最后，大数据分析也会存在陷阱，这里有一个例子可以说明。中央电视台曾经播报了东莞扫黄的新闻，然后百度就实时地推出了很强大的百度迁徙大数据——分析了哪些城市去往东莞的人数比较多，那么我们来看一下真实的数据对比。图 1.8.15(左)是 2 月 9 日央视报道之后，百度迁徙大数据显示的去往东莞的人口出行轨迹，图 1.8.15(右)是央视报道之前的轨迹，这两幅图几乎没有太大变化，这就是大数据给我们的陷阱。我们一眼看去，似乎能从大数据中找到很多规律，实际上它欺骗了你，在大数据背景下或者以亿为单位的数据量下面，几万甚至几十万的数据变化在分析时其实看不出来。

接下来也是一个例子，我们以前会用 PPT 来找投资，我们会自称采用了大数据，但实际上是把全部日志，不管有用没用都采集起来而且从来不删。

最后给大家的是一个小小的故事：图 1.8.16 是 NASA 当年把人类送上月球使用的计算机，其中最强大一台计算机的内存是 8KB，当年他们所使用的计算机内存全部加起来还比不上现在的一部手机的内存，而 NASA 的工程师和科学家们，就是用这样一台计算机，

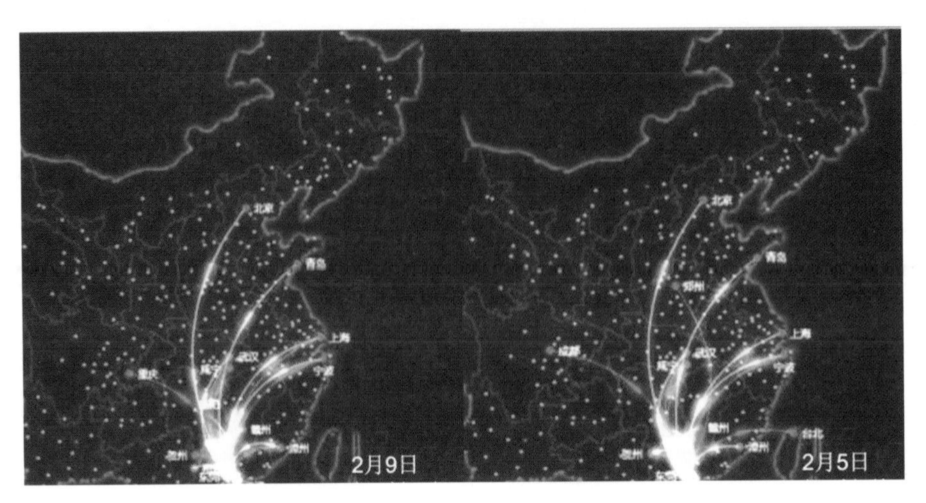

图 1.8.15　百度迁徙大数据(左)与央视报道数据(右)

把人类送上了月球——所以，最强大的不是设备或者大数据这门技术，更强大的其实是人类的智慧。

图 1.8.16　NASA 的计算机

【互动交流】

主持人：卢老师作为来自企业一线的技术人员，结合在产业实践中的故事、经验和教训，用幽默风趣的语言，由浅入深地与大家分享了其对空间大数据和空间数据挖掘的思考，从空间自相关、空间统计学、空间分析，到大数据认知、大数据的应用案例、大数据战略和大数据思考，给大家提供了一种新的认知角度。相信大家一定受到了不一样的启发。下面是提问环节，对刚才虾神的报告有什么疑问可提出来与老师进行交流。提问即可获得 GeoScience Café 出版的《我的科研故事(第二卷)》。

提问人一：今天您的讲座颠覆了我很多关于大数据的固执的认识，非常感谢您。请问ESRI 作为中国 GIS 企业界的领航者，在未来几年里有没有计划针对华中地区的高校科研者的培训？请问您的第二次讲座在什么时候？

卢萌：我不能代表 ESRI 说话，我只能代表我的部门。ESRI 对所有的高校或者学术界的支持相对来说是比较看重的，华中地区 ESRI 有一个分公司在武汉，他们对校园行这一块是比较关注的，大家有兴趣可以关注 ESRI 的公众账号，他们会举办校园行和区域用户大会。第二个是 ESRI 现在在应用这一块没有整体性的支持，但是大家如果有任何需要，或者想与 ESRI 内部人员进行交流，只要提出申请，99%的可能都会满足。关于第二次讲座的事情，只要大家有需要我都会尽量满足，这次很荣幸来到武汉大学，我的第一次直播就献给了武大，可能以后会开更多的课程讲坛等，或者也可以用直播类似的模式，欢迎大家都来支持我。

提问人二：虾神你好，我是武大的研究生。您在 CSDN 上的一些文章我看得比较多，基本都看过，您的文章写得非常好，很多空间分析的工具我在 ESRI 官网上看不懂就去看您的博客，发现您写得非常通俗易懂，请问您是怎么把这些工具理解得如此透彻并且写出很多精辟的话来的？

卢萌：我懂你的意思，你说得比较客气，其实想问的是，我怎么把这么严肃的话题写出比较逗的一种风格的。空间统计学科不太容易理解，特别是当你不是本专业的时候，一些基础名词可能都不懂，这就导致同学们入门困难。我在学习空间统计的时候，就想把大牛不屑于去写的，外行写不出来的东西完善起来，我的《白话空间统计》就是这么诞生的。我当不成将军没关系，我可以当一个优秀的新兵教官，让你们更快地成长起来，希望你们能超越我。

提问人三：虾神您好，现在许多数据很难实现共享，很多学校也建立了数据共享平台，但实际上根本就没有真正地共享，一些数据甚至缺失，我想问怎么挖掘大数据的来源呢？

卢萌：这是一个很大的问题，国家做共享数据平台已经做了很多年。据我所知，在奥运会之前，国家就已经在搭建共享数据平台，任何地方都有一个共享数据中心。但是大家都知道，一些单位将数据保密起来，各方实现共享有难度。数据获取难是因为大家只想获取数据而没有将数据返回给他们，实际上，我们目前合作，并不是只想获取你们的数据，而是以联合课题的形式，你们(单位)提供数据，获得研究成果，我们提供方法进行服务，这种合作方式就简单很多。ESRI 近几年和许多大学、机构做这种联合课题，我们只是参与者，许多单位是欢迎这种方式的。第二个就是数据缺失的问题，业界有很多方法去处理，大数据更多时候是以“量”的问题去弥补“质”的缺失，欢迎大家看看我的《戏说大数据》这篇文章，里面有进一步的解释。

提问人四：刚才虾神提到了用中间数据分析北京市 GPS 轨迹数据，请问中间数据是怎样获取的？

卢萌：我简单解释一下，中间数据指的是在保留一部分分析功能的情况下，把数据做一个统计抽稀。我举个简单的例子，要知道沿着武大一千米范围内到底有多少农田，简单的做法就是在武大的边界线处做一个一千米的缓冲区，如果是问沿着京九线周边一千米有多少农田，这时再做缓冲区计算可能会花费几个小时。如果我将中国划分成几个网格，每个网格有一定(农田的)密度，问题就变成看看京九线通过哪些网格。实际上就是把统计数据归类到一个更大的范围里去，用牺牲精度的方法来提升速度。

提问人五：我有一个问题，空间自相关用莫兰指数算出来如果大于零的话，只能得到它们是自相关的和高度聚集的这两点，之后不知道该怎么用这个指数了。

卢萌：我们对数据的研究，通常会有一个数据分布模式，分布模式有三类——聚集、离散、随机，莫兰指数并不是你分析的最终结果，它分析的是数据探索的过程。有很多同学有相似的问题：莫兰指数是 0.03，请问代表什么？我经常举的例子是我旁边一所学校有 500 名学生，请问这个学校的人多还是人少？没人能回答，因为绝对的数值在统计学里是没有任何意义的。统计学的意义来源于两个字——对比，所以莫兰指数也是这样，数值是没有意义的，莫兰指数的变化趋势才有意义。我建议大家如果做空间统计的话，更多地通过对比的方式来研究。我通常说的一句话是，做空间统计，有样本就要用，没有样本，制造样本也要用，制造样本有多种方式，包括更换一个空间权重矩阵也是一种模式。

提问人六：我想问一下现在爬取文本或者图片，需要人工的解译和判断，最后做出来的结果会有一些空缺，这种数据我们要怎么处理？

卢萌：研究结果可信的问题是做空间统计的人喜欢说的一个问题。在不同的分析尺度里面，按照最新的统计学研究结果，在不同的情况下零假设是不一样的。比如舆情分析，现在指向的实际上是机器学习里面的文本聚类，不同的聚类方式，得分的计算方法不一样，从学术上来说，是否可信一般通过交叉验证法来实现。我把一份数据切掉五分之一，这五分之一作为验证数据，五分之四作为训练样本，然后不断地切分数据并验证，最终得到最佳结果。

（主持人：龚婧；录音稿整理：龚婧；校对：史祎琳，赵雨慧，韦安娜）

1.9 基于卫星遥感的区域及全球尺度土地覆盖监测

（宋晓鹏）

摘要：土地覆盖和土地利用制图是卫星遥感的重要应用领域。马里兰大学作为全球30m分辨率土地覆盖制图研究的重要推动者，成功生产并发布了多套全球土地覆盖及变化产品。在GeoScience Café第141期学术交流活动中，宋晓鹏博士介绍了美国马里兰大学开展全球土地覆盖制图研究及产品生产的最新进展。

【报告现场】

主持人：各位老师、各位同学，大家下午好！我是本次活动的主持人。非常感谢大家参加GeoScience Café第141期的活动！在本期活动中，我们非常荣幸地邀请到了宋晓鹏博士，为我们分享基于卫星遥感的区域及全球尺度土地覆盖监测。

宋晓鹏博士现在在美国马里兰大学地理科学系做博士后。他于2008年获得北京大学地理信息系统和经济学双学位，2015年获马里兰大学博士学位。宋博士的主要研究方向为全球土地利用和土地覆盖变化，包括森林砍伐、农田扩张和城市扩张等主题。下面让我们以最热烈的掌声有请宋晓鹏博士！

宋晓鹏：大家好，我叫宋晓鹏。感谢实验室李熙老师的邀请，我非常荣幸能和大家一起探讨全球土地覆盖变化的工作。今天的报告，有我个人的一些研究成果，也有马里兰大学两个实验室，即两个团队的工作。这两个实验室分别是Global Land Analysis & Discovery（GLAD）Lab和Global Land Cover Facility（GLCF），这两个实验室的Director PI（Principal Investigator）一个是Matthew Hansen，另一个是John Townshend，如果大家做过土地覆盖和土地利用，有可能见过这两个名字。有很多工作都是这两位教授多年工作的一个延续。

1. 基于遥感数据全球土地覆盖监测展望

先问大家一个简单的问题：为什么要做全球的土地覆盖和土地利用的监测？我们可以想到很多理由，其中一个很重要的理由就是：每年二氧化碳的排放，有两个主要来源，一个是化石燃料的燃烧，另一个就是土地利用的变化。每年土地利用变化引起的碳排放量估计占据总体碳排放的15%~20%，这个比例大于交通部门，包括飞机、汽车等引起的碳排放总和，是第二大来源。全球碳计划（Globe Carbon Project）每年做的二氧化碳排放的更新数据显示，化石燃料燃烧导致的二氧化碳排放量一直都在上升，而土地利用导致的二氧化碳排放量基本变化不大，一直占据着较为稳定的百分点。然而考虑它们的不确定性时，化石燃料的不确定性相对较小；但是对土地利用来说，它的不确定性至少占 50%，其中土地利用变化最大的就是森林砍伐。所以，从降低碳循环不确定性的角度来考虑，我们需要更精确而定量地来观测土地利用的变化。

下面先简单回顾一下全球土地覆盖监测以及全球土地覆盖制图的历史。

基于卫星遥感数据制作的全球第一个土地覆盖变化产品是 DeFries 和 Townshend 在 1994 年基于 AVHRR 数据制作的图。这幅二十多年前的图的空间分辨率大约是 1°×1°，全球只有 360×180 个像元。四年之后即 1998 年，同样是用 AVHRR 的数据制作的土地覆盖监测图，分辨率扩展到了 8km。到了 2000 年之后，我们可以做到 1km 分辨率的数据，这时候有 AVHRR 产品、美国的 MODIS 产品，以及欧空局(ESA)的 Global Land Cover 2000 这些产品的出现。到了 2003 年，这些数据被更新到了 500m 的分辨率。2006 年时，ESA 制作了 300m 分辨率的全球土地覆盖变化产品。2013 年，即几年之前，我们把全球的制图做到了 30m 分辨率。这一提升主要是基于 Landsat 数据的免费公开，马里兰大学两个课题组(前面提到的)各做了全球森林制图。在中国，清华大学宫鹏教授和国家基础地理信息中心的陈军教授也各做了十几个类的全球土地覆盖产品。

发展到现在，我们对地观测的能力还在进一步提高。如图 1.9.1 所示为美国 NASA 在轨运行的卫星观测项目。方框中重点强调了一些对地观测的卫星(如对地、海洋、大气观测等)，类似的还有欧空局的 Sentinel 卫星，以及中国的卫星等。

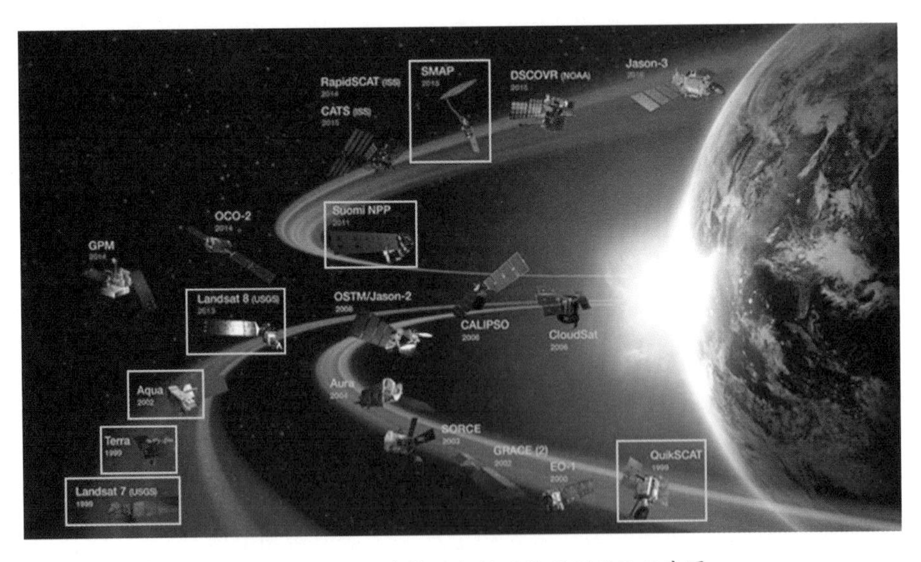

图 1.9.1　NASA 在轨运行的卫星观测项目示意图

其中，我想给大家介绍的是 Landsat 卫星计划，它是全球第一个对地观测卫星计划，从 1972 年的 Landsat1，接着是 Landsat2、Landsat3……Landsat6 是一个失败的卫星计划，后来有了 Landsat7，现在我们已经可以获取到 Landsat7 和 Landsat8 的数据了。Landsat9 目前已经开始规划了，大概在2020年开始发射。而且这个数据会持续提供到2050年左右，因此接下来我们会一直有中分辨率的数据可以用，而且这些数据都是免费的。Landsat数据库的数据也在随着卫星的发射而逐年递增，其中Landsat5最为成功，它运行了29年。目前，USGS Landsat Archive共有超过700万幅Landsat像片可以用。

我在外面开会时，听到很多人讲：对于做遥感的人来说，现在是一个非常令人兴奋的时代。我也认为我们已经进入了一个新的遥感时代，具体有以下几个表现：

①自从2008年Landsat数据公开以后，我们有了免费的Landsat数据可以用，同时也有了标准化、自动化的数据预处理过程，因此我们可以做业务性的土地覆盖监测。它与传统的实验性的土地覆盖监测的区别在于：实验性的土地覆盖监测及制图过程，做完就结束了，而业务性的土地覆盖监测可以进行逐年或逐季度的更新，并不断地持续下去。

②粗分辨率的全球数据(比如1°×1°)中的一个像元对区域性土地利用分析没有太大意义，而现在我们做出了全球中高分辨率的产品，这些全球产品在区域尺度都是相关的。

③30m逐渐变成新的“粗”分辨率：就像我们把AVHRR和MODIS数据丢在身后一样，再往前展望十年，我们可能也会把30m的数据丢在身后，做10m或5m的全球制图。

④在方法上，出现了越来越多的基于每个像素的合成以及时间序列的分析。以前对Landsat数据多是单幅影像的处理，把一幅影像作为一个数据处理的单位。现在我们可以对每个像元进行分析，不必受限于影像范围。

⑤另外，光学、雷达和激光雷达的数据融合也是一个研究方向。

⑥Google Earth Engine、Amazon Web Service等云平台以及开源软件的出现，使得大面积制图的科研任务变得更加容易。这也使得对于制图的精度验证或者质量控制变得更为重要。

⑦怎样融合基于遥感的土地覆盖及变化估算和基于传统统计调查数据的估算，也是一个新的研究方向。

⑧还有一些商业小卫星也展现了新的数据获取能力，如Terra Bella、Planet、UrtheCast等，但是其大面积的应用还没有完全开展。一些基于手机的Crowdsourcing数据也没有完全和遥感数据结合起来。

以上是我认为目前做遥感比较前沿的一些方向。

2. 森林监测

在遥感新时代的背景下，我想主要谈几点我们在马里兰大学做的不同尺度、不同主题的土地覆盖观测项目以及一些研究成果。

首先是全球尺度的森林监测。这是我们在2008年启动的一个项目，由NASA资助，用Landsat 30m分辨率的数据制作全球森林覆盖和变化图。我们针对1975年、1990年、2000年和2005年的数据对每一年分别做了一幅图，然后对每个间隔做变化检测。对结果感兴趣的同学可以去查阅John Townshend于2012年发表在IJDE(*International Journal of Digital Earth*,《国际数字地球学报》)上的一篇综述性文章。到现在为止，这个项目继续扩充到了 2010 年和 2015 年。在这个项目中，森林变化图是一个高级产品，中间产品如地表反射率产品，也是对外免费公开的。我们用了 NASA Jeff Masek 团队的 LEDAPS 系统，对所有的 Landsat 数据做了大气纠正，使得数据的一致性得到了很大的提高。

写科研论文，首先要做的是文献综述。同样，做数据、做产品时，也需要做一个数据综述。将全球已有的土地覆盖产品进行对比，可以看出这些产品在全球哪些地方的一致性较高，哪些地方的一致性较低。结果显示，一般在热带雨林区域，不同土地覆盖产品的结果较为一致，精度较高；而在一些寒带的森林、干旱半干旱区域（如墨西哥、哥伦比亚）等地，不同产品的结果很不一致。

造成这些产品结果不一致的原因有很多，例如数据的空间分辨率比较低。这也是为什么要制造更高空间分辨率的探测器的一个原因。此外，还有一个很重要、也容易被忽略的原因，就是不同产品对森林的定义是不一样的。全球大概有超过 800 个对森林的定义，这些不同的定义都基于一个共同的概念——树。树木比较多时我们可以将其定义为森林。但是从定量化角度来看，树的密度多大才可以定义为森林呢？所以与其做森林的变化监测，我们为什么不做树的变化监测呢？这样关于森林定义的不一致性问题就可以得到解决。

回到森林的定义，比较流行的有两个。一个是联合国的定义：树覆盖密度大于 10% 的区域被定义为森林；另一个是 IGBP（International Geosphere-biosphere Programme）的定义：树覆盖密度大于 30%的区域被定义为森林。树覆盖密度介于 10%和 30%之间的地区占据了全球 13%的陆地面积。如果把它们换算成生物量碳的话，大约是 452 亿吨。现在也有一些国际的环境政策要给碳收费，如果把这个量再换成经济容量的话，大约是 1 万亿美元。这篇文章去年发表在 *Nature Climate Change* 上。

我们基于树覆盖做了 2000—2010 年的森林变化图，从中可以看到阿拉斯加的森林大火、英属哥伦比亚的砍伐和病虫害、巴西的森林砍伐、美国和巴西东南部的林业用地等。再往前延伸到 1990 年，我们做了 1990 年的森林覆盖图以及 1990—2000 年的变化图。我们发现很多在 2000 年以后有森林变化的区域在 1990 年也有森林变化，它们在空间上是很相关的，只是森林变化的速率有区别。继续往前延伸，利用了多年的数据，主要是 MSS 数据，我们还做了 20 世纪 70 年代（1975 年左右）125m 分辨率的森林制图。

在 Landsat 收费时，只能挑选最好的景用。之前这些项目都是每 5 年、10 年，甚至 15 年做一幅图。现在可以把所有的数据都拿过来，挑最好的像素。Matthew Hansen 团队把所有的 Landsat 数据集中到一起，把云、水等质量差的像素都剔除后，对留下的最好的像素进行合成。最后的结果及数据可以在这个网站上（http：//www. glad. umd. edu/）下载使用。

通过对 Landsat 数据合成，Hansen 教授的团队做出了全球的森林变化图，从中可以看出人类对于森林利用的模式，还可以得到精确到年的森林覆盖损失图。例如，巴西限制森林砍伐的政策越来越紧，其森林砍伐集中在 2005 年以前；而印度尼西亚和刚果盆地近年来森林砍伐呈现增长趋势。利用相关数据，我们团队还做了其他土地利用类型的变化，如草本植物、灌木以及苔藓的变化监测。

此外，我们还研发了一个新的接近实时的森林变化监测系统（http：//

glad. geog. umd. edu/alarm/openlayers. html)。由于每个星期都可以获得 Landsat 的影像，通过对影像进行实时处理，该系统可以实时发现森林变化，因此对非法木材砍伐的监控非常有效，特别是在亚马孙森林等人烟较少的地方。该系统还可以实时监测到秘鲁由于金矿开采而造成的森林破坏等。关于这个系统的文章发表在了 ERL 杂志(Hansen, et al., *Environmental Research Letters*, 2016)上，相关数据可以从网站上实时下载。

3. 农业监测

以上是我们关于森林监测的一些成果。我们还做了国家尺度上的农业监测。如果考虑所有土地覆盖类型，森林是相对容易的一个，因为其光谱和物候相对简单，对数据要求比较低。然而农业监测却对数据的要求较高。这是为什么呢？原来，相比于森林，常见的农作物如玉米、大豆、棉花等，生长季较短，一块土地可以在很短的一段时间内完成从裸土到植被100%覆盖的转变。作物收获以后，又变成了裸土。如果在这个作物生长的关键“时间窗口”内没有数据的话，研究就无法进行。因此，对于农作物的相关研究，时间序列是极其重要的。我们团队利用质量评估和全自动处理后的整个生长季的 Landsat 数据，用决策树进行监督分类，做了一些关于大豆的监测，研究区域包括艾奥瓦州、密西西比河，以及美国东海岸等区域。

对于农业来说，遥感的监测只是其中的一部分，同样重要的还有采集实地数据。因为对于作物分类来说，即使是高分辨率的影像，还是无法从影像上直接看出作物的类型，需要我们实地去验证。我们针对研究区域的 70 个样方(主要采样单位)，按照大豆产量将其分为四个层次(High, Medium, Low, Very low soybean stratum)，对每个层次分别抽样，然后到每一块样本田中去观察作物类型。我们十几个人，租了四辆车，花了两个星期时间完成了这项工作。这些实地采集数据有两个作用：一个是估计大豆种植面积，另一个是对所做的图进行验证。

从面积估算的角度看，我们有 70 个样方，在每个样方中随机选了 10 个 Landsat 像素，这样就有了 700 个像素，而且所有抽样点都是严格地基于统计方法选出来的。利用采集到的数据对作物面积进行估计，大约是341 000km^2。这一结果跟美国农业部发布的作物种植面积只有 1%~2%的差别。美国农业部每年夏季发布计划种植的大豆面积的调查数据，在第二年元月份会发布收获的大豆种植面积。而我们的实验在 9 月份就可以得到面积，而且非常精确。利用实地采集的数据对我们所做的图的进行验证显示，总体精度达到 86%±2%。后来美国农业部发布了每年的作物分类的图，我们做了州一级以及 20km×20km 样方水平的比较，R^2(决定系数)在州一级上大约为 0.96，RMSE(均方根差)大概是1 000km^2 (Song, et al., *Remote Sensing of Environment*(RSE), 2017)。

我们利用美国较完善的农业数据作为参考，发展了这样一套农业监测方法，目前在做的工作是将这套方法推广到南美洲。为什么是南美洲呢？原来，大豆是一种重要的油料和饲料作物，美国、巴西、阿根廷、中国是主要的大豆产区。其中中国的大豆种植呈逐年下降趋势，而南美的种植呈逐年上升趋势。主要原因是随着中国经济水平、人民生活水平的提高，人们吃肉更多，导致了对饲料需求的提高，而饲料很多是由大豆制成的。从南美进口大豆比在中国生产要更加便宜，因为南美洲大豆种植主要借助大型机械化操作。南美是世界上主要的大豆产区，而南美没有像美国这样好的作物分类图和相关统计数据，这就需要我们进一步的研究。

4. 城市监测

介绍完森林和农业的监测，报告的下一部分介绍区域尺度的城市化进程监测。从政策的角度来看，土地利用变化以及林业的相关政策可以是跨国的。比如，挪威政府会资助关于印度尼西亚的森林砍伐研究。为什么呢？因为印度尼西亚的森林砍伐会导致二氧化碳含量增加、全球升温，北极就会受到影响，因此挪威会非常关心。而对于农业来说，各个国家都有自己的农业政策，并影响到土地利用。对于城市来说，每个城市都有自己的规划部门，影响到土地利用，所以对于城市的土地利用观测也很重要。

为此我们做了一个关于不透水层变化检测的项目(Song，et al.，2016，RSE)。实验研究区域选在华盛顿-巴尔的摩大都市区。通过对1985—2010年30m不透水层的变化监测图，可以看出巴尔的摩和华盛顿这两个城市在这些年的变化情况。

在做变化检测时，我们有一些方法上的改进。传统意义上做变化检测，是判断一个像素变化与否。现在有了时间序列后，我们可以做得更多。例如，可以对变化的属性做一些定性或定量的分析。以不透水层为例，我们可以用时间序列的影像得到：不透水层增加了百分之多少、哪一年变化的、变化用了多久等三个属性，再将这些属性综合分析，得出一些变化规律。

以我们做的一个实验结果为例，利用30m分辨率的Landsat影像来计算每一个像素不透水层增加的百分比。从计算结果可以看到，市中心增加的百分比比较高，而一些小社区的房子增加的百分比就比较低。按照这个思路，可以得出不同的城市用地密度。而从另外两个结果则可以得出某个大楼什么时候开始建造、建造用了多长时间等，这些信息都可以清晰地展现在结果图中。目前我们已将实验从华盛顿推广到了马里兰州。

5. 遥感数据政策的讨论

介绍了相关的科研项目和数据产品，接下来我想和大家讨论一下遥感数据的政策问题。

我们大部分的工作都是基于免费的Landsat数据而开展的。现在大家用Landsat数据都是从USGS网站上下载，而在Landsat提供免费的数据之前，大家可能知道GLCF。该实验室一直在提供免费的Landsat数据，不需要任何注册，且网站接口稳定。同时，GLCF还是一个数据共享平台，大家可以在上面共享自己的数据。如果你贡献了数据，我们可以提供引用。我们通过统计用户IP，发现用户来自世界各地，也包括一些商业部门。

该实验室从1997年就开始分发数据，我们统计了数据的下载量。在Landsat数据免费公开以前，大概在2004—2005年，每个月网站数据的下载量超过了USGS年均卖出的数据总量。2011 年，我们实验室又处理了 Landsat 全球地表反射率产品，数据下载量出现了另一个高峰期。在 USGS 决定在 2008 年将 Landsat 数据公开以后，其数据下载量呈指数级增长。在公开两三年之后，USGS 也针对 Landsat 数据公开产生的经济效益做了一个调查。结果表明，这些免费数据产生的经济效益远远超过 Landsat 建造、发射以及管理的费用，而且前十个最主要用户都是公共事业部门。

很快，跟随着 USGS 的脚步，欧空局也对 Sentinel 卫星数据进行了共享。如果我们同时拿到 Sentinel 和 Landsat 数据的话，那么中分辨率数据的重返周期能提高到 2~3 天，这对于农业监测是相当有利的。

同样，我们中国目前也有很多共享数据。为此我做了一些调查和统计，所有的数据都来自中国资源卫星应用中心。我们有很多卫星系列，如“高分”、环境卫星、中国“资源”卫星等。“高分”一号卫星在中国、东亚和美国有覆盖。“高分”二号有更多的覆盖，包括中国、美国、南美、印度、非洲等地区。

我希望通过这个讨论，能让我们大家形成一个认识，即数据公开是一项正确的事情，其益处包括对公众经济效益的提升。不同于商业数据，卫星的发射资金来源于国家财政，而财政来源于人民。数据公开是一项取之于民，用之于民的政策。所以，我希望大家如果能有机会对数据公开做出一些推动的话，也能够尽一份力。我乐观地认为，展望未来 10 年或者 20 年，就像美国和欧洲数据公开一样，中国的公众数据也会公开。所以与其做一个享受政策的人，不如去做一个推动政策的人。

以上是我的报告，如果大家有问题可以再讨论，谢谢大家！

【互动交流】

主持人：非常感谢宋晓鹏博士为我们带来的非常精彩的报告。宋博士从全球尺度森林覆盖监测、国家尺度的农业监测、区域尺度的城市化监测三个角度，为大家介绍了基于卫星遥感的区域及全球尺度土地覆盖监测。宋博士还介绍了卫星数据政策、使用情况，并对中国卫星数据在国际学术界的共享提出了希望。最后宋博士给出了相关数据、产品的获取方式。

听完宋博士的报告，大家可能还意犹未尽，下面就把时间交给大家，进入提问环节。前 5 名提问者将会获得收录了 GeoScience Café 前 100 期中精心挑选的二十多篇精彩报告的《我的科研故事（第二卷）》一书，大家现在可以举手提问。

提问人一：宋博士，您好！在您的报告中有关农业监测部分提到了大豆监测，您提到了每个像素中大豆的百分比，城市监测中也提到了不透水层增加的百分比，我想请问一下这种亚像元的监测您是怎么做到的呢？

宋晓鹏：其实是采取了一些传统的监督分类的思路：一方面我们有遥感数据，另一方面有训练样本，而训练样本是有百分比的。就不透水层而言，训练样本是从更高分辨率，比如说 1m、5m 的分辨率数据得到的，然后把它合成到 30m，形成了一个百分比。机器学习模型中我们使用回归树比较多，所以最后制作的图也是一个百分比的概念。农业研究中我们使用的是决策树。

提问人二：宋博士，您好！Landsat 每一景覆盖 185km×185km，如果做全球范围的制图或者地物提取，在影像的搜集、下载、预处理、后期处理等过程中，有没有较好的方法处理这么大的数据量？

宋晓鹏：你说得对，这本身就是一个大数据量的处理过程，但它又有别于常规的“Big Data”的概念，因为我们的数据结构比较简单。由于数据量非常大，因此需要很强的计算设备的支持，比如说利用很多 CPU、服务器。我们进行制图最早是在 Google 云平台上计算的，后来我们实验室也逐渐购买了计算设备来支持我们的计算。

提问人三：宋博士，您好，感谢您的精彩报告，我有两个问题：一个是您提到 Landsat 9 将在 2020 年发射，能否请您介绍一下它相对于前几代 Landsat 数据有什么改进？第二个就是您做全球土地覆盖时有没有做过将光学数据和非光学数据结合起来进行验证的实验，比如说雷达数据？

宋晓鹏：对 Landsat 9 的设计目前还在讨论中，最终有没有技术上的改进还不清楚。第二个问题，我本人没有做过大面积的雷达数据处理。雷达数据可以不受云、雨的影响，穿透性强，做湿地有很大优势。但是它的重访周期很长，噪音也很多，预处理较为复杂。光学影像相对于 SAR 影像更为直观，人工处理也较为容易。目前雷达数据做精确的变化监测没有像光学数据这样广泛、大面积的应用。数据融合是目前一个很好的方向，不仅是进行对比验证，也可以相互辅助做出更加精确的产品。

提问人四：宋博士，您好！我想请问一下在全球这么大的尺度下，您是如何消除影像数据噪音的？云量如何达到统一的效果？还是不同区域的影像先处理好，然后进行影像拼接？

宋晓鹏：我们做的是每个像素的处理，每个像素在每个时间点获得的数据都会做质量评估，包括是否受云、水、阴影的影响，在哪个生长季阶段等。以农业为例，如果是冬天的数据，又有雪，就排除掉。如果受云或阴影的影响，也排除掉。经过这么多年的积累，我们有一套自动算法可以进行质量评估。

提问人五：宋博士，您好，感谢您的分享！我想问一下关于森林内部的物种分类识别，您有没有做过相关的研究？如果有的话，您的思路是怎样的？

宋晓鹏：我个人目前没有做过物种种类的分类。但是我可以想到的是，你使用的信息不要局限于光学波段。多光谱信息更多的是反映生物化学信息，你可能还要用到雷达数据获得结构信息，以及激光雷达获得高度信息等辅助进行物种分类。

提问人六：您好，宋博士！我想问在美国大豆田地是块状的，但中国玉米和大豆是混合的，您会怎么区分？

宋晓鹏：对于制图来说，作物交叉、混合像元永远是一个困难问题。即使是大田块在边界处也会有作物交叉。在中国，对土地利用的方式更多样，还有套种、上面是果树下面是另一种作物等。可能需要更高分辨率的数据才能解决。对于面积估算来说，倒是可以降低这个问题的影响。我们在每一个 20km×20km 的区块都选了 10 个像素，每个像素有 30m×30m。在实地观测的时候，可以估算每个像素中大豆的百分比，用于面积估计。这样的话，你的结果是最接近真实的无偏结果，可以在一定程度上解决混合像元的问题。

提问人七：宋博士，您好！在您的报告中有关农业的监测中选了 70 个样本点，而且分为 4 个等级(High，Medium，Low，Very low soybean stratum)。我想请问一下样本点选取原则以及等级划分的依据是什么？

宋晓鹏：对农业来说，时间域很关键。从空间的角度来看的话，我们的样本点所在的面积包括了全美 99. 9%的大豆种植区域，这一信息是从美国农业部 Cropland data layer 每年发布的非常精细的作物分类信息得到的。基于此，我们使用了 2009—2014 年的所有大豆种植面积，发现只需要处理小半个美国的数据，就可以包括全美 99. 9%的大豆种植面积。类似的，做玉米研究需要考虑更大面积，做冬小麦的话只需要处理几个州的数据，做棉花的话处理美国南部的数据就可以了。农业有这样一个特点，如果是精细化地做某种作物时，不需要处理所有区域的数据，只要处理主要分布区域就可以了。

提问人八：您根据不同的森林定义估算森林覆盖的差别，还可以估算生物碳储量。请问是如何由森林覆盖换算成生物量的？是不是还需要用 LiDAR 的高度信息进行换算？

宋晓鹏：我们利用了已有的生物量密度的产品图，这里面用到了 Saatchi 等人提出的生物量密度产品。

提问人八：请问这个产品分辨率多少？

宋晓鹏：1km。

主持人：由于时间的关系，今天的提问环节到此结束。非常感谢宋晓鹏博士今天给我们带来如此精彩的报告，让我们再一次以热烈的掌声感谢宋晓鹏博士。

同时感谢各位同学参加我们 GeoScience Café 的活动，欢迎大家继续关注我们 GeoScience Café 后续的活动，谢谢。

(主持人：许殊；录音稿整理：马宏亮；校对：罗毅、孙嘉)

1.10 Skills of Writing a Scientific Paper

(Jeffrey T. Freymueller)

Abstract: A critical aspect of the scientific process is the reporting of new results in scientific journals in order to disseminate that information to the larger community of scientists. Most journals accept papers for publication only after a peer review by a small group who work in the same field and who recommend publishing the paper. In this session, Prof. Jeffrey Freymueller talks about how to write an excellent paper and how to make your paper easily accepted by journals.

Host:

Good afternoon. Welcome to attend English GeoScience Café session 19. The topic of today is Skills of Writing a Scientific Paper. The speaker is Professor Jeffrey T. Freymueller served as a member of the US National Committee from 2003-2016. He was the chair of the committee and the USA representative to the IUGG Council from 2011-2016. In addition, he was a US National Representative to the International Association of Geodesy (IAG). He is also currently the Director of the Earth Scope National Office.

His research interests include the kinematics and dynamics of active processes that shape the Earth. He has made great contributions to the realm of geodesy and geophysics and has published more than 110 scientific papers that were issued in the journals *Nature*, *Science*, *Journal of Geophysical Research*, *Geophysical Research Letters*, and so on. Professor Freymueller is a Fellow of the American Geophysical Union (AGU). Let us welcome him!

Jeffrey T. Freymueller: Thank you. When we talk about writing a scientific paper, the hardest part is to organize it. Some of the organization issues are true for any language. We will talk specifically about English and discuss common problems that Chinese-speaking writers have in English. Then, we try to go through about the basic rules of English — maybe this is just a reminder for you of what you already know, but think about it anyway. Finally, I will try to give you some ways to improve your written English(Fig. 1).

Fig. 1 Professor Jeffrey T. Freymueller is giving the Talk of EGSC Session. 19

1. Importance of Communication

Communicating what you do in science is very important. If you do not write up your work and publish it, nobody will ever know what you did. You have to communicate your work; what you have done. After you finished your work, it is your responsibility to write about your work clearly.

We really focus on all the kinds of scientific and technique writing, and it is a little bit different if you write a story. We do not worry about the same things people writing fiction, poetry, or something else focuses on. What is the most important in scientific and technical writing is organization, writing clearly, and so on.

Writing clearly requires.

1) Proper organization of the material.

2) Logical ordering of text and figures because you are discussing work you have done and making an argument about what you found.

3) Correct use of language.

The lastpoint is important. I have read many papers from people whose native language was not English. Some of them are excellent, and some of them are impossible to read. Using language correctly is very important, because you must make the job of understanding easy for your readers.

Today, our topics cover three parts, the general structure about scientific paper, outlining, basic organization and methods that put your thoughts in order, and writing clearly in English, thus avoiding common mistakes.

It is good to look at some texts and try to look at them critically and spot errors. It is important to be able to spot errors, because at least when you can do that, you know it it is not right and you may ask someone specifically for help.

2. General Structure

A typical paper organized by several sections, as follows in figure 2. I have read many papers that mixed sections up. Those writers did not fully organize all their thoughts. They started writing, and then they realized that they needed to say something so they just said it at the point that they realized that. But maybe that is not the best place for that information. It is very easy to do that, but it is an easy way to make a paper hard to read.

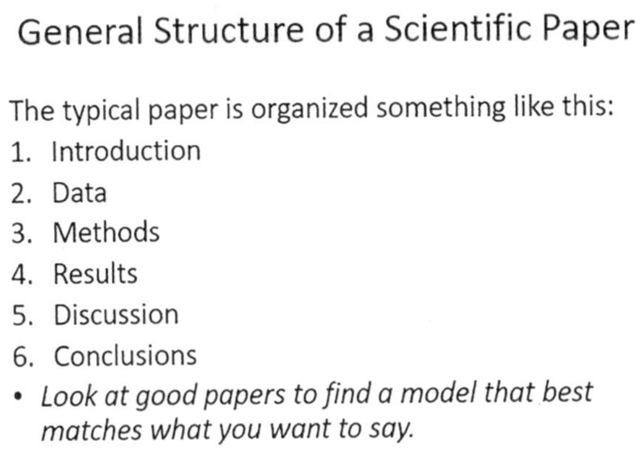

General Structure of a Scientific Paper

The typical paper is organized something like this:

1. Introduction
2. Data
3. Methods
4. Results
5. Discussion
6. Conclusions

- *Look at good papers to find a model that best matches what you want to say.*

Fig. 2 The General Structure of a Scientific Paper

The first step is making order. You decide how to put structure of your paper, and whether you need an introduction, regional background or not. You may have a slightly different organization structure, and the structure tells you what parts you are with and keep following that. The key point is finding a couple of good papers with good basic structure, which are easy to read and understand. Starting out with learning good structure will lead to a good start.

3. Outlining

Let us look at how we make sure that we put things into right place in our text. A very effective way is called making an OUTLINE. The idea of an outline is to start out by making a well ordered list of the topics that we are going to discuss. We might have some subtopics, and then we might have some points we want to make under each sub-topic. The outline is hierarchical, with multiple levels(Fig. 3).

The first level might be the sections to the paper, and then you go down and detail more and more. You make the whole frame first, and then you can see if everything fits in place, and adjust it before you start writing the actual text.

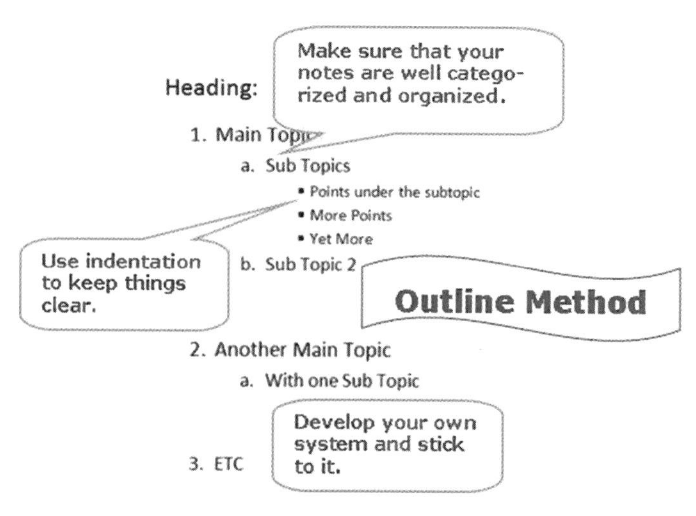

Fig. 3 The Format of Outline

The outline puts your ideas into a structure that starts with main topics, and then lists subtopics. There are rules you should follow when making an outline:

1) You should make outline to your paper including references to the figures, before you start writing anything.

2) You should detail the outline's whole structure first, once the outline is complete, then you can start writing parts of your paper, and following the outline will keep everything in order.

When you make the outline and follow it, all the parts will be in the right place. Sometimes, when you start writing, you find that some parts of your outline need to be modified, and you can make small changes in the outline.

It is also good to develop your own system and stick to it. There are some good examples. So finding a header, you just make an indentation or something, or you can just use indentation with numbers, letters, and so on.

Here is an example (Fig. 4). This was a case where we developed our outline before we actually got down to writing the paper.

Here, I know where I am going to need to first reference each figure. This helps make sure that you reference the figures in the right order, and helps you determine if your presentation of the results is complete. It is very easy to do while you develop the whole paper, and look through it to the end.

Having the outline and figures makes the text much easier to write, because each piece you are going to write is a self-defined piece when you ultimately write down. If you do not have that structure, then trying to keep whole thing in your head is much harder. When you are writing one

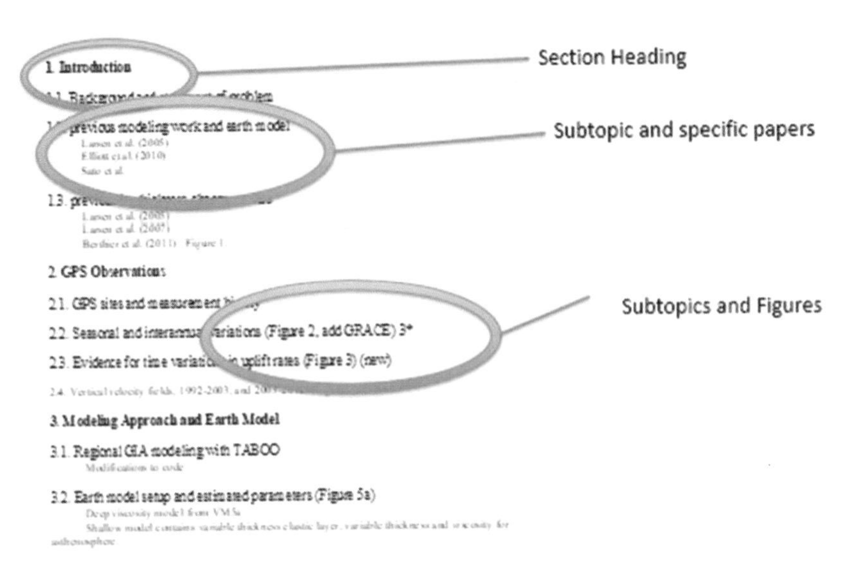

Fig. 4 Example of Outline

piece at a time, you only need to be thinking about that one piece and the outline tells you where to put it in then structure. Doing this the right way then it makes much easier.

If you do computerprogramming, you might see that the outlining is like a top-down program design. You start at top place, forming the big structure, and then you work narrowly, smaller and smaller. How many outline levels when you build it? You can have section, subsection, topics or points within subsections, as deep as you want to go. The lowest level that makes sense is the paragraph level. When I write a section, I outline the subsections, writing out the topic sentence of each paragraph that is going to be in that sub-section. Once I am satisfied with that, I go back and add the rest of each paragraph. The first sentence in each paragraph is what that paragraph is about, the topic sentence. Once I know what that is going to be, then each paragraph has a structure and it is easier to fill in the details and also to know when to stop.

Some problems can be avoided though outlining. The most common problem in papers is that material is put in the wrong place, for example, the presentation of data mostly being in the data section, but some parts being added in the modeling section. It is also easy to end up with figures that are referenced out of order, especially if you write without planning. Outlining will help you minimize that. The other thing is making decisions early on about the structure of your text that makes it easier to write each part. The solution is to give yourself the structure, and then you can focus on each topic one by one and know whether you put them in the right time of structure.

4. Paragraph Structure

As the slide shows, a paragraph is a group of sentences about one main idea. It can be short or long, depending on the topic or idea. A paragraph generally should be no longer than about 10 lines, because if it gets too long it gets hard to read. This is just a guideline for readability, not a strict rule. But if you have some topic that needs a lot of discussion, then it will be easier to read if you break it up into smaller, logical pieces and have one paragraph for each of these pieces. Once you feel happy that you have nothing further to say on that particular subject, you should move on to a new paragraph.

It is very common that inexperienced writers will write a paragraph that somewhere halfway through completely switches to a very different topic and just continue. A paragraph should be about one topic. The idea behind writing in paragraphs is that paragraphs make the text much easier to read.

Breaking the text up into pieces makes it easier to read. Each paragraph should have one topic and should start with a topic sentence, which makes it clear. Do not suddenly change to another topic in the middle of a paragraph.

Hereare some examples, and I just want to highlight the first sentence of each paragraph (Fig. 5).

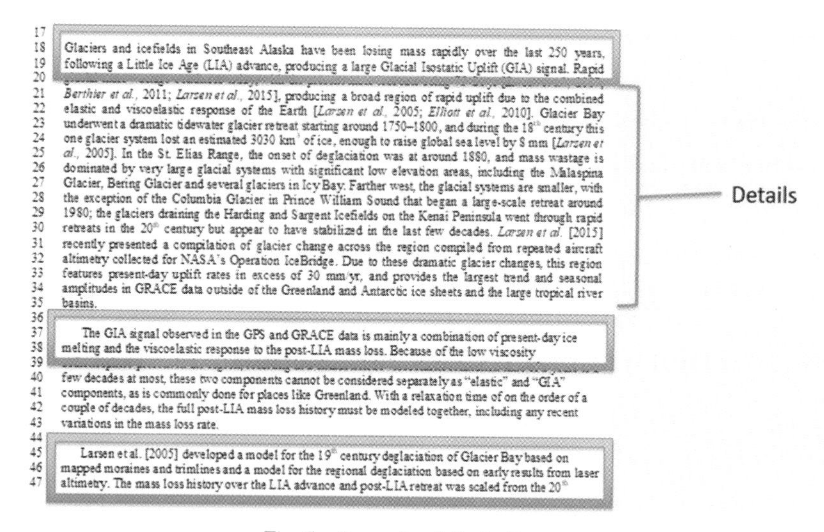

Glaciers and icefields in Southeast Alaska have been losing mass rapidly over the last 250 years, following a Little Ice Age (LIA) advance, producing a large Glacial Isostatic Uplift (GIA) signal. Rapid

Berthier et al., 2011; *Larsen et al.*, 2015], producing a broad region of rapid uplift due to the combined elastic and viscoelastic response of the Earth [*Larsen et al.*, 2005; *Elliott et al.*, 2010]. Glacier Bay underwent a dramatic tidewater glacier retreat starting around 1750–1800, and during the 18th century this one glacier system lost an estimated 3030 km³ of ice, enough to raise global sea level by 8 mm [*Larsen et al.*, 2005]. In the St. Elias Range, the onset of deglaciation was at around 1880, and mass wastage is dominated by very large glacial systems with significant low elevation areas, including the Malaspina Glacier, Bering Glacier and several glaciers in Icy Bay. Farther west, the glacial systems are smaller, with the exception of the Columbia Glacier in Prince William Sound that began a large-scale retreat around 1980; the glaciers draining the Harding and Sargent Icefields on the Kenai Peninsula went through rapid retreats in the 20th century but appear to have stabilized in the last few decades. *Larsen et al.* [2015] recently presented a compilation of glacier change across the region compiled from repeated aircraft altimetry collected for NASA's Operation IceBridge. Due to these dramatic glacier changes, this region features present-day uplift rates in excess of 30 mm/yr, and provides the largest trend and seasonal amplitudes in GRACE data outside of the Greenland and Antarctic ice sheets and the large tropical river basins.

The GIA signal observed in the GPS and GRACE data is mainly a combination of present-day ice melting and the viscoelastic response to the post-LIA mass loss. Because of the low viscosity

few decades at most, these two components cannot be considered separately as "elastic" and "GIA" components, as is commonly done for places like Greenland. With a relaxation time of on the order of a couple of decades, the full post-LIA mass loss history must be modeled together, including any recent variations in the mass loss rate.

Larsen et al. [2005] developed a model for the 19th century deglaciation of Glacier Bay based on mapped moraines and trimlines and a model for the regional deglaciation based on early results from laser altimetry. The mass loss history over the LIA advance and post-LIA retreat was scaled from the 20th

Fig. 5 Example of Topic Sentence

Those topic sentences are the three main points on this page, and the rest of the text are details. If somebody just read the first sentence in every paragraph in your paper they should have a basic idea of what you did and what the paper is about. That is your goal with the topic sentences.

5. Writing Clearly in English

Anybody who wants to write in another language has the challenge that the languages do not match one to one, and there are some concepts that are described by one word in one language but require a sentence of explanation in other languages. Here are some points you need to take care with, when writing English:

5.1 Types of Words:

The main types of words are as follows:

✧ A noun is a person, place, thing, idea, etc.

✧ A verb is an action.

✧ An adjective is a modifier for a noun.

✧ Anadverb is a modifier for a verb; usually it ends in —ly.

✧ A preposition is a word to define a relationship, such as *of*, *for*, *with*, etc. Therefore, you can find the relationship between some things through the preposition.

The main type of words is very basic. What is important is that you know how to identify what type of word it is. If you use the wrong type of words, you will destroy the sentence structure and make it hard to understand.

5.2 Do Not Mix Up Adjectives and Adverbs

Here is an example of a wrong sentence:

He is a quickly runner.

It mixes the modifier, because quickly should be modifying a verb, but here the writer tries to use it to modify a noun and it does not make sense. The correct sentence is:

He runs quickly or *He is a quick runner.*

For some reason, this specific error is very common for Chinesespeakers; maybe there are some differences with the writer's mother language.

5.3 Learn to Identify the Main Words and Modifiers

The example is:

I saw the small gray cat.

The words *small* and *gray* are modifiers. They just give more description of the cat. However, the core meaning is preserved if the modifiers are removed, and "*I saw the cat*" is the core. The modifier does not change the sentence structure.

Here is another sentence: *I saw two cats.* One thing is singular, and two or more are plural. Most of the time, the plural form has an additional —s, however some words in English are irregular, such as *goose-geese*.

5.4 Subject and Verb

Xiaohui gave the small gray cat. some food.

In this sentence, the subject is the person or thing doing the action — Xiaohui. The ***verb*** is the action taken — ***gave***.

We need to take care of the following regulations:

✧ The verb form must match the subject.

The verb form also indicates the time of the action: past, present, future.

✧ Verb forms in English aresometimes irregular (especially for some very common words). Most European languages have even more different verb forms than English does.

The verb indicates that who is taking the action and when do they take the action. The verb will have different forms in each different case. When we use the wrong verb tense in a sentence, our readers may have to stop and think about what the meaning is supposed to be, because the sentence as written does not make sense.

5.5 Verb Tenses

Verb tense refers to the time of an action; here are some examples:

✧ Present: *Hypothesis A states that ...*

It means that the statement ismade right now.

✧ Simple Past: *Hypothesis A was proposed by Dr. Xu.*

It refers to theHypothesis was *proposed* in the past.

✧ Future: *My hypothesis will be tested by a future study.*

It means the hypothesishas not been tested yet, and it will be done in the future.

Verb tense is importantand mixing them causes difficulty in understanding. When writing scientific papers, people have different habits; whether to write in present tense or past tense. I like using past tense to describe things that were done, but you are making an argument or result, it refers to right now, that is present tense.

5.6 Actions in the Past

There aremany different ways to describe actions happened in the past in English and other languages. Here are some examples:

✧ *The hypothesis was proposed by Dr. Xu.*

It tells you that some time ago Dr. Xu proposed the *hypothesis*. The action (proposing) is actually completed, he is not proposing right now; he already proposed it.

✧ *I have been testing this hypothesis*

That means I have spent some time already testing it and actually I still am testing it. When I say I have been doing something; it does not imply an ending, it is still going on. Therefore, the action starts in the past and continues to the present.

✧ *Dr. Xu's hypothesis had been favored by some authors in the* 1990s, *but was rejected by Dr.*

Wang's 2003 *study*.

Whatdoes it tell you when you see something like this? "*had been favored*" means it was favored at one time in the past but not any more; it is no longer favored. On the other hand, "*have been testing*" means, I started to do it in the past and I am continuing it.

In fact, if youwant to keep it simple, you can describe it by using the past tense. It is okay for most typical writing, more complicated in scientific writing.

5.7 Active Voice VS Passive Voice

Passive voice is a sort of a thing that as happened without saying who did it.

✧ *Active voice*: *I made a mistake.*

✧ *Passive voice*: *Mistakes were made.*

When using active voice, the subject performs the action noted by the main verb. When using the passive voice, the subject is acted upon by another agent or an unknown something.

Active voice is always stronger and more direct than passive voice and it often better for scientific writing. Sometimes in the scientific papers, people are accustomed to say "I did this" "I did "that" or "we did this" "we did that". Some people do not like that style, but I think it is actually fine. It is a kind of description to say what you and your professor have done, which is much stronger and easier to understand.

You should try to develop something with simple and direct sentence and make it easy to understand. You had better to favor clear and direct language in scientific papers, and do not use novel or obscure words.

5.8 "The" and "A"

The words "the" and "a"are called articles. Most of the time, *a* noun will be preceded by an article unless the noun is a name.

✧ "The" is used while talking about a specific case (noun).

✧ "A/An" is used for a non-specific case.

For instance,

I saw the small gray cat.

Let's suppose that we are talking about a "cat", and *the cat* is the specific one we have been talking about. The I would say *the cat*. If I say, *I saw a grey cat*, that might be the cat we were talking about or maybe some other cat. Using *a* in this case actually creates ambiguity in the interpretation.

Whether to use"the/a" depends on the context. For example, if we are talking about a specific cat that I make a statement about, I will use "the", because I am confirming that we are talking the same cat. When I say *a small cat*, then that could be about some other cat.

If you do not know if the noun is the specific one or already has been discussed in the previous sentence, the non-specific case usually going to be "a/an". If the first letter of the next word is vowel, then you should use "an" instead of "a".

When you are talking about a specific thing in scientific paper, but you say "*a*" *something*, it actually can add ambiguity to your content. The readers may wonder that whether you are suddenly talking about a different thing. Remember that readers will assume that you chose your words intentionally, not by accident or by guessing!

We will finish up with few examples of errors. Figure 6 is shown below, I took the photo this morning in my hotel. Hotels in China are a wonderful place to find bad English translations. It is almost like they use a bad English translation service.

Fig. 6 Errors in the hotel

For this particular case, I suspect that the Chinese text says much more than the English text does. Now, can somebody tell me here what the error in English is? "*bathed*" is past tense. If you say please do something, you need to use present tense.

Ok here is another one:

The hydrological loading deformations have significance annual cycle.

Tell me; where is the error here? In this sentence, *significance and deformations* are incorrect. Therefore, the correct sentence is "*The hydrological loading deformation has a significant annual cycle.*"

Q&A

Q: I found some difficulties when working with tables and figures. How to explain the table in a better way and how can the figure make sense?

A: It is hard to say in journal, because sometimes a figure shows very specific things that refer to something deeper. It is needed, because you have to demonstrate the point. I guess that when you have a figure, the figure caption should have the basic information to inform the reader what is in it. When you reference a figure, if you describe what does the data mean and show, the reader will understand more easily. But put those details in the main text, not in the figure caption. The figure and table caption should just define what the lines, symbols, colors, etc in the figure mean so that the reader can read the figure.

To sum up, put the figure in the right place, do not just put the table or figure here, tell readers what does the data show and what is the key point.

Q：Could you talk about the conclusions? I found that many people have the problem that mixed discussion and conclusion up.

A：There is a simple rule I can give you about conclusion：I do not like put the discussion and conclusion in one section, and the conclusion should be separate. Do not mention anything for the first time in the conclusion, except for future plans. The Conclusion is just the summary of your key points；it is like a long version of the abstract.

（主持人：Uqba Ramzn；摄影：徐蕾，Ahmed Mohamed Reda；录音稿整理：Md Fazlul Karim Prince，李雪柔；录音稿校对：刘山洪，Stephen C. McClure）

2 精英分享：GeoScience Café 经典报告

编者按： 刘劭在《人物志》中写道："夫草之精秀者为英，兽之特群者为雄。"在珞珈山下，也有着这样一群"草之精秀者"。他们敢为人先，不断地追求着科学的真理、探索着科学的奥秘。在过去的一年中，我们有幸邀请到 13 位硕、博士研究生作客 GeoScience Café。他们把创新的思想融于科研中，把分享的精神纳入报告里。让我们静静地聆听这些精英们的故事，从他们的故事中吸取营养，更好地理解这个美丽的科学世界吧！

2.1 GNSS-R的相关研究进展

（班 伟）

摘要：近年来，利用全球导航卫星系统(GNSS)的L波段微波信号源作为外辐射源的反射信号遥感技术(GNSS-R)的兴起和发展格外引人注目。本期，班伟博士结合他在科研中的实际经验向大家介绍了GNSS-R技术的原理，分析了目前存在的问题，并在最后作出了展望。

【报告现场】

1. GNSS-R简介

所谓的GNSS-R，现在有两个解释，一个就是GNSS遥感(remote)，另外一个就是反射(reflection)。GNSS遥感利用GNSS导航信号的反射信号，根据它的物理特性对地面物理参数进行反演，这与传统双基雷达的一些特性基本相似。所谓的反射，就是通常意义上讲到的GNSS遥感，利用GNSS的反射信号来做一些相关的研究。所以，我们今天主要集中讲这个“reflection”。

(1)GNSS遥感的基本优势

第一，它不需要单独的发射机。因为有卫星在天上，可以直接接收卫星信号，成本低、功耗小，只要有一个能够接收反射信号的卫星天线和一个接收机就可以了。

第二，时空分辨率高。传统遥感卫星的分辨率约为几百千米，而GNSS-R单站的话能达到10~40m，如果是星载遥感卫星的话，能够达到几十千米。

第三，信号源丰富。我们知道，包括GPS、GLONASS、“北斗”等所有的卫星加起来有100多颗，能够覆盖全球。此外，它的重访率也特别高，不同于传统遥感一天只能见到一次甚至是四五天才能见到一次，这是一个很独特的优势，也是传统遥感和GNSS-R的区别。

目前为止，GNSS主要应用在海洋遥感方面。关于它在海洋遥感的时空分辨率，海况变化状态通常是两个小时，而我们的遥感卫星重访时间短至3天长达27天，所以很难对海洋状态进行实时的监测。利用GNSS-R技术，一颗遥感卫星接触到10颗GNSS卫星反射信号，全球的重访时间，即同一个地点前后两次接收到信号的时间间隔为两个小时，而且分辨率能够达到米级。

(2)GNSS-R的分类

目前GNSS-R主要分为两类，一类是干涉测量。所谓的干涉测量就是在接收信号的时候，同时接收到实测信号和反射信号，两个信号是分不开的，需要一起进行处理。另外一类是反射测量，也是传统意义上的 GNSS-R，这种需要两个天线，一个天线向上，接收直射信号，另一个天线向下，接收反射信号，在处理的时候，两种信号可以完全地分开处理。所以，这一类就是传统意义上的 GNSS-R。后者还可以接着分为两种，第一种是 iGNSS-R(与直射信号相关)，即在做信号处理的时候得到能量分布，反射信号与直射信号直接进行相关；而另外一种就是反射信号直接和接收机产生的伪随机码进行自相关，这就是 cGNSS-R(与自身码相关)。

1)区别

传统的即干涉测量类的 GNSS-IR，倾向于地基。它有一个优势，即利用传统的大地接收机就可以去做这方面的研究。而 GNSS-R 需要安装一个独立的反射信号天线，这样就不能使用传统的接收机，此外由于反射信号较弱，接收天线的增益及其他性能都会专门针对反射信号进行调整。GNSS-R 一般使用的初始数据可以形成一个 DDM(Delay-Doppler-Map)图，所谓 DDM 图，是指直射信号与反射信号进行相关的时候形成的一个时延和多普勒延迟的功率图。这是 GNSS 遥感的基础原始数据，也是我们在做处理分析数据的时候最基础的数据。

2)GNSS-R 的反射类型

所谓反射类型是光学里面的一个基本概念。对一个反射面得去判断它是镜面反射，还是表面反射导致一些散射，同时产生一些散射性质也需要去判断反射面的性质。对于光滑的表面，比如均匀分布的土壤，就可以视作镜面反射，其大部分的反射信号来自于第一菲涅尔反射区域，这是光学的一些基本性质，准则就是瑞利准则。对于海洋，只要稍微有点风浪，就会产生浪花，从而导致海洋表面会比较粗糙，这时大部分的信号来自于这个镜面反射点，举例来说，第一菲涅尔区之内，在这个地方(图 2. 1. 1①处)就是镜面反射点，这个地方大部分信号来自于它。而另外一部分区域，就是大于第一菲涅尔区的区域，被称为闪烁区，这个区域也会有一部分信号被接收机接收。可见，在处理的时候，如果选择的反射情况不对，很有可能影响结果。所以，在处理任何问题的时候，先需要判断到底是哪一种反射情况，这是一个最基本的判断。

(3)GNSS-R 的基本原理

首先，这是接收器接收的一个信号，不论是 cGNSS-R 还是 iGNSS-R，都需要对其做一个相关的积分。

如图 2. 1. 2 所示，经过计算可以得到不同的成分，一部分是相关单元，这是指随着时间的变化，对本地伪随机码做一个延时，逐渐延时直到这个本地伪随机码的相关性达到最大值的时候，解出延时、频率、多普勒的影响。所以，不管是固定频率还是固定多普勒，都要做一个相应的延时。后面红色部分是散射的几何部分，与海面粗糙度有关，这是用来反演海面的一些特征。

根据前面对信号做的功率短时间内的累积，可以得到信号分布。式(1)中这一部分(红色部分)是 Woodward 模糊函数，里面有两个未知参数，一个是时间延迟，另一个是多

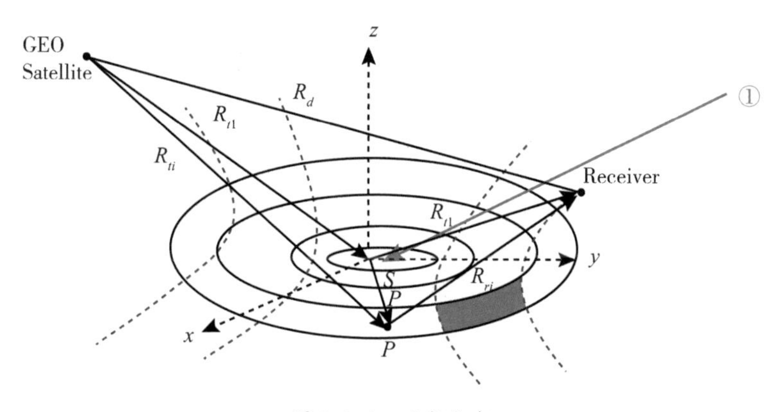

图 2.1.1 反射分布

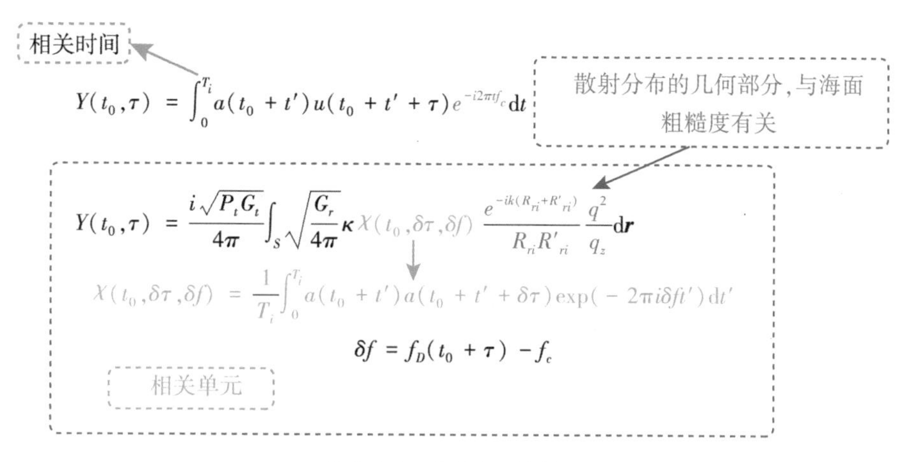

图 2.1.2 GNSS-R 的原理

普勒延迟(频率延迟)，这两个参数是分不开的。所以，我在处理的时候，首先固定时间延迟，然后做频率延迟变化，频率延迟做完后，再取另外一个时间延迟，再改变频率延迟，最后形成一个横轴为时间延迟，纵轴为多普勒延迟的图，图上每一个单元代表相应的时间延迟和频率延迟的能量。而这一部分(式(1)中蓝框部分)，处理的时候采用了基尔霍夫近似，反映了海洋的一些特性，后面我会介绍一下。以上就是 DDM，它是我们做所有数据处理的基础。

$$\langle | Y(\tau, f) |^2 \rangle = \frac{\lambda^2 T_i^2}{(4\pi)^3} P_t G_t \iint \frac{| R |^2 D^2(\boldsymbol{\rho}) \chi^2(t_0, \delta\tau) \sigma_0(\boldsymbol{\rho})}{R_{ri}^2 R'^2_{ri}} \mathrm{d}^2\boldsymbol{\rho} \tag{1}$$

图 2.1.3 是数据流程的过程，这里(①处)得到一个反射信号，这里(②处)是本地伪随机码，对反射信号与伪随机码进行相关。相关时，每取一个时间延迟，在时间延迟的基础上对多普勒延迟进行改变，然后再取另外一个时间延迟，再在这个基础上对多普勒延迟进行改变，最后形成了 DDM 图(图 2.1.4)。横坐标是时间延迟，纵坐标是多普勒延迟，

彩色代表能量大小。这是一个二维的延迟。如果对这个 DDM 图在多普勒延迟的频率方向上截取一个剖面，就得到了一维的延迟，横坐标是时间延迟的 DDM 图(图 2.1.5)。以上是 GNSS 反射里面的一些基本常识原理。

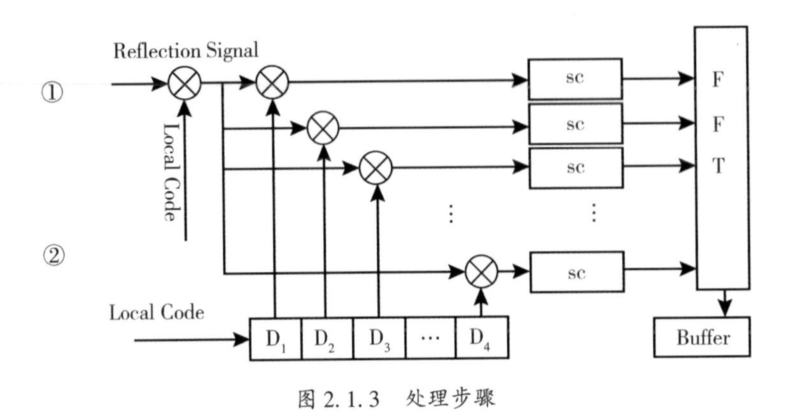

图 2.1.3　处理步骤

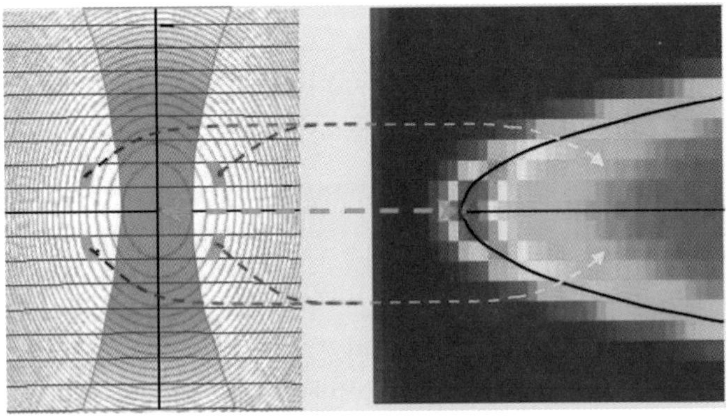

图 2.1.4　二维 DDM

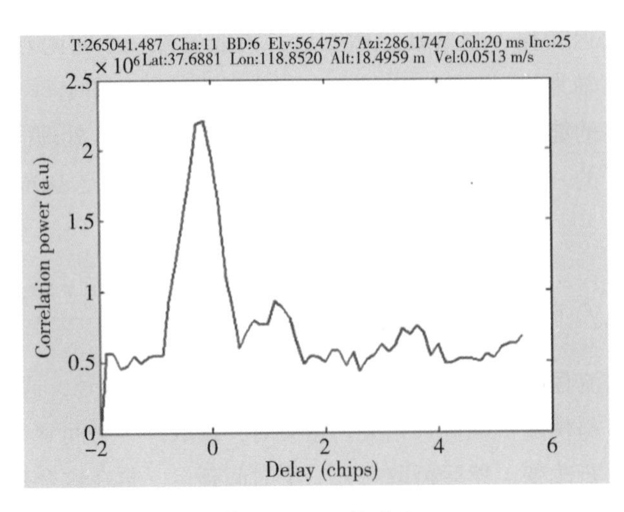

图 2.1.5　一维时延

2. GNSS-R 主要研究内容

GNSS-R 主要应用在三个方面，第一个方面是海洋遥感，海洋遥感研究的信息包括海面高，风场(风速、风向)，海面粗糙度，盐度，飓风，海啸，海冰等；第二方面是陆地遥感。所谓的陆地遥感，就是利用地表对反射信号的一些特性改变，来提取这些特性相关的参数，对相关的参数进行反演。因为地表上的介电常数的效应，反射系数会影响到反射能量、反射相位，还有振幅，等等。最后一个方面是植被遥感，在后面的一个图中，大家能够很清楚地看到我们在用反射信号做植被遥感的效果。

(1)海面应用

1)洋流

我们可以看到，这是一个洋流的实验(图 2.1.6)，在美国进行的基于 GERO-ISS 的中尺度探测，只要测高精度优于 50cm，就可以很明显地探测到涡流的存在。

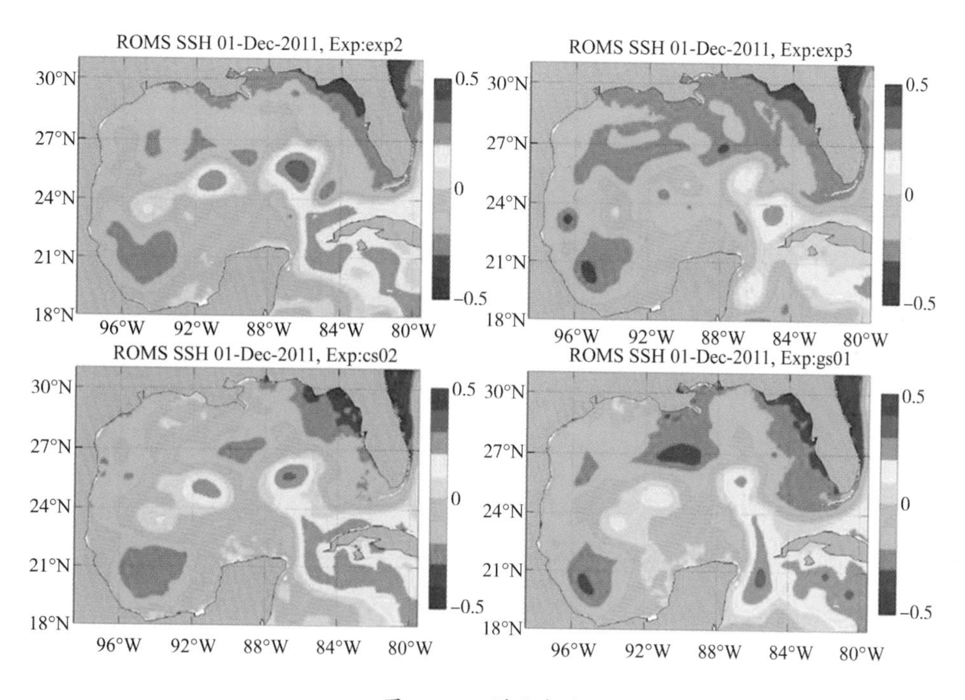

图 2.1.6 洋流实验

2)平均海平面高度

这个图(图 2.1.7)是一维的 DDM 图，左边是直射信号的相关波形，右边是反射信号的相关波形，这个直射信号与反射信号的时间延迟，就是定位的基本原理。在这里，直射信号与反射信号的时间差就是用来测量海面高的。确定了直射信号接收机的位置和直射信号与反射信号的时间差，就可以确定海面高度。然后就是后延(①处)，可以看到不同的后延斜率是不一样的，或者说 DDM 图的面积也是不一样的，通过不同的面积可以反演出不同的风速——因为随着风速增大，后延是逐渐变缓的。图 2. 1. 8 是反演风速的过程，精度还挺高的。图 2. 1. 9 为不同风速的图像，可以看出来区分得很明显，可以通过后延斜率或利用后延面积来判定风速大小。

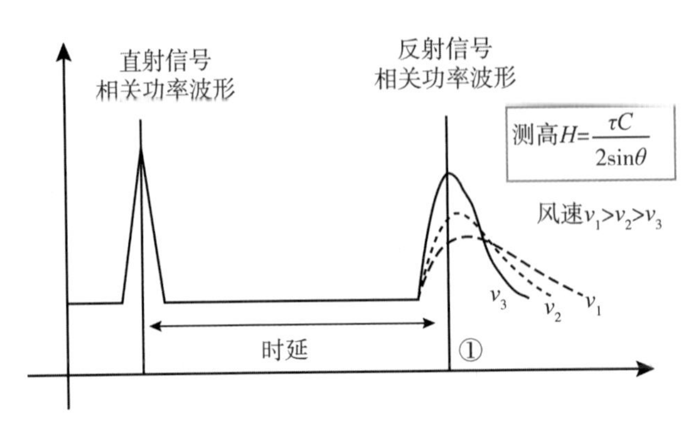

图 2. 1. 7　一维 DDM

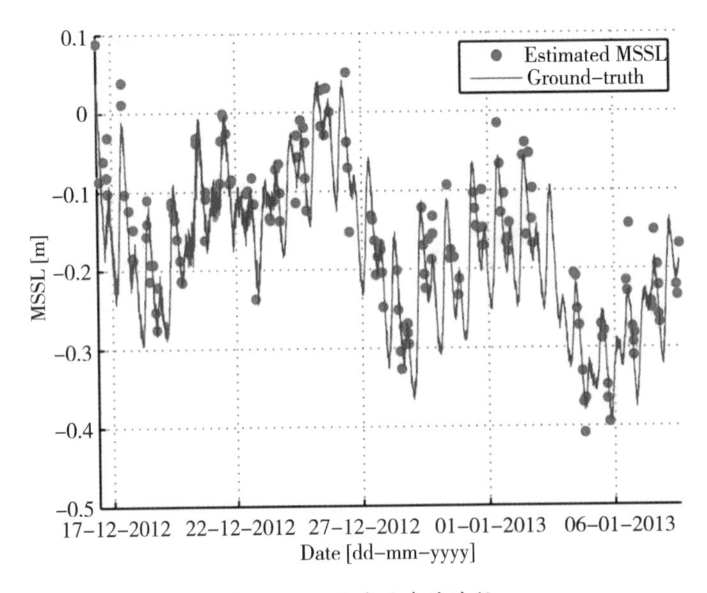

图 2. 1. 8　反演风速的过程

3) 海啸预警

如果 GNSS-R 测高精度达到 20cm，就可以探测强海啸，也就是说，卫星可以探测到大部分海面飓风的形成过程。

4) 海水盐度

不同的海水盐度对反射的能量和海面高度都是有影响的。

(2) 陆地应用

1) 土壤湿度

陆地应用分为几类。首先我介绍一下土壤湿度的测量方法。土壤湿度的测量有两类，

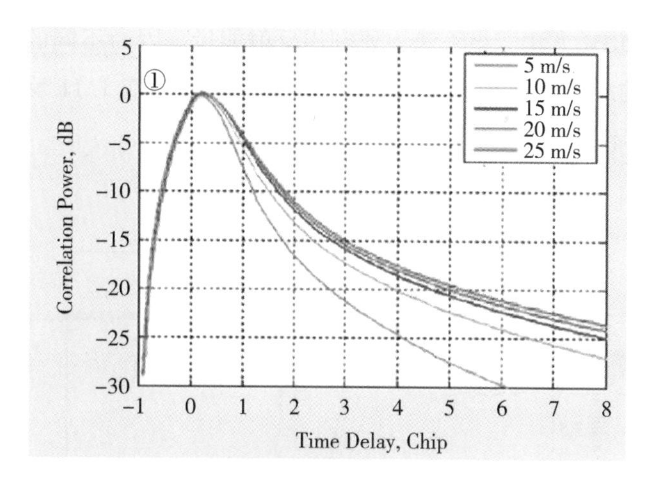

图 2.1.9 不同风速的图像

干涉测量和传统的遥感。干涉测量的原理是，接收机接收到的信号没办法分离的时候，信噪比就反映了信号的质量能量，也代表了这个信号受表面因素影响的大小，所以可以利用信噪比解算一些地表特性。以下信噪比的表达方式：

$$\mathrm{SNR} = A\cos(2\pi f\sin\theta + \varphi) \tag{2}$$

式中，A 是接收的信号能量，f 是信号的频率，φ 是初始相位。如果解算不同时间不同位置的 φ 并对其进行归一化，就可以判断出随着土壤湿度的变化 φ 也是在不断变化的。如图 2.1.10 GPS 的点就是初始相位的 φ，与土壤湿度的测量结果的一致性是非常好的。

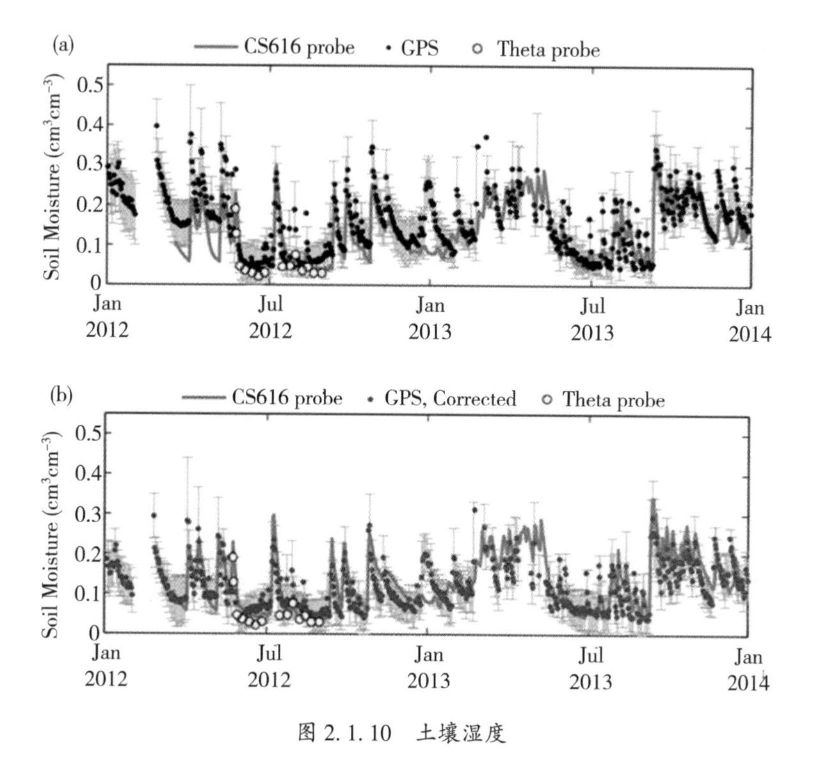

图 2.1.10 土壤湿度

第二种方法是 DDM 方法，该方法主要利用反射能量，因为不同的土壤湿度对能量的反射是完全不一样的。土壤湿度越大，反射能量就越高。图 2. 1. 11 反映了不同土壤湿度导致了 DDM 能量的不同。

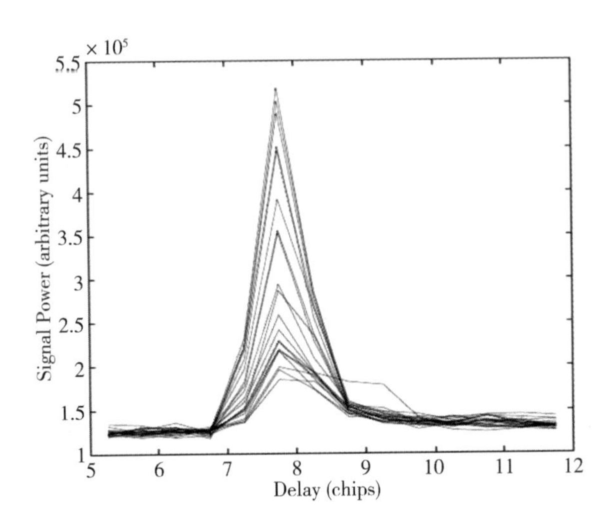

图 2. 1. 11　不同土壤湿度导致 DDM 的能量不一样

由图 2. 1. 12 看到，不同的变化过程，能量反射变化比较明显。

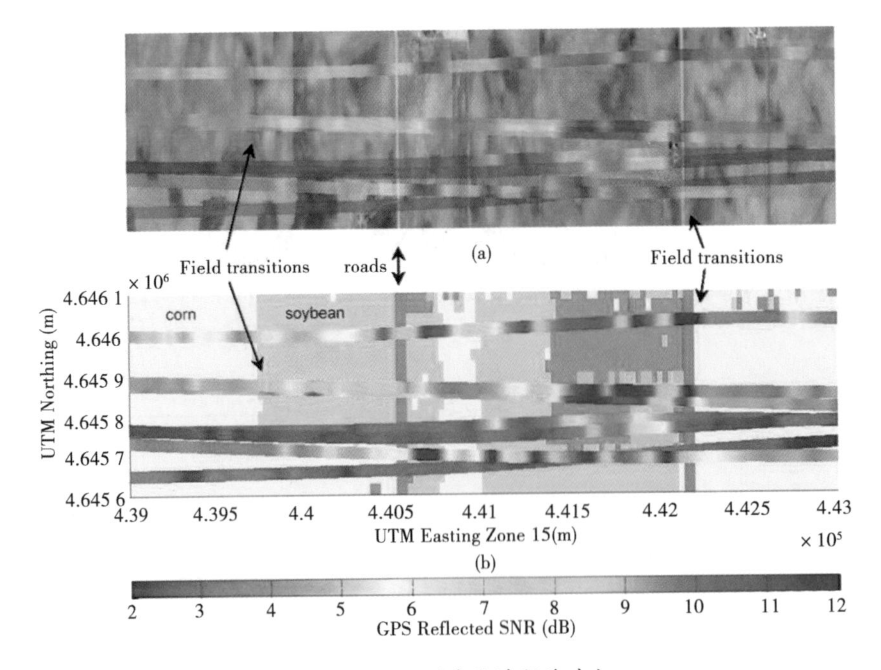

图 2. 1. 12　不同变化过程的对比

图 2. 1. 13 是把 DDM 图中能量的大小随着时间变化的图，做成了能反映地表湿度变化的图，横轴是时间。能量的变化能反映湿度的变化。

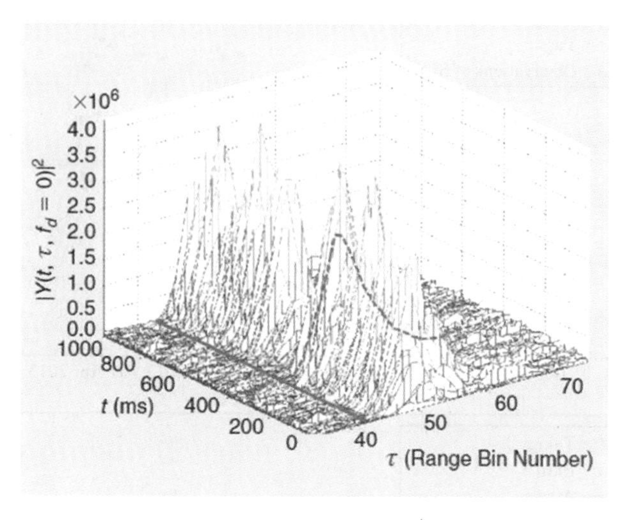

图 2. 1. 13　反映地表湿度的 DDM 图

2) 积雪厚度

接下来是积雪厚度，或者是测量相应的高度。前面我们提到了信噪比的表达式，这里是频率、天线高、波长和卫星高度角的关系。

$$\mathrm{SNR} = A\cos\left(\frac{4\pi H}{\lambda}\sin\theta + \varphi\right) \tag{2-1-3}$$

因为波长是不变的，当确定了信号的频率，那么天线高也能确定。天线高随时间的变化就能反映出地表积雪的变化。因为卫星导航观测值有 3 种，即伪距观测值、相位观测值和信噪比。因为相位观测值精度比较高，所以利用 $L4 = L1 - L2$ 或者三频相位组合(三频组合观测值可以消除几何距离以及电离层的影响)确定频率，不同频率对应不同的天线高。这就是测积雪厚度的基本原理。图 2. 1. 14 是我们一个观测站测积雪厚度的变化过程，因为这个站周围没有一个很近的站，所以我们用了 3 个站，取了个平均值。这是日本的一个区域，大概是半年的数据，可以看到这个趋势是非常明显的。

3) 海冰、冰川

另一个方面的应用就是海冰。其实海冰和冰川的变化可以放到海洋遥感里面也可以放到陆地遥感里面。如图 2. 1. 15 所示，这是根据 DDM 做出来的，随着飞机飞到这里的过程中，从积雪有冰的地方到海面，能量变化很明显，从蓝色变成了红色。可见，随着海面冰川的消融，或者陆地冰川的消融，能量是不一样的，如果每天观测就可以监测到冰川的实时变化。

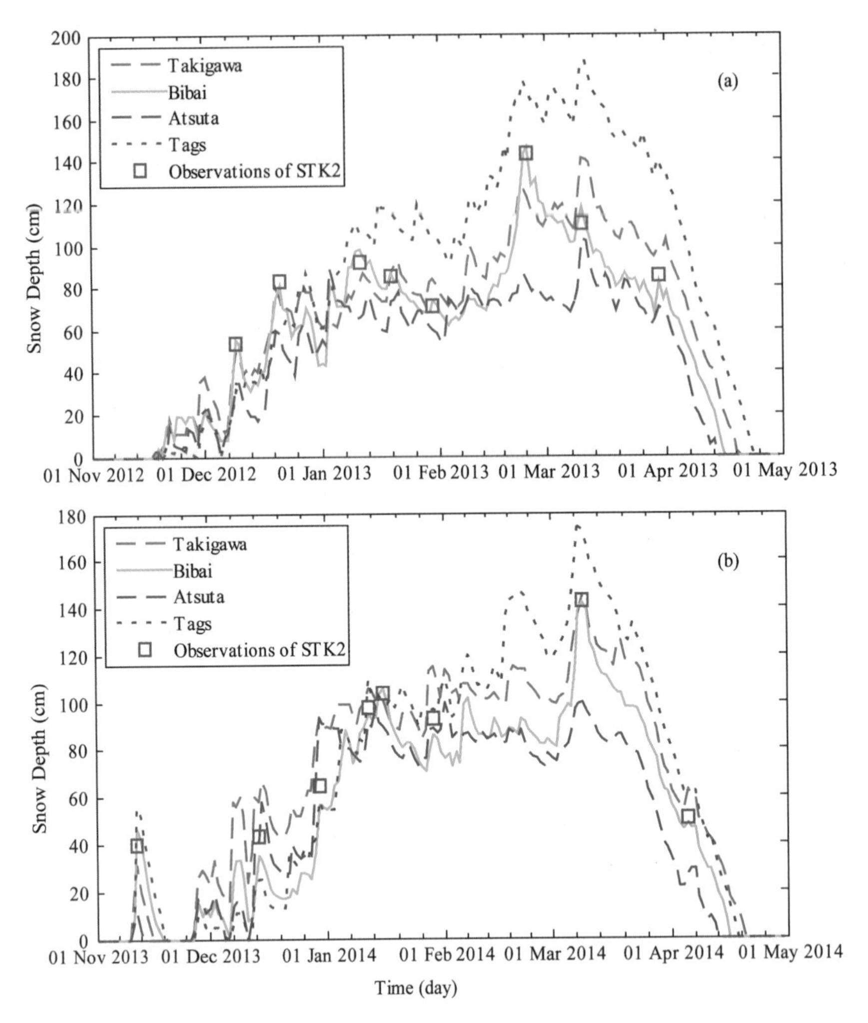

图 2.1.14　积雪厚度变化

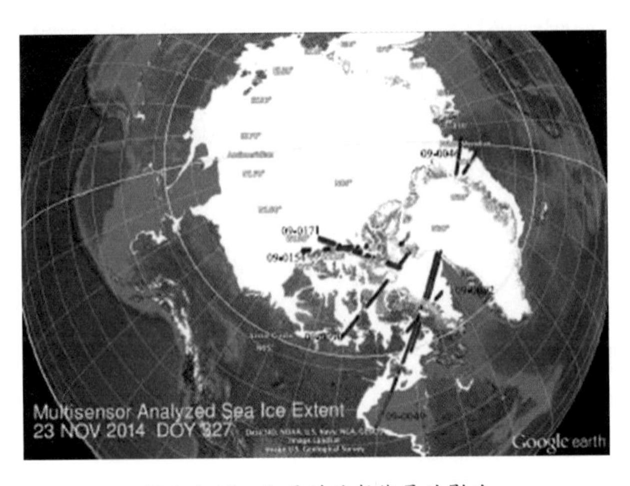

图 2.1.15　积雪对反射能量的影响

4)植被变化

图 2.1.16 是观测植被的过程，这是同一个载体飞了好几圈，在飞机飞行过程中，不同的地表反射信号的能量大小是不一样的，有浅有深。这里(A3)变成地表植被的话就会变成另一种颜色。如图 2.1.17 所示，这个更明显，①处是水，②处是植被，下面的线是载体轨迹，上面的线是地表散射计量点的轨迹，反射信号的能量随着地表不同的植被或不同介质的变化产生很明显的变化过程，所以，GNSS-R 完全可以用来监测一些地表的变化过程。

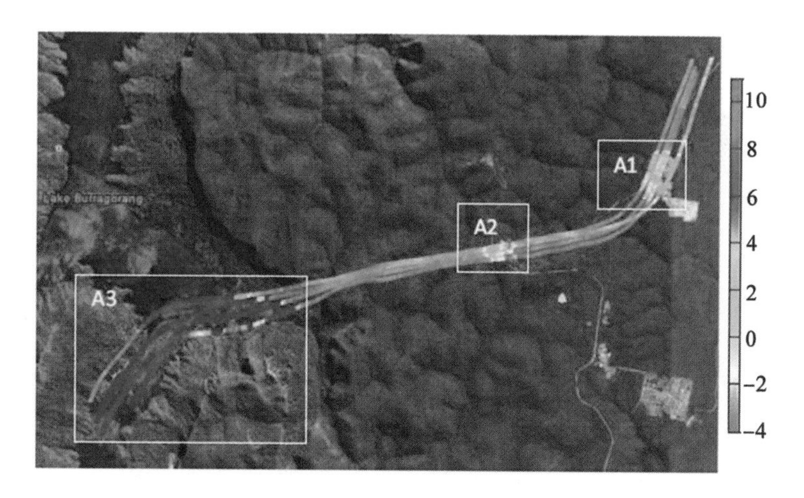

图 2.1.16　植被变化检测

图 2.1.17　水体与植被

5)其他应用

①监测潮汐。GNSS-R 监测潮汐数值与实际观测值的符合度达到 97%。

②监测河流流速、洪涝灾害。把 GNSS-R 反射信号的接收机放在船上可以很准确地监测到河流的速度、流速以及水面的高度变化，而河面高度变化即可用于监测洪涝灾害。

③地表目标探测。比如海面石油泄漏，显然，石油的特性和海水的特性是不一样的，反射信号通过海面反射过来和通过石油反射过来性质也是完全不一样的，如果让载体观察轨迹覆盖整个表面，根据反射性质就可以看出来海面石油的泄漏面积的大小。另一个就是海面舰船的识别，如图 2. 1. 18 所示，左边是没船的时候，右边是有船的时候。船只和海面反射能量是不一样的，因为船只反射能量比较大，所以右边会有一个明显的能量变化过程，另外通过载体的位置就可以判断船只的位置。

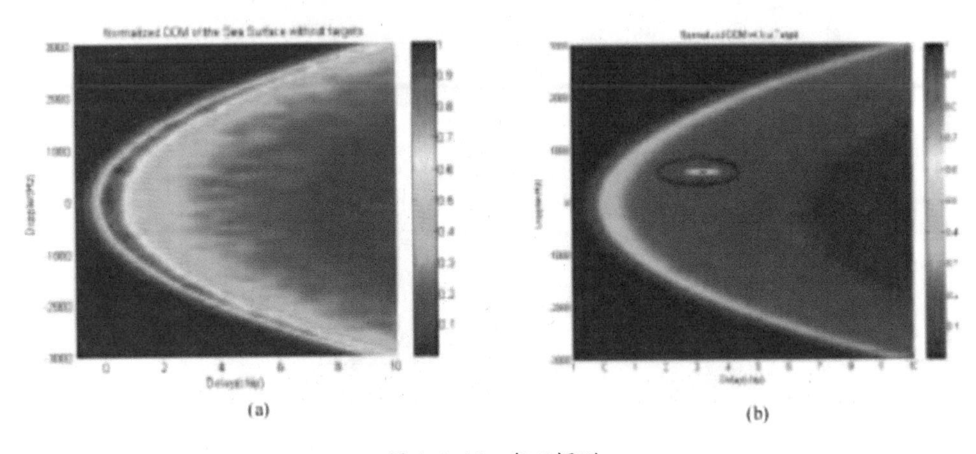

图 2. 1. 18　船只探测

3. GNSS-R 的发展过程

第三部分介绍 GNSS-R 的发展过程。介绍国际上正在做的或将要做的一些项目。

(1)英国

首先是 DMC-1，设计意义是验证 LEO 开展 GNSS-R 反演的可行性，由英国国家空间中心发射，发射时间早在 2003 年，已经不再工作了。它的接收机、反射信号卫星有 3 颗，接收信号频率是 GPS L1，采样率是 5. 7MHz。它是用来测量海面风速、风向、海面高和土壤湿度的。相应的成果在一些论文里还是能看得到，不过它的精度比较低，所以现在不会去做相关的研究。

然后是 TDS-1，这个是现在一直在用并且做得比较好的一个，使用时间是 2014. 7—2017. 1(预计)，它的设计意义是验证新型 GNSS-R 接收机，海面粗糙度遥感，这里(图 2. 1. 19)是接收反射信号的天线，轨道高是六百多千米。其实星载遥感卫星都是低轨卫星，因为信号弱，高度一般都会在 300 到 700 千米。接收机类型是硬件接收机，可接收 4 个反射信号，码片间隔 250ns，多普勒间隔 500Hz。接收信号的频率是反射天线：GPS L1&L2；直射天线：一个双频率，这是用来定位的，两个单频 L1，采样率是 5. 7MHz。这

图 2.1.19 DMC-1

个接收机与我之前介绍的是一致的，上面一个天线，接收直射信号，下面一个天线，接收反射信号。在收到直射信号与反射信号后，先利用直射信号的码做定位，在定位的基础上对反射信号的伪随机码和本地产生的伪随机码进行相关，相关时通过不同的时间延时和多普勒频率延时来形成 DDM，通过 DDM 的图来进行其他应用。接下来是它的一些结果，图 2.1.20 是不同增益下相同风速的 DDM，这个不同增益是指不同天线增益。相同的风速，

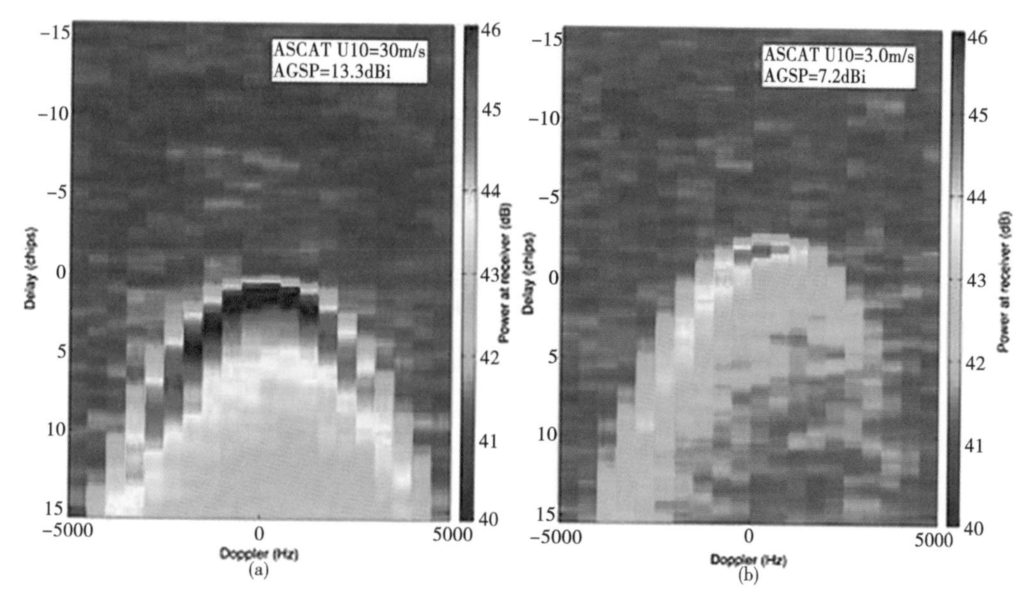

图 2.1.20 不同增益下相同风速的 DDM

两个不同的结果，所以说，天线增益是对反射信号接收能力很重要的指标，在接收机设计的时候都要考虑这一点。图 2.1.21 显示，在风速达到 27.9m/s 时 DDM 形态仍然很好，就是说在高风速的情况下做海面的探测也是很有用的。图 2.1.22 是 TDS-1 可覆盖的实际数据轨迹，就是说这些轨迹已经可以大体上把海面上的风速情况覆盖。图 2.1.23 是风速和 DDM 拟合的结果，可以看出基本上是线性的关系。

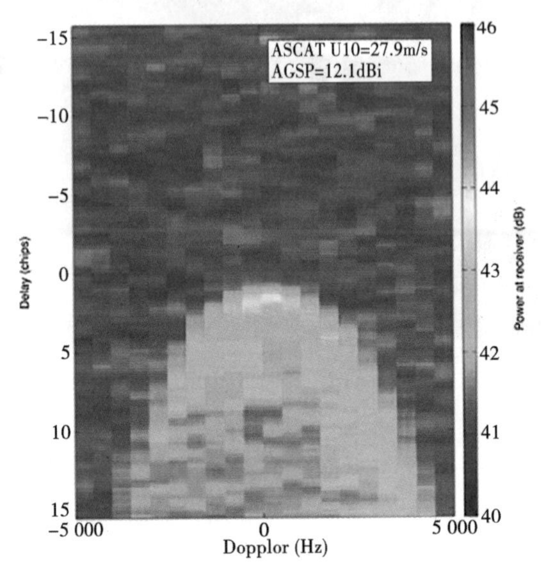

图 2.1.21　风速为 27.9m/s 时的 DDM

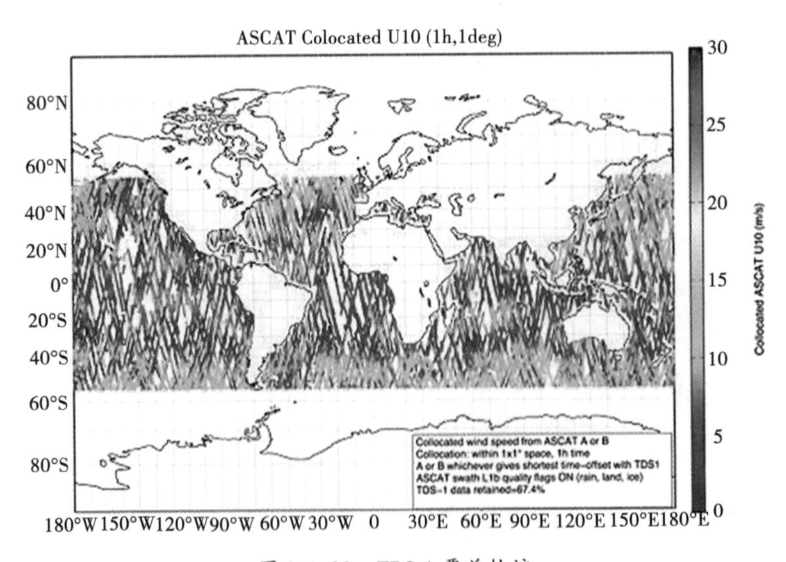

图 2.1.22　TDS-1 覆盖轨迹

(2)美国

第二个，这将是我们做 GNSS-R 的主要目的。CYGNSS 是美国 NASA 做的一个项目，

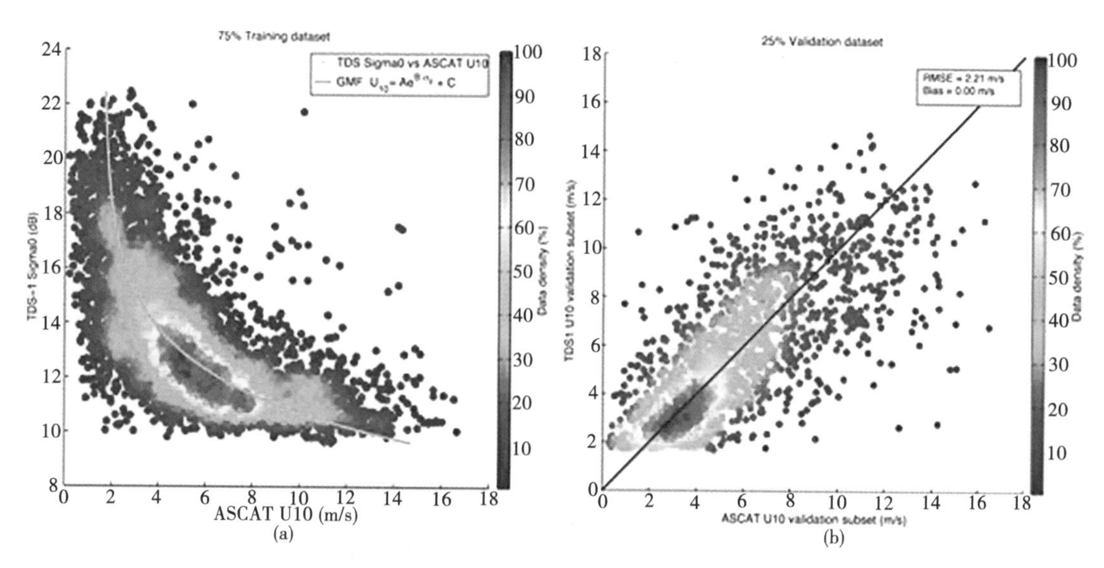

图 2.1.23 风速和 DDM 拟合结果

将于 2016 年 11 月 21 日发射，星座由 8 颗卫星组成，如图 2.1.24 所示，绿色的是 GPS 卫星，黄色的是低轨卫星，用来做 CYGNSS，平均重访时间为 4 小时，即每 4 小时就能对同一个区域进行一次测量，用于监测热带气旋周期内降水及风场演化过程。目前所用的散射计实现 3 小时间隔观测的概率为 25%，CYGNSS 将提高到 35%，相当于两个散射计的监测能力。它的风速精度能达到 2m/s 或小于风速的 10%。分辨率为 5～50km，风速范围小于 70m/s，高度为 500km，大概能覆盖 70%的热带气旋历史轨迹。这将会是我们做反射信号最基础的信号来源。

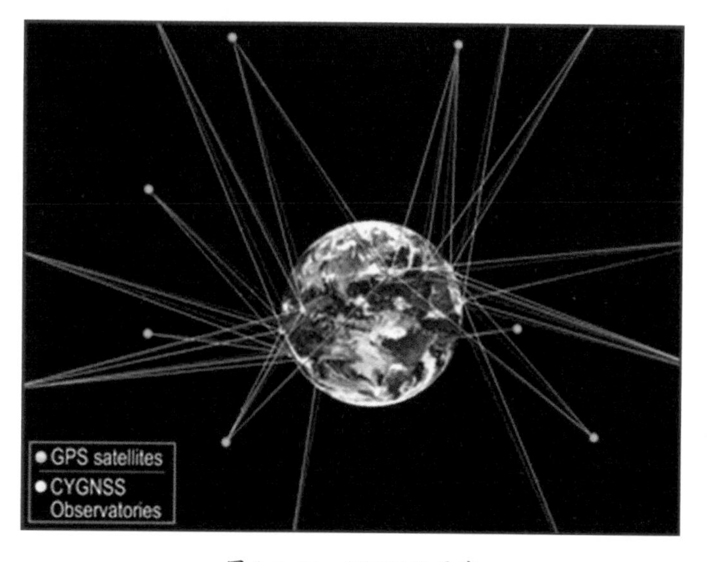

图 2.1.24 CYGNSS 星座

另外一个就是美国做的反射接收机，这个接收机是搭载在国际空间站上的，2012 年制订该计划，将利用美国国际空间站开展 GNSS 反射信号、掩星及散射信号的研究。这个系统比较全面，它可以研究海面信号的或者电离层的一些特性。频率是 GPS 的 L1&L5，Galileo 的 E1 和 E5a，海面测高的精度是 50cm，目标精度达到 20cm，风速精度和 CYGNSS 一样，平均重访时间小于 4 天，重返时间有点长。高度是 375～435km，倾角 51.6 度，定位精度优于 5cm。

(3)欧洲

然后是 SMOS，它是欧空局做的土壤湿度与海洋盐度业务卫星，一开始是没有反射信号的，后来对 SMOS 进行升级，加上了反射信号的天线，改成了 SMOSOps。计划在 2009 年发射的 SMOS 基础上发射改进的 SMOSOps 星，开展微波辐射计与 GNSS-R 联合测量海面风场及盐度的星载计划。它的用处很多，能提高盐度反演精度，提高土壤湿度反演精度，获得表面温度场、海洋表面风场，获得全球降雨信息，获得陆地植被信息以及测量土壤冻结解冻过程(土壤从冬天到夏天的变化)。在传统的导航定位里面，土壤解冻是有影响的：在大网解算中，冬天温度降低以后，地表的高度解算会出现一个整体往上提高的问题。而且，该问题随着温度的降低而越发体现明显，这很清楚就是土壤的解冻过程，所以我们可以利用它来解算，但弥补的话还做不了，只能把这个过程给表达出来。

4. 展望

第四部分我们做一个简要的展望。

(1)国内状况

简要介绍一下国内相关情况。虽然起步较晚，但国内一直有人在做，然后现在资源都会共享。中科院国家科学研究中心做的一个接收机有八大模块：导航定位模块、掩星模块、干涉测量模块、DDM 生成模块、DM 生成模块、精密位置服务模块、电离层监测模块和原始数据采样模块。DDM 生成模块和 DM 生成模块是反射里最重要的东西，干涉测量模块则是另外一个部分。这个接收机计划用来搭载于中国的空间站。

(2)GNSS-R 存在的主要的问题

现在说一下 GNSS-R 存在的主要的问题：

第一，应用方面需要继续研究。卫星导航信号主要是做卫星导航的，它的设计并没有考虑到我们这方面的应用，然而它恰巧也是 L 波段，我们做遥感时也是这个波段。但它还是有一些问题，比如信号比较弱怎么处理，这就要求在做接收机设计的时候，去调整天线的增益和其他模块设计。

第二，数据自动化处理较低。因为我们目前做这个 DDM，不管是传统的还是干涉的遥感，涉及的人工识别内容特别多，所以说自动化处理的程度比较低。

第三，精度需要提高，多星座解算也要研究。现在我们做这个东西基本上是基于一颗卫星、一个信号去做，重复的基本上没有。多星座的解算又有一个问题——信号频率不一样，信号天线增益不一样，设计的时候怎么弥补这些改正。还有信号质量，现在的信噪比质量相对 GPS 差很多，比如 GPS 或者“北斗”的信噪比都是整数位的，比如从 25 直接跳到 26，这处理起来很困难。

第四，数据获取与共享。现在我们做的一些方案中比较难的一方面就是数据获取，能拿到的就是一些传统的干涉的数据，而我讲的 DDM 才是 GNSS-R 真正主要应用的范围。而我们现在是比较难拿到的，所以数据获取也是一个问题。还有共享问题，一般情况下 GNSS-R 都需要一个载体，要么是飞行器(如飞机)，要么是低轨卫星，如果是卫星那肯定会有一个共享机制，如果是飞行器的话，毕竟成本在那里，飞一次就要花一定的人力物力，那么需要考虑如何去共享。

第五，应用产业化。这是一个更远的问题，就是说，我得到的数据的可靠性和实用性够不够，比如我做 GNSS-R 气象时，是能够做到气象预报弥补的——这个已经得到证实了。但我做出来的风速能否达到数据库的标准，这是一个问题。还有土壤湿度，我现在只能监测一个地方的土壤湿度，那如果我联网呢？而在全国的土壤湿度变化的问题上，我这个土壤湿度的精度能达到多少？可靠性怎么样？其实我觉得只有把接收机拿到载体中飞一遍才能拿到数据。

第六，低成本的接收机设计。低成本接收机也有人在做，但这个低成本接收机还是有个问题，GNSS 反射信号虽然不会断，但信号很弱，并且和普通的信号脉冲的码不一样，所以相关时，和传统双基雷达还是不一样，所以接收机接收的信号质量直接影响之后处理的精度。如何得到一个便宜、体积小、重量轻且携带方便等特点集于一身的接收机，这才是我需要思考的问题。

以上就是我这次报告的内容，好，非常感谢大家！

【互动交流】

提问人一：这个技术对接收机要求挺高的？

班伟：如果你是说干涉的话，没有要求，用普通的大地接收机就能做。但是如果你做反射的话，就是双天线的那种，还是需要对接收反射信号的天线做一些研究的。

提问人一：您提到两个接收机天线频率都是 5.7MHz，但我们知道普通的接收机最高也就 50Hz。

班伟：对，所以说这个接收机就会存在问题，我在做直接相关的时候，时间频率达不到的话，码延迟就会很短，比如说几百千米还可以，但如果直射信号和反射信号距离特别短，这个时间差是做不出来的，所以就需要采样率特别高，这种情况下只能改进接收机。

提问人一：您提到 GNSS-R 技术可以做电离层？

班伟：电离层不是 GNSS-R 做的，它是带了这么一个模块，可以做电离层监测的，反射信号做不了电离层。

提问人一：那掩星呢？

班伟：也是 GNSS 附带的模块。

提问人二：我是做遥感的，可用比较多的数据就是图像，但对测绘这一块不是太了解，我想知道储存数据是什么样的？

班伟：储存数据有两类，传统的卫星导航信号，获取的就是相位观测值或信噪比。这不是图像，是一个时间序列。这里会涉及数字信号处理。而这是一个 DDM 图，三维的，横坐标是时间延迟，纵坐标是多普勒延迟，Z 轴是能量大小。

提问人二：接收机在什么情况下可以得到关于这一点的信号呢？那相对于接收机的什么地方，接收的信号比较弱一些？

班伟：只要直射信号和反射信号分离，或者有一个朝下的反射接收机就可以了。

提问人二：刚才提到的植被遥感中您只是做了展示，那么具体会有什么应用？

班伟：主要是监测植被的变化，比如一年四季，有时是茂密的，有时是没有叶子的，它们的能量都是不一样的。这个一般不是位置上的变化，而是时间上的变化，就是一年四季同一个地方，监测植被环境的变化，跟踪植被生长环境。

提问人二：误差大吗？

班伟：误差肯定会有，可能会有这种情况，虽然表面是不同的物质，但它反射能量的大小是一样的，我做的同一个地方是长时间观测，一两天之内不会产生变化，一个月的观测数据就能大概看出一些趋势了，冬天和夏天虽然可能产生同样能量的变化，但毕竟还是跨了很长时间，短时间的影像比较小，就是能量小，跨度大，这不会影响结果。

提问人二：没有先验知识怎么判断到底发生了什么变化？

班伟：做不了，必须一开始做个初始化的模型，以后就对着模型做，没模型的话我们只能看到能量变化，看不出是茂密变稀疏还是稀疏变茂密，所以还是需要一个先验的过程。

提问人二：至少在植被变化这一块短期内对目前的遥感手段可能冲击性有限？

班伟：对，这个主要优势是天上卫星特别多，一天 24 小时全监测，一般遥感手段是达不到的；虽然这里只有一条线，但时间久了可以把整个区域全都覆盖，然后图形就显示出来了，它的优势就是重访时间短。

提问人三：请问有没有机构共享 DDM？

班伟：目前还没有。现在很多卫星还没发射，大多停在理论，有的话也是他们做的很少的内部分析用的，以后 CYGNSS 的数据要拿到还是很简单的。现在我们只能求助于中科院国家科学研究中心。他们在测试，数据还是有的。

提问人四：请问图 2.1.20 中为什么左右两张图在非舰船的位置能量不同，跟船有关吗？

班伟：左右能量不同不是因为舰船导致的，而是因为卫星在动，距离在变小，天线的方向，增益都会影响能量大小，进而导致这两个图的差别。如果是同一时间的，两张图会除了船都一样。然而因为找不到两个时刻使卫星和接收机位置完全一样，所以能量看起来不同。

提问人四：图 2.1.20 是同一卫星同一接收机吗？

班伟：可能是，也可能不是，两次飞行同一区域，飞机高度，海面情况都是受到限制的，这一系列因素都会导致能量发生变化。只要不是观测条件一模一样，能量都会变化。这图只是为了说明，没有船的时候，这里是一个均匀变化的过程，而有了船，图上就会凸显出来。

提问人四：进行长时间的植被变化监测时，能量不统一的话会不会有问题？

班伟：如果我要做长时间观测的话，我会选择星载或地基，不会选机载，因为机载控制特别难。星载的轨道稳定，选择的时候注意一下就可以了。这图明显是机载的。

提问人五：请问单天线测量那个可不可以用双天线模式？

班伟：可以，如果反射信号可以的话，就变成了一个相对定位的原理，反射信号不太好的话只能做相关，做定位是做不了的。

提问人五：但也能测出那个天线距离雪面的高度吗？

班伟：理论上是可以，但反射信号很弱观测值都会受影响，噪声会放大，做定位是很难的。

提问人五：在海面上测高精度能达到多少？

班伟：长时间观测的话能达到二三十米。

（主持人：陈必武；录音稿整理：罗毅；校对：顾芷宁、陈易森、李哲）

2.2　导航与低轨卫星精密轨道确定

（郭　靖）

摘要：精密轨道确定是实现对地观测卫星科学应用的前提。对此，郭靖博士重点讨论了导航和低轨卫星高精度轨道确定中涉及的关键问题及相关研究进展，并介绍了卫星轨道的科学应用。郭靖博士展现出的深厚科研功底，令现场观众获益匪浅，报告获得圆满成功。

【报告现场】

主持人：欢迎大家参加 GeoScience Café 第 138 期活动，我是今天的主持人许慧琳。今晚我们有幸邀请到了 GPS 中心的郭靖师兄为我们作报告。郭靖师兄是 GPS 中心的博士后，在 *Journal of Geodesy*、GPS *Solutions* 等刊物上发表 SCI 论文 6 篇，EI 论文多篇。他的论文被评为第四届中国卫星导航学术年会优秀论文，获得青年优秀论文一等奖。研究兴趣包括精密轨道确定、时变重力场反演等。接下来我们掌声有请郭靖师兄。

郭靖：首先非常感谢测绘遥感信息工程国家重点实验室 GeoScience Café 邀请我与大家分享我们 GPS 中心定轨团队过去几年在导航和低轨卫星精密定轨方面的一些研究成果。考虑到大家研究方向各异，首先我会介绍定轨的基本概念，之后再探讨比较深入的关键性问题。

1. 研究背景

精密定轨，简单而言就是用带有误差的观测数据和并非精确的运动方程来确定物体的运动轨迹。该运动轨迹的确定遵循一定的统计学准则，即平差准则。因此，精密定轨涉及三个方面：第一，观测量；第二，运动学方程；第三，平差准则。被确定轨道的“物体”，从大方面来说，可以包括深空星体、近地空间碎片以及人造卫星。本次报告暂不讨论深空探测，只重点探讨近地轨道卫星，其定轨与空间碎片定轨相类似。

在近地空间，卫星大致分为高轨卫星、中轨卫星和低轨卫星。对于高轨卫星，例如，比较特殊的 GEO 卫星，是地球同步卫星。目前，在众多卫星导航系统中，仅“北斗”系统采用了 GEO 卫星。另外，一些空间星基增强系统也采用 GEO 卫星作为通信设备来播发导航增强信号。中轨道汇集了绝大部分的导航卫星，即 MEO 卫星。此外，对地观测卫星、常用的 SAR 卫星、遥感卫星以及重力卫星，都位于低轨道，统称为 LEO 卫星。

精密定轨，包括初轨确定和精密轨道确定。初轨确定有很多种方法，如果没有一个好的轨道，可以直接采用两行星历(TLE)，即美国国家宇航局的定轨结果作为初轨数据。由于GPS导航卫星和低轨卫星较为容易获得初轨，故其初轨确定问题较为简单。对于导航卫星，广播星历会播发一个轨道；对于低轨卫星，可以根据星载数据计算初轨。

(1)精度要求和观测系统

首先讨论观测量。常见的高精度大地测量观测系统主要包括激光观测(SLR)、多普勒观测(DORIS)和导航卫星系统观测(GNSS)。特殊的有GRACE等重力卫星，它有一个星间链路，“北斗”卫星也搭载星间链路，所以星间的测距、测速也可以作为第四种观测量来确定卫星轨道。此外，还有一些低精度观测量，如角度、影像或者地磁。今天我们主要讨论激光观测(SLR)、多普勒观测(DORIS)和导航卫星系统观测(GNSS)。

①激光技术的发展源于20世纪70年代。迄今为止，全球的激光站点已接近50个，绝大多数卫星都搭载了激光角反射器。起初，为了减少非保守力的影响，搭载激光仪器的卫星大多设计为球形。后来，随着其他定轨方式、手段的不断发展，激光测距逐渐退出了高精度轨道确定的舞台，转而应用于高精度轨道的检验。

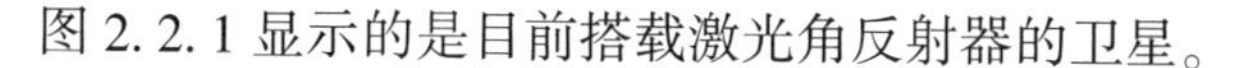
图2.2.1显示的是目前搭载激光角反射器的卫星。

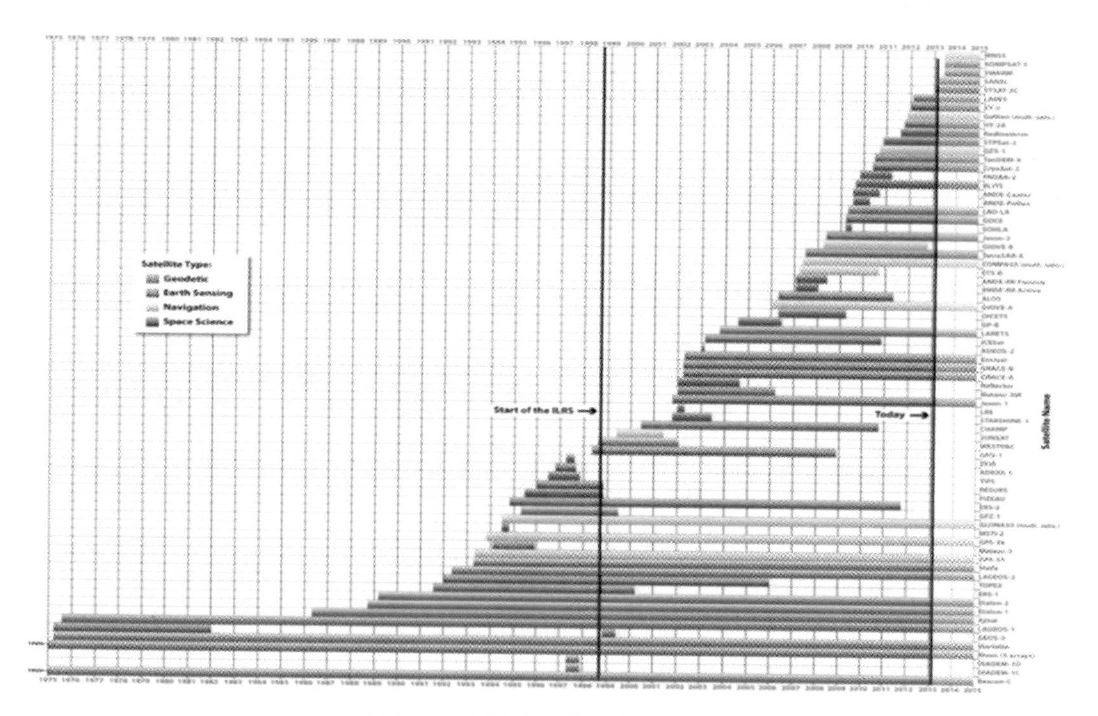

图2.2.1　搭载激光角反射器的卫星

②DORIS是20世纪90年代法国人建立的卫星观测系统，其主要原理是多普勒效应。目前DORIS观测系统包含约40个站点，均匀分布于全球。它把基准站建立在地面上，从地面播发导航信号，然后利用搭载在卫星上的接收机观测多普勒测距，最终实现定位定

轨。采用 DORIS 观测系统进行定轨或对地观测，大部分用于海洋测高卫星，比如最早的 TOPEX/Poseidon、后来的 Jason 系列卫星以及我国发展的“海洋”卫星系列，如 HY-2A、HY-2B 等。

③导航卫星系统。现在是多系统导航发展时代，多系统导航会为低轨卫星定轨、定位提供较大的研究空间。

(2)运动方程和变分方程

有关观测量如何线性化、误差如何处理已有很多著作予以讨论，在此不再细讲。

运动学方程，实际上是指用一个方程来描述物体的运动情况，如图 2.2.2 所示。对于近地卫星，在受力的情况下，可以用牛顿运动定理来建立加速度和位置的关系。从受力分析方面来看，如果假设地球是一个圆的刚性球体，除了中心引力，还有其他力作用，统称为非中心力。第二种分类方法是根据力的类型，即保守力和非保守力。变分方程，是指关于状态转移矩阵和参数敏感矩阵的偏微分方程，其求解需借助于数值积分算法。可见，定轨过程包含两部分，第一部分是处理观测量，第二部分是求解运动方程。在这两部分中，采用一定的平差准则，求解卫星轨道参数。后面的内容会更多地讨论对轨道影响比较大的力学因素。

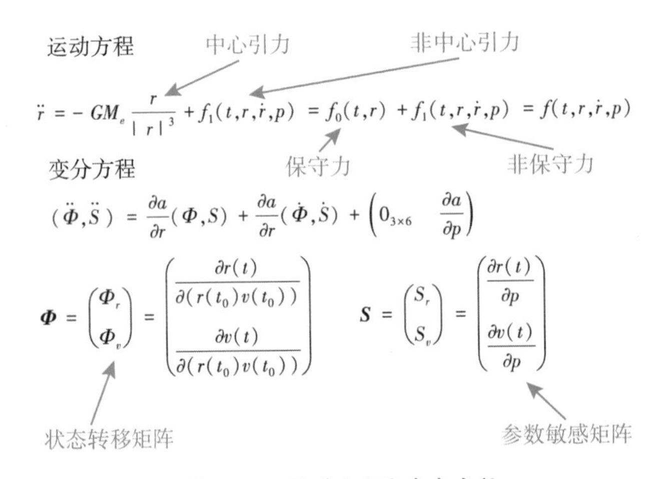

图 2.2.2　运动方程和变分方程

(3)保守力和非保守力

保守力分为地球非球体引力位摄动、固体潮、固体极潮、海洋潮、海洋极潮等，可以用位函数描述。保守力的研究相对比较透彻，但是仍存在误差，并在一定程度上影响了轨道精度。相比于保守力，非保守力更重要，并且由于非保守力和卫星本身的结构(光学、物理学)相关，因此也更难以模型化。无论是导航卫星还是低轨卫星，某一个力对轨道的影响都与轨道高度相关，图 2.2.3 为轨道的受力变化。在低轨道卫星所受的非保守力中，大气阻力强于太阳光压力；对于高轨道卫星，由于其不在大气层中，相反，太阳光压力就强于大气阻力。所以进行定轨时，对于不同的卫星，所考虑的力学模型、建立的力学模型及研究重点各不相同。

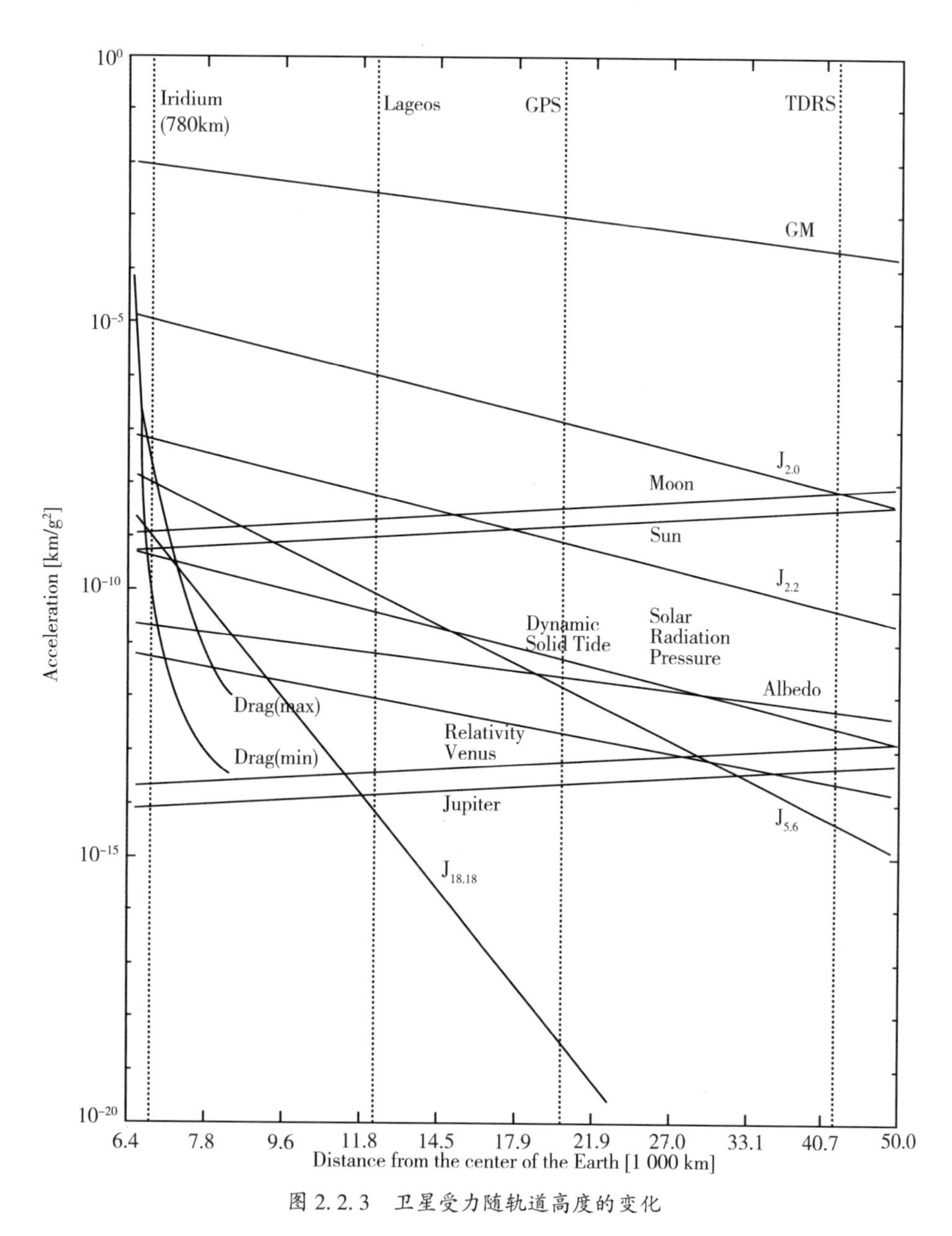

图 2.2.3　卫星受力随轨道高度的变化

2. 导航卫星精密轨道确定

(1) GPS 精密定轨

导航卫星定轨，是指利用地面站对导航卫星连续跟踪所获数据反算并确定导航卫星轨道。定位，则是根据已知的导航卫星轨道钟差反算地面站坐标。因此，定位与定轨是相反的过程。导航卫星定轨过程比较复杂，因为不仅要求解轨道钟差，还要求解地球自转参数和站坐标。在这整个系统里求解所有的参数，所得结果肯定为秩亏。为避免秩亏的情况，会引入一些约束条件。因此，导航卫星定轨涉及的问题非常多，不仅有轨道定轨过程，还有 EOP 参数的引入、站坐标的引入，以及站坐标牵扯到的地心运动的问题。图 2. 2. 4、图 2. 2. 5 所示为 2014 年和 2015 年根据 PANDA 解算所得 GPS 轨道结果。将计算结果与一些国际研究机构(包括欧洲定轨中心、德国地学研究中心、欧空局等)的结果进行比较，见表 2. 2. 1，我们的 GPS 单方向轨道精度可以达到 1. 1~1. 2cm，因此在量级方面与其他机构的计算结果相当。

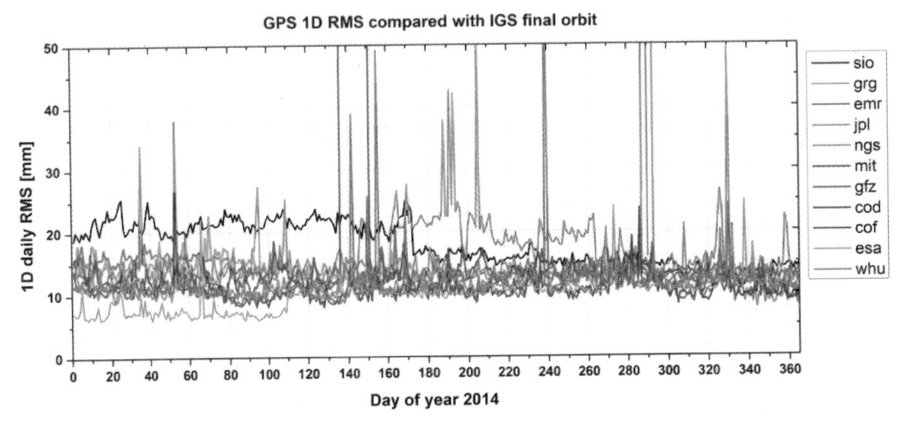

图 2. 2. 4　2014 年 GPS 轨道结果

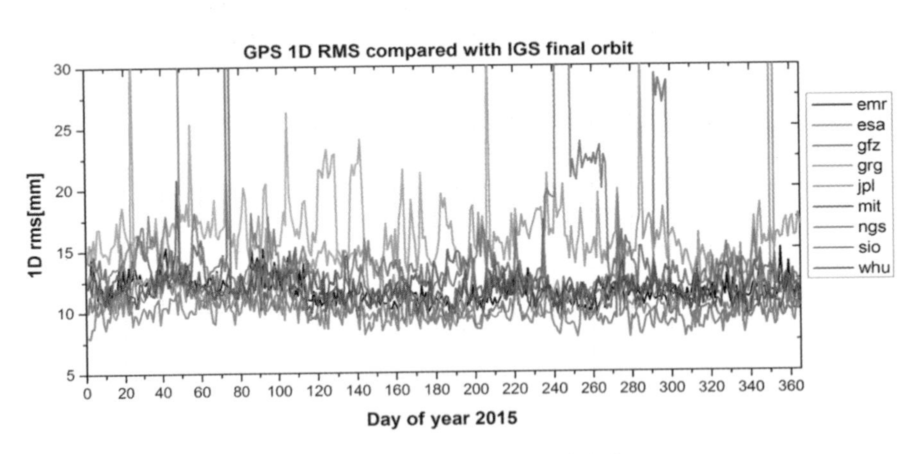

图 2. 2. 5　2015 年 GPS 轨道结果

表 2. 2. 1　**国内外 GPS 轨道定轨结果比较**

单位(mm)	COM	COF	WUM	GFZ	GFM	ESA
GLONASS-IGL	11. 19	10. 80	11. 56	11. 57	—	10. 05

（2）GLONASS 精密定轨

2014 年和 2015 年的 GLONASS 定轨结果，以及与其他机构的比较结果如图 2.2.6、图 2.2.7 以及表 2.2.2 所示。由于 IGS 发布的综合轨道最为稳定，精度相对较高，因此将其作为参考轨道进行评定。

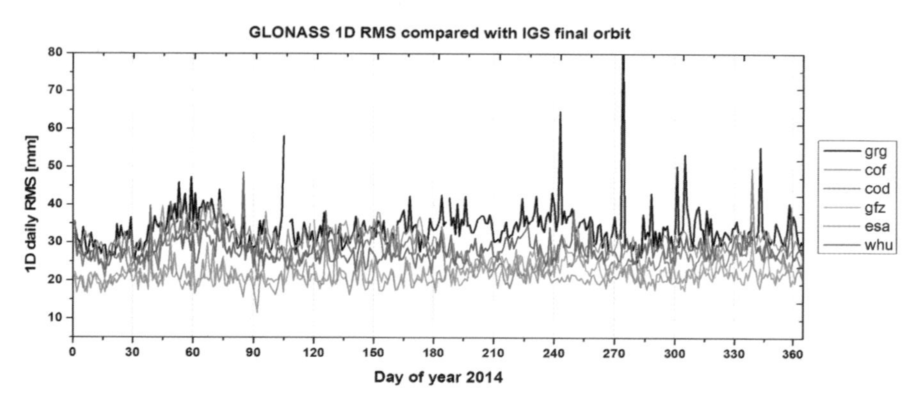

图 2.2.6　2014 年 GLONASS 轨道结果

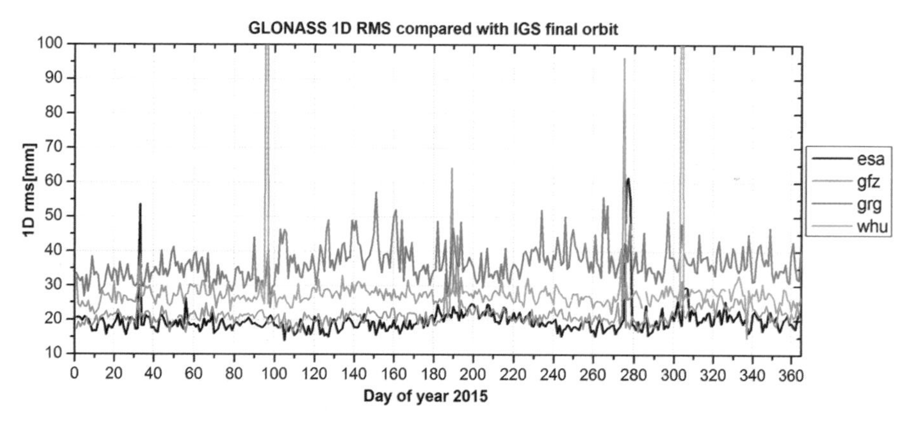

图 2.2.7　2015 年 GLONASS 轨道结果

表 2.2.2　**不同分析中心 GLONASS 定轨结果比较（IGS 综合轨道作为参考）**

单位(mm)	COD	WUM	GFZ	ESA
GLONASS-IGL	27.02	27.72	21.80	20.57

相对于其他飞行中心的轨道，我们解算的 GLONASS 轨道和 IGS 的综合轨道偏差较大的原因是我们轨道没有进行综合，而 IGS 综合解里包含了其他分析中心轨道信息。以 IGS 综合轨道为参考的 IGS MGEX 各个分析中心 GLONASS 轨道精度如图 2.2.8 所示。IGSMGEX 不同分析中心 GLONASS 轨道定轨结果比较见表 2.2.3。

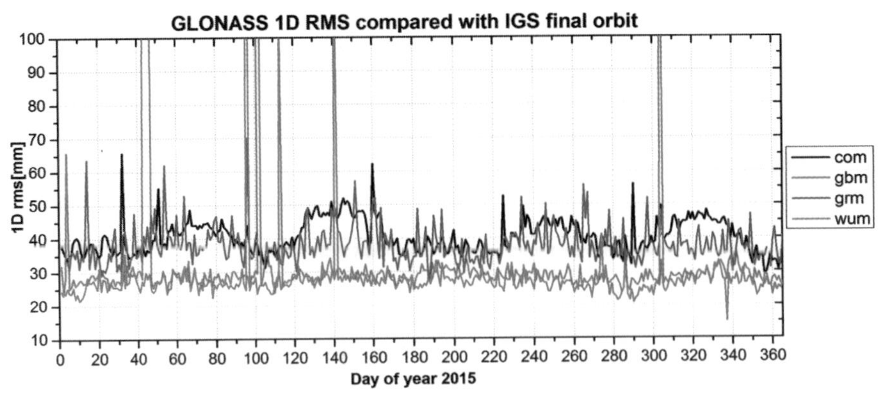

图 2.2.8　参考轨道变化后 2015 年 GLONASS 轨道结果

表 2.2.3　　　　**IGS MGEX 不同分析中心 GLONASS 轨道定轨结果比较**

单位(mm)	COM	WUM	GBM	ESM
GLONASS-IGL	34.58	27.72	28.96	32.09

以上进行的是相对性比较，绝对性比较可以采用激光。

图 2.2.9 是 IGS(http://mgex.igs.org/analysis/slrres_GLO.php)公布的 GLONASS 轨道质量 SLR 检测结果，表 2.2.4 中是相关数据。

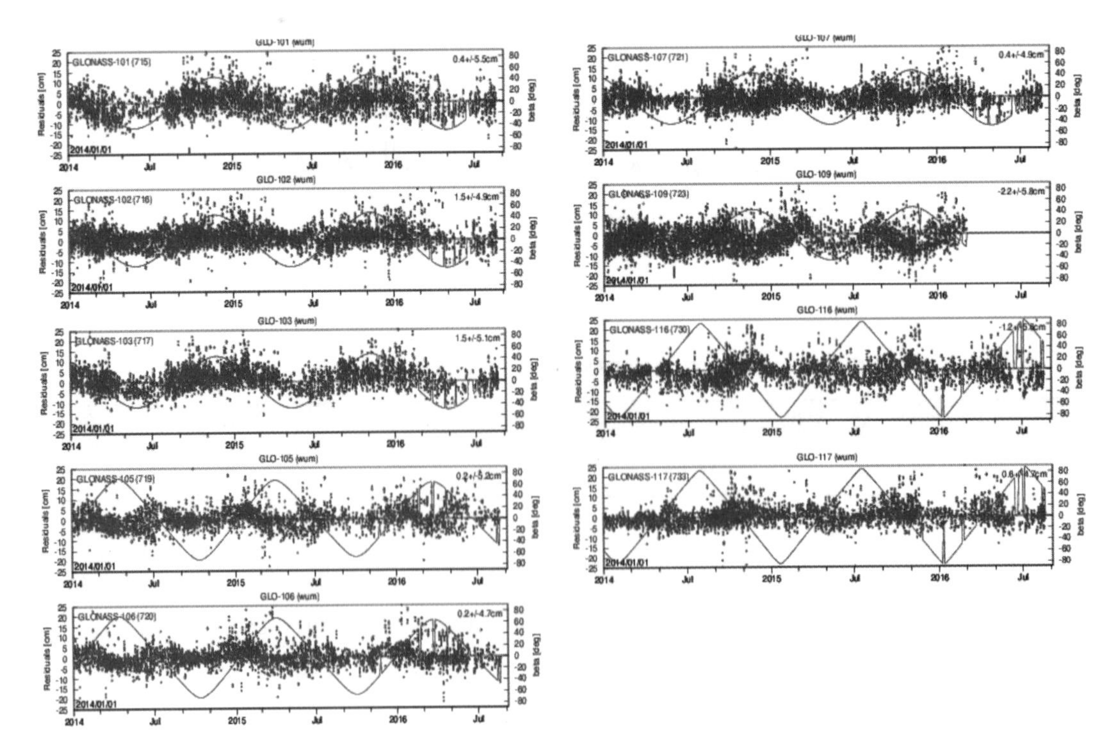

图 2.2.9　MGEX 分析中心 GLONASS 轨道 SLR 监测结果

表 2.2.4 **MGEX 分析中心 GLONASS 轨道 SLR 监测结果**

SVN	偏差(cm)			标准差(cm)		
	COM	GRM	WUM	COM	GRM	WUM
716	1.5	0.6	1.5	4.5	5.0	4.9
717	1.7	0.6	1.5	4.9	4.9	5.1
719	0.2	-0.5	0.2	4.8	5.2	5.2
720	0.2	-0.6	0.2	4.2	5.0	4.7
721	-0.2	-0.7	0.4	4.6	4.5	4.9
723	-3.1	-3.5	-2.2	6.9	6.0	5.8
730	-0.9	-1.2	-1.2	4.9	5.5	5.6
733	0.9	-0.1	0.6	4.9	4.9	4.7

整体上讲，对于激光而言，无论是和 COD 还是 GFZ 相比，GPS 中心所提供的 GLONASS 卫星轨道在精度方面基本一致。

(3) Galileo 精密定轨

Galileo 是欧洲人正在建立的一个导航系统。用激光检验 Galileo 轨道时有几个特殊的问题：如图 2.2.10 所示，2015 年之前，激光残差有明显的系统性误差，之后有所降低，

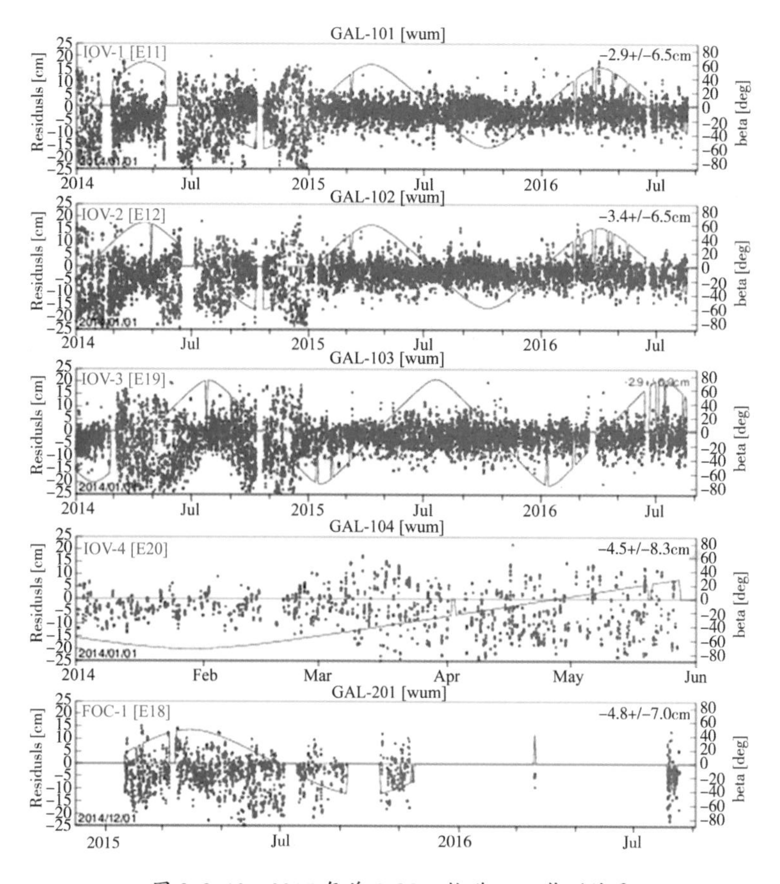

图 2.2.10 2015 年前 Galileo 轨道 SLR 监测结果

其主要原因是力学的影响。对于 GPS 这类的高轨卫星，保守力模型比较精确，非保守力难以模型化。相对于大气阻力，光压力最大，于是核心问题就是光压力的模型化，这是整个导航卫星系统在力学方面研究的核心问题。

2015 年之后，我们切换了光压模型，可以看到轨道精度没有呈现出系统性误差，如图 2. 2. 11 所示。

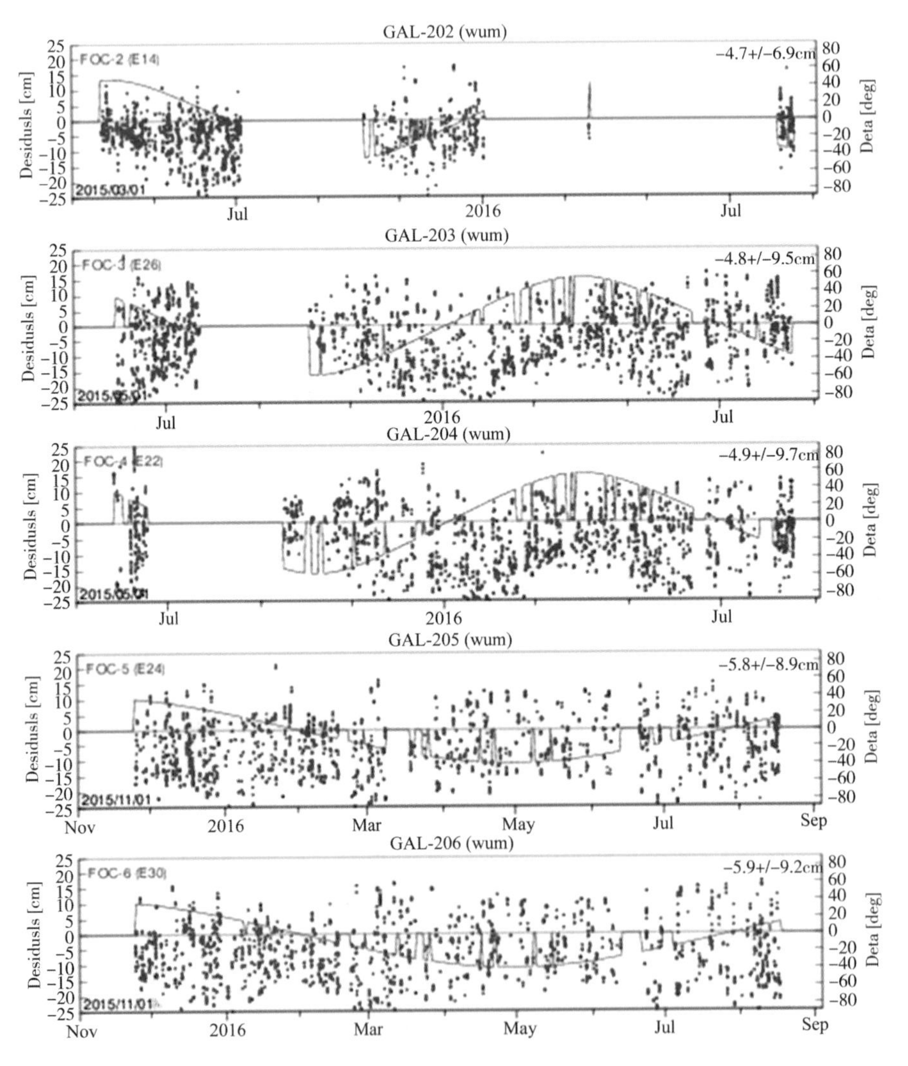

图 2. 2. 11　2015 年之后 Galileo 轨道质量 SLR 监测结果

（图片来源：http：//mgex. igs. org/analysis/slrres_GAL. php

Montenbruck et al（2015）Enhanced solar radiation pressure modeling for Galileo satellites，JoG）

从表 2. 2. 5 中可以看出，德国地学研究中心 GBM 轨道，由于没有进行轨道的光压切换，所以计算出的量级较大。而 Galileo 卫星分为两期：第一期是在轨实验卫星，第二期是正式卫星，由于正式卫星的光压暂未更新，所以 Galileo 卫星相对于 COM 的轨道精度较低。

表 2.2.5　**IGS MGEX 不同分析中心 Galileo 卫星轨道精度比较结果**

SVN	偏差(cm)			标准差(cm)		
	COM	GBM	WUM	COM	GBM	WUM
101	-5.3	0.0	-2.9	6.3	8.5	6.5
102	-5.3	-0.4	-3.4	5.9	8.1	6.5
103	-4.9	-4.9	-3.1	-2.9	6.0	11.2
104	-5.9	-5.5	-4.5	8.5	10.3	8.3
201	-3.0	-2.6	-4.8	4.2	7.9	7.0
202	-2.8	-2.0	-4.7	4.7	8.1	6.9
203	-3.7	-1.9	-4.8	4.6	8.8	9.5
204	-3.9	-2.0	-4.9	5.4	8.8	9.7
205	-3.4	-3.4	-5.8	4.7	8.7	8.9

(4)“北斗”精密定轨

“北斗”系统包括三类，二期共有 14 颗卫星：包括 GEO、IGSO 和 MEO 中轨卫星。三种处于不同轨道特性的卫星，在定轨方面也呈现出了不同的轨道精度。整体而言，GEO 卫星轨道精度最差，因为它相对于地面观测站静止，没有几何条件的变换；IGSO 卫星由于观测条件比 MEO 卫星差、比 GEO 好，所以定轨精度相对较高。但是，“北斗”导航卫星有一个特殊的问题，无论是 IGSO 还是 MEO，都存在着卫星姿态的切换，当卫星切换姿态时，轨道精度会明显降低。图 2.2.12 分别是欧洲定轨中心和我们解算的结果，由于我们在光压上做了一些处理，使得这一段时间的轨道精度较高，详细数值对比见表 2.2.6。

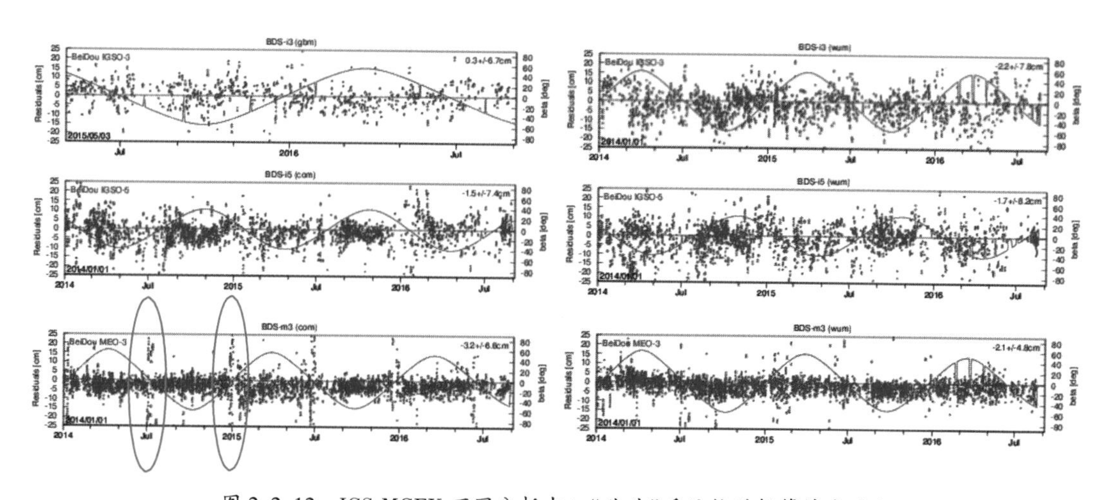

图 2.2.12　IGS MGEX 不同分析中心“北斗”系统轨道解算精度对比

表 2.2.6　　**IGS MGEX 不同分析中心“北斗”系统轨道解算精度对比**

SVN	偏差(cm)			标准差(cm)		
	COM	GBM	WUM	COM	GBM	WUM
G01		-25.1	-27.9	17.5		18.7
I03		0.3	-2.2		6.7	7.8
I05	-1.5	0.2	-1.7	7.4	6.2	8.2
M03	-3.2	-0.9	-2.1	6.6	4.9	4.8

(5)QZSS 精密定轨

日本的 QZSS 卫星也是一种 IGSO 卫星。和“北斗”系统有 IGSO 和 MEO 卫星一致，它采用的姿态控制模式也是动偏和零偏。不难发现，在轨道上，当卫星姿态模式切换时，定轨精度显著降低。定轨精度与 QZSS 卫星姿态切换的关系如图 2.2.13 所示。

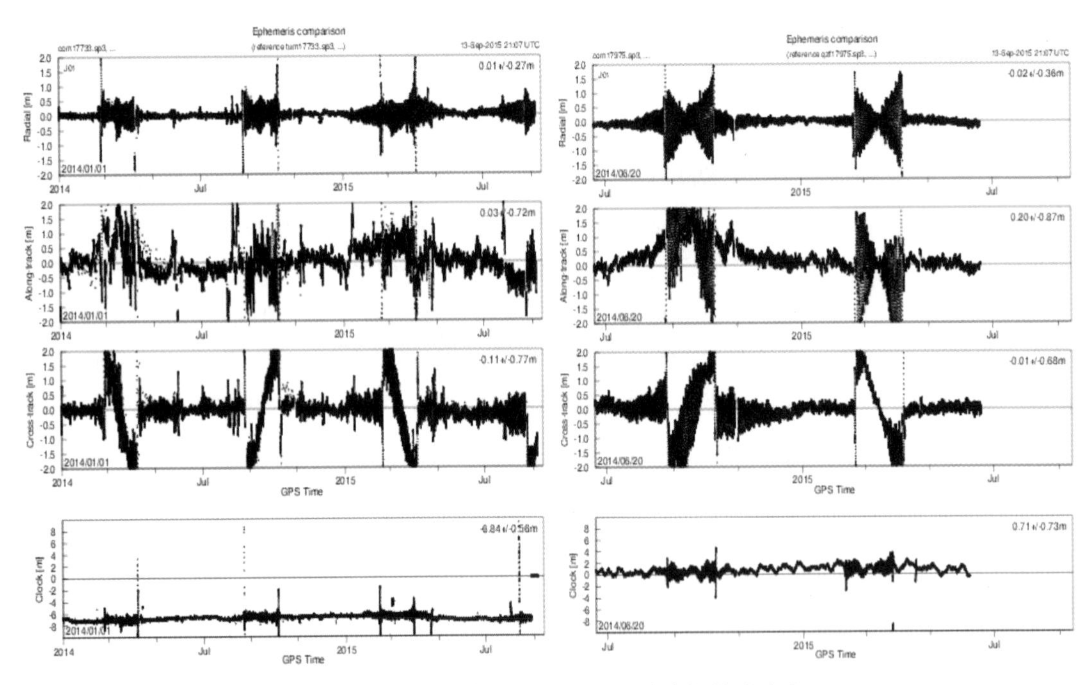

图 2.2.13　定轨精度与 QZSS 卫星姿态切换的关系

QZSS 激光检验结果如图 2.2.14 所示。此外，QZSS 还有一个特点和 Galileo 卫星系统相似，即它的激光残差呈现出周期性变化。因此，相较于 GPS 和 GLONASS 卫星，QZSS 卫星定轨更困难，需要更详细的光压研究。对于新发射的 Galileo 卫星、“北斗”卫星和 QZSS 卫星，由于其都具有自身的特性，所以在定轨方面存在一系列相应问题。过去几年，我们一直在致力于解决这些问题。

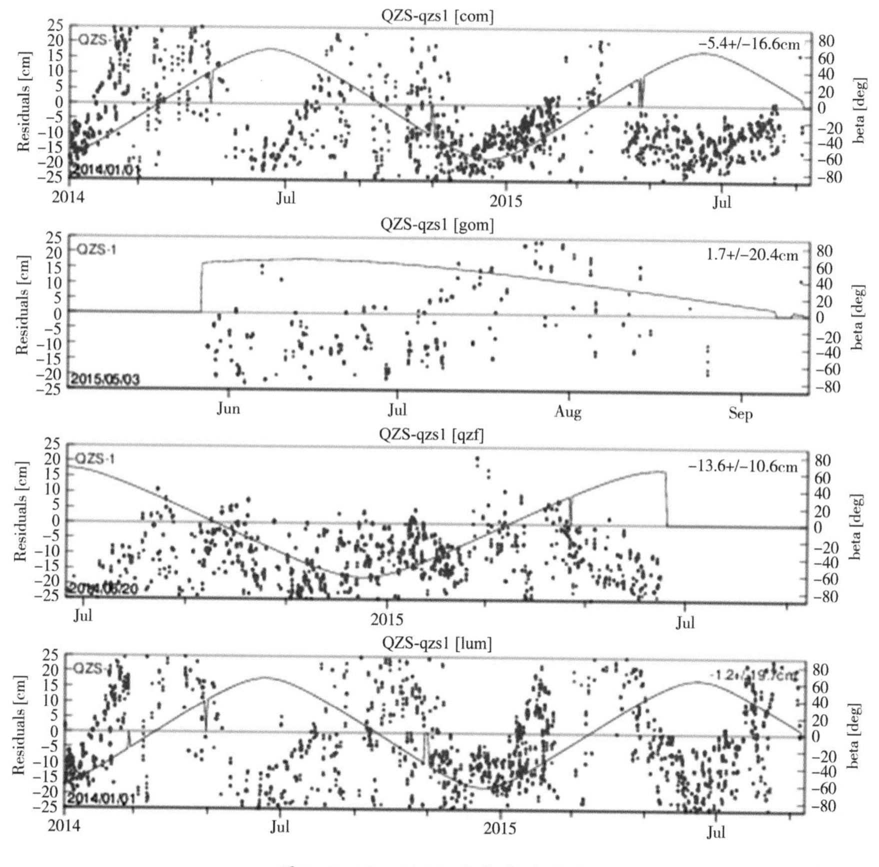

图 2.2.14　QZSS 激光检验结果

3. 导航卫星精密定轨的关键问题

(1)姿态

在讨论问题之前，我们提到过"北斗"和 QZSS 的定轨精度与姿态相关。由姿态引起的误差会体现在两方面，分别是几何量的改正和动力学的改正，最终影响轨道和钟差。这种误差不只存在于"北斗"和 QZSS 系统，在 GPS 和 GLONASS 系统上也有存在。图 2.2.15 引用的是其他研究学者对 GPS BLOCK-IIF 卫星所做的研究结果。当姿态模型不精确时，卫星在地影期间会发生定轨残差跳跃现象；当姿态模正确时，残差几乎是一个平的白噪声。在地影期间，钟差也会发生变化，若钟差不稳，则会对实时应用产生非常大的影响。

接下来，我们具体讨论"北斗"和 QZSS 卫星的姿态问题，如图 2.2.16 所示，共有动态偏置和零偏置两种模式。零偏置是指定向保持不动，卫星姿态没有偏航角变化。

实际上，姿态可以用时间数据反算得到，目前已有一定的研究结果。德国宇航局和我们分别研究了 QZSS 和"北斗"系统。图 2.2.17 可以明显看到姿态控制的变换过程，红色曲线表示理论姿态变换，黑色或蓝色曲线表示实际姿态变换。

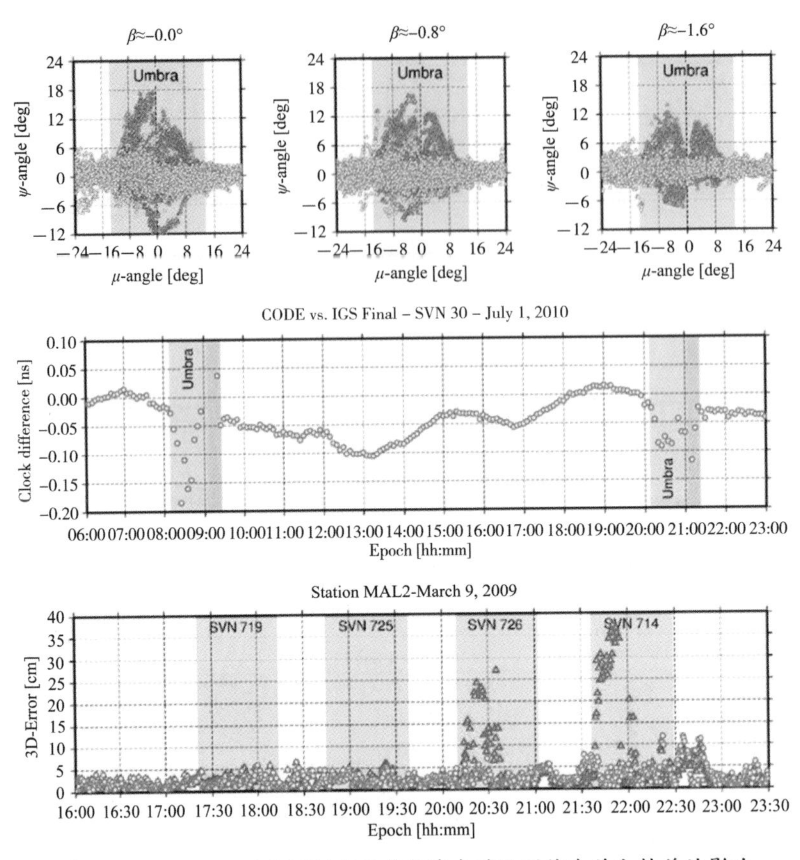

图 2.2.15　GPS BLOCK IIF 卫星偏航姿态对观测值残差和钟差的影响

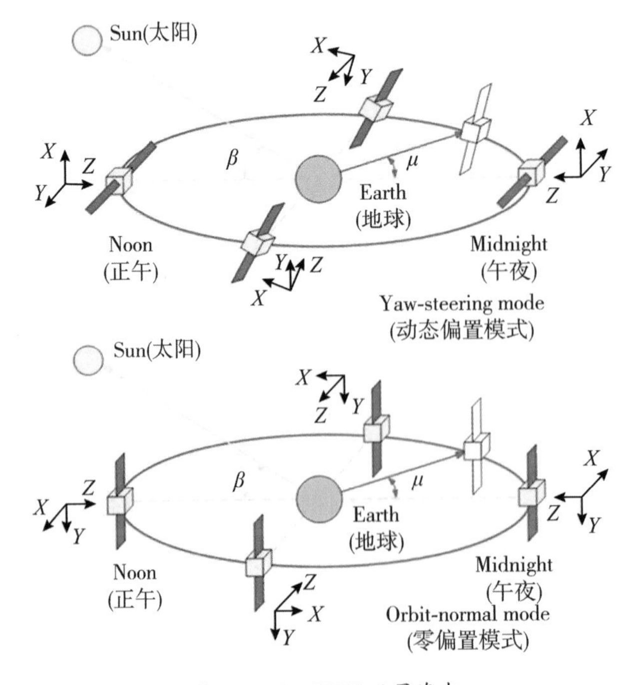

图 2.2.16　GNSS 卫星姿态

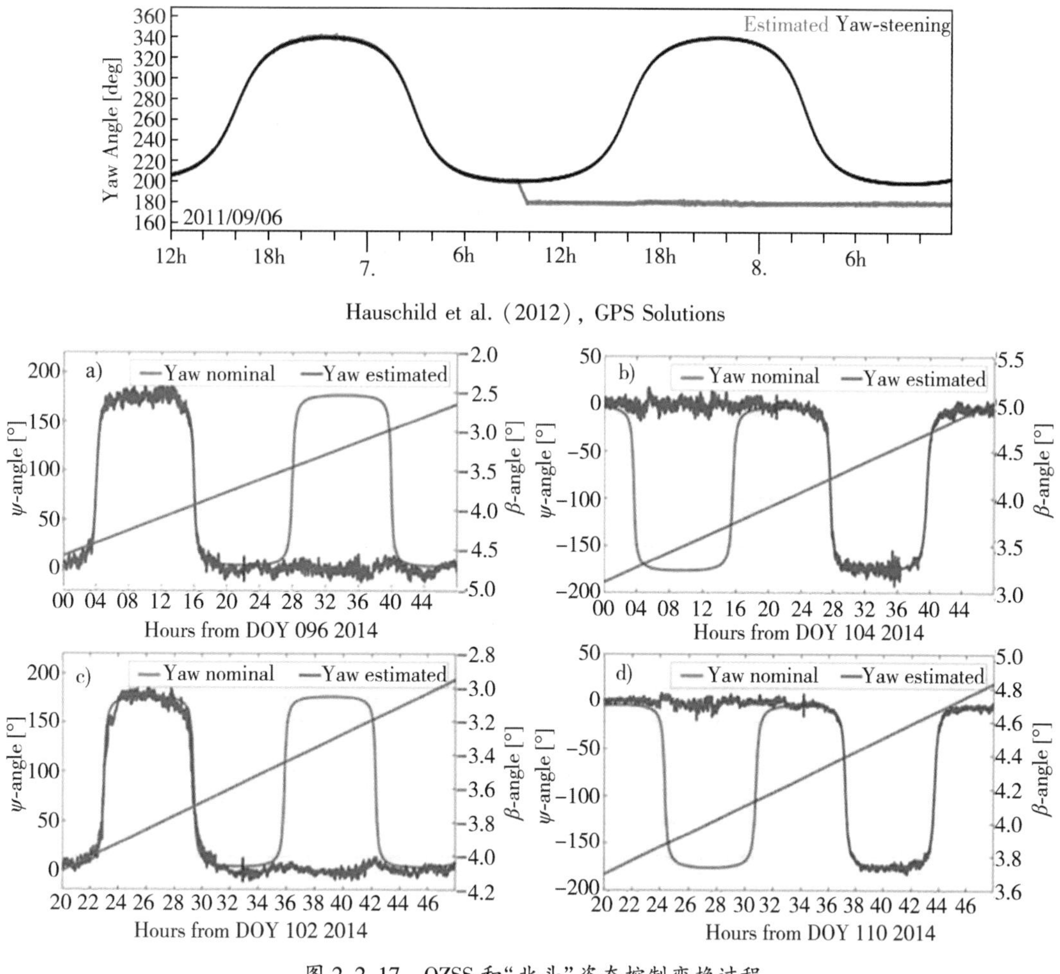

图 2.2.17　QZSS 和"北斗"姿态控制变换过程

现以 GPS 和 GLONASS 为例，展现卫星姿态变化对轨道和钟差产生的影响。可以明显看到，地影期间的姿态变化会导致轨道精度衰减。图 2.2.18 为偏航姿态对卫星轨道和钟差的影响。图 2.2.19 为 2013 年 SVN734（R05）与 IGS 最终轨道和 GFZ 最终钟差差异 RMS 值。

(2)光压

姿态模型精确以后，需要探讨的核心问题是光压力(早期 GPS 也存在着光压力)。如果把激光的整个变化过程展开成一幅根据太阳高度角和轨道面卫星相对于远日点的μ角绘制的影像图，如图 2.2.20 所示，可以发现一个非常有意思的现象，即在地影期间，残差变大，说明此时卫星轨道不精确。另外，由于激光残差取均值，如果是白噪声，均值应该为 0，但实际上存在着 4~5cm 的常量偏差。许多国外学者经研究认为，该常量偏差是由地球反照辐射引起的，而激光残差是由光压力模型引起。

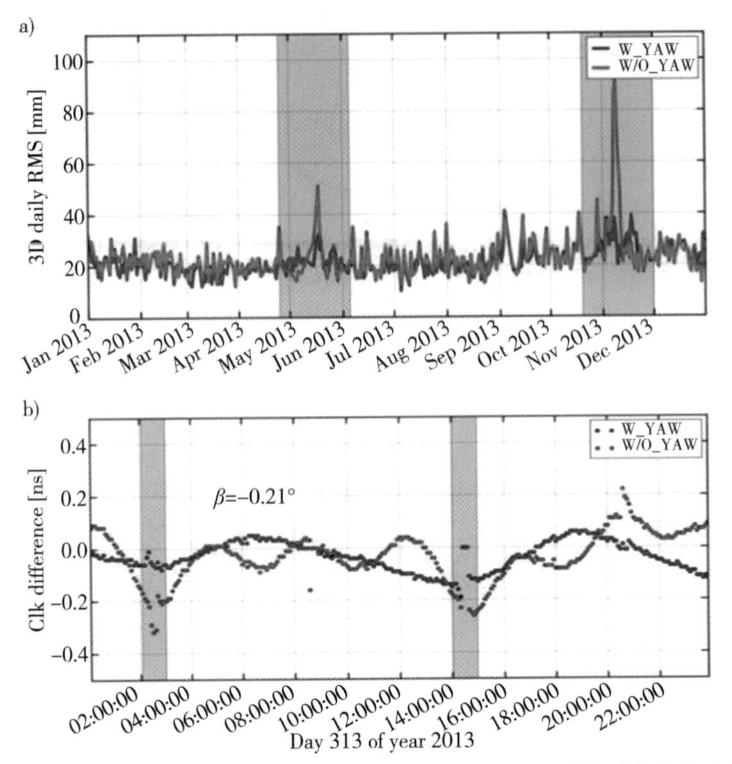

图 2.2.18　偏航姿态对 GPS BLOCK IIF 型 SVN62（G25）卫星轨道和钟差的影响

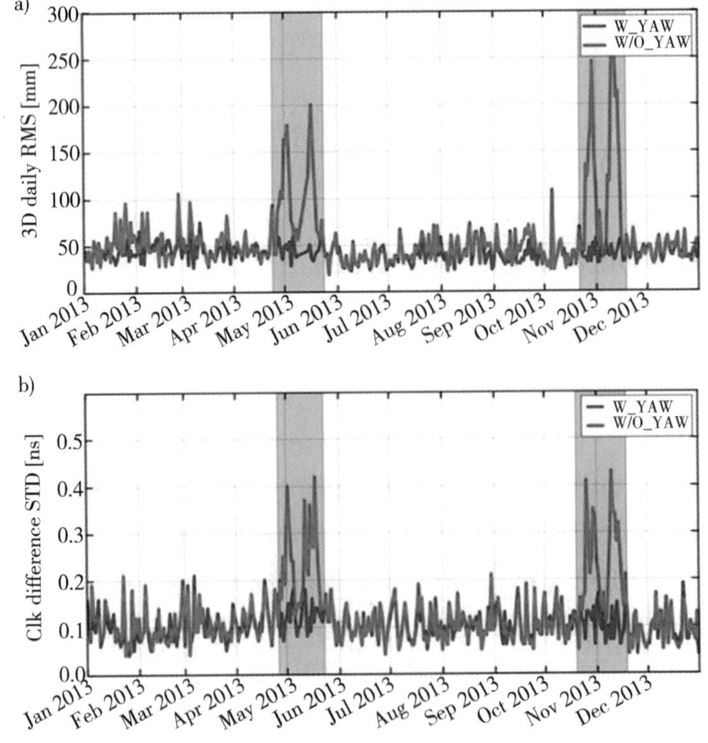

图 2.2.19　2013 年 SVN734（R05）与 IGS 最终轨道和 GFZ 最终钟差差异 RMS 值

对于 GPS 或 GLONASS 卫星，光压主要反映在地影区，因为在地影区以后，卫星的姿控模式发生了变化。

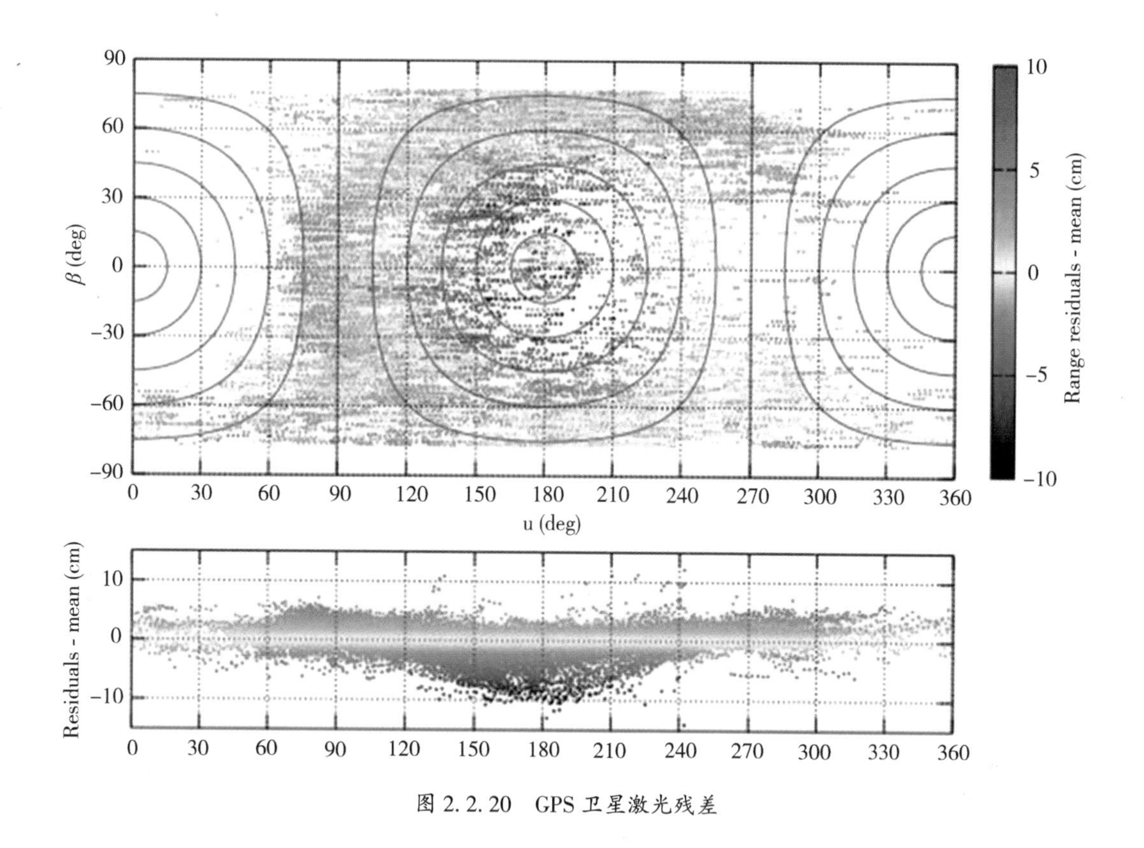

图 2.2.20 GPS 卫星激光残差

由此引出了两个研究方向：①地球反照辐射建模(目前已有较成熟的研究成果)。包括提高轨道精度、减少轨道、站坐标、EOP、地心等参数中的交点年误差，以及 0.5 ppb 尺度影响。②地影期间光压力建模。包括精确模型化卫星姿态以及构建光压力模型。目前在定轨时，光压力主要采用类似于傅里叶级数的形式模型化，而可以采用 Box-wing 模型构建光压力来提高在地影期间的精度。实际上，光压力模型化有两类方法：第一种是傅里叶级数，为纯数学表达式，无物理意义；第二种是从纯物理的角度计算每一个面的受力，根据每个面的面积、热属性、物理属性、入射光照条件来计算受力大小。模型越精确，计算的受力结果也越精确。但是实际上我们无法精确获得整个卫星的结构，因此可将卫星简化为具有两块板的长方体或立方体，想象为拥有两个翅膀的盒子——Box-wing。由以上描述的简化的卫星构造，可以提高 GPS 在地影期间的定轨精度(以上只针对于 GPS 和 GLONASS 卫星的研究)。

随着新卫星的发射，新的问题也随之产生：图 2.2.21 所示为“北斗”IGSO 卫星 SLR 残差，可见“北斗”或是 QZSS 在姿态转换期间后，轨道降低。实际上，根据激光检测结果，轨道误差不仅存在于姿态转换期间，在正常姿态，如动偏姿态时，也存在轨道误差。轨道误差和 μ 角(轨道角)存在相关性，如图 2.2.21 所示，达到误差峰值，误差随角度的变化呈中间高两边低的曲线关系。

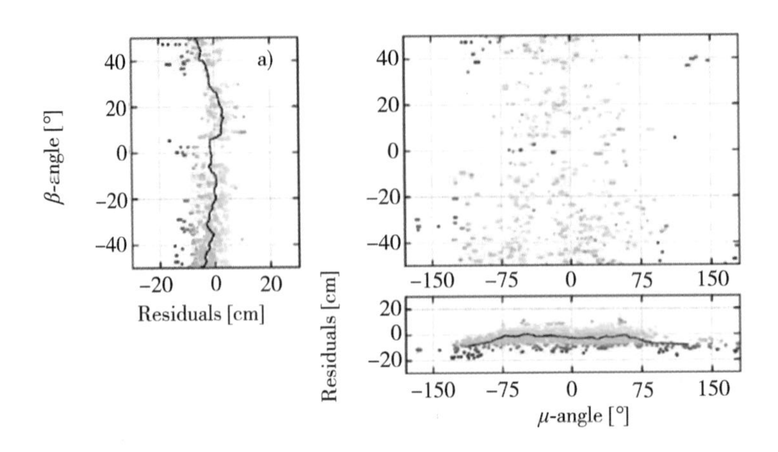

图 2.2.21 “北斗”IGSO 卫星轨道误差

对光压模型进行调整后，可以减少“北斗”IGSO 和 MEO 定轨时光压产生的系统误差，使得轨道误差主要集中在地影期间，非地影期间不会出现峰值，即非地影期间误差量级变小。图 2.2.22 为光压模型调整后的“北斗”IGSO 卫星轨道误差。

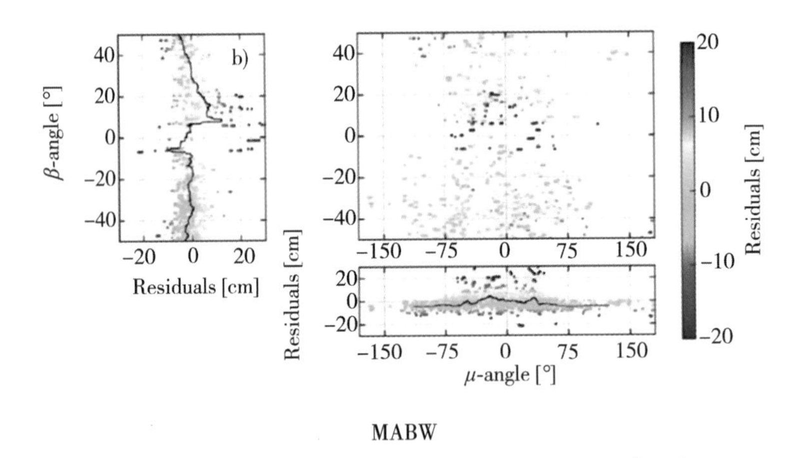

MABW

图 2.2.22 光压模型调整后的“北斗”IGSO 卫星轨道误差

对于零偏期间的定轨，可以采用较为简单的方法，即额外引入受约束的切向常量加速度参数来降低由姿控引起的光压力不精确的误差，从而提高姿态转换期间的定轨精度。图 2.2.23 为 IGS MGEX 不同分析中心“北斗”IGSO 和 MEO 卫星轨道 SLR 残差序列。

对于北斗 GEO，可以延续之前的思路，即用分析性模型来精确模拟受力情况以提高定轨精度。整体而言，构建的模型需要能够在保持标准差不变的情况下有效减少激光的常量偏差，改善卫星轨道和 μ 角的相关性，如图 2.2.24 所示。表 2.2.7 为不同光压模型下“北斗”GEO 轨道重叠弧段比较。

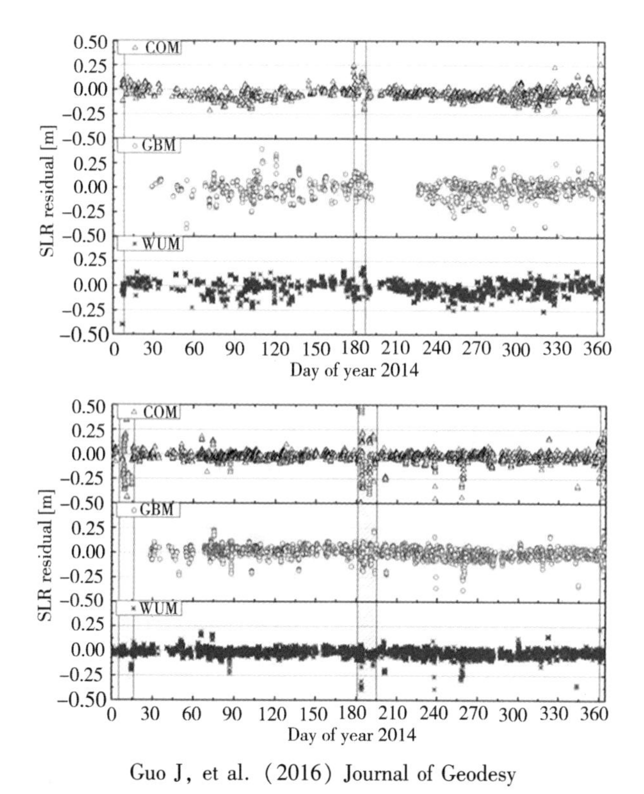

Guo J, et al. (2016) Journal of Geodesy

图 2.2.23 IGS MGEX 不同分析中心“北斗”IGSO 和 MEO 卫星轨道 SLR 残差序列

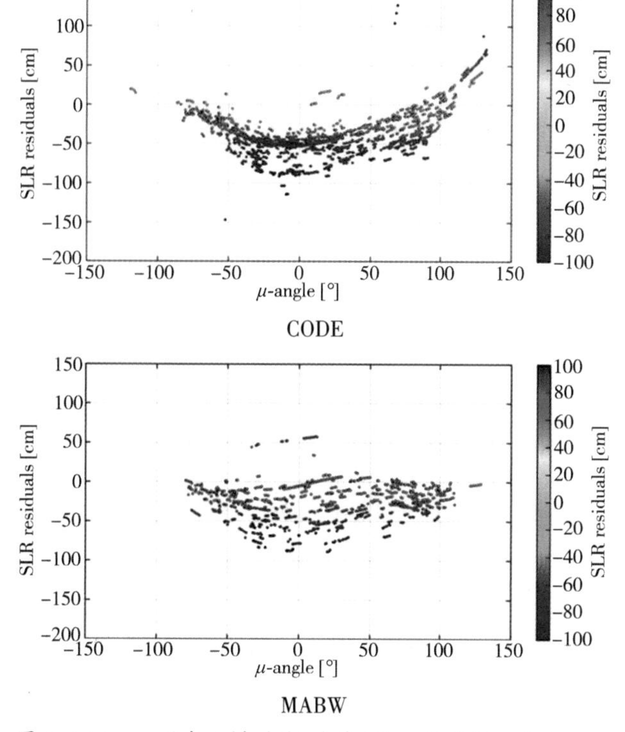

图 2.2.24 不同光压模型的“北斗”GEO 轨道 SLR 检验结果

表 2.2.7 不同光压模型下“北斗”GEO 轨道重叠弧段比较

单位（cm）	ABW	CODE	MABW
切向	77.3	78.3	78.5
法向	66.6	7.2	9.7
径向	12.2	7.7	12.7
偏差	-22.8	-45.8	-25.5
标准差	25.5	28.2	28.2

对于 QZSS，实际上它的成因和“北斗”相类似，但仍有其特有的原因，体现在两方面：一是姿态转换引起零偏期间轨道精度降低；二是由卫星长方形形状引起的动偏期间轨道角和太阳高度角之间的系统性误差。我们将 Box-wing 作为先验值，结合大量数据，拟合得到模型系数，通过构建先验光压模型来增强 CODE 模型，以消除 QZSS 卫星零偏期间和动偏期间的系统性误差。图 2.2.25 为基于不同光压模型的 QZSS 轨道重叠精度。

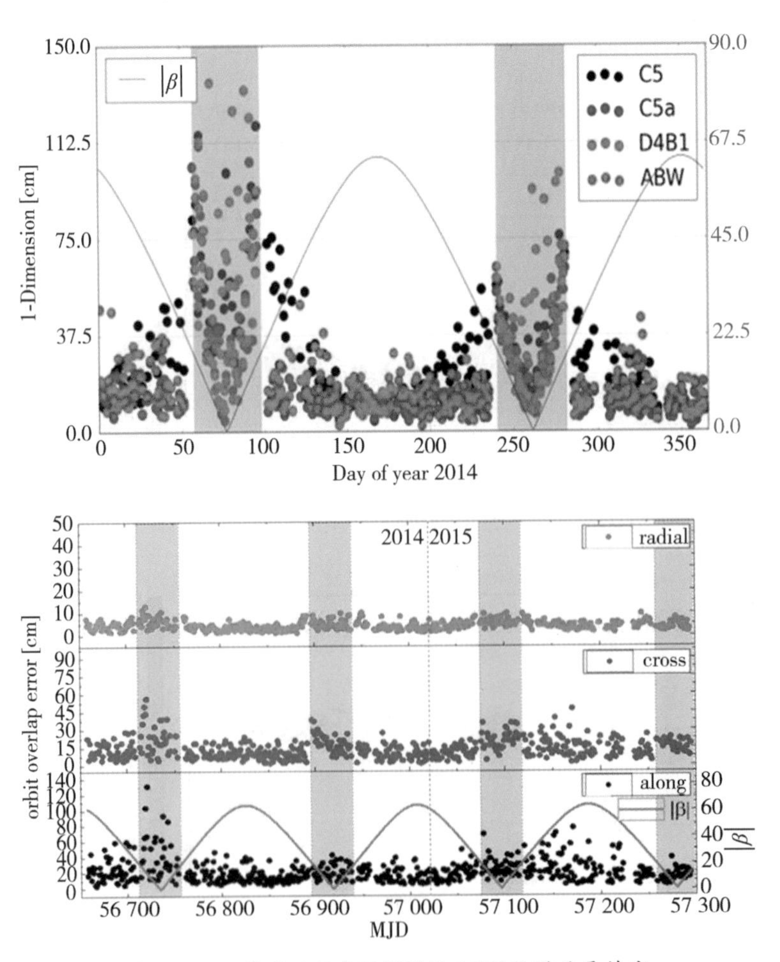

图 2.2.25 基于不同光压模型的 QZSS 轨道重叠精度

基本而言，相对于 CODE 模型(纯经验性模型)，我们构建的模型将大幅度提高 QZSS 卫星零偏期间的定轨精度。表 2.2.8 是 QZSS 增强光压模型与 CODE 模型定轨结果的比较。

表 2.2.8　**QZSS 增强光压模型与 CODE 模型定轨结果的比较**

Solution	Year	动偏			零偏		
		Mean	Sdev	RMS	Mean	Sdev	RMS
CODE	2014	−6.82	14.55	16.07	13.98	49.72	51.65
	2015	−3.45	13.21	13.65	3.98	26.83	27.12
Enhanced SRP	2014	−5.59	5.98	8.19	7.22	14.62	16.31
	2015	−4.46	7.04	8.33	1.88	14.11	14.23

图 2.2.26 为激光检验序列，可以发现和太阳高度角相关的误差都被削弱，在零偏期间也得到了大幅度的削弱。但仍存在一个问题，即当太阳从轨道面下方穿越轨道面进入轨道面上方时，会发生跳跃，这个问题亟待解决。

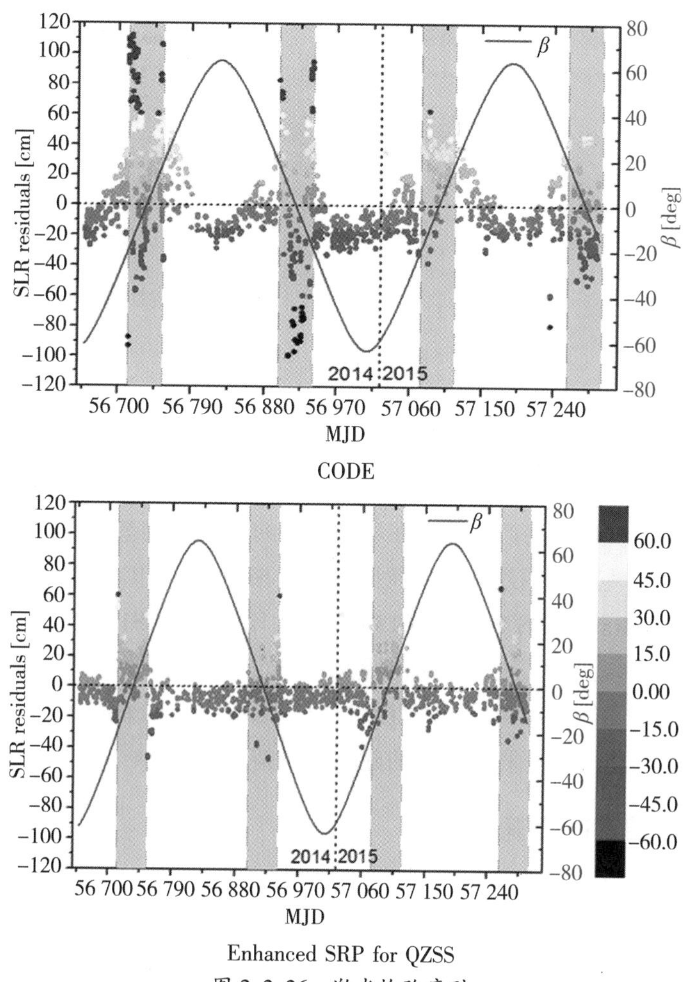

图 2.2.26　激光检验序列

关于 Galileo 的光压问题，德国宇航局最初建立 Galileo 光压模型时，认为引起 Galileo 光压问题的主要原因在于其形状为长方体而非立方体，从而导致受力面不对称，轨道呈现出蝴蝶结形状。当太阳面和轨道面夹角减小时，误差变小，反之误差会变大。最近有学者认为，上述问题是由物理模型的热辐射力引起，如图 2.2.27 所示，此观点还需作进一步验证和探讨。

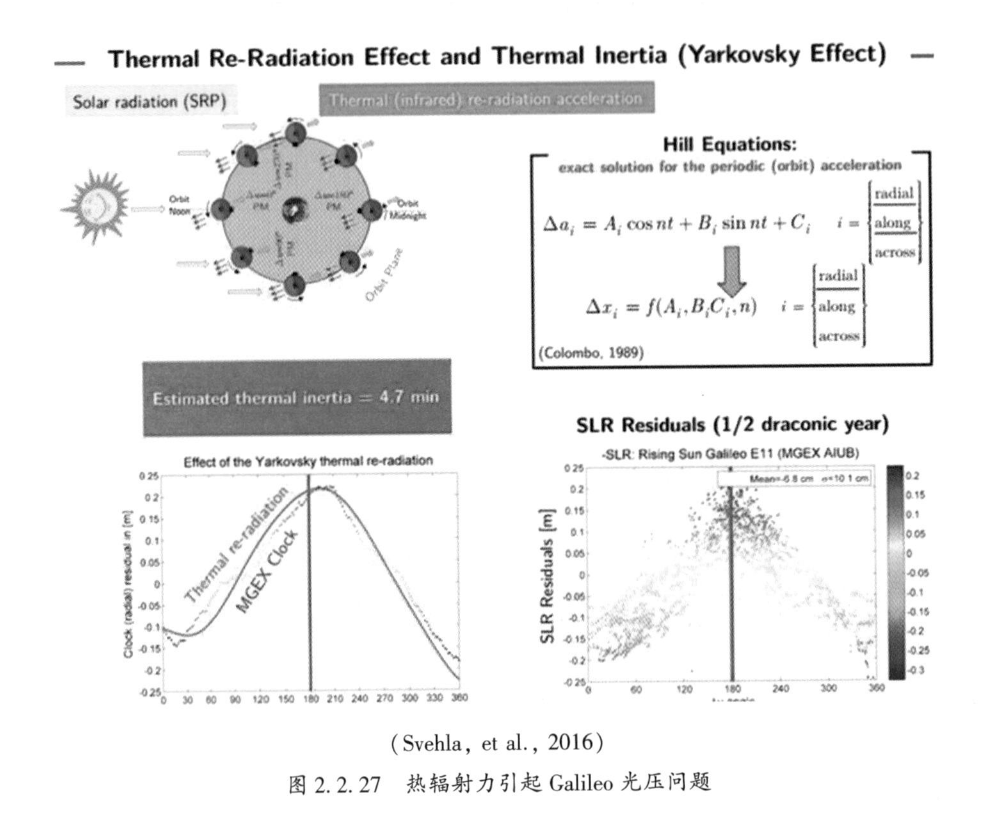

（Svehla, et al., 2016）

图 2.2.27　热辐射力引起 Galileo 光压问题

另外一个值得探讨的问题是 GPS 轨道交点年误差。当利用时间序列方法来分析 GPS 轨道或站坐标时，会发现这些产品都存在着 363 天的系统性误差。目前认为该误差的成因主要有以下 4 个：①轨道模型或大气负荷压(Amiri-Simkooei, JGR, 2013)；②EOP 潮汐改正误差(Griffiths and Ray, GPS Solut, 2013)；③大气和海潮 S1、S2 分潮误差(Tregoning and Watson, JGR, 2009, 2011)；④测站多路径(King and Watson, JGR, 2010)。我个人认为前两个是主要原因，但具体情况还需继续探讨。当交点年误差减弱，即剔除轨道和站坐标的系统性误差后，将十分有利于框架的建立和维持。

4. 低轨卫星精密轨道确定

(1)GRACE 卫星精密定轨

接下来讨论低轨卫星的精密定轨。和 GNSS 卫星相比，低轨卫星的定轨并不复杂。因为目前大部分低轨卫星均搭载星载 GNSS 卫星，包含单系统 GPS 或者双系统 GPS+"北斗”、GPS+Galileo。同时，低轨卫星也不涉及站坐标问题，除非做双差定轨。既然不涉及地面系统，那么只需知道导航卫星的轨道和钟差，以此作为时空基准来解算低轨卫星在每个时刻的位置，解算方法有几何法、动力学法等。以 GRACE 卫星为例，GRACE 卫星为 2002 年发射的一颗重力卫星，该卫星极大地推动了对低轨卫星精密定轨和地球重力研究。图 2.2.28 为 2013 年 1 月的动力学定轨结果，上面为 A 星，下面为 B 星。与美国空气动力实验室(JPL)解算的轨道结果相比，差异基本在 3cm 内，径向差异约 1cm。之所以关注径向差异，是因为径向轨道主要受保守力影响，可用于重力反算，此外测高卫星也需重点关注径向。图 2.2.28(a)显示的是双卫星，因为 GRACE 卫星在测量地球重力场变化时，需要在两颗卫星之间架构星间测距和测速系统。图 2.2.28(c)所示为所确定的轨道与星间测距比较结果，统计表明两颗星的相对定轨精度可以达到 1mm 左右。

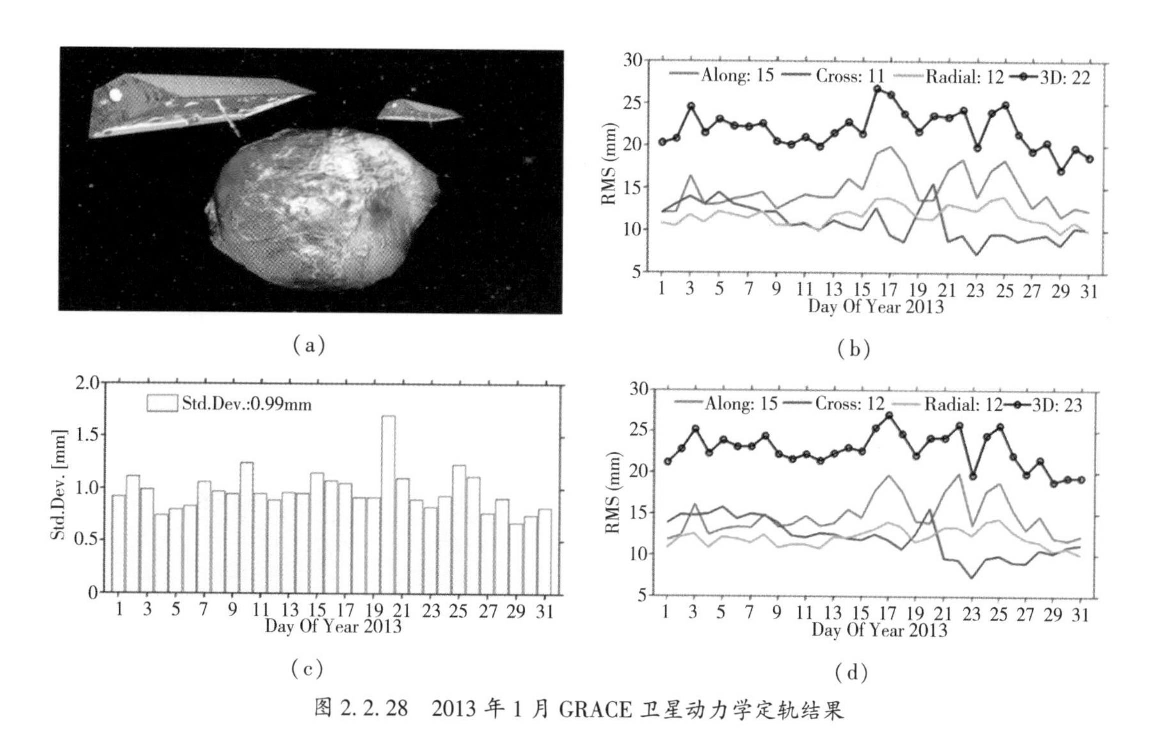

图 2.2.28 2013 年 1 月 GRACE 卫星动力学定轨结果

(2)“海洋”2A 卫星精密定轨

“海洋”2A 卫星和“资源”三号卫星搭载的星载接收机都是由航天恒星 503 自主研发而成。与“资源”三号卫星相比，“海洋”2A 卫星的一个优点是姿态更稳定，而“资源”三号卫星的姿控能力相对较弱。所以从定轨上来讲，“海洋”2A 卫星的定轨精度比“资源”三号卫星高，“资源”三号卫星的定轨精度可达 4~5cm。图 2.2.29 为 2011 年 10 月至 2014 年 1 月期间，“海洋”2A 卫星定轨结果，整体上轨道误差为 3cm 左右，与 GRACE 卫星的定轨结果相比，可以明显看出，我国硬件技术实力有了飞跃式提升。此外，“海洋”2A 卫星购买了法国的 DORIS 系统，并搭载了激光测距仪，该仪器所用棱镜是由我校电子信息工程学院的一位老师所做。我们尝试用这三个系统进行单系统和多系统的联合定轨，并获得了一系列轨道，定轨结果与激光检测结果相比为 1~2cm。如表 2.2.9 所示，重复弧段的结果最好，其径向可以达到 1cm 以内。以上两个例子展现了目前能实现的低轨卫星定轨精度，尤其是我国低轨卫星精密定轨发展水平。

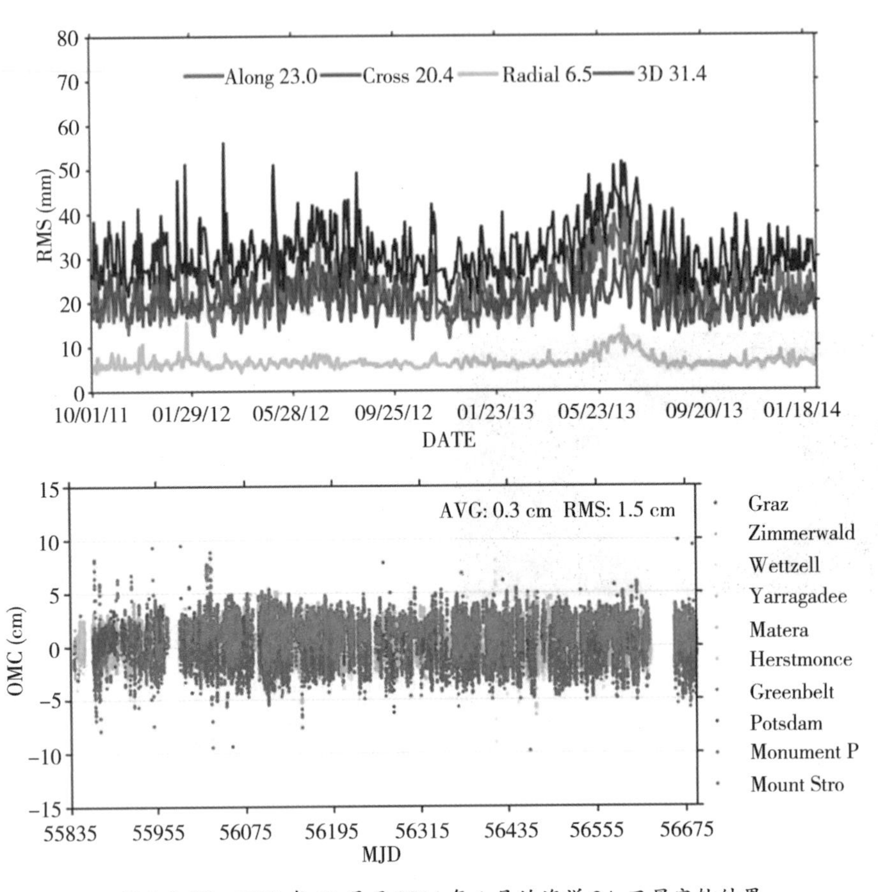

图 2.2.29 2011 年 10 月至 2014 年 1 月的海洋 2A 卫星定轨结果

表 2.2.9 单系统和多系统联合定轨结果

轨道	相对于 CNES（mm）		重复弧段(mm)		SLR 检核(mm)	
	径向(RMS)	3D（RMS）	径向(RMS)	3D（RMS）	径向	RMS
GPS	6.3	32.6	5.5	20.6	0.5	17.5
GPS+DORIS	6.4	32.5	5.3	19.8	0.4	17.6
GPS+SLR	6.3	32.4	5.5	20.2	0.3	16.6
GPS+DORIS+SLR	6.3	32.3	5.3	19.5	0.3	16.9
DORIS	10.0	52.7	7.5	43.3	0.9	27.8
DORIS+SLR	9.2	49.3	8.0	47.3	0.6	18.4

导航卫星的轨道主要受光压力和姿态影响，低轨卫星由于轨道低，所受的力除了光压力之外还有大气阻力。其他的一些保守力模型，其力的量级也要高于 GPS，导致在轨道方面就可以看到力学模型误差的影响。下面以 GOCE 卫星为例。首先是观测数据的影响，图 2.2.30(a)为 GOCE 卫星全球 GPS L2 频率观测量的缺失情况，该缺失情况与电离层变化有关，并且最终会影响轨道确定精度。从图 2.2.30(b)中可以看出两极附近出现了较大的轨道跳跃情况。

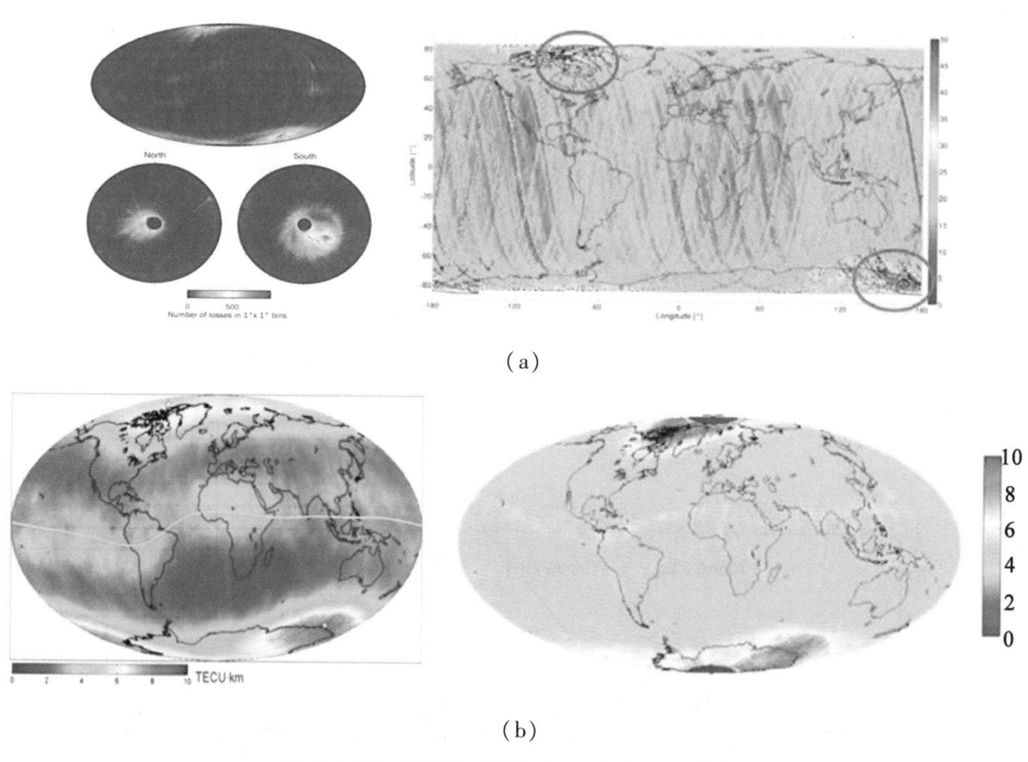

(a)

(b)

图 2.2.30　GOCE 卫星全球 L2 频率观测量情况

对于导航卫星，此次报告只讨论非保守力的相关内容，接下来探讨保守力。下面给出了四幅图(如图 2.2.31 所示)，分别是两类大气负荷压、水文(水文会引起时变重力场的变化)以及前三者的综合。计算低轨时，非保守力的不精确使用会对轨道产生影响，这种影响将呈现出和地理位置相关的变化。实际上，就一般用户而言，这种误差并非至关重要。例如，“资源”三号卫星，其 1m 分辨率的影像就足以使用。但是对于“海洋”2A 卫星或者其他测高卫星进行科学研究时，如反演海洋潮汐的变化或环流、风场、海平面的变化，则绝对不能出现地理性误差，否则将对下一阶段产品的解释产生重大影响。

除此之外，定轨还会受到光压力和阻力的影响，此时光压力的表现远小于在 GPS 上的量级。图 2.2.32 为“海洋”2 号卫星为时两年多的数据，在地影期间，卫星轨道出现了隆起。

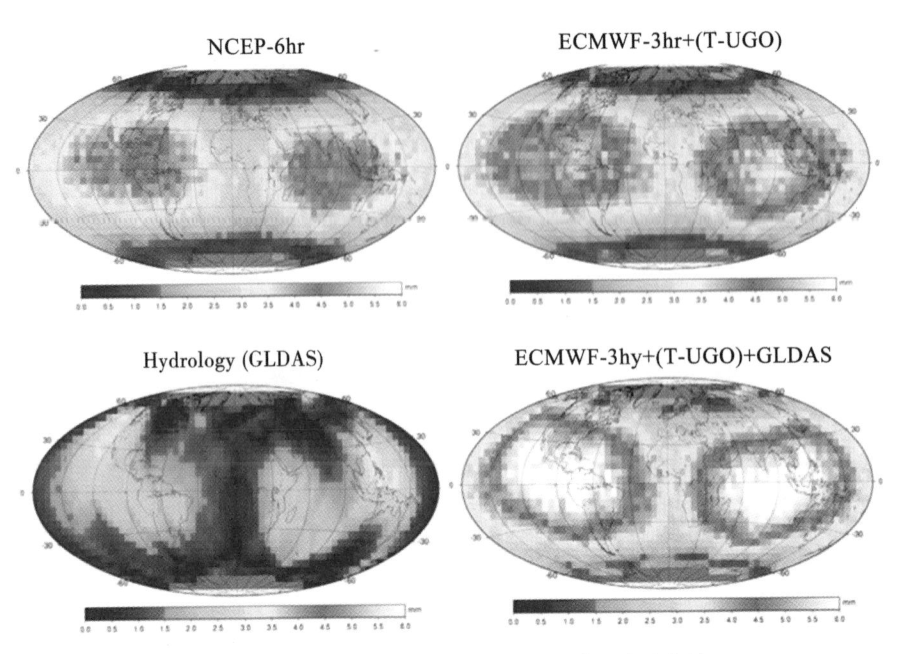

图 2.2.31 两类大气负荷压、水文以及前三者综合情况

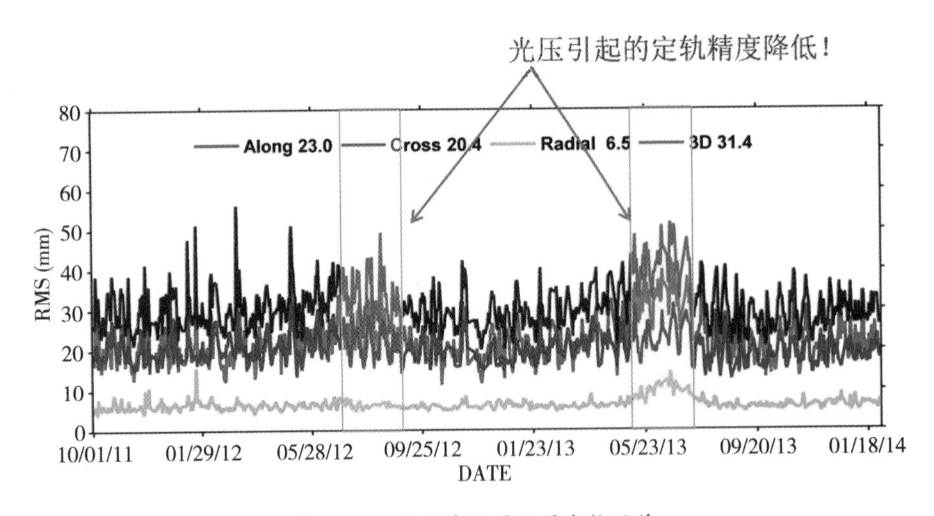

图 2.2.32 “海洋”2 号卫星定轨误差

在观察美国 Jason 卫星时，可以发现其激光检测和太阳相对于轨道面的高度角也存在着强烈的相关性，如图 2.2.33 所示。

该误差实际上也会呈现出一种地理性变化，但是光压模型尤其是对于低轨卫星而言会相对复杂，而且由于卫星自身的差异、轨道的不同或者受其他因素影响，每颗卫星的误差地理分布也不同(如图 2.2.34 所示)，然而非保守力的影响却仍旧基本固定。

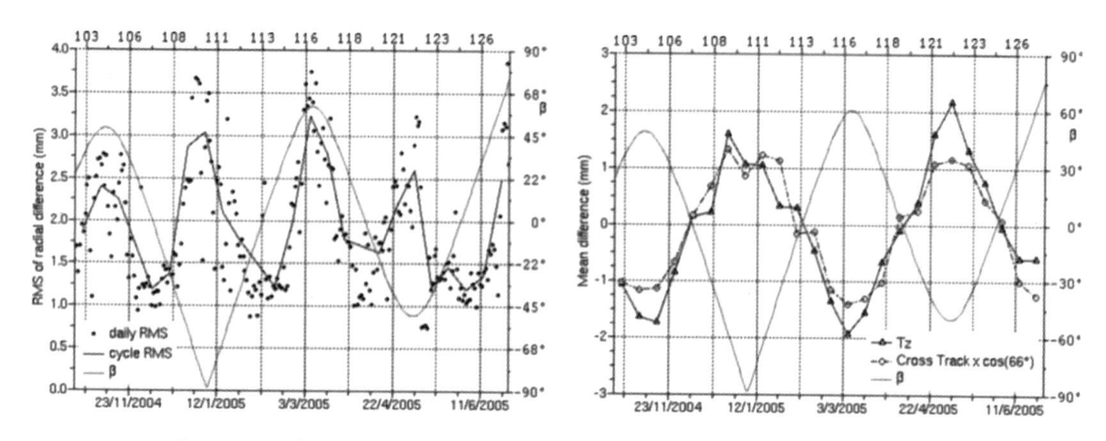

图 2.2.33 美国 Jason 卫星激光检测与太阳相对于轨道面高度角的曲线分布图

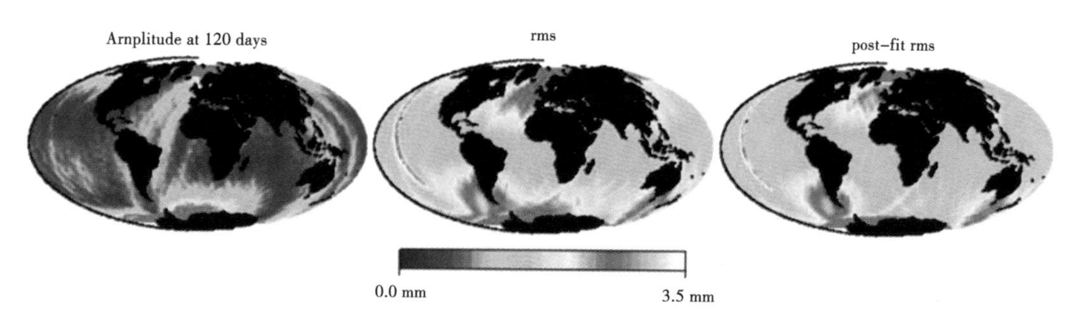

图 2.2.34 卫星的误差地理分布图

5. 导航和低轨卫星融合

至此，我们已经讨论了导航卫星和低轨卫星在定轨和力学上的关键问题，接下来我们要进一步探讨其融合问题：

①低轨增强高轨，纯粹的系统间融合。

a. 增强导航卫星轨道。低轨卫星搭载星载接收机跟踪导航卫星信息，功能类似于地面站，以此反算导航卫星轨道；

b. 导航卫星相位中心校正；

c. 其他大地测量参数校正。

②低轨导航星座：低轨卫星作为导航卫星播发导航信号。

图 2.2.35 是我国 2011 年“风云”3C 卫星，搭载的接收机可以跟踪“北斗”和 GPS 信号。“北斗”卫星的解算，尤其是 GEO 实际上要受到观测条件的约束，而低轨卫星相对于 GEO 有一个运动状态，其几何条件会发生变化。加入低轨卫星后，地面站联合低轨卫星，使得 GEO 轨道精度有所提高。如图 2.2.36 所示，使用较少的地面站(红色标注)，轨道精度提高明显，若使用全球地面站，则轨道精度提高幅度相对较小。同时，对于 IGSO 和 MEO，也存在类似作用。

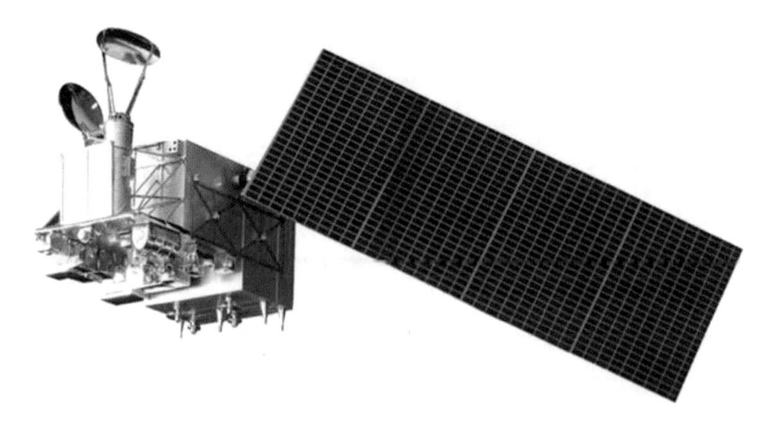

图 2.2.35 “风云”3C 卫星

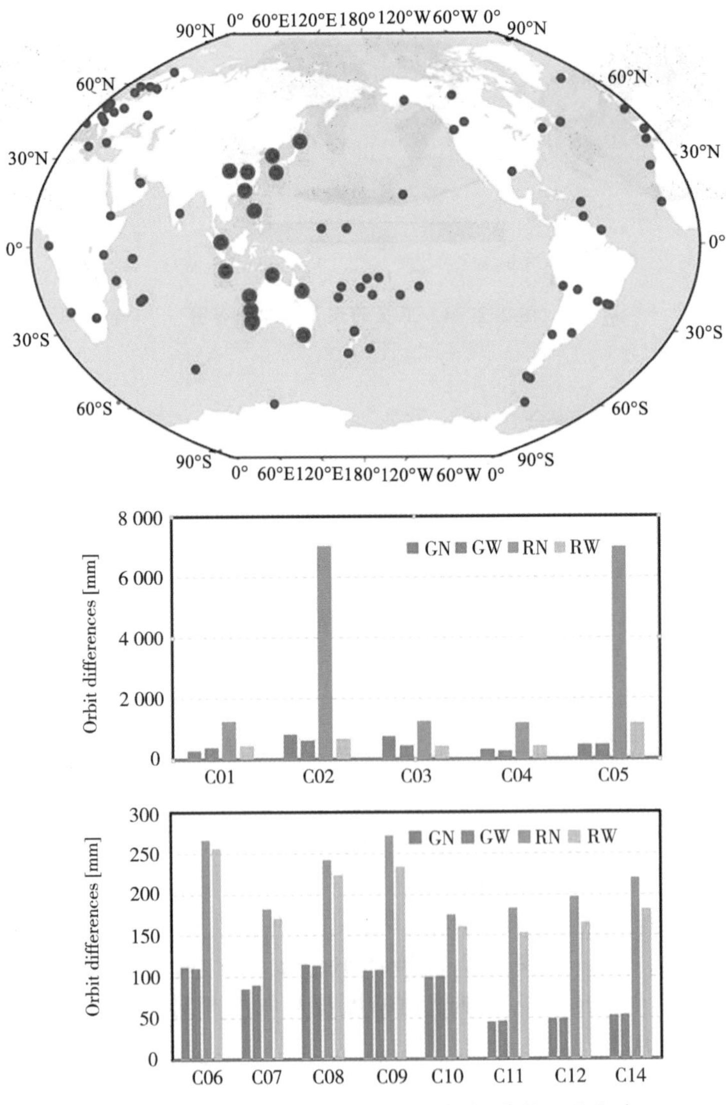

图 2.2.36 “风云”3C 卫星增强“北斗”导航卫星轨道

其次，我们还可以用低轨卫星数据来改进导航卫星模型，比如校正天线相位中心。如图2.2.37所示，当只用地面站数据时会受到观测条件的约束，观测天顶角最多只有约14°，而加入低轨卫星后，天顶角可以达到17°。因此，同时使用低轨卫星和导航卫星，不仅能够提供相位中心估值，还可以提高整个框架的稳定度，尤其是在转换参数方面。此外，目前我们正在研究低轨卫星为导航卫星播发信号，由于导航卫星运行轨道较高，相对于低轨卫星的运动，它的跟踪时间大概为1.5h，其几何条件的变化没有低轨卫星快，低轨卫星的跟踪时间约为20min。几何条件的变化将对定位速度产生较大影响，目前我们用导航卫星做实时应用时，从初始精度到厘米级定位精度的跨越需要20min的收敛时间。假设有60或80颗卫星，其中低轨卫星也能播发导航信号，则仿真结果大概可以在2min之内完成从米级到厘米级的定位跨越。由此，我们目前所讨论的实时定位系统在数据处理方法上将会有较大改变，据我所知，李德仁院士领衔的"珞珈"一号卫星的项目已经在考虑验证该概念。

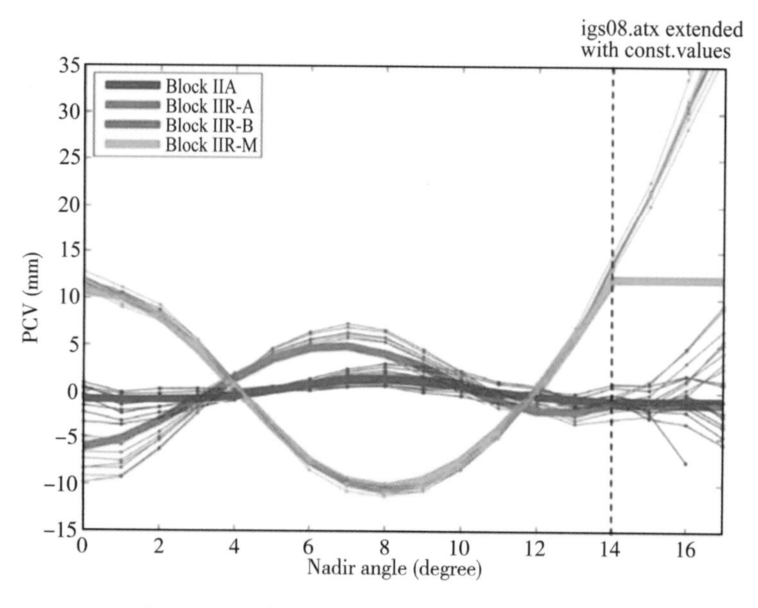

图2.2.37 利用低轨卫星数据校正天线相位中心

6. 卫星轨道应用

举例说明，利用GRACE轨道和星间链路反算时变重力场。图2.2.38为利用PANDA软件和动力学方法、轨道、KBR数据联合解算的2006年GRACE时间重力场变化情况。研究时间场的变化情况，可以从中发现地球内部质量的迁移过程。简单来说，从图中可以看到格林兰岛在一整年内冰雪累积消融的全过程，对于诸如非洲大陆、亚马孙流域、中国长江流域、恒河流域以及南极来说，可以深入认识地球质量的迁移过程，因此具有十分重大的研究意义。

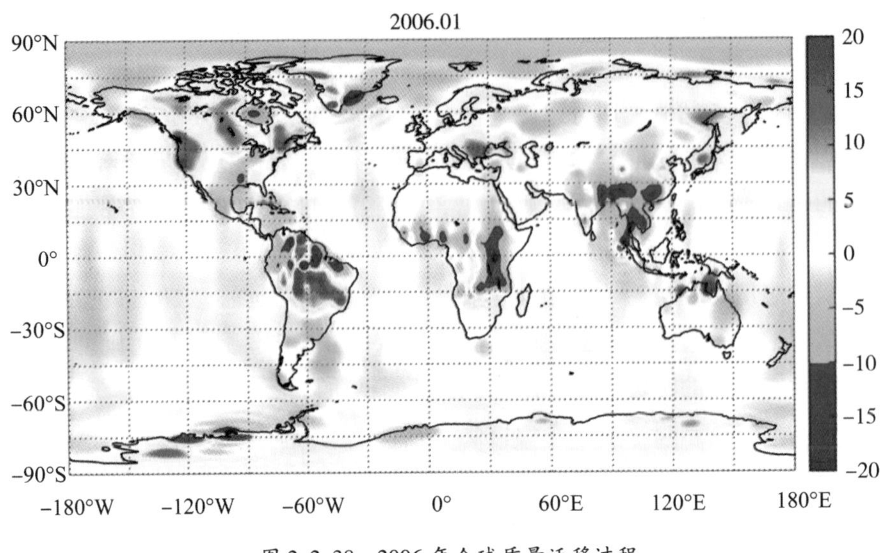

图 2.2.38　2006 年全球质量迁移过程

图 2.2.39 为一个月内我们研究的时变重力场与美国得克萨斯大学空间研究中心和荷兰代尔夫特大学研究结果的比较，产品质量基本类似。

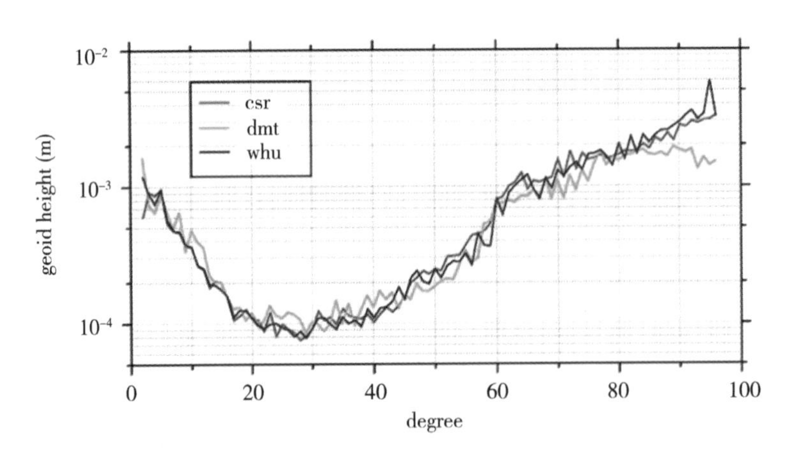

图 2.2.39　不同时变重力场模型对比

至此，我们已经讨论了低轨、高轨卫星融合以及重力场问题，之后我们需要将所有内容集成起来。目前在进行 GNSS 解算时，可以从导航卫星获得轨道、站坐标和 EOP 参数，其中 EOP 参数与重力场二阶项强烈相关，此外地心可以通过站坐标计算得来。我们希望不仅可以提供几何性，即站坐标产品和 EOP 地球旋转产品，还能够提供重力场产品。耦合这三者，可以从中发现更多的东西，做更多的研究(图 2.2.40)。

谢谢大家!

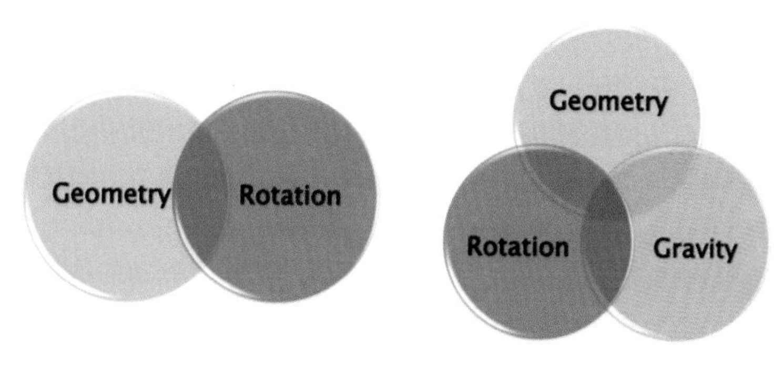

图 2.2.40

【互动交流】

提问人一： 郭靖师兄，您好！想请教您一个比较基础的问题，您一直说光压，那么光压在这里具体是什么意思呢？通过 GPS 和 SLR 两个观测系统得到的观测量来计算轨道与 GPS、SLR 和 DORIS 三个观测系统计算得到的轨道，为什么精度好像并没有很大的提高呢？谢谢！

郭靖： 谢谢这位同学！简单来说，光压是光照射到物体表面，对物体产生的机械压力，是光的微粒性的重要体现。这个力虽然小，但对卫星的轨道来说影响却是很大的。前面报告中所提到的另一个关键问题——姿态，其实就是影响了卫星在空间的受照程度，从而引起光压力的摄动。

实际上，并不是加入所有的观测系统就一定会得到最好的结果，由于 GPS 本身精度很高，在定轨过程中占据了主导地位，DORIS 系统或者是 SLR 系统的加入，对它的影响都非常小，精度提高并不明显。

提问人二： 当卫星自身发生偏转时，姿态发生改变，人们是否需要知道这个信息？这个信息又是怎么知道的？此外，以导航卫星“北斗”为例，机动定轨是采用什么样的方式？

郭靖： 对于导航卫星来讲，为了保证地面接收到卫星信号，天线指向是朝地的，另外，为了获得能量，太阳板需要正对着太阳。在这两个条件的约束下，卫星是按照一定的规律来运行的，据此可以精确模拟导航卫星在空间的姿态变化，但是在近日点和远日点，导航卫星姿态可能需要进一步调节。由卫星天线相位中心偏差可以精确计算，因此可以通过解算这个常量偏差来反算导航卫星偏航姿态。

对于第二个问题，有几种方案。第一，在知道机动力量级和变化时间的情况下，可以在运动方程中进行模型化。第二，在不知道这些情况的条件下，也可以采用伪随机脉冲来模型化。第三，可以采用几何法定轨，但在解算时，由于受到几何条件的影响，定轨精度相对较低。

提问人三：师兄，您好！我想请教下，在建立高精度的光压模型时，为了证明模型相比之前的模型有所改进，你首先证明了轨道残差比之前模型的残差小，然后又用激光做了一个外部的验证，具体是如何用激光来进行验证的呢？谢谢！

郭靖：激光由地面站发射到卫星上，然后通过卫星上安装的棱镜将激光反射回来再被接收站接收。由于激光频率较高，可以忽略电离层影响，而且对流层和其他几何改正可以精确模型化，再加上激光观测误差很小，因此可以说激光就是一个绝对的距离度量，用这样一个绝对的距离量去验证卫星轨道，就可以很容易地反映出轨道的绝对精度。

（主持人：许慧琳；录音稿整理：沈高云；录音稿修改：许慧琳、赵欣）

2.3　行走的力量

（勾佳琛）

摘要：勾佳琛，武汉大学电子信息学院2012级本科生，大三时休学一年，去新西兰打工旅行，在体验异国文化的同时锻炼提升自己的能力与品质。在年轻人中，他是一个小小的传奇人物——2012年新生入学时，从西安骑行六天半入校报到；2014年，单人骑行滇藏线2 100km；2015年，在无锡以3h36min56s的成绩完成个人首次马拉松；同年9月休学，开启了为期一年的新西兰打工旅行体验。在新西兰，他自驾1.5万千米，看遍了世界级美景；在一天之内完成汤加丽罗火山环线，见证了火山的壮丽生命，也曾直面死亡考验，顽强求生。

【报告现场】

主持人：大家好，欢迎来到GeoScience Café第140期的活动现场，我是今天的活动主持人李茹。文化学者余秋雨曾说过，“年轻人要生活在别处，要学会逐渐抛弃自己原有的思维框架，去到一个不一样的境界，去发现一些不一样的东西，多读书、多行走，多去找寻不一样的生活，才能够实现人生的价值”。今天我们非常有幸地邀请到了武汉大学电子信息学院2012级本科生勾佳琛同学来和我们分享他在行走中的力量。他曾在滇藏线驰骋，在马拉松赛道上拼搏，不畏挑战，休学前赴南半球独立生存……多彩的经历让他成为同学们眼中的传奇！下面我们有请勾佳琛来与我们分享行走的力量！

勾佳琛：大家好！今天我演讲的主题是“行走的力量”，大致包含了三方面内容：第一个是“走出去”，是关于我如何办理签证以及为什么要出国打工旅行；第二个是“荒野求生”，是关于在新西兰一年的打工旅行的经历；第三个是“为了更好地回来”，是关于这一年的收获以及回来之后的感悟。

1. 感受“英雄之旅”的召唤

首先向大家介绍一下我的基本情况，我在大学期间参加了很多社团活动，算是一个社团达人。我也很喜欢跑步，大一时被我们院的人挖掘出来跑五千米，之后就一发不可收拾，所以也算是一个体育达人。平时我也喜欢在图书馆看各种经济学、社会学的书籍，是一个大书虫。另外，因为我很喜欢做一些咖啡或者研究西餐的制作，某种程度上可以算做一个文艺小青年吧。当然，我也是一个单人骑行滇藏线的勇者。最后呢，我是一个敢于在朋友圈里发裸照的逗逼。以上这些就是我的个人标签。

影视作品里关于英雄的套路都是一样的——首先接受一个召唤，接着启程，然后经过救助或者复活，最后就是归乡。虽然我算不上是一个英雄，但回想一下我的旅程，基本上也符合这样一个过程。我第一次受到感动，是在高二的时候，看了一本书，石田裕辅写的《不去会死》。这位作者在日本原本算是白领阶层，但有一天他突然辞职去环游世界，骑着自行车旅行了十三年。当时我在上高中，看到这本书就觉得这个人很厉害，他的人生经历很精彩，这本书带给我的不仅是感动，而且还有一种冲击，因为作者的经历和我当时天天埋头苦读的生活简直就是天壤之别。后来刚到大学的时候，我就希望能拥有一个丰富有意义的大学生活，因此经常去图书馆看书。大一下学期的时候看到了一本吴非写的《打工旅行》，后来还看了巴道的《停在新西兰刚刚好》，那个时候我就开始规划人生了——在本科毕业读研之前先推迟一年入学。后来我也尽量往这个想法上靠。这些就是我为什么会选择走出去的原因。“Gap year”(间隔年)这个概念近几年在国外已经比较常见了，但是在我们国家还是一个比较异类的事儿。我到新西兰之后发现，很多其他国家的学生会到世界各个地方进行打工旅行，而目前开放给中国的国家只有新西兰和澳大利亚，我们在这方面还有待发展。

马丁·路德·金曾说过：“不付诸行动的想法，如同无弓之箭”。所以，在有了“走出去”的想法之后，我就立刻把它付诸于行动。而在出发之前，最首要的事情就是得到打工旅行签证。2008 年，新西兰政府开始向中国开放打工旅行签证，每年有1 000个名额。而在我申请的那一年(2015 年)，中国境内的申请人数达到了 15 万。图 2. 3. 1 是新西兰打工旅行签证的官网，虽然日期每年不是固定的，不过一般开放时间是新西兰的上午 10 点，相当于中国早晨6 点。很多人为了抢到这个名额，5 点钟就起床了，大家可以想象一下这个申请的激烈程度，简直就是“百里挑一”呀！在官网上完成签证之后，还要准备许多证明，如健康证明、财产证明、学历证明，等等。把它们都递交给移民局之后，你就可以静静等待自己的签证了。

接下来是准备休学，估计大部分人都没有这个经历吧。不过，我的父母还是比较支持我的想法，因此办理休学的过程也比较顺利。帮我办手续的老师告诉我，一般都是父母求着孩子千万不要休学，而我的父母倒是主动帮着办，因此他很爽快地给我签了字。

最后就是收拾行囊。图 2. 3. 2 是我当时出发前准备带的所有东西，包括护照、驾照、手机，等等。很多人看到这个之后关注点都在调料上了。不过这个调料能不能带过去在当时还是一个很重要的问题。新西兰在入境这方面查得特别严格，所有的植物和动物都不准携带入境，甚至某些特定的药物也不能带。因为新西兰是一个岛国，它的生态环境比较脆弱。在我们入境的时候，会被询问有没有去过其他国家的野外，如果有的话要清理鞋底。当然如果是从城市过去的话就方便很多，比如我当时就是从吉隆坡转机过去的。其实到了那边我才知道，以前我们认为的只有中国特有的东西，就

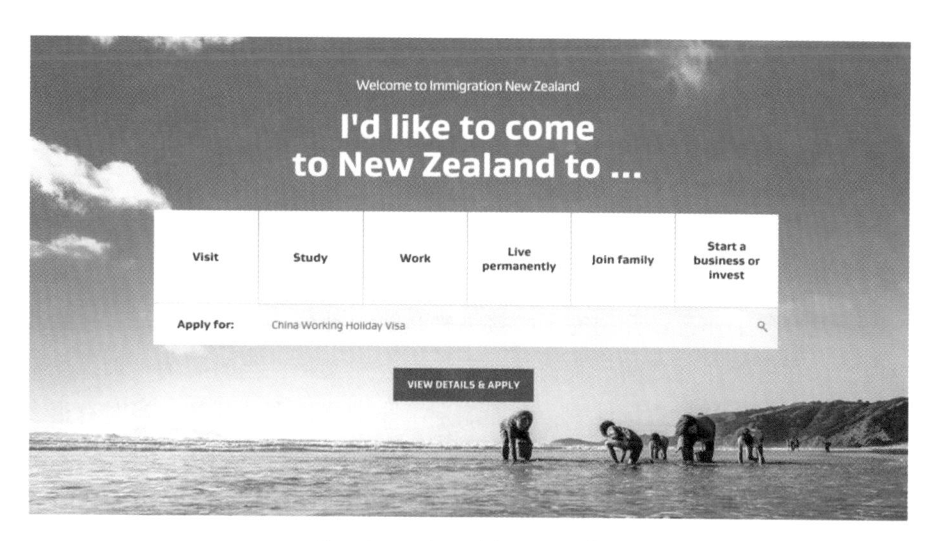

图 2.3.1 新西兰打工签证官网

比如我准备带过去的调料，在国外其实都可以买到，有中国人的地方就有亚洲超市，所以大家不用担心。

图 2.3.2 整装待发

很多人都会问我为什么我的父母在这方面这么开明，愿意让我休学出国打工旅行。这个问题我也问过我的父亲，他告诉我是因为我过往的经历让他相信，我不会浪费资源，而是会将仅有的资源发挥出最大的作用。他的信任是促使他同意我打工旅行的原因。而我在新西兰那边，也成功地帮助我的两个朋友说服了他们的父母。其中一个是正在读研的师姐，她已经拿到了新西兰的打工签证，也想休学来打工旅行，但是她的父母却无论如何也不同意自己的女儿独自一人出国旅行，认为这样太危险没有安全保障。然后我和她要了她母亲的电话，说让我父亲打电话过去帮她“洗脑”，说服她母亲。我父亲搬出了当初和学院里的书记沟通的那一套，说既然孩子已经成年了，那么就有权利也有责任为自己的选择承担后果，最后他不负众望，成功地说服了我师姐的父母。

2. 接受挑战，荒野求生

第一部分的准备工作已经介绍完了，接下来是第二部分——荒野求生，也是我今天报告的重点内容。在去新西兰之前，我曾在一家咨询公司实习，当时我为了训练思维能力和结构化思维就做了一个打工旅行计划，上面制定了非常非常多的任务，当时有很多人也质疑我能不能完成，不过我并没有过于在意这些，就打算按照自己的计划一步一步地走。

我的第一份工作是按摩师(图 2.3.3)。刚开始我特别不适应，主要因为那时我的英语还不是很好，连电话也不敢给别人打。中国人在那边开了很多店，因为新西兰人口比较少，所以他们都很缺人手。我当时培训了一两周就上岗了。这边的按摩项目都是按照时间收费的，比如一个颈肩是 20 分钟的项目，那么就按照 20 分钟来收费。我当时的工资大概是一天 100 多新西兰元，空闲时间就可以看书。整体来说这份工作还是比较轻松的，所以我当时很喜欢做按摩这个工作。而且通过这个工作，既可以提高英语也可以开阔眼界。我认识了形形色色的外国人，各个阶层的都有。这些人中既有传统意义上的白富美，也有社会底层的人，我还认识了一个农场主，家里有 42 公顷的土地，耕作了 20 多年，我当时就觉得他一定是一个大土豪。

图 2.3.3 第一份工作——按摩师

在按摩店工作的大致有两类人，一类是跟着子女移民到新西兰之后没有事情做的中老年人，还有一类就是留学生。在我们店里有一个 60 多岁的阿姨，她跟着儿子移民到了新西兰。因为她不会说英语，所以在按摩店工作的时候只要没有客人她就开始学英语，遇到外国人也是非常主动热情地上前交谈。这位阿姨身上那种不断突破自己的勇气使我深受感动。另一件使我深有感触的是关于做老板的一个思考。因为我们从小上学都被灌输这样一种思想——要出人头地，要读好大学，最后找一个好工作。而这家店的老板，基本上是找几个人来店里工作，自己不做什么事情只拿60%的提成就可以了，自己的时间完全可以由自己支配。不过这种事情和原始资本积累是分不开的。我之前在国内算是无产阶级，自己没有赚过一分钱，都是父母按月给生活费。到了新西兰之后一天可以赚500多人民币，当时心里就特别受触动。刚到新西兰那段时间，我的首要目标就是赚钱，找了很多份兼职。周一到周五做按摩，周六周日去做清洁，那段时间很拼命，手都脱皮了。当时我工作了65天，大概赚到了三万四千元。

在做按摩师时，我接触了很多的外国人，发现他们很多人的皮肤都特别差。不知道大家知不知道臭氧层空洞在哪里，它对哪个地方影响最大？其实它对新西兰的影响特别大，这也是我当时准备防晒霜的原因。新西兰距离南极很近，受到的影响也比较大，紫外线特别强烈，所以很多当地人身上都被晒出了斑。

到了圣诞节前夕，我就换了一个工作，因为我的主要目的还是体验而不是赚钱。刚到新西兰的时候，我的运动方式主要就是跑步，也参加过马拉松比赛。其实在国内的时候，我就曾在无锡参加过马拉松的比赛，也算是有一点经验。新西兰的马拉松比赛汇聚了全世界各个地方的人，我在比赛过程中还遇到了孙英杰，一个跑马拉松非常厉害的中国女选手。在跑马拉松的过程中，前几千米还是相对比较轻松的，可以欣赏一下沿途的风景；20到30千米时还有可以加速的余力；到了30千米之后，身体基本上已经不是自己的了，腿会越来越沉，完全靠惯性和毅力完成了整个比赛。

参加马拉松的选手有很多，我把其中比较引人注目的选手分为了三类：第一种是羡煞旁人的俊男靓女，我当时就遇到了一对情侣参加马拉松，女生很美，男生也很帅；第二种是年龄很大的选手，当时有一位老爷爷，在32千米的时候，他在我前面，也就是说，前32千米他都跑得比我快。后来我给他拍照，问他这是第几次参加马拉松，他说已经是第三次了；第三类就是穿着奇装异服来比赛的人。

马拉松最让人感动的就是它的氛围，试想一下，成千上万人一起跑，你和冠军也是同一个赛道(除此之外，没有任何一项运动是你可以和冠军在同一个赛道的)。它的参与感很强，上千人与你一起流汗，简直有一种上瘾的感觉，这是所有人的狂欢。

接下来，我给大家介绍一个樱桃小镇的故事。我来到这个小镇找到了一份在当地樱桃厂的工作，算是真正接触到了新西兰社会。在这家工厂里，我的工作就是挑拣樱桃，不太好的樱桃一般是做果酱或者直接扔掉。在这里，我发现樱桃其实有特别特别多的品种，其中我最喜欢吃的是Lapins，像Sweet Heart就比较酸了。工作的时候，我还专门数过樱桃，比如75个直径为30mm的樱桃重1kg，高峰时期1.5小时可以运送500kg。我在这里做了8天，算下来将近摸了120万颗樱桃！新西兰的樱桃也大致分为三种，最好的是perfect，专门出口的；中等的是local，卖给当地人吃的；最差的是process，做果酱用的(图2.3.5)。

图 2.3.4 参加马拉松的选手

图 2.3.5 樱桃的分级

在这个地方，我一共尝试了三家工厂的工作。最后一个给我的印象最为深刻，我在这里也收获了许多友谊。因为在第三家工厂工作时，我们都是住在帐篷里面，而且每天晚上都在一起做菜，所以大家感情就比较好。这个小镇在樱桃收获的季节人气特别旺，每天都有成百上千人来这里找工作，等到樱桃季过去之后，小镇也恢复了宁静(图 2.3.6)。我觉得做人其实应该像樱桃一样，先积蓄了能力之后再大爆发。

离开樱桃小镇之后，我就去了皇后镇，这是我待得时间最长也是最难忘的地方。在皇后镇期间，我为了赚钱做了许多种不同的工作，比如贴墙纸、做保姆、在街头卖唱，等等。接下来我出发去了丹尼丁，在这里我做起了我的老本行——按摩。在丹尼丁，我玩过很多种“死法”。第一种是在一个 42°的陡坡上(图 2.3.7)，据说这是全世界最陡的坡。在这里有一年一度的巧克力节，就是把巧克力球放在坡上让它滚下去。第二种是跳海，从海

图 2.3.6　宁静的樱桃小镇

边一块被海水冲刷得像恐龙蛋一样的礁石上(图 2.3.8)往海水中跳。第三种是被洋宝宝们“玩死”，这些小孩都特别可爱，古灵精怪的。

图 2.3.7　丹尼丁的陡坡

结束了丹尼丁的旅途之后，我又出发去了下一个目的地，也找到了新的工作——摘蓝莓。蓝莓在国内属于比较贵的水果，但是我在这里，却可以肆无忌惮地大吃特吃，有一段时间甚至只吃蓝莓！和樱桃一样，蓝莓也有很多品种(图 2.3.9)，我当时每天都可以吃到

图 2.3.8　“恐龙蛋”

各种各样美味的蓝莓。而种植蓝莓的地方因为要施肥，还会长出很大的蘑菇，这个蘑菇和人的头差不多一样大呢(图 2.3.10)！

图 2.3.9　蓝莓的品种

图 2.3.10 “超级蘑菇”

蓝莓之旅结束后，因为我的规划中有锻炼海外销售这一项，所以我打算在皇后镇找一份礼品店的工作来锻炼能力，提高英语水平。我得到了在新西兰最大的一家礼品店 Aotea 工作的机会。前两周我基本上都是在接受培训，没有卖过东西(礼品店的培训还是比较正式的)。培训结束之后，我开始正式在台前进行销售，每天接待来自世界各地的游客，可以和各个国家的人聊天。在这个过程中，我发现每个国家消费者的购买习惯有很大不同。比如我们国家的人来买东西，就对买四赠一、买五赠一这类产品特别感兴趣，方便他们买回去当作礼物送给别人；而很多欧美人甚至对“第二个半价”这种促销活动都不感兴趣，需要几个就只买几个。每个国家的人的购买习惯不同，所以就需要以不同的策略来应对。在这里我还学到了“六步顾客服务法”(图 2.3.11)，比如像良品铺子、优衣库等零售店就是这个套路。首先是和顾客打招呼，不要让顾客觉得你就是来推销的，而是应该让他感觉你是当地人，让他觉得亲切；第二步是闲聊，比如今天天气怎么样，你去哪里玩这种；第三步就是通过他去哪里玩来推测他需要什么产品；接下来就是进行推销；最后完成整个交易。在礼品店工作的一个月期间，我的销售额为五万元人民币。

在皇后镇期间，因为我有当地租房子的证明，也相当于是地址证明，所以算一个“当地人”，在五六月份，当地的跳伞和蹦极都是半价优惠。我个人觉得蹦极比跳伞更加恐怖，因为蹦极是自己往下面跳，而跳伞是教练把你推下去，自己根本来不及反应。在跳伞的过程中，最恐怖的是飞机起飞的时候，气温越来越低，飞机也越来越抖，因为这种飞机是小型的，不是民航那种大客机，在这种非常刺激心跳加速的情况下，还要跳下去！因为跳伞要拍视频的话非常贵，所以只存了一张在地面现场的照片(图 2.3.12)，但是蹦极是有拍照的服务，在你跳下去之前，会给你拍一张照片。我当时是从 70 多米的地方跳下去的，我蹦极的那座桥是世界上第一座用来商业蹦极的桥。跳下去之后的感觉其实和坐过山车差不多。

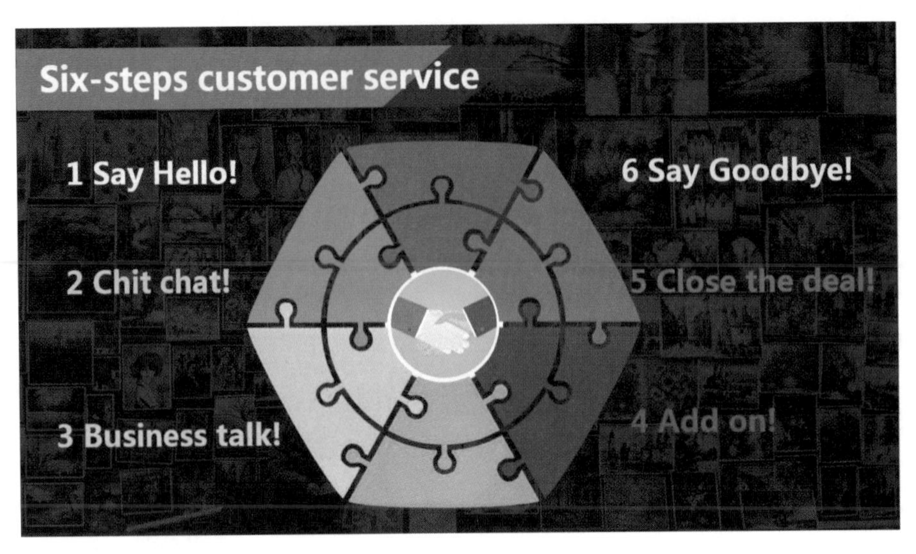

图 2.3.11 “六步顾客服务法”

图 2.3.12 跳伞体验

新西兰也是非常适合徒步的(图 2.3.13)。之前介绍过进入新西兰之前是要通过非常严格的检查的，它的生态比较脆弱，物种也没有澳大利亚那么多，连蛇这个物种都不存在。在新西兰境内，没有大型的有毒动物，只有些植物有毒，所以说这里是户外运动的天堂。

我把我在皇后镇住的地方称作“难民营”，为什么呢？因为这一栋两层的房子里住了来自世界各地的二十多个人，四个人住一个房间，我就经常听他们聊世界各国的话题。因为之前主要和中国人待在一起的缘故，在新西兰的头八个月，我的英语并没有很大的提高。而在“难民营”的这段时间，每天听他们聊天，这对我的听力提高还是很有帮助的。

图 2.3.13　徒步风景

图 2.3.14 中，我后面那个男生，是亚太经合组织成员，他是和中国做生意的。当时我还不懂 APEC 是什么意思，后来他告诉我去 APEC 的难度和考上清华一样。他和中国做生意主要是卖红酒，当时他正在休假。新西兰的生活模式有许多种，大部分都是放松的，比如到了滑雪季节就去滑雪，到了另一个季节就去再去体验另一种生活。“难民营”是我体验过的最多元化的一个环境。

图 2.3.14　“难民营”

3. 感悟人生，收获宝藏

以上主要在介绍我的工作，下面我来介绍一下我最怀念的时光。夏天的皇后镇还不是最美的，到了冬天就特别漂亮。当时流传一句话，“打工旅行如果不去滑雪场那就白来了”，抱着这样的想法，我就去参加了面试。这是我来到新西兰九个月里第一次正式参加面试，因为之前都是 walk in（上门直接拜访）、写邮件或者被拒绝。当时我想面试餐厅的服务员，可能是因为英语不够好，所以被拒绝了。后来我又给面试官写邮件想再争取一下，最后他安排我去做了帮厨，我终于得到了去滑雪场工作的机会。那是我经历过的压力最大的工作，一共只有三个中国人，两个台湾人和我。当时所有的同事我一个人都不认识，他们说的话我也一句都听不懂，看着他们很熟悉地打招呼，我在旁边就像没事人一样，这种文化和语言的差异带来的压力特别大。因为这家滑雪场（图 2.3.15）是非常正规的，所以培训也非常正式。我所在的餐饮部门，首先培训的就是关于卫生问题的内容，还上了一门课程，因为这个我还拿到了一个新西兰的学位。

这家滑雪场的企业文化是“Love it，live it，share it”，我一开始还不太理解 share 的含义。这里要先和大家介绍一下这家滑雪场的优惠政策。如果你提前很久买票，只要 499 新西兰元就可以买一份套票，到后面就会越来越贵，最后要 799 新西兰元。但是整个滑雪季都有一个优惠政策，花 499 新西兰元就可以买一个培训课程，在上三次课以后整个季节都可以免费滑雪了。我当时就很不理解为什么要把这种优惠放出来，后来我从 CEO 和整个滑雪场的利益来考虑，我就理解了这是“share it”的力量。滑雪因其吸引力大被叫作“白色鸦片”，设想一下，可能你现在想滑雪但是苦于不会滑，在学了这个课程之后你就会被它吸引，可以说，只要你尝试过滑雪，那么以后就极有可能会是这家滑雪场的长期客户了。这也启示我们，在思考问题的时候要学会换位思考，从 CEO 的角度来考虑，从长远的角度来培养以后的顾客，这样的视角还是挺厉害的。

在这里我第一次尝试融入外国人的社会，但是发现特别困难。比如在和外国人聊天的时候，他们会把你当作中国人看，讲话特别慢甚至会用中式英语。你和他们熟悉以后，他们把你当作哥们，那就完蛋了——他们会使用各种缩写，一开始我根本都不懂他们在说什么。而且当时餐厅里面所有的物体我都不知道该怎么表达，我能看到的一切都可能成为我的压力来源。最恐怖的是主厨让我去地下室拿东西，那里有整个餐厅运作所需要的所有原材料，所有物品的名称我都要学。刚开始因为我的英语不太好，他们为了照顾我就会讲话比较慢或者只让我洗碗，所以我在那里干了两个月，有一半时间都在洗碗。在他们熟悉我之后，就会给我安排一些小任务。我们当时分白班和晚班，我比较幸运做了晚班，这样可以白天滑雪晚上工作。后来，我参与到了做墨西哥水饺还有炸鸡等工作中。最后一个星期，他们感觉我快要走了，还特地给我安排了炸薯条的任务。

除此之外，还有一个困难就是辨认外国人。不知道大家看到外国人有没有这样的体会，根本分不清哪个自己见过哪个没有见过。有一个理论我觉得还挺有道理的，叫“平均脸模型”。比如我见过一万个中国人，所以我脑海中有一个“中国人的平均脸模型”，见到

图 2.3.15　滑雪场

一个新的中国人，就把他/她和我脑海中的“平均脸模型”进行对比，记住这个人的特征。但是我们见过的外国人却比较少，这个“平均脸模型”不具有代表性，所以我记住他们就特别困难。当时很多工友的名字我都认不清，一个英文名字可能对应好几个人，而且他们都还长得差不多。我一开始在员工食堂工作，就是登记来进餐的员工，这给我的压力很大。

因为在滑雪场做的是夜班，所以对我的体力消耗还是很大的。我当时的行程是这样，早上 11 点起床洗漱吃饭，11 点半坐最后一趟班车上山，取了雪具之后滑雪到下午 3 点半，然后收拾一下去上班到晚上 12 点，下山也滑雪一个小时，等到睡觉的时候就已经是凌晨 2 点了。当时至少有 20 多天都是这样的循环，一开始特别困，后面就习惯了，说明人的潜力还是很大的。

每一个在这里上班的人都是为了滑雪而来，整个员工室就是一个雪具厂，而且这些雪具都特别贵。我当时买了一个二手的花了1 600元，如果买全价的话要一万元。不过我也算比较幸运，整个滑雪季都是免费滑的。从没有见过滑雪板到后来每天都在滑雪，那两个月我一直在想怎么才能滑好，一共滑雪了 50 多天。我当时就想到了王安石的一句话，“尽吾志也，而不能至者，可以无悔矣”。后来我八月中旬就回来了，虽然他们的滑雪季要到十月中旬才结束，但是因为我要回来上学，离别的时候还是挺难受的。

接下来谈到吃，在新西兰吃什么呢？在新西兰吃饭特别贵，一顿饭要 60 元人民币，所以大家基本上都是自己做饭。我们什么都做，什么都可以吃！最奇葩的就是炒鸡蛋配老干妈、冰淇淋，再加上面包。除了吃饭，其他的基本上也是自己动手，比如我就是自己理发，因为去理发店要 100 元人民币，甚至我还会自己给汽车换机油。学习、尝试，这也是一个很有意思的过程。

下面给大家介绍我在汤加里罗火山(图 2.3.16)的经历。这个火山不知道大家有没有听说过，《魔戒》里面的末日火山就是以它为原型的。我当时一个人开着一辆房车就过去了。它的游览路线是 42 千米，作为一个参加过马拉松的人，42 千米对我来说仅仅是 4 个小时。官方推荐的旅行时间为 4 天，我当时就憋着一股劲要一天走完。

图 2.3.16　汤加里罗火山

我去汤加里罗是在冬天，当时东西准备得也不齐全。我在路上遇到一队人，都是穿着专业的设备上山的，只有我没有。当时上山还比较简单，走在别人的后面，雪的摩擦力比较强。到了火山口之后，他们就不走了，那个带队的教练告诉我，“每年都有人死在这里”，不过我想着既然来了还是走完全程吧，于是我就继续出发了。

其中有一段路我印象特别深刻，虽然只有短短的 50 米，但是我走了半个小时。因为这段路其实是一个结了冰的湖，虽然之前有穿了冰鞋的人走过，但是之后又结冰了，特别滑。我只好拿石头来砸冰面，砸一个坑踩进去之后再走。

下面这段路是我最刻骨铭心的一段(图 2.3.17)。路面非常的光滑，尽管有前人走过的痕迹，但是一点用也没有。我当时贴着山，用石头一路砸过去走过去，一共走了两个小时。我心里就想，今天实在不应该来这里，太后悔了，万一出了意外就必死无疑了。

图 2.3.18 的这段路可以说是“千山鸟飞绝，万径人踪灭”，完全就是一个人的旅途，来到这里就好像来到了外星球一样，就像我特别喜欢的电影《星际穿越》一样，当我走到这里的时候，真的有一种天地苍茫的感觉，还是挺享受的。

以上的这些其实仅仅都是我这次惊险之旅的开始。走到图 2.3.19 这个地方已经是下午六点左右了，我完成了三分之二的路程，接下来还剩下 10 千米左右。这一段路官方的建议是走三个小时，不过当时已经六点了，如果要走三个小时那就到了九点，很快天就黑了。我一个人在荒郊野岭，大家可以想象一下身边全部都是珞珈山那样的环境，没有任何

图 2.3.17 两个小时的路程

图 2.3.18 体验“外星球”

路灯，只有月亮和自己的手电。现在去想象那种情景，可能会害怕野兽和鬼怪，但是我当时身处其中的时候，紧张到大脑一片空白，唯一的想法就是快点走出去。

打工旅行是打工的低级形式，但是却是旅行的最高级形式，因为你会更加深入地了解整个社会。用一句话来描述新西兰，就是“不要担心”，在新西兰的生活没有焦虑和担忧。新西兰的特点用三个词可以概括。第一个是“美景”(图 2.3.20)，那里拥有世界级的美

图 2.3.19 惊险旅途

景。第二个就是“规则”，对于规则我的体会有两点。第一点是我当时和同伴摆地摊卖樱桃，我的同伴就告诉我，在新西兰摆地摊是要向政府上报并交钱，这样才能在某个固定的地方摆摊。这是规则，大家都会去遵守它。第二点就是开车，我在新西兰开车的历程有15 000千米，自认为经验丰富，但是回到国内感觉大家的交通规则意识还不是很强，有时候让我不知所措。最后一个特点就是安逸，我在国内经常思考人生，每天都想着自己这一天要有点收获才可以，但是我在新西兰的生活基本上不需要任何思考，每天就是拍照旅行吃饭。刚开始我特别想移民，后来我就不想移民了，因为那里不适合年轻人奋斗。

图 2.3.20 新西兰美景

新西兰很美，但是它的美也是当地人们用心呵护的结果。我在皇后镇的时候参加过一个植树活动。植树的过程也特别有趣，先挖一个树坑，然后撒肥料进去，最后把树苗放进去就可以了。这些原材料当地的政府和公益组织都会提供，我们只要人到了提供劳力就可以。还有两三岁的小孩子来参加植树活动，虽然他唯一能干的事情就是帮我们递一下肥料，但这种参与在潜移默化中也培养了他们的环保精神，不是吗？

我回过头来看看我之前定下的目标，基本上都实现了。我一开始给自己定的职业目标是去华为做海外销售，因为我的这一段经历最后也挺幸运地实现了自己的目标。回顾我的整个旅程，我发现其实每个人都会拥有自己的"英雄之旅"。第一步是得到召唤，可能是收到某些信息或者是被别人的某种行为所打动；第二步就是勇于接受挑战，我大二有一段时间特别怕事，社团活动中也不敢担任一些职位，当时就是处于一种躲避的状态；第三步是控制自己的恐惧，比如我这次来做报告其实内心也是很忐忑的，怕自己逻辑混乱没有表达清楚；最后一步就是整理自己收获到的成果。在回国之后，我得到了华为的 offer，这也是我的下一段"英雄之旅"。

在最后送给大家一句话，"不要去寻找下一个度假地，而要让生活成为你的乐园"。

【互动交流】

主持人：非常感谢勾佳琛的精彩演讲，让我想起了三年前我朋友和我说的一句话，"那就是我想要的生活，和我想象得一模一样"，下面进入我们的问答环节。

提问人一：古人曾说过，"读万卷书，行万里路"，生活不止有眼前的苟且，还有诗与远方。你从远方回来，你觉得你最核心的收获是什么呢？

勾佳琛：我觉得最重要就是"跳出自己的舒适圈"。环境非常重要，你在当前这个环境中遇到的人和事会限制你的思维，让你无法接触到更多的东西。我在新西兰那边就会有新的思维和新的想法，把之前的很多桎梏都冲破了，比如我之前担心问题、顾虑的事情或者我之前没有经历过的事情。在进入新的环境之后，我觉得自己整个人都提升了，看世界的角度和对自己未来的思考都变得不一样了。我觉得这就是我最大的收获。

提问人一：有一种说法是，"人生中最悲惨的事情莫过于梦想的破灭和梦想的实现，而有时候梦想的实现比梦想的破灭更加悲惨"。在你完成这个"英雄之旅"之后，你感觉你现在的心情是怎样的？

勾佳琛：大家可以回想一下自己高考刚刚结束的心情。我现在的心情是这样的，在见过更大的世界之后，我会有一种对更好生活的追求，并不会被其他事情所困扰。举一个例子，我在新西兰见过的我最想要的生活方式是这样的：有一对夫妇在欧洲开餐厅，经营了几年有了积蓄之后，在新西兰开了一家农场，每天可以和世界各国的人交流。他们的生活没有后顾之忧，可以做自己想做的事情，我觉得这就是最完美的生活状态。在我完成了打工旅行之后，我还有下一个目标等待着我，所以梦想的实现是没有尽头的。

提问人二：我有一次去看话剧，舞台上的演员说，"有些人的旅行越走越大，有些人的旅行是越走越小"。这个"越走越大"是指我们看完了外面的世界之后还想接触更大的世界，“越走越小”是因为内心达到了一种满足的状态就会停下来自我反省。那么，你的旅途是“越走越大”还是“越走越小”呢？

勾佳琛：这个问题非常好，我这两天就在思考这个问题，我应该是“越走越小”的。经历了这个旅程之后，我觉得所有的事情也不过就是那样罢了，我体验过死亡和各种极限运动，感觉不过如此。我最近面试的时候就在思考，如何从上司布置的一大堆任务中找到核心问题，或者是如何快速高效地给下属布置任务。我这两天就一直在锻炼自己这方面的思维能力，如何迅速地找到问题的关键。所以我的方向目前就是回归到了这方面。

提问人二：还有一个比较现实的问题，我刚刚看到你提到的运动设备都挺贵的，那么你这次打工旅行赚到钱了吗？

勾佳琛：我还是赚到钱了。打工旅行最低的工资是一小时 60 元人民币，一天大概可以做 8 个小时，一共是 500 人民币左右。不过花销也是挺大的，就看个人节不节省了。我是比较节省的，除非别人请我吃饭，不然我都是自己做饭吃。运动装备也没有大家想象得那么贵，一年正常情况下可以赚 8 万，如果是拼命一些的是 8 万到 20 万，更拼命的赚 20 多万。我一年是赚 12 万的样子，就是有工作就去做，而且平时生活也比较节省。还有一些其他开支，比如跳伞蹦极这些，如果是打折季去玩就可以省下挺多钱，主要还是看个人吧。

提问人三：勾佳琛同学你好，听了你的报告之后我感觉特别触动。我之前也有过一个人旅行的经历，所以对你一个人在荒郊野岭里面跋涉的心情也能感同身受。古话有云，“以人为镜”，那么你从新西兰人身上学到了什么呢？

勾佳琛：我整体说一下，不局限于新西兰人。我当时去的时候算是年龄最小的一批，因为休学的很少。那里打工旅行的基本都是 25 岁左右的，工作几年遇到瓶颈之后想换一种生活方式。所以我在那边得到了许多前辈的经验，帮助很大。比如我在按摩店遇到的经理，他三十岁了，经常给我讲各种人生经历，我学到了挺多的。如果单单说新西兰人的话，他们是很注重生活品质的。比如说我之前在“难民营”的新西兰舍友，他每年只工作半年，剩下的时间就可以做自己想做的事情。再比如我当时工作的滑雪场，很多外国人每年来这里工作一段时间，然后再去其他地方工作，中间的空隙时间就是去旅游。

提问人四：你好，听你的报告中你“死”了那么多次，这些经历对你的心理素质有没有提高，可以给我们举一个例子吗？谢谢。

勾佳琛：其实心理素质并没有特别明显的提高，因为我之前可能已经了解过那种濒死的感受了。关于这个濒死体验，有一个词组叫做 Near Death Experience，你可以去知乎上搜一下有的人用语言来描述他经历的死亡的状态，非常有代入感。你想象一下，某一天你做梦，是那种挣扎着醒不来而且整个人一直在下坠的状态。我觉得这个感觉就挺接近死亡的。我当时就特别想体验一下死亡是什么感觉。弗洛伊德曾提到，人类不仅有求生欲，而且还有死亡欲。比如你站在房顶上想往下跳的那种冲动。我觉得蹦极和跳伞都可以体验到那种濒死的状态，整个人特别紧张，脑子里面一片空白，肾上腺素会疯狂分泌。因为我之前在国内也跑过马拉松、骑过滇藏线，有过类似的经历。所以，心理素质这方面没有特别明显的提高，只是多了一种体验。

提问人五：你好，刚刚听你的报告深有感触，其中你说到，“没有执行的想法是无箭之弓”。其实你的经历在我脑海中已经幻想过无数次了，你刚才也提到“英雄之旅”首先要得到一个“召唤”，其实这个“召唤”每天都在我的脑海中反反复复。我曾经看过一本书，《了不起的盖茨比》，其中有一句话，“当你想批评人时，记住，并不是世界上所有人都和你有一样的条件”。因为我有其他方面的原因，我始终无法迈出这第一步。

勾佳琛：你说的这个让我想到“规划”。不同的人因为所处环境的不同，所以看待事物的角度也不同。比如我堂哥，当初我出国的时候找他借钱办存款证明，他不借。他的理由是，“你作为一个男人，去做一件和自己职业完全不相关的事情是浪费时间，你应该努力挣钱成家立业”。或者是生活条件比较好的人也根本不需要打工旅行，直接出国旅游就可以了。所以我觉得最重要的还是要有一个合理的规划。像我这个打工旅行的经历，在找工作的面试中基本上是“秒杀”级别的。我一开始设定的职业目标就是做销售，海外销售最好，因为工资比较高而且可以再体验一次“英雄之旅”，所以我一路都是按照我的规划来走的。我有一个学妹，各方面都特别优秀，之前也想打工旅行，但是最后并没有尝试。因为这个和她的人生规划不符合，她想走科研的方向。打工旅行更多的是一种人生经历，比如有些人工作遇到了瓶颈期就会选择出门散散心。

提问人五：我觉得最重要的可能是你父亲比较开明。

勾佳琛：其实更重要的还是你内心想要出去的欲望与你的规划。我觉得父母这一关是最好过的，只要没有那种强制要父母同意的签字证明之类的，其他都可以克服。首先要做一个合理的规划，不要被上一辈的思想所影响。其实这个也是我们国家和西方国家家庭结构的不同，我高中去美国交换的时候就体验到了。他们的家庭结构是平行型的，基本上不会相互干扰。我们中国的家庭结构是垂直型的，上一代对下一代的限制会多一些。我觉得如果父母用他们的眼光限制了子女的发展，那就非常不好。我们有一个经典话题，“你妈和你老婆掉水里，你先救谁”，在我们这里非常纠结，美国人看来就很好回答，“我爸救他老婆，我救我老婆”。

主持人：我再替大家问一个比较贴近我们生活的问题。在座很多同学都是做科研的，处于没有钱也没有时间的状态，而且很多人也没有勇气做出打工旅行的决定，父母也很可能不支持。不过，我觉得机会总是留给有准备的人，如果我们提前做好了身体和金钱上的准备，以后还是有机会体验这种丰富精彩的生活。那么，你对在场做科研的同学有没有一些建议，让我们以后更好地为这样的旅行做准备？

勾佳琛：这个问题我以前就想过。我觉得最高级的旅行是作为一个教授，到各个国家参加研讨会，然后顺便旅行。在我内心深处，仍然觉得打工旅行算是不务正业吧。我们要学会开放地看待问题，有机会的话，锻炼自己往设定的目标上走，而且有些经历不一定要直接获得，自己亲身体验也挺浪费时间的。可以多看看书，从中吸取别人的经验。

提问人六：勾佳琛你好，我是你多年的粉丝。我无法想象你未来会变成什么样子，不过我希望你能保持你的气质，给更多人启发。

勾佳琛：谢谢，我会尽力保持。我大三的时候看到一句话，“永远热泪盈眶，永远激情满怀”。我当时特别有激情，天天长跑，觉得这种激情我一辈子都可以保持住。但是后来我发现并不是这样，想一直保持这种激情特别困难。我第一次跑马拉松和我后来跑的状态还是很不一样的，不过我会尽量加油。

提问人七：学长你好，你在新西兰这一整年当中有没有感到特别寂寞的时候？毕竟在异国他乡，周围都是陌生的人和陌生的环境。像你之前在汤加里罗火山，有没有一种特别寂寥的感觉，就像“天地一沙鸥”？

勾佳琛：我觉得寂寥和自然环境没有关系，和人文环境的关系比较大。在汤加里罗的那段旅途，根本不会有寂寥的感觉，因为我特别地享受那种氛围。我之前提到我非常喜欢《星际穿越》这部电影，里面有两个片段特别打动我。一个是父亲和女儿为了人类的未来而奉献自我，让我想起了我的父亲和我的这种关系。还有一个是父亲肩负着守护整个人类延续的任务，也让我觉得很感动。我当时独自一人走在汤加里罗火山，想的就是这些或者是回顾自己的人生。真正感到寂寞的时候，是在喧嚣过后的那种寂寥氛围。关于移民这个问题，我就是在丹尼丁转变了我的想法。在丹尼丁之前，我都是受到那种新鲜感带来的冲击。在丹尼丁的时候，我真正感受到了作为一个中国人在国外的非主流生活。我曾在当地一个医生家里寄宿，周末的时候他家里的人都去基督城了，下着雨的周六我就一个人待在房间里。我当时看着微信里面的朋友觉得特别遥远，之前我们都认识，但是现在我都忘记名字背后的他们是谁了。那种感觉特别的恐怖，就好像无论如何也回不去了，所有熟悉的人都消失了。至于自然环境，有些人可以一直保持对同样景色的新鲜感。比如我之前认识的一个摄影师，他在皇后镇那么小的地方每天都可以拍出来特别好看的照片。但是我当时已经玩腻了，没有办法像他那样一直激情满怀，所以后来我就不想移民了。

主持人：非常感谢勾佳琛的精彩报告，也感谢各位同学参与我们的活动。那么今天GeoScience Café 第140期的活动就到此结束，谢谢大家。

（主持人：李茹；摄影：袁静文；摄像：幸晨杰；录音稿整理：李韫辉；校对：陈易森、王银）

2.4　联合 GPS 和 GRACE 数据探测冰川质量的异常变化

（张　豹）

摘要：随着 GPS 和 GRACE 等大地测量技术的深入发展，联合 GPS 和 GRACE 观测量进行跨学科研究成为当前地学发展的重要方向。通过对 GPS 和 GRACE 数据进行深入挖掘，可以构建位置/重力与地表质量平衡之间的联系，进而定量评估地表质量变化。在 GeoScience Café 第 143 期学术交流活动中，张豹博士以格陵兰岛西南部的 GPS 测站及 GRACE 数据为例，介绍如何利用多通道奇异谱分析方法探测 GPS/GRACE 时间序列中的异常信号，来定量评估冰川质量的异常变化，并作出了相应的地学解释。

【报告现场】

主持人：大家晚上好，欢迎来到 GeoScience Café 第 143 期的活动现场，我是今天的主持人戴佩玉。首先欢迎我们今天的嘉宾——张豹博士。张豹是武汉大学测绘学院 2013 级博士，师从姚宜斌教授，他的主要研究方向是 GNSS 气象学和地表质量平衡的定量评估等。张豹曾获武汉大学学术创新奖一等奖和国家奖学金，在 *Journal of Geodesy* 等国际期刊上发表 SCI 论文 6 篇，于 2015 年及 2016 年分别在香港理工大学和香港中文大学工作。今天他将为我们带来“联合 GPS 和 GRACE 数据探测冰川质量的异常变化”的报告，让我们以热烈的掌声欢迎张豹。

张豹：首先我要感谢 GeoScience Café 邀请我来作报告。这方面的研究是我在香港完成的，展示的 PPT 也是我在香港做汇报时使用的，由于时间比较紧张我就没有把英文改成中文。再者，我的这项研究只做了不到一年的时间，中间肯定存在不少纰漏。在这里作报告，一方面是想和大家进行交流，另一方面也希望大家提出建议，并敬请批评指正，帮助我进步。

我今天作报告的题目是“Transient Signal Detection in Greenland”。我对“Transient Signal”也无法做出一个明确的定义，近几年讨论它的文献比较多。有些文章中的“Transient Signal”仅指短时间内的异常变化，但是有些文章也把坐标时间序列中常见的周期性信号归为“Transient Signal”。这里我们就把“Transient Signal”简称为“异常信号”，所以我们关注的是异常信号的探测，这项工作主要是在香港中文大学刘琳教授的帮助下完成的。

今天的报告内容主要可以概括为三个要点：首先，我将介绍一种用来探测异常信号的多通道奇异谱分析方法；其次，将这种方法应用到格陵兰岛的 Upernavik Isstrøm 地区，联合 GPS、GRACE 数据探测到了两个异常信号；最后，对异常信号进行了地球物理方面的分析和研究，发现 2012 年和 2013 年的异常信号是由于冰川的异常融化导致。而 2010 年的异常信号则是由冰川的异常运动导致的，具体来说就是从 2009 年末到 2010 年末，冰川的运动速度减慢，质量流失比较少，而在 2010 年后冰川的运动速度又加快了，它的质量流失就增多了。

1. 一种用来探测异常信号的多通道奇异谱分析方法

首先我来介绍一下多通道奇异谱分析——“Multichannel Singular Spectrum Analysis”，在后面简称为 M-SSA。它的基本原理是：我们在一个测站观测到的数据可以得到一个时间序列，不同的测站就可以得到不同的时间序列，然后我们把这些时间序列组成一个矩阵，每一列可以认为是一个通道。这个方法的核心思想是求这些序列的协方差矩阵，任意两个时间序列都可以求协方差。而这个矩阵是一个错位的矩阵，我们首先确定一个探测的窗口。比如探测窗口是一年，那么我们就只能探测到周期小于一年的信号，然后形成一个错位的矩阵。我们把一个原始的坐标时间序列按照窗口长度 M 截成矩阵，每一行的长度都是 M。第一行是 1 到 M，第二行是 2 到 $M+1$，第三行就是 3 到 $M+2$，依此类推。这样就可以得到公式(1)中的矩阵 $\tilde{\boldsymbol{X}}_{l'}$ 和 $\tilde{\boldsymbol{X}}_{l}$，然后求两个时间序列的协方差 $\boldsymbol{T}_{l,l'}$。我们可以用矩阵运算，在程序中的运算速度也比较快：

$$T_{l,\ l'} = \frac{1}{N'}\tilde{\boldsymbol{X}}_{l}^{\mathrm{T}}\tilde{\boldsymbol{X}}_{l'} \tag{1}$$

也可以用标量的计算方法，用标量的计算方法就不需要再用错位的矩阵：

$$\begin{aligned} (T_{l,\ l'})_{j,\ j'} &= \frac{1}{\tilde{N}}\sum_{t=\max(1,\ 1+j-j')}^{\min(N,\ N+j-j')} \boldsymbol{X}_{l}(t)\boldsymbol{X}_{l'}(t+j'_{j}), \\ \tilde{N} &= \min(N,\ N+j-j') - \max(1,\ 1+j-j') + 1 \\ j'_{j} &= j' - j \end{aligned} \tag{2}$$

将任意两个时间序列的协方差组成一个大的协方差矩阵：

$$\tilde{\boldsymbol{T}} = \begin{pmatrix} T_{1,\ 1} & T_{1,\ 2} & \cdots & T_{1,\ L} \\ T_{2,\ 1} & T_{2,\ 2} & \cdots & T_{2,\ L} \\ \vdots & \vdots & \ddots & \vdots \\ T_{L,\ 1} & T_{L,\ 2} & \cdots & T_{L,\ L} \end{pmatrix} \tag{3}$$

$$\boldsymbol{E}^{\mathrm{T}}\tilde{\boldsymbol{T}}\boldsymbol{E} = \lambda \tag{4}$$

然后，我们对这个大的协方差矩阵求特征值和特征向量，特征向量就是我们经常所说的经验正交函数。可以用公式(4)求特征值和特征向量，比如奇异值分解(SVD)。也可以直接使用 MATLAB 中的 EIG 函数进行计算。接下来，我们如何分离信号呢？首先我们得到了特征向量，先对原始的时间序列进行投影。其实这个特征向量就是把一个复杂的问题分解成了空间上正交的向量，等于确定了一个基准，好比确定了一个正交坐标的几个轴。然后，我们把原始的时间坐标序列投影到特征向量上。公式(5)这一步就是把一个复杂的问题分解到各个不同的方向上，使这个信号表达更加简单一点。

$$\boldsymbol{A}^{k}(t)=\sum_{j=1}^{M}\sum_{l=1}^{L}\boldsymbol{X}_{l}(t+j-1)\boldsymbol{E}_{l}^{k}(j) \tag{5}$$

我们的第一步就是把时间序列投影到特征向量上，这个成分可以称为时空主成分(spatiotemporal principal components)，简称为 ST-PCs。然后，我们再将 ST-PCs 投影到特征向量上，就可以得到不同特征向量方向上的信号。简单来说，我们把一个时间序列分解成了很多正交的信号，把一些混杂的信号分离出来，使这个问题简单化。一个坐标时间序列包含了很多主要信号，并且主要信号只集中在某些特征向量对应的组分上。我们把分解之后的信号称为简单行为组分。我们研究的主要关键信号可能在个别组分而不是所有组分上，并且时间序列里面的噪声一般占了很大一部分，把噪声去掉之后就可以提高信噪比。M-SSA 方法的优点是，可以同时在时间和空间上进行滤波，然后得到高信噪比的信号，信号分离出来后可以帮助我们研究特定的信号。

因为在坐标时间序列中混杂了很多信号，有些分离出来的组分我们无法确定它到底是信号还是噪声。比如在 GPS 坐标时间序列中，它有线性趋势项，还有季节性的降雨干旱，或者是降雪融化，引起的季节性周期信号。但是，它有时候也会有一些地质构造运动，比如说是地震、火山爆发，或者是某段时间冰川融化比较多，它的坐标也会产生一个异常信号。但是这种异常信号是有物理意义的。有一种噪声也会产生这种异常信号，和前面提及的异常信号非常相似，叫做有色噪声，与时间相关。我们现在要解决的重要问题就是如何区分异常信号和这种噪声。我们有一个配套的 Monte Carlo SSA，主要是用来做信号的显著性检验，就是甄别信号和噪声。它的核心思想是首先确定坐标时间序列，建立一个假设：这个坐标时间序列里面可能存在哪一种噪声。然后，我们根据这个噪声的类型以及它的量值来产生一些虚拟噪声。如果我们知道噪声的特点，很容易就可以虚拟出来这个噪声。然后，用虚拟出来的噪声替代原始坐标时间序列的一些组分，并构造一个代理数据。最后，我们求出这个代理数据的大协方差矩阵，再将其投影到原始数据的特征向量上。

$$\Lambda_{R}=\boldsymbol{E}^{\mathrm{T}}\tilde{\boldsymbol{T}}_{R}\boldsymbol{E} \tag{6}$$

上式中的 $\boldsymbol{E}$ 是原始数据的特征向量，所以它投影过来并不是一个对角阵。如果 $\boldsymbol{E}^{\mathrm{T}}$ 是 $\tilde{\boldsymbol{T}}_{R}$ 的特征向量，那么将会是一个对角阵，但现在不是这样。主要能量都集中在对角线上，我们将代理数据的大协方差矩阵求出来的矩阵对角线元素近似地称为代理数据的特征值。噪声是随机的，我们通过实现多次的仿真，假设是 100 次，来代替原始数据，然后生成大协方差矩阵，每一次实现的过程中我们都可以求出特征值。比如我们仿真了 100 次，就可以求出 100 个 Λ_R，每一个位置的特征值都有 100 次实验。有了 100 次实验，我们就可以给每一个特征值求出一个置信区间。然后，我们用这个置信区间和原始观测数据特征值的置信区间做一个比较。如果原始数据的特征值落在这个代理数据特征值的置信区间范围内，我们就认为这个原始数据跟这个噪声是相似的，那它很有可能是噪声而不是信号，这就是判断的基本原则。计算方法为，如果它落在置信区间范围外，则认为它不是这个噪声，而由于这个时间序列极有可能含有这个噪声，于是认为它很有可能是个信号，这就是基本原则(见表 2. 4. 1)。

表 2. 4. 1　坐标时间序列的数据

	Time Series 1	Time Series 2
a_0	1 mm	1 mm
a_1	4 mm	3 mm
φ_1	0. 0000	0. 3440
a_2	2 mm	1. 5 mm
φ_2	6. 1929	7. 2250
White noise variance	9 mm^2	9 mm^2
Power law noise variance	16 mm^2	16 mm^2

我们结合一个仿真实验来说明 M-SSA 和 Monte Carlo SSA。在 GPS 坐标时间序列里面，信号有一个线性趋势项，这里面我们先将它去掉。因为我们后续的研究中，为了便于信号探测，首先用线性回归的方法把这个线性趋向项去掉。在公式(7)中，第二项和第三项用来生成年周期和半年周期的信号。这种信号是广泛存在于 GPS 坐标时间序列中的。用公式(7)生成一个异常信号，这个函数的类型就是这样抬升一下。然后，我们相当于生成了两个坐标时间序列，这是他们用来生成这个时间序列的一些参数，这是我自己任意设置的，跟实际的 GPS 坐标时间序列无论是噪声还是振幅都是很接近的。

$$S = a_0\arctan(t) + a_1\cos(2\pi t + \varphi_1) + a_2\cos(4\pi t + \varphi_2) + \text{noise} \tag{7}$$

这里我们用到了 Power law noise，为什么用 Power law noise 呢？因为在 GPS 坐标时间序列里面，现在只有两种权威的有色噪声。一种是 Flick noise，另一种是 Random walk，也就是随机游走。这两种噪声都属于 Power law noise，只是 Flick noise 的谱指数为 1 或-1，随机游走噪声就是 Power law noise 里面的谱指数等于 2 的时候。这里我们拟合的数据，Power law noise 的方差是 16 mm^2，谱指数小一点，是 0. 5。

图 2. 4. 1 中左右两图的第一行蓝线是年周期和半年周期叠加之后的结果，第二行中的蓝线是公式(7)生成的异常情况。最下面的蓝点是高斯白噪声加上 Power law noise，第四

行中的灰点是把上面三个合并在一起的坐标时间序列。然后，我们将 M-SSA 方法应用于这两个数据，取的窗口是 600。因为窗口大小取 600 可以兼顾到所有长度小于取 600 的信号。总的数据长度大约有3 000多个数据，它除以窗口长度大约等于 6。这个长度也很重要。如果小于 3 的话，探测信号的可靠性不够；但如果过度提高长度而窗口太小的话，有些信号就会探测不到。所以我这里取的是 600，它的重复性也是很高的。

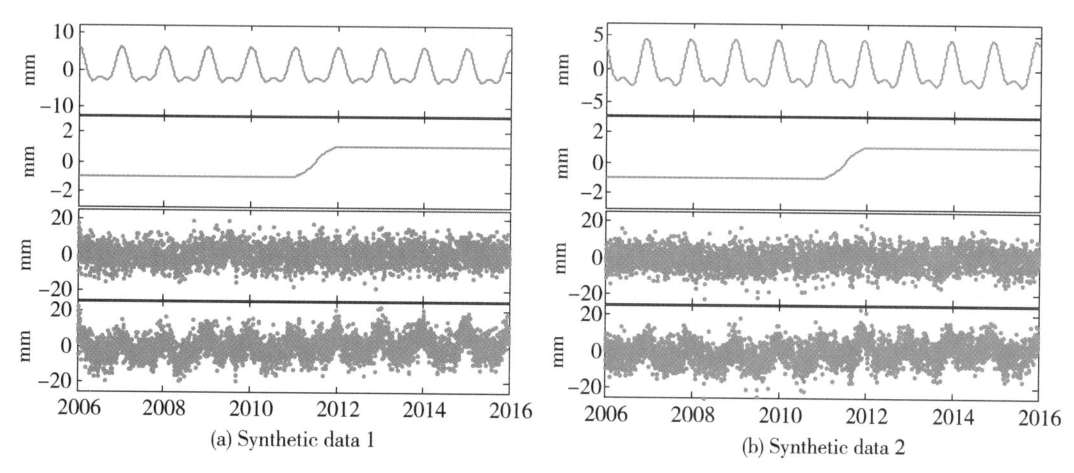

图 2.4.1 两个合成的时间序列(灰点)及其组成成分(蓝点或蓝线)

蓝色部分自上而下分别为年度和半年度谐波函数，由反正切函数模拟的瞬态信号，以及幂律噪声(光谱指数= 0.5)和白噪声。

这是通过 M-SSA 得到的经验正交函数。做完 M-SSA，求完特征向量之后，将特征值和对应的特征向量降序排列，恢复的组分也是按照特征值从大到小排列的。因为特征值越大代表这个信号能量越强，在整个信号中占得比重也就越大。我们的研究主要关注能量较大的信号。

图 2.4.2 中是能量较大的前五个信号，它们的特征非常明显。从经验正交函数中可以看到，第一个和第二个是年周期信号，并且分离得非常好。第三个是一个异常信号，它看起来有些重复是因为窗口取得有点宽。如果窗口取的是 600，这个异常信号还不到 300 的话，它就会显示两次。如果把窗口取到 400 的话，到 400 处它就会截止了。第四个和第五个是半年周期信号，它的长度大概是 180，这就是半年周期信号。这里有一点需要说明的是，在求特征值，尤其是坐标时间序列进行分解信号的时候，这种振荡信号一般是成对出现的。它的大小一般也比较接近，因为它是正交的。

探测到这前五个信号之后，我们对原始的信号进行了比对。图 2.4.3 中(a)的第一个就是用之前的第一个、第二个、第四个和第五个进行比对的，也就是年周期和半年周期的组分。信号对应的组分恢复出来了，与原始数据做比较。绿色部分是 M-SSA 分离出来的信号进行重建得到的。可以看出它们几乎一致，所以这个信号分离得非常准确。

然后，我们再看一下图 2.4.3(b)这个异常信号。这个异常信号不好分离，但是从图中可以看出来，即使不好分离，这个异常信号依然能够分离得非常好，跟原始信号几乎一致。通过这个实验，证明了 M-SSA 是非常有效的信号分离手段。

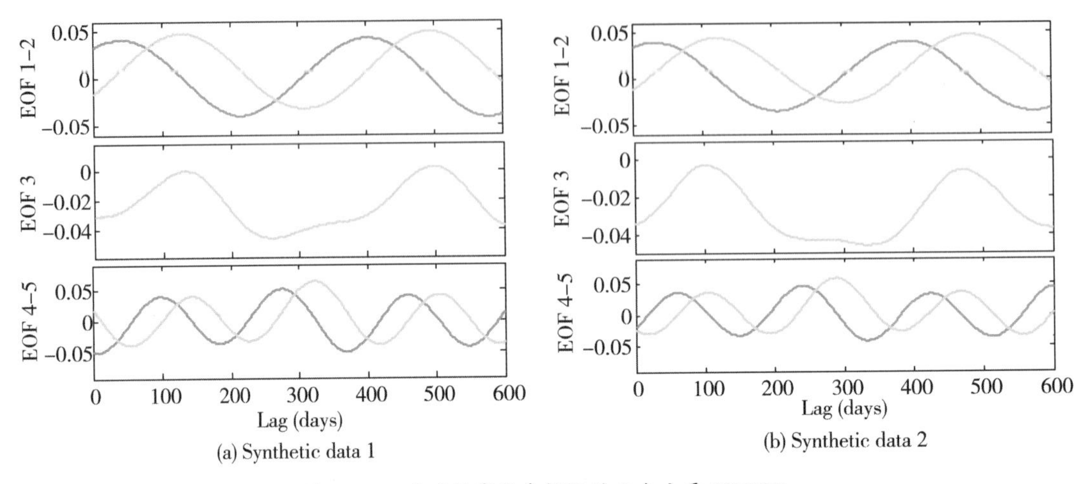

图 2.4.2　从时间序列中提取的 5 个主要 ST-EOFs

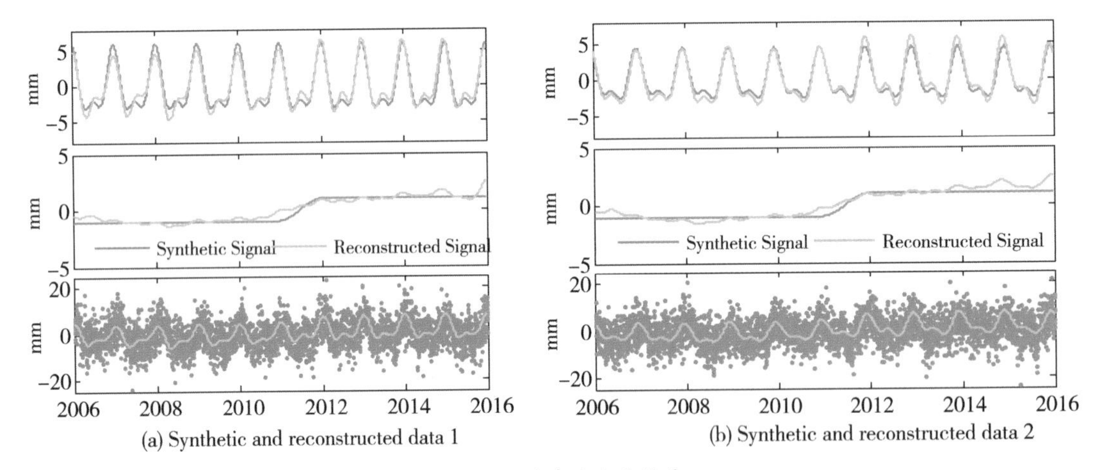

图 2.4.3　重建的主要信号

最上面一行是与 ST-EOFs 1，2，4，5 和 ST-PCs 1，2，4，5 相关的年度和半年度的信号；中间一排是和 ST-EOFs 3 和 ST-PCs 3 相关的瞬态信号；下面一行是合成时间序列(蓝点)和有 5 个 leading ST-PCs 和 ST-EOFs 的重建信号(绿线)。

然后，为了检验这前 5 个信号是否能经过 Monte Carlo SSA，就进行了一个检验。首先进行 M-SSA 分离之后，我把前 5 个组分去掉，将第 6 个到第1 200个组分叠加起来。因为这里应该是有两个通道，每个通道是 600，一共有1 200个组分。然后我给它加入了噪声，因为我已经知道了噪声类型和量值，就用噪声生成 Power law noise。然后再把它加回到剩余的组分之和上，重新再来做 M-SSA，这主要是为了求它的特征值。100 次之后我们可以算出每一个特征值对应的置信区间。图 2.4.4 中竖线对应用代理数据计算所得特征值的置信区间。可以看到从第 6 个开始，全都落在这个置信区间里面。而前 5 个，也就是年周期信号、半年周期信号以及异常信号都在这个置信区间外面，说明这前 5 个确实是信号，后面都是噪声，这与我们生成仿真数据的模型是完全一致的。这个检测结果以及信号分离结果非常完美。但在实际中我们其实很难做到这么好。因为坐标时间序列里的噪声类型和噪声量值是很难准确知道的，所以生成仿真数据并不能真正代表噪声。

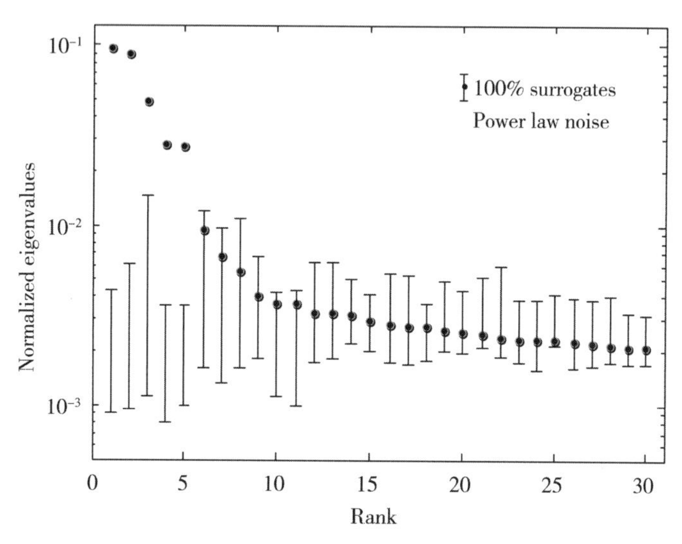

图 2.4.4　合成数据的协方差特征值(蓝点)

特征值被归一化来表示时间序列总方差的部分方差，它们相加为 1；误差栏表示从 MC-SSA 的 100 个实现中得到的 100%置信区间。

在这里为大家展示几种 Power law noise(图 2.4.5)，它们的方差都是 16 mm^2。区别在于，第一个的谱指数是 0，也就是高斯白噪声。它的均值为 0，而且不会产生那种异常的信号；第二个的谱指数是 0.5，它已经展现了一点点异常的弯曲；当主频率为 1 的时候，也就是 Flick noise，这种在 GPS 中是最普遍存在的有色噪声，它会产生像图中第三个那种的信号；当谱指数达到 2 的时候，就是随机游走噪声，这里可以看出它已经很不像噪声而像一个信号了，但是它就是一个噪声。所以当谱指数增大时，对于异常信号探测来说，难度会提升。因为你很难判断到底是噪声还是信号。但是地学信号与噪声的一个区别是，有色噪声主要是在时间上产生相关性，但是在地理上不会有空间相关性。但是地学信号，比如发生地震或者火山爆发，断裂之后在一个局域范围内，它的位移肯定是朝一个方向。如果发生地震和火山爆发，火山周围的测站肯定都有向外平移的信号。但是在有色噪声上是不会显示出空间相关性的。好比我这次生成的有色噪声，我再用相同的参数生成时，它会是完全不同的。所以，我们就需要用更多测站的空间相关性来探测这种短期信号。这是做信号探测的一个关键，就是利用时间相关性和空间相关性。

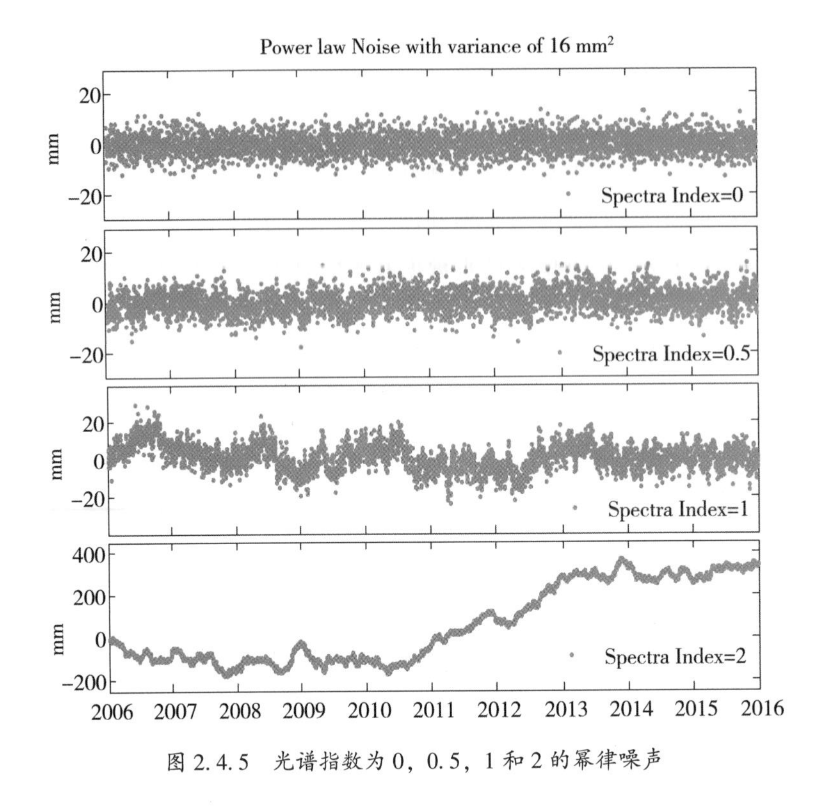

图 2.4.5　光谱指数为 0，0.5，1 和 2 的幂律噪声

2. 多通道奇异谱分析方法在格里兰岛的实验

再讲下 M-SSA 和 Monte Carlo SSA 在 Upernavik Isstrøm(图 2.4.6)的应用情况。这个地方就是 Upernavik Isstrøm，它是格陵兰岛冰川研究的一个热点地区。因为在这个地方有四个主要的冰川——UI1～UI4，在谷歌地图上可以清楚地看到。因为冰川中的冰流速非常快，最高可以达到 10km/year 的速度，这几个冰川都是到海洋那里才停止的，一旦冰川入海，就会融化成水，质量就流失了。这是冰川质量流失的一种形式，另一种形式就是冰川的融化。它融化成水了之后也会顺着一些河道流到海里，质量也会流失。在一年的大部分时间内都是会下雪的，质量就会积累。质量流失是通过冰川运动和冰川融化。冰川质量流失之后它会产生什么效应呢？我们可以认为地壳是一个弹性的壳，地壳岩石圈下面有地幔，地幔和岩石圈之间的岩石是呈流体状的，是比较软的一个黏弹性地区。当质量流失之后，地表会反弹起来。这就好比在买东西的时候，在天平上放的东西多就把它压下去，放的东西少它就又会回弹起来。如果知道它的弹性系数及形变量，就可以估算质量流失，这是基本原理。如果你通过形变来估算质量流失或者根据质量流失来估算形变，可以通过格林函数来实现。

这里有两个 GPS 测站——SRMP 和 UPVK，都是从 2008 年开始运行的。SRMP 位于冰川质量流失的核心区，因为这里有三四个冰川。UPVK 离这个地方大概有六七十千米的距离，对弹性形变的反应较小。这个坐标时间序列都是高程方向的，不是水平方向的，这里没有考虑水平方向。因为这个区域的水平方向变化比较复杂，东边全都是冰川，西边是海洋。而且水平方向会有一些抵消效应，本身变化量就比高程方向小，再加上抵消效应，情

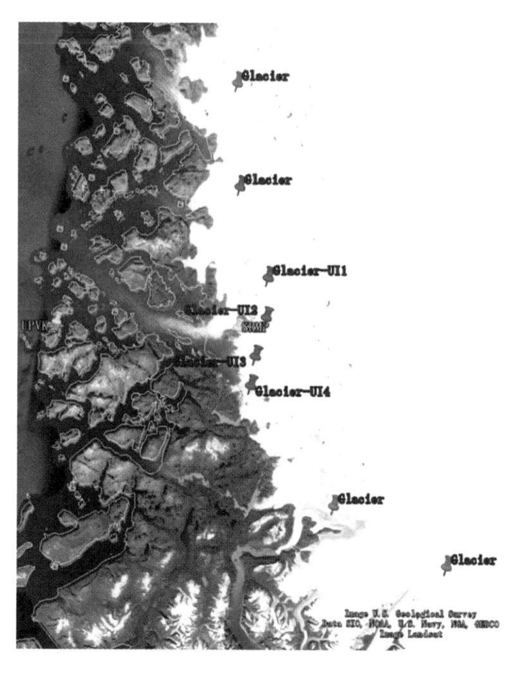

图 2.4.6 格陵兰岛 Upernavik Isstrøm 地区冰川及测站分布情况

况很复杂，所以，我们只关注高程。在这两个测站，高程都有一个抬升趋势，陆地一般在水平方向上有一个线性趋势项，主要是由于构造运动造成的，高程方向不会有这么显著的线性趋势。因为全球气候变暖，冰川一直在融化，冰后回弹导致地表不停地上升。在图 2.4.7 的两个时间序列中，除了可以直观地看到线性趋势项以外，其他信号其实看不出来。我们现在做的工作不关注这个线性趋势项，关注的是去掉线性趋势项之后的一些短期信号。因此，为了看清这些信号，我们首先要把线性趋势项从这个坐标时间序列里面移除，用的是线性回归的方法。这里拟合的这条线是用卡尔曼滤波的方法做出来的。

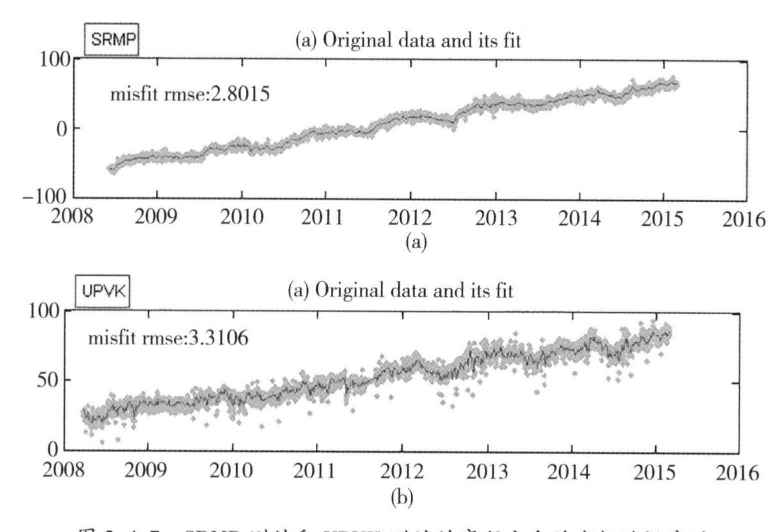

图 2.4.7 SRMP 测站和 UPVK 测站的高程方向的坐标时间序列

我们后面在处理数据之前都是先把线性趋势项去掉，然后将 M-SSA 用在这两个坐标时间序列中，分解得到前 10 个组分。从图 2.4.8 中可以明显地看到，第一个信号和第四个信号比较疑似异常信号，因为在 2010 年的时候，两个都显示了下降趋势，但比较微弱。但是在 2012 年和 2013 年，这里有一个显著的抬升。因为线性趋势项已经去掉了，在做 M-SSA 时，如果没有异常信号的话，这里应该是一条接近于 0 的水平直线。第二个和第三个是年周期信号，分离得比较好。第五个、第六个是半年周期信号，看一下时间就知道。第七个到最后一个都不是很明显。但到第八个之后，显示为高频的很有可能是噪声，因为这些地学信号大家都不清楚是什么原因引起的。第七个也不清楚是什么，因为它的量值比较小，我们大多数时候都忽略了，后面的也都忽略了。不过第七个如果想要的话，可以归算到异常信号里，如果不想要的话可以去掉，因为它的量值是比较小的。

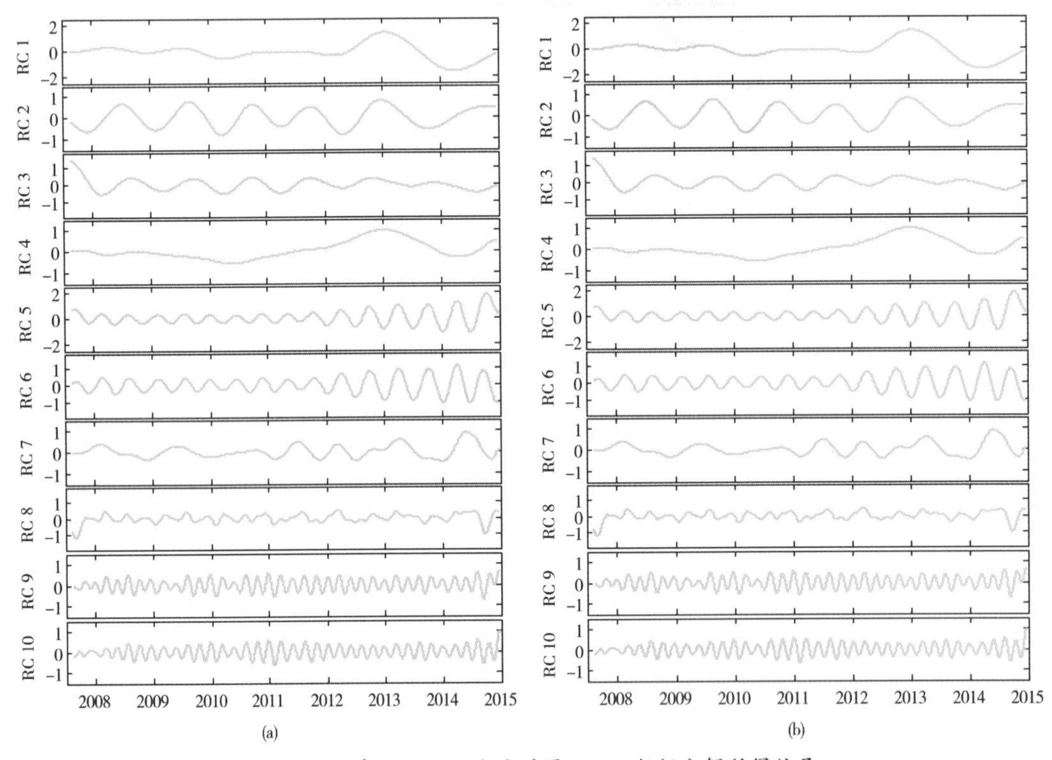

图 2.4.8　采用 M-SSA 方法对图 2.4.7 数据分解所得信号

为了确定探测到的是信号还是噪声，我们还是要做一个 Monte Carlo SSA。做的时候我们首先还是把前 10 个组分去掉，然后把对应的噪声加进来。仿真了 300 次，每次都把噪声加进来生成特征值，然后得到特征值的置信区间。从图 2.4.9 中的结果来看，第四个和第七个信号落在置信区间里面了，也就是说这两个信号有可能是噪声。回到图 2.4.8，我们看第四个信号很可能是异常信号，因为(a)(b)两图中它们两个的时间点和变形趋势实在是太相似了。如果说在两个测站上，有色噪声产生的变形在同一个时间点，它的可能性是非常低的。

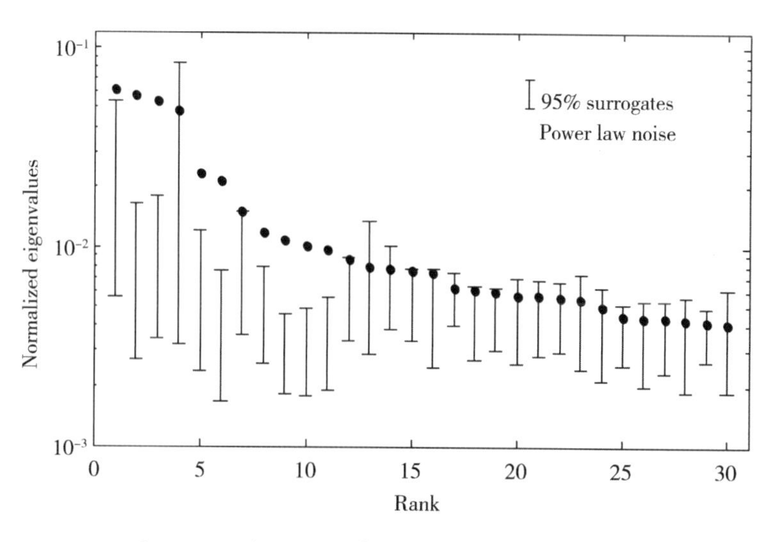

图 2.4.9 对图 2.4.8 中 RC4、RC7 做 M-SSA 检验

在检验的时候没通过，但我们觉得它是，那该怎么办呢？我们想利用 GRACE 数据。虽然 GRACE 数据测的是时变重力场，但是我们可以通过格林函数把重力变化也推算成质量变化，质量变化再推算到坐标变化，也就是推算出位移。我们用 GRACE 数据的目的就是把 GRACE 数据和 GPS 数据结合起来，这样就可以增加更多的地理相关性。之前只有两个测站，可以说是巧合。如果有三个数据的话，三个时间序列的噪声都在同一个位置出现相同的起伏，这种巧合的概率就非常低。GRACE 数据在使用的时候有两个麻烦。第一个是：GRACE 数据是一个时变重力场数据，并且还是个月数据。我们要把它用在 GPS 数据上，并且与 GPS 数据、位移数据有可比性。并且使后面物理解释的时候也更容易进行。我们用格林函数法把 GRACE 数据换算成位移。GRACE 数据的分辨率比较低，在 200~300km，它算出来的结果其实是一个方圆 300 千米内的平均值。所以，相比于 GPS 数据直接解算出局部的质量丢失，它的量值可能会偏小。第二个问题是，我用的 GPS 数据分辨率为 1 天，而 GRACE 数据的分辨率为一个月。但是 M-SSA 它要求数据量要相同，采样间隔也要相同。所以，我们要想办法进行重采样，让它们的数据有一样的分辨率。如果把 GPS 数据的日分辨率变成月分辨率是很容易的，但是我们想保留 GPS 数据中更多的细节，让时间分辨率更高一点。我们尝试着将 GRACE 的月频数据内插回日频数据，但是进行这个数据内插是有一定难度的。因为在图 2.4.10 中，红色的点是 GRACE 月频率数据，它有规律但是比较凌乱，将它内插为日频率数据还是比较难的。

这里我们依然用的是 M-SSA 方法，我用了一个迭代的 M-SSA 方法。首先，把月频率的 GRACE 数据进行分解，我们只用前 10 个信号，来进行内插，内插的时候我们设定一个阈值。内插的误差大于多少我们就返回迭代。只用前 10 个成分来恢复 GRACE 数据，图 2.4.10 中灰色的就是恢复的，恢复和内插是一起进行的，这个结果看起来还是很好。然后我们就可以把 GRACE 数据和 GPS 数据放在一起做 M-SSA。

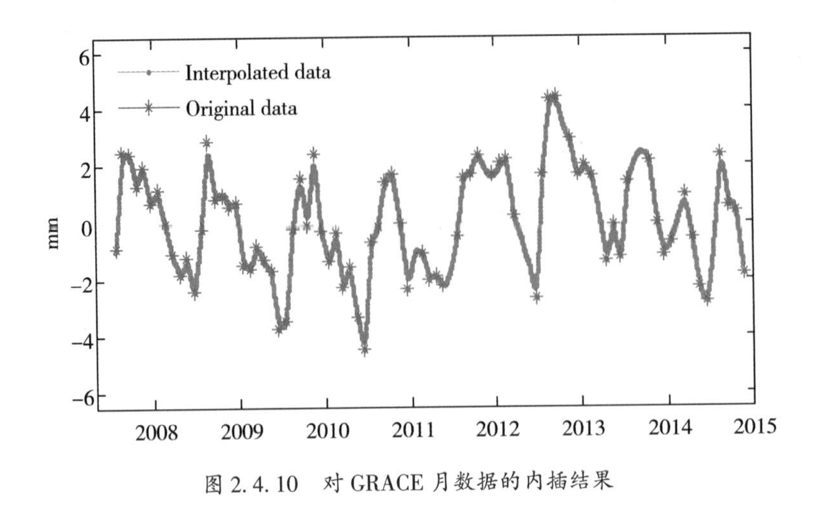

图 2.4.10　对 GRACE 月数据的内插结果

图 2.4.11 是分解出来的信号。可以看到，第一个和第四个主要还是异常信号。但是也可以看到，在第一个异常信号里面混杂了一些年周期信号。这个我们后续还可以进行处理，把年周期信号再分离出来。第二个和第三个还是年周期信号，第五个和第六个还是半年周期信号。这些都没有变化，主要就是第一个。

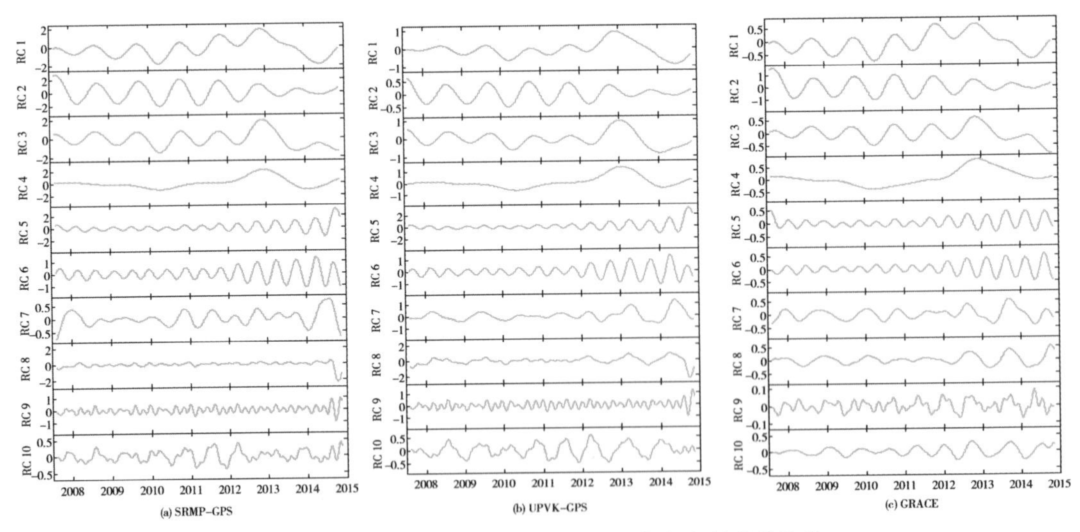

图 2.4.11　联合 GRACE 数据和 GPS 数据分解所得信号

在进行下面的工作之前，我们还是进行了一个蒙特卡洛的检验来判断这些到底是信号还是噪声。大家从图 2.4.10 中可以看到，加入 GRACE 数据的第四个信号和第七个信号现在不落在置信区间内了，说明它们是信号，然后我们就可以充分利用第一个和第四个信号来构建异常信号了。GRACE 数据的加入提供了更多的空间相关性，也更有利于我们来甄别信号。

然后，对待第一个混杂有异常信号和年周期信号的组分，我们把这三个时间序列里面的第一个组分单独提取出来，再把这三个组成一个三通道的 M-SSA，把 M-SSA 再用到，继续进行分解。从图 2.4.12 中可以看出，分解之后异常信号被完全分离开来，也就是第一个和第二个组分。年周期信号就分解到第三个和第四个组分上。仅仅是这前四个成分就占了总能量的 96.9%，后续的组分都可以忽略不计了。这样的话也就可以用第二次分解的第一个组分和第二个组分，以及第一次分解的第四个组分来叠加在一起，就可以得到干净的异常信号。把第二次分解的第三个、第四个组分，以及前面的第二、第三、第五、第六个组分叠加起来得到周期性的信号(图 2.4.13)，可以看到恢复的周期信号还是比较明显和干净的，这个异常信号还是挺好的。

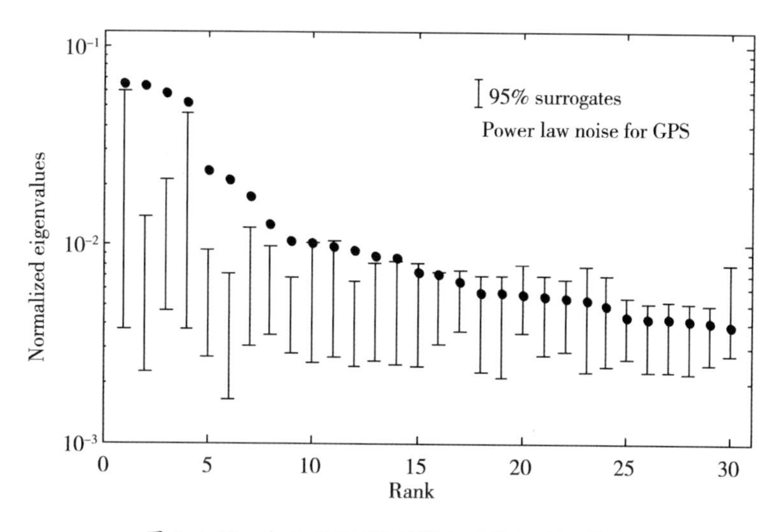

图 2.4.12　加入 GRACE 数据之后的 M-SSA 检验

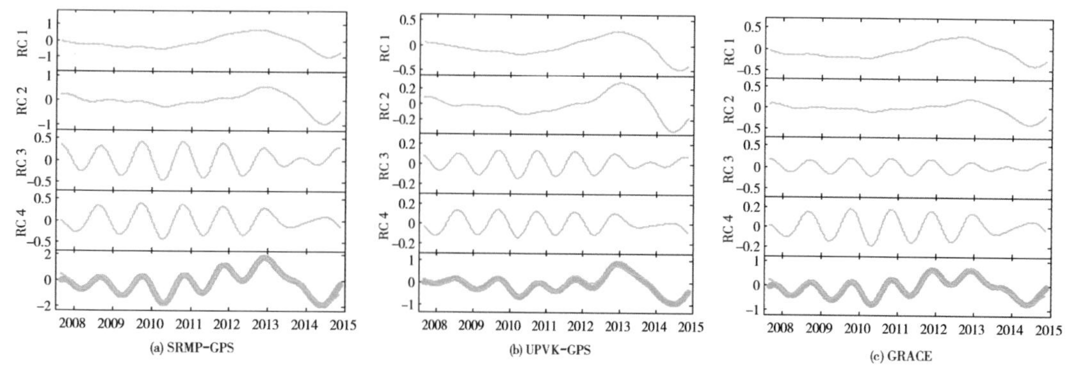

图 2.4.13　叠加后的周期性信号

当 M-SSA 重新应用于两个 GPS 站点和一个 GRACE 站点的 RC1 的组合数据集时，重构的四个主要组分(占据了 96.9%的总能量)。底部的绿色曲线是前四个分量的总和，而灰色曲线是原始数据。

刚才提到了一个 GRACE 的推算过来的位移与 GPS 不一致的问题(图 2.4.14)。这是因为在格陵兰岛主要是离散的位置，质量丢失是比较大的。局部点丢失的质量产生的位移GPS数据很敏感能感觉到，但是GRACE数据的敏感度是低于GPS的，它的尺度是非常大的，分辨率在300km左右。如果你把这一块局部地区的质量丢失，给它平均换算到一个很大的范围内，它引起的位移是会偏小的。然后我们在它们之间求了一个缩放因子，这个缩放因子就是用GPS的坐标时间序列和GRACE的坐标时间序列来进行一个线性回归，线性回归的比例因子就是缩放因子。然后我们用这个缩放因子来放大GRACE，经过放大之后，GRACE几乎和GPS的大小量值一样，如图2.4.15所示。

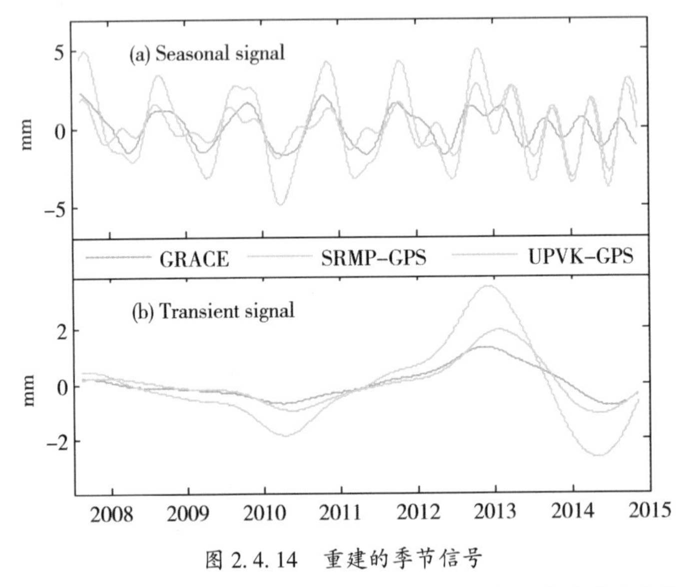

图2.4.14 重建的季节信号

通过将图2.4.10中的RC 2，3，5，6和图2.4.12中的RC 3-4相加来重建的季节信号，并通过将图2.4.10中的RC 4和图2.4.12中的RC 1-2相加来重构瞬态信号。

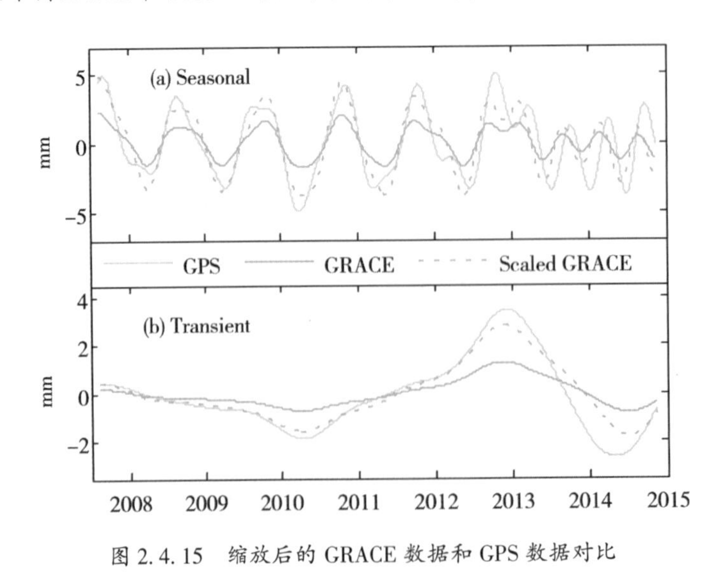

图2.4.15 缩放后的GRACE数据和GPS数据对比

3. 联合 GPS、GRACE 数据探测到的两个异常信号

接下来我们探讨一下探测到的两个异常信号。因为在格陵兰岛它可以产生异常信号，我们在之前的论述中已经说过，它可能是一些构造运动，比如火山爆发或者是地层滑动等。另外一个是非构造运动，只能是质量丢失了。在格陵兰岛并没有报道有相关的构造运动，所以那两个异常信号只能是质量丢失引起的。而质量丢失我们前面提到过只有两种丢失方法，一种是地表质量平衡 Surface Mass Balance，后面我就简称 SMB，它的量值主要可以认为是三部分，一个是冰雪融化、降雪和升华这三部分构成。融化是减少，降雪是积累，其实升华占的比例比较小，主要是融化和降雪。另外一个就是冰川运动，尤其是在海洋那里终止的冰川。它一直从内陆运动到海里，冰在海水和陆地交界的地方积累得太多会断掉，会掉到海里融化掉，就不会对地表产生压力了。我们现在就主要分析质量变化是哪一部分原因造成的(图 2.4.16)。

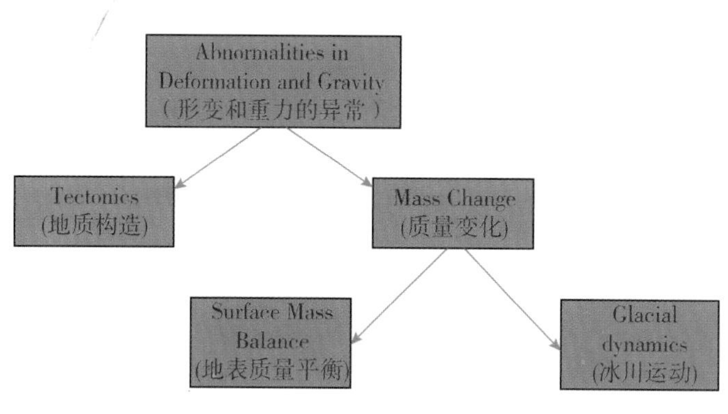

图 2.4.16　异常信号产生原因

首先是 SMB(图 2.4.17)，也就是地表面质量平衡，这个名词主要用在格陵兰岛，就是冰川的融化降雪，然后它这个数据可以通过两个模型来计算，我们用的一个是 RACMO 模型，另一个是 MAR 模型，都可以用来给出 SMB。SMB 是通过一些实测数据及模型来估计的，它是一个月数据，考虑的是一个月的质量变化，是一个变化量。就是说这个月的总体质量变化了多少，这个 SMB 所估算的，它只包括融化和降雪，不包括冰川运动所丢失的质量。首先我们把月增长质量累积起来，我们选择一个参考时间点。参考时间点不同，得到的趋势项是不一样的。沿着时间对应的积分就可以得到相对某个参考点的质量平衡。首先把线性趋势项去掉，然后我们把这个质量通过格林函数运算，因为它给出的质量分辨率大概是五千米乘以五千米。然后，我们通过格林函数在整个格陵兰岛来进行积分，积分质量变化引起的这两个测站的位移，我们都是把 SMB 换算成两个测站的位移，然后把两个测站的位移构成双通道的 M-SSA，然后进行分解。可以得到前 6 个信号，已经占了总能量的 94.5%。可以明显地看到，前两个就是年周期信号，然后第四个和第五个是半年周期信号，第三个和第六个是异常信号，同时还夹杂了一些半年周期信号。同样的方法，我

们对第三个和第五个组分之和然后再用一次 M-SSA，分离其中的异常信号和半年周期信号。

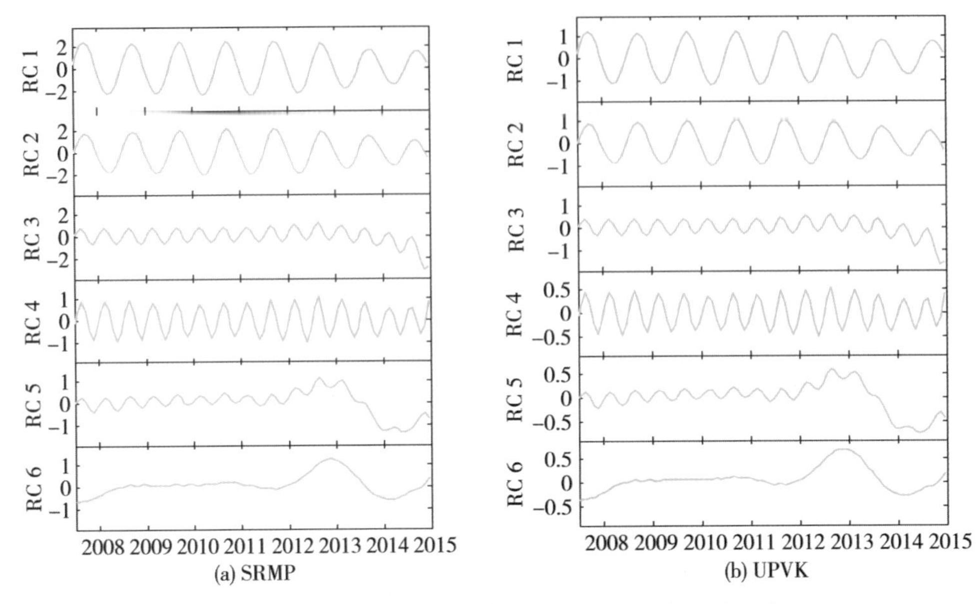

图 2.4.17 对 SMB 数据换算为位移的结果分解所得信号

下面可以看到结果，这个是刚才用第三个和第五个组分分离得出来的结果，如图 2.4.18 和图 2.4.19 所示，可以很清晰地看到分离出来了的周期性和异常性信号。

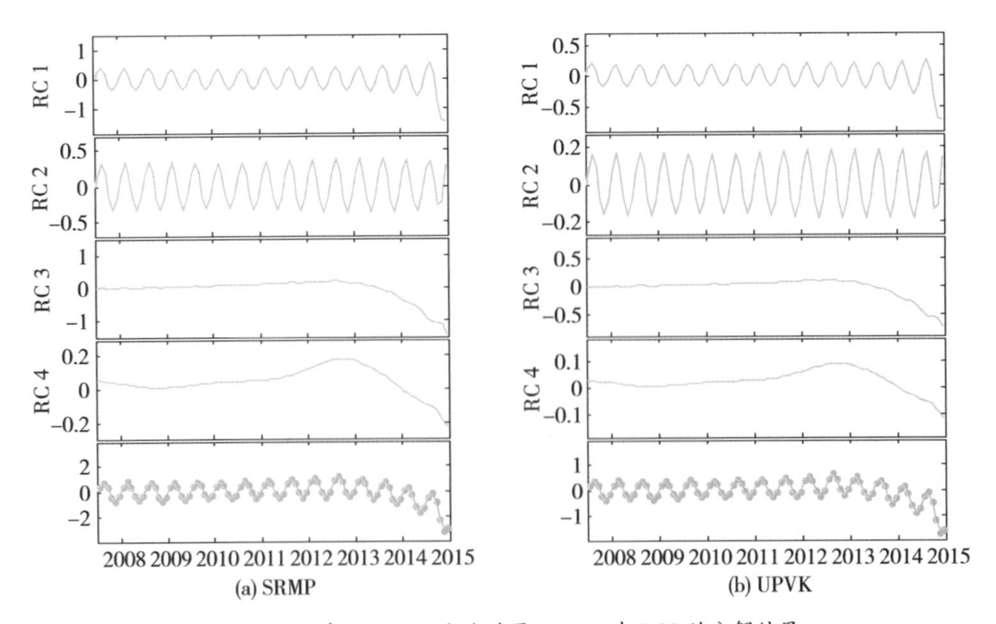

图 2.4.18 采用 M-SSA 方法对图 2.4.17 中 RC3 的分解结果

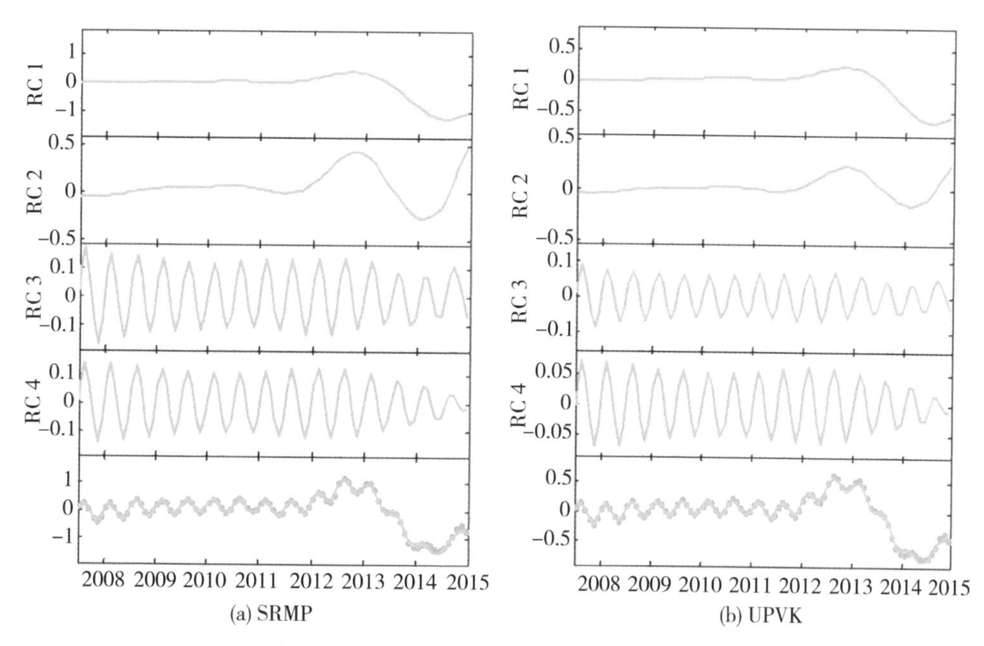

图 2.4.19　对图 2.4.17 中 RC5 重运行的结果

前 4 个重要组分由图 2.4.17 中 RC5 重运行产生。底部的绿色曲线是图 2.4.17 中的 RC1 和 RC4 的总和，而灰色曲线是图 2.4.17 中的 RC5。

图 2.4.20 是用三部分恢复出来的季节性信号，可以看到恢复得还是很好的，主要周期都是相对比较稳定的。当然这个 UPVK 测得小一些主要是因为它离格陵兰岛远一些，SRMP 可以离得近一点。

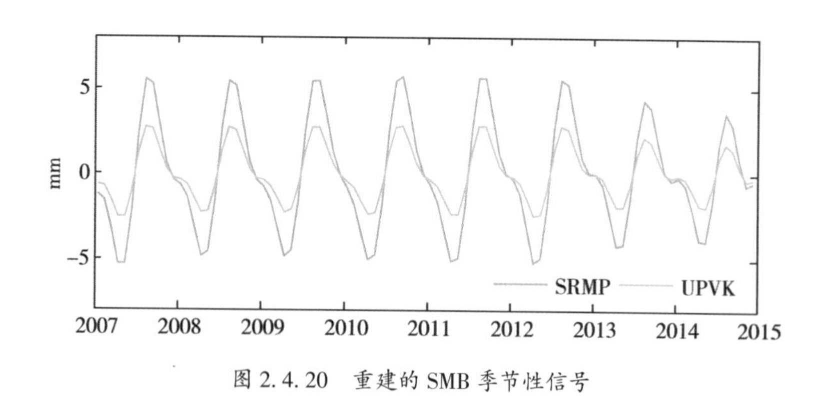

图 2.4.20　重建的 SMB 季节性信号

在图 2.4.21 中，在 2012 年到 2013 年这个时间段里面，GPS 的异常、GRACE 的异常与 SMB 的异常是非常吻合的。它们都在抬升，并且量值也是非常接近的。但是 2010 年之前，这里有一个小的异常，GPS 和 GRACE 都有下降，但是 SMB 没有。这说明在 2010 年的异常不是由 SMB 引起的，可能是由于冰川运动造成的。

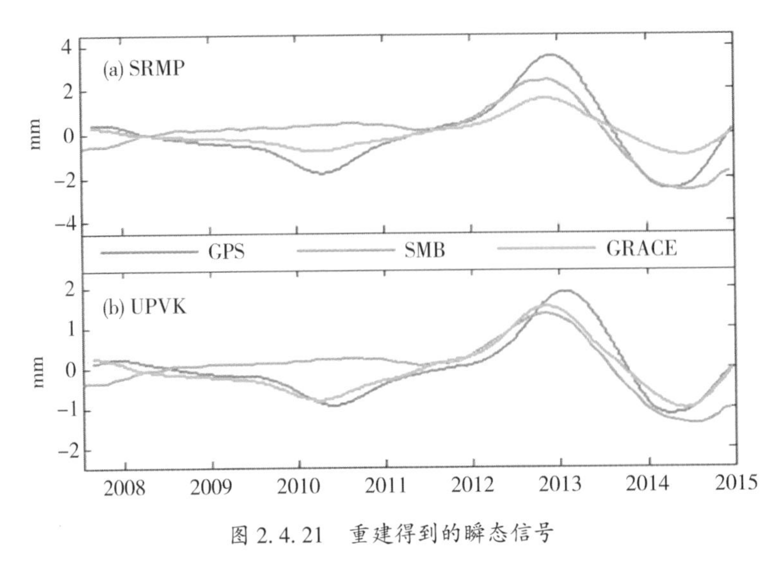

图 2.4.21 重建得到的瞬态信号

通过 GPS、SMB 和 GRACE 重建得到的瞬态信号。GPS 和 GRACE 瞬态信号与图 2.4.15(b)一致。SMB 瞬态信号由图 2.4.17 RC16，图 2.4.18 RC3，4 和图 2.4.19 RC1，2 重建得到

这是由 InSAR 给出的速度图(图 2.4.22)，可以通过美国 NSIDC 网站上下载这个速度图像。我们一般怎么考虑冰川运动导致的质量流失呢？我们会用 Fluxgate Method 来进行计算。简单地说就是，我在这里画一条线来当作一个闸门，然后计算上面一部分有多少质量

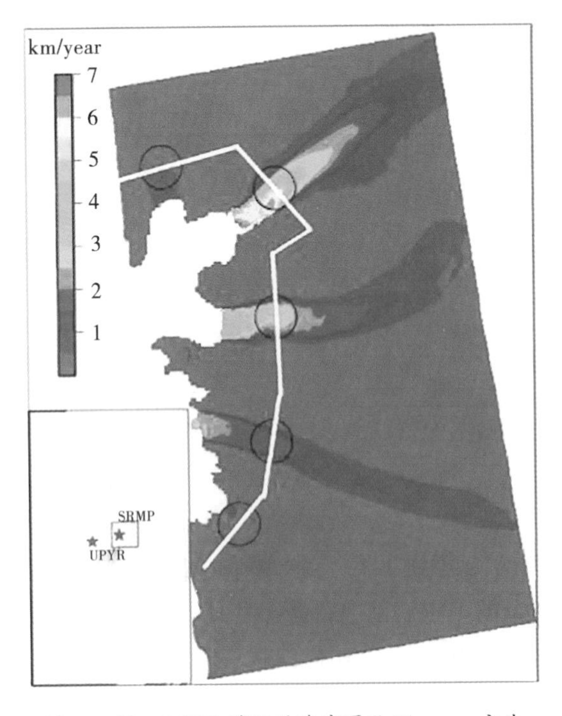

图 2.4.22 InSAR 获取的速度图及 Fluxgate 方法

通过这个闸门。那我就认为这个质量丢失了。Fluxgate 上游的质量我们可以认为用通过这一条线的质量来代表。但是它还有线左边的这一部分，如何表示呢？这一部分主要是用它的体积变化来表示。这一部分质量就是加上体积变化再乘以冰的密度，就可以得到冰川运动导致的质量损失。但是由于在这个地方，冰川厚度数据非常少，因为这些数据主要是由一些机载雷达来测量的，并且一年最多给出一次数据。所以，我们只能把下面这部分的质量丢失忽略了，只考虑上面那一部分。而上面这一部分怎么计算呢？我们把 Fluxgate 分成很窄很小的通道，InSAR 图像可以给出我们这里的速度，我们可以给出每个通道的速度。在这里我们又用了一个固定不变的厚度，是把从 20 世纪 90 年代到 2009 年测的冰川厚度叠合在一起给出的。我们用厚度乘以速度乘以切割之后通道的宽度，就可以得到质量流失的速度，积分起来就可以了，然后再乘以时间，就可以得到绝对的质量流失。这是一个基本的计算方法。

因为我们现在不考虑时间，我们只是根据速度图像来计算质量流失，那么计算出来的就是质量流失的速度。从整体上可以看到(图 2.4.23)，第一个和第二个冰川是质量丢失最严重的两个冰川，因为这两个冰川比较大。在这个图中，虚线是拟合的一个趋势项。在第二个冰川中，有很明显的长期增加的一个趋势，这个黄色是它们整个的质量丢失的速度。

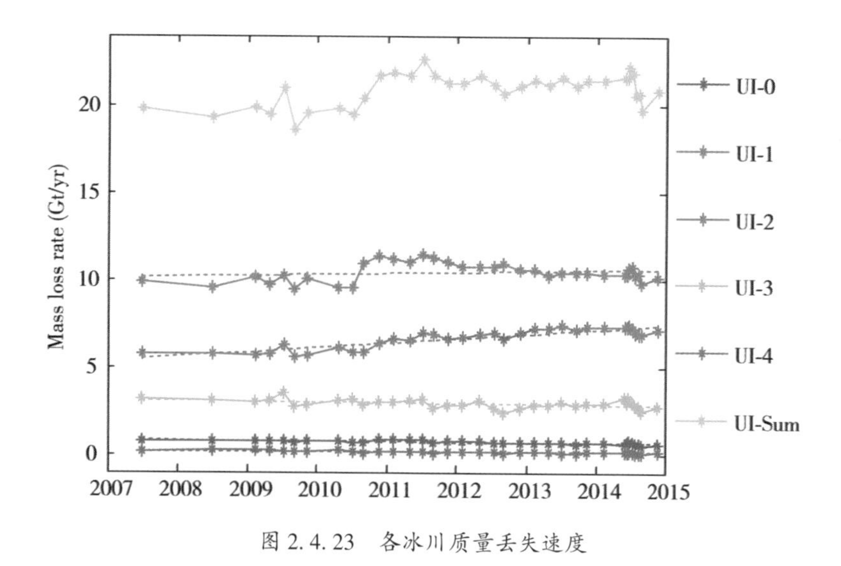

图 2.4.23 各冰川质量丢失速度

通过从速度图像中移除趋势项，其实这条线相当于一个加速度。我把这个去掉的目的就是为了在后续的积分求绝对质量丢失的时候，不要一个大的弯曲，那种加速的质量丢失先不考虑。我先把它移除，然后把这些剩余的速度沿时间进行积分。我以第一个点为时间参考点，然后沿时间积分，我就可以用质量丢失的速度乘以时间就是质量丢失的量。然后就可以得到这样一个图像，如图 2.4.24 所示。

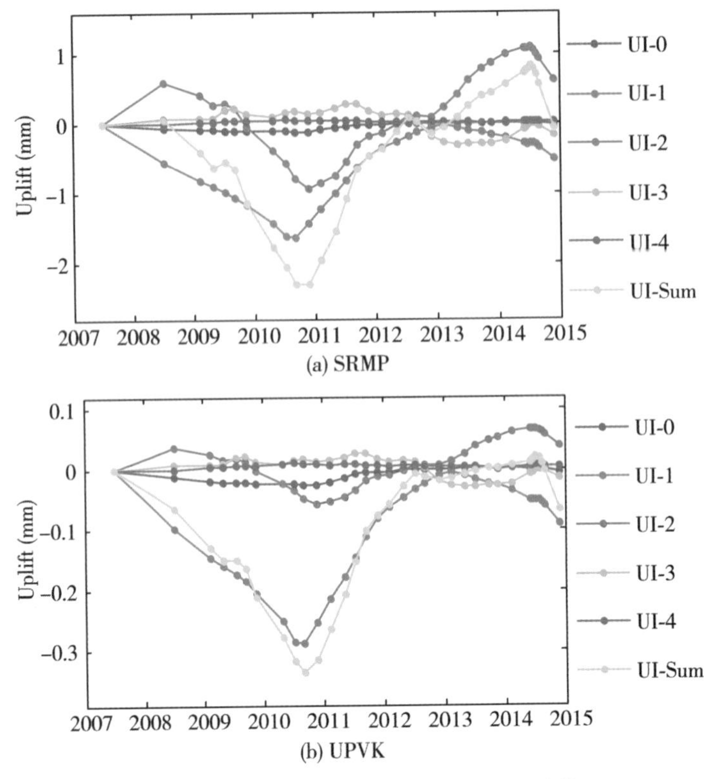

图 2.4.24　SRMP 和 UPVK 测站各冰川位移情况

我还是把质量丢失给换算成了位移，但这里有一个很困难的地方没有办法做。因为质量丢失的时候不知道质量到底在哪里丢失多少，并且质量分配的位置不同，产生的位移也不同。为了方便运算，主要为了说明这个趋势，我就把冰川运动丢失的质量归算到在冰川闸口这里的一个半径为 4km 的圆内，认为质量都是在这里丢失的，并且把它均匀分布。图 2.4.24 就是计算出来的位移，可以明显地看到，在 2010 年的时候先是有一个往下下沉的趋势，然后有一个抬升的趋势，跟我们前面看到的 2010 年那个微小的异常是非常吻合的。

然后我们把它叠加在一起看，如图 2.4.25 所示，这个绿色的是缩放后的 GRACE 数据，蓝色的是 GPS 数据，黄色的是 SMB 数据。紫色是地壳运动引起的质量流失计算的位移。可以看到，抬升的地方主要是由于 SMB 引起的。并且在这个地方我们可以看到，这个冰川运动引起的位移其实是个平的，它在这里没有变化。这就进一步说明了这个质量流失主要是由 SMB 引起的，和冰川运动没有明显的关联。而在 2010 年这个异常这里，SMB 显示的是一条很平的直线，那就说明这里不是 SMB 引起的，而冰川运动在这里显示出来一个弯曲的曲线，那就说明这个地方的异常很可能是由于冰川运动引起的。当然，在这个图里面，冰川运动不明显，主要是由于测站距离冰川太远了，它对这里影响很小。但是在这里也有一个问题，相位有个偏差。这个偏差我觉得主要原因可能是：InSAR 给出的图像的速度分辨率太低了，一年只有四到五个数据，平均来看，2.5 个月才会有一个速度数据。再加上积分的时候，通过这种方式进行积分本来就会产生一个往后延的趋势，这是一个原因。另外一方面原因是图中，白线左侧的质量丢失可能会比右侧的质量丢失早一点出现，但是我们只考虑了右侧的质量丢失，所以很可能产生时间延迟。这是两点原因。

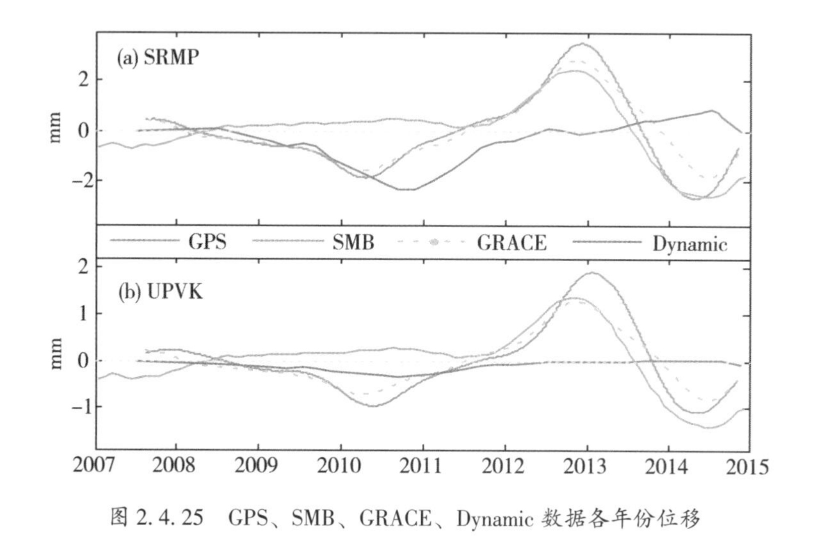

图 2.4.25　GPS、SMB、GRACE、Dynamic 数据各年份位移

然后具体到 SMB 中，2013 年处位移弹升，说明冰川质量减少，可能由于冰川融化或降雪减少。2014 年至 2015 年处下沉，可能由于降雪增多或融化减少。为了确认位移是由降雪还是融化引起，我们利用 SMB 模型给出降雪期间的测站位移以及融化季节的位移。因为只有在 6、7、8 月格陵兰岛冰川融化，其他月份都是在降雪或者不融化。从今年 6 月至 8 月作为一个时间段来计算 SMB 引起的位移，从去年 9 月至今年 5 月作为积累的时间段计算位移。整数表示坐标改正，负数表示坐标下降。在融化的时间段，2012 年的时候这里的值抬升得很明显，而对应的降雪积累是很小的，这说明 2012 年处上升是由融化增多引起，降雪其实并没有显著变化。然后我们来看下降的时候，虽然在 2013 年引起的坐标变化大了一点点，多下降了 1mm，但是可以比较 2013 年的融化情形，它只抬升了 8.1mm。相对于其他年份它少了将近三分之二，所以也可以概括地说这个下降的主要原因是由于 2013 年融化减少导致的，而降雪增多其实贡献得很少。

表 2.4.2　　**SRMP 和 UPVK 测站各年份冰川融化及积雪情况**

	SRMP		UPVK	
	this June to this August (今年6月至今年8月)	last September to this May (去年9月至今年5月)	this June to this August (今年6月至今年8月)	last September to this May (去年9月至今年5月)
2008	12.9	-5.6	6.3	-2.4
2009	12.5	-5.6	6.1	-2.4

续表

	SRMP		UPVK	
	this June to this August (今年6月至今年8月)	last September to this May (去年9月至今年5月)	this June to this August (今年6月至今年8月)	last September to this May (去年9月至今年5月)
2010	13.5	-7.0	6.4	-3.2
2011	12.1	-6.4	6.4	-2.8
2012	15.8	-6.3	8.1	-2.8
2013	8.1	-7.4	3.7	-3.3
2014	9.8	-5.5	4.6	-2.3

我们一共探测到了两个异常信号，并对它们进行了地球物理学的解释。图 2.4.26 是把 SMB 计算的位移和 Glacial Dymamic 计算的位移叠合在一起，总体来看，它的变化趋势和 GPS 及 GRACE 探测出来的变化趋势是非常一致的，这进一步说明了我们方法的有效性。

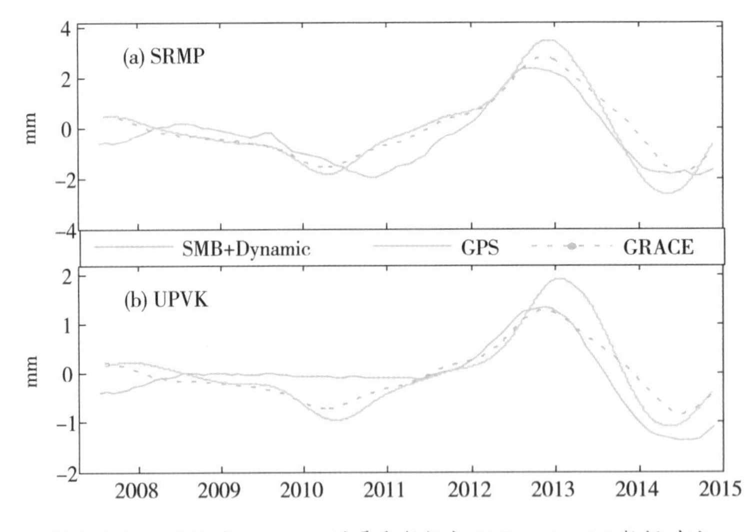

图 2.4.26　SMB 与 Dynamic 的叠合数据与 GPS、GRACE 数据对比

由以上研究工作我们得到了以下的结论：第一，M-SSA 是一个很先进的信号探测方法，它可以分离不同的信号。并且联合使用 GPS 数据和 GRACE 数据，得到了两个异常信号。分别是在 2010 年的坐标时间序列显现出来的一个下沉的趋势然后回升，另一个是在 2012 年显示出来的一个抬升然后下降的趋势。然后经过 SMB 和冰川运动的数据分析，得到一些解释。首先就是 2010 年的异常是由异常的 Glacial Dynamic 引起的。具体来说，冰川运动速度在 2010 年放缓，导致质量丢失减少，时间序列产生出了一个下沉的趋势。然

后在2010年晚些时候，冰川运动速度又加快，质量丢失增多，时间序列产生一个抬升趋势。2012年的异常由于地表质量平衡的异常引起。具体来说，就是冰川融化在2012年加剧，导致测站弹升。在2013年的时候冰川融化减弱很多，同时降雪情况变化很小，导致坐标下沉。

这就是我的报告的全部内容，谢谢大家，大家有什么问题可以尽管提出来。

【互动交流】

主持人：那我先来问一个问题。我今天看到师兄说的GRACE数据的时间分辨率是一个月，GPS数据的分辨率是一天，GRACE数据的加入增加了数据的空间相关性。但是GRACE数据的分辨率是300km对吗？这算是时空融合的一种方法吗？但是它的空间分辨率又很低。

张豹：虽然它的空间分辨率低，但是它能够探测到这个信号并显示出来就足够了。它的信号强度在时间序列中确实要比GPS数据弱一点，但是它能够提供一个变化趋势，就可以足够让我们利用空间的共性来提高信号探测及甄别的能力。GPS数据也可以感知到远距离的，但是GPS测的就是弹性形变。弹性形变随着距离的变化非常快，它在10km的时候非常强，10km之后就比较弱。

提问人一：GRACE数据通过格林函数换算成质量，我看你的结果是2mm左右，GRACE的精度可以达到这么高吗？可以给一个大概的精度值吗？

张豹：它的精度换算过来不是很准，因为从质量换算成位移都不是特别准确。但你主要可以看这个趋势项，其实这里所有的量值都是相对的。它有噪声的话也没有关系，如果是白噪声不会突然出现一个弯曲，也不受有色噪声的影响，所以噪声对它也不会有任何影响。

提问人二：冰川效应是只会下降还是既会下降也会抬升？

张豹：如果你举例的话，它只会抬升的。会有这种情况，但是在这里刚好不是。这里它巧就巧在，两个异常是由两种原因单独造成的。格林函数就是把一些质量变化和位移等都可以转化，它这个本来就是一个比较粗糙的计算。我觉得应该是那一年的气候异常的原因。

提问人三：师兄你好，之前计算格陵兰岛也是在2013年有一个整体的质量增加，您算的是一个高程的变化，应该是体积变化吧？算质量的时候有没有用到密度模型？

张豹：没怎么用到密度模型。当我换算成质量的时候在Fluxgate这个地方用到了密度。我就直接用$900kg/m^3$，没有用密度模型。这里都是相对量，我只要保持一个稳定的量就没关系，因为我后面给出的都是相对的，我只需要看一个定性的。

提问人四：师兄你好，我想问一下，你在做蒙特卡洛检验的时候，如何对有效噪声进行谱指数和方差的估计？在做蒙特卡洛检验的时候只用了300次，是否有点偏少呢？因为对于有色噪声我发现它的随机性特别大，会做10万次。几百次可能会存在问题。

张豹：做蒙特卡洛检验，不能随便给一个噪声模型。我们事先已经知道GPS坐标时间序列只用Power law noise占主要部分。我使用软件Hector来估计噪声模型及量值，做蒙特卡洛检验生成噪声的时候，用给出的Power law noise的谱指数及方差生成噪声。因为太协方差矩阵的计算还是比较耗时的，我看的文章中做了500次，所以我就采取了300次。这里还有一个问题就是，这个异常信号跟有色噪声太相似了，无论检验是否通过，总有一个落在区间中的趋势。我自己对蒙特卡洛检验也有质疑，还有估计噪声模型不一定准确。

提问人五：用什么计算的降雪呢？模型的输入数据是什么呢？它与NCEP计算积雪是否不太一样呢？

张豹：计算降雪是有模型的，在格陵兰岛有一些测站测辐射等数据，将测得的数据加上模型同化进去，有一个叫recmo2.3的模型，是专门针对格陵兰岛建立的关于融化、降雪的模型，我就是根据这个模型产生的数据计算的。模型只需要输入时间，因为每天它都会生成数据，它会把观测数据同化好，比如气象模型，可以直接得到数据。这个模型用的数据我不太清楚，不过我知道MAR用了NCEP的数据计算。

提问人六：师兄，重力数据的重采样是怎么操作的？如何将GRACE月数据重采样为日数据呢？还有拟合函数的时候，正弦的项是什么？希望您能解释一下。

张豹：有一个叫SSAMPM的工具箱，它里面有个功能，可以用迭代的SSA方法来内插数据，效果挺好的。正弦项并不是必需的，因为在这里我已经给定了周期，稍微调整一下相位就是正弦项，没有必要非要写成正弦项和余弦项。拟合的时候，有时候写正弦项和余弦项，是为了避免估计相位，不想估计相位的时候就去掉，这样做线性拟合方便一些。如果这里有相位参数，做线性化展开的时候会比较麻烦。我这样写是为了拟合方便。

提问人七：公式(6)第一项的作用是什么呢？真实信号会有和图2.4.2第二组一样的信号吗？可以用别的函数代替吗？冰川的质量变化你在报告中主要假设了两种原因，一种是SMB，另一种是冰川运动。你是怎么区分这两种信号，分别模拟的？

张豹：第一项是用来生成异常信号，模拟图2.4.2第二组中突然抬升的效果。通常抬升之后还会下来，我只是做测试的时候这样做。也会有一些真实信号和这个类似，地震的时候可能会出现突然抬升或下降的情况。可以用其他函数代替，比如用1/4周期的余弦函数或者1/2周期的正弦函数或者别的函数也可以。这个地方我就不是用观测反过来算质量流失的，我是直接算质量流失的，然后再反推到坐标上面。SMB是一个模型给出来的，它给出了整个格陵兰岛的冰雪模型，然后我用格林函数把质量变化推导位移上然后累加起来。冰川运动就是用速度来算的。速度是用的InSAR图像，用offset tracking来计算的，数据量比较多。也可以用光学来算，不过会受到云的干扰。

提问人八： 用 InSAR 图像，一年只用了四个数据来计算吗？它是什么卫星数据呢？

张豹： 不一定，到 2014 年数据就非常多了。

提问人九： 冰川运动速度如何计算呢？

张豹： 用 InSAR 测得的图像，当做强度图，大约一个月会有一次数据。简单来说，就是同名像点追踪，计算坐标偏移量，再除以时间就是速度。因为一个 InSAR 图像就会提供一个速度，不用自己求，由两个时间的 InSAR 图像就可以获得速度图像。

提问人十： 刚得出有可能有一条异常信号的时候，甄别的时候异常值是哪几个合起来的？窗口是怎么取值的？

张豹： 把第一个重新分解了，第四个是直接用的。然后再用分解之后的信号加上第四个信号，分解了两次。不知道你们有没有做过加窗的傅里叶变换，对于傅里叶变换，加窗和不加窗的结果有区别。加窗就是在窗口范围内探测分解信号。如果窗口重复多一些，比如有 2400 个数据，窗口取值 600，那么就会重复 4 次，重复性高，结果就稳定可靠。窗口如果取值过小，有些信号就探测不到。窗口越小，保留的细节越多，表现在曲线上就是，曲线的细节特别多。窗口取值要根据实验的具体情况而定，只要合适就可以。

提问人十一： 考虑 SMB 的时候，如何考虑冰后回弹的呢？用一个工程的办法去掉 GIA 的吗？GPS 获得的是单个点的数据，而 GRACE 数据是区域性的，后面很多都是区域性的考虑，那么怎样将二者联系起来？

张豹： 我不知道冰后回弹的准确概念，按照我的理解，我认为冰后回弹包括两部分：一部分是冰川均衡调整了 GIA，另一部分是我所做的弹性形变。GIA 是由于黏性地球导致的，它是长期趋势项。当我去掉线性趋势项的时候，其实已经把 GIA 去掉了，所以不用考虑，只剩下弹性形变。是的，一般都是这样的，直接用线性回归把长期趋势项去掉。GRACE 其实也是给出的点的数据，但是因为分辨率较低，所以数据是周围点平均之后的结果，其实它也能给出点的结果。

提问人十二： 之前有幸参加了您的博士答辩，当时您介绍您做的是 GNSS 气象学，但现在的研究方向好像与 GNSS 气象学相关性不是特别紧密，是因为科研思路转变呢，还是因为导师现在在研究这个方向的原因？

张豹： 之前我一直做 GNSS 气象学，几乎都是算法方面的研究，博士三年级开始的时候，一次偶然的机会，我的地球物理老师让我接触了这个方向，当时我做了一些相对简单的研究。后来正是因为我有一定的地球物理的基础，才获得了到香港交流学习的机会，这次汇报的内容是过去九个月所做的研究。在香港做地学研究对于开阔视野，拓展知识很有意义，并且拓宽了个人思路。我们这边侧重于工科，我觉得做一些地学的研究还是很有帮助的。以后我会更多地做地学方面的研究。

主持人： 非常感谢张豹师兄给我们带来的精彩报告，也非常感谢各位同学的积极参与，欢迎大家继续关注 GeoScience Café 的后续活动，谢谢大家！

（主持人：戴佩玉；摄影：顾芷宁、戴佩玉；录音稿整理：李韫辉；校对：黄雨斯、朱婷婷）

2.5 直击就业

——经验分享会

（杨龙龙　高露妹　李　琰　刘　飞）

摘要：2017 届师兄师姐求职经验分享。杨龙龙分享了自己在实习与内推中拿到百度、阿里巴巴、大众点评和百姓网 offer 的经历；高露妹介绍了如何应对外企求职中的英语面、技术面；李琰介绍了从工科码农到腾讯产品经理的转变；刘飞分享了签约中国电子科技集团公司第二十八研究所的心路历程。

【报告现场】

主持人：各位同学晚上好，欢迎大家来参加第 148 期 GeoScience Café。今天我们有幸请到了 4 位毕业生为大家分享他们的就业经历。非常感谢这 4 位嘉宾，他们都正在筹备自己的毕业设计，于百忙之中抽空为大家带来自己就业的经验分享！首先我们有请杨龙龙师兄为大家做互联网就业的报告！

杨龙龙：谢谢大家！我找工作时就确定想去互联网公司，目标比较明确。研究生期间我主要的研究方向是 webGIS，即网页和手机端应用开发。我于 5 月份参加实习，因为女朋友去了上海，所以我也找了上海的公司。最后决定去百度上海研究院定制化广告技术部，并且顺利转正拿到 special offer。内推的时候，因为女朋友去了杭州，所以我又找了杭州的企业，内推的 offer 9 月初就定了，所以就没有参加校招。

我将从以下 5 个方面来介绍我的就业经历：(1)关键时间节点；(2)城市与单位选择；(3)简历撰写；(4)面试准备；(5)轻松应对面试。

(1)关键时间节点。先找实习单位，公司的实习招聘从 3 月份就开始，我们可以在各个公司的官网上找关键时间。像我在 5 月份才找实习单位就比较晚了，之后是找熟人才争取到面试机会，所以大家一定要关注各单位官网上的时间节点。实习也是可以内推的，找师兄师姐内推一下。内推的是可以选择部门的，不内推的则是由公司安排部门。有些公司实习转正是很难的，比如阿里巴巴，10 进 1，而百度则相对容易一些。实习时间大概是 7 月到 9 月，3 个月左右。同时，实习期也是内推期，大家可以找人帮忙内推一下。8 月、9 月就是实习转正的时候，百度转正是 4 次面试，基础问题比较少，主要是问你实习期间做了什么，所以大家在实习期间要多多干活。领导布置的任务不仅要完成，而且要总结一些流程和业务上的痛点并加以解决。这样在转正面试的时候，就有很多可以说的内容。9 月到 11 月，正式的校招就开始了，会有非常多的公司来武大，大家一定要多做题，积累面试经验，确定好目标、城市、公司类型等。签三方也要多方面考虑。

(2) 城市与单位选择。你想去哪个城市，就可以把这个城市的公司列出来。比如深圳有 BAT、大疆、顺丰、迅雷等。大疆和顺丰是招 GIS 专业的，如规划路径等。杭州有阿里巴巴、网易、蘑菇街、海康威视。海康威视是做视觉安全的。

考虑完城市之后，就要考虑各家公司的待遇，互联网公司在一线二线城市不会相差太多。主要差别在于户口，像北京腾讯给 special offer 没有户口，但是有一些北京的公司给户口，不过待遇可能比较低。北京户口如果入职的时候拿不到，以后可能就要等七八年才能拿到。上海是积分落户，上海本地的学校会有优势，计算机和电信专业会加分，遥感和 GIS 是没有加分的。你如果在进上海公司的时候拿不到上海户口，就要至少等待 3 年之后重新评估。

关于工作内容，大家也可以考虑一下自己的兴趣。另外大家也可以考虑加班和出差的情况。虽然网上有互联网公司加班排名，但是其实一家公司内部不同部门的加班情况也是不同的。我实习的百度广告部门是早上 10 点前上班，晚上七八点下班，并不怎么加班。百度糯米的同事可能加班就比较严重，经常要加班到晚上 9 点。

一家公司，不仅要考虑薪水，还要考虑自己未来的成长。大型的公司，比如 BAT、网易等，会对新来的员工进行培训。除了培训，一些公司还有导师制，时间大概为一年。这一年内，新人有任何问题都可以问导师。有的公司还有技术分享，比如我们部门每周都有一次。创业公司可能薪水比较高，但是前景未必好。大公司的机会可能更多一些，而且如果想在公司内部换一个部门或者工作城市会更加容易。

(3) 简历撰写。如何写一份优秀的简历呢？优秀的简历可以包括三个部分：第一，我是谁，我干过什么事，为什么 HR 要和你聊一聊；第二，列出简历的答题框架；第三，按照时间线，写自己的项目经历。

项目怎样写才有吸引力呢？写什么项目并不是很重要，关键是要写自己在项目中担任了怎样的角色，做了什么事情，用了什么方法与技术。项目经历也尽量要和自己的岗位相关。而且，大家一定不要在简历上造假，面试官可能会深入问你这方面的工作。另外，做设计的同学在排版风格上可以夸张一点，做后台的同学就可以正式一点。发简历时可以发一个 Word 版本和一个 PDF 版本。Word 版本是为了方便别人填写你的信息，PDF 版本是为了易读性。

(4) 面试准备。第一，要看书，读书的同时也可以做读书笔记。基础类的书籍可以多看几遍，大型的互联网公司会比较看重你的基础，而创业公司会看重你的实践能力。除了打好基础之外，大家还可以拓宽自己的广度，这会给面试加分。另外，大家也可以写技术博客。第二，看了书之后，一定要敲代码，多刷 Github，多造轮子，多尝试新的技术，比如前端的技术变化得特别快，就需要多接触新知识。另外，不要依赖特定的框架和库。因为面试的时候会问你具体的原生代码，另外一些大公司有自己的库，所以公司会更加看重你的技术基础。第三，要刷题。我自己是花了一整天时间，在网上找前端工程师面试的题目。你可以在知乎、百度文库、谷歌、牛客网上找到面试题目和面经，还要看之前的读书笔记与自己的技术博客。第四，刷面经。大家可以在牛客网上寻找，了解一下公司的面试官有什么问题。

(5)轻松面对面试。内推是没有笔试的，直接面试，这有利于一些实践能力比较强的同学。另外，对于不同的公司，要制订不同的方案，大公司会看重你的基础和潜力，从另一方面说，越没有工作经验，越要去大公司。创业公司则更加重视你的实践能力。面试类型有电话面试、视频面试、远程写代码、现场手写代码等。

最后总结一下，第一，精准定位，确定自己想去的城市和公司；第二，平时多看书，刷题只是暂时的；第三，笔试多刷题；第四，面试坦诚心态，灵活应变；第五，适合自己的 offer 才是最好的。最后祝大家找到适合的工作！

图 2.5.1 杨龙龙做经验分享

高露妹：大家好，我们小组没有内推的传统，我是跑宣讲会找到工作的。我自己在技术上没有很多优势，所以并没有局限于在互联网上找工作。希望自己的经验能给大家提供一些帮助。我的分享将从 4 个方面展开：求职流程、求职心得、外企求职、求职建议。

第一，求职流程。整个求职流程可以分为以下几个部分：我追求什么样的生活，我喜欢的职业类型，制作简历，根据需求刷宣讲会，选择适合自己的 offer。首先，对自己的认知要清楚明确，自己是工作性、生活性，还是综合性。其次，职业类型需要思考，一个人的性格往往决定了他的技能，技能水平一定程度上又决定了他承受的舒适度，在承受的舒适度范围内选择职业，才能游刃有余并保证生活质量。再次，制作简历，简历最重要的作用是，企业会根据简历的关键字筛选人才。然后，多参加宣讲会，有几个网站比较有价值：海投网，应届生求职网，武汉大学官网。最后，在跑完宣讲会之后，手上可能会有几个 offer，就要开始筛选 offer 了。筛选 offer 可以从以下几个方面去考虑：公司环境、薪酬、城市、发展潜力、是否喜欢。

第二，求职心得。面试官有多种类型：温和的、犀利的、高冷的、刁难的。温和的面试官，面试语气温和，这类面试官主要是利用轻松的氛围让你放松警惕，从而问到她想知道的东西，我们要时刻保持警惕，很多人就是被温柔地刷掉的。犀利的面试官，不停地问你不好答的问题，主要看你的抗压能力，守住底线，面对怼你的面试官必须"义正词严"地"怼"回去。高冷的面试官，全程冷漠脸，面试不抬头，简单利落的问题就要简单利落、清晰明确地回复。刁难的面试官，以上三种面试官不论用什么态度，都会有故意刁难的问题，从而完成圆满的面试。记住保持自信，诚实回答，尽量圆满答复。

另外再分享一些经验和技巧：

- 现场笔试的时候带着自己的笔记本参加，配好环境；
- 英语面试自我介绍时尽量多讲，一定要讲述部分项目，留出较少时间以免被大量提问；
- 回答问题的时候保持诚实和迷之自信；
- 没有接触的东西不要简单给否定回答，尽量回答相关的东西；
- 发现答案让对方不满意时不要慌张，自圆其说即可；
- 研发岗自我介绍时可以简单介绍，非研发类一定要借助机会充分展示口才；
- 正面突破，面试整个过程自信地直视面试官；
- 特别中意的公司提前争取实习机会。

第三，外企求职。我将从 3 个方面来讲：英语面，技术面，面试经验总结。

英语面，首先会有一段中文的简单技术面，以确定你是否值得进一步进行正式的英文面。正式的英文面包含了听说以及现场翻译，中间夹杂着自我介绍、项目介绍、自述经历、刁难问题。这同时也对你的词汇量以及应变能力进行综合考察，考察解决问题的能力以及团队协作的能力和你是否有和外国人交流的经历。

技术面，技术考察比国内企业更加细致入微，细致到编程细节。面试官不止一个，他们本身就是技术达人。技术面综合考察笔试面试成绩，累积分数，结束以后会给你一张成绩单。考察范围极广，希望你接触更多东西，注重你有国外合作的经历。总的来说，企业会很注重你的个性，多元化的世界需要多元化的员工。注重压力的考察，因为外企不是批量化培养，希望每个人都能快速独立成长。

第四，求职建议。首先是提前准备，除了技术相关的资料，还要准备一些和行业相关的书籍。还要有的放矢，锁定宣讲会，有计划地找工作。保持自信，要为自己加分，如果你自己都不觉得自己牛，那面试官可能更不会觉得。保持良好的心态，总会拿到心仪的 offer。

李琰：大家好，我是李琰，来自遥感信息工程学院，导师是秦昆教授。我获得的 offer 是腾讯的 2017 年产品培训生。今天我将按三部分来讲述我做产品的一些心得：我自己；做产品；腾讯的产品经理，还包括作为一个工科生，如何转型成为一个与团队沟通行之有

图 2.5.2　高露妹做经验分享

效的产品经理。

首先关于我个人，我是在 2016 年 4 月获得了腾讯的互动娱乐事业群的实习 offer。我的产品是掌上穿越火线，是一款穿越火线的辅助 App。另外我因为热爱摄影，是花虫网和新浪微博认证的资深人像摄影师，所以很幸运被选为实习生。我认为腾讯是一个很惜才的地方，如果你有自己的特色，你也愿意去展示的话，公司其实各个地方都会有一些机会。

腾讯的产品培训生的官方宣传是，国内对产品岗的最高挑选标准。2017 年，腾讯在全球范围内招了 26 个产品培训生，有一些实力和机缘，我有幸成为这 26 个人之一。我是拿了互动娱乐事业群的实习留用 offer 之后，经过我的导师和 leader 的允许，又参加了产品培训生的面试然后通过的。

如何做一个产品？我在腾讯实习了两个月，关于做产品的思路，我发现了一个很关键的点。在我面试的过程中，我发现最基础的产品过程就是群面讨论中要用到的最核心的内容。我经过了两次群面，大致是这样的两种情况。第一个是，当时所有人都跑题了，这样的话，众人皆醉我独醒，比较轻松。所以我一个人提出了整个目标和方案，就顺理成章地过了。在产品培训生的群面里，大家的学历都很高，每个人都有非常明确的思维。每个人都有 2~3 个互联网实习经历，我在里面是属于劣势的，但是我在面试中脱颖而出，是因为我严格遵守了做产品的思路。当时虽然我没有一个明确的方案，但是我起到了一个带线的作用，就是我不主动当 leader，却是一个隐形的 leader。

产品思路是，第一要知道用户是谁，第二是要知道用户的需求和产品功能，第三是关键路径，第四是核心竞争力或者意义。

第一，目标用户。你要知道你的产品是给谁用的，像微信、QQ，有 8 亿用户量，就是给所有人做的。但是比如说垂直行业，比如美图，目标用户就以女性用户居多。比如说淘宝，目标用户就是年龄层轻一点的，善于网上购物的，包括对于互联网金融有一定信任度的。知道目标用户是谁非常重要，尤其在垂直领域。

第二，你要知道用户需求。用户需求映射到你的产品上就是产品的功能模块。我做的是游戏社区类的产品，要有个人主页；玩家需要看自己的战绩，所以有战绩模块；玩家相互之间需要互动，所以有社交模块；玩家想看攻略和视频，所以有资讯模块。

第三，关键路径。这涉及交互的设计，每一个一级页面和二级页面，用户需要怎样操作，如何操作能够降低用户成本。在互联网产品里，我最近在看一本非常有名的书，叫 *Don't make me think*，就是你做任何一个东西，你要把自己想成一个用户。你要考虑一级页面到二级页面会流失多少用户，怎样的操作形式为最佳。就比如，微信的消息提醒，会有一个小红点。之前你需要进入二级页面去消除这个小红点，但是现在直接左划消息，点击已读，就可以消除。这是非常小的改进，但是是产品经理需要考虑到的。

第四，产品竞争力。你要思考，你做了这个东西，你会给它带来怎样的意义。比如我做掌火，它是 CF 端游的一哥，拥有腾讯内的数据，这是你的核心竞争力。比如说淘宝，淘宝的核心竞争力是什么，和京东的差异化在哪里。所以，在群面产品岗的时候，坚守这样一条做产品的思路，就会好很多。

对于互联网产品的了解，也可以通过多关注这方面的新闻，比如 36 氪，虎嗅的微信公众号。多看一些文章，可以了解互联网的趋势，会非常有助于提高你的产品 sense。

接下来介绍一下微信的产品价值观，这是张小龙提出来的，他的理念就是要克制。

第一，要做对用户有用的事情。比如说，微信为什么没有像微博一样，去做一个分组。因为分组对于一些人来说，并不是非常有用。它是很便利，但是一些人用不上，所以微信没有做。微信每次的更新，变化都很小，就是因为它很克制。

第二，学习和快速迭代比过往的经历更有用。快速迭代就是，不管你的产品有什么问题，都快速地去更新，去改变现有的一些问题，比较你自己的预期和用户带来的反馈，这样去学习一些改变是否有效。这比过往的经验更加有效，比你思前想后，把 10 期的想法都堆在一个产品里面要好。只要产品当前的形态好，别人不会去介意你之前的形态有多 low。

第三，用户带来用户，口碑带来口碑。好的产品是会自动传播的。

第四，思辨要胜于执行。你想的一定要比你做的多很多，十个想法可能最后成形的就一两个。

第五，保持自我价值观。有时候产品的气质就是个人气质的体现，你认为你的产品应该是什么样的。像我这样的，我就认为产品应该有趣。我之前是做微信广告的，做了之后我觉得我自己不是很喜欢微信广告的产品形态，相对于微博广告会 low 很多。薛之谦前一阵子给腾讯动漫做了个广告就很有趣，大家可以了解一下。广告里，薛之谦自己变成一个动漫人物，和腾讯动漫里的人互动，这样的广告就非常有趣，当时腾讯动漫的下载量就冲到了一个峰值。

第六，保持小团队，保持敏捷。人多就容易划水，三到五人的团队是最好的。敏捷就是敏捷思维和敏捷迭代，不能有拖延症。要有很敏锐的触觉，知道什么地方需要改善，如何解决。

第七，系统性思维。这非常重要，所有的面试官都会看系统思维，有没有大局观，能不能从宏观的角度去评价一个产品。你还要能系统地介绍自己，要有逻辑，有条理。

我自己是经过了9轮面试，1轮是网络面，4轮是实习面，4轮是产培面。我觉得面试里最看重的几个能力有：

第一，学习能力，学习很重要。我了解了一下我的面试评语，面试官觉得我的学习能力很强，4月份开始实习，2个月内对游戏已经非常熟悉。另外，摄影方面我拍了一年，赚了十几万，我现在的微博有两万多粉丝，拿数字去证明自己会非常有力量。我自己还考了三级心理咨询师，因为我觉得做产品的话，要了解人的心理。

第二，产品sense。我觉得这个和个人审美有一点关系。

第三，视角开放，要广泛涉猎。

第四，专业技能，如果岗位和专业相关，那么专业技能就毫无疑问非常重要。

我经历过两次群面，总结一下经验。第一，我觉得审题非常重要。第一次群面，题目很清晰：招商策划案，我们要找商家为我们投资。但是大家都搞错了，搞成了一个项目推广的方案。第二，逻辑思维。产品线的流程讨论到哪一步了，时间够不够安排。第三，系统思维，就是考虑问题要周到和系统。第四，要有破冰的勇气。当一个讨论卡在了某个位置，不管你提出的方案是否有效，你要让整个讨论往下走。

我还经历了两次专业面。相关经验有，第一，针对阐述。要对自己之前工作的某个地方进行有针对性的阐述，讲述自己的工作。第二，要准备一下竞品分析，大家都知道什么产品好，什么产品烂，但是好在哪，烂在哪，需要系统性地从细节去分析。

HR面，HR面有很多套路。比如会问你，你爸妈放不放你去深圳，这时候就一定要果断说去，不然就可能被HR刷了。当时人力资源总监也面了我，问了我一些很深入的问题，比如问我在掌火做了什么，我说我做掌火的战绩。他就追问，你战绩怎么做的，分哪几个模块，你的核心竞争力是什么，和其他竞品的差异是什么。

BOSS面，BOSS面很看重抗压能力，可能会问一些问题去打压你，所以一定要保持自信心。BOSS还会问你一些战略思维的问题，比如微信今后要怎么发展，两年内微信会变成什么样等。

最后，我跟大家分享一下，在腾讯做产品是怎样一种体验。做产品要和交互进行沟通，只有腾讯有交互岗。交互是用户的关键路径，你从一个页面调到另一个页面，需要什么样的操作，怎样的操作是符合用户的使用习惯的。还要和视觉沟通，然后具体工作交给开发，最后是做测试。测试的工作比较复杂，需要考虑各种极端情况下产品的工作。我觉得最大的收获是，不管你做什么，你以后要做产品的话，你就要把你手上的事情都当做一个产品来对待。比如你跟别人讲话，你怎样讲，别人才觉得可以接受，而不是你在命令他，语气要适中，既能给出明确的要求，又能让别人接受。

腾讯的游戏事业群比较放松，早上10点上班，晚上10点半左右下班。我晚上吃完饭之后会在公司和大家打游戏。加班是因人而异，我是主动加班的，我觉得我的 leader 说得非常好，20 岁的人如果不努力，难道 30 多岁努力？争取不要划水，多学习一点东西。我会帮视觉改一些东西，会帮开发做一些边缘任务。这样会让他们觉得我很好交流，而且有利于以后的工作。

另外腾讯给员工的福利是很不错的，圣诞晚会、年会、抽奖、股份，等等。常会有团建，气氛会比较好。另外工作时间很弹性，只要完成工作就可以走，只要自己心里有数。另外腾讯有导师制，会照顾你的生活和工作。另外还有很多的挑战，来自组长的、导师的、leader 的、总监的，甚至还有总经理的。挑战是一件好事，不停的挑战会让你知道你哪里做得不好。我的 leader 有段时间天天挑战我，我当时有两个想法，第一个是为什么这么简单我想不到，第二个是为什么他能想到我却怎么样都想不到。因为自己不够细心，不够敏锐，还有就是层面确实不够。挑战能让你清楚地知道这些东西。但是保持一个上进的心理就好，你比他们年轻，多看两年书你也可以。另外是高压线，腾讯很讲究诚信，比如打车的发票不是自己的就会被开除，还有不能谈自己的薪水。

所以，在这样的环境下，一边有弹性，一边福利很好，一边很放松，一边其实是有高压的。在这样的体制下成长，不用担心自己会成长得很慢，你会很舒服，而且很有条理，会成长得很好。差不多以上就是我的分享。谢谢大家！

图 2.5.3　李琰做经验分享

刘飞：大家好，我是刘飞，导师是眭海刚老师。我认为提前去体验一下笔试和面试还是非常有必要的，因为这样可以让你对招聘过程有一个大致的了解，在以后准备的过程中可以有充分的计划。另外招聘有一个说法，叫做“金九银十”。九月份的公司很多也很好，所以大家千万不要错过了九月这段时间。

经过了多次笔试、面试，我拿到了3个offer：科大讯飞、中电28所和长光卫星。我在面试过程中，印象最深刻的公司有两家：华为和中电28所。其实这两家公司我都是霸面的，华为面试到第二轮结果被刷了。中电28所则顺利拿到了offer。对于霸面，互联网大公司一般有相关机制来控制霸面的人数。对于不是很火爆的国企来说，霸面则相对轻松，面试官并不会区别对待。

关于国企，它和私企的区别还是蛮多的。随着国家重视国企改革，国企的地位也会越来越高。关于国企的招聘要求，我以28所为例，它会看重学历、学生工作、政治背景，讲奉献(求职目的性、家庭情况)，看专业基础和项目经历。

另外我想说几点感悟，第一，最好能够实习，实习对于自己的提高非常重要，在找工作的时候实习经历也会为自己加分。第二，早做准备，职业规划：根据自己的能力、性格、爱好，选择职业、城市、生活；积极关注所向往的公司的相关信息，有针对性地做好准备；提升自己的相关能力，刷题——牛客网；制作简历，精练、突出自己的优势，注意网投时间。

关于笔试和面试，在技术面过程中，要对参与过的项目和使用过的技术做深层次的了解。面试官都很专业，我们要承认每个人都不是完美的，最重要的是要让面试官看到自己的优势在哪里。可以参考他人的面试经验，要记住："面经永远是别人的面经，最好的办法是自己亲临战场去经历、去成长。向面试官展示你的所能，坦然真诚，富有激情拥有潜力!"

图2.5.4 刘飞做经验分享

关于霸面，霸面的原因可能有：①未能参加初试；②简历被刷了。不管是什么原因，你都要明确自己能否胜任这份工作，自己是否非常渴望加入该单位。在霸面的时候要勇敢，同时也要灵活。另外要注意一个度的问题，比如有一些公司会有黑名单，你霸面之后，就会被拉入公司黑名单，不会再有机会。

另外，我也给大家一些求职期间的注意事项：第一，会很累，身心都很累，睡不着，吃不下。此时要注意调整自己的状态，不要生病。第二，可以抱团，相互分享经验信息，相互鼓励。第三，坚持不懈(先拿到一个再说)、愈挫愈勇，经验会越来越丰富。第四，不要纠结，不要慌，金九银十，之后还有事业单位，来年还有春招。关于三方协议，一些公司希望能早一点签，其实可以晚一点签。要注意三方协议是具有法律约束力的，违约有成本！

最后祝大家都找到理想的工作！

（主持人：陈必武；录音稿整理：陈必武；校对：雷璟晗、赵雨慧）

2.6 基于时间序列影像的不透水面动态提取研究

(张　磊)

摘要：不透水面的增加会对水环境、城市热岛等造成严重影响。为此，博士研究生张磊重点讨论了基于 Landsat 时间序列影像的不透水面动态提取研究，通过提取具有典型时相特征的时间序列地表温度(LST，Land Surface Temperature)、生物物理成分指数(BCI，Biophysical Component Index)和归一化差分植被指数(NDVI，Normalized Differential Vegetation Index)的不透水面、透水面样本集，结合欧式距离和马氏距离度量时相特征的相似性，估算出距离图，最后利用决策树分类和时间滤波，得到年不透水面动态影像。最后，张磊分享了联合培养申请事项以及她在美国印第安纳州立大学的科研经验和生活感受。

【报告现场】

主持人：今天我们有幸邀请到了张磊师姐来为我们作报告。张磊师姐是测绘遥感信息工程国家重点实验室 2013 级的博士研究生，导师是邵振峰教授。目前已发表 SCI 论文 3 篇，EI 检索论文 2 篇，获发明专利 2 项，研究兴趣包括遥感影像分类和长时间序列影像分析。2014 年 11 月至 2016 年 11 月赴美国印第安纳州立大学地理系联合培养，在校期间导师为 Prof. Qihao Weng。本期报告张磊将主要介绍基于时间序列影像的不透水面动态提取研究，并分享她在美国学习生活的感悟以及申请联合培养的注意事项。接下来我们有请张磊师姐为大家作报告。

张磊：谢谢主持人的介绍。很高兴在这里跟大家分享我去美国联合培养两年的一些经历。

1. 基于时间序列影像的不透水面动态提取研究

(1)研究背景和意义

不透水面是指城市中自然的或者人工的阻止地表水渗透到地下的地表覆盖物，如由水泥混凝土、玻璃、沥青、塑料、瓦片、金属等材料建成的道路、屋顶等。不透水面虽然不一定指城市区域，但是它对城市生态系统有重大影响。

图 2.6.1 反映了不透水面对水环境的影响。当地表为自然覆盖时，50%的水可以渗透到地下，地表径流量仅 10%，剩余 40%的水将扩散到大气中；但是当不透水面的比率在

10%~20%时，只有42%的水能渗透到地下，地表径流量是前者的两倍，可达20%；当不透水面比率达35%~50%时，地下渗水减小到只有35%，地表径流却增加到30%；当不透水面比率大于75%时，地表径流量将高达55%。因此，各种建筑物、道路等不透水面在地表的大量分布将使得地表水难以渗透到地下，从而减少了地下水的储存量，加大了城市的地表径流量，导致城市洪水灾害的发生频率提高，即城市内涝频发。而且地表径流的增加还使得很多病原体、细菌、有毒物质等地表的非点源污染物随径流进入河流、湖泊，进而污染了流域的水质，影响了人类的身体健康。

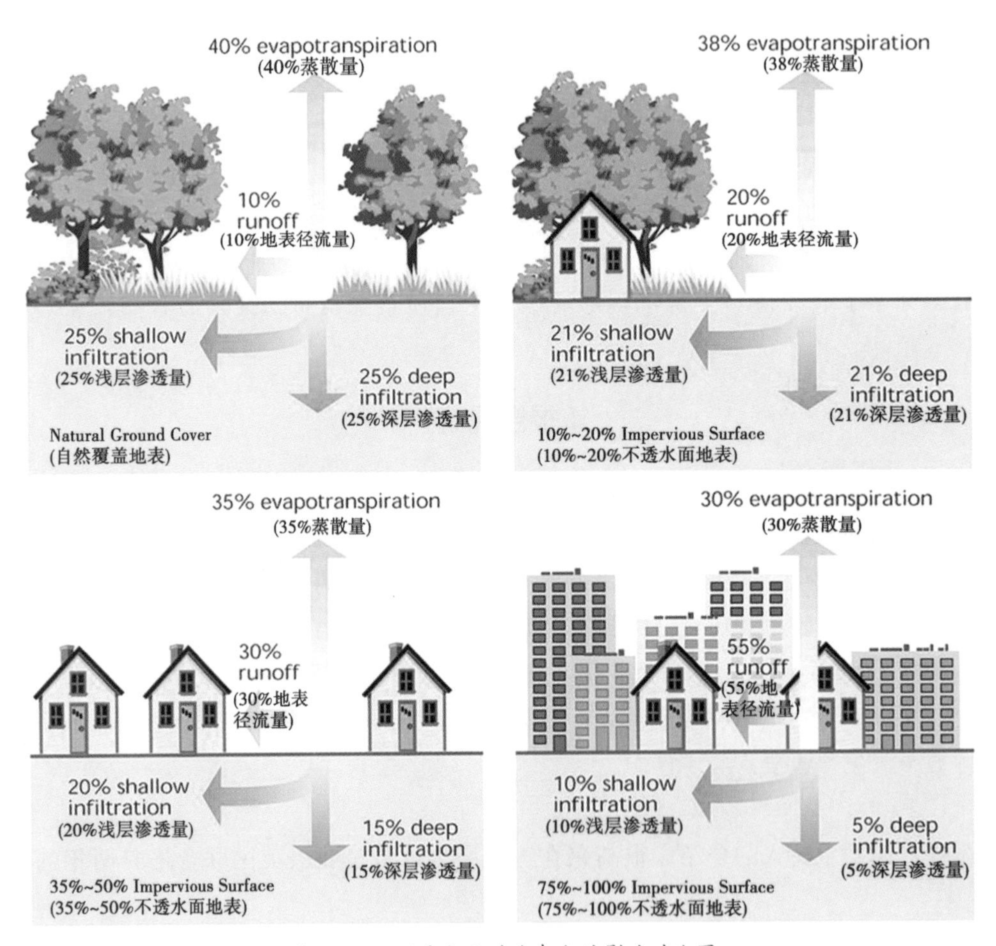

图 2.6.1　不透水面对地表水的影响对比图

（In Stream Corridor Restoration：Principles，Processes，and Practices，10/98，by the Federal Interagency Stream Restoration Working Group（FISRWG））

不透水面除了会对水环境产生影响之外，与现在的研究热点——城市热岛也有关系。如图 2.6.2 所示，在城市密集区域，大气和地表的昼夜温度都很高。这是因为在主城区建筑物比较密集，而建筑物的墙壁和地面都是不透水面，这些不透水面能够吸收大量的太阳辐射并发射长波辐射，因此在不透水面之间形成了一个往返的辐射能量流，为城市热岛集聚了热量，从而导致主城区温度较高。当主城区向郊区扩展时，随着植被的增加，植被能够吸收一定的水分，使这些水分通过蒸汽的作用扩散到大气中，造成周围环境的湿润，起到了一定的降温作用。所以从图 2. 6. 2 中可以看出城市地表温度要高于郊区，但由于水的热容较大，温度升高、降低的速度缓慢，因此水体的温度白天相对较低，夜晚相对较高。以上是不透水面对城市生态系统的影响，研究不透水面意义重大。

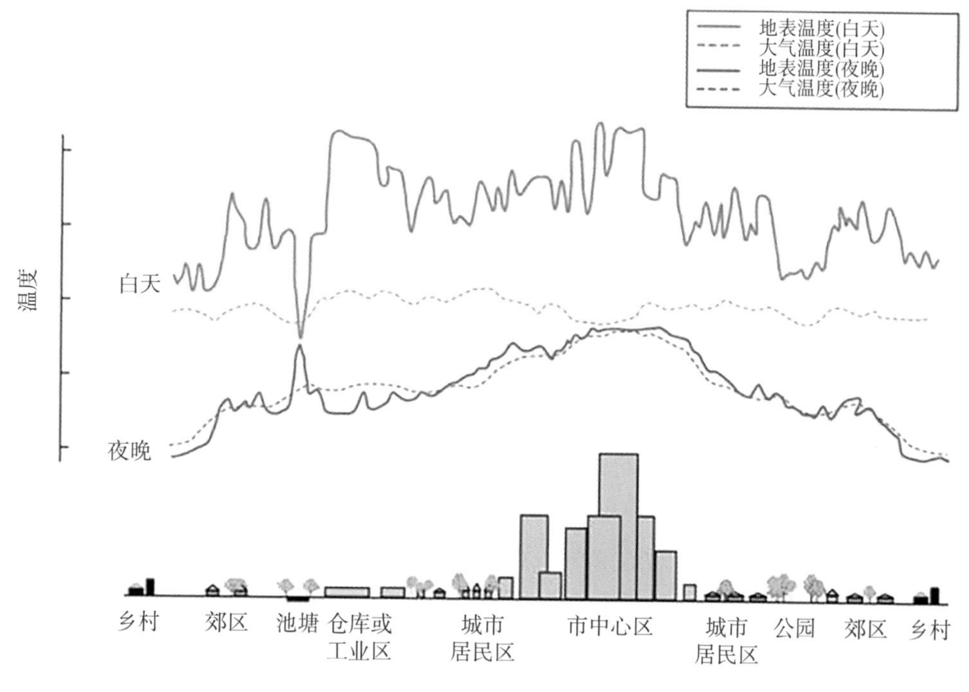

图 2. 6. 2　城市、郊区大气和地表昼夜温度曲线图

(2)研究方法

1)单幅影像不透水面提取方法

单幅影像不透水面提取方法分为像素级、亚像素级和基于对象的三类方法。

①像素级方法主要基于不透水面指数的提出，包含了归一化差值不透水面指数、生物物理成分指数以及像素级分类算法等。像素级的提取方法存在有混合像元、主城区不透水面过高估计、郊区过低估计以及高分辨率制图受限的问题，多用于中低分辨率影像。

②亚像素级方法是基于 V-I-S 模型，该模型认为城市生态系统是由植被、土壤和不透水面三部分组成，即每一幅影像中每一个像元都是这三个组分的线性组合。基于 V-I-S 模型和光谱混合分析及其改进算法提出了很多不透水面提取方法，另外还有回归模型和机器学习等方法。亚像素级方法存在端元选择、参数控制以及生态信息有限的问题。

③基于对象的方法包含了基于对象的分类、多代理分割和分类以及基于对象的模糊分类等。虽然基于对象的提取方法可以用于高分辨率影像，但是由于不透水面类型复杂多

样，该类方法存在特征描述困难、阴影遮挡以及分割尺度选定的问题。

2) 多时相影像不透水面提取方法

多时相影像不透水面提取方法，针对各时相影像独立提取不透水面，在此基础上对不透水面分类图进行比较分析。然而，该类方法依赖单幅影像的不透水面提取精度，单时相影像的提取或分类误差会造成多时相影像的误差传播问题。时间序列影像能利用时间一致性准则，消除不符合时间逻辑的地物转换类型，其原理是基于城市化过程不可逆，但该假设依赖于地物的变化类型。目前多时相影像的不透水面提取，即时间序列不透水面提取仍依赖于单一时相的光谱和空间特征。张磊的研究内容是时间特征，即每一个像元在时间序列里的时间特征对不透水面与透水面的区分是否有意义。

张磊的研究主要解决以下三个问题：①稳定的时相特征提取。本实验采用 Landsat 时间序列影像进行时相特征的稳定提取。之所以使用 Landsat 影像是因为其数据开源且空间分辨率适宜，但是其最大问题是存在云覆盖，从而导致可用数据缺失、时间分辨率降低，因此对于时相特征的提取首先需要解决影像云覆盖的问题。②时相特征相似性度量。度量时相特征相似性可以最大化不透水面与透水面之间的时空差异性，最小化不同地物类型不透水面之间的时空差异性。③不透水面分类方法。选择具有典型意义的时相代表特征，引入先验信息，根据地物时相特征的相似性距离，实现不透水面动态变化信息的提取。

(3) 研究区域

本次实验的研究区域为珠江三角洲。珠江三角洲地处中国东南部，为亚热带气候，年均温度 21~23°C，年降水量为 1500~2500mm，每年的 10 月至第二年的 4 月为干旱季节，5~9 月为多雨季节，全年大多数时间被云覆盖，Landsat 影像在该区域的应用具有典型意义。实验所用的 Landsat 影像可从 USGS 官网上下载，行列号为(122, 44)，时间跨度为 1988~2013 年，共计 330 幅影像。从下载的影像中裁剪出研究区域，研究区域覆盖广州、佛山、东莞、中山和深圳 5 个城市。

如图 2.6.3 所示，是研究所使用的 Landsat 数据清单，蓝色代表 TM 影像，绿色代表 ETM 影像，橙色代表 Landsat 8 的影像。

(4) 研究步骤

本研究首先提取了具有典型时相特征的时间序列地表温度(Land Surface Temperature, LST)、生物物理成分指数(BCI, Biophysical Component Index)和归一化差分植被指数(NDVI, Normalized Differential Vegetation Index)的不透水面、透水面样本集，使用欧式距离和马氏距离度量时相特征的相似性，估算出距离图，最后进行决策树分类和时间滤波，得到每年的不透水面动态影像。如图 2.6.4 所示。

1) LST、BCI、NDVI 指数影像提取

在获得 Landsat 时间序列影像后，首先提取时间序列 LST 影像、BCI 影像和 NDVI 影像。

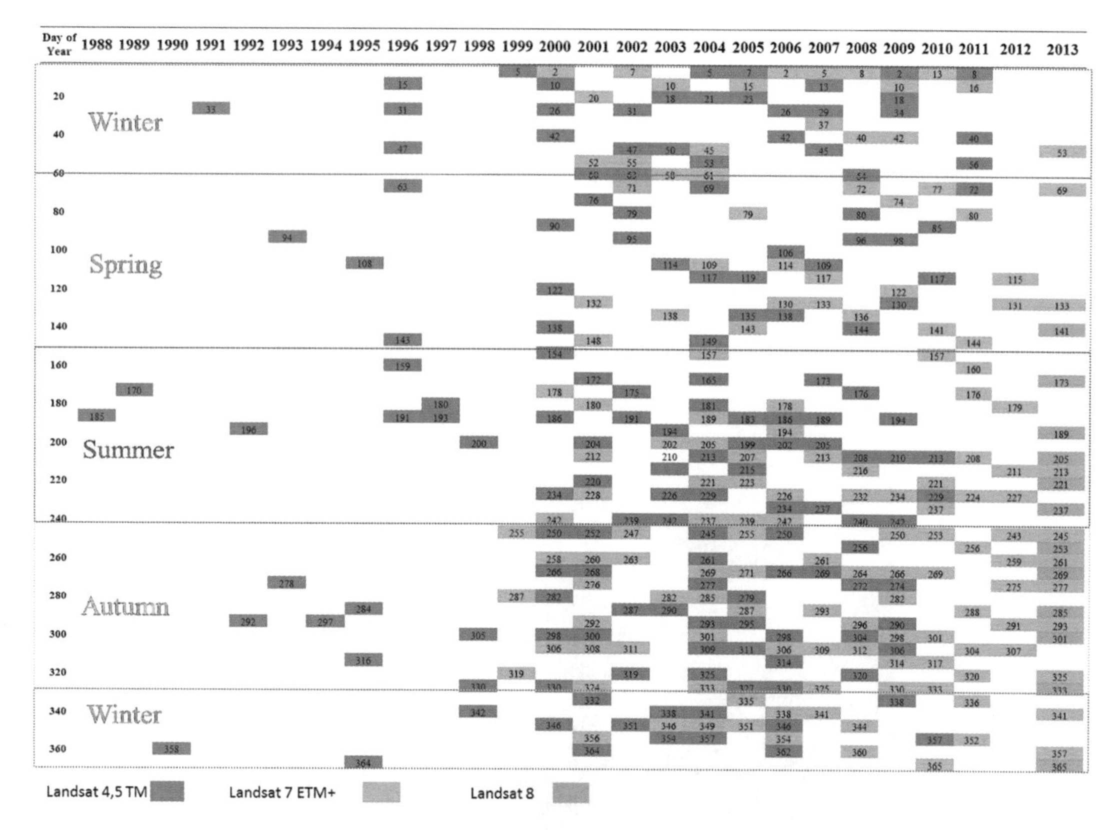

图 2.6.3　Landsat 原数据清单

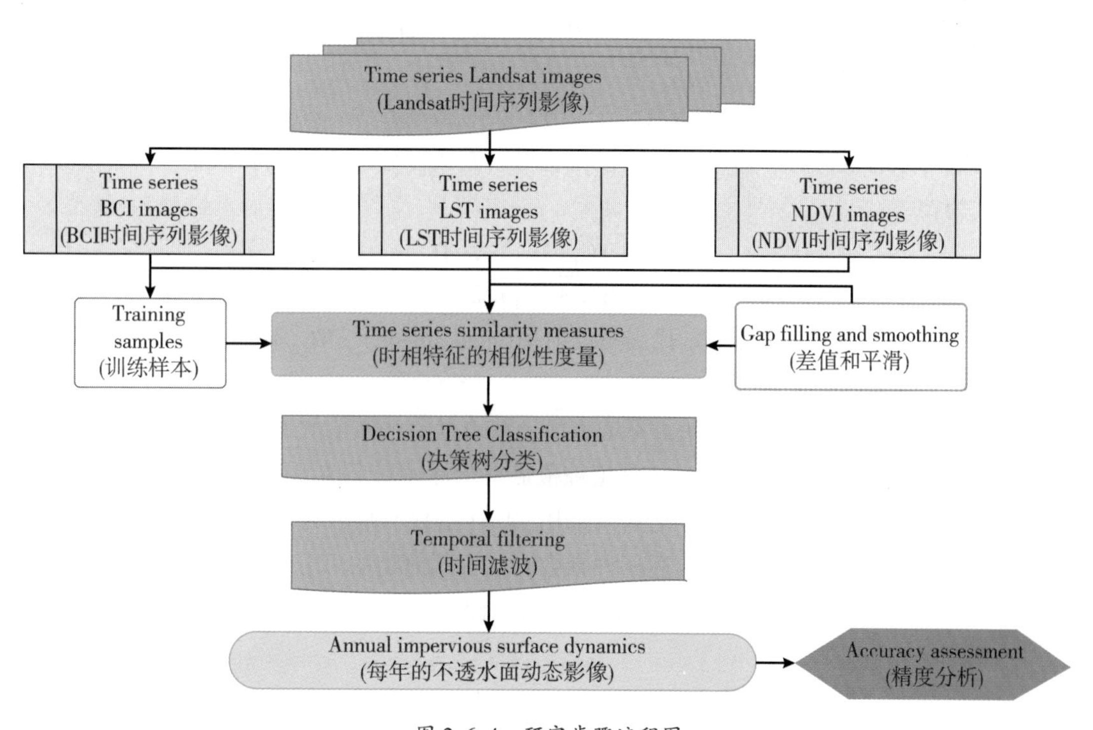

图 2.6.4　研究步骤流程图

①LST 影像为地表温度影像。不透水面会提高城市温度，进而导致城市热岛效应，其面积与地表温度呈正相关关系，本实验采用辐射传输方程法计算地表温度。辐射传输方程法是一种大气校正法，利用每一幅影像同一时间段的大气数据来补算大气对地表的热辐射值，最后将传感器所观测到的热辐射总量减去受大气影响的热辐射值得到地表热辐射强度，并换算成地表温度。图 2.6.5 为冬季示意图，从图中可以看出不透水面值高于植被值，水体值最低。

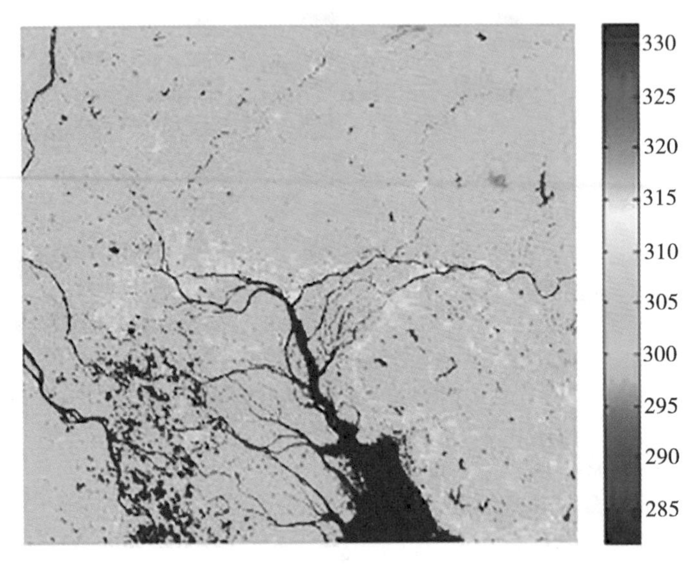

图 2.6.5　LST 影像冬季示意图

②BCI 指数是生物物理成分指数，于 2012 年在 *Remote Sensing of Environment* 上被提出。该指数可以有效区分不透水面和植被，也可以有效区分不透水面和裸土。BCI 指数的计算公式为：

$$BCI=\frac{(TC_1+TC_3)/2-TC_2}{(TC_1+TC_3)/2+TC_2}$$

其中：TC 代表 TC 变换，TC_1 代表高反射率(high albedo)，TC_2 代表植被(vegetation)，TC_3 代表低反射率(low albedo)。

图 2.6.6 BCI 指数影像图反映了不透水面、植被以及水体依次递减的值。

③NDVI 归一化植被指数。NDVI 是植被覆盖率指标，一个像元的 NDVI 值越高，则该像元所包含的不透水面比率越低。之所以采用 NDVI 指数，是因为它能够有效提取时间序列中的物候信息。测试表明，用上述三种指数测试不同地物的可分性时，其可分能力与三种指数的组合形式相关。图 2.6.7 是 NDVI 指数影像图。

2)典型时相特征样本提取

得到时间序列的 LST、BCI 和 NDVI 影像后，在提取不透水面前将面临影像云覆盖的问题。Landsat 影像存在着很多云覆盖数据，使得数据缺失。这些缺失的数据需要进行补偿，否则会降低时间分辨率，失去研究意义。这里采用插值和平滑方法来弥补影像的缺失数据，弥补数据后还需要选择具有代表意义的时间特征样本。图 2.6.8 中，上半部分的三幅影像分别为原始影像的 BCI、NDVI 和 LST 指数影像，红线圈出部分表示有云区域，云

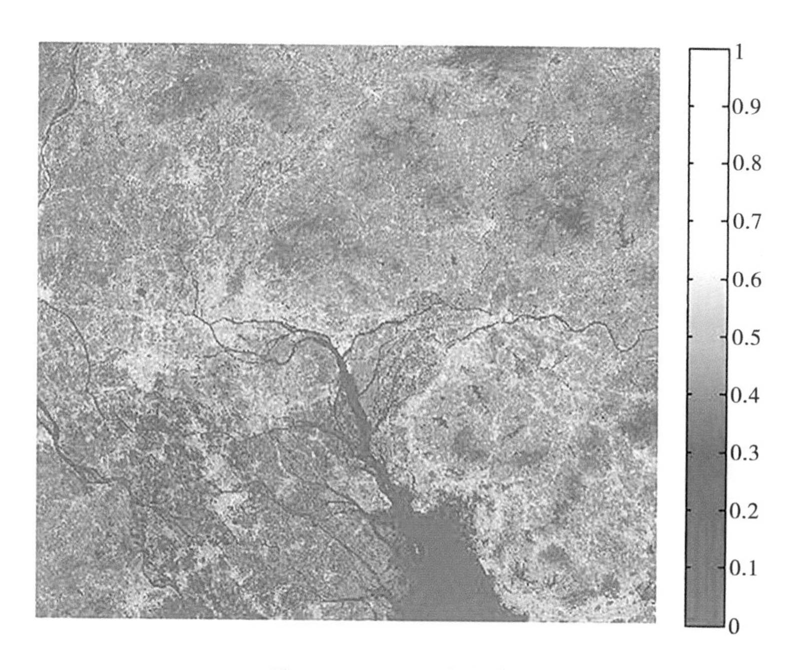

图 2.6.6 BCI 指数影像图

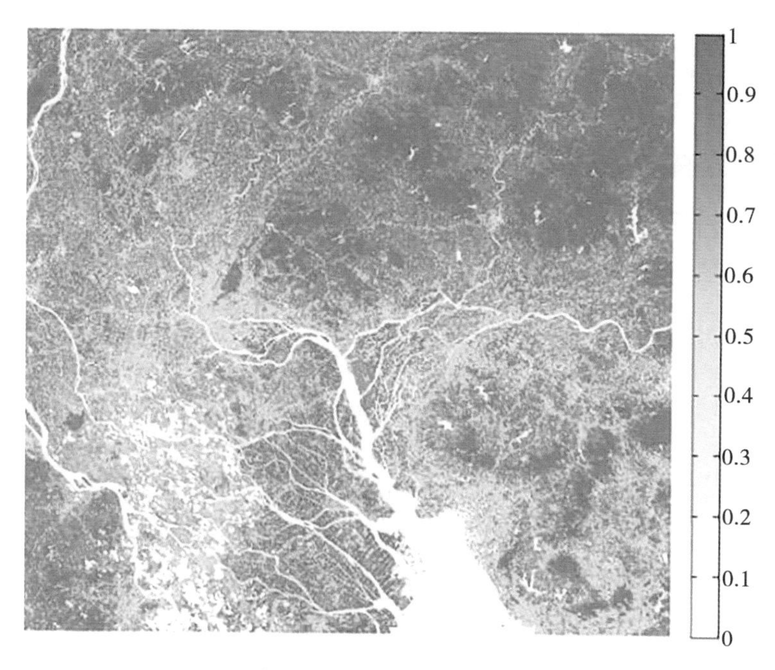

图 2.6.7 NDVI 指数影像图

检测运用了 Fmask 算法。图 2.6.8 下半部分的三幅影像为缺失数据补偿后的结果影像。首先用最小二乘算法对缺失数据进行插值，插值后影像的时间序列变得更平滑。针对时间序列的 BCI 影像和 NDVI 影像，张磊采用了傅里叶变换进行平滑；而对于时间序列的 LST 影像，她采用了 Prof. Qihao Weng 提出的年度地表温度模型，该模型将每一幅影像的 LST 值分成两部分，一部分是年平均温度值，另一部分是针对特定时相所具有的值。傅里叶变换基本上是全局变换，而 LST 年度模型可以对局部区域起到较好的作用，所以两者需分开使用。

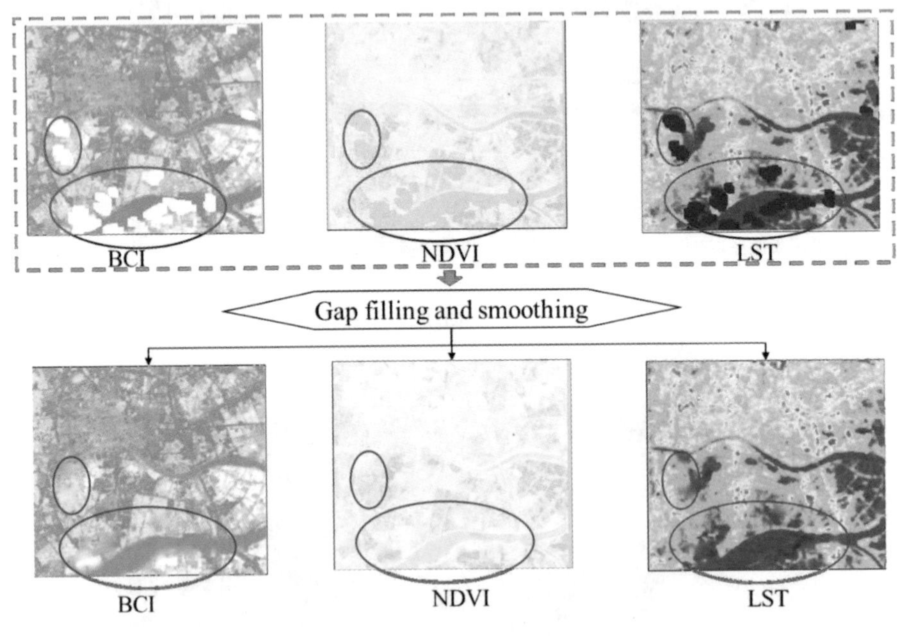

图 2.6.8 云覆盖影像缺失数据补偿

选择具有代表意义的时相特征样本，即能够明确分为透水面和不透水面的样本。在选择样本时以城市化不可逆的假设为准则，如植被可以转化成建筑物，但是建筑物不可以转化回植被，因此不透水面需要先在以前的时相中进行选择，而透水面，包括植被、裸土、水，都是在较近时相的影像中进行选择的。图 2.6.9(a)为时间序列 LST 影像动态图，从图中可以看出不透水面温度较透水面温度高。

对于时间序列 NDVI，因为 NDVI 是植被覆盖率指数，所以没有具体分为不透水面和透水面，只计算了每个像元中的植被覆盖度。NDVI 值差异很大，有些超过 0.8，有些却低于 0.5。

对于时间序列 BCI 影像，BCI 值在不透水面一般大于 0；而在混合像元，即可能包含有裸土和不透水面的像元，BCI 值在 0 值上下浮动；对于植被等比较纯净的像元，BCI 值小于 0。图 2.6.9 (a)(b)(c)中横坐标没有均匀分布，是因为每一年影像数目不一致而造成的。

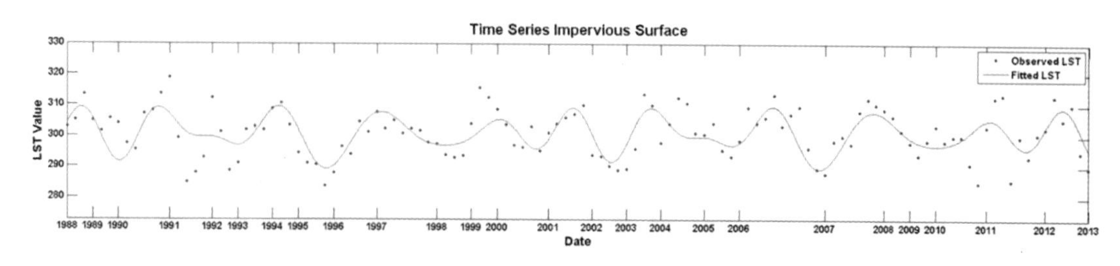

图 2.6.9(a)　时间序列 LST 影像

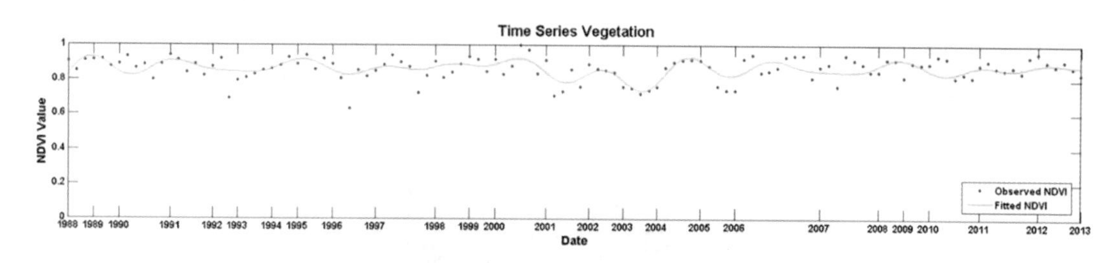

图 2.6.9(b)　时间序列 NDVI 影像

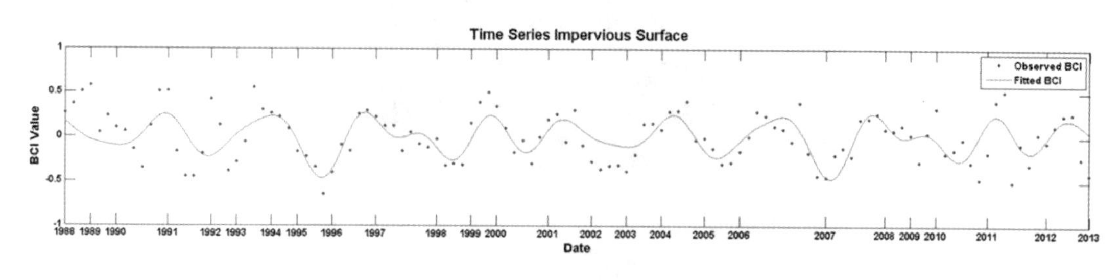

图 2.6.9(c)　时间序列 BCI 影像

3)距离图生成

在提取具有典型时相特征的样本后，根据这些样本对其他未标记样本(样本种类未知)进行相似性度量。相似性度量采用欧氏距离和马氏距离来生成距离图。欧氏距离虽然对噪声敏感，但它不能较好地度量时相特征之间的相关性。马氏距离计算得到的协方差距离，能够较好地度量变量之间的相关性。现结合以上两种方法绘制距离图。举例说明，利用 2000 年之前的所有影像，提取每一个像元的时相特征，比较具有典型时相特征的样本和未标记样本之间的相似性，生成得到 2000 年的距离图。

图 2.6.10 (a)为 NDVI 距离图，从图中可以看出 NDVI 可以较好地分出不透水面和透水面。图 2.6.10(b)中的 LST 算法可以较好地区分亮的不透水面和植被，虽然总体上 LST 区分不透水面和植被的能力没有 NDVI 好，但它能够较好地区分暗的不透水面和裸土，

BCI 的区分效果介于 NDVI 和 LST 之间。

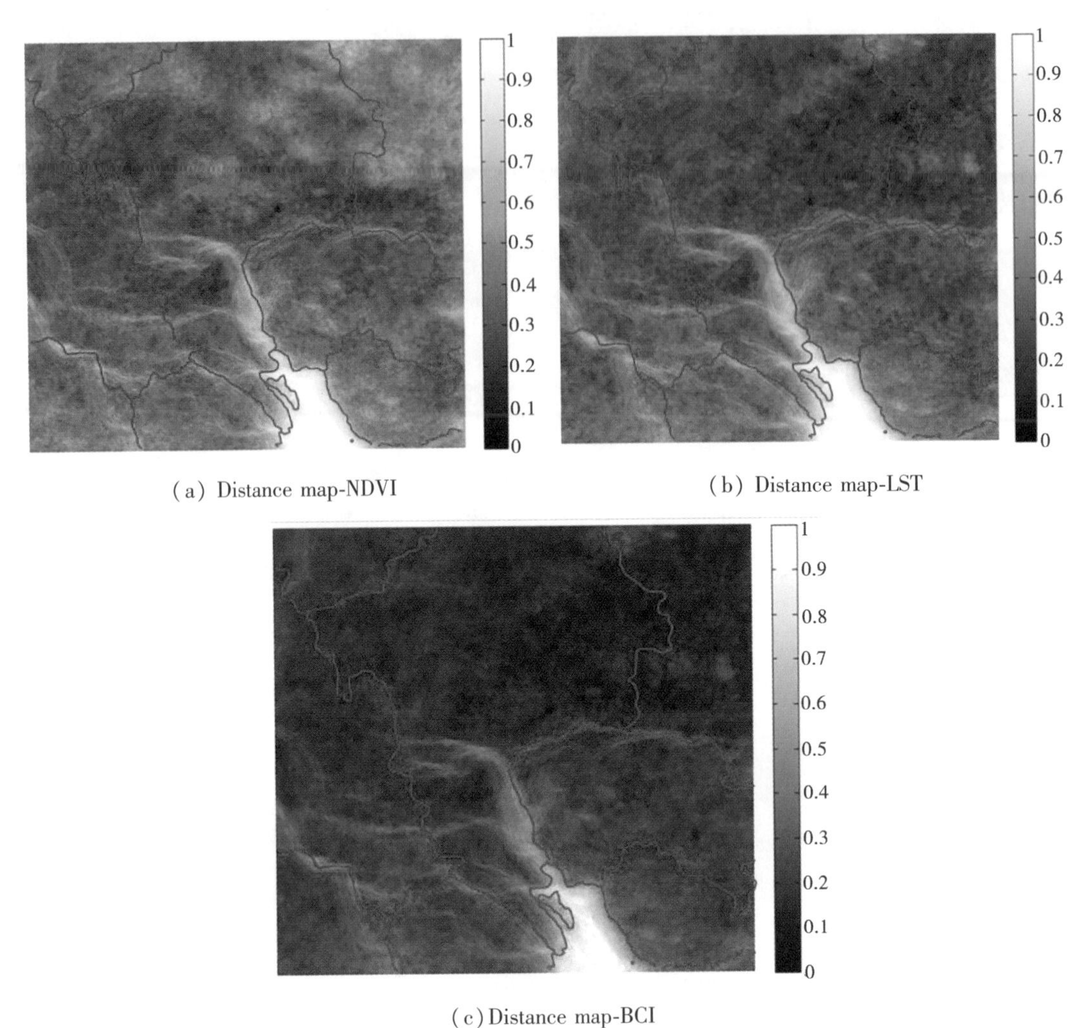

(a) Distance map-NDVI　　(b) Distance map-LST

(c) Distance map-BCI

图 2.6.10　NDVI、LST 和 BCI 距离图

4) 不透水面提取

生成距离图后，用决策树方法对距离图分类，得到了每年的不透水面结果图。为了保证分类结果的一致性，采用时间滤波法来消除不符合逻辑的地物转换。本研究选取 C4.5 决策树分类方法(图 2.6.11)，得到每年的不透水面提取图。时间窗口设为 3 年，依次遍历时相数据来检测时相分类中是否有不符合逻辑的地物类型，如时相窗口遍历 2001 年和 2003 年，如果 2001 年和 2003 年影像像素分类为植被，而 2002 年像素分类为不透水面，此时 2002 年的不透水面像元判为不确定性像元。之后开始遍历 2004 年，如果 2004 年的影像像素分类结果仍为植被，则需将 2002 年的像素分类结果校正为透水面地物。方法中的时间窗口采用双向遍历的形式，其原因在于，假设从 1988 年开始遍历，它的分类结果

依赖于第一幅影像，但是本研究采用的是时间特征，1988 年的数据较少，导致第一幅影像的分类精度较差，随着误差传播，之后的影像分类精度将会更差，所以时间窗口需要采用双向遍历。研究中，以 2001 年为时间窗口遍历的起点，原因在于 2001 年位于整个时间序列的中间，且分类精度较好。

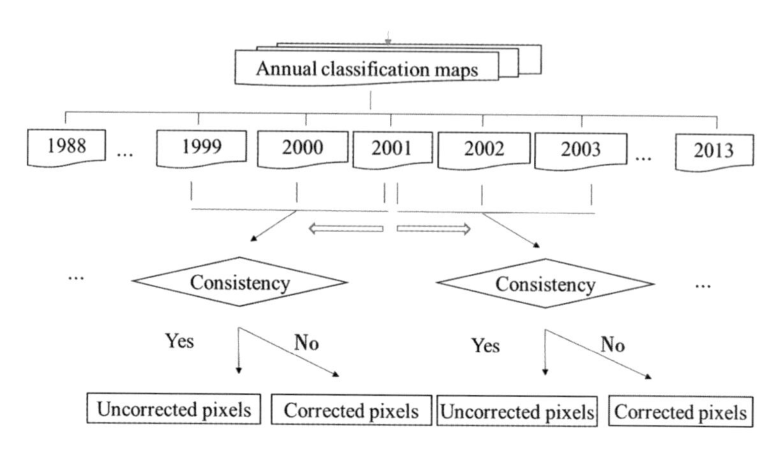

图 2.6.11　C4.5 决策树分类方法及时间窗口双向遍历

图 2.6.12 为珠江三角洲 1988—2013 年的不透水面提取结果，展示了不透水面的扩张过程。图 2.6.13 展示了每一年不透水面的面积。由此可得到以下结论，珠江三角洲的不透水面扩张过程主要分为四个阶段：①1988—1993 年，珠江三角洲经历了早期发展，不透水面变化不太显著，其增长受行政区限制，主要集中在主城区，年增长率为 12.53%；②1994—1999 年，珠江三角洲经历了第一次快速城市发展，城市中心和周边都有新的不透水面产生，年增长率为 25.02%；③2000—2005 年，珠江三角洲进入了城市减速发展阶段，城市聚类中心形成，大都市应运而生，不透水面年增长率为 15.39%；④2006—2013 年，珠江三角洲步入了稳定的城市发展阶段，不透水面年增长率仅 2.34%。

图 2.6.14 是对每年计算的不透水面面积进行的精度评价。从 1988—2013 年，分类精度区间为 71%~91%，每年得到的不透水面分类精度不同。

为了检测影响分类精度的因素，研究中主要分析了时间特征对不透水面分类精度的影响，从而检测了每年的影像数目，即图 2.6.15 中的 Number of Images、坏条带数据(SLC-off Data)以及云覆盖量年均值(mean percentage of cloud cover)，并分析上述三个因子对不透水面分类结果精度的影响。从图 2.6.15 中可以看出，2000 年以前，每年的影像数目均低于 10，2000 年以后每年的影像数目高于 10，对比不透水面分类精度，2000 年以后的平均分类精度高于 2000 年以前的平均分类精度。这说明，时间维度越高，时相特征对于不同地物的可分性改进越大。影像数目越多，可以探测出的地物变化情况就越详细，不透水面与透水面之间的可分性也越高。影像数目多也有利于物候信息的提取，该信息是区分不透水面与植被的主要依据。另外，云、雨、雪以及条带数据会造成数据缺失。如果删除缺失数据，减少影像数目，会降低时间分辨率；如果弥补缺失数据，虽然可以保证影像数据的完整，但由于弥补的数据是估计值，不能完全代表真实值，会影响影像分类精度。因此，对于保留云和条带数据，一方面可以提高时间分辨率，另一方面也会造成分类的不确定。

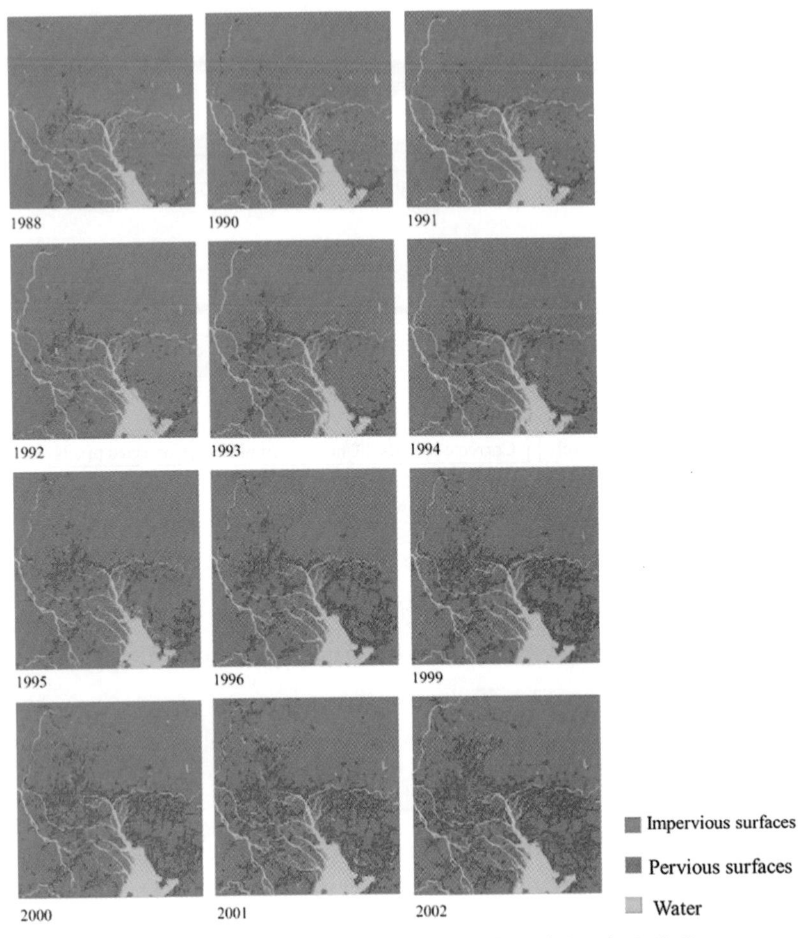

图 2.6.12　珠江三角洲 1988—2013 年不透水面提取结果

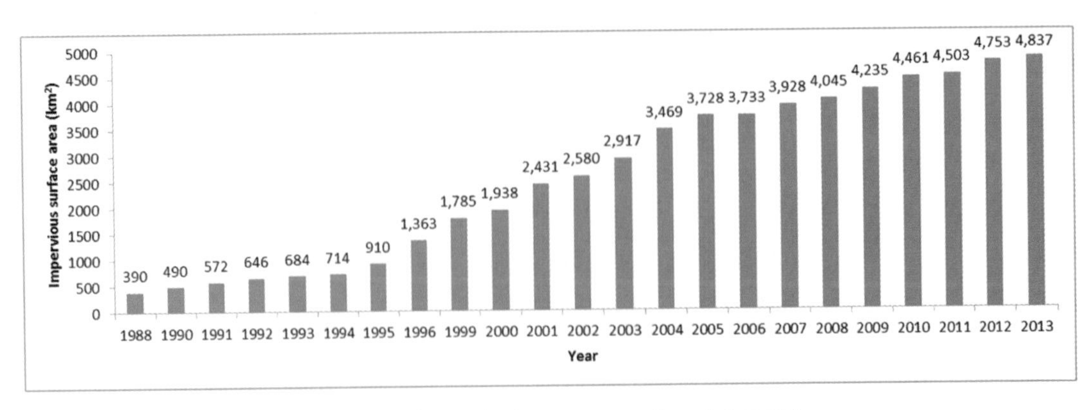

图 2.6.13　珠江三角洲 1988—2013 年不透水面面积

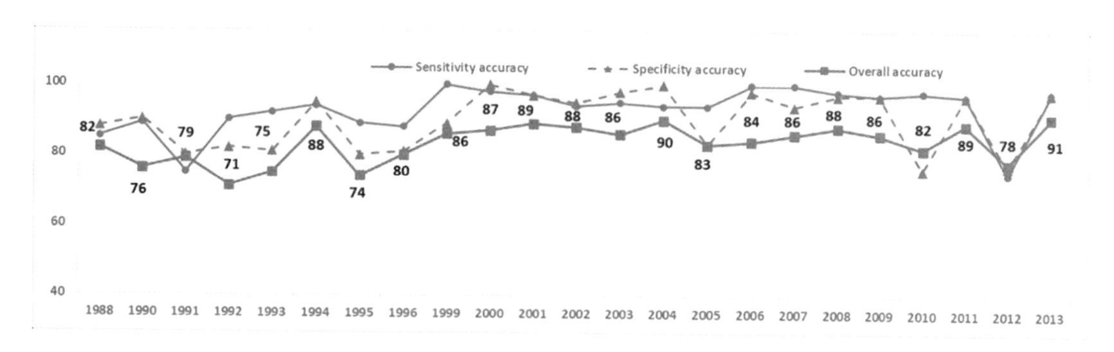

图 2.6.14　1988—2013 年不透水面提取精度分析

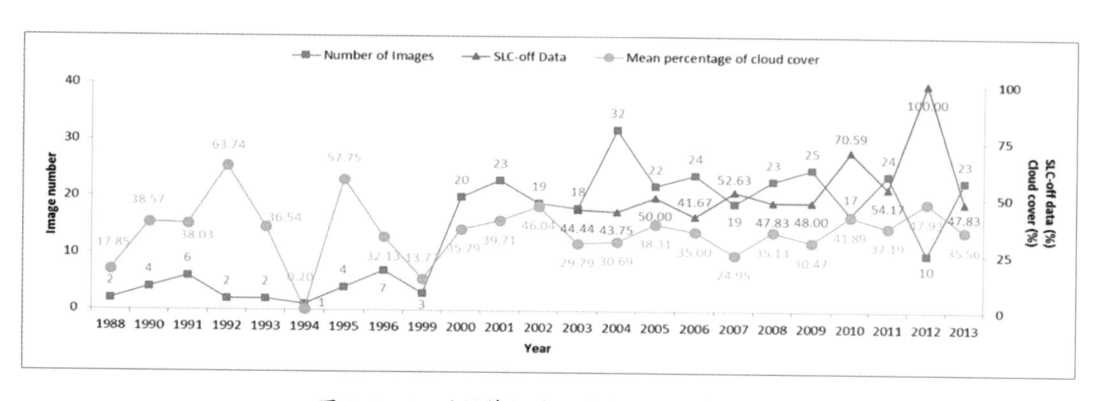

图 2.6.15　时间特征对不透水面分类精度影响

(5)本章小结

张磊的研究主要探索时间特征在不同地物之间的可分性是否具有意义。利用时间特征相似性距离来估算每种地物之间的差异性，其中样本选择一致性十分重要，可以减少不同传感器影像之间的差异并提高分类精度。目前，该研究还存在以下两个问题：①数据的缺失。时间分辨率可提高地物的可分性，但是缺失数据的弥补存在一定的误差，误差的传播会带来分类不确定性。对于珠江三角洲而言，某些区域长期受云覆盖影响，云覆盖下的地物细微变化因模糊而无法探测，从而使得时间特征不准确。②亚像素分析的缺陷。研究方法主要基于像素，存在着和其他基于像素提取不透水面方法一样的弊端。虽然能够提取得到不透水面、裸土和水体，但由于不透水面类型复杂多样，并没有进一步区分不同种类的不透水面，也没有估计不透水面密度，这将会导致主城区不透水面过估计，郊区估计不足。下一阶段，张磊将针对以上两个问题进行深入探讨解决。

以上就是张磊在美国做的主要研究。

2. 留美生活感受和科研经验

(1)生活感受

接下来张磊将为大家分享她在美国印第安纳州立大学的科研经验和生活感受。印第安纳州立大学位于美国中西部的 Terre Haute 市，距离印第安纳波利斯(印第安纳州首府)和芝加哥较近。该大学属于公立综合性研究型大学，具有低犯罪率、低生活费和高师生比(1∶20)的优点。印第安纳州立大学活动多姿多彩，还有每年一次最为盛大的活动：校友回归日。

初次去国外，张磊也是对当地生活感到茫然和不适，经过一段时间的适应后，张磊告诉听众，她明白了在国外最重要的是多问。国外一切物资都很充足，甚至连国内的调料之类也能买到，同样，服务也很丰富到位，从社区学习课程到图书馆服务等。但是很多事情需要自己询问，只有多去了解，才能清楚当地的生活，才能获取自己所需要的帮助和服务。

在出国前，张磊还做了行前准备，包括文件资料、旅行箱包、电子及数码类、生活用品和文具书籍类等。

(2)科研经验

科研学习，首先是英语问题。当地人说话的语速语调一开始让人难以听懂，此时可以咨询国际部或者参与校园免费口语课程。平时的学习还可以在校园图书馆和公众图书馆进行，可以借阅书籍、上网查询以及免费课程学习。校园图书馆的 Writing Center 还可以提供免费修改英文论文的服务。

张磊在印第安纳州立大学城市与环境变化中心(CUEC)交流访问，遇到的最主要问题是时间安排。由于交流访问学者没有其他课程要求，所以需要自己安排好学习计划。每周一张磊都会和导师讨论研究进展，并与小组成员讨论一周精读的文章，其余时间需要自行合理安排。

张磊还告诉大家，申请留学的前提条件是邀请信和充分准备的研究计划。申请成功以后，到美国需要办理入学报到，包括校内国际部报到、院系报到、国家公派留学人员报到以及办理保险。再接下来就是办理生活所需基本物品，如 Social Security Number(SSN)、银行卡、手机卡等。

以上就是张磊在美国交流访问的生活感受和科研经验，谢谢大家！

【互动交流】

观众 A：师姐，请问你出国前的研究方向和出国后一样吗？申请留学的具体途径是什么？国外导师会认真地审改你的 SCI 论文吗？

张磊：这个取决于你选择的导师吧。拿我的导师来说，当时我是看到他的研究方向涉及地表覆盖变化检测方面的应用，而武大主要侧重做算法，我比较想学习遥感应用方面的知识，所以我申请了这位老师。关于申请的问题，是我自己发邮件申请的。如果哪位导师对你有兴趣的话，他会给你回复的。当时我把我的简历和论文都发了过去，没有英语证明的话需要老师开语言能力证明，之后我还和导师通过 skype 进行过一些交流，确保了我们的研究意向是一致的。还有，国外导师会很详细地帮你修改 SCI 论文，还可以找正规途径，比如国外学校图书馆的 Writing Center，先帮你修改你的英语写作，再给你的导师修改内容。

观众 B：师姐我想问关于你的研究：由卫星数据处理后得到的一个精度，是由地面实测数据来进行验证吗？采样过程有什么原则吗？

张磊：我 2016 年 1 月的时候中途回国去珠江三角洲的几个城市采了实测数据，那些数据相当于 2015 年底 2016 年初采的，只能验证 2013 年以后的时相，但基于“城市化不可逆”这个原则，实算数据有一个往后推的过程，也就是说 2012 年的透水面样本依然可以依据 2013 年的透水面样本。采样过程中会根据 *Field Methods in Remote Sensing* 这本书上的原则来划分区域随机采样，采样具体路线是根据自己选的采样区和自己的时间来安排的，争取能采到越多点越好。

观众 C：师姐，你上面讲的 BCI 指数，具体是怎么把 Landsat 模型应用到 BCI 公式，还有当你利用不同的 Landsat 传感器数据时，其存在的差异性问题又是怎么解决的呢？

张磊：TC 变换就是将 Landsat 各波段的辐度亮度值作为变量，经线性变换后，组成新的变量，BCI 计算取变量的前三个 TC 分量，再把 TC 三个分量应用到 BCI 的公式，就可以得到 BCI 的影像。我用的是 Landsat Surface Reflectance Higher-Level Data Products，USGS 提供了免费数据申请接口，只要把你需要的影像的 scene identifier，即每个 Landsat 场景都有的一个 ID，包含 ID 的 txt 文本上传，它会自动完成影像预处理并打包回来提供下载链接，不用自己再做数据处理了。

观众 D：您好，刚才您做的精度评价是在时间滤波之后吗？时间滤波之前和之后的精度又分别是多少呢？为了达到更好的精度，您采集的样本数量大致是多少？

张磊：我的精度评价对比是取时间滤波之后的，实际上时间滤波可以过滤掉不确定的像素，对精度提升还是很大的。而采样的数量取决于类别，按类别比例来采样。虽然从结果上看只有不透水面和透水面，但是在采样之前是要细分的。我把不透水面分为暗不透水面和亮不透水面，而透水面又分为裸地、植被和水体。但是水体最后单独提取，因为水体没有物候信息，只有降雨引起的季节特性。这几个类别样本初始选取基本都占 15% 的比例。训练样本选取没那么多，因为只在初始选取样本的稳定区域提取训练样本，稳定区域是指地物类别没有变化的区域，例如主城区、山区等，这些训练样本具有各个地物类别典型的时间特征。虽说上述初始样本都占 50% 的比例，但也可视不同的地区来作不同的调整。

观众 E：师姐，我想问一下，留学有什么因素可以帮助你更好地从事你的研究？

张磊：如果一个人自控能力比较强的话，留学优势会更大一些，因为时间都由自己管理，可以进行更纯粹的科研。还有日常讨论，小组里面的讨论对科研环境也是有一定影响的。我的小组里学生都是遥感方向的，而且有很多中国学生，交流起来无障碍。还有一个因素是饮食，因为早餐和晚餐通常都由自己来做，所以做饭是比较占时的一部分。科研环境的话我认为国外和国内环境都不错，看个人调整吧。

（主持：赵颖怡；摄影：孙嘉；录音稿整理：沈高云；审核：张晓萌、许杨）

2.7 InSAR对流层延迟校正及大气水汽反演

（唐　伟）

摘要：测绘遥感信息工程国家重点实验室2013级博士研究生唐伟，发表SCI论文3篇，EI论文2篇，做客GeoScience Café第152期，带来题为“InSAR对流层延迟校正及大气水汽反演”的报告。本期报告，唐伟博士介绍了基于全球气象再分析资料的InSAR对流层延迟校正方法和时间序列InSAR技术在地表形变监测中的应用，并且介绍了一种大气对流层水汽时空分布精细反演的新途径——InSAR气象学，最后，他分享了其参与武汉国际横渡长江活动的体验。

【报告现场】

主持人：各位老师、同学，大家好！欢迎来到GeoScience Café第152期的活动现场，今天晚上的报告题目是“InSAR对流层延迟校正及大气水汽反演”。我们今天请到的嘉宾是来自测绘遥感信息工程重点实验室的唐伟博士。唐伟博士是测绘遥感信息工程国家重点实验室2013级的博士研究生，发表SCI论文3篇，EI论文2篇，在2015年“中国·武汉第42届国际横渡长江”活动中成功横渡长江。今天的报告主要有三个部分，首先是介绍基于全球气象再分析资料的InSAR对流层延迟校正方法，在此基础上介绍时间序列InSAR技术在地形形变监测中的应用，另外报告将介绍一种大气对流层水汽时空分布精细反演的新途径——InSAR气象学。最后唐伟博士将分享他在武汉国际横渡长江活动中的体验。请大家欢迎。

唐伟：非常感谢大家来听我的讲座。我今天报告的题目是“InSAR对流层延迟校正及大气水汽反演”。我的汇报提纲有5个部分：①SAR和InSAR的基本原理；②基于气象再分析资料的大气延迟校正；③InSAR技术在太原盆地地面沉降监测中的应用；④用InSAR技术反演大气水汽总量；⑤既然我们Café论坛是一个学术与生活的论坛，那最后我就来分享一下我在2015年横渡长江中的体验。以上内容基本上是我从2013年读博士到现在四年时间的研究内容。马上要毕业了，在这里我把研究的内容和大家分享一下。

1　合成孔径雷达(SAR)&合成孔径雷达干涉(InSAR)

(1)合成孔径雷达(SAR)

SAR是一个工作在微波波段的主动传感器，它通过一个方位向合成孔径的技术来达到提高方位向分辨率的目的。如图 2.7.1 所示，这个卫星从位置 1 移动到位置 2，这是一个快速移动的过程。它对目标进行信息的快速收集，通过合成孔径技术达到一个大孔径天线的探测目的，即提高方位向的分辨率。方位向就是卫星飞行的方向，卫星发射信号的方向就是它的斜距。

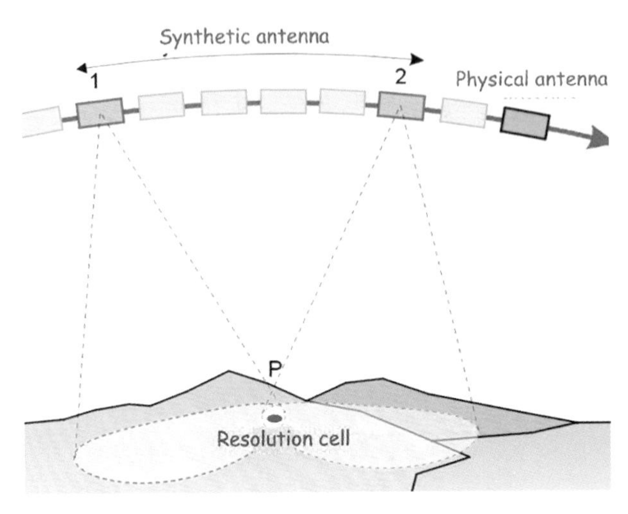

图 2.7.1　卫星获取影像

方位向分辨率主要跟它的天线的孔径和长度有关。距离向分辨率和光速与 SAR 系统的带宽有关系。SAR 影像是一个像素矩阵，它的每一个像素就代表一个分辨单元。SAR 影像包含振幅和相位信息。卫星飞行时会获得一个振幅信息，振幅反映的是电磁波的能量。相位是测距的一个手段，它与卫星到地面的距离有关。InSAR 主要用到的是相位信息，所以相位信息是 InSAR 精密测量的关键。

图 2.7.2 是一个光学影像与雷达影像的对比。雷达影像中有水体，可以看到水体是暗的区域，亮的区域就是城市地区，稍微亮一点的区域是有植被的地方，因为这些地区存在较多散射，所以影像中会比较暗。可以看出，雷达影像中建筑物是比较亮的区域。

(2)合成孔径雷达干涉测量(InSAR)

InSAR 就是合成孔径雷达干涉测量，通过对两幅影像的相位进行比较。在 t_1 时刻对地面 P 点进行观测，获得一幅 SAR 影像；在 t_2 时刻再次对地面 P 点进行重复观测，获得第二幅 SAR 影像。然后对 SAR 影像进行共轭相乘(或相位相减)，得到相位差分。相位差分主要跟两个时刻卫星到地面的距离有关。如果在 t_2 时刻地面发生地表形变，那相位里就包含了以下成分：首先是平地相位，这个因素对于我们是没有用的，所以要减掉它；然后是高程相位、形变相位、大气延迟、轨道误差和噪声，可以看到，既然有高程相位，就可以用它来反演高程，有形变相位就可以来做形变监测，有大气延迟，而大气延迟主要和大气中的水汽有关，所以我们也可以用它来做大气方面的研究。当前，用 InSAR 做的主要

图 2.7.2 光学影像与雷达影像的对比

应用还是地表高程的获取和地表形变的监测，这是当前最主要的两个应用。而其中的大气延迟一般被当成噪声来处理。

图 2.7.3 是 InSAR 干涉的过程，左边是幅度图，右边是相位图。我们需要两个时刻的影像，然后进行相位相减。这里幅度信息是不需要的，因为幅度信息主要用于两幅影像的配准。去除平地相位和高程相位后得到差分干涉图，它主要代表的是地表形变。

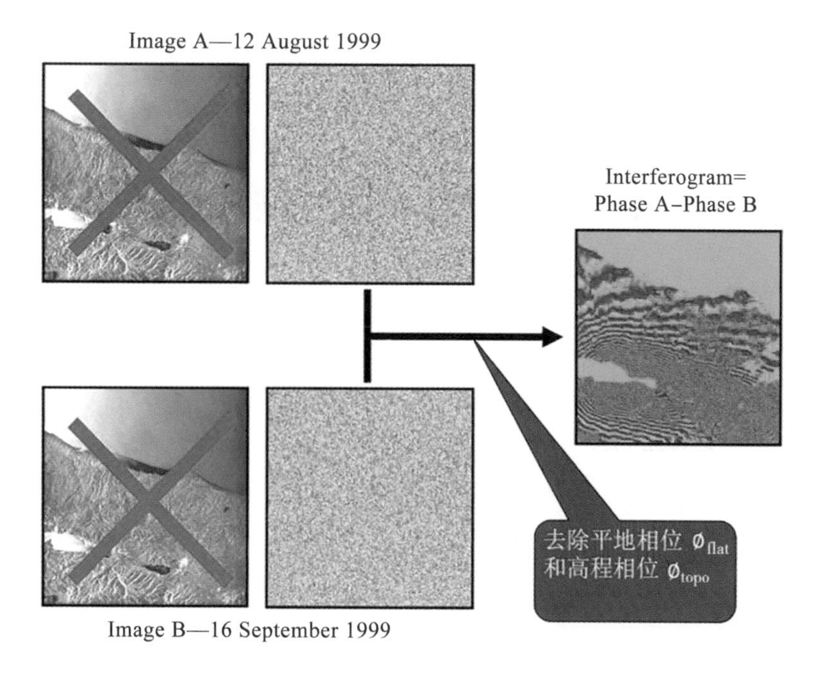

图 2.7.3 InSAR 干涉的过程

图 2.7.4 是差分干涉图，它是一幅条纹图，每一个条纹代表一个 28 毫米的形变。一个条纹是从蓝色到黄色再到红色，这是一个条纹周期，即一个 2π 的相位周期。假设最南边的条纹是 0 毫米的地表形变，往下第二个条纹就代表 28 毫米的形变，第三个条纹就代表 56 毫米的形变，第十个条纹代表 280 毫米的形变，第二十个条纹代表 560 毫米的形变。在第二十个条纹的位置相对于第一个条纹的位置发生了 560 毫米的形变。画一个剖面线的话可以看到中间出现了一个断层。这样可以知道，这里有一个断层的形变，上面是向东的形变，下面是向西的形变，这里是一个错开的形变。

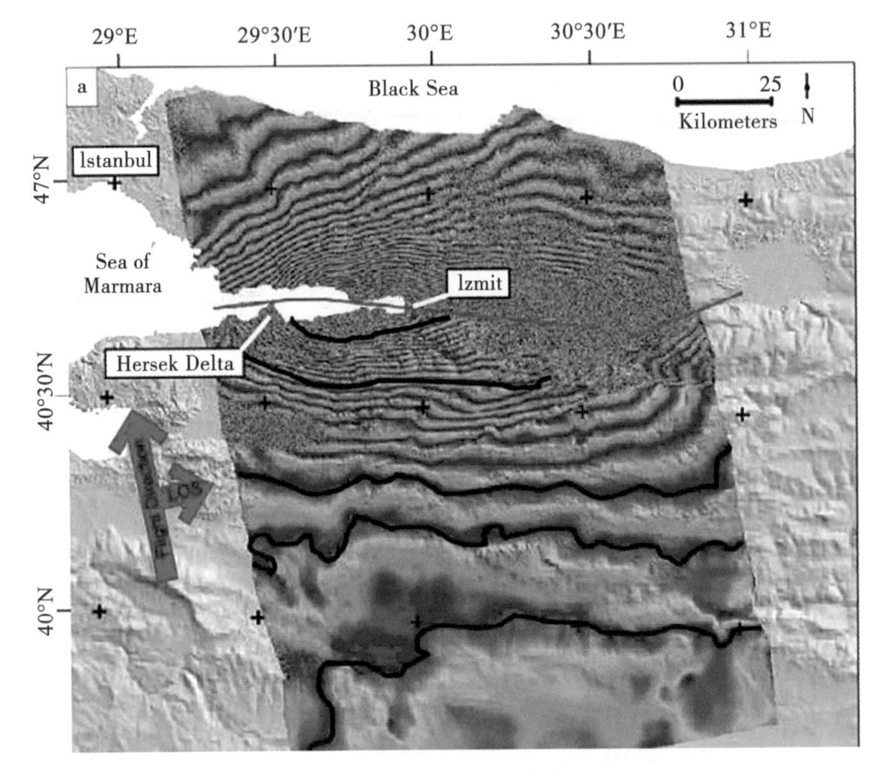

图 2.7.4　差分干涉图

(3) InSAR 技术的应用领域

InSAR 技术的应用领域前面已经提及，从它的相位组成成分里面可以知道，它有高程相位，所以可以用于高程测量，最典型的就是 STRM 数字高程模型。它还包含形变相位，所以可以用来进行形变测量。另外它还包括大气延迟，在高程测量与形变测量这两个应用中，大气延迟是一种噪声，我们需要想办法减弱它。但是也可以用大气延迟来进行大气水汽含量反演。图 2.7.5 是一个积雨形成的过程。干涉图中可以反演出大气水汽的含量，而图中这个地方含量比较高。

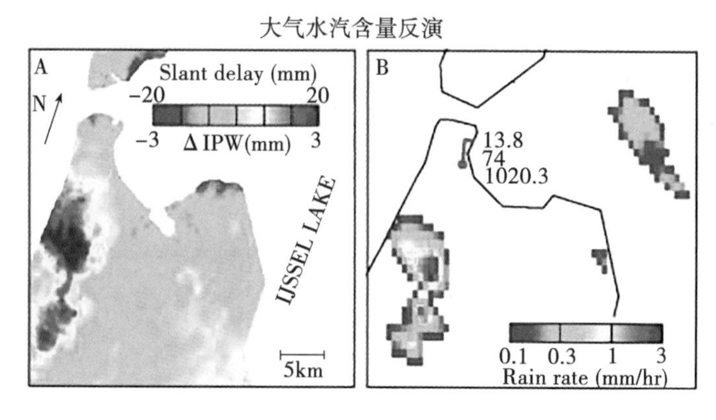

图 2.7.5　积雨形成的过程

(4) InSAR 技术应用的制约因素

InSAR 技术应用的制约因素主要有 4 个。第一，时间失相关。如果影像获取的时间间隔很长的话，就会发生失相关，即地面目标的散射会随着时间发生变化，导致失相关的噪声非常严重。如果间隔一天，相关性就非常好；如果间隔 15 个月，就会被噪声淹没掉，无法得到想要的信号。第二，空间失相关。这与两个卫星获取两幅影像的距离有关，如果距离比较远，那么地面目标也会发生失相关效应。如果两个卫星在获取两幅影像时靠的比较近，比如在两米时，它的相关性就比较好，如果距离比较远，比如 400 米的时候，就会发生空间失相关。第三，大气延迟，大气延迟导致的 InSAR 地表形变测量误差可以达到几厘米到十几厘米，可以完全掩盖所需要的形变信息。第四，受空间分辨率的约束，目前还无法监测单个目标形变。

受到这些因素的影响，当前的解决方案主要是利用 InSAR 时间序列方法。通过长时间序列的 SAR 影像来提取高相干的目标点，组建观测值和需要的未知变量间的观测方程，之后通过解算这些方程来获得地表形变的时间序列和形变速度。

2. InSAR 大气相位延迟

接下来是报告的重点内容——InSAR 大气相位延迟。InSAR 精密形变测量的主要误差源就是 InSAR 大气相位延迟，尤其是在地形起伏较大地区。因为大气和地形的相关性非常大，地形起伏比较大的地方，受大气的影响也比较大。而影响大气相位延迟的主要因素就是大气水汽含量的变化。在几千米范围内，大气水汽含量可以在几小时或是几分钟就发生很大的变化。而误差的量级达到几厘米甚至更大，完全可以掩盖微小形变信号(mm 至 1~2cm)。图 2.7.6 是一个差分干涉图，如果去掉地形，间隔为一天，那么可以认为这个地面不存在地表形变，而图中出现的这些条纹就是由大气引起的。所以如果要做地表形变监测，就要想方法减弱大气延迟，提高精度。

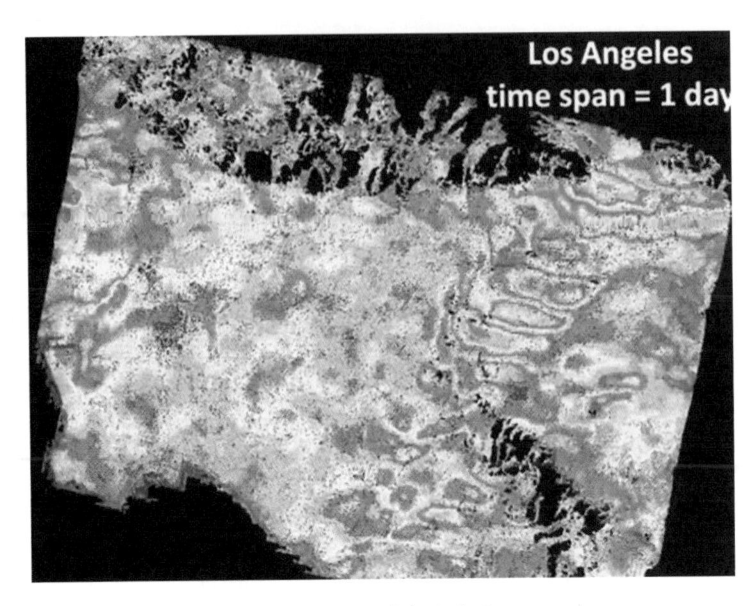

图 2.7.6 差分干涉图

(1) InSAR 干涉图大气相位延迟

InSAR 大气延迟主要和大气折射率有关，大气折射率又可以分为四个部分：干气体引起的、湿气体引起的、云里的液态水引起的、电离层引起的。而以上几个部分又可以分为对流层、液态水和电离层。后两者对 C 波段的影响比较小。电离层与波段有关系，如果是用 L 波段的话，就必须要考虑电离层因素。而在 C 波段或 X 波段等波长比较短的时候，电离层影响很小。所以大气延迟主要来自对流层，而对流层的主要影响因素有以下几个：干空气分压、水汽分压、气温。其中水汽分压的影响是最大的。

(2) 当前对流层延迟校正的主要方法

当前对流层延迟校正的主要方法可以分为两大类，一类是基于 InSAR 数据自身的方法，另一类是基于外部数据的方法。

基于 InSAR 数据自身的方法有滤波方法和经验方法，滤波方法分为 Stacking、时空滤波、干涉对优化组合和基于气象模型统计特性的滤波参数方法。在时空滤波中，因为采用的都是长时间序列的 SAR 影像，可以假设大气延迟在时间上是一个高频的信号，就是它的变化比较快。而在空间上，它是一个低频信号，在空间上具有一定相关性。它在时间上相关而在空间上不相关，而我们的地表形变在空间和时间上都是一个相关的信号，所以可以根据这一个特性来设计时间空间滤波器，来分离大气相位和地表形变。经验方法中主要是基于相位-高程关系的方法。相位和高程之间存在线性或非线性的相关性，利用这种相关性可以对大气延迟进行估计。基于这个方法又演化出 power-law 方法，即滑动窗口法。一幅影像上的相位和高程关系不是一个常数，而是一个变化的量，可以通过滑动窗口来估计变化的相位-高程关系。另外还有多尺度小波分析方法，该方法和上一个方法基本一致。

基于外部数据的方法有空间辐射计、GPS、气象模型等方法。空间辐射计，当前最常运用在 MERIS 和 MODIS 上，都是用来进行大气水汽反演的。因为大气延迟主要和大气水汽有关，这两个反演大气水汽的产品就可以用来对 InSAR 的大气延迟进行校正。GPS 现在在气象上对大气水汽的反演已经达到了业务化的目标，并且精度也非常高。气象模型包括再分析资料和气象预测模型。

有相关文献进行过比较，在以上这么多方法中，MERIS 和 MODIS 上的空间辐射计被认为是最可靠的校正方法。但是 MERIS 和 MODIS 还是有缺点的，因为它们只有在白天可以获取数据，在晚上或者有云层覆盖的时候是不可用的。

$$\Delta\phi_{\text{tropo}} = K_{\Delta\phi} h + \Delta\phi_0 \tag{1}$$

$$\Delta\phi_{\text{tropo}} = K'_{\Delta\phi}(h_0 - h)^{a} \tag{2}$$

公式(1)是基于经验模型的大气延迟校正方法，这是一种认为对流层延迟相位与高程呈线性相关的模型，我们利用这种简单线性关系来对大气延迟进行估计。另外一个是对流层延迟相位与高程呈 power-law 模型公式(2)，它的基本原理和前者是一样的。当公式中的系数为 0 时，就是线性模型，当不为 0 时就是 power-law 模型。

GPS 具有较高的时间分辨率，但空间分辨率很低(GPS 测站的间隔大约十几公里)。

(3)气象再分析资料大气延迟校正

下面就是我用到的方法，即基于气象再分析资料的大气延迟校正。全球或区域气象再分析资料是一种全球或区域的气象模型，它以均匀分布的网格点形式，提供诸如位势、气温、气压、风速和湿度等气象要素产品。利用数值天气预报和分析系统对过去的气象观测资料进行重评估和再分析，重建高时空分辨率的格网点历史气候数据集。基于它提供的这些参数，可以计算大气延迟。当前主要有两种气象再分析资料：欧洲中尺度天气预测中心发布的 ERA-Interim 与美国国家环境预报中心/国家大气研究中心发布的 NARR。ERA-Interim 的空间分辨率是 0.7°×0.7°(~75km)，时间分辨率是 6 小时，气压分层从地面的 1000hPa 到 1hPa 共有 37 层。NARR 的空间分辨率是 0.3°×0.3°(~32km)，时间分辨率是 3 小时，气压分层从地面的 1000hPa 到 100hPa 共有 29 层。可以通过它们提供的分层气象产品来反演大气延迟进行 InSAR 的大气校正。

图 2.7.7 是气象再分析资料与 MERIS 的比较，(a)图是一个干涉图，因为这个干涉图影像时间间隔比较短，认为相位里没有形变，所以这个干涉图里面去掉地形之后剩余的相位只有大气延迟。(b)图是由 ERA-I 反演的，包括 ERA-I 湿延迟、ERA-I 湿延迟+ERA-I 干延迟、ERA-I 湿延迟+ERA-I 干延迟+轨道相位。这三幅图从肉眼上看，相似度是非常高的。(c)图是由 MERIS 反演的。MERIS 是反演大气延迟比较精确可靠的一个办法，所以在这里用 MERIS 来和 ERA-I 进行比较，发现它们两者的相似度比较高。ERA-I 的改进量在没有轨道误差校正的情况下可以达到 45%，有轨道误差校正的情况下可以达到 62%。MERIS 的改进量在没有轨道误差校正的情况下可以达到 57%；有轨道误差校正的情况下可以达到 68%。这两者的改进量是比较接近的，所以气象再分析资料可以用于大气延迟的反演。它的优点在于免费并且全球覆盖，在任何气象情况下都可以使用。而 MERIS 只

能在白天用，在晚上或者有云层覆盖的情况下不能用。

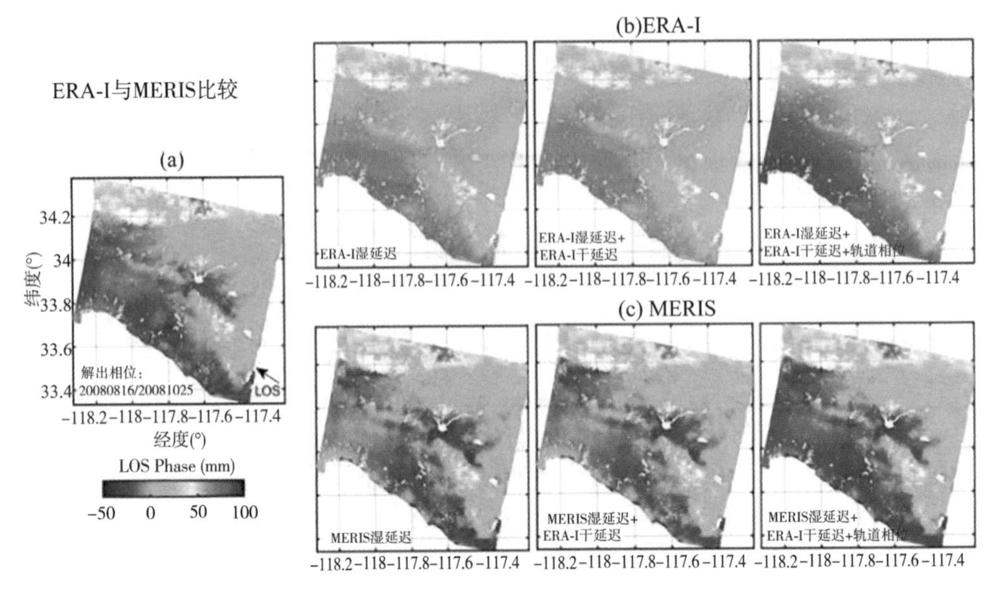

图 2.7.7 干涉图

(4)两种气象再分析资料校正比较

当前主要有两种气象再分析资料，ERA-Interim 与 NARR 各有各的优势，且是全球覆盖的。我对用这两种气象再分析资料做的校正结果进行了比较。图 2.7.8 中，以对角线为界，在上面的点是 NARR 达到的效果更优，在下面的点是 ERA-I 更优。可以看到在对角线上下的干涉图点数相差不大，所以可以得出结论：用 ERA-I 和 NARR 这两种气象再分析资料对于我们实验数据来说改进的作用是相当的。

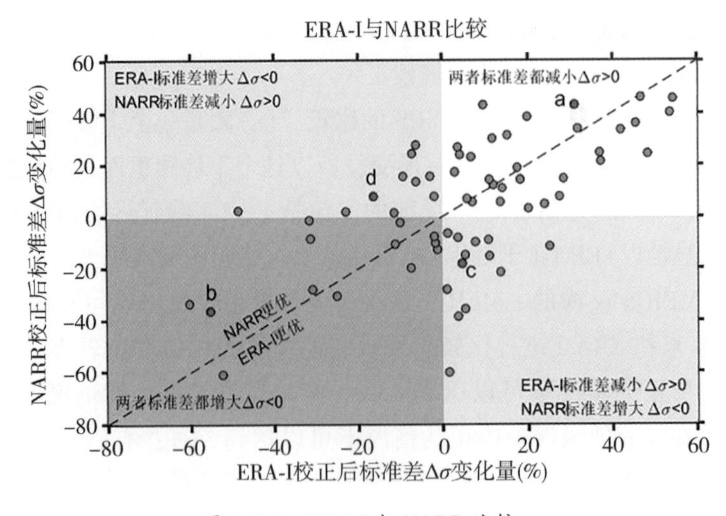

图 2.7.8 ERA-I 与 NARR 比较

(5)垂直分层与湍流混合延迟

垂直分层延迟与高程的相关性较强(一般为线性关系)，主要影响地形起伏的地区。湍流混合延迟与地形没有相关性，空间和时间上变化较快，空间尺度较小(几公里)，在山区和平地都有可能发生。图 2.7.9 是垂直分层(stratified delay)占主导地位，图 2.7.10 是湍流混合(turbulent delay)占主导地位。当垂直分层占主导地位时，即在干涉图里表现出相位和高程呈现线性关系时，本方法就可以很好地用于大气延迟校正；如果干涉图是湍流混合占主导地位的话，相位和高程的线性关系比较差，校正效果变差。因此得出结论：气象再分析资料对垂直分层延迟具有较明显的改善作用，而对湍流混合延迟的减弱作用有限，甚至会引入更大的误差。

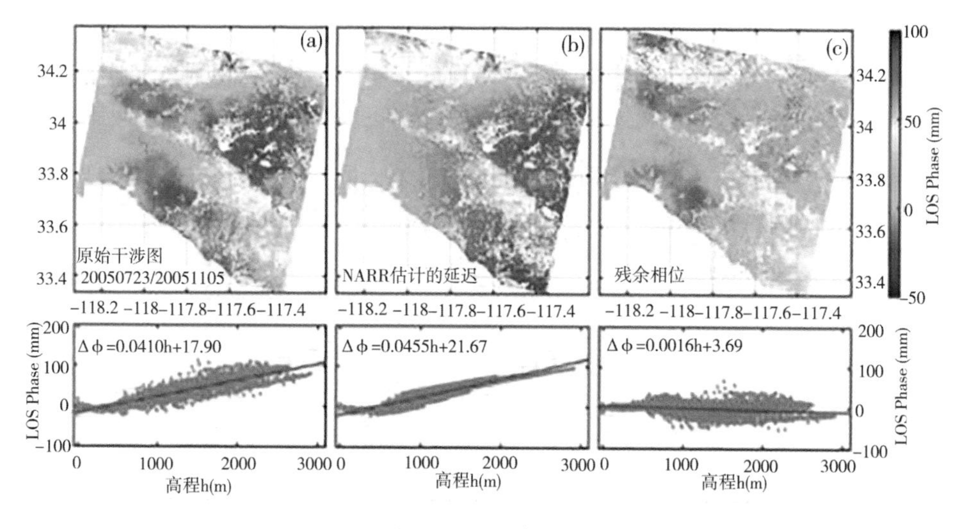

图 2.7.9 垂直分层

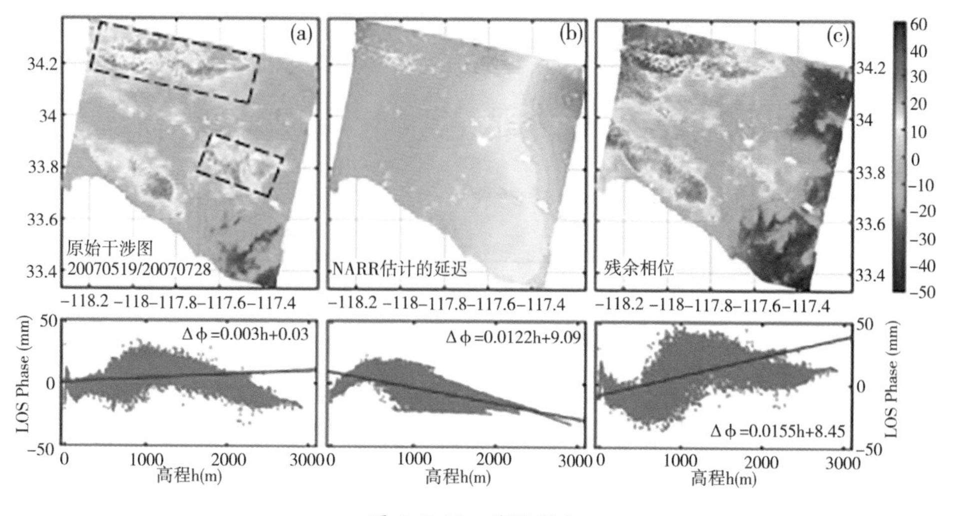

图 2.7.10 湍流混合

3 太原盆地地面沉降监测

报告的第三个部分是在太原盆地地面沉降监测里的应用。由于受到地下水和煤矿开采的影响，太原盆地出现了严重的土地沉陷问题。煤矿开采已导致严重的土地沉陷问题，矿山附近的村庄摇摇欲坠。一些村庄和城镇的地下早已被煤矿掏空，迫使政府如今需要疏散成百上千个存在沉陷危险的社区人群。

（1）实验区和数据

图 2.7.11 是太原盆地，为本次实验所用的区域。图 2.7.12 是实验所用到的数据，主要有三种：ENVISAT ASAR，Track75，Frame2835 和 ENVISAT ASAR，Track75，Frame2853 还有 TerraSAR-X。ENVISAT 的分辨率是 30 米，TerraSAR-X 的分辨率是 3 米。我采用时间序列 InSAR 的方法，来对太原盆地进行地表形变监测。

图 2.7.13 是太原盆地地面沉降速率图，可以看到，整个太原盆地都有一个下沉趋势，出现了非常多的地面沉降的小漏斗。孝义和介休是产煤的主要地区，这两个区域的地表形变是非常大的。

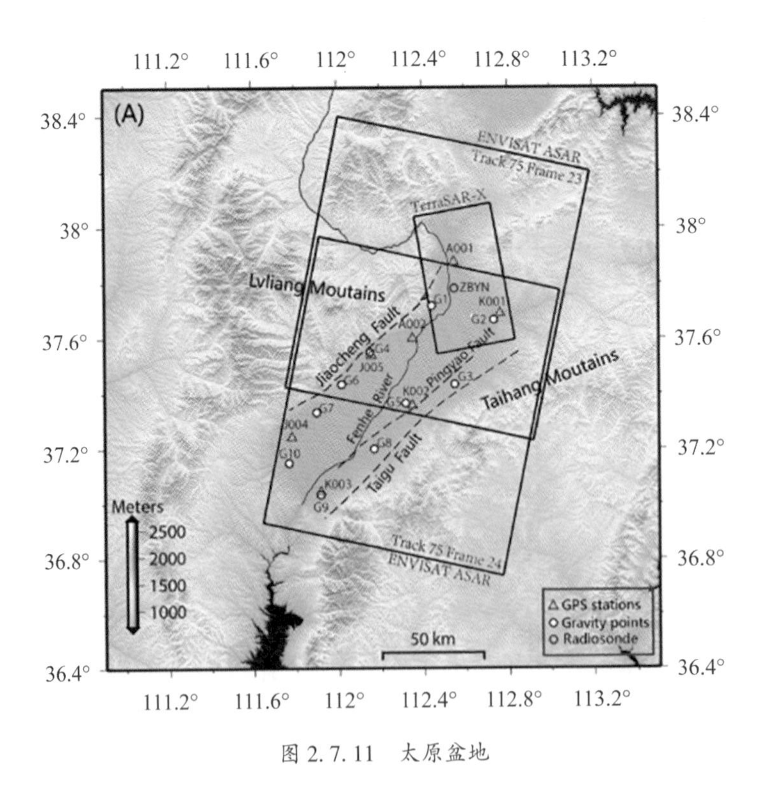

图 2.7.11　太原盆地

图 2.7.14 是太原南部的小店区，这是一个高新技术开发区。由于它的经济发展需要大量抽取地下水来满足农业、工业和日常生活用水，这导致了严重的地面沉降，其中一些位置的沉降速率达到了 76.8mm/yr、62.4 mm/yr、60.5 mm/yr。

传感器	时间范围	波长(cm)	入射角	极化方式	数量
ENVISAT ASAR, Track 75, Frame 2835 (Descending)	20030817–20100919	5.62	23°	VV	39
ENVISAT ASAR, Track 75, Frame 2853 (Descending)	20040104–20100919	5.62	23°	VV	36
TerraSAR-X (Ascending)	20090321–20100323	3.1	33°	VV	33

图 2.7.12　SAR 数据

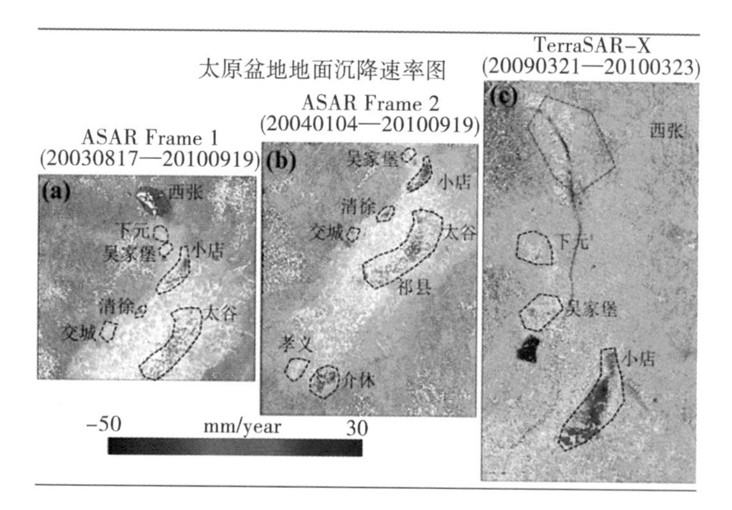

图 2.7.13　太原盆地地面沉降速率图

图 2.7.14　太原南部的小店区

(2) InSAR 与 GPS 的形变比较

图 2.7.15 是 InSAR 的精度验证，与 GPS 比较，其精度比较好。而且可以发现，沉降不是一个线性的过程，它还有反弹的过程。这种现象目前还没有办法解释。太原发生这么严重的地面沉降后，政府也在积极解决沉降问题，控制煤矿开采，而且向地下回灌水，所以可能才会出现这样的反弹。这种反弹现象我们可以深度地去研究其原因，有可能和当地的土壤特性也有关。

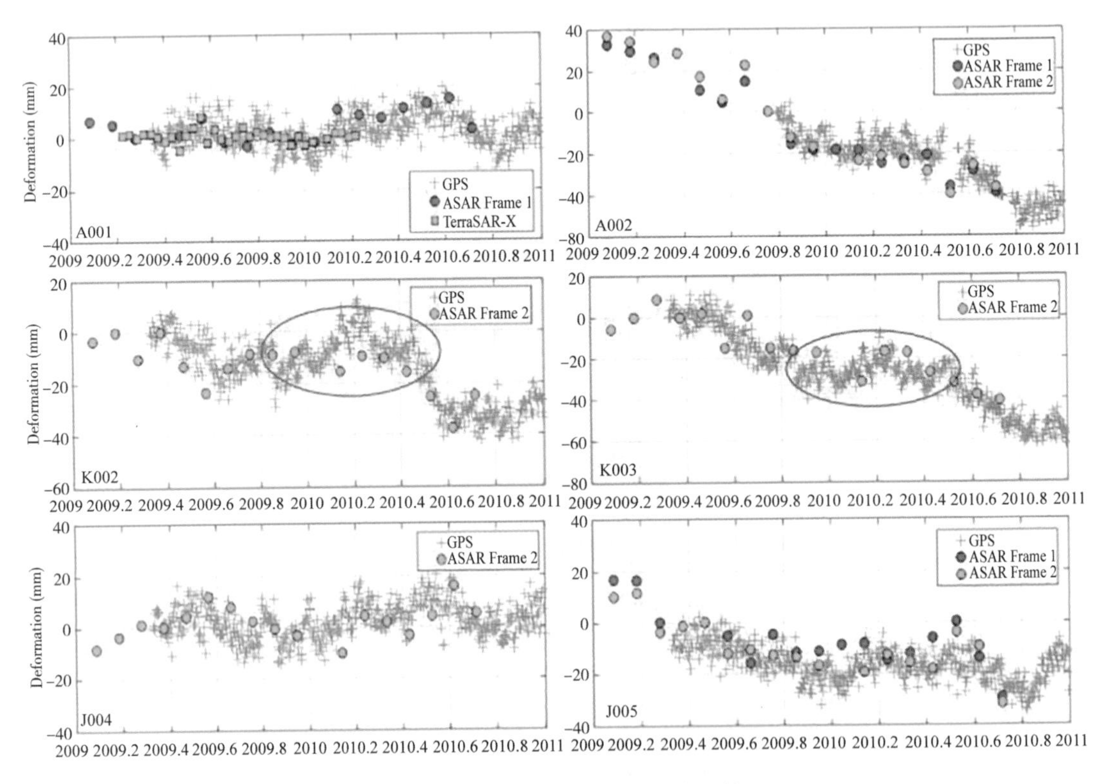

图 2.7.15　InSAR 与 GPS 的形变比较

(3) InSAR 反演大气水汽总量

大气水汽引起的延迟是 InSAR 地表形变监测的噪声，但是反过来看，它也可以作为一种信号，来反演大气水汽的含量。大气水汽是一种影响巨大的温室气体，也是能量流动和水循环的重要因素，已成为气候变化监测的重要对象。大气水汽在空间时间上变化很快，目前的监测方法有 radiosonde，GPS，辐射计等，然而当前这些监测方法的时间空间分辨率有限。大气水汽含量引起的大气延迟对于大地测量与遥感应用来说都是主要误差源，校正方法有经验方法、时空滤波和 MERIS、MODIS、GNSS。但如果我们把这个噪声作为研究对象的话，那它就是一个有用的信号。

4 用 InSAR 技术反演高空间分辨率大气水汽含量研究

用 InSAR 做气象研究最早的一篇文章是发表在了 *Science* 上，它从干涉图里发现了一些气象现象。比如说图 2.7.16 中虚线部分就产生了一个积雨云，是暴雨发生的前奏。而图 2.7.17 上半部分水汽含量比较丰富，下半部分水汽含量比较少，可以判断出这个地方是冷气团与暖气团交界的地方。

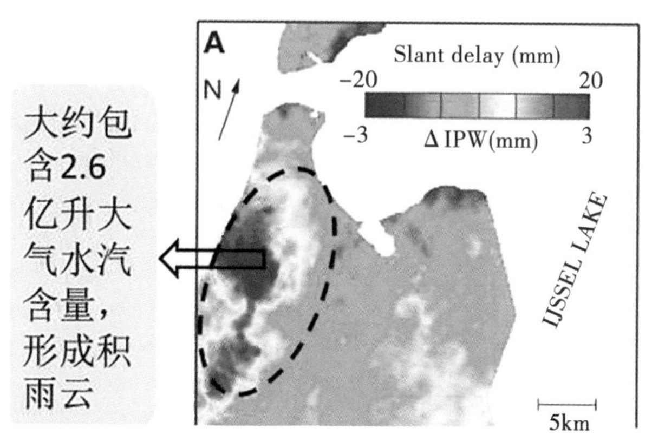

图 2.7.16 积雨云

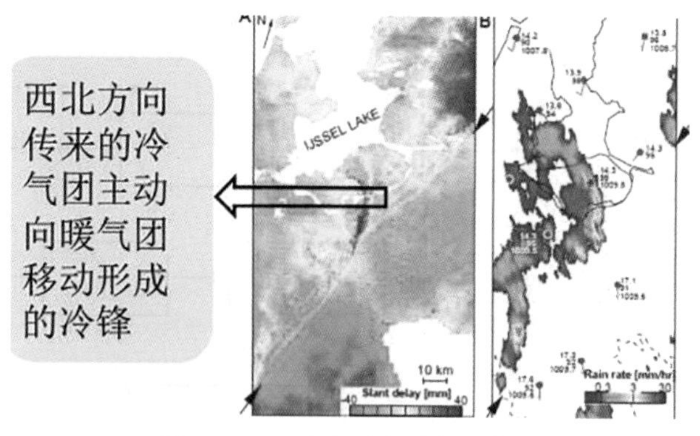

图 2.7.17 冷气团与暖气团交界

(1)技术路线

大气水汽含量(PWV，Precipitable Water Vapor，又称大气可降水量)是指从地面到大气顶界的单位面积大气柱中所含水汽全部凝结并降落到地面，可以产生的降水量，它是气象预报里很重要的一个参数。InSAR 相位组成前面已经介绍过，包括地形、形变、轨道误差、大气延迟与噪声。现在利用 InSAR 技术来进行大气水汽反演，感兴趣的因素就是大气延迟，而其他的相位成分就要进行去除。地形可以通过外部的 DEM 去除；地表形变可以使用没有发生地表形变的地区或者时间间隔比较短的干涉图或者通过外部已知的形变信息进行去除；轨道误差也可以进行很好地模拟并去除。天顶总延迟包括天顶静力学延迟、天顶湿延迟。而大气水汽主要与天顶湿延迟有关，所以需要想办法把天顶静力学延迟从大气延迟中去掉。

整个的技术路线如图 2.7.18 所示，先用 InSAR 软件进行差分干涉，涉及的相位有形变、对流层延迟和噪声。而形变可以通过外部的已知形变信息去除。剩余的就是大气延迟，包括天顶静力学延迟和天顶湿延迟。而静力学延迟主要和大气压有关，大气压可以从气象再分析资料里提取出来并去除。现在相位只剩下湿延迟，湿延迟通过公式转换为大气可降水量。其中的转换系数是一个与气温和水汽分压有关的变量，可由气象再分析资料计算求得。现在获得的大气可降水量是一个相对量，需要通过地面的 GPS 大气可降水量对其进行标定，从而得到绝对量的大气可降水量。

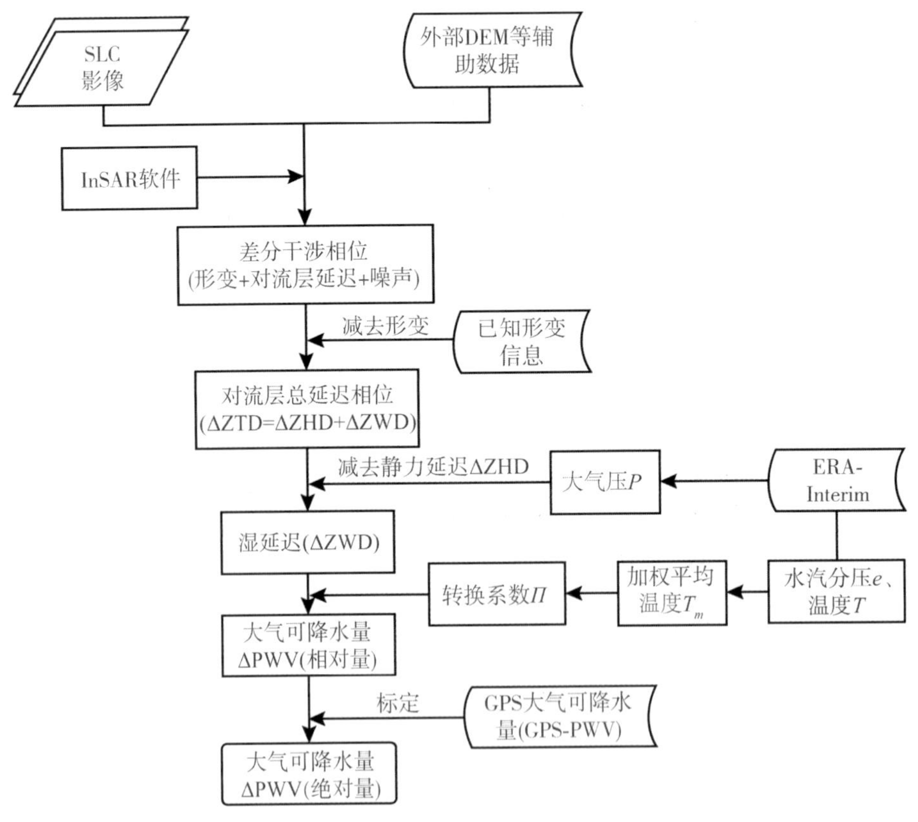

图 2.7.18　InSAR 反演水汽含量的技术路线

我的研究区是美国南加州地区，如图 2.7.19 所示，之所以选择该地区是因为它的数据量丰富，有 SAR 数据与 GPS 数据。

(2)InSAR 干涉图提取湿延迟

下面介绍 InSAR 干涉图提取湿延迟的过程。在图 2.7.20 中(a)图是外部 DEM，用于去除地形相位；(b)图是解缠后的相位，即大气延迟相位；(c)图是对静力学延迟相位的估计，去除掉之后到了(d)图；(d)图即湿延迟相位，最后把湿延迟相位由弧度单位转化为毫米单位。

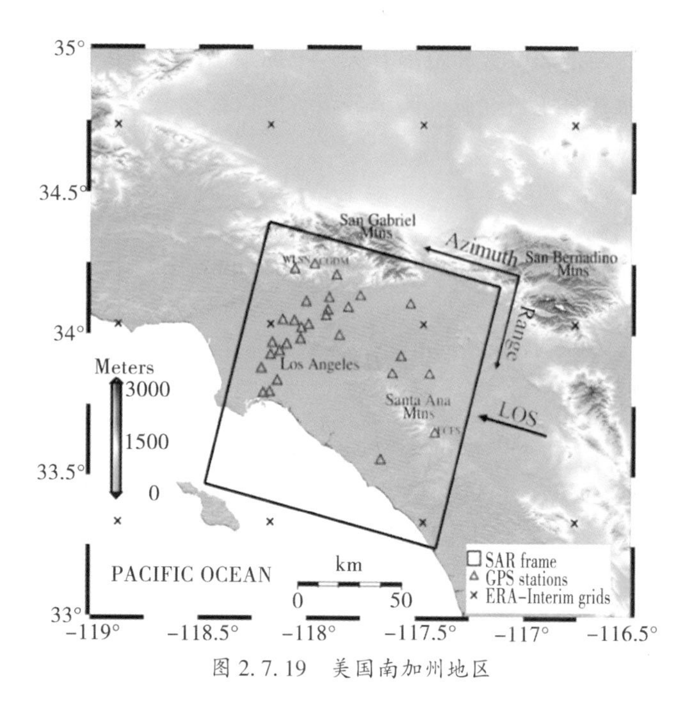

图 2.7.19 美国南加州地区

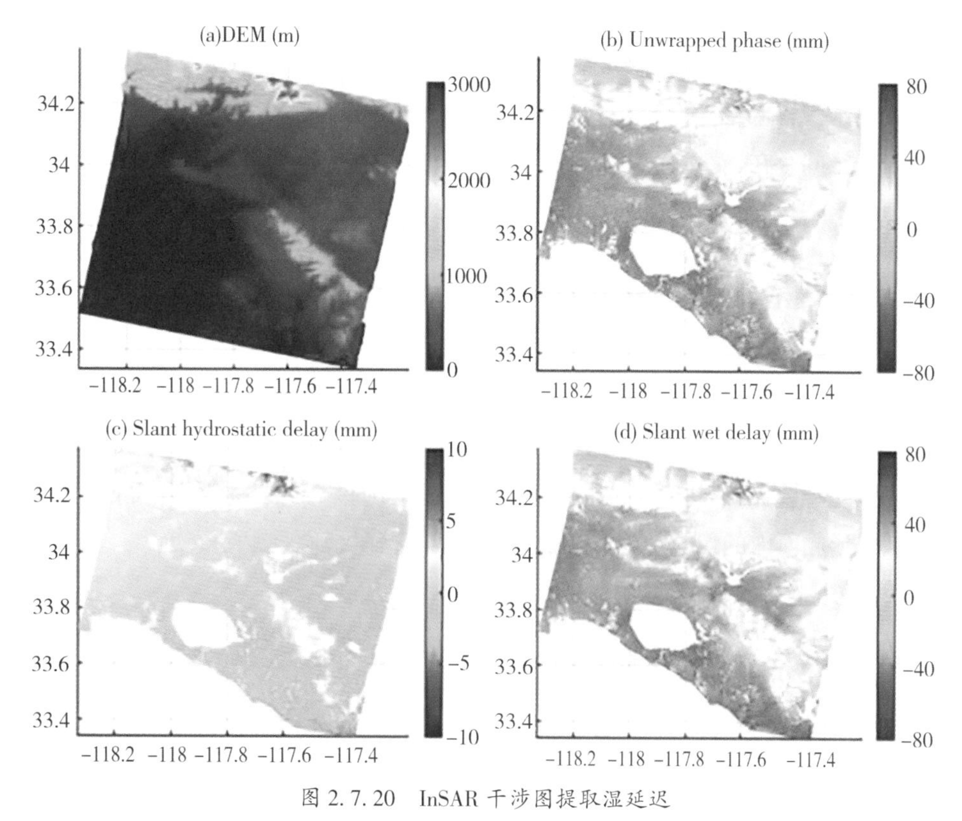

图 2.7.20 InSAR 干涉图提取湿延迟

(3)湿延迟(ZWD)转换为大气水汽含量

湿延迟(ZWD)与大气水汽含量之间存在一种转换关系，如图 2.7.21 所示。转化因子在时间和空间上变化，与地理位置和地形有关。下面给出了转换因子的计算公式。通过气象再分析资料提取出水汽分压与气温这两个分量，之后根据公式计算出转换因子，最后计算出大气水汽含量。

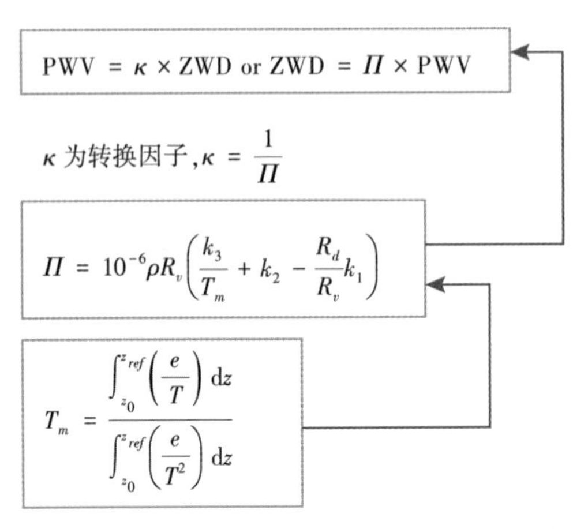

图 2.7.21　湿延迟与水汽含量之间的转换关系

(4)InSAR 大气水汽含量(PWV)的标定

得到大气水汽含量之后还有一个问题——InSAR 由于解缠引入任意常数，使得解缠相位与绝对相位之间存在一个常数偏差。需要利用地面 GPS 数据对相位偏差进行校正。校正函数如公式(3)所示，最小化校正函数即可得到这个常数偏差 K。其中，$Np(k)$是位于圆内 InSAR 的像元数量，N_{GPS}是 GPS 站数量。

$$\sum_{k=1}^{N_{\text{GPS}}}\left\{\Delta \text{PWV}_k^{\text{GPS}} - \frac{1}{N_p(k)}\sum_{i=1}^{N_p(k)}\Delta \text{PWV}_i^{\text{InSAR}} + K\right\}^2 \tag{3}$$

因为 GPS 测得的大气水汽含量受到高度角的影响，存在平均效应。GPS 接收机接收到的只是图中高度角以上的卫星数据。所以它测得的大气水汽含量是该高度角决定的圆锥体里面的平均值。用 GPS 进行标定时需要注意这个圆锥体的圆形底面问题。需要先把 InSAR 落在圆形底面内的像元求平均，之后再与 GPS 作比较。

(5)GPS 大气水汽总量观测结果

图 2.7.22 折线图表示的是 29 个 GPS 站大气水汽总量 PWV 24 小时的时间序列变化，图 2.7.23 表示的是 GPS PWV 与 MERIS PWV 比较。MERIS 可以得到精确的水汽含量。通过两者结果的比较可以发现两者具有很高的相关性，这说明我们测出来的数据是可靠的。

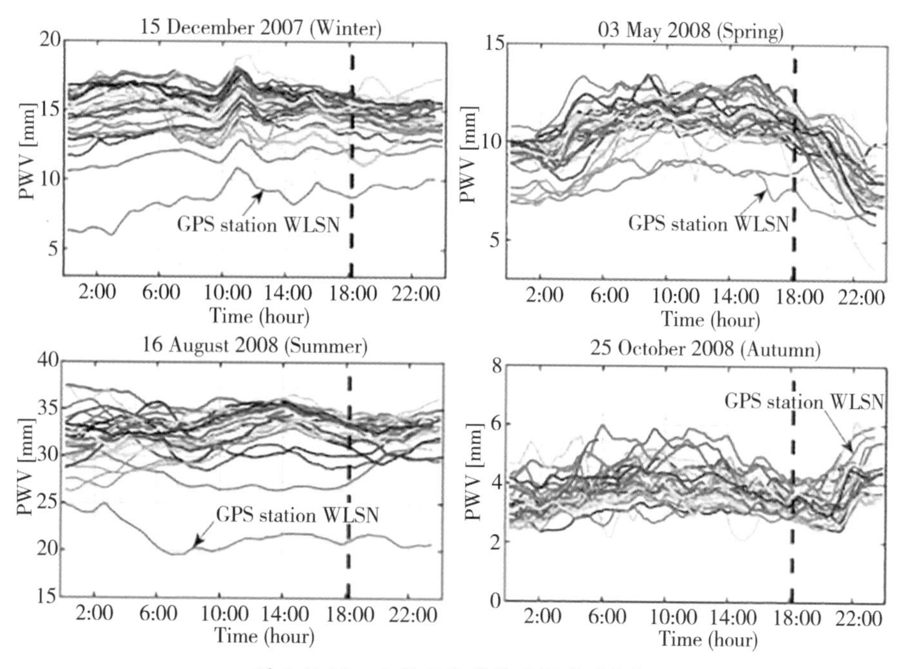

图 2.7.22 大气水汽总量时间序列变化

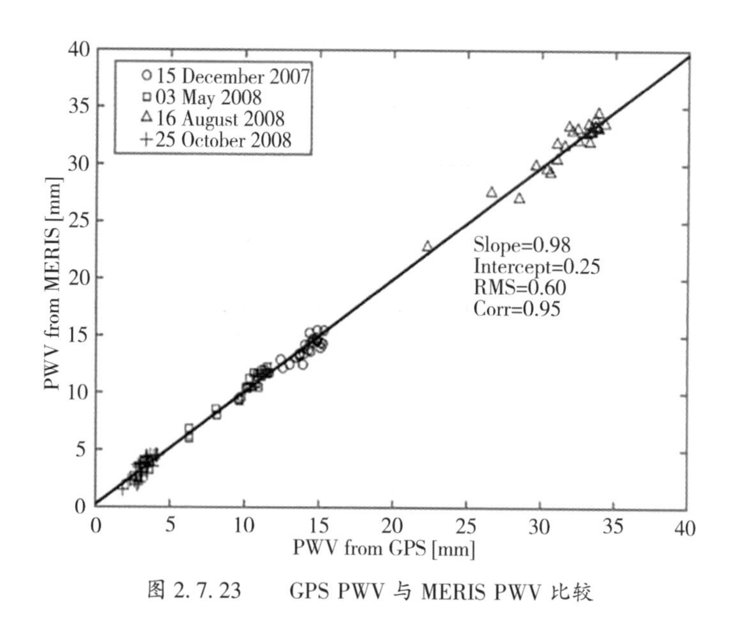

图 2.7.23 GPS PWV 与 MERIS PWV 比较

(6) InSAR 大气水汽总量观测结果

如图 2.7.24 从 InSAR PWV 与 GPS PWV 的比较中可以看出，两者拥有相当高的相关系数。在山区等地形复杂的地方，差别则比较大。无论是 InSAR 还是 GPS，大气水汽都和高程有线性关系。图 2.7.25 是经过标定的 InSAR 大气水汽总量和 GPS 的比较。

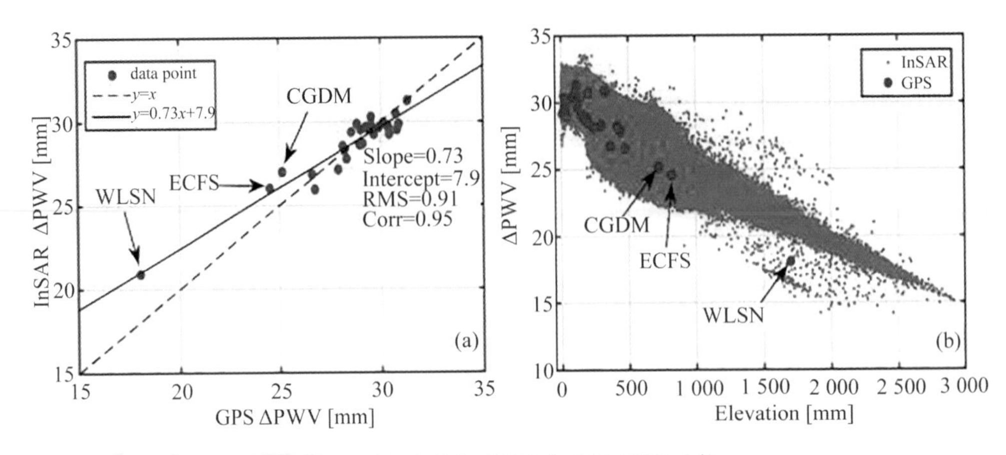

图 2.7.24　InSAR PWV 与 GPS PWV 比较

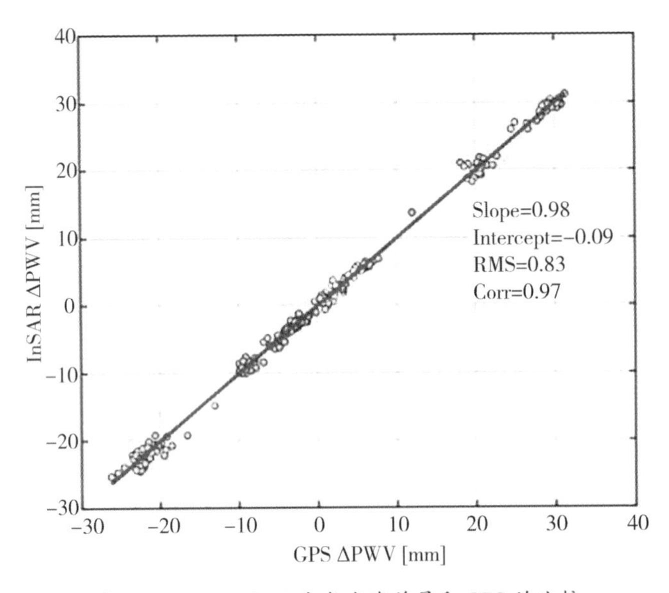

图 2.7.25　　InSAR 大气水汽总量和 GPS 的比较

(7) InSAR 水汽结果与 MERIS 比较

经过标定之后的 InSAR 大气水汽总量与 MERIS 进行比较，其结果如图 2.7.26 所示。第一列是 InSAR 的结果；第二列是 MERIS 的结果；第三列是两者相关性比较；第四列是两者差值的误差分布。最终从统计表(图 2.7.27)里可以看出两者相关系数最大值为 0.86，最小值为 0.5，其他均大于 0.7。二者平均误差接近于 0，两者差值的标准差小于 2mm。结果表明：利用 InSAR 技术反演大气水汽具有较好的效果。考虑到其具有较高空间分辨率的优势，InSAR 反演大气水汽对天气预报等工作十分有利。

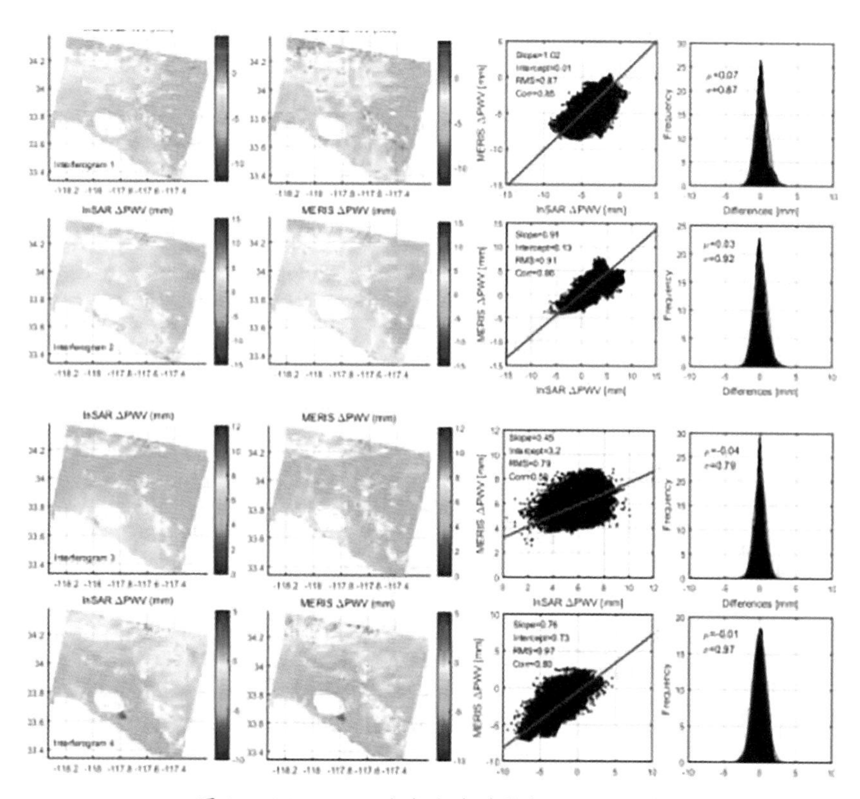

图 2.7.26　InSAR 大气水汽总量与 MERIS 比较

干涉图	与MERIS相关性	差值均值(mm)	差值标准差
1	0.85	0.07	0.87
2	0.86	0.03	0.92
3	0.50	0.04	0.79
4	0.80	0.01	0.97
5	0.78	0.75	1.35
6	0.79	0.01	1.50
7	0.71	0.23	1.30
8	0.83	0.49	1.20
9	0.67	0.19	1.58
10	0.66	0.03	1.10

图 2.7.27　　InSAR 大气水汽总量与 MERIS 比较统计表

需要指出，InSAR 是两幅影像的差分，所以目前获得的水汽含量是两个影像时刻的差分值。这也是目前 InSAR 进行反演的制约因素之一。目前 InSAR 还不能应用在天气预报中，下一步的研究内容是获得 SAR 影像该时刻的水汽含量。

5 Do you want to know more?

我为大家列了一些参考文献与学习资料，大家感兴趣的话可以进行深入阅读。

(1) Information on Upcoming Intensive Training Courses:

- UNAVCO Advanced Geodetic Skills Trainings (find course materials here: https://www.unavco.org/education/professional-development/short-courses/course-materials/insar/insar.html)
- SAR Training Courses Hosted by the Alaska Satellite Facility: (https://www.asf.alaska.edu/about-sar/sar-training/)

(2) The SAREDU Web Tutorials

- SAREDU: A Radar Remote Sensing Education Initiative (https://saredu.dlr.de/)

(3) Available SAR Data Processing Tools

	Non-expert user	Expert user
Freely available	MapReady (ASF) ● ● ● Sentinel-1 toolbox(ESA) ● ● ○	ISCE(NASA JPL) ● ● ○ GIAnT(NASA JPL) ○ ROI_PAC(NASA JPL) ● ● ○ DORIS(U DELFT) ● ● ○ GMTSAR(NASA JPL) StaMPS(Stanford) ● ○ PolSAR Pro(ESA) ● ●
Commercial	Global SAR ● ● ● ● ○ SARScape ● ● ● ● ○ Photomod Radar ● ● ● ○ SARPROZ ● ● ○	GAMMA RS ● ● ● ○

● SAR focusing
● SAR filtering
● SAR geocoding
● Polarimetric SAR
○ interferometric SAR

(4) Books on SAR and InSAR Remote Sensing

- Woodhouse, I. H. (2006): Introduction to Microwave Remote Sensing. CRC Press, Taylor & Francis. ISBN 0415271231.
- Ferretti, A. (2014): Satellite InSAR Data — Reservoir Monitoring from Space. EAGE Publications. ISBN978-90-73834-71-2.

- Hanssen, R. (2001). Radar Interferometry: Data Interpretation and Error Analysis, Kluwer Academic Publishers. ISBN 0792369459.
- Massonet, D. & Souyris, J. C. (2008): Imaging with Synthetic Aperture Radar. EPFL Press distributed by CRC Press. ISBN 0849382394.
- Olivie, C. & Quegan, S. (2004): Understanding Synthetic Aperture Radar Images. SciTech Publishing. ASIN: B01A68U8CU.

(5) Journal Articles on the Basics of InSAR

- Bamler, Richard, and Philipp Hartl. "Synthetic aperture radar interferometry." Inverse problems 14, no. 4 (1998)
- Rosen, Paul, Scott Hensley, Ian R. Joughin, Fuk K. Li, Soren N. Madsen, Ernesto Rodriguez, and Richard M. Goldstein. "Synthetic aperture radar interferometry." Proceedings of the IEEE 88, no. 3 (2000): 333-382.
- Moreira, Alberto, Pau Prats-Iraola, Marwan Younis, Gerhard Krieger, Irena Hajnsek, and Konstantinos P. Papathanassiou. "A tutorial on synthetic aperture radar." Geoscience and Remote Sensing Magazine, IEEE 1, no. 1 (2013): 6-43.

(6) Journal Articles on InSAR atmospheric correction

- Zhenhong Li, Correction of Atmospheric Water Vapour Effects on Repeat-Pass SAR Interferometry Using GPS, MODIS and MERIS Data, PHD dissertation, 2005.
- Zhenhong Li et al, Advanced InSAR atmospheric correction: MERIS/MODIS combination and stacked water vapourmodels, International Journal of Remote Sensing, 2009.
- Mingsheng Liao, et al. Improved topographic mapping through high-resolution SAR interferometry with atmospheric effect removal, ISPRS Journal of Photogrammetry and Remote Sensing, 2013.
- Doin, et al, 2009. Corrections of stratified tropospheric delays in SAR interferometry: Validation with global atmospheric models. Journal of Applied Geophysics, 2009.
- Fattahi, et al. InSAR bias and uncertainty due to the systematic and stochastic tropospheric delay. Journal of Geophysical Research: Solid Earth, 2015.
- Lin, et al. A multiscale approach to estimating topographically correlated propagation delays in radar interferograms, Geochemistry Geophysics Geosystems, 2010.
- Parker, et al. Systematic assessment of atmospheric uncertainties for InSAR data at volcanic arcs using large-scale atmospheric models: Application to the Cascade volcanoes, United States. Remote Sensing of Environment, 2015.
- Jolivet, et al. Improving InSAR geodesy using Global Atmospheric Models. Journal of Geophysical Research: Solid Earth. 2014.
- Jung et al. Correction of Atmospheric Phase Screen in Time Series InSAR Using WRF Model for Monitoring Volcanic Activities. IEEE Transactions on Geoscience and Remote

Sensing，2014.

(7) Articles on InSAR atmospheric water vapor retrieval

- Hanssen et al. High-resolution water vapor mapping from interferometric radar measurements. Science，1999.
- Mateus et al. Can spaceborne SAR interferometry be used to study the temporal evolution of PWV? Atmospheric Research. 2013.
- Alshawaf et al. Constructing water vapor maps by fusing InSAR，GNSS，and WRF data. PHD thesis. 2013.
- Alshawaf et al. Constructing accurate maps of atmospheric water vapor by combining interferometric synthetic aperture radar and GNSS observations. Journal of Geophysical Research：Atmospheres. 2015.
- Liu shizhuo. Satellite radar interferometry：estimation of atmospheric delay. PHD thesis. 2012.
- Mateus et al. Sentinel-1 Interferometric SAR Mapping of Precipitable Water Vapor Over a Country Spanning Area. IEEE Transactions on Geoscience and Remote Sensing，2017.
- Pichelli，et al. InSAR Water Vapor Data Assimilation into Mesoscale Model MM5：Technique and Pilot Study. IEEE Journal of Selected Topics in Applied Earth Observations and Remote Sensing，2015.
- Tang Wei et al. High-spatial-resolution mapping of precipitable water vapour using SAR interferograms，GPS observations and ERA-Interim reanalysis. Atmospheric Measurement Techniques，2016.

6 横渡长江活动

我产生横渡长江的念头是因为阅读了毛主席的一首诗《水调歌头·游泳》。

水调歌头·游泳

才饮长沙水，又食武昌鱼。
万里长江横渡，极目楚天舒。
不管风吹浪打，胜似闲庭信步，今日得宽馀。
子在川上曰：逝者如斯夫！
风樯动，龟蛇静，起宏图。
一桥飞架南北，天堑变通途。
更立西江石壁，截断巫山云雨，高峡出平湖。
神女应无恙，当惊世界殊。

初中时读到这首诗就有去游泳的想法，到武汉后想去游长江的念头就更加强烈。所以我平时很注意锻炼，经常去游泳馆游泳，以达到游长江的条件。我参加了 2015 年中国武汉第 42 届“武汉农商行杯”国际横渡长江活动暨抢渡长江挑战赛。7·16 为武汉特定的纪念毛泽东畅游长江的纪念日。这个活动从 1956 年至今已经举办 42 届。它是由国家体育总局游泳运动管理中心、中国游泳协会、武汉市人民政府、湖北省体育局联合主办的。渡江活动分为个人抢渡赛和群众方队横渡。抢渡赛在 2015 年有 43 人参加，包括多名世界游泳冠军，要求是 6 分钟以内自由泳游完 400 米。这个要求很高，我暂时还达不到。群众方队分为 40 个方队，按每个方队 80~100 人，总规模控制在3 500人左右。

抢渡赛全程大概1 800米左右，难度是很大的，因为水是逆流，会拖慢你的速度。参加抢渡赛的都是专业的选手。群众横渡路线有6 000米，游泳的时候一定要背上游泳圈，因为江中有船与一些暗流，是十分危险的。该活动建议有两到三年的游泳经验的人去参加。每年 4 月底开始报名，报名的时候要进行体检与测试，要求是 10 分钟以内蛙泳游完 400 米才能参加。

进入方队后就要开始为期一个月的培训，在这一个月内的每个周末一共 8 天时间在长江中进行训练。只要你会游泳，有一定的水性，其实这个活动还是比较容易的，因为群众方队不仅仅是比速度，还要比游得整齐。就像国庆阅兵方阵一样，前后左右要对齐，这需要经过训练，相互配合才能达到，因为水流的影响，水中方阵很难维持队形。有浪打过来的时候不要慌，你只需要先潜到水面下后再起来就行了。在正式的渡江比赛开始前有一次试渡。当时不知道咱们武汉大学有自己的方队，我参加的是武汉晚报方队，这个方队里中老年人多一点。当我发现我们方队里还有 60 岁的老人的时候我就在想，他们能游过去，我也一定能游过去的。

最后用一段话与大家共勉。“站在这里看看，会觉得现在下去很可怕，可是真正下去了，也就不觉得可怕了。干任何事情都是这样，只要有勇气去实践，困难也就没什么不可克服的!”天高海阔，自由自在，其乐无穷；紧张的工作之余，游泳可以动筋骨，舒身心，全身得到了放松；磨炼一个人的意志，增强征服大自然的勇气。这就是我今天的报告，谢谢大家!

【互动交流】

主持人：非常感谢唐伟博士今天给我们带来的精彩的报告，从 PPT 中可以看出他花了非常多的精力，把自己的工作整理得很有条理。他为大家讲解了 InSAR 和其在大气水汽中的应用。下面是提问时间。

提问人一：在 InSAR 数据的处理中，去除水汽的影响之后，如何考虑其他的噪声?

唐伟：在以上研究中，噪声是存在的，你可以选择计算这部分噪声，也可以选择忽略。因为去除水汽影响后的噪声的量级非常小，一般是不作考虑的。对于时间序列影像，提取的是高相干点，噪声是比较小的，因为它的散射特性非常稳定。对于单幅干涉图，噪声则必须考虑，因为有失相干的影响，噪声量级会很大。

提问人二：如果地形存在明显的形变，InSAR 数据是否还能用来反演大气水汽？另外，您反演的大气水汽是一个垂直方向的累积值，还是某一高度层的值呢？

唐伟：如果有外部地形形变数据的话，还是可行的。如果没有，则不能。这也是 InSAR 反演大气水汽的限制。

反演的大气水汽是整体累计值，一般水汽都分布在距离地面 14 公里以下。

提问人三：InSAR 能不能做长时序的大气水汽含量监测？另外，气象再分析资料是否同化了 InSAR 数据呢？

唐伟：如果有长时间序列的 SAR 影像，此技术是可以做长时间序列的大气水汽含量研究的，这也是我下一步的工作计划。因为气象变化与水汽含量相关，同时水汽信息是可以同化到天气预报数值模型里，这样就可以进行天气预报相关的研究，进而做城市级的气象变化研究。

现有的气象再分析资料是没有同化 InSAR 数据的。目前，InSAR 反演的水汽数据并未做成产品广泛使用。

提问人四：您用的 InSAR 数据的空间分辨率与时间分辨率是多少？InSAR 数据的两张影像获得的时间差是多少？大气水汽含量(PWV)是垂直方向的累计值，但是 SAR 成像是倾斜方向的，这是导致 PWV 计算不准确的问题吗？

唐伟：空间分辨率是 30 米左右，时间分辨率是一个月左右。InSAR 数据的时间分辨率较低，两景 SAR 数据的间隔与卫星平台有关，从一天到一个多月不等。

倾斜方向的延迟可以通过一个简单的三角函数将其转换到天顶方向，因此其带来的误差并不大。

提问人五：您认为具备怎样的条件才能横渡长江？

唐伟：横渡长江需要一定的水性和泳龄，最好有 2~3 年的泳龄，我自己多年来保持游泳习惯，每周都会去游 2 小时左右。平时保持这样的游泳频率参加横渡长江一般都没有问题。

（主持人：陈必武；摄影：李传勇；录音稿整理：赵雨慧；校对：罗毅、黄雨斯）

2.8　面向干旱监测的多传感器协同方法研究

（张　翔）

摘要：干旱灾害发生频率高、持续时间长且影响范围广，这是多种自然和人文因素共同作用的结果。而当前日益增多的卫星和地面传感器为实现干旱灾害的时空无缝监测和精确评估提供了观测基础。在 GeoScience Café 第 153 期活动中，张翔博士介绍了面向干旱监测的多传感器协同方法研究进展，并重点分析了基于干旱形成过程的累计干旱指数模型及其应用，最后分享了普渡大学的联合培养经历以及读博感悟。

【报告现场】

主持人：同学们晚上好，欢迎大家来到本期的 GeoScience Café 报告现场！今天我们很荣幸地邀请到了武汉大学测绘遥感信息工程国家重点实验室的张翔学长来进行报告交流。张翔学长是武汉大学 2014 级博士生，研究兴趣包括农业遥感与地理空间传感网等，已发表 SCI 检索论文 6 篇，授权国家专利 1 项。读博期间，曾赴世界工科名校普渡大学进行了为期 15 个月的联合培养。此外，学长还获得了研究生国家奖学金、国家公派留学奖学金和协同创新中心学生奖学金等奖项。下面让我们用热烈的掌声欢迎张翔学长为我们带来精彩的报告！

张翔：非常荣幸能收到 GeoScience Café 的邀请，也非常感谢大家来参加我的报告。此刻站在这里我的内心既高兴又紧张：高兴的是我曾经也是 GeoScience Café 的一员，之前要么坐在台下听报告，要么站在一旁做主持，而今天我终于有机会站上台做报告；紧张的是在座的都是我学习的榜样以及一起进步的战友，自己做得还不够好，还请大家多多包涵。

今天我报告的题目是“面向干旱监测的多传感器协同方法研究”，主要分享的是我博士期间的研究工作。具体来说，今天的报告分为 5 个部分：

(1)个人简介；

(2)干旱研究现状；

(3)新型干旱指数 PADI；

(4)普渡大学联合培养经历；

(5)个人感悟。

抛砖引玉，请大家多多批评指教！

1. 个人简介

首先介绍一下我自己。

我本科就读于华中农业大学资源与环境学院，学的是 GIS 专业。随后于 2012 年 9 月进入武汉大学测绘遥感信息工程国家重点实验室开展“1+4”硕博连读。其间有幸受国家留学基金委资助，进入普渡大学开展联合培养，并跟随 Dev Niyogi 教授学习了一些应用气象学的知识。

2. 干旱研究现状

今天报告的主题是干旱。

干旱是一种复杂的极端气象水文事件，代表水分供给不满足需求的一种缺水状态。由于干旱，自然生态、人类生活以及社会经济生产等方方面面经常受到不利影响。据统计，我们所在的信息学部平均每七天就发生一次人为的“干旱”(指停水)，因此，想必我们生活在信息学部的同学们都能意识到干旱研究的重要性。目前，学术界对于它有很多的讨论，如研究干旱形成的机理、发展的趋势、干旱与碳循环之间的关系、干旱对净生产力的影响以及人类活动在干旱形成过程中的作用等。

为了研究干旱，首先我们需要定义干旱并理清干旱、干旱灾害和干旱地区这三个概念。干旱主要是指由于水分收支不平衡所引发缺水的一种状态；而干旱灾害是指这种短暂性的缺水对社会经济、工农业生产以及人类生活等造成了不利影响的一种现象；干旱地区则指的是存在长期性、状态性的干旱气候的一些区域，代表的是一种长期的降雨小于蒸散发的气候状态，一般将年均降水量小于 200 mm 的区域作为衡量是否为干旱区域的一个指标。如图 2.8.1 所示为全球干旱区域的分布图。

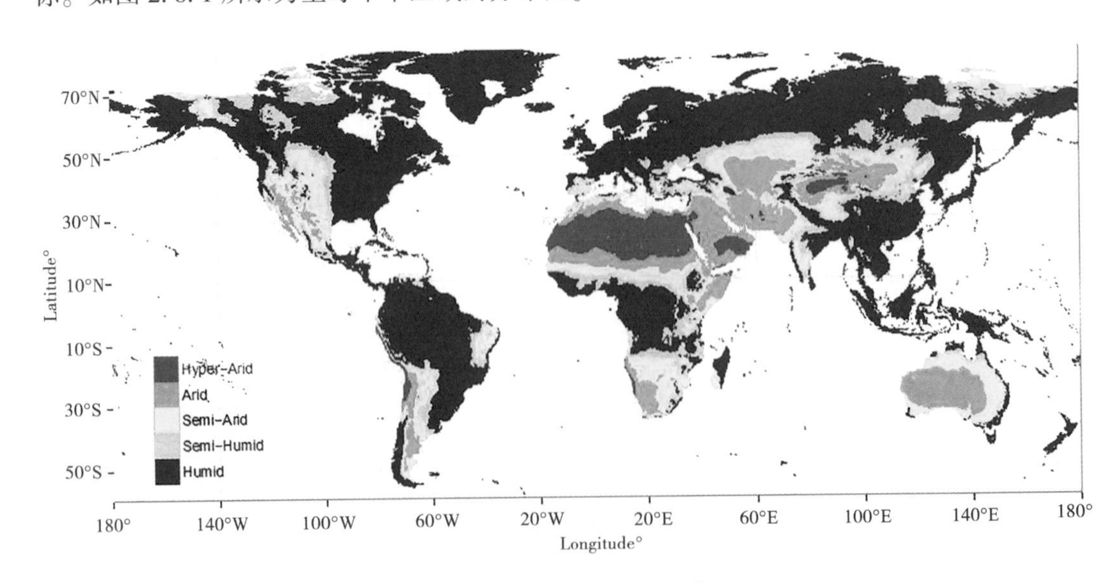

图 2.8.1 全球干旱区域的分布图

总的来说，干旱和干旱地区具有较为明显的差异，前者是指短暂性缺水现象，后者则指常态性缺水地区。干旱可能发生在干旱地区，也可能发生在湿润地区。比如，美国大陆东南部以及中国的长江中下游和珠江流域等都处于降水较充沛的区域，但也经常发生干旱。因此，干旱的发生是不分气候带的。

为了研究干旱，科学家进一步把干旱划分为气象干旱、农业干旱、水文干旱和社会经济干旱四类。气象干旱主要指降雨明显低于历史平均值；农业干旱是指地表农作物因缺水而受到影响的一种状态；水文干旱则指地表径流、水库蓄水以及地下水水位发生明显降低的现象；如果缺水状况发生在农业生产区或城市区域，对人类生活和生产用水造成影响，则定义为社会经济干旱。本研究主要针对较为复杂的农业干旱，因此后续干旱一词如无特殊说明均指农业干旱。从上述分类和定义可以看到，干旱涉及要素多，具有多维度的特征，同时，其发生发展过程也较为复杂。如图 2. 8. 2 所示，干旱灾害主要是降雨量、需水量和地面当前状态共同作用的一个结果。

干旱灾害的发生特点如图 2. 8. 3 所示，它具有持续时间较长、进展隐蔽、发生频率高、影响范围大、影响会持续累积等特点。同时还会受到人类活动的影响，比如人类灌溉会减缓干旱，而人类活动导致的二氧化碳过度排放则引起全球气候异常变化，进而影响干旱的发生。

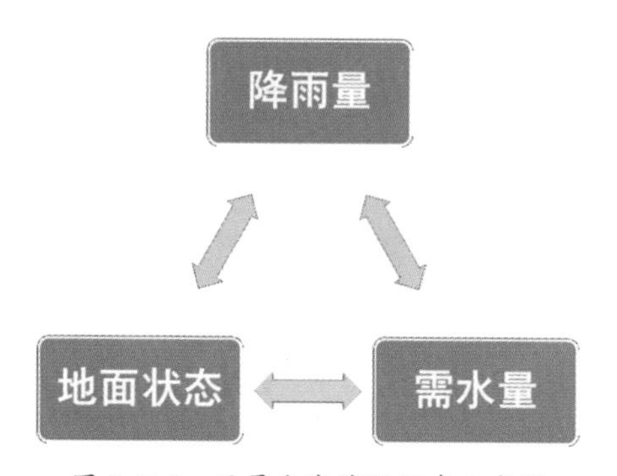

图 2. 8. 2　干旱灾害涉及因素示意图

图 2. 8. 3　干旱灾害特点示意图

既然干旱灾害如此频繁，且自身表现和发展都非常复杂，那如何对干旱进行高效监测和评估呢？目前的干旱监测大多以指数的形式对干旱涉及的一种或多种自然变量进行量化和综合。常用的干旱自然变量如图 2. 8. 4 所示。比如我们可以对降雨量进行量化，可以对蒸散发量进行量化等，也可以把降水和温度等多个干旱变量综合起来进行量化。

为了系统性了解干旱指数，我们对常见的干旱指数进行了分类，如图 2. 8. 5 所示。根据干旱指数中涉及的变量，可以把现有干旱指数分为单因素指数和多因素指数；而根据指数计算过程的复杂性，进一步分为简单干旱指数和复杂干旱指数。各种指数都有各自的提出背景、特点和适用性。据统计，目前科学家已经提出了超过一百五十余种干旱指数。那

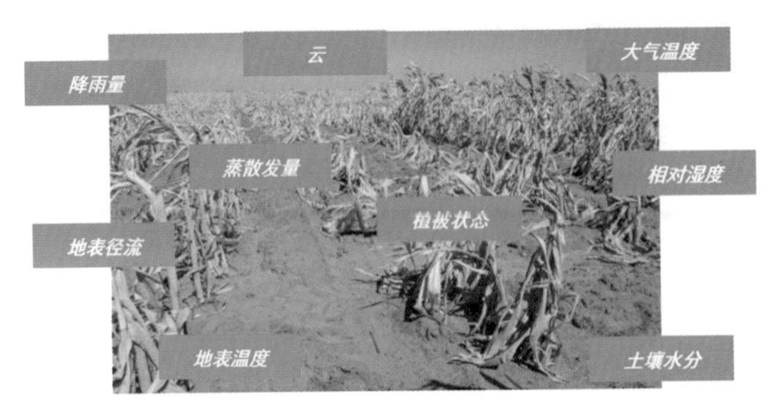

图 2.8.4　干旱变量示意图

么，针对特定的问题场景，如何评价各类干旱指数的优劣，就成为学术界持续探讨的话题，也是本研究试图回答的科学问题之一。

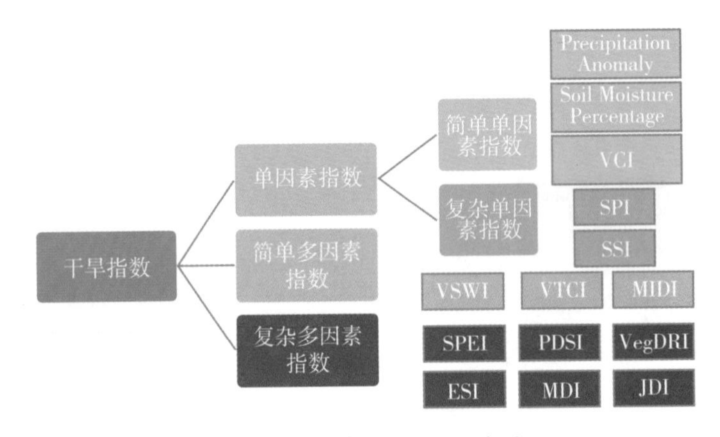

图 2.8.5　现有干旱指数分类图

①单因素干旱指数聚焦于某一种干旱变量，如降水、地表土壤水分、植被状态等。它们的特点是计算较为简单、能够直接清晰地描述单一干旱变量的亏缺程度，然而对于较为复杂的农业干旱，使用单因素指数存在较大的不确定性，而且不够稳定和全面；②简单多因素综合指数考虑了两个或更多的要素，而且以它们之间的差值、比值、百分值或线性组合值进行干旱监测。这类指数计算也相对简单，但仍具有一定的针对性和适用范围；③目前研究最多的是复杂综合干旱指数，它们包含两个及以上的要素，且以水分平衡过程、热量平衡过程、数据挖掘过程或连接函数(Copula)等实现干旱指数的计算。通常认为，这类干旱指数比单因素指数和简单多因素综合指数能够提供更加准确的干旱信息。而存在的不足在于需要特定的融合模型和多个参数，具有较大的计算量和不确定性。基于以上分析，我们也发现，现有的干旱指数没有融入作物的相关信息来参与干旱的评价，这与“干旱是

由降雨量、需水量和地面当前状态共同作用”的基本原理不符。尤其是当前的干旱指数没有从地面作物的生长角度出发评估干旱对作物的累计影响。因此，还迫切需要发展新型的农业干旱指数，实现农业干旱的精确监测。

3. 新型干旱指数 PADI

在现有各种干旱指数研究的基础上，我提出两个问题并尝试给出解决方案：①既然众多干旱指数在进行干旱监测时的结果不一，那干旱指数的效果如何评价？到底哪一个的监测结果更为准确？例如，依据帕尔默干旱指数 PDSI 计算结果判定某地当前为轻度干旱，而 VegDRI 指数的计算结果显示该地为重度干旱，那么哪一个结果是准确的？我们如何来衡量呢？该问题在一般意义上可能没有标准答案，但我的想法是将这个问题细化：对于农业干旱来说，我会将其与作物因干旱减产的相关性作为评价标准。相关性越大，则代表干旱指数的结果与干旱的严重程度越相关，因此其监测效果越好，这种干旱指数也越有价值。②是否还有新的多因素综合指数的构建方法以解决作物状态在当前干旱指数计算中的缺失问题？我的想法是提出基于过程模型的累计干旱指数，也就是说以多传感器协同监测干旱发生发展过程，再结合地面作物生长过程，最终实现对干旱累计影响的评估。这里面同时涉及干旱和作物两方面的过程，因此该想法与现有的模型相比，就有了一个较大的区别。

基于对以上问题的思考，我们团队提出了一种新型农业干旱指数 Process-based Accumulated Drought Index（PADI）。它的核心是基于干旱发展和农作物生长的两个过程，计算累计的干旱严重程度。

如图 2.8.6 所示，左侧描述了干旱的发展过程，可划分为潜伏、开始、发展和消亡四个阶段，每一阶段都有对应的简单干旱指数表征。右侧描述了三个不同时期作物生长的一个状态，这里以小麦为例，根据小麦自身生长过程也可将其划分为如图所示的四个阶段：分蘖期、拔节期、扬花期和灌浆期。小麦生长过程和干旱发展过程相交的时段，我们将其定义为 PADI 指数计算的时间域。因此，只有当地面有作物在生长时，我们探讨农业干旱才有意义，否则根本不存在农业干旱。根据两个过程相交的情况，可以看到计算 PADI 要么从干旱开始期进行评估，要么从作物生长开始评估。而计算的结束则要么是作物生长的结束，要么是干旱开始进入消亡期。

首先具体介绍一下如何利用多传感器协同来定义和获取干旱发展的四个阶段。我的想法来源于学术界熟知的干旱概念图。如图 2.8.7 所示，由于气候异常导致降雨量减少，同时伴随着高温、强风等导致地表水分输入减少而同时地表水蒸发加剧，这些气象环境的变化共同导致土壤水分的亏缺。土壤水分的亏缺进一步使作物生长受到影响，最终造成作物减产。另一方面，由于降水的减少会导致地表径流、地下水位和水库蓄水量减少，进一步增加作物获取水分的难度。所以从时间轴上来看，从气象干旱到农业干旱（又可细分为土壤水分干旱和作物干旱两类）有一个先后发展的过程，我们所做的工作就是将这个干旱发展过程进一步确定和量化。

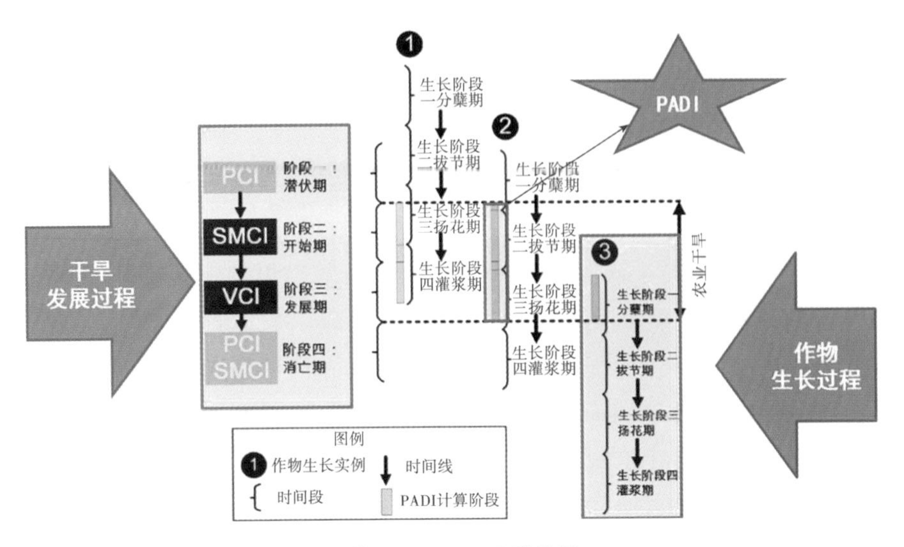

图 2.8.6 PADI 思路图

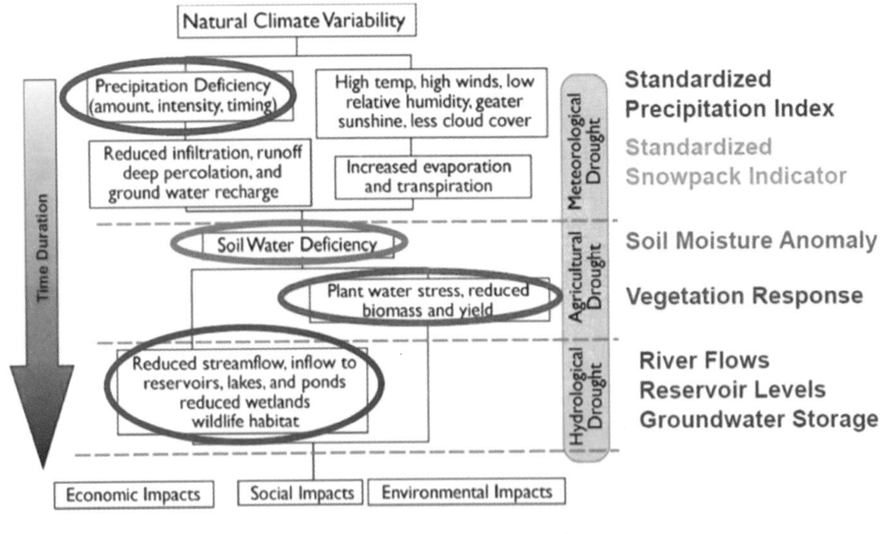

图 2.8.7 干旱发展过程概念图

（图片来源：http://drought.unl.edu/DroughtBasics/TypesofDrought.aspx）

为此，我们提出了基于演化过程的多传感器协同监测方法，即 EPMC（Evolution Process-based Multi-sensor Collaboration）方法，如图 2.8.8 所示。其中的核心是对农业干旱发生过程的阶段性分析。如前所述，从气象干旱开始，降水等水分供给条件和气温等水分蒸散条件的变化导致地表土壤水分发生变化。根据灌溉农业和雨养农业的不同，虽然土壤水分供给不足以支撑作物需水量，这种异常状态出现的时间会有差异，但都会到达这个不平衡的时刻，我们称该时刻为农业干旱的开始期。而前期单纯降水不足时称为农业干旱的潜伏期，这个时期土壤水分尚能满足作物的正常需水。到了第二个阶段，土壤水分供给不足以满足作物正常水分需求，我们称之为农业干旱的开始期。农业干旱进一步发展，植被状态受到明显影响以至于遥感影像上能够监测到，这称为农业干旱的发展期。最后，长时间的充沛降水导致气象干旱的结束，或者由于灌溉的增加，从而土壤水分恢复到正常水平，就称之为农业干旱的消亡期。在这样划分的农业干旱四个时期，我们分别选取相应的典型干旱变量：潜伏期重点关注降雨，开始期关注根区土壤水分，发展期关注植被，而在消亡期则同时关注降水和土壤水分。对应地选择降雨状态指数 PCI(Precipitation Condition Index)、土壤水分状态指数 SMCI(Soil Moisture Condition Index)和植被状态指数 VCI(Vegetation Condition Index)分别描述降水减少状态、土壤水分减少状态以及植被受旱的状态。这里采用的都是单因素的干旱指数。

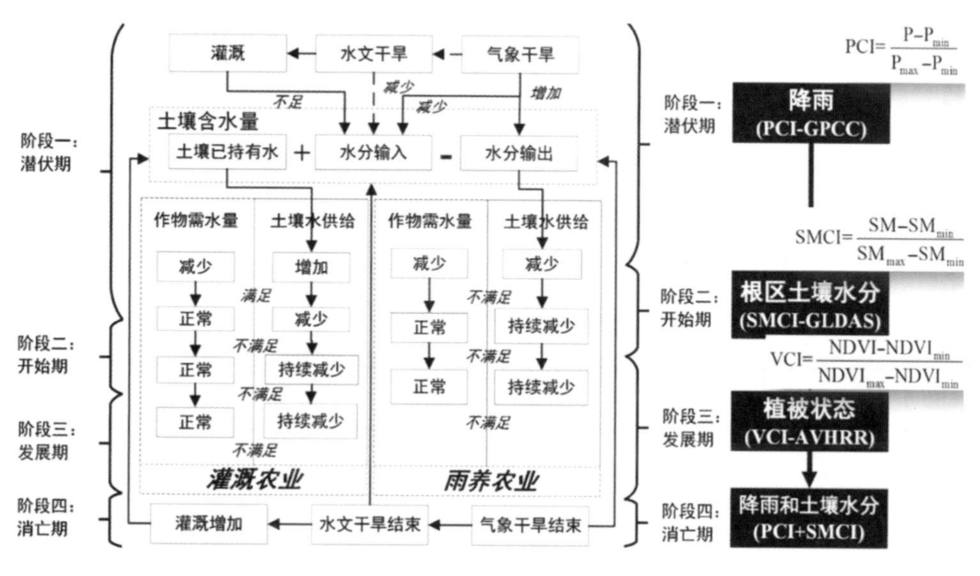

图 2.8.8　EPMC 方法示意图

多传感器协同观测，体现在上述干旱过程监测中采用了多种传感器的数据。降雨数据采用的是德国联邦气象所基于全球降雨地面站数据生成的降雨格网数据(Global Precipitation Climatology Centre data，即 GPCC data)，时间跨度为 30 年；根区土壤水分我们采用的是全球陆表同化数据(Global Land Data Assimilation System version 2，即 GLDAS-2)。需要补充的是方法中采取根区土壤水分而不采取更为常见的地表土壤水分的原因是前者相对稳定，不容易受到短时间内地表蒸散发的影响。植被状态数据则采用 NOAA AVHRR(National Oceanic and Atmosphere Administration Advanced Very High Resolution Radiometer)传感器获取的 VCI 数据。

我们先来看一下基于上述三种数据对于中国湖北省 2011 年干旱过程的监测结果。如图 2.8.9 所示，横轴代表时间；纵轴代表研究区域内降水 PCI 指数、根区土壤湿度 SMCI 指数和植被状态 VCI 指数的均值，对应到图中，依次为蓝色、紫色和绿色；虚线代表划分的阈值，低于阈值则判定为干旱。具体来说，由 2010 年 9 月的 PCI 均值为 0.57 可知，研究区域当月的降雨量比 30 年的历史水平略多。而当月的根区土壤水分也比历史水平要高(SMCI 为 0.64)。同时 VCI 为 0.49，代表地面植被处于轻微的水分胁迫状态，而此时当地小麦还没有播种。在 2010 年 10 月，PCI 降低到 0.30，代表当月的降雨量比较少，进而导致土壤水分的下降。因此，EPMC 判断该月进入农业干旱的潜伏期，尽管当月土壤水分和植被仍处于正常状态。从 10 月到 11 月，更低的降雨量持续存在，意味着土壤水分输入的持续减少。相反的是，土壤水分暂时仍保持较充足的状态，SMCI 值为 0.74，因此可以满足小麦生长需求(VCI 为 0.91)。这表现了自然生态系统和灌溉系统面对降雨量亏缺时的弹性。在 1 月份，平均的 SMCI 值降低到 0.39，代表进入农业干旱演化的第二阶段(开始期)。在 1 月和 2 月中，小麦都在水分胁迫的状态下生长。VCI 因此在 2 月中旬从 0.83 降低到 0.59，代表着第三阶段(发展阶段)的开始。在发展阶段，降雨量持续处于较低的水平，尤其是在 4 月份(PCI 从 0 到 0.27)。然而此阶段中 SMCI 从 0.64 增长到 0.77，然后从 0.74 增长到 0.81。这可能与春天长江上游积雪融化，径流量增大，进而补充了长江平原根区的土壤水分有关。该区域小麦在 5 月中旬收割。而在 6 月，降雨量和土壤水分指数分别为 0.65 和 0.81。因此，此次干旱事件的最后结束阶段是在 6 月份。因此，总体来说，此次干旱从 2011 年 1 月 1 日至 5 月 15 日共影响该研究区域小麦的拔节、扬花和灌浆三个阶段。

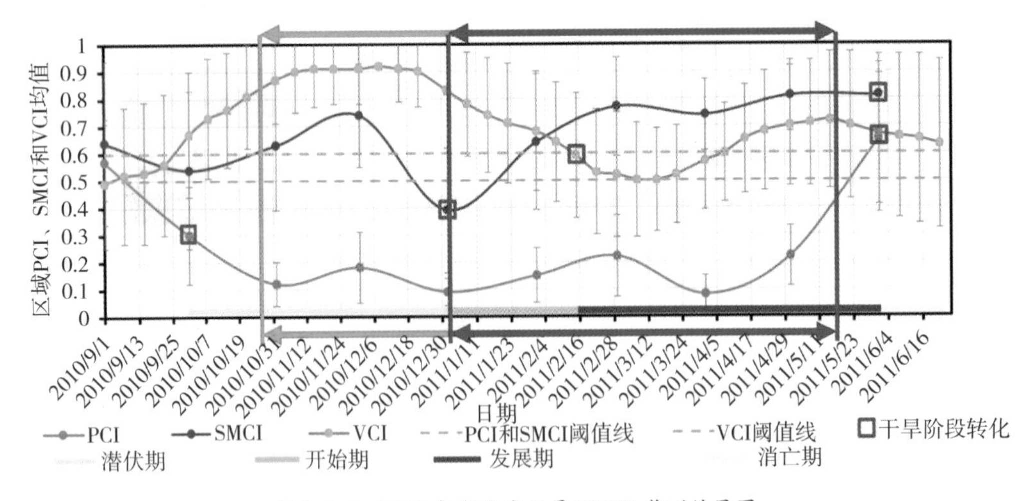

图 2.8.9　2011 年湖北省干旱 EPMC 监测结果图

我们还以美国中西部 2012 年干旱为例，做了更多的实验，这次干旱持续时间更长，从 2011 年到 2013 年。如图 2.8.10 所示，红框所在的节点代表干旱阶段发生变化的时刻。可以看到，从 2011 年到 2013 年，美国中西部的农业干旱从发生、发展到消亡出现了多次，而 EPMC 方法能较为连续地捕捉每一次干旱过程。图中灰色的框代表当年玉米的生长过程和时间。因此，2012 年玉米的生长阶段位于此次农业干旱的开始期和发展期，相对于 2011 年和 2013 年，这一年玉米的产量肯定会受到更多的影响。因此，从以上结果可知，以农业干旱发展过程为基础，我们协同降雨、土壤水分和植被状态，就能够较为完整和连续地描述农业干旱的发生发展过程。

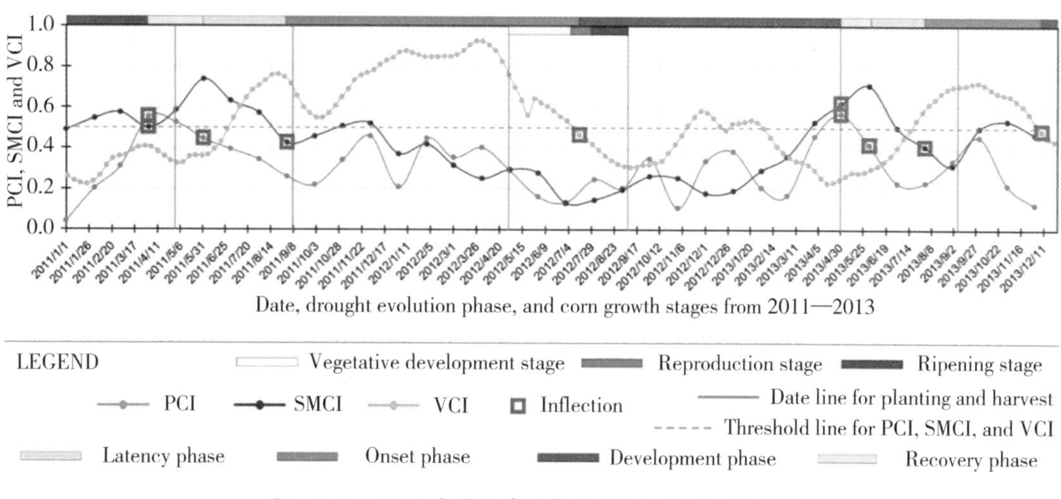

图 2.8.10 2012 年美国中西部干旱 EPMC 监测结果图

另一方面，作物生长过程的数据则来自经验数据、农业统计资料以及美国农业统计服务(National Agricultural Statistics Service，NASS)中的结果。除了当地作物从播种到收割全过程的时间信息之外，还收集了每一生长阶段的作物水分亏缺敏感系数。该系数代表了不同时期的干旱胁迫对作物产量的不同影响。通过划分作物不同生长周期，并依据各个阶段作物对干旱的敏感系数，就有可能得出干旱对于作物最终产量的累计影响。

有了农业干旱发生四个过程的判定方法，并获取了农作物生长阶段，那么农业干旱的累计影响如何度量?

我们提出了如式(1)所示的 PADI 指数计算模型，这个指数的计算时间域为图 2.8.6 中灰色矩形区域代表的时间段。计算的开始时间为作物生长过程中干旱的开始，结束时间为作物生长过程中干旱的结束。具体的计算模型为每周计算一次，当前的 PADI 值等于上周的 PADI 值加上本周的干旱程度增量——因此 PADI 最终得到一个累计的影响。而本周的状态则由本周与干旱开始期相交天数乘以当前作物生长的阶段的缺水敏感系数，再乘以当前土壤水分状态，作为第一部分；本周与干旱发展期相交的天数乘以当前这一周的植被状态，作为第二部分。前两部分相加的和除以理论上最严重干旱时候的 PADI 值，这样就可以把 PADI 值量化到从 0 到 1。PADI 值越高，代表干旱对作物的影响越大，干旱越严重。

$$\mathrm{PADI}_t = \mathrm{PADI}_{t-1} + \frac{\sum_{i=1}^{n}\left[(T \cap S_i \cap p_2)\cdot \lambda_i \cdot (1-\mathrm{SMCI}_i) + (T \cap S_i \cap p_3)\cdot(1-\mathrm{VCI}_t)\right]}{\mathrm{PADI}_{\max}} \tag{1}$$

为了便于理解，我们采用对 PADI 指数均分的方式将干旱划分了 5 个等级。我们来看一下 PADI 评价 2011 年湖北干旱监测结果。先回顾一下图 2.8.9，绿框为小麦生长的时间段，红框为 PADI 值计算的时间域，从干旱开始发生计算，到小麦收割时终止。

最终计算结果如图 2.8.11 所示。每周计算一次 PADI 值，不同深浅的颜色代表不同程度的干旱。如果我们把各个时间段不同等级的干旱所占的百分比进一步分析，如图 2.8.12 所示，可以看到，PADI 表征干旱的发生，从轻度干旱到严重干旱呈现一个渐进的过程；而对比常见的干旱指数 PDSI 的结果，PDSI 的指示效果有时候和 PADI 一致，有时候也出现差异。

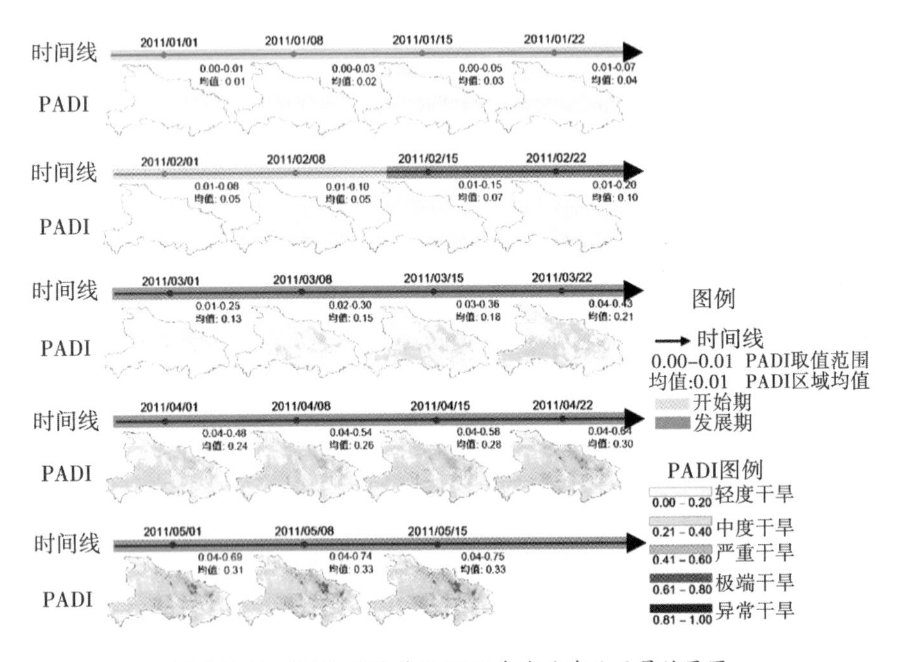

图 2.8.11 PADI 指数监测 2011 年湖北农业干旱结果图

进一步，我们针对美国中西部的干旱监测情况做了 PADI 指数和其他更多干旱指数的对比，其中包括公认的美国干旱监测器(United States Drought Monitor，USDM)、PDSI、VegDRI 以及不同时间尺度的 SPI 指数等，结果如图 2.8.13 所示。可以发现，PADI 表征干旱渐进发展和累计影响的效果比较突出。取得类似效果的还有 USDM 和 VegDRI，但是 SPI 的监测结果不能代表干旱的累计效果。因此，我们的结果和现有模型的结果有较大的区别，这是由于 PADI 在干旱建模时的思路就与现有其他干旱指数模型不同。

类似于图 2.8.12 的做法，我们对不同等级的干旱所占的面积进行分析(图 2.8.14)，可以看到，PADI 监测的干旱依旧呈现一个依次渐进、逐渐深化的过程，和美国干旱监测器的结果较为相似，但其他的指数就没有表现出该特征。

从以上结果我们可以看到，不同干旱指数评价干旱情况会表现出不同的结果。那么它们的监测效果如何进一步评价呢？我们将 PADI 与三个研究区域(湖北、云南和河北)的小

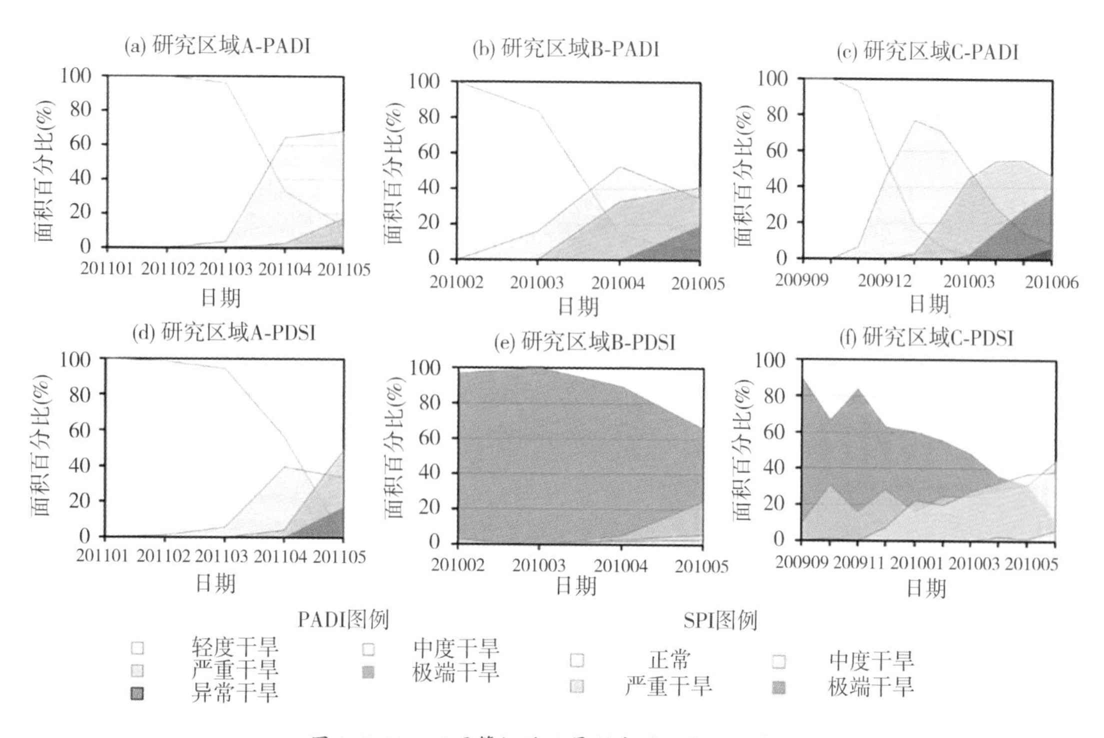

图 2.8.12　不同等级的干旱所占的百分比示意图

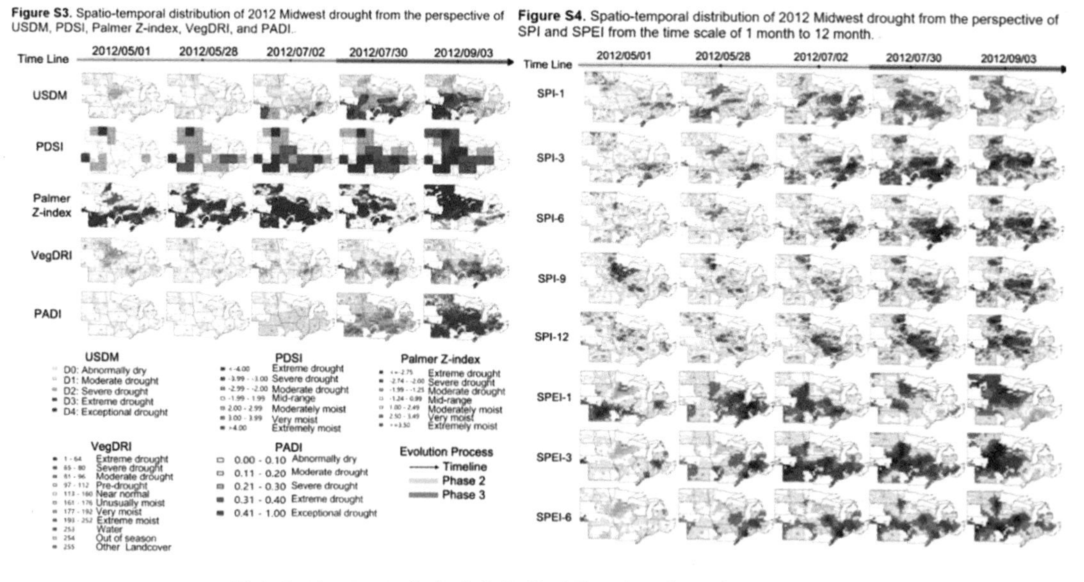

图 2.8.13　PADI 与各种指数监测美国中西部干旱对比结果图

麦因旱减产率做了相关性分析。结果发现，相对于降雨、土壤湿度和植被状态，PADI 与作物的因旱减产率的相关性是最高的。所以我们认为 PADI 的精度更高，更能反映干旱的严重程度，因此效果最好。我们进一步采用更多的数据对干旱指数与美国中西部玉米减产率相关性进行分析。对美国中西部 12 个州的玉米减产率与 PADI 的相关性分析结果如图

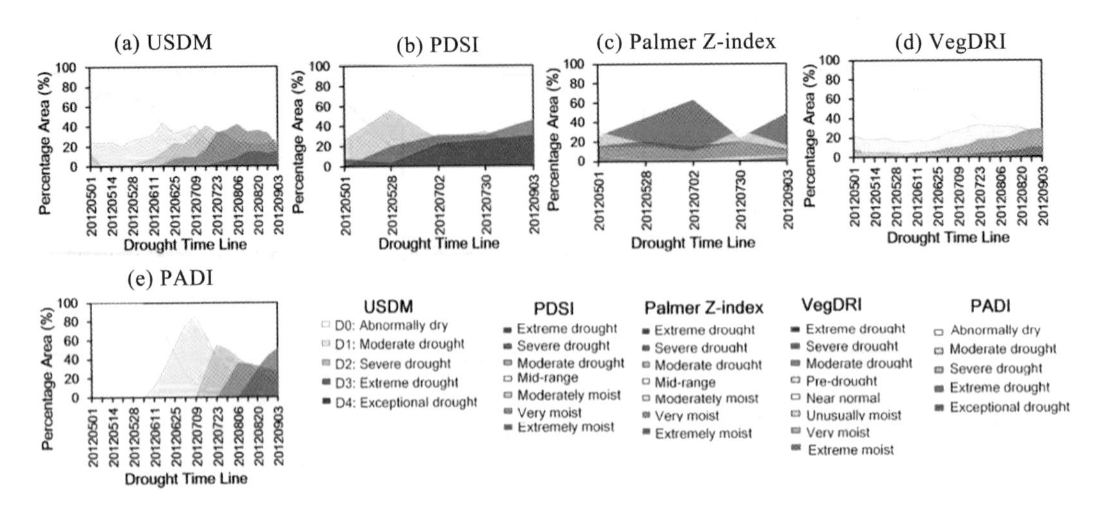

图 2.8.14　PADI 与各种指数监测美国中西部干旱对比结果图

2.8.15 所示。结果也表明，PADI 与作物减产率相关性最高。因此 PADI 的监测结果更能代表农业干旱发生的严重程度。

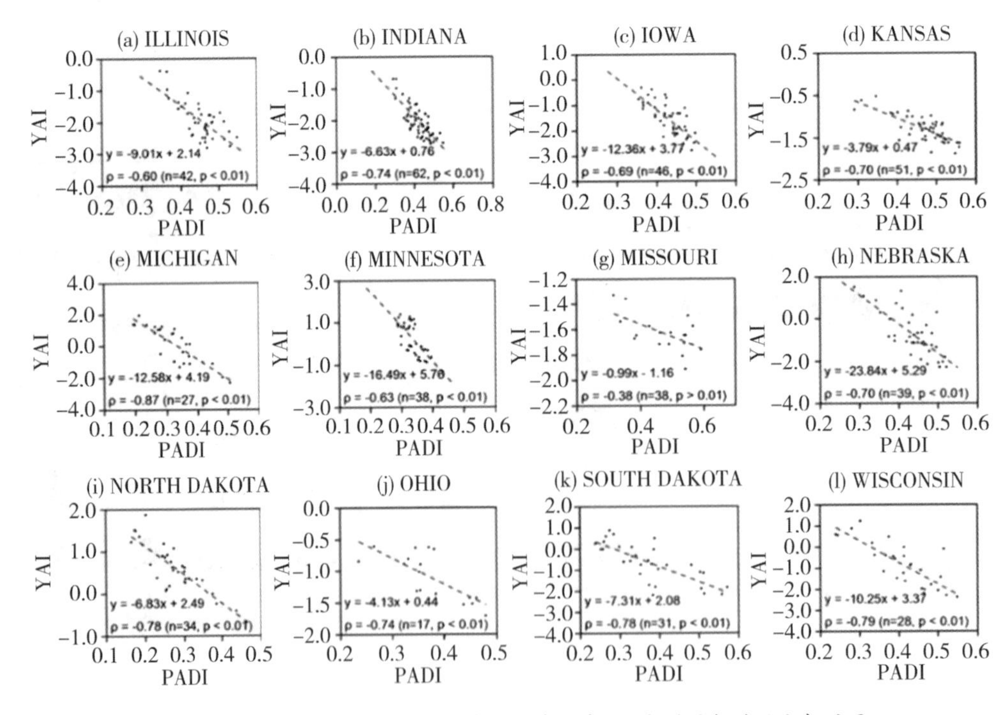

图 2.8.15　PADI 与玉米减产率在美国中西部 12 个州的相关性分析结果

需要说明的是，因为 PADI 指数评估的是干旱的累计影响，所以我们能够进一步得到 PADI 一个较为突出的优势。如图 2.8.16 所示，横轴代表时间，纵轴代表 PADI 与作物减产率的相关性。可以看到，在 2012 年 7 月 30 日，研究区域内的 PADI 指数与玉米减产率的相关性均值已经达到了 0.6 以上，随着干旱的继续发生，PADI 的指示效果也会逐渐上升。因而在干旱结束或者作物收获的前一个月，即 8 月份，我们就可以借助该指数较为精确地预测本次农业干旱对作物产量的影响，这也是 PADI 与现有干旱指数所不同的地方。

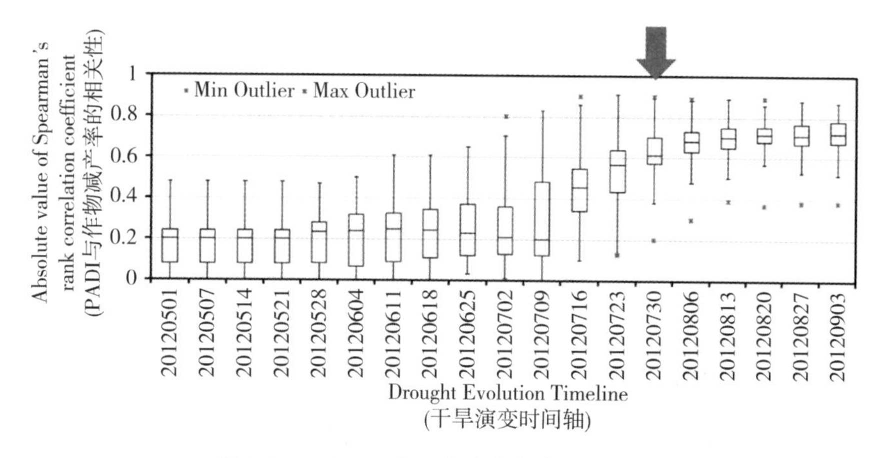

图 2.8.16 PADI 与玉米减产率随时间变化图

最后，我们对 PADI 干旱指数的优缺点做一个总结。它的优点包括：①提出的多传感器协同 EPMC 方法能够划分农业干旱的发生发展的各阶段；②提出的 PADI 方法能够首次评估干旱对农作物产量的累计影响，结果表明，PADI 与减产率的相关性比其他现有指数更高；③PADI 方法表明，在干旱分析时，不仅需要同时考虑多种干旱变量，更需要结合地面作物生长的特性获得更精确的干旱评估结果。而 PADI 的局限性有：①对输入数据的要求较高，例如它需要同时输入三种数据，且时间跨度要尽可能长；②只能应用于长期且完整发展的干旱事件。因为实验中采取的多源数据时间分辨率为一个月的居多，如果干旱的发生是在一两个月内完成的，那么使用该指数就不能划分这种快速发生的干旱事件；③采用的 PCI/SMCI/VCI 稳定性一般，因为它们采用的是线性模型；④PADI 模型的构建较主观，缺乏更科学的数理模型支撑。从前面的讲述可以看出，PADI 主要是一个累加的过程，而不是通过如地表水平衡或蒸散发等模型推导得到的。

4. 普渡联培经历

介绍完我的科研经历之后，我想跟大家分享一下我去普渡大学的所见所闻。

提到普渡，我们要提到三个人：第一个是普渡本人(图 2.8.17)，由于他捐赠的 15 万美金，才有了这个学校；第二个是第一个踏上月球的阿姆斯特朗(图 2.8.18)，他是普渡大学的知名校友；第三个就是我国“两弹元勋”之一的邓稼先(图 2.8.19)，他在 1950 年获得普渡大学物理学博士学位，年仅 26 岁。在获得博士学位后第九天就决定回国参与新中国建设。普渡的吉祥物则是一个烧热水的锅炉工(图 2.8.20)，因此我们都称自己为“Boiler Maker”。普渡大学和印第安纳州立大学(University of Indiana，UI)是“死对头”(类似于武大和华科的关系)，所以和他们进行橄榄球赛时，我们通常会喊“Boiler Up !!! UI Sucks !!!”，给我们自己的队伍加油。

我在普渡联培时的外导是在农学院和地球、大气以及行星科学学院任职的 Dev S Niyogi 教授，他是印第安纳州的气象办公室主任，是一个印度人。大家谈到印度人，脑袋里肯定有几个印象：第一是扒火车；第二是吃饭用手抓；第三是生活比较随性——经常打赤脚或者只穿拖鞋，时间观念也不强。说实话，扒火车我倒没见过，但是用手吃饭的现象确实存在。但其实在这个印度教授的小组里工作最大的困难还不是上面这些，而是他们的英语口音。因为教授是印度人，所以小组内有将近一半的学生来自印度，在适应印度人的英语发音过程中我遇到一些困难，尽管在那里待了一年多，我觉得自己还是不能完全适应印度英语，也可能和自己的英语水平有关。

图 2.8.17 张翔与慈善家普渡雕像的合影

After reaching the moon, Neil Armstrong ('55) once said;

one small step for man... one giant leap for mankind

图 2.8.18 普渡知名校友——阿姆斯特朗

邓稼先. 1950年8月20日 摄于美国. 普渡大学
获博士学位 Purdue University

图 2.8.19 普渡知名校友——邓稼先

图 2.8.20 普渡吉祥物

在普渡联培期间，住的地方是我自己租的。我当时和其他国内一起去联培的小伙伴一起租的校外公寓。如图 2.8.21 和图 2.8.22 分别是室内外的公寓环境。小区内有棋牌室、健身房等设施。

图 2.8.21　公寓室外环境

图 2.8.22　公寓室内环境

在交通方面，由于国外的公共交通不是很发达，为了解决个人的出行问题，刚到那边的时候我买了一辆自行车，后来就换成了一辆小的“六手车”，这期间还有过因为自己车开得太快而收到罚单的经历。

在国外，还面临的一个很大的问题就是吃饭。刚去第一天我们是在一家做越南菜的餐厅吃的(图 2.8.23)，后面也经常去当地华人开的中餐厅。因为普渡大学也是美国招收国际生第二多的学校，中国籍学生大概有4 000余人。除了中餐馆之外，还有一些日本餐馆和韩国餐馆，做得都比较适合我们的口味。但是去外面吃都比较贵，因此我们大多数时间都自己做饭吃。

刚开始也不太会做，所以做得就差一点，仅仅能填饱肚子。后来随着做菜的次数越来越多，自我感觉厨艺也得到了很大的提升(图 2.8.24)。并且我和室友经常变着法做，相互交流做菜心得。最后觉得自己做菜做得特别好吃，炒菜、蒸菜和卤菜样样在行的时候，有一天不知道看到了谁在网上发的毕业聚餐吃烧烤的照片，我和室友都哭了，大家一致认为还是国内的烧烤好吃，离开中国太久了，特别想念。

图 2.8.23　一家越南餐厅

图 2.8.24　自我厨艺展示

普渡大学的自然环境也很好，它在一个村子里面，周围都是农田，空气质量也很好(图 2.8.25)。另外，它靠近芝加哥和五大湖，因此风也比较大，没有什么雾霾。总体来说，整个村子里面很干净，绿化也比较好，适合安心学习。我也经常跑到田里去，假装自己是农场主(图 2.8.26)。值得一提的是，普渡大学是全美第一个拥有自己机场的高校，每天在学校都会遇到头顶呼啸而过的小飞机。因为普渡的中国人有很多，所以那边也有孔子学院，孔子学院的人会负责宣传中国文化，也会帮我们做一些翻译驾照之类的事情。另外，春节的时候也会有联欢晚会(图 2.8.27)，会看到一些外国人来舞狮子(图 2.8.28)，毫无违和感。

图 2.8.25　普渡大学校园

图 2.8.26　在普渡大学与周边玉米地合照

图 2.8.27　普渡大学孔子学院新春招待会

图 2.8.28　孔子学院新春舞狮子

另外，在美国留学还需要掌握省钱的“门道”。而最直接的省钱门道就是争取获得各种各样的优惠(Coupon)。比如说你新开一张银行卡之后，要是达到某种优惠条件，就会奖励你 300 美金，直接打到你的银行储蓄卡上。但是你没有优惠码的话可能就不能参与这个活动享受福利，而购买这个优惠码只需要几美金。生活中买电脑、办电话卡和买菜一般都有这种优惠。那么省下来的钱我们可以干吗呢？当然是用来购物和旅游。

以上扯得有点远了，下面介绍一下国外的科研生活。图 2.8.29 是我们开小组会的状态，一般是我们带着吃的，我们一边吃，老师一边讲，大家讨论的氛围也比较轻松。有时候外导也会邀请我们去他家，穿上印度服饰然后给我们做好吃的(图 2.8.30)。日常工作的环境和我们国内差不多，只是他们一般是小办公室，而不是我们常见的大机房，老师一般也和我们一起办公(图 2. 8. 31)。另外，在普渡时，我跟随外导学习了很多气象学方面的知识。图 2. 8. 32 是导师帮忙修改论文的情况，可以看到导师是逐字逐句修改，改得很仔细。但是有一个问题就是，导师喜欢把论文打印出来在上面写字，而他写的字很难辨认，大家能否看懂我图中截取的这句话？因此，他修改完之后我要认半天。导师经常说，他就是给我们“打工的”，我们才是老板，让他“干活”。除此之外，系里面还会组织一些学术交流活动，主要是一些学术活动。但是他们这种都是自上而下的活动，不像我们 Café 是自下而上的活动。

图 2. 8. 29　小组会

图 2. 8. 30　外导为我们做的“大餐”

图 2. 8. 31　办公室环境

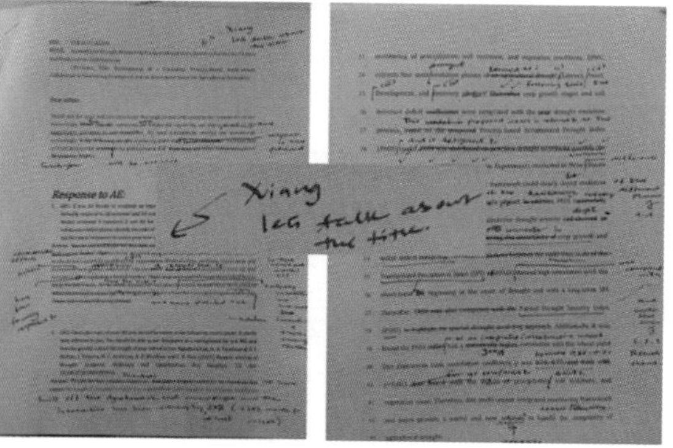

图 2. 8. 32　外导帮忙修改论文手稿

最后，我觉得在普渡大学的每个人对普渡的认同感都比较强。比如说，汽车的车牌，多加一个普渡的标志“P”，那么每年就要多交几十美金，但仍然有很多人愿意购买这样的普渡车牌，彰显自己普渡人的身份。还有一些带有普渡标志的纪念品出售。我也买了一个印有普渡标志的帽子。购买上述这些产品都相当于在给学校捐款。

5. 个人感悟

下面想谈一下这些年来我读博的一些感悟。

第一个就是要理性选择读博。一方面因为读博需要的时间较长，至少 3 年，另一方面探索未知需要勇气和耐心。我开始总结了很多有利于读博和不利于读博的因素，最后被我删减到只剩下核心的两条，如图 2.8.33 所示：做科研是否快乐以及是否有一个好的团队，即自己是否想读博以及小组内是否有好的研究氛围。读博无小事，我想刚进入实验室的同学都需要理性选择读博。

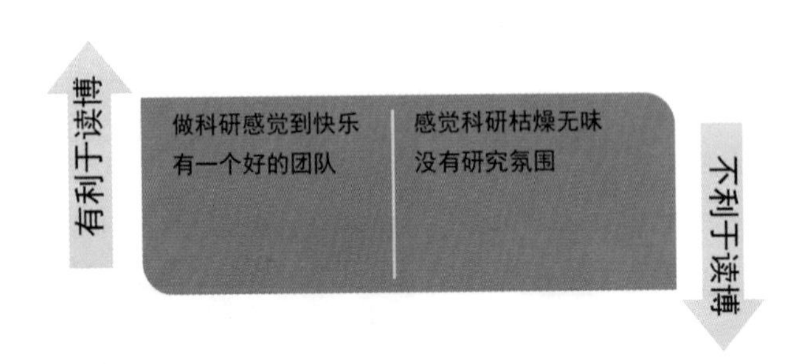

图 2.8.33 是否有利于读博的影响因素

对于做科研的方式，是"多处掘井"还是"深处掘井"呢？我倾向于后者。首先，选择一个能够持续发展的研究方向，眼光放长远但是具体的路要一步步走。其次，保持一个良好的心态也很重要，有自己的兴趣爱好能够排解压力。最后，自己的科研效率也要保持在一个比较高的水准，尽量避免较大的波动。

具体到科研工作，Café 有很多大牛作过很多非常好的报告，我也从中受益匪浅。我举一个例子：图的清晰和美观。如图 2.8.34 是我从别人论文里截出来的几张图。综合评价这几张图，它们都比较清晰，配色也很好，表达意思也很明确。所以大家平时看高水平论文的时候可以适当模仿一下作图。另外，我们还需要掌握常用的一些分析方法和工具，这同时也是我一直在学习的。比如：描述统计、假设检验、回归分析、相关性分析、聚类分析、主成分分析、因子分析、时间序列分析、蒙特卡罗模拟等。而熟练掌握常用的工具如 Matlab、Python 和 R 等也是非常重要的。因为这些对于做科研的人来讲，不管哪个领域，都可能用得着，都是一些基本的方法和工具。为此，我自己也列了一些小问题，不知道大家有没有将他们搞清楚：

(1) R^2 和 r 有什么区别？

(2) Pearson 相关系数、Spearman 相关系数、Kendall 相关系数的区别是什么？

(3) 正态分布检验的方法有哪些？

(4) 原始数据如何标准化？

(5) 如何评价聚类结果的好坏？

(6) 因子分析的假设前提是什么？

这些问题看似很基础，但我觉得却是必须要掌握的。

再一个，就是我于读博期间看到的一个案例(图 2.8.35)，说的是一名博士生不慎丢失了双肩包内的电脑，他发帖重金赎回自己的博士毕业论文资料。针对这个案例，我觉得

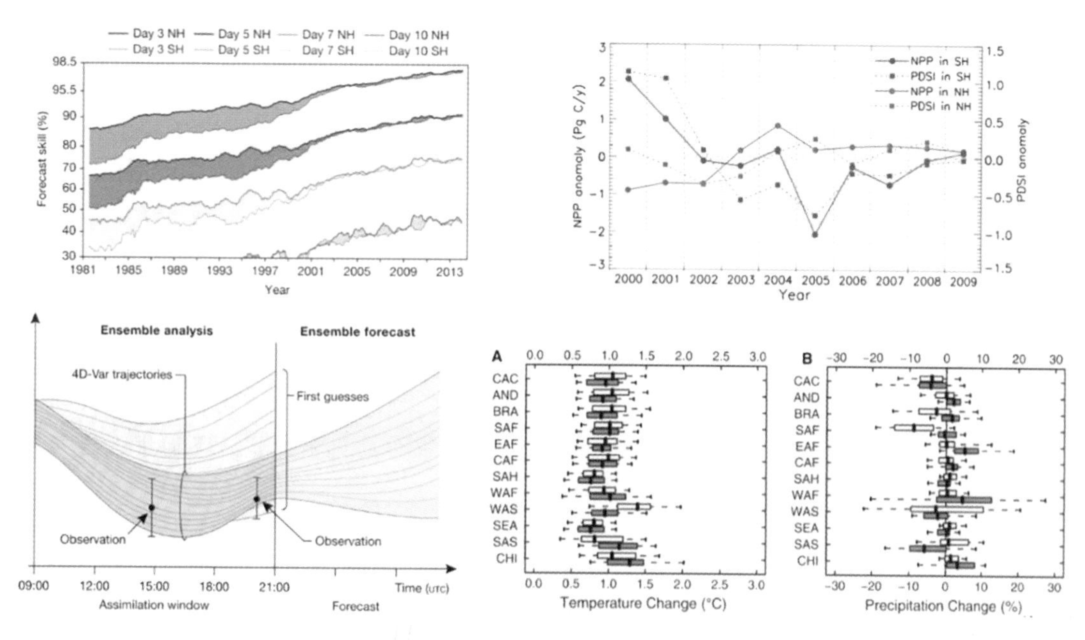

图 2.8.34 高水平论文插图例子

我们自己在读博期间要使用异地备份的策略，如使用云同步服务、自建 NAS 或采用多块硬盘手动备份等方法，以避免这种事情的发生。

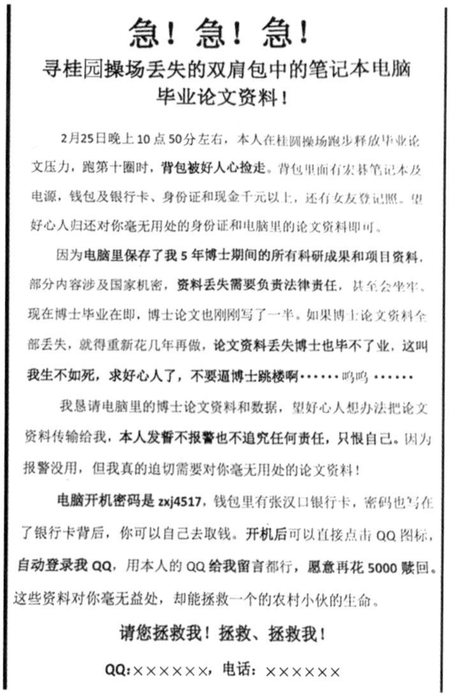

急！急！急！

寻桂园操场丢失的双肩包中的笔记本电脑毕业论文资料！

2月25日晚上10点50分左右，本人在桂园操场跑步释放毕业论文压力，跑第十圈时，**背包被好人心捡走**。背包里面有宏碁笔记本及电源，钱包及银行卡、身份证和现金千元以上，还有女友登记照。望好心人归还对你毫无用处的身份证和电脑里的论文资料即可。

因为**电脑里保存了我5年博士期间的所有科研成果和项目资料**，部分内容涉及国家机密，**资料丢失需要负责法律责任**，甚至会坐牢。现在博士毕业在即，博士论文也刚刚写了一半。如果博士论文资料全部丢失，就得重新花几年再做，**论文资料丢失博士也毕不了业，这叫我生不如死，求好心人了，不要逼博士跳楼啊……**呜呜……

我恳请电脑里的博士论文资料和数据，望好心人想办法把论文资料传输给我，**本人发誓不报警也不追究任何责任，只恨自己**。因为报警没用，但我真的迫切需要对你毫无用处的论文资料！

电脑开机密码是zxj4517，钱包里有张汉口银行卡，密码也写在了银行卡背后，你可以自己去取钱。**开机后**可以直接点击QQ图标，**自动登录我QQ**，用本人的QQ**给我留言**都行，**愿意再花5000赎回**。这些资料对你毫无益处，却能拯救一个的农村小伙的生命。

请您拯救我！拯救、拯救我！

QQ:××××××，**电话：**××××××

图 2.8.35 博士丢失论文资料案例

最后，我想以一句话作为今天报告的结尾："这是最好的时代——地球平坦得像一张纸，智慧共享的壁垒被打破，知识以超乎想象的速度在更新和蔓延；这是最坏的时代——全球化的浪潮把人群堆成了金字塔，每个人往上走都步履维艰，纵使你拥有满腹才华。"我也希望大家能在这最好的时代风雨兼程，一往无前，走向自己人生的金字塔顶！

谢谢大家，请批评指正！

【互动交流】

主持人：谢谢张翔学长的精彩报告！学长从现有干旱监测指数的不足之处入手，为我们详细阐述了其提出的PADI指数模型及应用，给我们带来了许多启发与思考；此外学长还分享了在普渡大学的联培历程，唤起了我们对海外求学的无限憧憬。下面进入提问环节，欢迎大家和张翔学长多多交流！

提问人一：我有两个问题想请教：①你提出一种新的干旱指数，最初的想法是怎么来的？②你在定义PADI指数的计算公式时是怎样考虑的？

张翔：对于第一个问题，我的最初想法来自两方面。第一个方面是现有的干旱指数都是描述当前状态，阶段性地刷新观测结果，没有考虑历史的累计影响。而我们课题组又在重点研究基于过程的协同观测。我想既然干旱有这个过程，那么就有必要将其细化到每个阶段，且在每个阶段选取一个最合适的干旱指数来定义它的发展过程。并且现有的指数也很少考虑作物生长过程。第二个方面是我们小组也在做多传感器协同，这也促使我不以单一的变量作为研究对象。第二个问题，在构建指数的时候，因为它是累计干旱指数，所以要将当前的评价结果加上历史累计评价结果。而当前的评价结果还要考虑干旱发展到哪个阶段，该阶段对于作物影响的敏感度是多少，该阶段持续时间有多少等问题，即把当前的评价也进行了细化。

提问人二：你提到多传感器协同观测，所以想请问一下在处理多传感器数据时，面对不同的时间分辨率以及空间分辨率数据，是怎么处理的？

张翔：时间分辨率不一致的问题确实存在，实验中所采取的降雨和根区土壤水分数据以月为单位，而植被数据以周为单位，同时空间分辨率也不一致。因此，我在计算中，时间分辨率没有做改变，而针对空间分辨率不一致的问题，我的处理方法是进行重采样，将空间分辨率统一。

提问人三：你博士期间已经发表了6篇SCI，而且都是较好的期刊，所以想请问一下在学术论文写作方面有什么好的建议？

张翔：谢谢你的问题。读研期间我在Café听过很多学术报告、论文写作报告和读博经验分享报告等，包括李德仁老师、毛飞跃老师、钟燕飞老师、胡楚丽老师和冯如意老师等，他们的宝贵经验让我获益匪浅。大家可以去阅读Café整理的《我的科研故事（第二卷)》一书，应该会有很多收获。从我自己的观点来讲，要写好学术论文我认为有以下几个重要的点：①立意，就是你要做什么，这个可能决定文章所能达到的高度；②实验的细节、讨论的设计和“八股文”的结构要掌握清楚；③论文的图表要清晰、专业；④对于刚开始做科研的同学，建议从一个相对小而具体的问题出发，可能会更容易入门。

提问人四：你在报告中提到单因素干旱指数和多因素干旱指数，想请问一下你，是不是复杂的多因素研究比单因素更好，哪一条路对以后的研究会更适合一些？

张翔：单因素研究和多因素研究，我认为不仅不是矛盾的，而且会长期并存。单因素指数的优势是比较直接，描述某一种干旱的变化会清晰有效，很多国家和机构做干旱目前也是从这方面入手的；而综合干旱指数包含的信息更多，大多数情况下与干旱导致的影响相关性更强，目前学术界比较关注。所以这两种方法各有优势，不应该是对立的。

（主持人：王银；摄影：赵欣、马宏亮；摄像：许殊；录音稿整理：马宏亮；校对：陈易森、沈高云、张翔）

2.9 从 RocksDB 到 NewSQL
——商业数据库的发展趋势

（王德浩）

摘要：随着互联网时代的到来，数据呈爆炸式增长，数据存储面临巨大挑战。各大互联网公司业务场景愈加复杂，数据库技术发展迅速，工程师们不再将眼光局限于 Oracle、MySQL、MongoDB 等耳熟能详的数据库上。本期嘉宾从原理和架构上介绍了最近大火的 Facebook 开源嵌入式 K-V 数据库引擎 RocksDB，并从 NewSQL 的概念切入，分析商用数据库技术的发展趋势，最后还与听众互动交流，分享求职经验及阿里巴巴实习经历。

【报告现场】

主持人：欢迎大家来到 GeoScience Café 第 160 期的活动现场，今天我们很荣幸地邀请到了王德浩师兄。王德浩是测绘遥感信息工程国家重点实验室的 2014 级硕士，对 RocksDB 与 MongoDB 源码有较深入的研究。他在阿里巴巴数据库团队实习期间，定位并修复了一个 RocksDB 深层次的 bug，提交给 Facebook 官方，同时为 RocksJava 增加了 singleDelete 接口。下面让我们以热烈的掌声欢迎王德浩为我们带来今天的精彩报告。

王德浩：首先非常感谢大家今天来听我的报告，也很荣幸能被 GeoScience Café 邀请过来给大家做报告。今天来了很多熟人，大家可以随意一点。如果我有讲的不对的地方可以立即指出，如果有不懂的地方你们也可以随时打断提问。

我今天报告的题目是："从 RocksDB 到 NewSQL——商业数据库的发展趋势"。RocksDB 是我实习期间主要研究的数据库，所以今天报告的主要内容是 RocksDB。NewSQL 只是在最后提一下它的概念，因为它是比较新的东西，可能大家还没有接触过。最后大家提问题也可以不局限于数据库方面。

今天的报告可能和 GeoScience Café 以往的报告不太一样，因为之前可能是一些师兄师姐分享他们的科研成果，这次我是纯技术的分享。数据库在大家平时做科研或项目中会用到，在选择的时候可能大家局限于 MySQL、Oracle 等，但其实数据库的产品非常多。大家听了我的报告如果有所启发，说不定以后在做项目时会用到 RocksDB 或者其他数据库，可能有更好的效果。

本次报告分四个部分。第一部分是 RocksDB 的基本概念；第二部分详解 RocksDB 架构；第三部分，作为存储引擎，比较 RocksDB 与 InnoDB 的优劣势；第四部分对 NewSQL

以 TiDB 为例进行简要的介绍。我为什么把 NewSQL 放在这里呢，是因为现在很多 NewSQL 系统的底层用的是 RocksDB 或者存储引擎，两者之间存在一些联系。

什么是 RocksDB 呢？我这里罗列了几个特点。第一，它是一个由 Facebook 开发的开源 K-V 存储引擎，它根据 Google BigTable 团队开发的 LevelDB 改进得到。第二，它是一个基于 LSM-Tree 的嵌入式数据库。什么是嵌入式数据库？嵌入式数据库有别于服务式数据库，我们平时用的 MongoDB、Oracle、MySQL 等，需要先开一个进程作为服务，然后通过网络进行访问。而嵌入式数据库则是直接在应用中调用数据库提供的 API 进行数据访问，不需要经过网络。最著名的、被使用最多的嵌入式数据库是 SQLite，如果做过安卓开发的话就会听过这个，它对 Flash 存储，即 SSD 很友好，也可用于内存或磁盘的存储，本质上是一个 C++的库，也支持 Java 和 Python。

RocksDB 即是这样一个数据库，图 2.9.1 是 RocksDB API 的展示。因为 RocksDB 是 K-V 存储，所以它的 API 是有限的，大概有这么几个，包括插入、查询、删除、遍历、多写集成、事务等操作。通过代码示例(图 2.9.2)，我们可以更清楚地认识到什么是嵌入式数据库。它利用 DB::Open 打开文件夹，也就是说这个数据库此时是文件夹下的文件，不需要专门启动服务，就像打开文件一样打开它就可以。这就是嵌入式数据库，和操作文件其实很像。

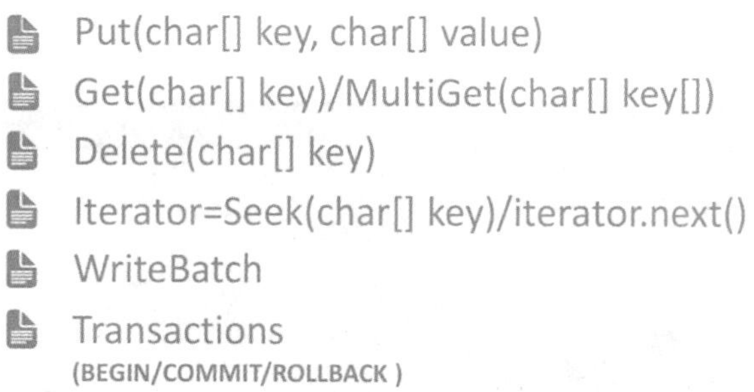

- Put(char[] key, char[] value)
- Get(char[] key)/MultiGet(char[] key[])
- Delete(char[] key)
- Iterator=Seek(char[] key)/iterator.next()
- WriteBatch
- Transactions
  (BEGIN/COMMIT/ROLLBACK)

图 2.9.1 RocksDB API 示例

图 2.9.2 是一个写操作的例子，WriteBatch 可以把一个 delete 操作和一个 put 操作合成到一起然后执行。RocksDB 中的事务也是通过 WriteBatch 来实现的。

接下来举几个简单的 RocksDB 应用场景例子。①领英(LinkedIn)的 PC 客户端就是用的 RocksDB 管理本地消息。因为 RocksDB 在很多情况下都是用作客户端信息的缓存，提供一个接口以供访问。②服务器也能利用 RocksDB 进行本地缓存。很多数据库或者服务器会用 redis 等内存数据库来做缓存，RocksDB 也可以做，而且不用启动服务，操作更加方便，并且它能在内存有限的情况下提供较好的写入和查询性能，支持持久化。③服务器间的消息中转，这个和第二个应用有点像。因为很多消息在服务器之前传递，有时我们需要在服务器中存储一些消息，这时该怎么办呢？我们可以用 RocksDB，比存在文件中再查询要方便快捷很多，因为只需要 Put、Get、Delete 等几个简单的接口就可

```
#include "rocksdb/db.h"
rocksdb::DB* db;
rocksdb::Options options;

rocksdb::Status status = rocksdb::DB::Open(options,
"/tmp/testdb", &db)

std::string value;
rocksdb::Status s = db-> Get(rocksdb:: ReadOptions() , key1,
&value) ;
 if (s.ok())
 {
     rocksdb::WriteBatch batch;
     batch.Delete(key1);
     batch.Put(key2, value);
     s = db->Write(rocksdb::WriteOptions(), &batch);
 }
 delete db;
```

图 2.9.2　RocksDB 代码示例

以操作数据，比操作文件更简单、更迅捷。④在很多场景下，可以直接利用 RocksDB 替代写文件。

为什么我们要使用嵌入式数据库而不是大家常用的数据库呢？大家看图 2.9.3。

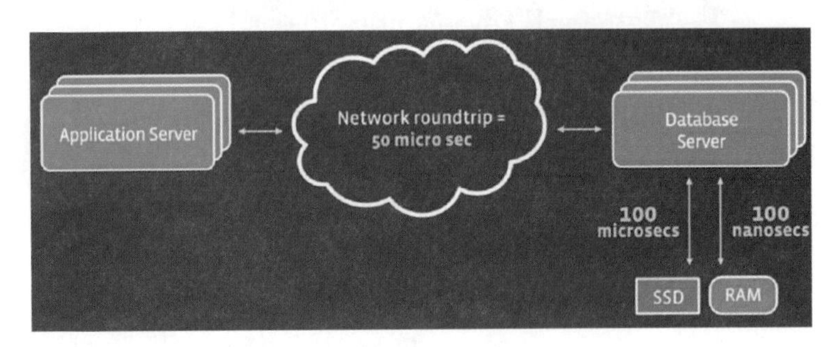

图 2.9.3　访问数据库操作耗时示意图

图中讲的是一个应用在访问数据库时一些操作所耗费的时间。除了访问磁盘比较费时间以外，对于一般数据库，例如 MongoDB、Oracle、MySQL 等，都需要通过网络协议来调取数据，这个过程会耗费很长时间。在存储量小而且只有单一客户端应用的情况下，其实没必要用这么大的数据库。如果使用 RocksDB，就相当于把网络这一层屏蔽了，因为嵌入式数据库是嵌入在程序里面的，数据也是存在本地的，所以就把网络这一层的时延给消除了，这样性能上会好很多。

但是，它也不是万能的，在很多场景下也是无法应用的。比如淘宝，我们每个人都在网站上买东西，总不能每个人的应用程序上都嵌入一个数据库吧，它肯定需要一个综合的大数据库集群，如 MySQL 集群，RocksDB 在这种情况下就不合适了。但对于小型应用，需要写到本地的那种，我们就不需要在一个服务器上提供数据的存储，用 RocksDB 这样嵌入式的就可以了。

那么 RocksDB 是不是只能运用于这样的应用呢？并不是的。RocksDB 也可以作为存储引擎，嵌入到 MySQL、Yahoo Sherpa、MongoDB 等能够提供服务的数据库中。嵌入是什么意思呢？我们知道，从 MySQL 开始，数据库它是一个高度分层的结构，上层有提供服务的 server 层，下层也有专门管理数据的存储引擎层。我们现在用的 MySQL，基本都是默认 InnoDB 作为存储引擎。但其实 MySQL 有非常多的存储引擎，Facebook 尝试将 RocksDB 作为存储引擎嵌入到 MySQL 中（即 Facebook MyRocks）。如果把存储引擎换成 RocksDB，用户就可以像使用 MySQL 那样使用 RocksDB，享受它带来的一些好的性能。

RocksDB 和传统的数据库引擎到底有什么不同呢？接下来我讲一下它的架构。

首先，什么是 LSM-Tree（Log Structure Merge Tree）？它的结构如图 2.9.4 所示。现在大部分的数据库是基于 B+树的，这个大家应该都有所耳闻。那么 LSM-Tree 又是一个什么样的结构呢？图 2.9.4 取自 LSM-Tree 原始论文，它不是一个单一的数据结构。在我的理解中，它是一个分层的架构。这是一个最简单的 LSM-Tree 结构，首先它的内存里面有一部分，然后在磁盘中也有一部分，这样就分成了两层。但实际上它可以分很多层，比如内存里面有一层，SSD 里几层，硬盘里几层。首先，我对数据的任何操作都是写在内存中的，比如插入、删除、修改等。大家可能会问磁盘中的数据删除怎么做？这时它不是直接删除的，而是用 delete 标记，不是真正地删除。比如说，一条数据“1”，删除它，只是在“1”上加一个“已删除”的标记，内存中记录下来的“1”已经被删除了，但它实际上并没有被删除。在后续查询时，因为已经记录了“1”被删除，所以就认为它被删除了，但实际上数据还是在的。当后台做一些 compaction，我才会做实际的删除。这样有一个好处，就是把所有的写操作都积累在内存里面，然后一次性放到磁盘里面去，这个速度对写操作特别友好。而且它是分层的结构，也就是说层次越高越容易访问。因为往往层次更高的都是新插入的数据，一般就是所谓的“热数据”。我们通常会基于一个假设，即刚插入的新数据被用户查询的概率更高，所以这个结构对于查询也是有一定的友好度。

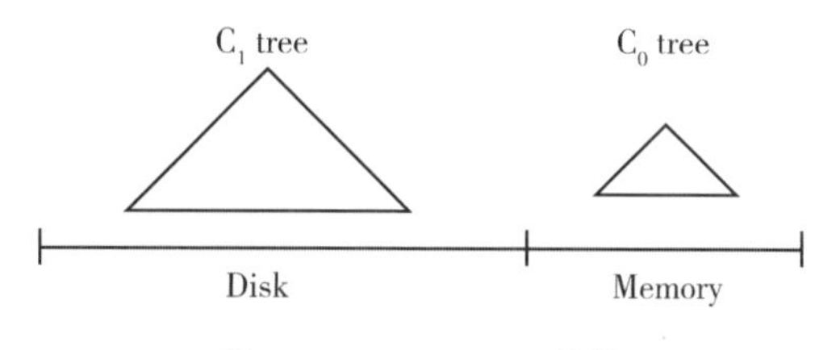

图 2.9.4 LSM-Tree 结构

这只是一个理论上的概念，RocksDB 是怎么基于这个结构实现的呢？请看图 2.9.5，RocksDB 在结构上由三部分组成。首先，在内存中有一个 Memtable，就是图 2.9.5 中的

Memory，任何数据的插入、删除和修改都会被记录在 Memtable 中。当然在记录之前，是要写日志的，保证数据不会丢失，这是数据库的一个基本方法。当 Memtable 写满之后，就会变成 Immutable，即不再接受写入，但可以接受读。后台有线程，隔一段时间就会把 Immutable Memtable 刷到(Flush)磁盘里面去，变成 SST 文件。

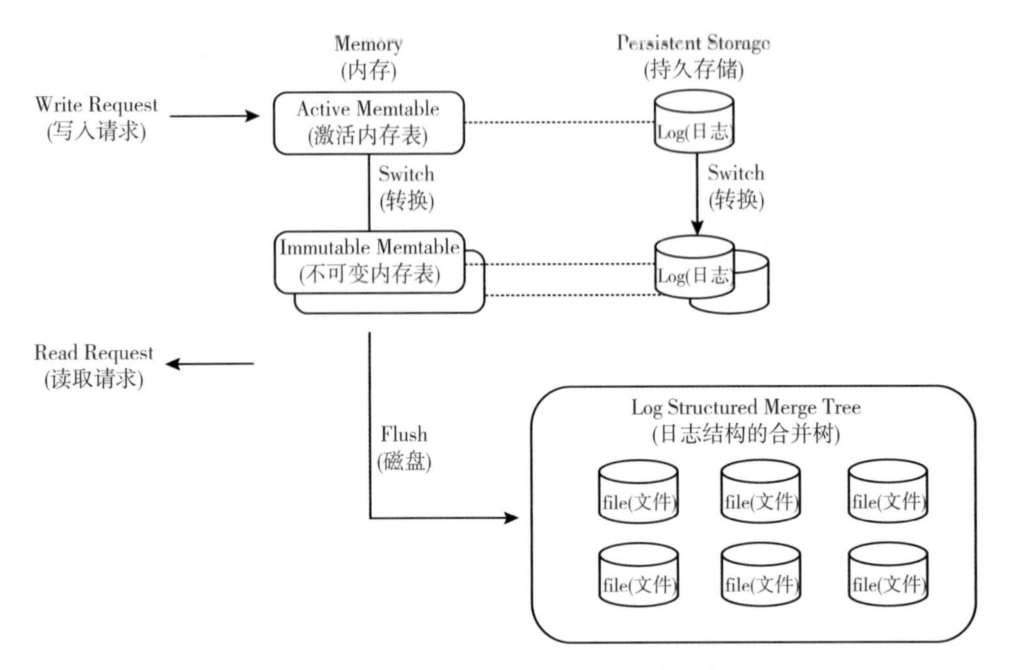

图 2.9.5 RocksDB 基于 LSM-Tree 的结构示意图

RocksDB 中 Memtable 的实现是用一个叫做跳转表的数据结构，类似于一个链表，不过有一些改进。在找工作时，关于跳转表的问题还挺多的，大家可以关注下这个数据结构。那么 RocksDB 的 LSM-Tree 在磁盘上是怎样一个排列呢？它在磁盘上也是一个金字塔结构，有不同的层。磁盘上的第 0 层就是刚从 Memtable 刷到磁盘的文件。当这一层的数据足够多时，它就会下沉到第 1 层，数据一直不断地插入，越旧的数据就会不断地下沉。每个文件中的数据都是排好序的，因为跳转表本身便是有序的数据结构，插到磁盘中也是有顺序的。为什么要排序呢？是为了给查询提供便利，这样在做查询的时候，就可以在文件中单纯地进行二分查找。每一层和每一个文件中都是完全有序的，如图 2.9.6 所示的结构。

为了保持这样一个稳定的金字塔结构，使每一层都可以不断地下沉，后台有一个非常关键的操作叫 compaction。比如，RocksDB 现在有三层，第 0 层是刚从内存中刷出来的 Memtable。第 0 层满了之后，我们想办法将其下沉，这就是一个 compaction 操作。第 0 层和第 1 层都是完全有序的，想将第 0 层插入到第 1 层中，要保证插入之后也是完全有序的。所以不能简单地下沉，而要进行归并排序使其依旧保持原来的顺序。

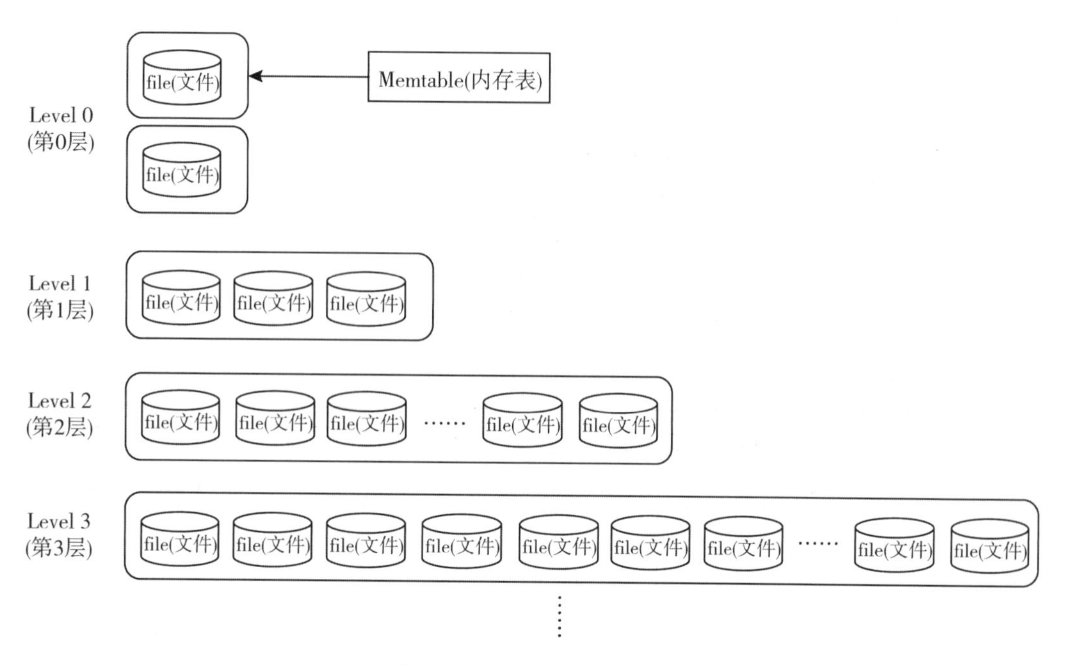

图 2.9.6 磁盘中的有序结构

图 2.9.7 的例子中，第 0 层的文件的数据范围和第 1 层的三个文件都有交叉，所以要将 4 个文件全部读取到内存中，做一个归并排序(图 2.9.8)后，再写到磁盘中形成新的文件。这就是一个 compaction 的过程。

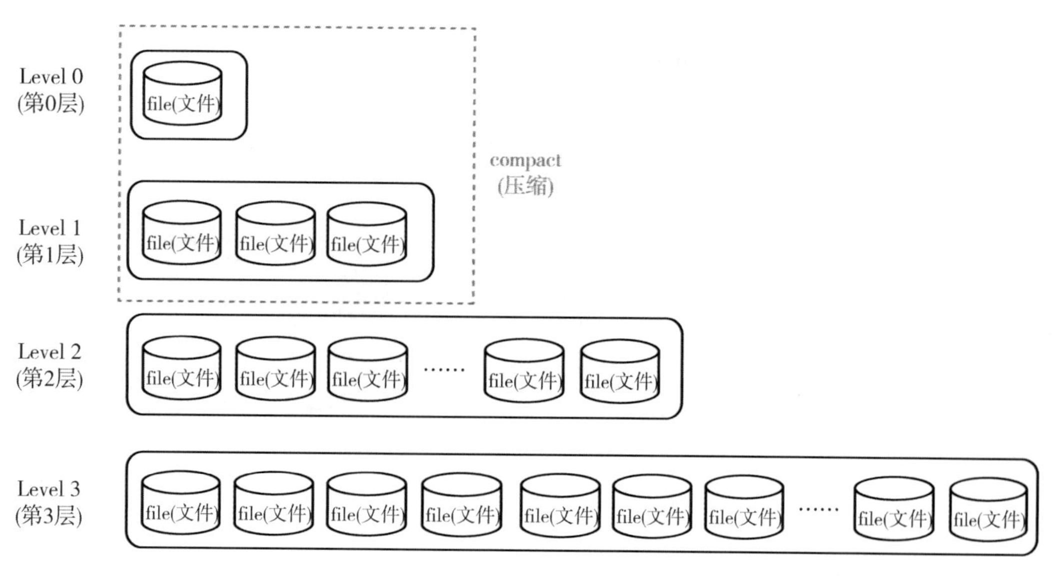

图 2.9.7 compaction 实例

那么文件合并到底是一个什么过程呢？图 2.9.9 是一个实例。假如现在往 Memtable

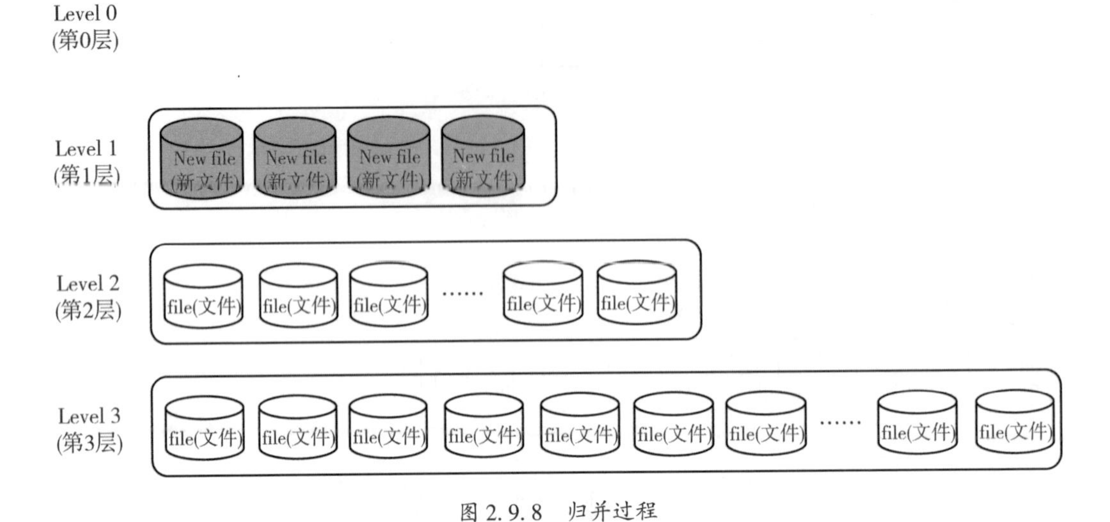

图 2.9.8 归并过程

中插入了 3 条数据：31、10000、9999。然后将 Memtable 刷入到磁盘中，形成了一个新的文件。图中的两个文件是各自有序的，而且它们作为一个整体也是有序的。每一层都是这样，新的文件和这两个文件都有重叠，所以要将其最后融为两个新的文件。不过最终的文件数目是根据数据量的大小来定的。这个例子中因为插入了 3 个数据，不足以生成 3 个文件。

这个过程通过归并排序可以解决，归并排序在找工作的面试笔试中也考察得比较多。

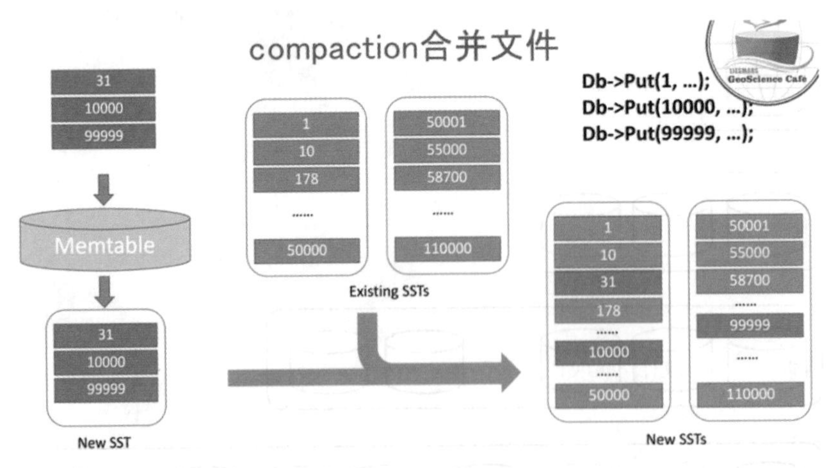

图 2.9.9 compaction 合并文件

同理，第 1 层往第 2 层下沉时，第 1 层的数据量达到一定阈值后，会再次往下沉。例如，图 2.9.10 中我要下沉第 1 层的第二个文件，如果它和第 2 层的三个文件有重合，就重复刚才的过程。它的后台会一直不断地做这样的工作，以保证一个金字塔的结构。

在什么情况下会触发 compaction 呢？我举个例子，比如我保证每一层都是上一层大小的 10 倍。它的好处就在于，越高层中存储的是越新的数据，越有可能被查到，在数据库中这是一个合理的假设。所以越高的层越小，在二分查找时就会更快。后面的层被查到的概率不大，数据量大一些也没关系。

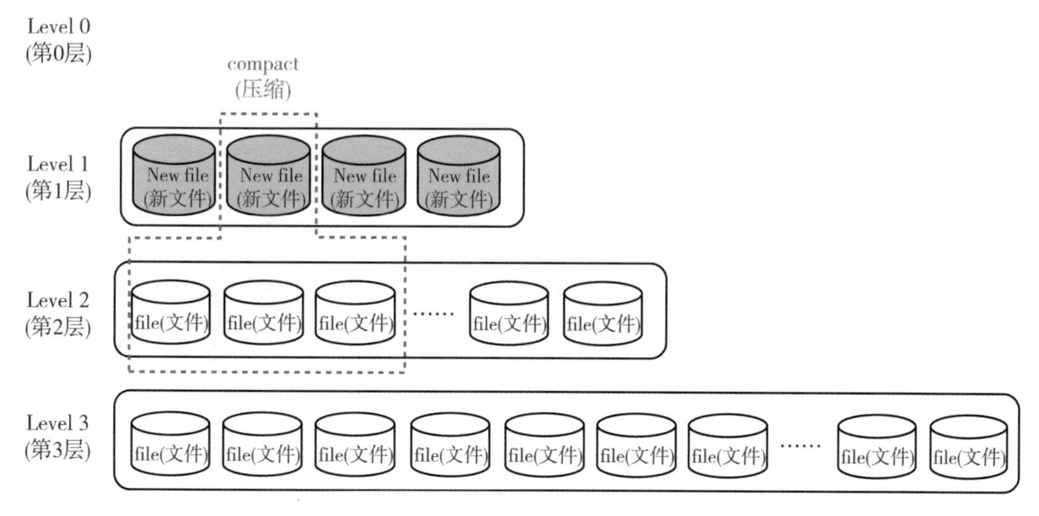

图 2.9.10 文件下沉过程

我们刚才分析了 RocksDB 的架构，它和传统的 B+树是完全不一样的。为了分析 RocksDB 的性能，我将其作为一个存储引擎和 MySQL 的其他存储引擎做一个对比。我们知道，MySQL 现在默认用的是 InnoDB，InnoDB 是一个非常经典的基于 B+树的存储引擎，它的各方面性能都很好。我们把 RocksDB 也作为 MySQL 的存储引擎和 InnoDB 进行对比，比较两者在各方面的优劣。

首先，对比两者的写性能。其实在大多数的情况下，用户操作数据库都是随机写的。随机写是指我写入的值的大小是不确定的。现在大部分关系型数据库都是应用 B+树，因为 B+树是一个平衡的树形结构，它所有的数据都记录在叶子节点中。为什么要用一个树状结构呢？因为 B+树相当于是二叉查找树扩展版，可以加速查询。二叉查找树的每个节点只能记录一条数据，但是 B+树为了提高一次性写的性能，它就把每个节点扩大了，可以放更多数据，B+树的数据是全部存储在叶子节点，非叶节点都是索引节点。还是上面的例子：插入 30 和 1000 两条记录，由于这两条记录大小差别大，较大概率分布在不同的叶子节点，这样就不得不写到叶节点两个页面中。B+树读写磁盘是以一个页面为单位的。所以在最终导致写磁盘操作了两次。但是 LSM-Tree 可以一次性写入，时间长了以后刷下去，这样只用写磁盘一次，磁盘操作在计算机体系中是最慢的，减少写盘次数写性能就会提高很多。而且，该例子只插入了两条数据。B+树在最坏的情况下，写入 N 条数据需要访问磁盘 N 次。用 LSM-Tree 的结构，全部记到 Memtable 之后，一次性就可以写入磁盘，写入性能优势立显。

图 2. 9. 11 是插入实验的结果。zlib 是 RocksDB 的默认压缩算法。skip 的意思是指跳过了唯一性检查；noskip 是指要进行唯一性检查，唯一性检查是比较耗时的，所以 noskip 比 skip 要慢。我们主要对比一下中间两条，在都要开压缩和唯一性检查的情况下，RocksDB 比 InnoDB 写入快了大概有四五倍，所以在有大量随机写的应用场景中，选择 RocksDB 作为存储引擎比 InnoDB 要好很多。这是第一个对比。

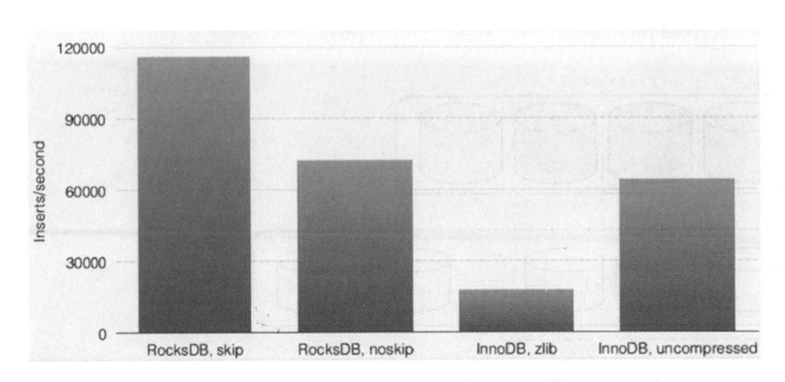

图 2. 9. 11　插入的实验结果

然后是磁盘空间占用的对比。我们知道，B+树的数据都是存在叶子节点中的，但是因为它是一个树结构，它的节点经常会因为被插入了新的数据而分裂。B+树的叶子节点很有可能出现利用不完整的情况。在一个叶子节点中，假设空间为 16KB，真正的数据只有 8~9KB，剩下的空间虽然被占用了但相当于闲置了。但是 RocksDB 顺序存放数据，不存在这个问题。

另外就是数据压缩的对比，把一个没有压缩过的 InnoDB 的叶子节点压缩成 5K，它仍然要占 8K。因为在 InnoDB 中，压缩叶的大小也是有所限制的，即使压缩到再小至少也要占 8K。不过可以把 RocksDB 压缩成 5K。也就是说，相同的数据量插入到两个不同的数据库引擎中，它所占据的空间是完全不一样的，我们看一下图 2. 9. 12 的实验结果。

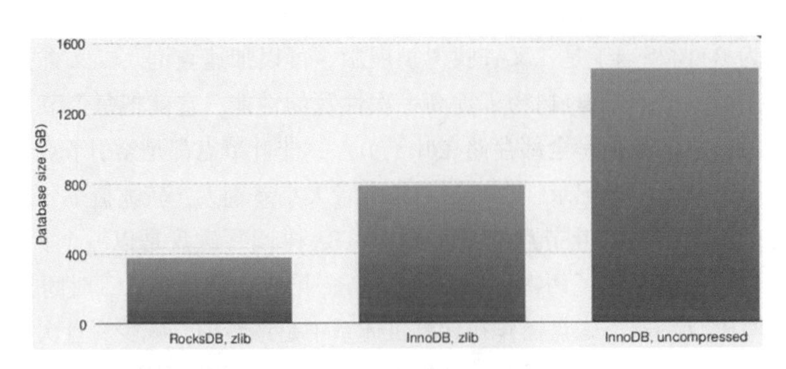

图 2. 9. 12　数据量对比实验

相同的数据量，在插入 RocksDB 的情况下占据的空间比较少，插入 InnoDB 占据的空间几乎是前者的两倍，我自己测的结果甚至是三倍。也就是说，RocksDB 相对于基于 B+树的 InnoDB 不仅在随机写方面的性能更好，而且在空间利用率上也更高。这个有什么好处呢？现在是大数据时代，每天产生的数据量非常庞大，现在的磁盘尤其是 SSD 还是挺贵的。高数据压缩率就意味着可以节省更多的成本。

接下来是写放大对比。写放大的概念很好理解，例如实际插入的数据是 1KB，但是我检测磁盘时发现写入了 3KB，那么写放大的系数就是 3。出现这种情况的原因是在 B+树的这种结构中，整个叶子节点就是一个读写单位。这就造成了写放大，而这种现象在 B+树中是无法避免的。不过 RocksDB 没有这个问题。我们可以看一下写放大的实验对比，是在相同的条件下每秒钟写入的 KB 数。

由图 2.9.13 我们可以发现，写放大的结果就很悬殊了。写放大多有一个什么问题呢？现在用的都是 flash 存储，也就是 SSD。SSD 擦写多了之后是会有磨损的，会降低寿命。所以如果写放大比较多的话就会减短它的寿命，也不利于成本。但是用 RocksDB 的话，这个问题就比较轻微。其实 RocksDB 也会存在写放大的问题，在 compaction 的过程中也有读写的操作，但是它是在后台不断进行读写操作的，平均到每次读写就会很少。

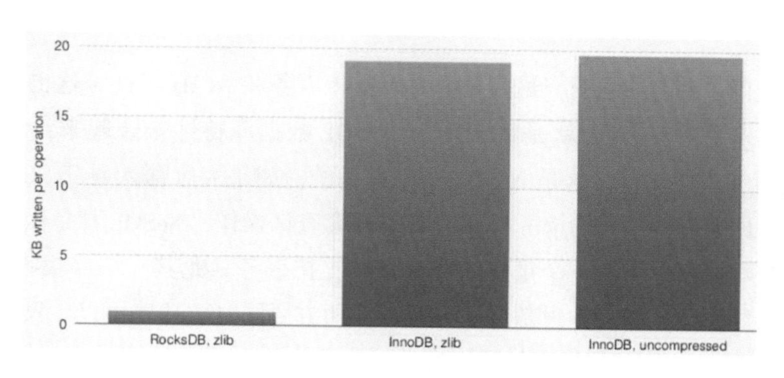

图 2.9.13　写放大的实验对比

以上我们对比分析了 RocksDB 的优势，它具有更好的写性能、更低的存储空间占用率、更少的写放大。那么 RocksDB 的劣势是什么呢？B+树的最大优势是查询快，RocksDB 在这方面则差强人意。一个范围查询，首先要在 Memtable 中找，如果没有的话，就要依次去第 0 层、第 1 层、……中找，有可能在查询某个值的过程中，要把每一层都遍历一遍，要读很多文件，这对查询来说是消耗很大的。所以 RocksDB 在这方面的表现不如基于 B+树的数据库和存储引擎。这里我们简单做一个总结。第一，RocksDB 具有更强的连续写入性能，对于写入较多的事务具有更高的吞吐量。在遇到写入量比较大的情况下，大家可以考虑用 RocksDB。第二，RocksDB 写放大更小，更适合 SSD，SSD 的寿命会更长，可以为企业节省更多成本。第三，RocksDB 压缩率高，节省磁盘空间，也可以节省成本。第四，RocksDB 范围查询性能不及 InnoDB，对于读取频繁的业务，InnoDB 更优。

最后我简单介绍一下 NewSQL 的概念。图 2.9.14 是关系型数据库的一个发展历程。以前关系型数据库有这些著名的大厂，可能大家都用过，由于它的扩展性不强，在很多分布式的应用上它的软肋就体现出来了。随着互联网时代的到来，数据量激增，需要各种各样的分布式数据库。因此 NoSQL 就应运而生，并得到了大量的应用。

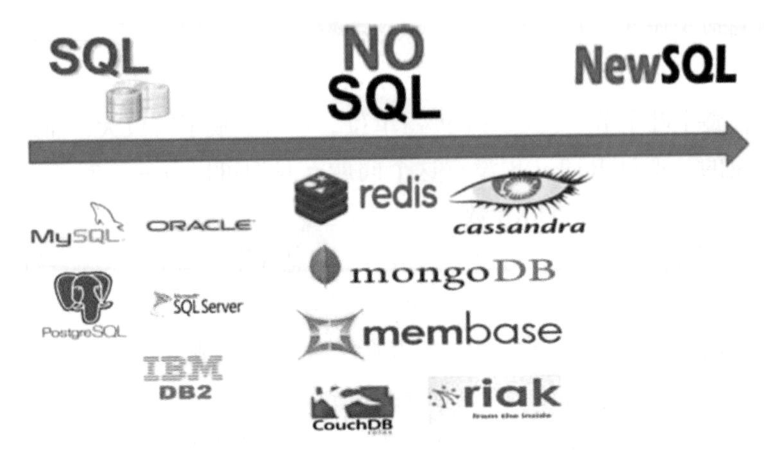

图 2.9.14　关系型数据库的发展历程

NoSQL 也存在自己的问题，最主要的是不支持事务和 ACID 特性，这也严重限制了它的发展。简单来说，NewSQL 就是将 SQL 和 NoSQL 数据库特性融合起来，它可以提供强大的 SQL 功能和事务支持，这是 NoSQL 所不具备的。如果大家深入研究 SQL 的话会发现它非常强大。比如一些复杂的 join 操作或者是嵌套查询操作，NoSQL 都是做不了的。

在关系型数据库中，另一个重要的特点是它支持事务。尤其在一些银行和金融行业，事务是非常重要的。比如一方付款另一方收款，两方要同时成功才可以，只有事务才可以保证这点，而 NoSQL 是不能保证的。不过在一些允许数据丢失的情况下，可以用 NoSQL，它可以带来更好的扩展性。因为数据量增长太快，横向扩展不断加服务器对 NoSQL 就很容易，但对 SQL 就很难。

关系型的数据库虽然很强大，但是很难扩展。它们存储的就是关系，如果把关系分开，分布式存储在不同的机器上是不合理的。所以很多企业会选择用中间键来解决这个问题，但是提高了系统的复杂度。NoSQL 数据库的扩展性非常强，但是它舍弃了很多事务的一致性和 SQL 功能等。所以我觉得它的应用面还是没有超过 SQL，现在在工业界还是 SQL 占统治地位。

NewSQL 就是为了解决关系型数据库扩展性的问题而诞生的，而且它还保留了 SQL 语句及事务。第一个 NewSQL 是 Google 提出的，在分布式存储方面 Google 永远走在行业前沿。他们开发的 Spanner 和 F1 都是最初的 NewSQL 系统，但是没有开源，只是发表了一些论文。

NewSQL 是指这样一类新式的关系型数据库管理系统，它针对 OLTP 实现读—写工作负载，追求提供与 NoSQL 系统相同的扩展性能，且仍然保持传统数据库支持的 ACID 特性，ACID 特性主要指的是事务。简单来说就是 NewSQL 结合了 SQL 和 NoSQL 的优点，这样的数据库真的存在吗？我可以告诉大家，是存在的，就是我刚刚提到的 Google Spanner 和 F1。现在谷歌的很多业务都在用这个数据库，说明它的实力是非常强的。

我这里为大家介绍一款国产的 NewSQL 数据库，TiDB，它刚刚起步两三年。它的好处在于它是开源的，在它的 Github 主页上有很详细的介绍。其网址是 http：//pingcap. com/index-zh，其 github 地址是 http：//github. com/pingcap/tidb。TiDB 主要分为了两层，上层是 SQL 层，与 MySQL 的协议兼容，也就是说用查 MySQL 的语句是可以直接用于查 TiDB 的。底层是基于 RocksDB、支持事务的强一致性存储引擎。我为什么说 RocksDB 和 NewSQL 有关呢，因为在很多新式数据库中，都要用 RocksDB 作为存储引擎，TiDB 也是如此。不过它在 RocksDB 的基础上还加了 Raft 一致性协议，可以保证它的强一致性。为什么要保证强一致性呢？就是为了在不牺牲性能的情况下保证数据绝对不会丢失。

图 2.9.15 是 TiDB 的架构图，是一个完全分层的结构。不过它是一个分布式的分层结构，与 SQL 这种单机的分层结构不同。主要由三个部分组成：TiDB Server、PD Server 和 TiKV Server。上层的 TiDB Server 负责接收客户端的 SQL 请求；TiKV Server 是用来存储数据的，相当于说，TiKV Server 是把用户发来的 SQL 请求转化为等价的 K-V 请求，发送到 TiKV Server 的集群中做一些处理。PD Server 是负责管理的，分布式系统中都会有这样一个管理的角色。TiDB 在原有的关系型数据库的基础上，增加了两个核心特性。第一个是水平扩展，无限水平扩展是 TiDB 的特点，包括两方面：计算能力和存储能力。TiDB Server 负责处理 SQL 请求，随业务增长，可以简单添加 TiDB Server 节点，提高整体的处理能力，提供更高的吞吐。TiKV 负责存储数据，随着数据量的增长，可以部署更多的 TiKV Server 节点解决数据 Scale 的问题。第二个是高可用，TiDB/TiKV/PD 这三个组件都能容忍部分实例失效，不影响整个集群的可用性。这两个特点是 NewSQL 相对于传统的关系型数据库的改进。

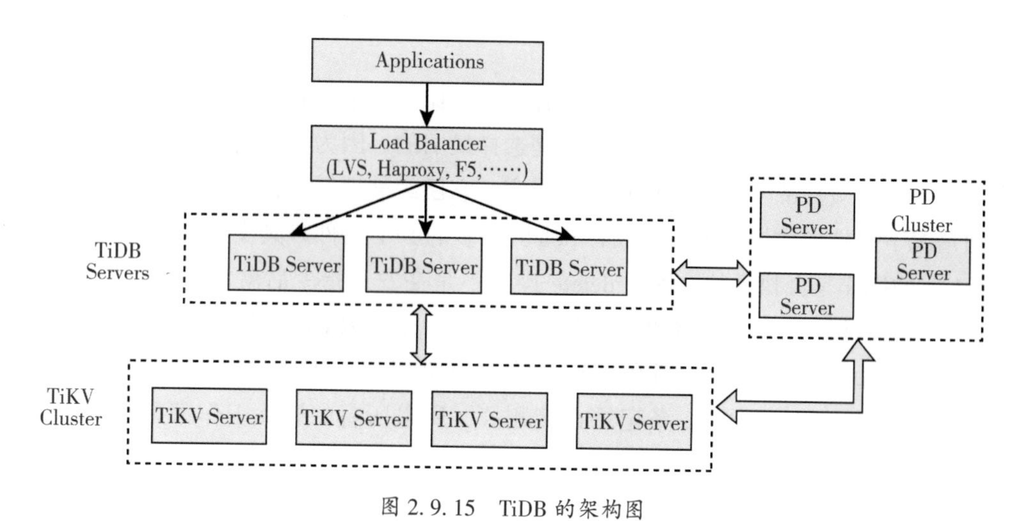

图 2.9.15 TiDB 的架构图

【互动交流】

提问人一：RocksDB 和 MySQL 其实还是有区别的，因为 MySQL 我们都知道它可以用来存储大批量的数据，但 RocksDB 只是作为一个搜索引擎，是一个中间插件作为数据库和程序之间的交换。

王德浩：RocksDB 作为一个单独的数据库，和 MySQL 没有关系的情况下，它和 MySQL 应用的场景是完全不一样的。MySQL 是提供存储大量数据的服务，而在数据量不是很大且只有一个程序需要存储数据时，将 RocksDB 嵌入到程序中，把它想象成是操作文件就可以了，它类似于一个文件系统。但是 RocksDB 是基于 LSM-Tree 的，它相较于 MySQL 这种基于 B+树的，是有一定优势的。为了利用这种优势，就把它作为一种存储引擎嵌入到 MySQL 里面去。这样对于用户来讲，用起来和原来的 MySQL 是没有任何区别的。MongoDB 同样也可以做到这一点，它现在默认的存储引擎是 WiredTiger，你也可以将 RocksDB 设置为它的存储引擎。

提问人二：嵌入式数据库如果用 JDBC 的话，是不是也要用网络？

王德浩：RocksDB 不需要，因为它提供 Java 的接口，相当于将 Java 用 JNI 转换成 C++的请求，RocksDB 直接调用 Java 的 API 就可以了。RocksDB 是这样的，我不太清楚其他的嵌入式数据库如何操作。RocksDB 目前应该无法通过 JDBC 访问，它没有开放这个接口。但是，Java 可以像调用 API 一样调用 RocksDB。

提问人三：别的对象可以访问被删除的数据吗？

王德浩：因为它已经有一个“被删除”的标记了，所以别的访问者在访问的时候，看到这个数据已经被删除了，就不会再找它了。

提问人四：做 compaction 的时候，每一层更新时，下沉的都是从上一层最旧的数据开始吗？

王德浩：不一定，它的触发条件可以有很多，比较复杂，我就没有展开来讲。一般情况下，这一层满了会选一个下沉，不一定是选择最旧的，因为它在每一层中已经被重新排序了，新旧已经被打乱了。为了让它保持有序，它已经被拆开了，不是最初的集合了。所以一般情况下是选择数据量最大的或者 delete 最多的 SST 文件。其实在 compaction 的过程中，delete 的操作是会执行的，因为 delete 操作不是在发送指令后就立即执行删除，只是打了一个删除的标记，因为打了删除标记的数据和原来的数 KEY 是一样的，在 compaction 的过程中，两边的 Key 一样，那么在排序的时候会相邻，相遇的时候发现有一个打了 delete 标记，就会把对应的那一条记录直接删掉，所以所有的删除工作都是在 compaction 时做的。

提问人五： RocksDB 这个数据库沉降到最底层已经达到了 100G，师兄您讲的这个原理有点类似 Hbase，Hbase 的底层文件存储在 Hadoop 中，RocksDB 的 100G 的数据是存储在哪里呢？

王德浩： 其实这个 100G 不是单个文件的大小，而是整个一层所有小文件的总大小。可以存储在本地文件系统，也可以存储在分布式文件系统上，而且一般来说 RocksDB 用于轻量级的应用，不像 Hbase，所以它的存储量不是很大。

提问人六： 以后是不是可以把数据放在类似于百度云的云盘中，就不需要手写磁盘了呢？数据查询可以直接在互联网上执行。

王德浩： 那么你所说的这些云盘是存储在哪里呢？其实最后还是要落到磁盘中。云只是一个技术，只是能够更好地调动磁盘中的资源。对于我们普通用户而言，我们不需要关心内部如何实现，只要知道它是用来存储的就可以了。但是对于百度而言，它要做云盘的话，最终是要用一个物理的东西来将数据存储，最后还是要存在磁盘中，也是要用数据库。

提问人七： NewSQL 的底层是 K-V 形式的还是文本的？有多种形式吗？支持像 Hbase 这种海量存储吗？

王德浩： 不一定全是 K-V 的，但 TiDB 是 K-V 的。它有多种形式，如果可以的话也可以做成 B+树。它支持海量存储，因为它是分布式的。

提问人八： 我想问一个关于找工作的。现在阿里的实习招聘已经结束了，正式招聘是什么时候呢？对论文有要求吗？

王德浩： 正式招聘一般是九月份，对论文没有要求。

提问人九： 师兄你是不是参加过阿里去年(2016 年)的实习，是每年三月份申请吗？师兄可否分享一下去年申请实习时做的准备以及笔试和面试？

王德浩： 因为阿里是内推的，所以我没有参加笔试，不过听说还挺难的。因为我们实验室大部分是摄影测量、遥感和 GIS 方向的，可能在这方面比较吃亏。不过如果你想找好工作的话，要从以下几个方面进行准备。首先要掌握基本的数据结构和算法，我感觉这是最难的，其次是要精通一种语言，其他的知识也要有涉猎，比如计算机网络、数据库和操作系统。接下来就看你想找什么类型的工作。如果你想找游戏开发这一类的，那就要对三维编程熟悉一些。基础的掌握就是一门语言、算法与数据结构，还有基本的计算机知识。我觉得在面试中最难的是手写代码，这部分是要练的，可能在电脑上编程很厉害的人，手写代码不行。这个虽然不算难，但是要下功夫。

提问人十： 关于找工作我想补充一些。我是 2012 级的武大国际软件学院的本科生，有一些工作和找工作的经验。之前在找工作时也有一个从众心理，就是学软件的要做开发。其实计算机只是一个工具而已，我觉得找工作还是挺复杂的。有时候可能面试比较容易，但是主要考察你在实习期有没有解决问题的能力。创新理念我觉得也很重要。

王德浩：谢谢你给大家的建议。

提问人十一：师兄，请问你在阿里具体是做什么工作呢？你对数据库这方面的了解是研究生阶段的兴趣爱好吗？

王德浩：我是阿里巴巴数据库团队的。我研究生的导师是做数据库出身的，以前我看了 MongoDB 的源码，比较感兴趣。后来找工作也在阿里的数据库团队，RocksDB 就是在阿里学的。

提问人八：在阿里实习是一种怎样的体验？

王德浩：我感觉在大公司实习的感觉都差不多，比当学生要累。学生更自由，工作的时间比较固定。不过在公司工作，效率会更高，收获会更多。总结来说就是很充实，也很累。大家还是要珍惜在学校的生活，更加丰富多彩一些。

主持人：非常感谢师兄为我们带来的精彩报告，也感谢大家今晚的参与。本期活动到此结束，谢谢大家！

（主持人：戴佩玉；摄影：许慧琳、陈必武；录音稿整理：李韫辉；校对：龚婧、赵雨慧、王源）

2.10 高光谱遥感影像的测度学习方法研究

（董燕妮）

摘要：在本期 GeoScience Café 系列活动中，来自测绘遥感信息工程国家重点实验室的董燕妮博士为我们带来了关于高光谱遥感影像的测度学习方法研究。通过对高光谱遥感影像研究现状和测度学习理论的简介，董燕妮博士阐明了在高光谱遥感影像处理方面引入测度学习的必要性。在介绍她提出的目标探测、特征降维方法的过程中，通过对不同影像数据处理的实例，直观反映了测度学习的优势所在。在报告后，董燕妮博士还与现场观众进行了交流，对相关问题进行了探讨和解答。

【报告现场】

主持人：伴随着机器学习热潮的不断升温，测度学习在机器学习和模式识别领域中的应用也得到了越来越多的关注。比如基于测度学习的人脸识别、运动物体的分割、图像检索等。今天我们有幸请到了董燕妮博士为我们介绍关于测度学习在遥感方面的应用。董师姐是测绘遥感信息工程国家重点实验室 2014 级博士研究生，已在 IEEE TGRS、ISPRS 和 IEEE JSTARS 等国际刊物上发表 SCI 检索论文 6 篇，EI 等其他检索论文 2 篇。她还获得武汉大学光华奖学金、协同创新中心学生奖学金等。下面有请董师姐为我们带来今天的报告。

董燕妮：感谢大家来听我的报告，今天我报告的内容是以高光谱遥感影像解译为驱动的测度学习方法研究，可以说，它贯穿了我整个研究生生涯。报告主要分为四个方面：首先是高光谱遥感影像的背景及研究现状；其次是测度学习理论和经典算法；然后是我研究并提出的高光谱遥感影像的测度学习方法，包括两种高光谱影像探测方法以及两种特征降维方法；最后是相关的总结和展望。

1. 高光谱遥感影像的背景和研究现状

首先我们回顾一下遥感的基本概念——通过传感器，非接触地获取目标的信息从而进行科学分析的技术。追求更高的空间分辨率、光谱分辨率、时间分辨率是遥感技术的发展趋势，从 20 世纪 60 年代开始，遥感影像经历了从全色、彩色、多光谱到高光谱的发展过程。其中，我的研究工作主要针对的是高光谱分辨率遥感影像的解译。从成像原理来看，卫星以像元为单位记录辐射光谱曲线，如果像元是纯净像元，那么其对应的地物就具有

“图谱合一”的特点——即每个地物具有唯一确定的光谱曲线，除了上述“图谱合一”之外，高光谱遥感影像还具有光谱波段数目多且连续、光谱分辨率高的特点。鉴于其能表达地物细微光谱差异的特点，我们能应用其达到不同的目的。具体来说，可以分为矿物与地质探测、自然灾害与环境监测、国防与军事等几个方面，比如在汶川地震发生后，李德仁院士率领的团队第一时间利用遥感技术对灾害进行了评估，为后续的救援工作提供了很大的帮助。

针对高光谱遥感影像的信息提取面临诸多挑战：第一，复杂的像元结构的挑战，即混合像元。这是由于实现高光谱分辨率会牺牲一部分空间分辨率上的精度，导致一个像元中往往存在着不止一种地物，这为后续的探测和验证工作增加了难度。第二，光谱变化性。原因分为两点，一是“同物异谱”现象，同一物体或性质相同的物体受环境影响具有不同的反射率，表现出不同的光谱曲线；二是前面提到的混合像元，混合像元的光谱是多种地物光谱混合的结果，也增加了后续应用的难度。第三，波段高度相关。高光谱遥感拥有大量的光谱波段，导致了波段间具有很强的相关性，这不仅不利于传播和存储，而且可能会导致信息冗余，出现 Hughes 现象——在样本数固定的情况下，维数过多反而会导致精度下降。

基于上述的问题和挑战，学者们对高光谱遥感影像信息提取的研究工作主要可分为三个方面：特征降维、目标探测、影像分类。特征降维可以分为特征选择和特征提取，前者旨在选取最有效的维度，后者是指将数据从原始特征空间中转换到降维后的特征空间之中。上述研究的问题在于，现有的方法大多基于数据呈高斯分布这一假设，且对参数比较敏感。目标探测意为从高光谱遥感影像中探测出我们所感兴趣的目标，20 世纪 90 年代以来，国内外学者提出了许多的目标探测方法，这些方法同样依赖于某些先验的统计假设条件。影像分类的方法也有多种，其特点是需要大量的样本数据作为训练样本。

2. 测度学习的理论与经典算法

接下来是今天报告的第二个关键词：测度学习。其实很多学习方法都能够被称为“测度学习”，例如深度学习、降维学习——寻找原始空间到新空间距离的“测度”。在测度学习中存在许多种距离表示方法，最常用的经典方法是欧氏距离，它真实地反映了地物的分布情况，但是其缺点在于不能处理数据间的相互关系，因此对于非均匀分布的数据来说，它未必是正确的。而在反映样本数据相互关系这方面，马氏距离的表现较好，测度学习的一般定义为：找到描述任意两个样本之间马氏距离测度。在图 2.10.1 的公式中，$\boldsymbol{M}$ 是需要求得的测度矩阵，在此基础上，原始特征空间被转移到三个马氏特征空间之中，从而将原本不可分的数据样本变为可分的，使得训练样本的相似关系得以保留。当前测度学习的应用主要集中在计算机视觉上，包括人脸识别、亲子关系鉴定、影像分类、文字检索等。而在遥感影像处理方面，目前对于测度学习的应用还是十分有限的。因此我从 2012 年入学开始，便进行相关的研究。

$$d_{\boldsymbol{M}}(x_i,\ x_j)=\sqrt{(x_i-x_j)^{\mathrm{T}}\boldsymbol{M}(x_i-x_j)}=\sqrt{(x_i-x_j)^{\mathrm{T}}\boldsymbol{W}\boldsymbol{W}^{\mathrm{T}}(x_i-x_j)}$$
$$=\sqrt{(\boldsymbol{W}^{\mathrm{T}}x_i-\boldsymbol{W}^{\mathrm{T}}x_j)^{\mathrm{T}}(\boldsymbol{W}^{\mathrm{T}}x_i-\boldsymbol{W}^{\mathrm{T}}j)}$$
$$=\|\boldsymbol{W}^{\mathrm{T}}(x_i-x_j)\|$$

其中，$\boldsymbol{M}\in R^{L\times L}$是对称半正定矩阵，$\boldsymbol{M}=\boldsymbol{W}^{\mathrm{T}}\boldsymbol{W}$，$\boldsymbol{W}\in R^{L\times D}$，$D\leqslant L$

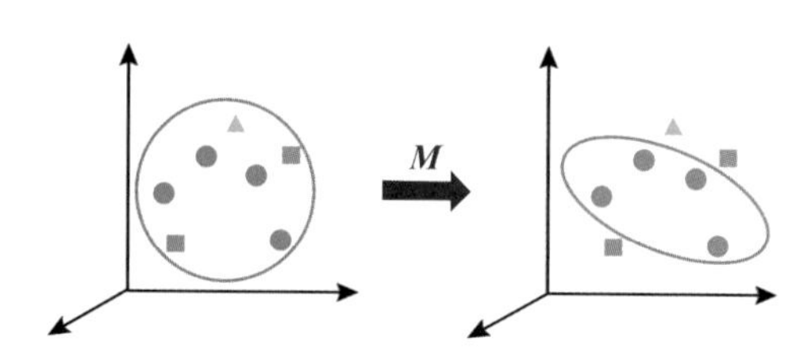

图 2.10.1　马氏测度学习公式及示意图

综上，我的主要工作就是从高光谱遥感影像的特点出发，以测度学习为主线，进行特征降维和目标探测。

3. 方法介绍

(1)高光谱目标探测背景

在介绍我的方法之前，我们先来了解一下高光谱遥感影像探测的背景。在高光谱遥感影像中对目标的探测基于统计学里的二元假设，即假设目标存在或不存在，根据阈值得到探测统计值，阈值分割并输出目标和背景。至于性能评价方法，可以分为两点：一是探测率(被探测出且为真实目标的比例，分母为真实目标数目)，一是虚警率(被探测出但不是真实目标的数目与整体影像像元数目的比)。如图 2.10.2 所示，以它们分别为 X、Y 轴作图得到的曲线称作 ROC 曲线(Receiver Operating Characteristic curve，接收器操作特性曲线)，曲线越靠近左上角，说明探测率越高，效果越好。在虚警率一定的情况下，曲线围成的面积表示为 AUC 值。此外，目标背景分离图也是评价标准之一，两者间隔越大，性能越好。目前已有的目标探测器，不管是线性的还是非线性的光谱混合模型，都存在一定的问题。下面是对评价标准的简单小结：

①ROC 曲线：越靠近左上角，探测效果越好；

②AUC 值：ROC 曲线下面积，值越大，探测效果越好；

③目标背景分离图：目标与背景块间间隙越大，目标与背景分离效果越好。

(2)最大边缘测度学习方法

下面介绍我的第一个方法，最大边缘测度学习方法(Maximum Margin Metric Learning，MMML)。提出该方法的动机是上面提到的现有的目标探测方法依赖一定的统计假设，例如 CEM 方法假设在求背景的时候已经剔除了目标，用全局的协方差作为背景协方差，这种假设是不合理的。为了避免假设所带来的误差影响，使用最大边缘测度学习方法，找到

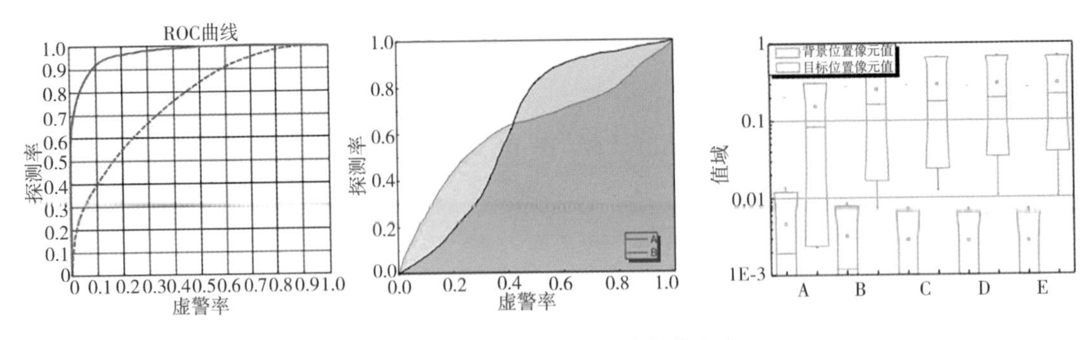

图 2.10.2 目标探测的性能评价方法

合适的距离测度，使用马氏距离代替常规的欧氏距离进行测度学习，描述任意样本与目标样本之间的距离(相似性)。用最大边缘框架和其他优化约束方法，根据一定的目标背景样本，将原始特征空间转换到测度特征空间之中，之后便可以进行探测任务。该方法的框架如下图 2.10.3 所示：主目标函数和约束条件，达到目标间距离越小、目标与背景距离越大的效果；结构化形式，采用线性迭代；CPA 优化；输出测度矩阵 $\boldsymbol{M}$；得到目标探测结果。

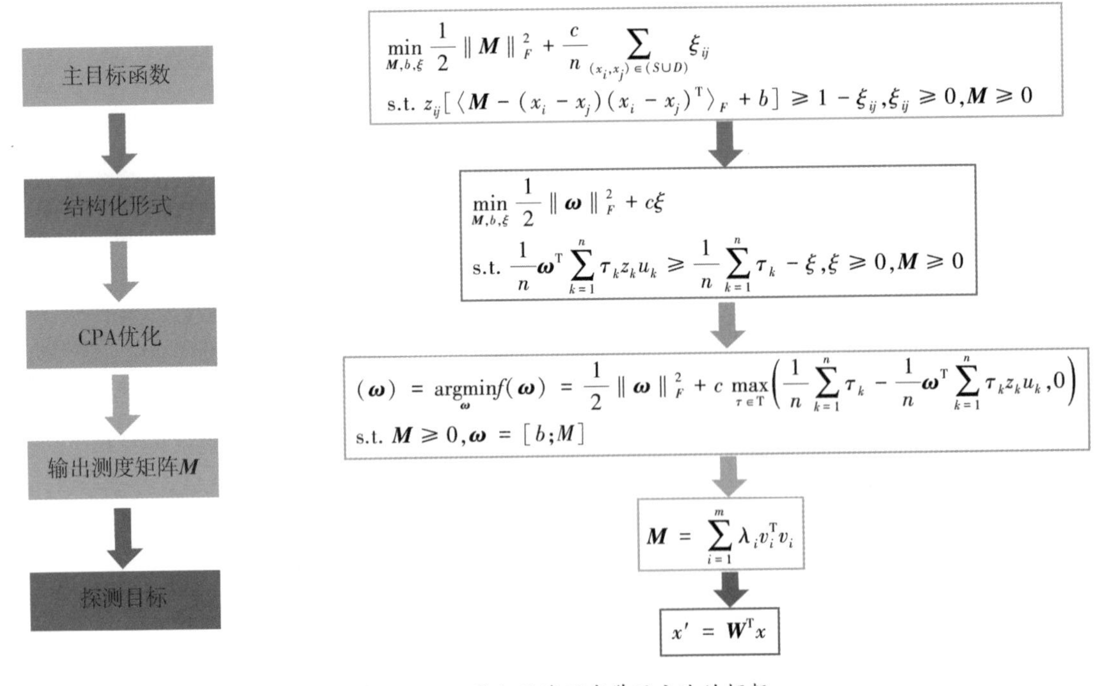

图 2.10.3 最大边缘测度学习方法的框架

我们的实验涉及六种对比算法，ACE 和 OSP 是经典的目标探测方法，其中，ACE 是业内公认最好的目标探测器，而 MNF、LMNN、NCA 和 HySime 是经典的测度学习方法。

在针对 AVIRIS LCVF 模拟数据的实验中，人为植入标准的明矾石的光谱曲线，植入比例为 10%~50%。虚警率(图 2.10.4)的结果表明，MMML 算法能够取得最好的目标探测结果，而 LMNN 和 NCA 探测效果不好的原因可能在于它们都对参数比较敏感。从二维探测统计图(图 2.10.5)上看，现有目标探测方法虚警率高，而 MMML 算法的目标位置比其他算法更加明显。在 HYDICE Urban 数据中，感兴趣的目标点是位于城市的车辆，从目标背景分离图和 ROC 曲线(图 2.10.6)来看，该方法的优势在于不仅能将背景抑制在一定范围内，也能更好地突出目标，从而得到最好的目标背景分离度。

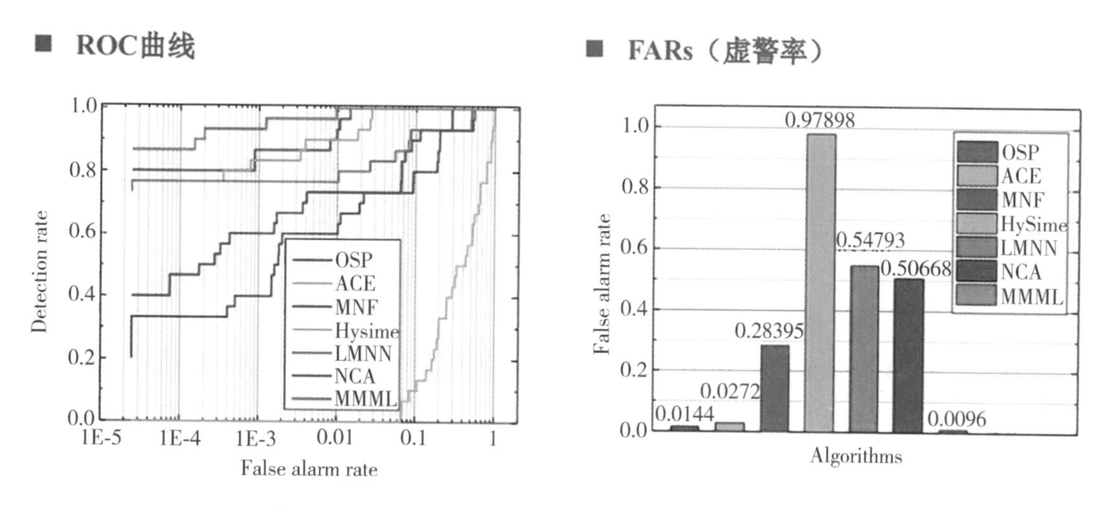

图 2.10.4 AVIRIS LCVF 模拟数据的 ROC 曲线及虚警率

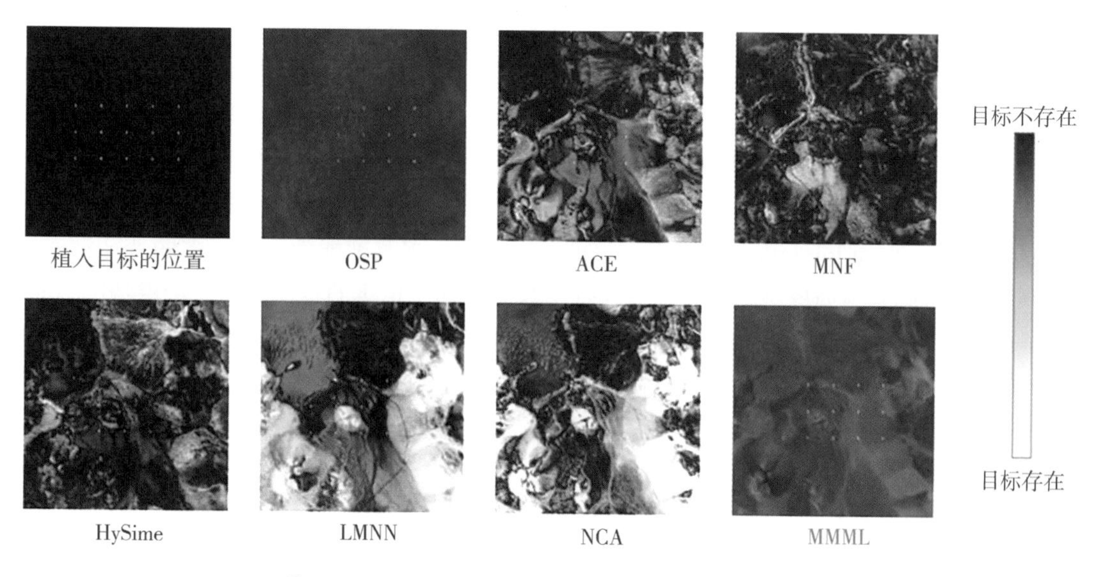

图 2.10.5 AVIRIS LCVF 模拟数据的二维探测统计图

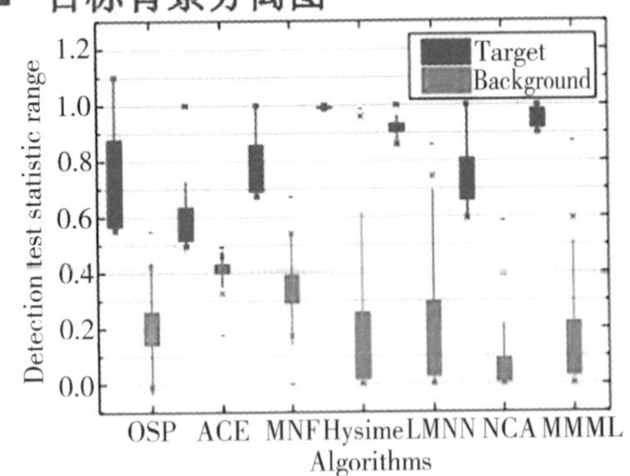

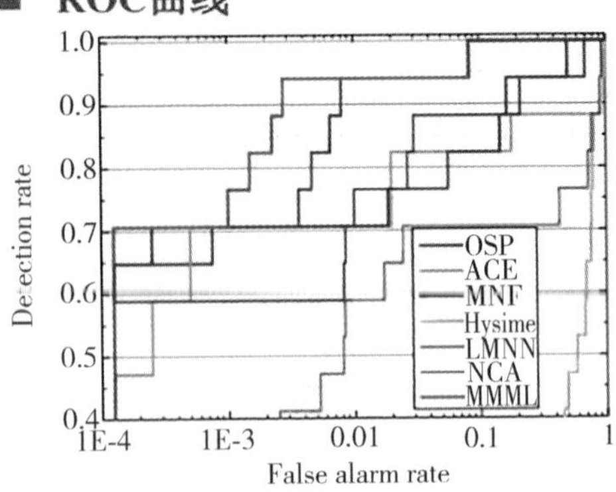

图 2.10.6　HYDICE Urban 数据的目标背景分离图和 ROC 曲线

总的来说，MMML 算法具有不依赖统计假设，不需要对混合像元模型建模的优势，直接通过训练样本，利用最大边缘框架学习得到测度矩阵，找到测度子空间，来进行目标探测的应用。

(3)随机森林测度学习方法

第二个方法是随机森林测度学习方法(Random Forest Metric Learning，RFML)，提出该方法的动机是，高光谱目标探测先验样本极其有限，甚至只有单一的先验目标样本，且目标、背景样本数不均衡，不服从独立同分布，从而没有足够的训练样本用于重新构造对测试样本同样有效的机器学习模型。随机森林作为一种分类器，与目标探测这一“二元分类”的目的是契合的，它能够处理高维数的问题，且不存在太多的参数条件，当然，它的缺点在于不能处理不均衡的目标和背景像元问题。如果直接将随机森林用到目标探测中，并不能将目标像元和背景像元有效地分离，得到理想的探测结果。

因此，我们通过利用考虑样本的相对位置和绝对位置的随机森林模型，综合多测度学习的优势，提出了一种有效的基于随机森林的测度学习方法，其解决了现有的单一测度学习方法直接处理多特征表达问题的弊端，具体来讲，通过学习得到更多的特征测度子空间，借此最大程度地将高维不均匀分布数据的目标从背景像元中区分出来。一般来说，单一测度的方法(例如上述 MMML)具有较好的时间效率，多测度能学习到更多的特征空间，牺牲了一定时间效率换取更高的精度。在这里我们增加了更多的特征空间，考虑特征空间的不均匀分布。因此，这种方法兼容了单一测度的时间速率和多测度的精度。

与 MMML 方法类似，我们将 RFML 算法与其他六种方法进行对比实验。在 Nuance CRI Grass-Stone 数据中，原始影像光谱变化性大，目标占影像比例极小，目标和背景样本分布不均衡。图 2.10.7 所展示的实验结果表明，RFML 方法在虚警较小时便能取得较好的探测结果。相比之下，ACE 算法较好地抑制了背景但是未能较好地突出目标。在对 AVIRIS Santiago Airport 数据的实验中也获得了相似的结论。对比 RFML 与 MMML 两种探测方法，如图 2.10.8 所示，当虚警小于 10^{-3} 时，RFML 能有更好的探测效果，而在虚警率大于 0.1 以后，MMML 表现更好，总体来说，随机森林有更好的时间效率。

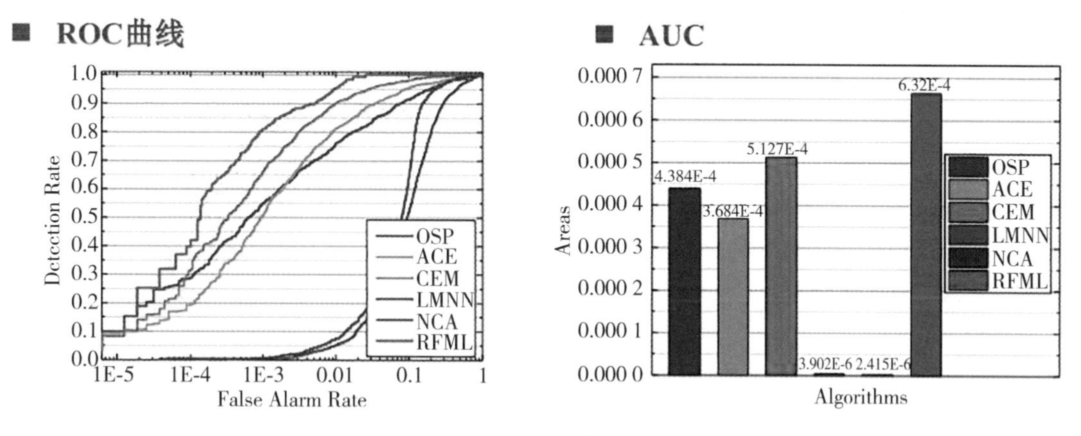

图 2.10.7 Nuance CRI Grass-Stone 数据的 ROC 曲线及 AUC 值

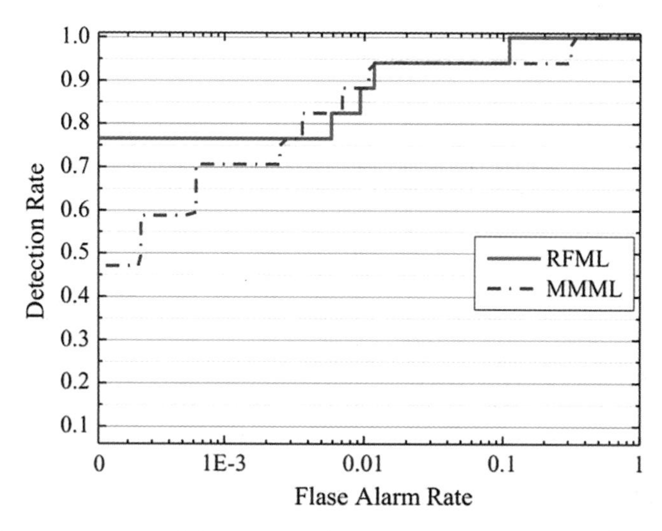

图 2.10.8 RFML 算法和 MMML 算法在 Urban 数据的 ROC 曲线对比图

(4)局域自适应降维测度学习方法

下面介绍的是两种高光谱特征降维方法。理论上，高光谱降维技术主要以提取图像特征为主要的出发点，通过找到数据的低维空间来有效地对高维数据特征进行表达。现有的降维算法大多需要假设高光谱遥感影像是高斯分布的，并有对参数较敏感，鲁棒性较差等问题。此外，现有测度学习大多是用固定阈值进行决策，会导致误分类的情况，将本应是同种的地物判断为不同种地物类别。为解决这种问题，我们提出了一种局域自适应降维测度学习(Locally Adaptive Dimensionality Reduction Metric Learning，LADRml)方法，通过添加局域约束条件、相似性保持约束等，结合最大边缘测度学习目标函数，根据阈值和测度学习前后的距离变化进行最终决策，从而更好地实现样本的分类。

对比的十种算法包括了多种降维方法与测度学习方法。LADRml 算法中涉及权衡参数 c，取不同的权衡参数 c，比较整体的分类精度(Overall Accuracy，OA)，分类精度在不同取值情况下结果比较稳定，因此，本实验中设定 $c=1$。第一组实验对象是 AVIRIS Indian

Pines 农田数据，包含 16 种地物类别，以 10%的随机数据作为训练样本。结果表明，其在某些类别中能取得比较好的效果，OA 和 Kappa 值也较为理想(图 2.10.9)，时间效率优于大部分传统的测度学习方法。比较不同维度下 OA 值的表现(图 2.10.10)，该方法在比较小的维度之下就能取得很好的结果。第二组实验对象来自 HYDICE Washington DC Mall 广场影像，包含七种地物，其中有些地物具有较为相似的光谱特性。如图 2.10.11 所示，比较发现，LADRml 方法能够较早地达到稳定的 OA 值，并一直保持较好的水平。在训练样本减少的情况下，该方法效果衰减程度最低。

方法 类别	1-NN	MNF-SVM	SDA	DLA	LDA	LFDA	RCA	NCA	LMNN	ITML	MMML	LADRml
C1	0	71.40	11.90	35.71	16.67	50.00	19.05	71.43	50.00	26.19	**73.81**	61.90
C2	37.73	**73.56**	56.84	60.89	44.17	58.32	36.16	60.34	50.62	65.40	54.90	71.93
C3	41.06	54.89	38.55	51.81	53.41	56.49	27.84	47.79	37.75	42.84	48.73	**59.17**
C4	31.42	30.37	19.63	41.12	**69.63**	65.89	21.96	32.24	33.64	20.56	33.18	50.93
C5	79.08	79.54	79.31	88.51	**91.95**	89.43	64.37	82.07	82.99	72.64	85.29	83.45
C6	**95.24**	91.93	94.06	93.61	87.37	94.22	73.97	94.06	93.30	86.91	93.30	90.72
C7	3.70	42.31	34.62	76.92	57.69	53.85	11.54	80.77	76.92	34.62	**84.62**	80.77
C8	**99.34**	88.86	95.13	93.74	99.30	99.77	87.47	93.50	95.13	90.26	94.20	94.66
C9	0	0	11.11	16.67	**55.60**	27.78	0	5.56	11.11	0	11.11	38.89
C10	61.04	60.91	54.29	**73.03**	69.14	60.69	35.89	66.74	60.91	50.17	65.83	68.23
C11	76.60	60.41	74.03	73.21	27.15	65.52	54.07	68.82	66.74	62.53	70.36	**78.51**
C12	25.71	42.13	40.26	54.68	**72.85**	67.98	23.41	36.89	39.14	20.79	45.51	55.06
C13	90.26	68.11	91.89	97.30	**98.92**	97.30	65.95	95.14	92.43	91.35	92.97	93.51
C14	91.76	88.76	94.29	92.63	65.32	88.85	80.16	92.36	89.46	90.78	89.99	**95.82**
C15	10.35	45.69	27.87	44.04	**79.31**	61.49	31.32	28.16	43.10	26.44	43.10	44.25
C16	74.16	82.14	61.90	**90.48**	88.10	75.00	72.62	8452	92.86	77.38	89.29	89.29
OA	64.93 ±0.83	67.45 ±0.85	66.83 ±0.65	72.74 ±0.40	58.63 ±0.56	71.52 ±0.86	51.15 ±0.46	68.58 ±0.84	65.23 ±0.81	63.30 ±0.45	69.14 ±0.80	**75.80** ±0.55
Kappa	0.596±0. 0092	0.630±0. 0097	0.618±0. 0076	0.690±0. 0044	0.545±0. 0061	0.677±0. 0094	0.441±0. 0055	0.641±0. 0095	0.609±0. 0093	0.580±0. 0054	0.648±0. 0091	**0.723**±0.0 063
时间	--	1.32	10.76	**0.44**	0.48	3.16	5.94	27105.56	394.16	14574.06	756.78	50.40

图 2.10.9 Indian Pines 影像分类结果的定量评价与运行时间

总的来说，LADRml 算法将局域自适应决策约束和全局最大边缘框架测度学习相结合，充分利用有限的训练样本，采用局域自适应决策约束，根据阈值和测度学习前后的距离变化进行决策，不需要过多的参数调节，有很强的降维泛化能力。

(5)集成可区分性局域降维测度学习方法

经典的降维方法往往忽略了同类之间的相似性约束、不同类别的不相似约束，需要考虑地物分布的局域性特征。一些局域降维方法虽然考虑了地物分布的局域性特征，但是对局域近邻数目比较敏感，且受限于样本数目。

针对地物分布的局域性特征以及样本有效性不同，提出了一种集成可区分性局域测度学习(Ensemble Discriminative Local Metric Learning，EDLML)方法用于高光谱遥感影像分类。考虑到全局测度学习并不适用于所有样本数据，EDLML 算法采用局域加权测度学习方法，以每一个训练样本为中心的近邻求得局域测度，添加权重补偿函数，共线性越大的

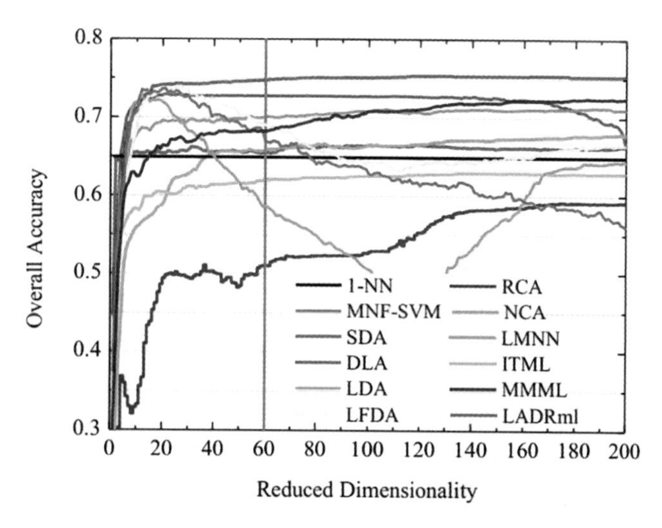

图 2.10.10 Indian Pines 影像实验中不同特征子空间维数下的整体分类精度 OA 图

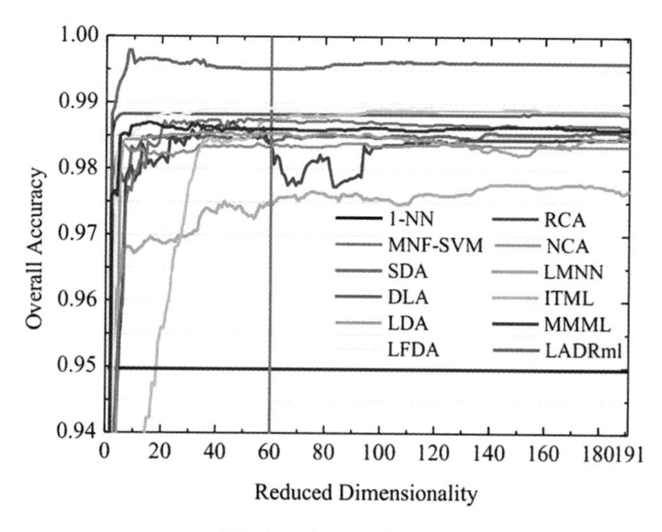

图 2.10.11 Washington DC Mall 影像实验中不同特征子空间维数下的整体分类精度 OA 图

样本权值越大，进行集成学习，最小化相似样本距离的同时最大化不相似样本距离和，得到更好的分类结果。至于算法框架，如图 2.10.12 所示，秉持“相似的越相似，不相似的越不相似”的理念，以相似目标至中心点距离之和与不相似距离和的差值建立目标函数，并寻求函数的最小值。而测度矩阵 $\boldsymbol{M}$ 可以写成降维矩阵的形式，将高维特征空间映射至低维，代入后引入加权函数，最终形成目标函数和相应的约束条件，特征分解后求得相应的降维测度矩阵，之后将数据进行投影以便于后续的分类。

实验对比算法有 LFDA、DLA、NPE、ITML、NCA 及 MCML 六种，其中 MCML 是近年提出的较好的多测度学习方法，实验数据包括 HYDICE、ROSIS、AVIRIS 三种传感器得到的遥感影像。不同的近邻样本数目得到的整体分类精度结果表明，不同的参数和取值得到的分类结果相对稳定。因此所有实验设置 $k_1=k_2=5$（k_1 和 k_2 分别为与中心样本是同类和异

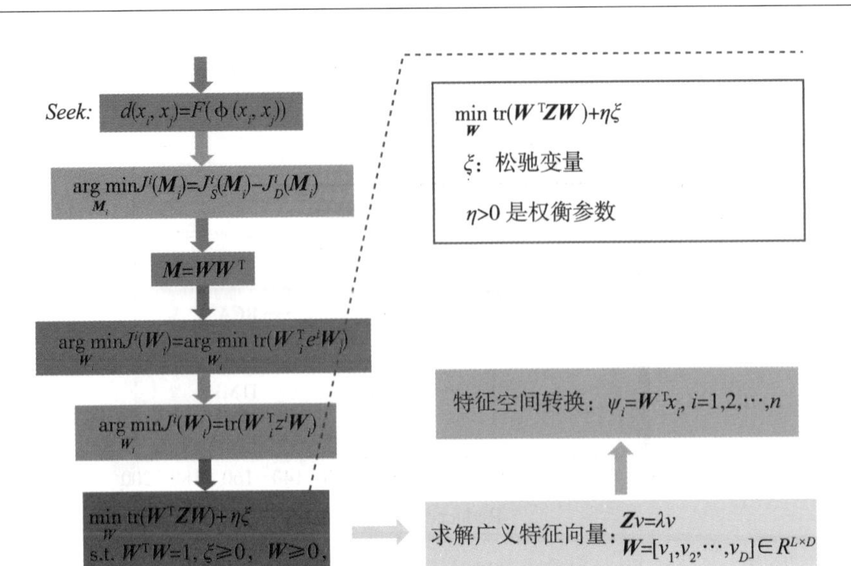

图 2.10.12 EDLML 算法的算法框架

类的近邻样本数目)。第一组数据为来自 HYDICE 的广场影像，包括 8 种地物类别，实验使用了两种经典的分类器：KNN 和 SVM，在两种分类器下，EDLML 方法都能取得较好的成果。根据影像在不同特征子空间维数下的 OA 图(图 2.10.13)，该方法能较快地收敛并趋于稳定。当维数大于 15 时，EDLML 方法比其他方法的分类性能开始明显增加，特征维数达到 25 时，EDLML 方法取得最优的分类精度，几乎在不同维数情况下一直优于其他算法的分类精度。第二组数据是来自 ROSIS 的 University of Pavia 区域影像，包含 9 种样本类别，115 个维度。EDLML+SVM 方法在大多数类别有较低的误分类率，如裸土、牧场、沥青路面等。同样比较分类精度 OA 图(图 2.10.14)，发现对于 KNN 分类器来说，EDLML 算法在维数大于 10 时，取得最好的分类结果，并在 20 时趋于稳定。尽管 EDLML+KNN 方法在维数为 5 时有良好的分类结果，但是随着维数的增加，Hughes 现象表现明显。随着

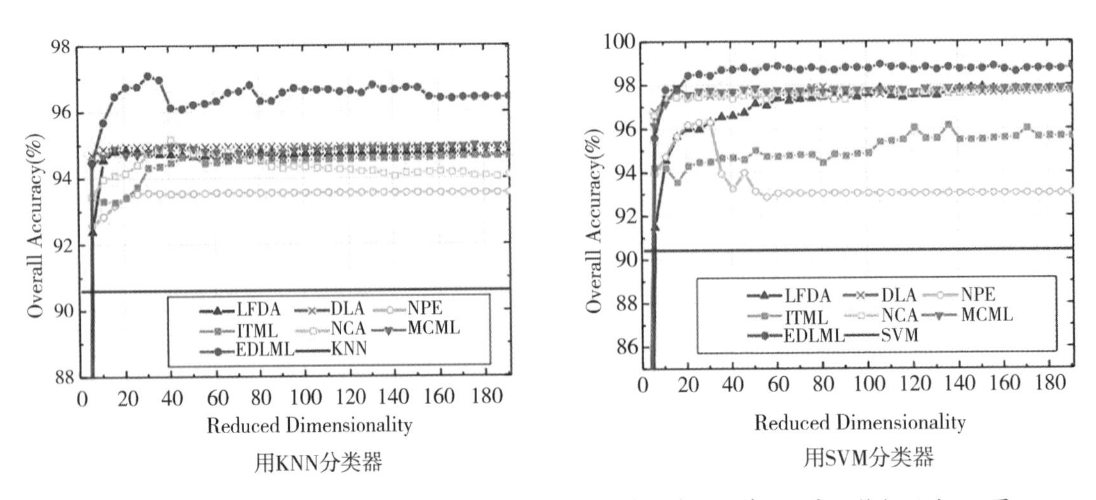

图 2.10.13 两种分类器下，Washington DC Mall 影像实验中不同特征子空间维数下的 OA 图

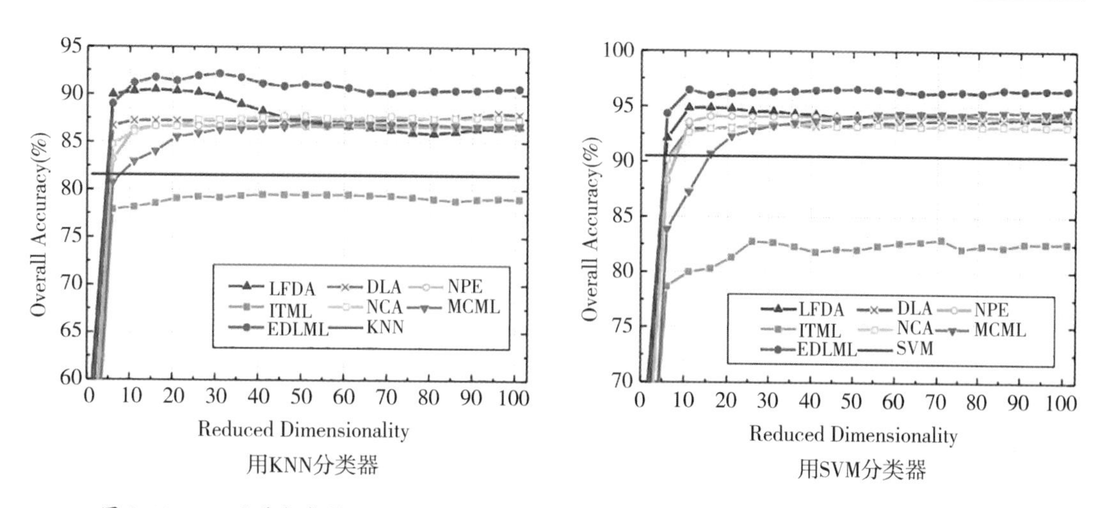

图 2.10.14 两种分类器下，University of Pavia 影像实验中不同特征子空间维数下的 OA 图

训练样本的增加，EDLML 方法的 OA 精度单调增加，在训练样本数目偏小的时候，具有更明显的分类性能优势。比较各算法的运行时间，EDLML 算法对比传统的测度学习方法具有明显的优势，时间效率稍逊于单纯的降维方法，有进一步的优化空间。

总结来说，EDLML 算法采用局域加权测度学习方法，对中心样本的近邻区域进行加权测度学习，然后将局域测度进行集成，最终得到的测度空间使相似样本距离和最小的同时不相似样本距离和最大，得到更好的分类结果。

比较上述两种算法在不同特征子空间维数下的分类精度 OA(图 2.10.15)，我们发现，EDLML 算法的分类精度稍高于 LADRml 算法，这可能是由于 LADRml 算法只对约束条件而非整体进行了局域化；而在维数较低时，LADRml 算法比 EDLML 算法的分类精度要高。

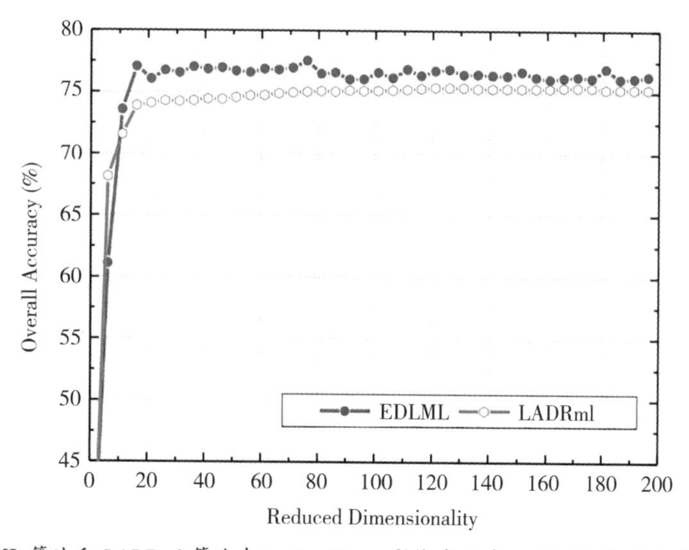

图 2.10.15 EDLML 算法和 LADRml 算法在 Indian Pines 影像实验中，不同特征子空间维数下的 1-NN 分类精度 OA 图

4. 总结

这些年我的工作内容主要集中于高光谱遥感影像处理方面的测度学习方法研究，但是实际上测度学习是一个很宽泛的概念——虽然它本身在计算机视觉之中是一个比较小众的概念，引入遥感方向就更小众了。我在想，未来可以考虑将其和其他机器学习方法进行融合，比如多特征融合，考虑影像特征、空间特征、光谱特征，再比如结合迁移学习、主动学习、深度学习等。至于我的算法，今后还可以在自动化、精度优化方面进行提高，实现具体问题具体对待。在上述已有工作基础和积累上坚持努力，继续把此方面的研究工作向更加完善和能取得更高水平成果的方向推进。

【互动交流】

提问人一：师姐你好！听了你这个报告，我觉得你介绍得很系统。你是出于什么想法做特征降维以及目标探测方面的研究的呢？另外你所投的期刊都是较好的期刊，在期刊的选择上你是如何考虑的呢？谢谢！

董燕妮：首先是我进行测度学习研究的一个驱动问题。刚入学时我的研究方向是关于高光谱遥感影像的目标探测，但这方面已经有公认的最好的方法了，我能做的很有限。在阅读大量文献之后，我发现测度学习与目标探测之间有一个共同的基底：目标探测是寻找目标与背景之间不相似的一个距离，而测度学习也是在寻找测度距离，两者之间有一定的内在联系。这就让我有了将测度学习应用于目标探测的想法。而之所以进行降维的研究，完全是因为在研究的后期发现测度学习可能更适合进行降维的应用，因为其可以转换为降维测度矩阵。

关于期刊，以我 2015 年那篇文章为例，其实我从 2012 年、2013 年就开始投稿了，也有被拒的经历。在投稿时，大家不能一开始就决定自己想要投什么期刊，而是需要先将自己的方法、应用做好做全，然后再思考什么期刊比较合适。在寻找期刊时，应考虑业内普遍认可的期刊。不要担心投稿被拒绝，毕竟期刊那么多，只要你的算法很好，总是会有接纳它的地方。所以，我鼓励大家一定要从好的期刊开始尝试，退一步来说，就算好期刊拒稿，期刊审稿人的回复意见也能让大家受益匪浅。

提问人二：你在实验中用 ROC 曲线进行评价，若两个算法曲线的 AUC 值一样，但曲线的波动程度不一样，如何评价算法优劣？此外我建议你除了考虑数值上的精度之外，还可以考虑在空间位置上是否精确并给出评价。

董燕妮：就拿我这两个实验的算法进行比较，其 AUC 值是很接近的，但是波动却不大相同。然而在目标探测时，我最感兴趣的是虚警率为 0.1 甚至 0.01 之前的情况，而当虚警为 100%时就没有考虑的必要了，因为此时探测率也为 100%。所以评价算法时，要结合一定的情况来进行评价。你的建议很好，我目前的研究确实抛开了位置，只单纯地从量纲上进行了评价，之后我会尝试从空间上进行评价的。

提问人三：我有三个问题想请教。首先，你在特征提取时主要考虑哪些特征，如何剔除相关性并进行加权融合？在实验过程中使用的数据空间分辨率很高，属于高分辨率数据，那你觉得空间和光谱哪个提供的信息更重要？实验结果中每类地物的分类精度有高有低，但是总体精度却比较高，这是什么原因造成的呢？谢谢！

董燕妮：特征选择有很多方式，我在此使用的是线性的特征选择，也就是一种特征空间的转换。在输入样本过程中，判断数据样本越相似，则权重越大，样本对测度学习的贡献就越大，这一点可以使用权值函数来实现。

对于第二个问题，虽然数据的空间分辨率很高，但是我在实验时没有利用其空间信息。算法中的局域加权是属于光谱维上的局域而非空间上的信息，利用的是不同样本间的信息。所以关于哪个信息比较重要的问题可能还需要进行别的工作来解决这个疑问。

最后，我觉得实验结果与样本的选择有关系，有些地物本身的面积相对而言较小，而我选择样本时固定为总体的10%，导致了样本数目的不同。这也就是小样本问题。

（主持人：许慧琳；录音稿整理：陈易森；校对：许慧琳、赵书珩、韦安娜）

2.11 遥感影像时序分析：算法与应用

（傅　鹏）

摘要：在本期 GeoScience Café 活动中，就读于美国印第安纳州立大学的博士生傅鹏结合他近两年在科研工作以及 SCI 论文写作过程中的经验教训，向大家分享了在时序遥感分析中的相关成果。傅鹏博士对如何充分利用时序的 Landsat 和 MODIS 温度数据产品评估城市化对城市热环境的影响做了具体探讨。同时，报告以地表温度的研究为例，介绍了如何生产高质量的时序遥感影像数据。报告最后，傅鹏博士也对听众提出的相关问题进行了解答。

【报告现场】

主持人：同学们晚上好，欢迎大家来到本期的 GeoScience Café 报告现场！今天我们很荣幸地邀请到了美国印第安纳州立大学在读博士生傅鹏来进行报告交流，为我们分享如何充分利用时序的 Landsat 和 MODIS 温度数据产品评估城市化对城市热环境的影响。傅鹏于 2012 年获华中农业大学地理信息系统专业理学学士学位，于 2014 年获印第安纳州立大学地理学硕士学位。其研究方向为城市遥感，包括多源数据融合、时序影像分析，以及城市环境变化等。目前是国际地球观测组-全球城市观测与信息项目成员。研究获得 ASPRS，IndianaView 以及印第安纳州立大学研究基金的支持。已发表 SCI 论文（含合作者）12 篇，成果见于 *Remote Sensing of Environment* 和 *ISPRS Journal of Photogrammetry and Remote Sensing* 等期刊。

傅鹏：谢谢大家！首先做一下自我介绍。我于 2012 年从华中农业大学毕业，随后在美国继续深造，攻读硕士、博士学位。其实我一开始并没有想过要继续遥感和地理信息系统相关专业的学习，然而后来尝试换专业并没有成功——这可能跟在座的一部分人的经历或多或少有些相似。

今天的报告主要是围绕着时序遥感影像，简单地给大家介绍一些我自己做的研究。以我的博士论文的研究为主，跟大家分享一下我做科研和写论文的经历。内容不算多，但如果大家听完我的报告觉得有用的话，那就是我所希望看到的结果。

另外，我做的 PPT 是英文的。因为身在国外的关系，我对很多专业名词对应的中文反而不太熟悉，所以如果大家遇到没有听懂的或者认为可以展开讨论的，可以直接举手提问。这里算是比较开放式的报告，我不介意大家直接打断我的报告来进行提问。

今天我要讲的时序分析，是目前遥感领域的一个热点。如果大家关注《环境遥感》杂志，就会发现里面有很多这方面的文章。我们在 2012 年刚开始进行这方面的研究的时候发现这方面的参考文献屈指可数，而与温度方面的研究文献就更少了。从 2008 年，Landsat 数据开源之后，有关时序影像分析的研究越来越多。刚开始时，我们做的是温度分析，而现有的研究大部分集中在光谱波段，没有涉及热红外波段。之后我们也开始尝试去做热红外波段的相关工作。我的导师的研究方向侧重于城市热岛，其中很多研究跟温度有关，包括不透水估算、分类以及方法上的创新等。因此，我们最开始也是从温度出发，希望导师可以给我们提供一些建议。

其实，早在 2000 年甚至 20 世纪 90 年代就有人开始做时序方面的研究了，但是很少有人十分细致地去研究分析时序遥感影像的趋势以及变化情况。自从 2008 年，《环境遥感》上出现了几篇关于时序遥感的论文之后，时序遥感慢慢地成为了一个研究热点。现在我们为什么要去重提时序遥感影像？接下来我提几个方面的原因，可能不是很全，供大家参考。

第一个方面是方便进行像元级别的时序影像研究。比如，我们可以拿到从 20 世纪 80 年代以来所有的武汉市 Landsat 影像，以往我们在分析这些影像时，通常是找出其中一些成像质量很好的影像(比如没有云，或者云很少)，而假如一幅影像含有 30%或者 50%的云，我们就不太倾向于使用这幅影像。但其实这幅影像也包含了一些有用的信息——比如单纯地从某个像元来看，它就是有用的。因此我们就在想，能否使用时序影像，尽量把像元所包含的信息都提取处理。比如在武汉地区的 500 幅影像中，部分影像被 90%的云覆盖，那么仍然有 10%的像元信息是可以使用的，我们很希望把这 10%的信息也提取出来。尽管就单幅影像而言，只有 10%的像元可以使用，但是从时序角度来讲，这 10%的影像像元可以贡献给总体的时序分析。以上便是第一个原因，即尽可能地使用所有的遥感影像。

第二个方面是针对采样的过程，也就是说，如果我们拿到了更多的采样，那么效果可能会更好一些。比如在分类不透水层和裸地时，可能在单幅影像中，这两种的光谱效果很接近，但是如果从时序角度来分析，就很有可能帮助我们去区分不透水层和裸地。

第三个方面是时序的变化特征的研究，包括长期的和短期的。例如做时间为 10 年和 20 年的研究，这两者的变化情况可能不太一样。从时序分析里可以分析一些趋势变化，例如温度的变化是一个长远的变化，只看短期的变化我们可能会发现效果不太明显。所以如果我们拿到 30 年的温度数据，可以去看看它的变化情况，而且遥感数据的分析和气象站站点的数据分析还是不太一样的。

最后一个方面，我们可以拿到很多关于时序遥感影像的产品。比如对于 Landsat，你可以直接拿到 30 年甚至 40 年的数据，而且它已经给你做好了辐射校正和几何校正，基本上意味着你拿到数据就可以直接使用，不需要考虑太多的问题。Landsat 做的几何校正，很多情况下都已经达到了 LT2 标准，可以直接使用。

1. 使用 MODIS 影像，探索美国本土的年温度周期变化

第一个研究是关于温度的年变化，我利用全美的 MODIS 的数据为基础来进行研究，主要是分析温度变化的趋势、分析美国是否有气候变化的特征。我先跟大家讲两个算法：在分析时序影像的时候，我们有可能拿不到很好的时序影像，比如 Landsat 的影像会有云，Landsat 7 的影像还有条带。所以跟大家讲一讲我们具体怎么用 Landsat 和 MODIS 做数据融合，生产高质量的时序影像数据，这是其中的一个算法。另一个算法是用来判断能否单纯地使用 Landsat 的数据来做研究，这样可以简化很多过程，这是我 2017 年 4 月份才完成的一项研究。

首先介绍一下为什么我们要分析温度的年变化。我们当初有一个项目是研究碳变化以及传染病，所以需要很好的温度数据，即利用每周的温度数据进行环境建模。另外一个原因是我想研究一下气候变化，最直接的方式就是研究温度的年变化，并且分析一下城市的发展对于温度的年变化、城市的热环境有什么影响，能否看到一些具体的趋势，尤其是通过 20 年或者 30 年的数据能否研究出一些变化趋势。最后一个原因就是我们在做时序影像分析时，温度的年变化也是一个可以研究的对象。

研究问题有以下几点，首先，以往分析温度的年变化的数据来源不同——在 2009 年和 2010 年的时候就有论文是做温度的年变化，但是它使用的是气象站的温度数据。我们想，能否通过覆盖范围(空间尺度)比较广的遥感影像来分析温度的年变化。另外一个问题是，我们通过一年的数据看出一个温度的年变化，即今年的温度数据有一个变化曲线，那么在第二年，这个趋势会不会发生变化？这种变化的起因又是什么？是因为气候发生了变化还是城市发生了变化？我们比较关心是什么原因导致了温度的年变化。最后一个就是研究城市对生态环境的影响。

我们关注以下几个问题，第一个是年温度变化的参数是如何变化的？增加或者减少是最直观的，但还可能会有其他复杂的变化。针对这个问题，我们进行了假设并去验证。第二个是城市化的影响，城市化对于温度的年变化的影响是怎样的？最后一个是关于不同的气候带，它的变化情况是怎样的，其实就是在找温度时序条件的空间变化情况。

图 2. 11. 1 是研究区域，包括全美的 50 个城市，例如洛杉矶、华盛顿等，我们保证每一个州最少有一个城市。西部地区被选择的城市会稀疏一些，因为西部地区多是山地，城市比较少，而在东海岸，选取的城市会集中一点。使用的数据包括 MODIS 和 2011 年版的土地利用数据(NLCD)，也包括城市的边界矢量数据。另外因为我们做的是不同气候带的研究，所以使用的数据还包括图 2. 11. 2 的数据。

下面我们来介绍一下分析方法。第一步是划分城市和农村的梯度，比如我们归类的城市中心区，不透水区域占 75%到 100%。根据不同的阈值来划分相关梯度。此外还有距离的问题，我们根据距离来划分城市和农村的梯度，从城市的中心到城市的边缘。这样划分后，可以根据影像的每一个像元值来研究温度的梯度变化。

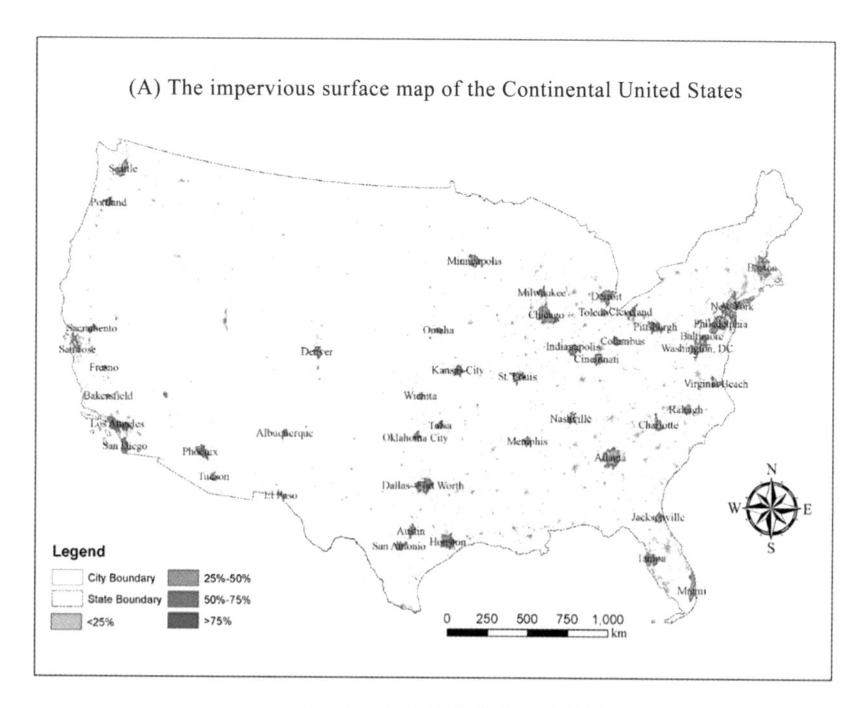

图 2.11.1 温度的年变化研究区域

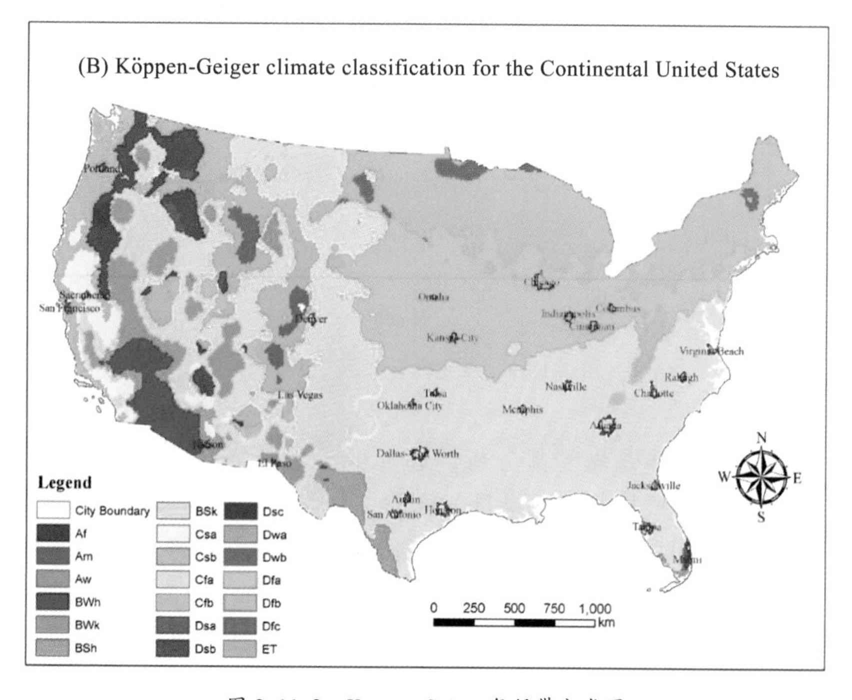

图 2.11.2 Koppen-Geiger 气候带分类图

在这个过程中，我们遇到了一个问题。NLCD 的像元是 990m 的，而 MODIS 数据是 1 000m的，所以需要做一下重采样。我并没有直接进行重采样，而是先做了一个滑窗的计算，330×330 的窗口，再进行重采样来提高精度。

随后就是建模部分。这部分其实比较简单，对于在座的各位而言难度应该都不算大。建模的结果是如图 2. 11. 3 的一个正弦曲线。这是因为它是从傅里叶变换而得来的。对于任何时序变化，我们都可以用傅里叶变换来模拟——哪怕是一条直线也可以用正余弦来拟合。这里也是使用的这种方式，不同之处在于，这个模拟的结果具有一定的实际意义和物理意义，也就是说温度确实是有周期变化的。在建模中，根据公式 $\mathrm{LST}(d) = \mathrm{MAST} + \mathrm{YAST} \times \sin(2\pi d/365 + \theta)$，主要需要分析三个参数：第一个参数是振幅，第二个参数是相位，即相对于春分点，它的相位是如何变化的，第三个就是这条曲线所代表的年平均温度。根据这三个参数可以分析温度的年变化情况。

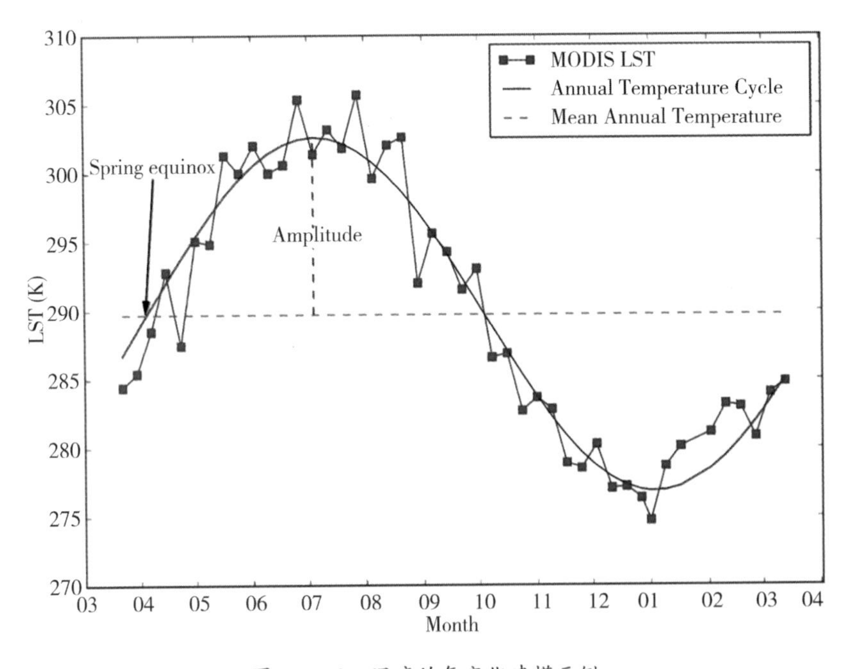

图 2. 11. 3　温度的年变化建模示例

在方法部分，第一步是做趋势分析，这一步也是比较简单的，主要是做线性回归，看每一个参数它的线性回归效果是怎样的，是否有变化，具体是增长还是减少，这些都可以根据线性回归进行简单的判断。因为部分城市跨越多个气候带，我选取了 28 个城市而舍弃了其余 22 个。比如华盛顿特区，城市区域比较大而且跨了两个气候带，在分析的时候就会去除气候带的影响。我们希望针对每个气候带可以单独地找一些城市进行比较，这样效果会比较好一些。表格 2. 11. 1 就是这 28 个城市分别代表的气候带。

表 2.11.1　　　　美国本土 **28** 个人口稠密的城市地区的气候带划分

Climatic zone	Cities
Aw：Tropical wet and dry or savanna climate	Miami FL
BSh：Hot semi-arid climate	Tucson AZ
BSk：Cold semi-arid climate	Denver CO，Las Vegas NV
BWk：Cold desert climate	EI Paso TX
Cfa：Humid subtropical climate	Tulsa OK，Oklahoma City OK，Dallas-Fort Worth TX，Austin TX，San Antonio TX，Houston TX，Memphis TN，Nashville TN，Atlanta GA，Jacksonville FL，Tampa FL，Charlotte NC，Raleigh NC，Virginia Beach VA
Csa：Hot-summer Mediterranean climate	Sacramento CA
Csb：Warm-summer Mediterranean climate	Portland OR，San Francisco CA
Dfa：Humid continental climate	Omaha NE，Kansas City KS，Chicago IL，Indianapolis IN，Columbus OH，Cincinnati OH

图 2.11.4 是对部分结果(白天数据)的分析和展示。其中，图 2.11.4(A)反映美国本

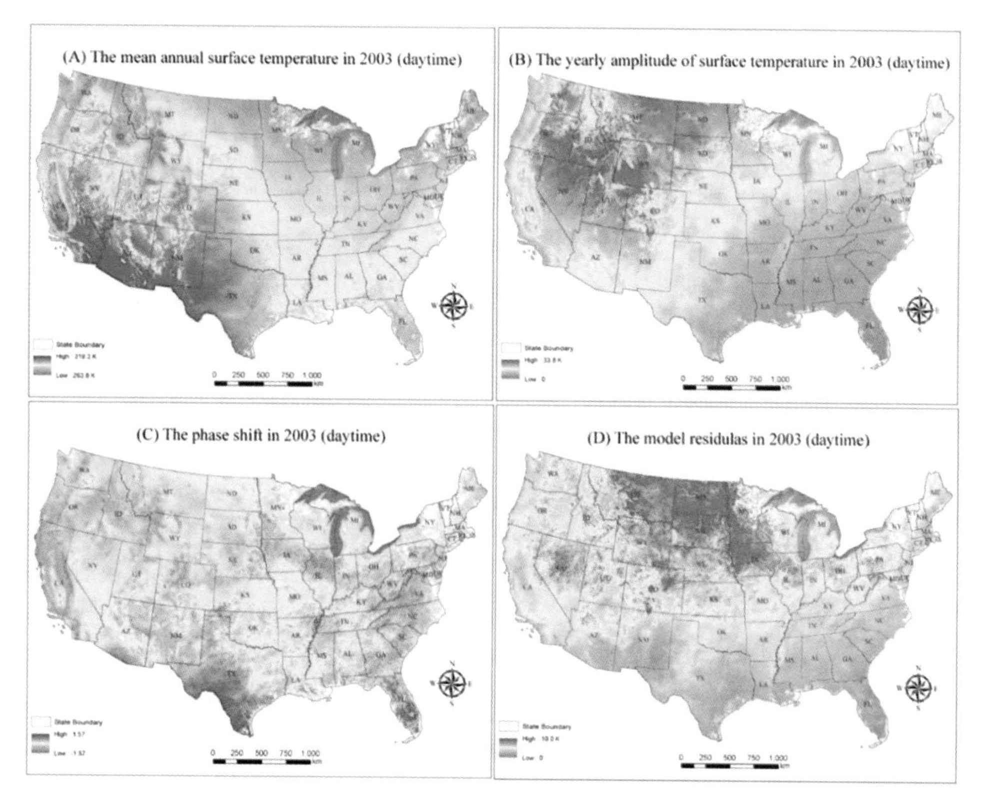

图 2.11.4　温度的年变化建模结果图(白天)

土的年温度变化情况，是2003年的年平均温度。我先选取了某一年的数据进行实验，后续再进行相关的时序分析。在这个图上大家可以看得比较清楚，但是我也花了很长的时间来对这个结果进行文字表述。大家在写论文的时候，很重要的一点就是怎么呈现结果，很多的人可能算法以及数据处理做得比较好，其实怎么把结果呈现好也需要多下功夫。比如图2.11.4中，除了常见的空间分布之外，高值、低值的变化情况等也不要遗漏。在这里我有一个结论，年平均温度的最高值一般是在西南部，这里比较干旱，比如亚利桑那州，它的旁边有着不少的沙漠。可以看出，图2.11.4是比较符合实际的，说明建模的效果比较好。

同样，图2.11.5是夜晚数据的结果。MODIS提供白天和夜晚的数据，它们都可以拿来进行分析。可以发现，它们的结果还是有很大不同的。这部分的难点在于如何解释白天和夜晚中温度不同的分布情况。

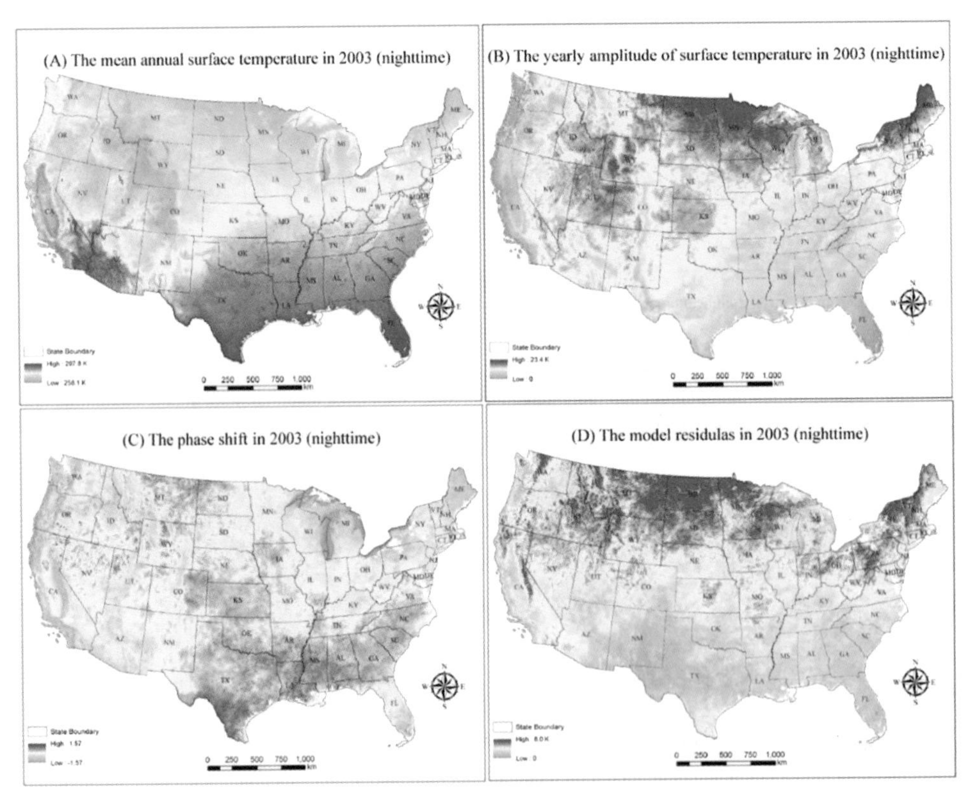

图2.11.5 温度的年变化建模结果图(夜晚)

第二个结果是关于年温度参数的时序变化情况。我们做了线性回归来观察温度趋势，结果表明并不是所有的像元都有趋势变化。在图2.11.6中，黄色的像元是很稳定的像元，代表的区域基本上没有什么变化，红色的是正值变化，绿色的是负值变化。根据图2.11.6可以比较简单地看出来哪些地方的温度变化比较大。

第三个结果是50个城市的温度变化随不透水层的比例(fraction)而变化的情况。如图

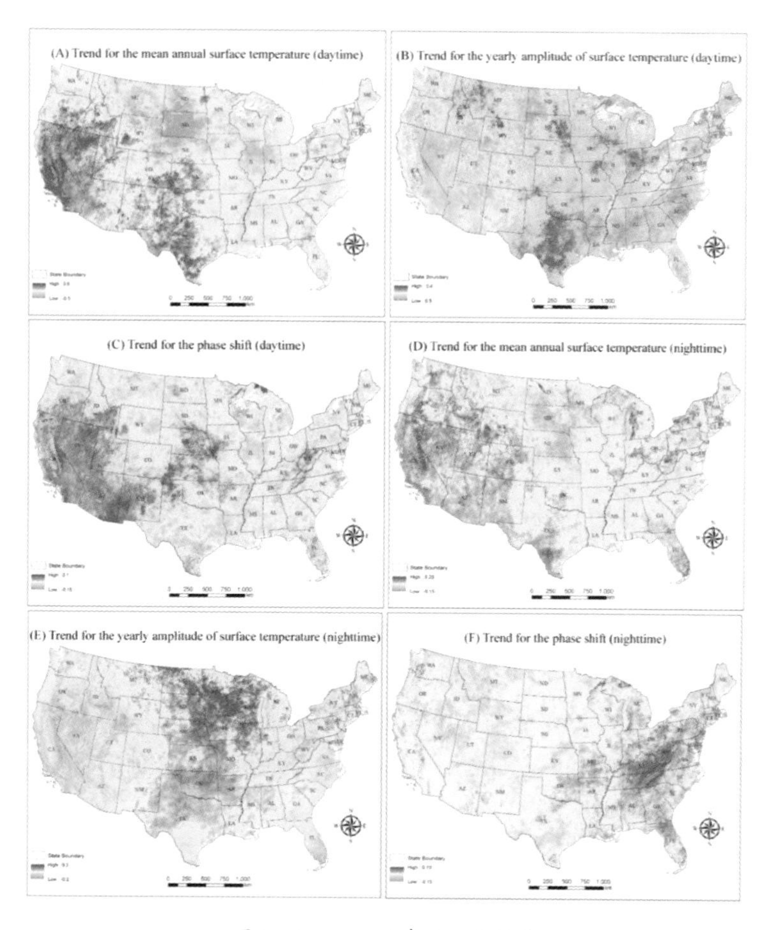

图 2.11.6　ATC 参数变化趋势

2.11.7 所示，横轴是不透水层的比例值，纵轴是温度年平均分布和振幅。由图可见，温度变化的基本趋势还是随着不透水层的增加而增加。在大部分情况下，不透水层的面积越大，温度变化也越大。当然，也有一些例外，针对这些例外，需要做出异常值的解释。比如拉斯维加斯所在的内华达州，它城市的树木远比周围农村的树木多得多，所以该城市的温度比农村的温度要低。通常情况下，例如武汉市，城市的温度会比附近郊区的温度高。但是在内华达州，很多情况下你会感受到城市中心的温度比较低，因为城市里有很多的树，而周围是沙漠，所以农村的温度会更高。而且内华达的农村昼夜温差比较大，城市内部的昼夜温差反而会小一点。这就是因为气候情况不一样而存在的偏差，这需要定位到具体的城市，根据这个城市的情况进行分析。有些时候情况比较简单，有些时候情况则会比较复杂。

第四个结果是关于年温度参数在不同的气候带的变化情况。大家看表 2.11.2 的结构就可以大致明白我做的过程。我们主要是在每一个不同的气候带分析年平均温度参数是如何变化的，进而分析城市变化究竟对温度有没有影响。我们也得出了相应的结果：气候带对年平均温度参数的变化是有影响的。根据相关的统计分析，城市气候带不同，年平均温

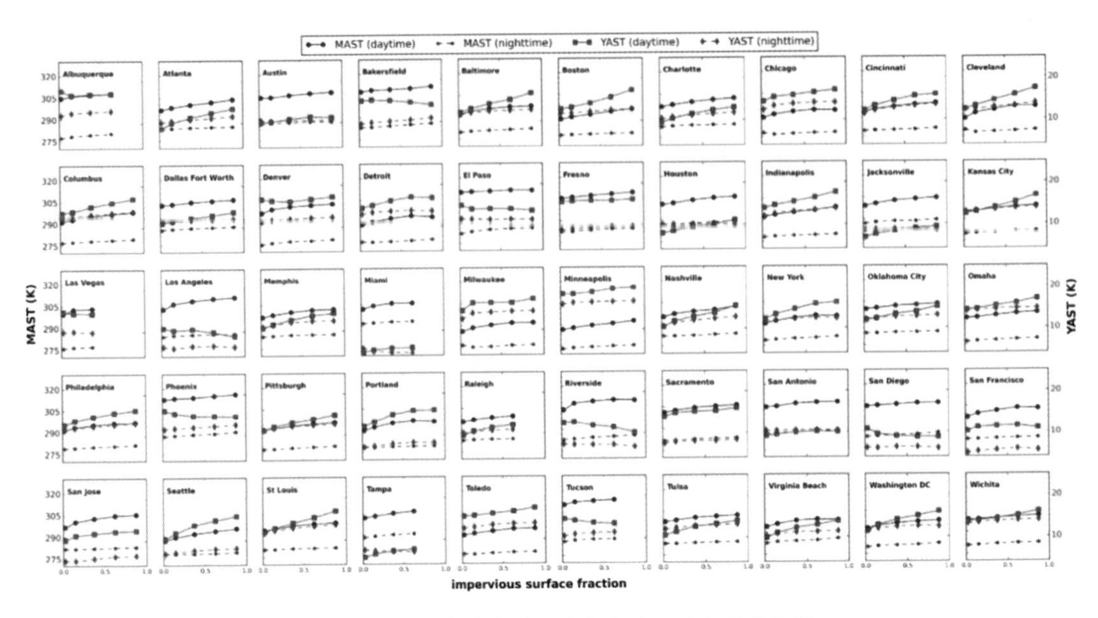

图 2.11.7　50 个城市的温度变化随不透水层变化图

度参数的变化也有着明显的不同。此外，相位在白天和夜晚的数据在不同的气候带都是有明显差异的。

表 2.11.2　　　　年平均温度参数在不同的气候带的变化情况

Climatic zone	ATC parameters	Daytime				Nighttime			
		Suburban	Urban2	Urban1	Urban core	Suburban	Urban2	Urban1	Urban core
Aw	MAST	2. 1	3. 9	4. 0	N/A	0. 4	1. 2	1. 4	1. 7
	YAST	0. 6	1. 1	1. 2	N/A	−0. 2	−1. 0	−1. 1	−1. 2
	Phase	−0. 03	−0. 05	0. 04	N/A	−0. 08	−0. 13	−0. 15	−0. 14
BSh	MAST	1. 8	2. 6	3. 4	N/A	1. 0	1. 7	1. 9	N/A
	YAST	−0. 3	−0. 9	−1. 2	N/A	0. 5	0. 7	0. 9	N/A
	Phase	−0. 05	−0. 02	−0. 04	N/A	0. 02	0. 03	0. 04	N/A
BSk	MAST	2. 8	4. 0	5. 3	6. 2	0. 9	1. 6	2. 6	3. 4
	YAST	−0. 3	−0. 5	0. 1	0. 6	0. 3	0. 7	1. 0	1. 1
	Phase	0. 04	0. 06	0. 09	0. 08	0. 02	0. 03	0. 05	0. 06
BWk	MAST	0. 4	0. 8	1. 4	1. 5	1. 2	2. 6	3. 3	4. 6
	YAST	−0. 9	−0. 8	−0. 8	−1. 3	0. 0	−0. 2	−0. 1	−0. 2
	Phase	−0. 01	−0. 05	−0. 08	−0. 05	0. 03	0. 04	0. 05	0. 05

续表

Climatic zone	ATC parameters	Daytime				Nighttime			
		Suburban	Urban2	Urban1	Urban core	Suburban	Urban2	Urban1	Urban core
Cfa	MAST	1.2	3.0	4.1	5.0	0.5	1.1	1.5	1.9
	YAST	0.8	1.7	2.4	3.2	0.3	0.5	0.7	0.9
	Phase	0.02	0.04	0.05	0.06	-0.01	0.00	0.00	-0.01
Csa	MAST	1.5	3.4	4.3	5.1	0.6	1.3	1.6	2.1
	YAST	1.1	1.2	1.4	2.0	0.4	0.6	0.6	0.9
	Phase	0.03	0.10	0.13	0.14	-0.01	0.01	0.01	0.02
Csb	MAST	2.4	4.8	6.6	6.1	0.2	0.7	0.9	1.2
	YAST	1.1	1.0	2.6	2.4	0.3	0.8	1.1	0.9
	Phase	0.06	0.16	0.21	0.22	0.05	0.06	0.08	0.06
Dfa	MAST	1.3	3.1	4.4	5.3	0.3	0.8	1.3	1.8
	YAST	0.6	1.5	2.5	3.4	0.6	1.0	1.3	1.6
	Phase	0.01	0.02	0.03	0.03	0.01	0.01	0.01	0.01

针对温度的年变化，我们来进行一个简单的讨论。我在写这部分内容的时候，其实也花了很多心思和时间。很多情况下结果会存在一些异常值或者一些不符合预期的值。这些值也并非是你处理错误或者数据有问题，通常这些异常可能是和一些真实情况相关联。有很多时候，这些异常值我们也解释不了，就放在讨论部分，比较笼统地来概述一下存在异常值可能的原因。下面是一些比较直观的讨论，第一，城市的发展对于年温度的变化是有影响的，三个参数对于不透水层的响应是不同的，主要还是以年温度变化和振幅的响应为主，相位的变化则比较少。在我们之前的研究里发现，相位主要是反映土地的覆盖类型。第二，整体看来，城市的变化对于温度的变化会有一个加强的作用，但也存在一些异常值，这主要体现在城市区域的振幅变化。第三，气候带对温度的年变化是有影响的。

在这部分，有一些值得一提的结论：ATC 参数可以用来做一些趋势的变化，比如识别气候变化和城市的气候影响，城市规划可能会需要这方面的数据。

2. 通过 Landsat 和 MODIS 数据融合，生成日陆地表面温度

接下来是第二部分内容，使用 Landsat 和 MODIS 提供的数据来进行数据融合。这其实也是来源于我们当时做的研究，即能否用温度数据来做地表的能量。也有研究用这个数据来做气候变化，但我认为效果并不算很好。我们组有一个师姐，经常需要我帮她做这些数

据，后来我们导师就问我能否开发一些算法来处理这些数据。

研究的问题主要是难以找到高空间分辨率和时间分辨率的热红外影像，再加上温度和许多参数都有关系，比如 NDVI 以及不透水层，因此我们就先做了一些关系的建立。1 000m的数据可以做一些统计关系建立，30m 的数据也可以做一些统计关系建立，再把30m 的数据联系到1 000m的数据上去，这样子可以提升数据的空间分辨率，也可以提升影像的时间分辨率，比如对于地球同步卫星而言，它每隔 15 分钟拍摄一幅影像，但它的空间分辨率是 5km，即时间分辨率很高，空间分辨率很低。用这个方法也可以把地球同步卫星 5km 的数据处理为 1km 的数据，同时保证它的时间分辨率不降低。这个方法处理的数据，效果很好，并且已经有了实际应用。

其实我们做的是数据的融合，希望可以通过数据融合进行一些改进。这个算法来源于2006 年的 STARFM，不知道在座的各位有没有听说过这个算法。这个算法之前做的是反射率的融合，拿 MODIS 的反射率数据和 Landsat 的反射率数据进行融合。举例来解释我们的算法，比如现有第一天和第四天的数据，但是需要第二天和第三天的数据，这个算法就是用配对的 MODIS 和 Landsat 第一天和第四天的数据，来预测第二天和第三天的数据。所以它的输入数据就是成对的 Landsat 和 MODIS 数据，用这些数据来进行算法的开发。我建议大家去看这个算法的原文，公式比较多，比较复杂。

我利用洛杉矶的影像数据来进行实验。在当时的情况下利用 MODIS 的数据，以及 Landsat 的数据(均提供了表面反射率的产品)进行融合。表面反射率的数据经过了几何校正和辐射校正，可以直接用于分析。

这篇论文很大一部分内容是在写算法的理论基础，我们的算法是从 STARFM 发展过来的，也按照 STARFM 来写了理论基础。在理论基础部分，我们融合了温度的年变化并做了一定的改进。这部分内容主要包括两种情况：第一种是 a homogeneous pixel(同质像元)，在对同质像元的处理情况下，Landsat 和 MODIS 的数据应该是一致的。同类地物并且是同质像元的话——比如说都是植被——Landsat 和 MODIS 的反射率应该是一样的。理论情况下是这样，当然实际情况可能并非如此。基于这个理论，可以直接把 Landsat 和 MODIS 的数据连接起来。还有基本上是同一类型的相邻像元，距离比较近，做了窗口计算之后的数据，可以做一个回归。第二种就是 a heterogeneous pixel(异质像元)，可以把它看成是不同的同质像元的组合，再把它代进公式里做推导。这两种情况算出来的公式很相近，所以我们就先做了归纳。

图 2. 11. 8 是 Landsat 和 MODIS 的数据融合的流程图。第一步是预处理，使数据对匹配，包括分辨率的匹配、辐射校正等。然后寻找数据对中相似的像元，分别在不同的窗口中进行寻找。它有一定的计算方法，包括距离、不同波段的反射阈值，以及像元与中心像元的相关性有多大。找到相似像元后，可以计算不同的像元所占的权重，其实就是将它们叠加起来，然后计算回归系数，从整体上来看 Landsat 数据和 MODIS 数据的关系。最后一步是用分析好的权重，将 MODIS 数据转化为 Landsat 数据，就可以拿到有 Landsat 空间分辨率和 MODIS 时间分辨率的数据。这就是这个算法的核心。总体而言就是三步：预处理、寻找相似像元并计算权重、系数转换。

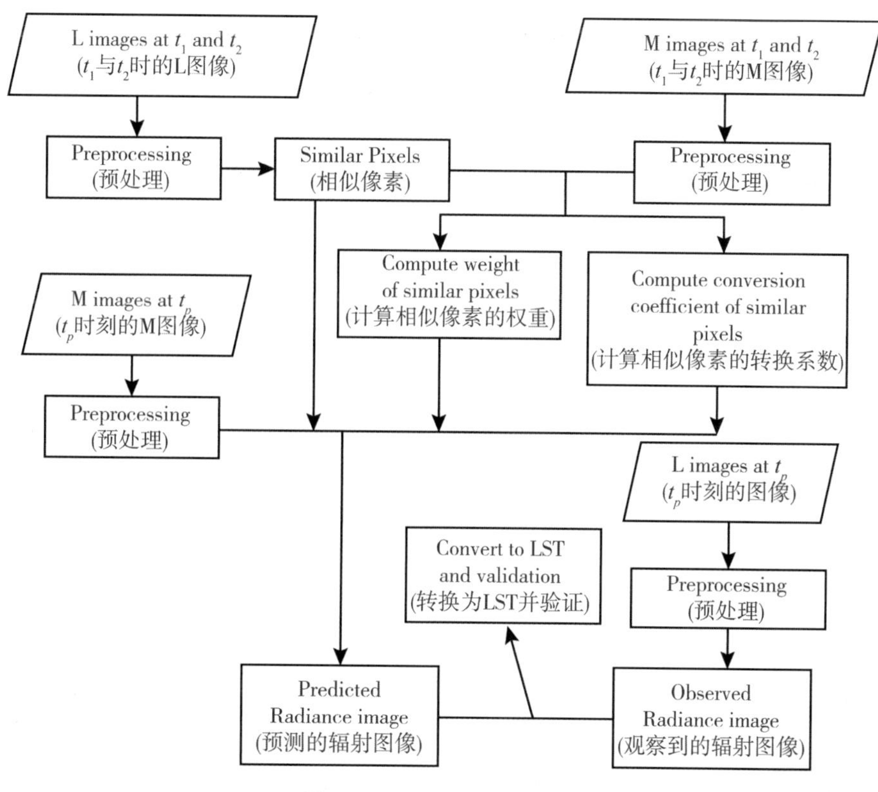

图 2.11.8　SADFAT 流程图

图 2.11.9 是我们计算的部分结果。我当时计算了 5 幅影像，具体来说，是用 2005 年 6 月 24 日和 2005 年 10 月 14 日的两幅 Landsat 影像和 MODIS 影像进行融合，来预测中间的日期。我们选择了 4 个中间的日期，预测日期的选择尽量保证能找到很好的 Landsat 影像，以便后面进行比较，做一下算法评估，看看效果如何。可以看出来，效果还是比较好的。

图 2.11.10 是一些散点图。可以看出来，整体是在 1∶1 的线上的，效果是比较好的。后来我们就直接拿这些数据来做传染病的环境建模分析。

这个算法的好处在于，我们有之前的温度的年变化数据，直接将温度的年变化融合进这个算法里，来看它的非线性变化。以往的算法都假定年变化是线性的，而我们将它的非线性变化特征化。另外一个好处是我们得到了异质像元的光谱分析，这对于预测也是有好处的。基于我们得到的结果，预测的效果还是很不错的。但是这个算法还存在一些问题，比如云的问题——在刚才的结果图里空缺的部分就是因为存在云而导致的。另外，Landsat 7 存在条带现象，这部分数据如果不填补的话，是没有办法通过算法得到的。因此使用 Landsat 7 数据的话，第一步就是填补条带，但是填补也有填补的问题，大家可以去看一下相关的论文，有很多这方面的研究，这个算法并不能做这部分的工作。最后一个缺点是如果土地发生了变化，我们的预测也是不行的。我们在做这个算法时，有很多的假定条件，比如假定像元在预测期内是没有发生变化的、假定趋势是按照算法计算的结果发

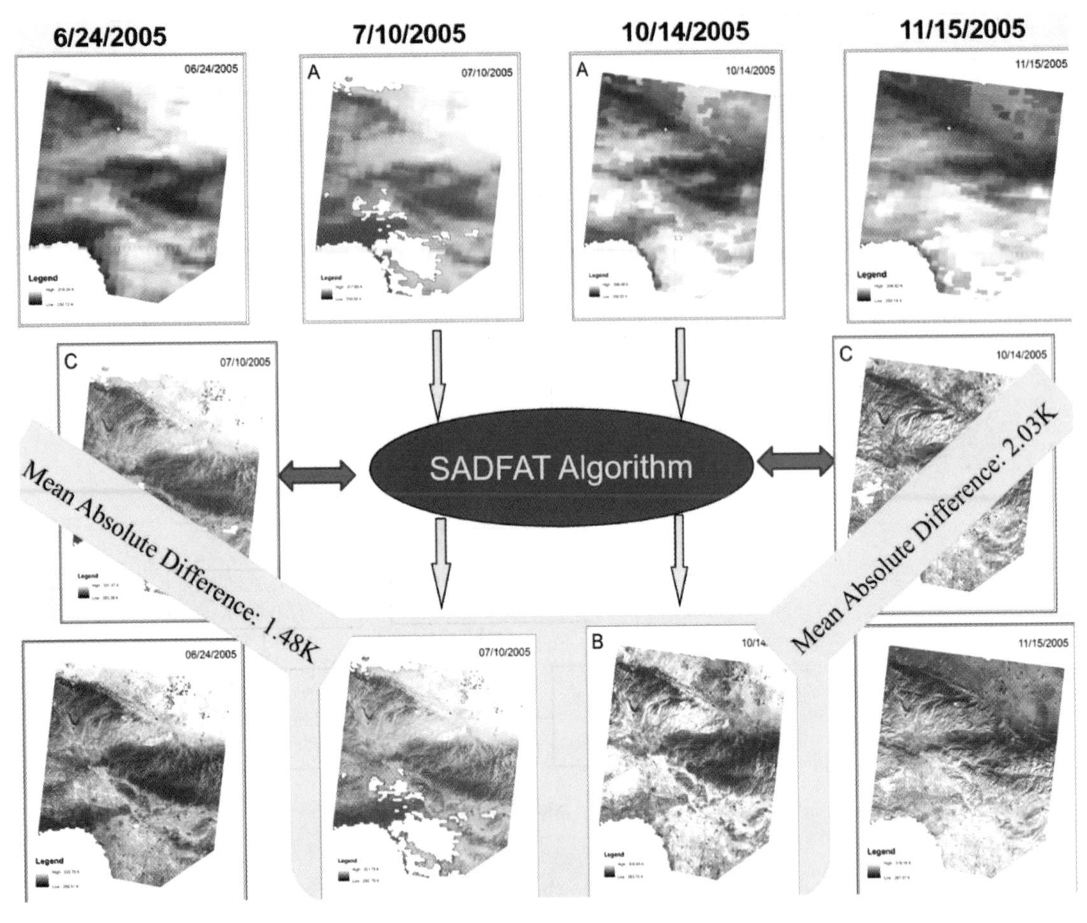

图 2.11.9　数据融合部分结果图

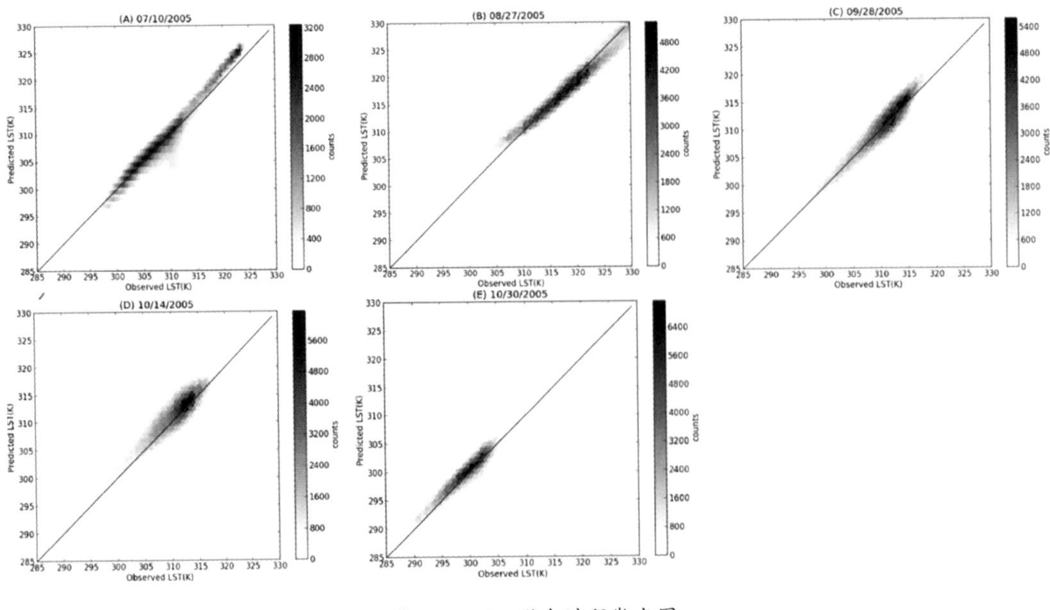

图 2.11.10　融合过程散点图

生变化的，并没有考虑到很多城市存在的异常值。简单而言，我们如果选定特定的城市来做的话，效果比较好，但是通用性的问题有待进一步考察。如果大家留意的话，从2014年开始就有很多这方面的论文，包括综述性的论文、算法性的论文，都是在做改进。STARFM算法是从2006年开始出现，真正热起来是在2010年。到现在，光谱反射率的融合方面的文章至少有几十篇了。我有一个同学也是从这个算法着手研究的，博士毕业的时候，挂名该算法相关的文章至少有15篇。后来我们也是按照他的模式来做的，而且效果确实不错。所以现在也有很多人按照这个方法去生产高质量的遥感数据来做分类，比如需要某一天的数据，但是当天的影像数据上又有很多云，没有办法直接使用，就可以用这个办法来间接生产当天的数据。

3. 基于Irregularly Spaced Landsat图像的地表温度数据一致生成

接下来是最后一部分内容。这部分内容和刚才很多同学提的问题有关系——能否预测长期的数据。刚才的第二部分内容的算法只能预测短期数据，另外，我们在做融合的时候发现，这个算法其实很复杂，计算量很大。我当时在做数据融合的时候，计算机运行一幅影像需要两三天的时间，这其实已经算比较短的了。后来我用计算机运行整个地区的500幅影像的时候，我的计算机已经运行不了了。我就向学校申请能否帮我做一些大型计算。这里发生了一个很有趣的故事，我当时是向我们学校的Computer Science Department(计算机科学部门)申请使用他们的电脑，因为用他们的计算机来运行算法，大概一两天就可以结束。他们同意后，我就在他们的电脑上运行我的程序，结果就是每次我的程序一开始运行，他们就会发邮件告诉我，我的程序被kill(终止)了。主要是因为我的程序非常地占用计算资源(系统设置了个人资源占用上限)。

最后的这个研究并不是做数据融合的，但和数据融合的目的是一样的——生产高质量的时序遥感数据，包括填补云和预测长期的变化。在这部分，我们希望能够挖掘时序遥感数据的价值，通过开发一个研究框架来利用时序遥感数据，做城市热岛的评估，或者估算土壤的湿度等。美国农业部有一个专门的遥感实验室，他们也联系过我们，问我们能否给他们提供数据来研究土地干旱，这也是一个应用。

提出这个研究的背景是，其一，如果现在想要拿到时序遥感数据，还是需要自己计算得到。其二，刚才跟大家提到过的可以在时间和空间上建立联系。其三是刚才所说的，融合算法只能用来进行短期预测，而且算法比较复杂。因此我们希望再开发一个算法，仅仅利用Landsat的数据与插值法，就得到每一个月或者每一个星期的变化。还有能否针对土地发生变化的情况进行预测，比如5年前这里是农田或者裸地，5年后变成了建筑物，如果我们拿到的两幅影像正好处在边界时间，那么预测就不太准确了。但是如果我们用时序30年的数据来预测的话，可能效果会好一些。因为我们在时序里边包含了这部分信息，我们所需要做的是把这部分信息挖掘出来。最后一个是年变化趋势，我们可以看到美国至少有50%的像元有增长或减少的趋势，两年可能只有0.1的变化，十年有0.6的变化，其实影响已经很大了。

所以这部分整体的目标，第一是开发一个算法来生产高质量的时序数据，第二是评估一下哪些因素可能会影响这个算法的效果，并加以改进。

研究选用北京作为研究区域，这里有一些矢量数据是我自己矢量化的。我没有找到关于西城与东城的行政规划区域，于是就根据谷歌地图做了矢量化。我并没有计算每一个区域的变化，因为我觉得它的影响不大，仅仅是做了一个参考。另外我也拿到了北京三环的数据，因为我需要计算城市热岛，这需要界定城市中心和城市郊区的边界作为依据。此外，因为北京的变化很快，我们还找到了一些中国学者提供的数据。当时我还特地去看了很多关于北京的温度变化情况、发展对于城市热岛效应之类的中文文献。这些文献不难找，因为很多人的相关研究都是以北京为对象展开的。

我们得到了北京区域的512幅影像，时间从1984年持续到2011年。1984年之前的数据，或者是质量不太好，或者是没有经过辐射校正，因此被排除在外。这里并没有包括Landsat 8的数据，因为我们比较担心使用Landsat 8的数据来计算温度效果会不太好，所以并没有做这方面的验证，主要是使用Landsat 5和Landsat 7的数据来进行研究的。选取影像的时候有一个标准，云的覆盖必须小于90%，因为如果是100%，这幅影像确实一点用处都没有了。当然，90%这只是一个参考，你也可以提升一下，比如到95%。另外，我们得到的数据是经过辐射校正的产品，可以直接使用。我们先使用单窗算法计算初始的时序温度，尽管还有云覆盖，我们也依然可以用这种方法进行初始的计算，后面再对云进行排除。最后一部分是验证数据，就是气象站的数据。这些数据是从中国国家气象局得到的，他们收集了反映地表温度每小时的变化情况的数据。

图2.11.11是这个算法的流程图。第一步就是先使用单窗算法计算一个初始的时序影像。然后做一个过滤。有一些图像质量不符合，比如计算出来后发现温度偏高——我之前算过一些区域的温度可以达到350K，换成摄氏温度之后有70~80℃，这是不合理的——就可以把这些不符合实际情况的影像剔除掉，这部分虽然也有主观因素，但还是要根据实际情况进行考虑。然后我们又做了Temporal segmentation(时间分割)，目前这部分也是时序分析的一个热点，比如这个时序有十年的影像特征，在十年间某一个时间点，可能发生了土地变化，那么你去看它的遥感影像时会发现突变。例如从2007年之后，某一个像元从农田变成了建筑物，这种突变如何被识别呢？观察时序特征，我们会发现有高有低，能否在这一步把这些突变给识别出来。尽量能够把一个30年的时间分割成几段，每一段能代表一种地物。关于Temporal segmentation，也有很多人在做分类，如果大家感兴趣的话，可以去做一下这方面的研究，因为这也算是时序遥感里的一个难点。在时间分割之后，我们又做了一些建模。一个是刚才我们看到的年温度变化，另一个是趋势变化，即我们从几十幅影像里估算一下趋势变化是怎样的。最后一个步骤是在做完建模之后，跟原始数据相比，它其实还是有残差的，拟合效果并不会特别好。比如我们得到了年变化和趋势变化再做拟合，会发现还是会有2~3K的残差。这一部分我们归因于天气的变化，像天气一样存在一种随机模式。对于这种随机模式，我们也想尽可能地去特征化它们。因此这里就使用了一个贝叶斯的方法——高斯过程回归。这个大家也可以去看一看。早在2006年，MIT出了一本书，对于这个方法介

绍得很详细。把这几个部分加起来，即每天的变化加上建模部分，再加上回归之后的变化，就可以得到我们认为称得上是高质量的时序影像。

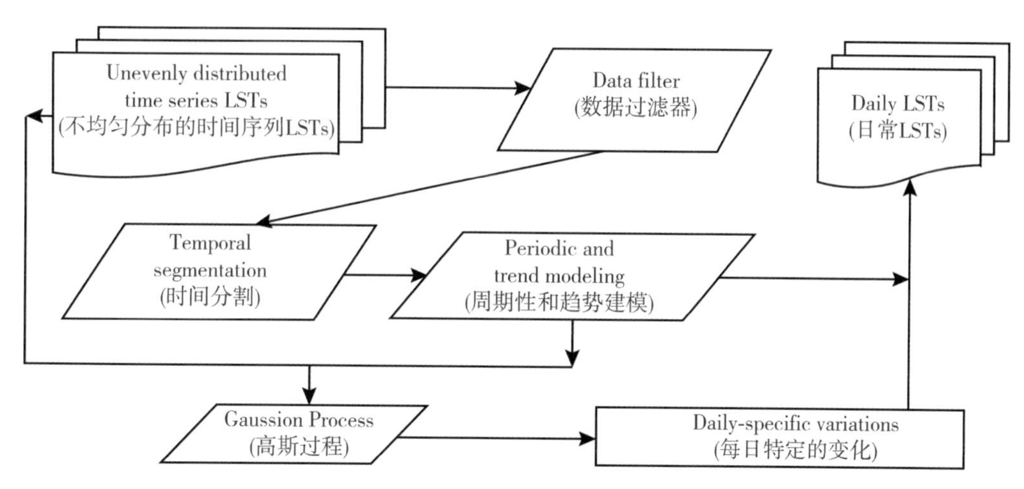

图 2.11.11 地表温度数据生成流程图(DELTA 算法)

下面我给大家详细讲一下每一步的过程。第一步是过滤，即保证每一个像元的像素值是合理的，不管是光谱值还是温度值都在合理的范围之内，温度值要在 250~350K 之内。第二步是关于 Temporal segmentation，我们主要沿用了之前研究学者的方法，即用一个方程来拟合光谱值。这个方程拟合的时候至少需要 6 个时序值。基本的原理则是将模型预测值与实际观测值相比较。比如用从 1984 年到 1990 年的值来预测 1991 年的值。如果 1991 年的实际值在方程拟合所预测的范围之内，便认为没有发生变化。继续往后推，预测 1992 年、1993 年、1994 年、……如果发生变化，则开始分割。分割之后把这一部分孤立出来，再重复上面的过程，继续计算下一部分，直到没有任何变化，整个算法就完成了。这一部分把一个 30 年的时序影像分割成了几段，分割的段数取决于它变化了多少次。最后一步是建模，一个是周期的，另外一个是趋势的，即一个是年温度变化，另外一个是趋势变化。还有一个是随机变化情况，这部分用周期变化和趋势变化模型都无法特征化，我们就用了一个概率性的模型来拟合，找一个概率性的方程来推算随机变化。输入温度的残差和每天的日期，可以产生每天随机变化的残差。把周期变化、趋势变化和随机变化叠加起来，便可以通过已有的数据来估算没有的数据。

我们按照这个算法做了计算。表 2.11.3 是计算结果。根据气象站点提供的数据，预测 2008 年、2009 年和 2010 年的值，我们来看一下具体的效果如何。我们计算了每一个气象站提供真实值的相关系数和我们预测的相关系数以及标准差。我们使用三年的时序数据来做比较。气象站的数据是以一个小时为时间间隔的。整体看来我们预测的效果还不错，误差可以控制在 3K 以下。这个效果是我们最初并没有预想到的，因为起初我们使用 500 多幅影像来计算，猜测效果有可能特别差，但是实际的效果确实比较好。

表 2.11.3　　　　根据卫星数据的 LST 精度评估结果表

Station	Correlation Coefficient	Mean Error (K)	Mean Absolute Error	Land cover Type
S1	0.94	-0.9	2.4	Impervious surface
S2	0.94	-0.8	2.7	Forest
S3	0.89	0.4	2.4	Cropland
S4	0.98	-2.5	2.8	Impervious surface
S5	0.96	-0.1	1.8	Grassland
S6	0.92	-1.0	2.3	Impervious surface
S7	0.98	-0.6	2.5	Impervious surface
S8	0.80	-0.3	2.5	Impervious surface
S9	0.95	-0.8	2.4	Impervious surface
S10	0.87	-0.6	1.8	Forest
S11	0.92	1.4	2.1	Impervious surface

图 2.11.12 也是我们做的评价结果。具体是计算一年 365 天中每一天的变化情况如何，这幅图相当于一年中从第 1 天、第 2 天一直到第 365 天的情况，用来观察整体的效果如何。其实它有一些地方的误差是比较大的，(A)(B)(C)(D)四幅图的均值都是 3.4K 或者 3.5K，但依然有一部分误差是高于这些均值的。整体而言，我们还是以平均值为准，使用 500 多幅影像可以得到这个结果，其实效果还是很不错的。

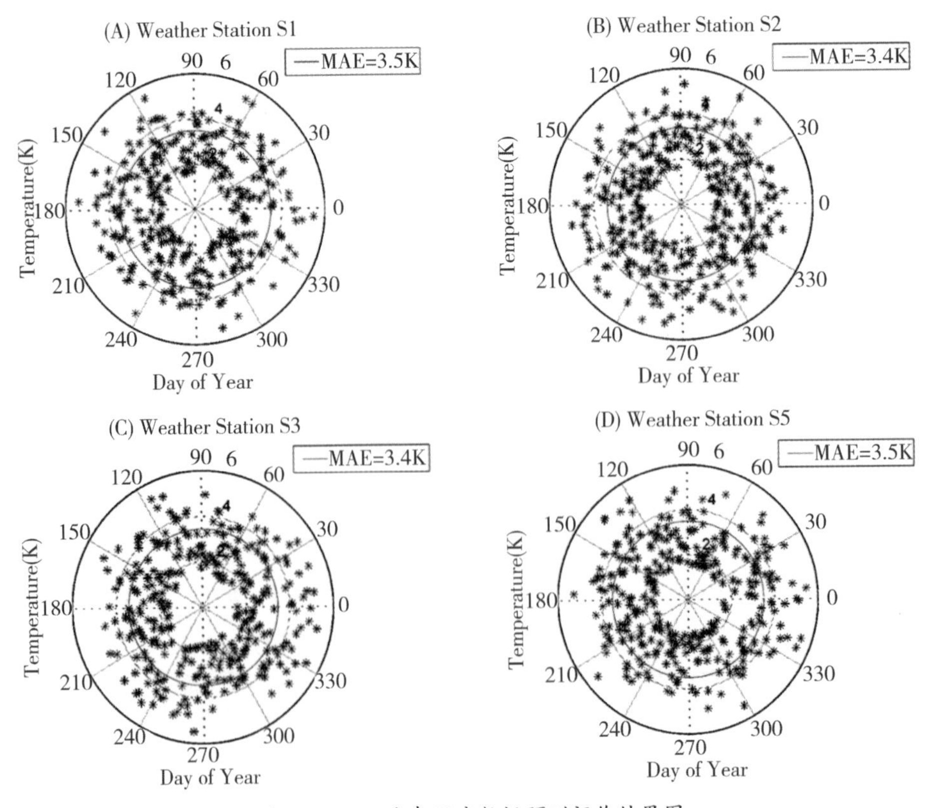

图 2.11.12　地表温度数据预测评价结果图

图 2.11.13 是北京市 2000 年每一个月 15 号的影像数据，我们特地找出来计算一下，看看效果如何，来实际地看一看 Landsat 的影像是如何变化的。我们还使用这些数据做了城市热岛的计算，如图 2.11.14 所示，用得到的结果和已有的研究北京市热岛效应的文献来做一个交叉验证，看一下我们计算的城市热岛的变化情况和文献是否一致。已有文献最普遍的答案是近 20 年来，北京市的温度因为城市热岛效应上升了 2.5℃。我们算出来的结果比这个结果要高一点，是 3.8K。可能也是因为数据有误差而导致的，已有文献一部分是用气象站的数据，还有一部分单纯使用遥感数据，比如使用 1990 年的热红外影像和 2000 年的热红外影像来做比较，这样的效果可能会比较差，而且他们的数据也没有做验证。因此我们认为相差 1~2K 的误差是可以接受的。

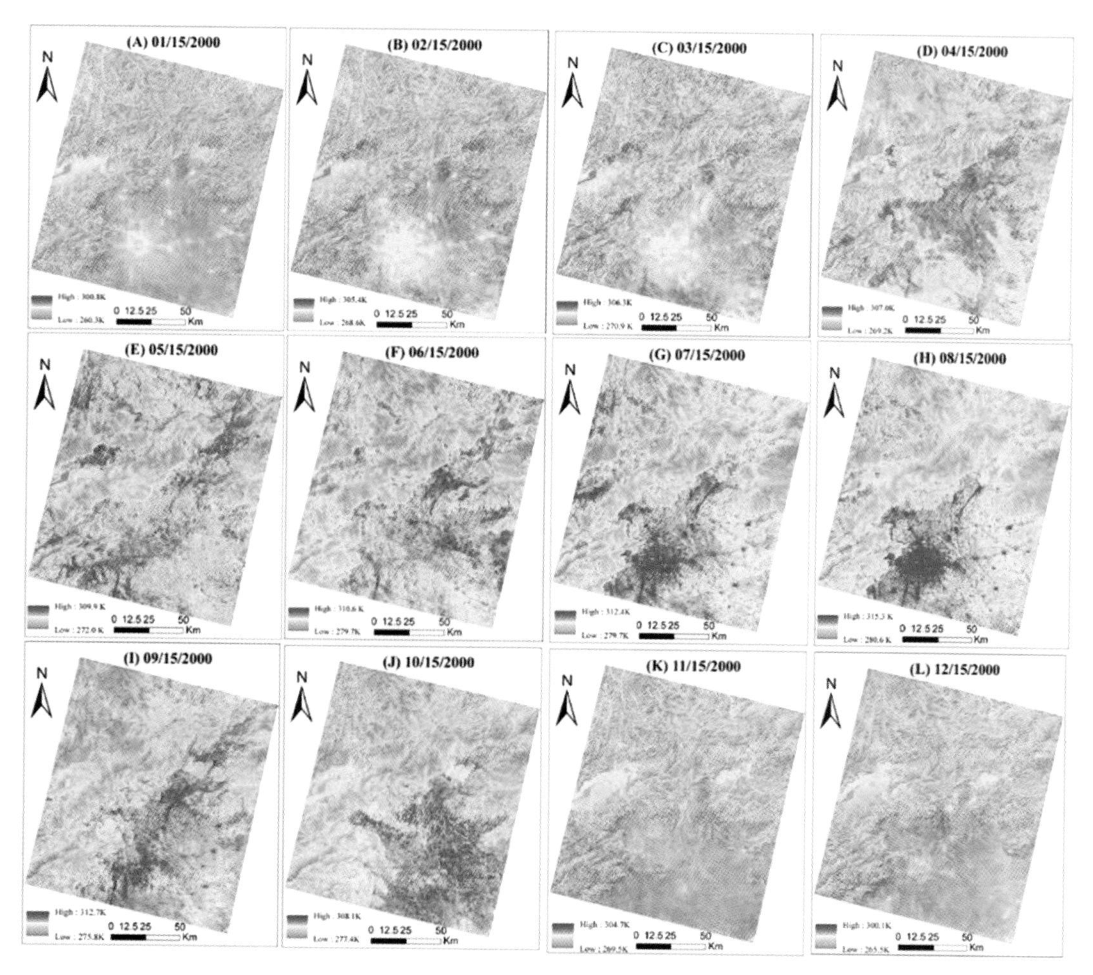

图 2.11.13 北京市 2000 年每月 15 号影像

接下来探讨这个算法的优劣。我们尽可能地把可以想到的温度变化情况都予以考虑，不管是年温度变化情况还是趋势变化情况，以及随机变化情况，我们都尝试把这些变化情况做了特征化。至于缺点方面，这个算法还是会受一些限制，比如区域的影像数量、可以

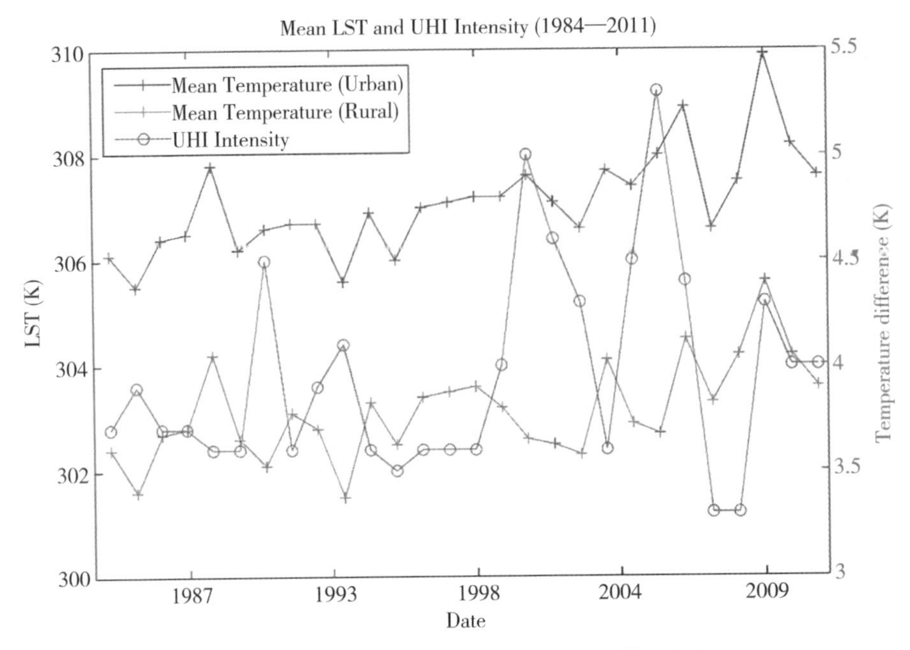

图 2.11.14 北京市热岛效应温度差异计算结果图

使用的像元数目等，这些因素都会对结果造成影响。使用 10 幅影像进行计算和使用 100 幅影像进行计算，结果都是不同的。另外，在计算周边变化时，我们只计算了年温度变化，但是如果使用傅里叶变换来计算的话，可以使用多个数值进行计算。在周期变化里，除了年温度变化之外，还有半年温度变化，或者每三个月可能会出现变化。但这种变化相对年温度变化而言比较小，因此我们在这里并没有考虑。但是我依然做了一个敏感性分析，计算了如果使用 2 个或者 3 个正余弦方程的话，计算结果会是怎样的。图 2.11.15 里面的点状图是散点式的气象站数据。我用了年温度变化来做了预测，预测的标准差是 6K，使用 2 个正余弦方程预测的标准差是 5.8K，使用三个正余弦方程预测的标准差是 5.7K——即使用 2 个或者 3 个正余弦方差预测的结果相差并不大，只有 0.1K。但是如果我使用一个周期性的方程和一个高斯回归来进行计算，预测的标准差可以达到 1.9K，效果很好。但再加上周期性的方程，效果并不是特别明显，因此我没有列出来。后面再进行预测的时候，我直接用了一个周期性方程和一个高斯回归进行拟合。另外，我们有一个改进，即我们引进了 Temporal segmentation 来生产高质量的时序遥感数据。你可以用 Temporal segmentation 来计算土地分类的变化，时间分割还是存在一些日期的误差，这个误差一方面是受采样的影响，另一方面也是受数据本身的影响，加上算法本身也存在一些误差，精度并没有那么高。此外，关于这个算法潜在的应用，可以用来做一些城市热岛的监测、评估城市的发展等。

最后讲一下关于这个算法的一些结论。第一，这个算法的可行性比较好。第二，做影像融合时会使这个算法更加复杂。此外，我们做了 Temporal segmentation，最后的平均误差在 2.3K。

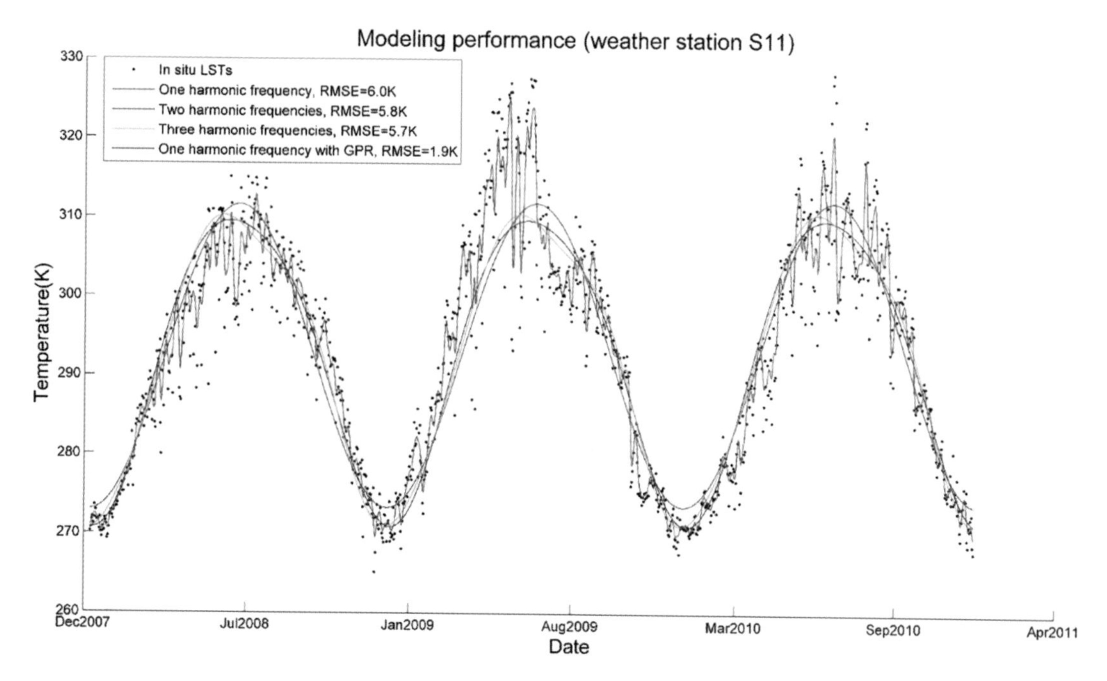

图 2.11.15 不同方式建模结果

以上就是我第三部分的研究。这篇论文已经登在了《环境遥感》上面，大家如果感兴趣的话可以去看一下。大家可能最感兴趣的是 Temporal segmentation 部分，这也是我最初十分感兴趣的东西。如果大家现在继续做这方面的研究的话也不算晚，因为 Temporal segmentation 依然是时序遥感里的一个难点。

【互动交流】

主持人：谢谢傅鹏博士，下面是提问环节，大家有什么问题可以请教一下傅鹏博士。哪位同学有问题？

提问人一：傅鹏博士你好！我想提一个问题，你们在进行分析的时候，这些趋势变化都是跟实际的一些地理现象相关，那么你们是如何把变化和实际的情况对应起来的呢？比如说，有一些城市的温度比周围的温度低，这个现象从现实生活来看可能的确是这样，但在做分析的时候，你是如何把这个趋势和实际的情况联系的？你是如何确定，是因为城市的树木比较多而导致城市的温度比周围的农村低呢？

傅鹏：我觉得这是一个很好的问题。我去开会的时候，也有很多人问我这个问题，问我如何去解释这些异常值？我觉得主要来源于两方面：第一个方面是来源于文献。这些解释也并不是我们自己造出来的。其中很多的机理，包括拉斯维加斯城市的温度很明显的比乡村的温度低，都是有很多人在做这方面的研究的。所以大家在写讨论部分的时候，往往是要联系很多方面的研究。第二个来源则是经验，这种经验首先来自于在做研究的过程中发现了异常值，比如我们发现了拉斯维加斯和其他的城市不一样。以前我并没有注意到拉斯维加斯城市的温度会比附近郊区的温度低，但在做了这个研究之后，异常值促使我去看这方面的论文，论文里写了很多关于这方面的物理机制之类的东西，咱们可以拿来直接用。

其实最难的部分是实际应用。很多人问我，你做了这个年温度变化并进行了一系列的分析之后，它的实际应用是什么？这是一个实用性的问题。大家大多是工科的，会发现工科和理科还是有不同之处的，工科的研究可能更注重于实用性有多大，不管是在公司或者是学术的产品，都希望在做了研究之后，结果可以直接拿来应用。理科的研究更多是帮助你认识一些东西，很多情况下一篇或者两篇的研究并不能有什么实际的用处。但是，比如刚才提到的"拉斯维加斯城市温度低于农村"，假如遥感的分析是主线，我通过这个分析发现了拉斯维加斯城市温度低于农村，进而探寻原因。我可以通过这个发现展开另一项研究，例如用物理模型去做一些分析，找出异常情况，从而找到异常的原因。因此很多人问我这个研究的实际应用是什么，我也不能很好地进行直观的回答。但是我觉得，从这里出发，可以找到一些分支，在发散的学习和探索中找到问题的答案。

提问人二：请问你刚才提到的正弦函数，它的相位范围是多少？

傅鹏：相位的范围在-1.57和1.57之间，其实就是正负十二天。通常是以夏至(6月22日)来划分，即最高温度，我们认为6月22日是辐射最大的时候。因此我们就思考，会不会在这一天也是热量最大的时候，地表温度会不会跟夏至日有相位？地表温度是在那一天也达到最大，还是会有一些变化？

提问人二：也就是说全国都不会有太大的差异？

傅鹏：是的，差异不会太大。

提问人三：我想提一个问题。你刚才说，这个算法中很重要的一步是确定各部分之间的权重，那么你能否具体讲述一下是如何确定权重的呢？你的第一步是找到同质像元和异质像元，你是找到先验信息，然后找到一些种子点进行对比。没有先验信息的时候，你是通过这个算法进行补全，那么具体是如何补全的呢？

傅鹏：权重的计算是基于几个因素考虑的。一个是直接的欧式距离，距离越近，相关性越高。另外一个是光谱的相似性有多高，就是把这些数据进行归一化。

提问人三：那距离和光谱相似性是独立的吗？

傅鹏：这两者是有相关性的。我们其实是做了一个相乘的叠加。这部分的主观性其实还是比较大的，但是这种主观性也是基于一定的考虑的。在这个过程中，其实我们是测试了很多，包括相乘的叠加、相加的叠加等，看了具体的效果才决定的。

提问人三：那么你的这个方法的具体优势在哪里？

傅鹏：优势有两点。第一是我考虑了温度的年变化数据，之前的算法做的是线性拟合，我没有这么做。第二是我考虑了异质像元的问题。

提问人四：我想请教一下，你的算法和之前的 STARFM 有什么关系吗？你从那里获取过灵感之类的吗？这两个算法的精度相比怎么样？

傅鹏：STARFM 主要是提了一个模型。它做反射率融合的效果很好，但是用来做温度的拟合，效果却很差，预测的误差在 4~5K。我们就做了一个改进。

提问人五：我想提两个问题。第一，你们做精度验证的时候数据是从哪里获取的？

傅鹏：这个精度验证是用 Landsat 本身的数据做的验证。就是说，我们预测的那个日期，其实是有 Landsat 的数据的，我们用我们的算法进行计算，用计算的结果跟已有的 Landsat 数据进行比较，就可以知道效果如何了。

提问人五：第二个问题是，我恰好有一个师兄是做数据融合的，他曾经被问过，融合的数据主要是 Landsat 和 MODIS，相当于 Landsat 提供一部分信息，MODIS 提供一部分信息，那么你最终得到的信息是否有增加？

傅鹏：这个问题我以前也被别人问到过，算是一个很关键的问题吧。就是说，既用 Landsat 的数据，又用 MODIS 的数据，那么得到的结果可靠性有多大？之前经常被提及的一个问题是，在一个时间做一个分类，精度是 80%，在另一个时间做了分类，精度也是 80%，但是叠加起来，精度可能只有 60%。这个也是这种问题，比如 MODIS 的数据可靠性是 90%，Landsat 的精度是 95%，但是计算结束后是会有偏差的。所以我们就在考虑能否做精度评估，或者是参数评估，评估一下具体的影响。最好的方法是我们有实测的地表温度数据，用这个数据来做验证，看一下效果怎么样。但是在我们使用了这个方法之后，又有问题——实测的地表温度数据是一个点数据，算法得到的是像元数据，这两者要怎么比较？每一种方法都会有不同的问题，所以很多时候会觉得比较难回答，但这样的问题又确实存在，值得我们进一步思考。

提问人六：你好，我有一个问题。你的这种算法对于长期的预测效果怎么样呢？对于 STARFM 而言，时隔两年的话，预测的效果就不太好了。那么师兄你的算法对于这么长的时间跨度而言，预测的效果怎样呢？

傅鹏：我们使用这个算法做过一年的预测，一年 52 周，每一周我都预测过，实际效果并不是特别好。但是它针对某一小段时间的预测效果确实特别好。后来我们分析它预测长期的效果不好的原因是土地发生了变化。如果预测短期，例如 3 个月或者 5 个月，会发现效果还不错；但是如果用来预测长期，比如一年、两年，效果会很差。我的建议是，找到和想要预测的日期很接近的影像对。比如我想预测 2010 年 6 月 15 日的，那就去找 2010 年 6 月份的影像。针对如何去寻找影像对，如何去评价参数等，有人做过这方面的研究，你可以去看一看。我们就做到这里，没有再继续往下做。

提问人七：我想请问一下，你们做的传染病研究的数据是怎么得到的？

傅鹏：这个数据美国每一个市里都会公布的，有现成的数据。在国内可能这个数据比较难拿到，但是在美国有专门的市政府网站会提供这些数据。很多时候如果他们不提供数据，也没有关系，给他们市长发邮件，他就会回复你的。

提问人七：全国性的数据需要自己收集吗？

傅鹏：不需要的。他们有专门的部门，你可以去问一问，就能拿到这些数据了。

提问人七：请问数据更新的频率高吗？

傅鹏：这个我倒不是很清楚。但从我师姐做的研究来看，他们似乎每年都会有更新。尤其是传染病爆发的季节，每个月都会更新数据。包括发生的案例，甚至坐标，都会有记录的。在美国，如果你是用来做研究，他们还是很愿意提供数据的。

提问人八：师兄你在第三个研究里计算了温度数据，误差是在 2.3K。那么我想请问一下，你有将这个数据和 MODIS 的温度数据产品进行一个比较吗？

傅鹏：还没有。因为 MODIS 的分辨率和 Landsat 的分辨率还是有差别的，如果直接进行比较还是存在一些问题的。

提问人八：是空间分辨率和时间分辨率都不太一样吗？

傅鹏：是的，都不太一样。主要是空间分辨率不太一致，你可以找到时间一致的 MODIS 和 Landsat 的数据，但是比较起来还是存在一定的问题的。

提问人八：我还有一个问题想问一下。你做的这个研究中，因为 Landsat 的时间分辨率是 16 天，你是对 16 天的数据进行了一个回归分析，再对其他没有时间节点的数据做了一个插值。我记得你之前讲到，你剔除了一些云的数据。那么你们的数据可以进行一下共享吗？

傅鹏：可以的。包括算法和数据，我们都放在了网上，你可以在网上找到。

提问人八：谢谢师兄。另外，师兄你刚才提到在一篇论文中，它的分析是很重要的，那你能不能和我们分享一下，如何写好一篇论文中的分析部分呢？

傅鹏：对于这个问题，我个人也仍在学习之中。从我自己的经历而言，我最开始写论文，处理最多的是它的引言部分。我刚去美国时，导师告诉我要每周至少精读一篇文献，每周五之前把精读的文章和自己写的评论交上去。自己写的评论需要包括一段总结，以及自己对这篇文章的思考。我坚持写了两年半。我的心得是：多看文章并且多总结。一些文章需要精读，另外一些文章需要泛读。最终达到的目标是，在拿到一篇自己研究领域的文章时，五分钟之内可以浏览完毕。多读文章多写文章，多思考，时间长了，就会有很大的提高。

主持人：由于时间关系，今天的报告就到这里了。让我们再次掌声感谢傅鹏师兄的精彩报告。同时感谢大家参加我们今天的活动，也希望大家关注咖啡厅的后续活动。

（主持人：张洁；录音稿整理：张洁；校对：陈易森、赵雨慧、李韫辉）

2.12 荧光激光雷达及其对农作物氮胁迫定量监测的研究

（杨　健）

摘要：在 GeoScience Café 第 169 期的活动中，报告人杨健博士介绍了其在博士期间所做的荧光激光雷达系统的相关工作，并详细报告了将该系统应用于农作物氮胁迫定量监测的研究情况。在报告中，杨健博士从系统硬件出发，对激光诱导荧光的探测技术进行了深入浅出的讲解和分析。杨健博士分别从激光诱导植被荧光技术的研究背景、技术机理、系统结构和组成、氮含量监测模型和反演等方面进行了介绍，最后回答了观众提出的问题，并且与大家一起分享了自己的科研经验，还介绍了科研当中常用的几种工具。

【报告现场】

主持人：欢迎大家来到 GeoScience Café 第 169 期活动！今天非常荣幸地能够邀请到杨健博士为大家介绍荧光激光雷达以及将其应用于农作物氮胁迫定量监测的研究情况，杨健师兄是武汉大学测绘遥感信息工程国家重点实验室 2014 级博士，他是一位科研大牛，在国际期刊上以第一作者发表 SCI 论文 12 篇，EI 等其他检索论文 3 篇，荣获 2015 年武汉大学博士研究生国家奖学金，2016 年学术创新一等奖，所在团队荣获 2016 年实验室创新科技团队奖。下面，就让我们以热烈的掌声欢迎杨健师兄为我们带来精彩的报告！

杨健：感谢主持人，很荣幸能够参加今天的报告，并和大家交流我的科研成果和一些科研经验。今天我将给大家介绍关于荧光激光雷达的研究，主要偏向硬件。因为在遥感的发展过程中，实验室所做的工作主要围绕软件处理，与国外相比，国内的硬件发展还相对比较落后。所以我们希望以硬件的发展来促进遥感领域的发展，但是同时我们仍需要找到对应的应用出口，因此，我们将荧光激光雷达应用在农作物的定量监测方面。对农作物的监测是遥感技术的应用目标之一，目前我们有很多遥感卫星可以进行监测。我们研制该系统也希望其能够应用于农作物、植被的定性和定量监测。我主要从五个方面来进行介绍：前四个部分主要向大家介绍研制的荧光激光雷达系统和将其应用在农作物氮含量定量监测的研究成果，最后一部分分享一下自己学术论文的写作心得，包括科研过程中常用的一些网站和工具，大家以后也都用得到。

1. 研究背景及意义

我国是农业大国，耕地面积占世界耕地面积的 9%，同时人口占全世界人口比重的

20%，这意味着我们需要以有限的耕地资源来满足如此庞大的人口数量的粮食需求，那就要求我们提高粮食的产量。在我国，主要通过施用氮肥来提高粮食产量。但是研究表示，我国的氮肥使用量在全世界占比 35%，这个比重相对于我国耕地面积的占比显然很不匹配，说明通过施氮肥提高粮食产量的过程中，存在着肥料利用率低和严重的过量施肥现象。施肥过多会带来许多不良后果，比如土壤结构变差、水质变差、化肥利用率下降、农产品质量下降和环境污染等问题。这就需要采用一种方式进行有效的监测。

要落实从消耗高、污染大的传统农业向精准施肥、精确灌溉的精细农业的发展转变，农作物监测是我国农业转型的必由之路。在这个过程中，采用有效的方式对农作物的营养胁迫等参数进行精确的监测，就显得尤为重要。在现有的监测手段中，我们可以进行地面人工监测，这样测量的精度比较高，但是耗时耗力，而且监测范围也十分有限。近年来发展起来的遥感监测手段具有全天时、快速、实时、大尺度的特点。遥感的方式是基于作物的反射光谱来反映植被的营养胁迫状态。而农作物的三维空间和光谱信息之间的差异都可以较好地表征营养胁迫差异性，对于精细农业的要求来说，单一的空间或光谱信息是不够的。因此我们希望建立光谱信息、冠层结构与农作物营养胁迫的相关性，这样就可以通过同时获取作物的光谱和三维空间信息进而达到监测植被、农作物的营养胁迫状态这一目标。

在现有的遥感手段中，遥感分为被动方式和主动方式。在被动遥感成像中，目前的高光谱遥感可以采用几百个通道来获取光谱信息，但是不能获取三维空间信息。对于主动的单波长激光雷达探测方式，则可以获取高精度的三维空间信息，但其缺点在于缺乏光谱探测能力。这样来看，现有的遥感监测手段限制了其在农作物营养胁迫定性和定量监测方面的进一步应用。为了能够达到同时获取目标的空间和光谱信息的目的，许多研究者进行了探索。比如采用激光雷达融合被动成像技术，这样就结合了两者的优点，同时获得了空间和光谱信息，但是问题在于这两种信息来自不同的系统，在后期的数据匹配和融合过程中就存在很大的难度。还有研究者发展多光谱激光雷达技术，这种激光雷达采用连续谱的多波长发射光，也可以达到同时获取空间和光谱信息的目的。这两种方式都展示了对农作物营养胁迫监测的应用潜能，但是两者都还是基于反射光谱获取光谱信息。

与基于反射光谱信息的遥感探测手段相比，利用诱导荧光技术进行遥感监测，正成为另外一种同时获取光谱和三维空间信息的新方式。那什么是激光诱导荧光呢？我们知道当太阳光照射到植被表面时，一部分光被反射，一部分进行透射，还有一部分被植被吸收。在吸收的这部分光中，一部分是应用于光合作用，还有一部分是以热能和荧光的方式释放。释放的荧光光谱范围是大于激发波长的，在可见光的荧光范围内有再吸收的过程，这样就获得了最终的荧光光谱(图 2.12.1、图 2.12.2)。我们可以看到植被主要有 3 个荧光特征峰，F440、F685 和 F740。其中，F440 主要与叶黄素密切相关，而 F685 和 F740 主要是与光合系统中的叶绿素 a 和叶绿素 b 相关。激光诱导植被可以产生反映出植被特性的荧光光谱特征曲线，那应该怎么利用它呢？

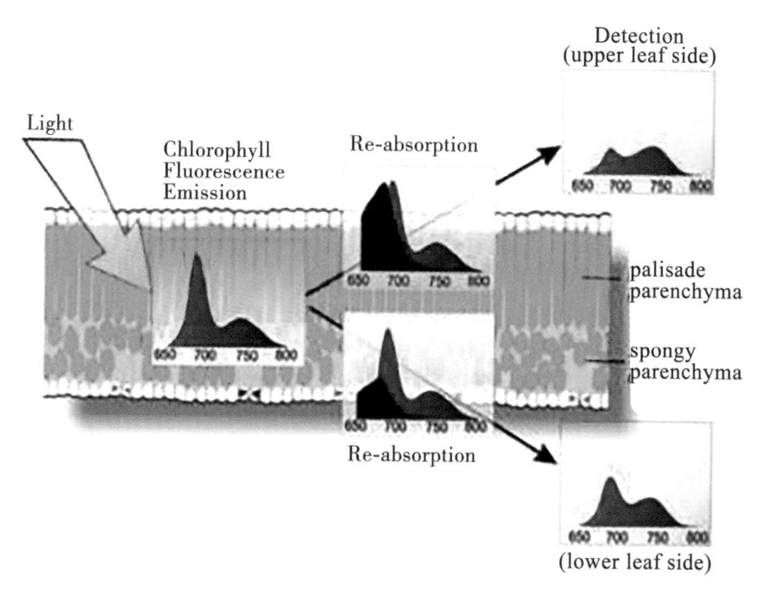

图 2.12.1 植被内部释放荧光示意图

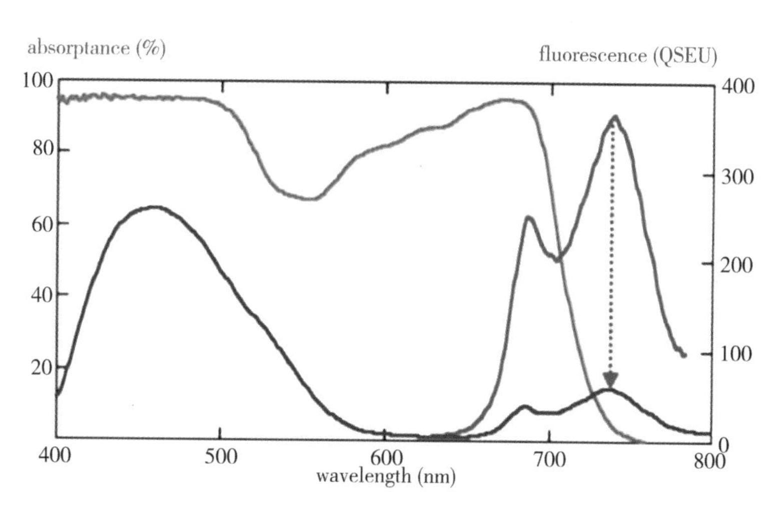

图 2.12.2 荧光光谱分布

图 2.12.3 是 2011 年 NASA 采用日本 GOSAT 卫星获取的全球植被荧光分布图，图左是全球植被 NDVI 反演分布情况，图右是对应的荧光分布情况。这张分布图揭示了全球陆地植物生长状况，也证明了可以利用荧光遥感技术进行植被监测。

为了融合激光雷达三维空间分辨能力较强和激光诱导荧光中荧光光谱信息量丰富且灵敏度高的优点，我们提出研制荧光激光雷达系统，这样能将两者的优势结合在一起。

荧光最早是在 19 世纪 80 年代被发现的，但是其在遥感领域的应用，是 1975 年 NASA

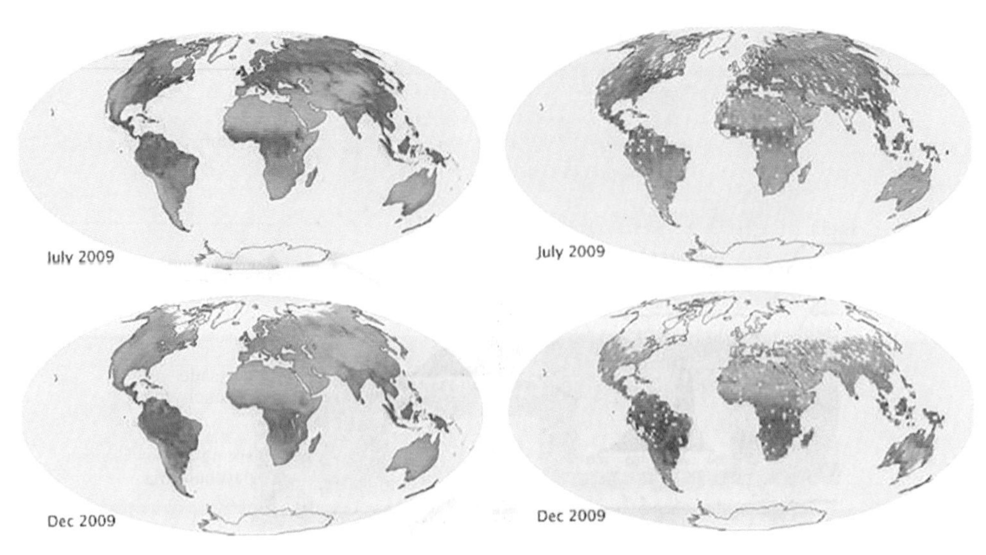

图 2. 12. 3　2011 年 NASA 公布全球首张荧光地图，揭示了全球陆地植物生长状况

和 NOAA 联合研制的首台 AOL 系统之后才真正开始的。此后国际上就开始陆续研制了一些荧光激光雷达系统(图 2. 12. 4)。但是这些荧光激光雷达主要是用于遥感探测，如海水有机溶剂等方面的监测，并不具备三维空间信息获取的能力。目前，国际上还没有出现兼具植被荧光光谱获取和空间探测能力的荧光激光雷达，而且在基于激光诱导荧光技术和相关系统对农作物营养胁迫的研究方面也较为欠缺。因此，基于激光诱导荧光技术，研究荧光激光雷达对植被的生理特性及其对农作物营养胁迫的定量监测分析，从而对实现植被生长变化的遥感监测就显得尤为重要。

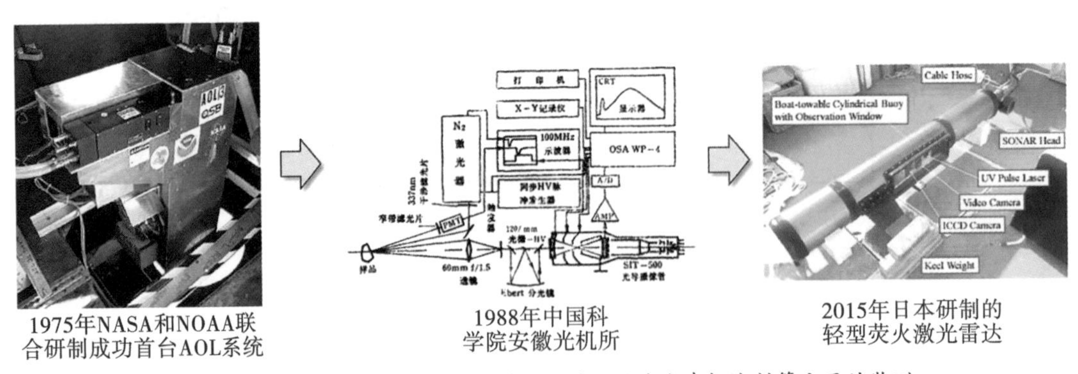

图 2. 12. 4　研制的荧光激光雷达系统主要用于海水有机溶剂等方面的监测

那么我们研究的总体目标就是：研制出能够同时获取目标荧光光谱和空间信息的荧光激光雷达系统，并分析系统参数(波长、角度、距离等)对激光诱导荧光特性的影响。为了实现农作物施氮水平对叶片氮含量影响的定性和定量监测反演，还要基于多年水稻营养胁迫实验来建立荧光参数和叶片氮含量的定量反演模型。

2. 荧光特性及其氮水平影响分析

(1)荧光特性与氮胁迫的相关性

我们和华中农业大学合作，设计了一组实验。对水稻进行了 4 种不同的施氮水平：T1、T2、T3、T4，即分别采用不同的施氮量，然后将样本采集回来，放置在凝固的冰箱里，来保持植被的生理特性不发生变化，之后拿回实验室进行实验。

在图 2.12.5 中，图(a)是采用的荧光激光雷达系统的示意图。在实验中，我们采用的是 355nm 的激发光，诱导出较长波长范围 360~800nm 的荧光光谱(如图(b))。已知蓝绿峰(BGF)与叶黄素相关，红外峰(RF)、远红外峰(FRF)与叶绿素 a、叶绿素 b 相关。而在农作物生长的过程中，叶绿素是和氮含量密切相关的。

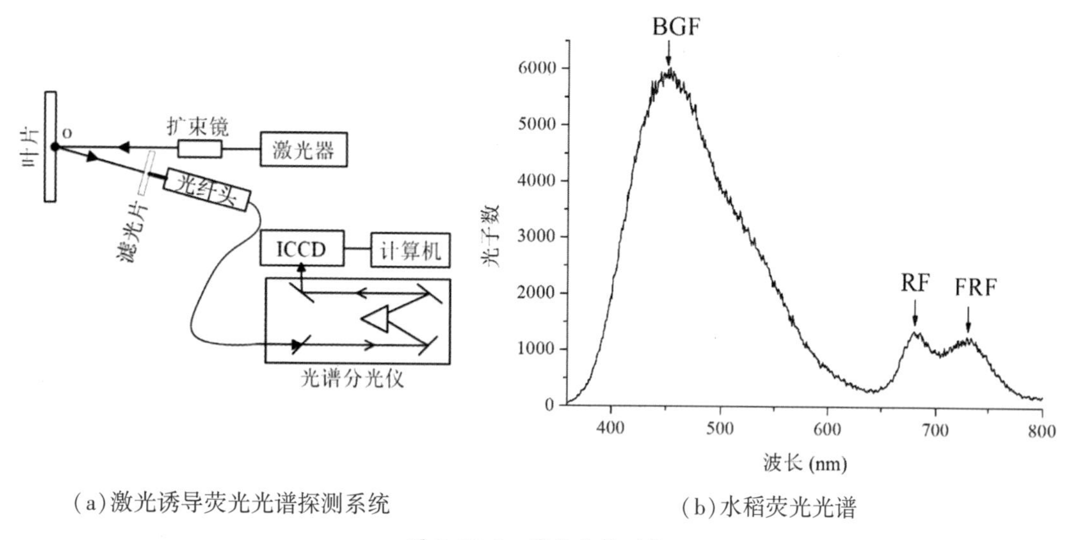

(a)激光诱导荧光光谱探测系统　　(b)水稻荧光光谱

图 2.12.5　荧光光谱测量

在获取植被光谱信息的同时，还需要测量叶片的相关生化参量。这里有两种方法：一种是化学分析法测量，在实验室测得荧光光谱后将叶片样本交给农科所进行化学分析。另一种是用植物营养测定仪来测量。在测量叶片中叶绿素含量、氮含量等参数后，就可以将其用于不同氮胁迫荧光光谱分析。

在图 2.12.6 中图(a)可以看到不同的施氮水平对叶片氮含量的影响，氮含量随着施氮水平的增加而增加。图(b)可以看到，不同的施氮水平对应的荧光光谱是有一定的差异的。说明施氮水平对荧光特性有影响，可以通过荧光光谱对施氮水平进行定性的监测。图 2.12.7 显示了荧光特性与氮含量之间的相关性。图(a)是荧光光谱随氮含量的变化关系，图中的光谱分辨率是 0.5nm，一共就有 800 多个波段，在数据处理的过程中，不可能用到每个波段的数据，否则会存在很大的复杂程度和处理难度。因此，可以建立荧光特性和氮含量的相关性，提取出荧光的特征参量。图(b)可以看到，与氮含量相关的波段主要位于

680～740nm，最重要的是 F685 和 F740 两个荧光特征峰。

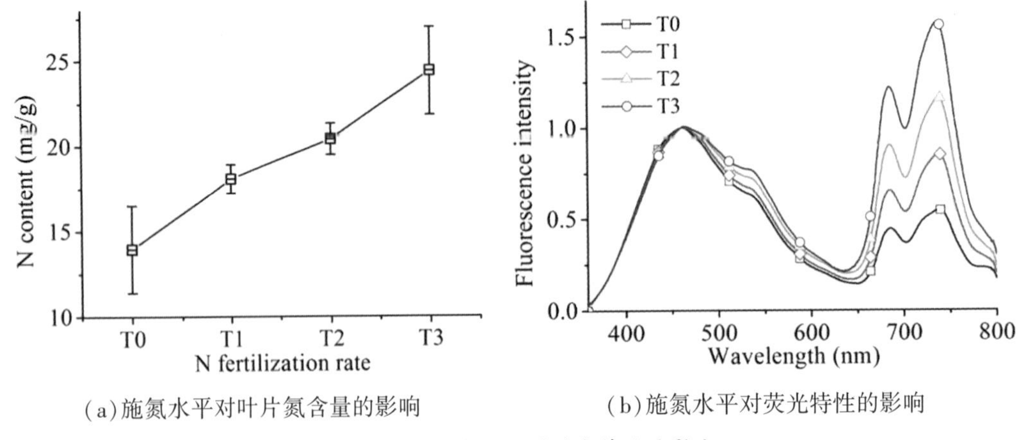

(a)施氮水平对叶片氮含量的影响　　(b)施氮水平对荧光特性的影响

图 2.12.6　施氮水平对荧光特性的影响

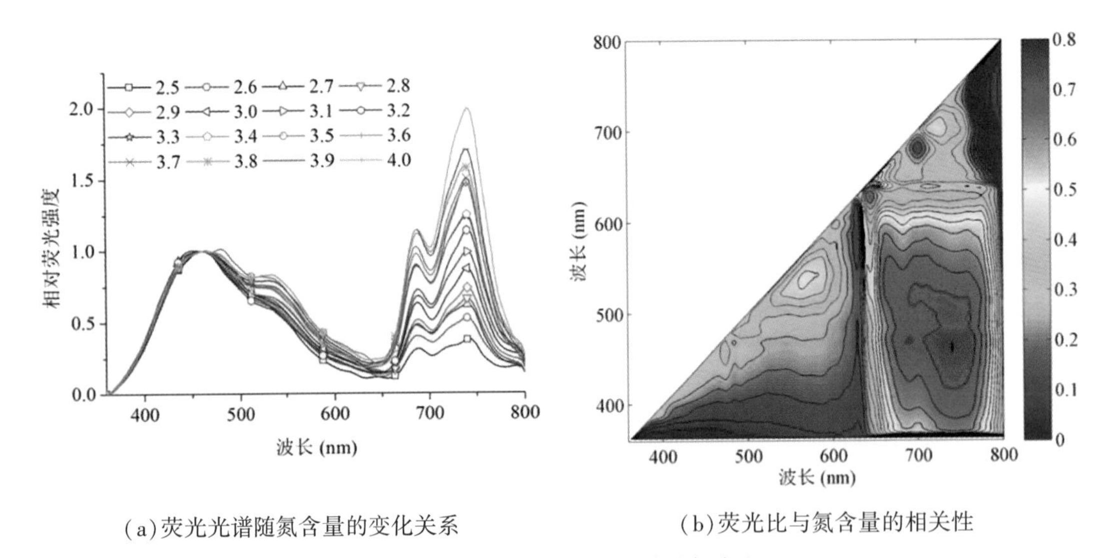

(a)荧光光谱随氮含量的变化关系　　(b)荧光比与氮含量的相关性

图 2.12.7　荧光特性与氮含量的相关性

这些实验结果最终表明，可以将激光诱导荧光技术应用于农作物氮胁迫的定性和定量监测反演，可行性得到了证明。

(2)荧光对氮胁迫的提前预测特性

目前的遥感研究在基于被动光谱和激光雷达的监测方面已经发展得相对成熟，那为什么还要采用激光诱导荧光的方式呢？这是因为相对于反射谱而言，激光诱导荧光技术具有提前预测的特性。为了验证这种提前预测的能力，我们设计了基于时间序列的研究方法，还设计了使用多光谱和荧光技术针对有差异水平施肥的目标进行同时连续观测。实验表明，荧光技术具有优于反射谱对农作物营养胁迫的早期预测能力。

(3)激发波长对不同氮胁迫荧光特性的影响

利用激光诱导荧光技术对植被进行观测时，我们采用单一的激发波长进行诱导，需要确定植被的最佳激发波长。我们通过实验分析了激发波长对不同氮胁迫荧光特性的影响，实验结果如图 2.12.8 所示。采用的 3 种激发光的波长是 355nm、460nm 和 556nm，分别代表了紫外光、蓝光和绿光。没有采取红光范围作为激发光源是因为，植被的荧光特征峰主要是在蓝绿峰、红外峰和远红外峰，如果采用红光作为激发光，获取较长波长的荧光光谱就缺少红外峰的荧光峰。

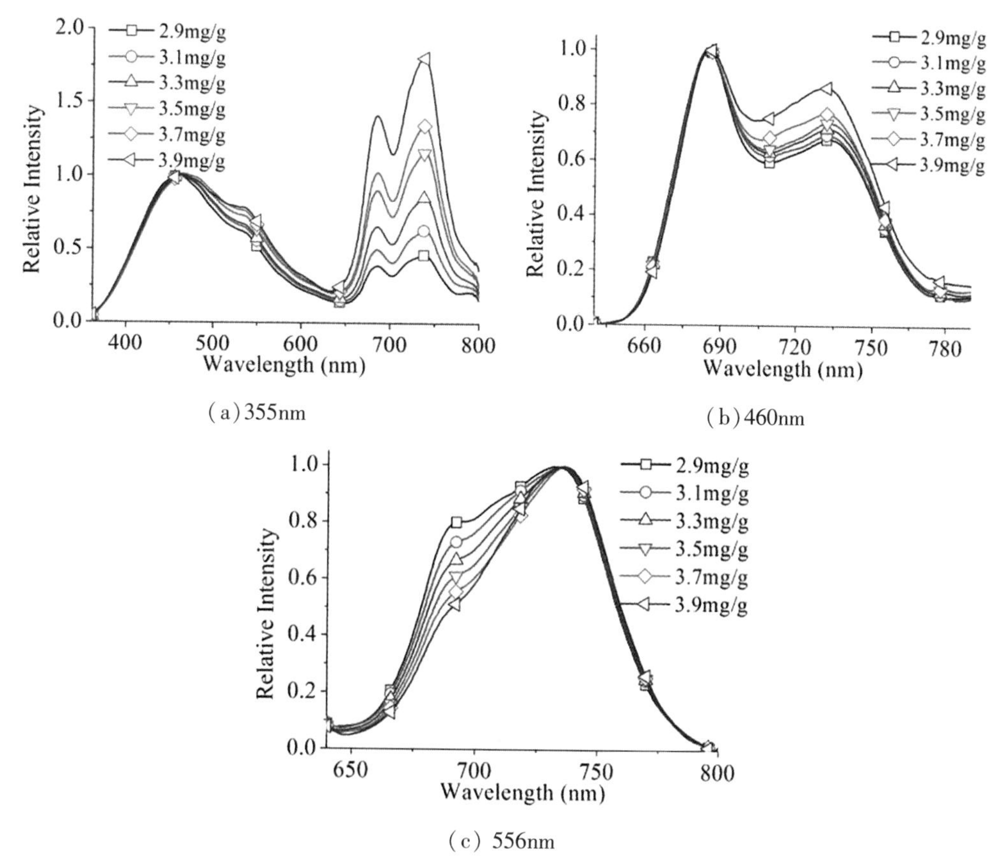

(a)355nm

(b)460nm

(c) 556nm

图 2.12.8　植被最佳激发波长的确定

从图中可知，对于 355nm 和 460nm 的激发光，荧光强度会随着氮含量的增加而增加，而对于 556nm 的激发光，其荧光强度会在 685nm 峰值附近随氮含量的增加而减小。其中，355nm 的激发光谱范围是最宽的，对应的光谱信息也最为丰富。由此，采用 355nm 的激发波长更适合植被的荧光激发，其具有丰富的荧光特性参数，且量子效率更高，更适合植被叶绿素的激发。

3. 系统研制及系统参数分析

(1)系统研制

我们研制的荧光激光雷达系统主要由四部分组成：第一部分是激发光装置，可以激发出355nm的激发光；第二部分是扫描系统，采用2-D扫描系统，可以扫描出3维空间信息；第三部分是接收系统，虽然目前我们只是进行原理样机的研制，但为了最终能够实现机载、星载的目标，采用望远镜接收信号；第四部分是信号探测装置，这个高性能的探测装置会在后续进行介绍。

①发射系统

为了获得355nm的诱导激光，采用的是三倍频调Q固体激光器。这种激光器产生1064nm的基频光，通过泵浦、倍频之后得到355nm的激发光。即1064nm经过二倍频获得532nm的激光，再经过三倍频后获得355nm的激光。测距模块选择激光测距传感器，测距精度达到3.0mm。由此，便可以通过折射、光路设计等技术，将激发光和测距激光进行合束，同时获取荧光光谱信息和空间信息。

②接收系统

接收系统中有扫描镜和望远镜，扫描镜起到空间扫描的作用，采用的是卡塞格林望远镜，可以达到聚光的作用。望远镜的背后安装有一个滤光片，这个滤光片的作用是过滤掉355nm的激光，因为接收的信号除了荧光之外，还有355nm的激光反射光，这部分反射光比荧光强度高$10^2 \sim 10^4$个数量级。在强背景光受到较好抑制的情况下，滤光片可以实现荧光探测谱段的透过率平均大于93%这一效果。

③光栅分光

经过接收系统之后，得到一束复合光，需要将其进行分离后才能进行各波长探测。光栅作为色散元件，具有色散均匀，分辨率高，光谱范围宽的特点。我们采用切尔尼-特纳型光栅光谱仪。光谱仪要求高通光效率、更大的光栅和更好反射效果的反射图层，最大程度地减少光的通过损耗，通过设置150g/mm、闪耀波长500nm的光栅来实现685nm和740nm的光谱覆盖。

(2)微弱信号检测技术

信号分光后就要进行信号探测，采用570nm作为激发光，获得植被的叶绿素荧光光谱范围为650~800nm。实验结果显示，荧光信号相比于反射光信号要微弱很多。接收的光信号中，反射光强度比荧光要大几个数量级，高强度的光信号会使ICCD(Intensified CCD，增强电荷耦合器件)接收信号饱和，造成极大的损害，并且会降低接收信号的信噪比，这也是采用滤光片对反射光进行滤除的原因。

另外，还需要对微弱信号进行检测，那么如何检测呢？我们采用具有光子探测效率的ICCD进行微弱信号检测。相对普通的CCD(Charge Coupled Device，电荷耦合器件)，ICCD增加了微通道板MCP(Microchannel Plate)，以实现电子倍增，从而进行微弱信号检测。微弱信号检测技术如图2.12.9所示。

(3)系统参数分析

①荧光强度校正

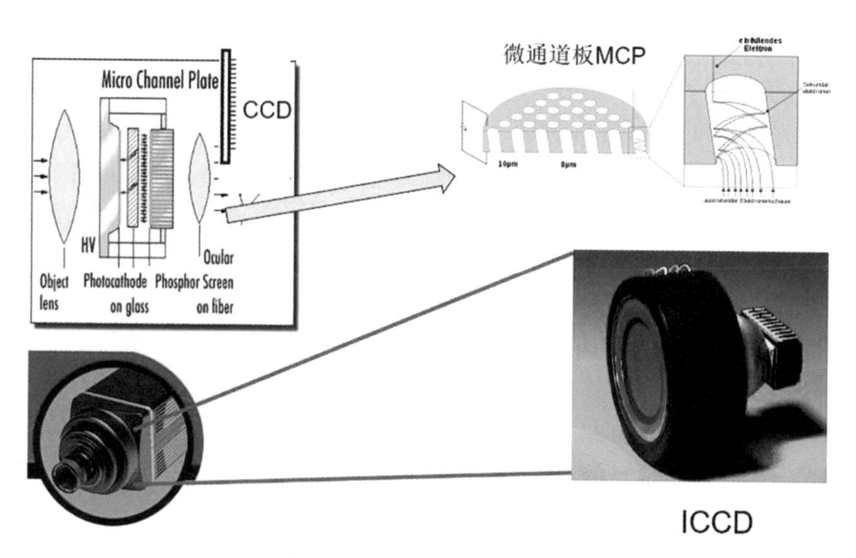

图 2.12.9 微弱信号检测技术

采用 ICCD 接收的光谱是一个宽谱的范围，而 ICCD 对不同波长的响应效率是不同的，因此要进行强度校正。我们采用标准卤素灯进行校正，获得卤素灯的标准光谱和 ICCD 探测光谱，对两者求得比例因子以获得比例因子随波长变化的曲线，利用该曲线就可以对荧光光谱进行校正。校正前后的荧光光谱，其在 685nm 和 740nm 的荧光特征峰就变得更加明显、更易于分析。

②探测角度对荧光强度的影响

在探究探测角度对荧光强度的影响时，我设计了一组实验，为了方便实验，采用了武汉大学校内的 6 种植物叶片作为样本分别进行了实验。由实验的定性分析结果可知，植被叶片荧光强度随角度增大是普遍减小的；想要针对探测角度对荧光强度的影响进行定量的分析，并对这种影响进行建模，就要建立探测角对荧光强度影响的校正模型，从而便可以建立对应的模型。

③距离对荧光强度的影响

荧光激光雷达属于激光雷达，需要考虑距离对荧光强度的影响。在探究距离对荧光强度影响的实验中，没有采用叶片作为样本，这是因为探究实验需要持续一两个小时，长时间的激光照射会对植被叶片本身的荧光特性产生影响，因此选择的实验对象是白纸。白纸为什么会有荧光特性呢？事实上，一般的纸张本身是黄色的，而我们看到的纸张都是白色的。这是因为纸张上加入了荧光剂，这种荧光剂在太阳光的照射下会反射蓝色的光，这样就和黄色的光有色差的弥补，这样纸张就看上去是白色的了。所以白色的纸张也具有荧光特性，我们用它来作为实验样本。我们也对实验的结果进行了定性和定量的分析：定性来看，荧光强度随着距离的增大而衰减；定量来看，我们拟合了荧光特征峰随距离的变化关系。通过这种分析，便可以建立距离对荧光强度的校正模型。

在完成探究角度、距离对荧光强度的影响和强度校正模型等研究之后，就要验证系统是否能够同时获取空间信息和荧光光谱信息，这也是研制系统的最终目的。

4. 探测实验及定量监测的应用

(1)扫描探测实验

①同时探测空间和荧光光谱信息

研究能够同时获取目标荧光信息和空间信息的荧光激光雷达，目前研究的只是原理样机，国际上还未出现能够同时获取空间和光谱信息的荧光激光雷达。为了验证研制的系统能够同时获取两种信息，我们设计了以下实验：在黑卡纸上放置5种不同种属、不同生长状态的植被叶片，在距离5.4m左右的地方进行扫描，获得荧光强度的空间分布情况。荧光强度值取的是680nm处的特征峰值，不同的植被叶片表现出不同的荧光强度，比如新鲜的绿色叶片相对于其他叶片其强度值高很多。在荧光的三维空间分布中，每一个空间点都对应一条荧光光谱曲线。由此，证明了我们研制的荧光激光雷达系统是能够同时获取探测目标的荧光信息和空间信息的。

②对叶片不同生长状态的监测分析

为了对叶片不同生长状态进行监测分析，我们设计实验，将叶片的生长状态分为4类：绿色、黄绿色、黄色和棕色。不同生长状态的荧光特性分布用伪彩色表征，这样就可以定性地表现出不同的生长状态。然后，进行定量分析，通过混淆矩阵表示出分析结果，获得了很好的分类结果，除了极个别点，都能够正确分类。这样，就证明了研制的荧光激光雷达系统对植被生长状态监测的能力。

(2)对施氮水平监测的应用分析

我们设计实验对施氮水平进行监测，2014年在随州，2015年在武汉华中农业大学实验田，分别进行了不同施氮水平的设计(表2.12.1)。在实验田进行采样测量，在每块实验样区随机采集3个点，采集区域为20cm×20cm，每个点采集6个样本。实地采样后，放入冰箱冷冻，以保持样本物理特性不发生变化。

表2.12.1 **施氮水平设计**

	2014						2015			
	N0	N1	N2	N3	N4	N5	T0	T1	T2	T3
施氮量(kg/ha)	0	189	229.5	270	310.5	351	0	120	180	240

在采用荧光特性对施氮水平监测分类的结果中，其总体精度分别达到了89.17%和90%，而反射谱的精度为80%~85%，这体现了荧光激光雷达对水稻施氮水平更好的定性遥感监测的能力。

(3)对氮含量的定量反演分析

①建立氮含量与荧光参数的统计模型

首先，定量地分析荧光特征参数与氮含量的相关特性，分别建立了荧光特征参数F740/F460、F685/F460和F740/F685与氮含量的统计模型，建立了其线性相关关系，如图2.12.10所示。

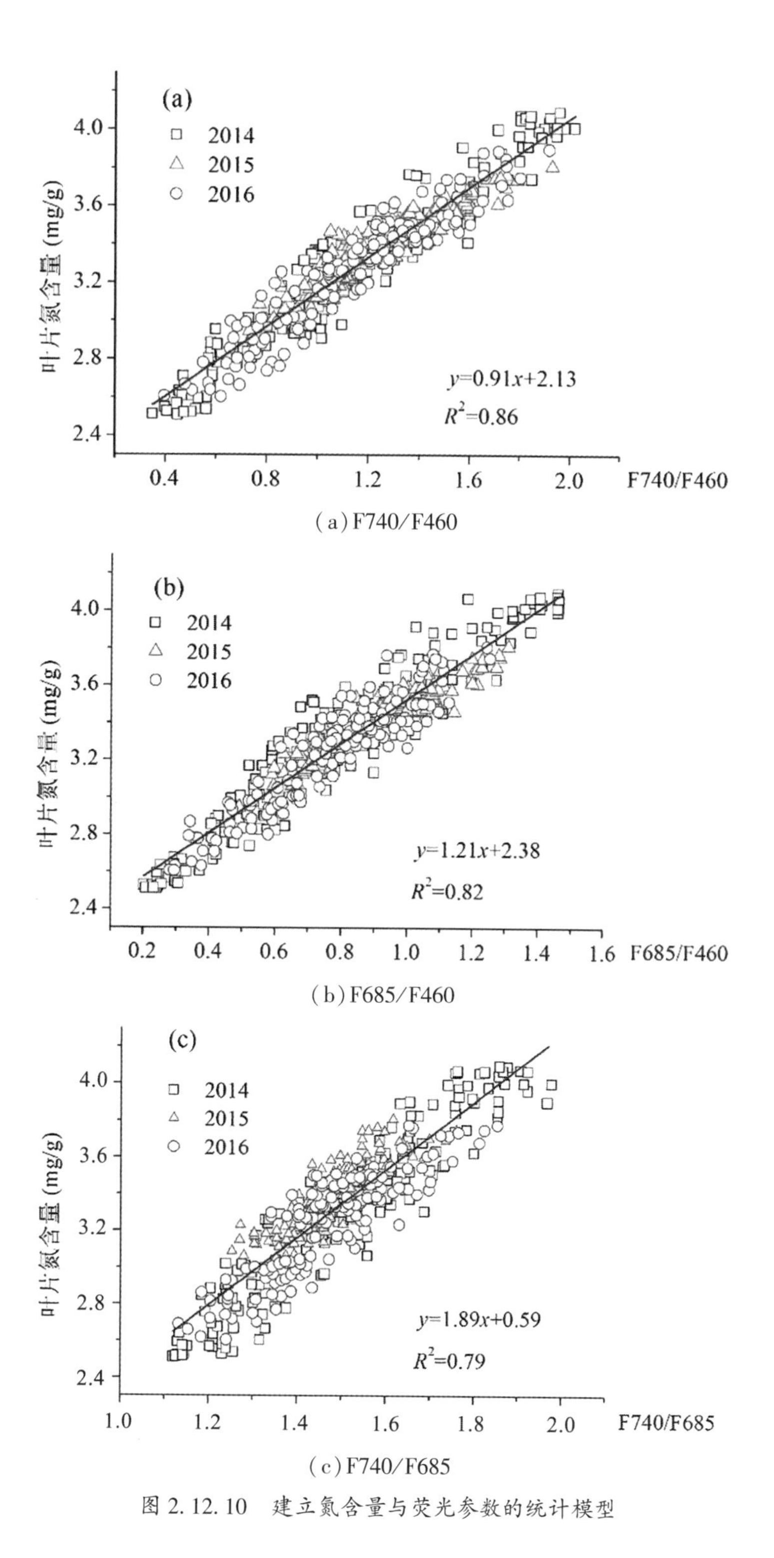

(a) F740/F460

(b) F685/F460

(c) F740/F685

图 2.12.10　建立氮含量与荧光参数的统计模型

②基于荧光特征参数对氮含量的定性和定量反演

在构建相关关系之后，基于荧光特征参数对氮含量进行了定性反演，反演结果如图 2.12.11 所示。

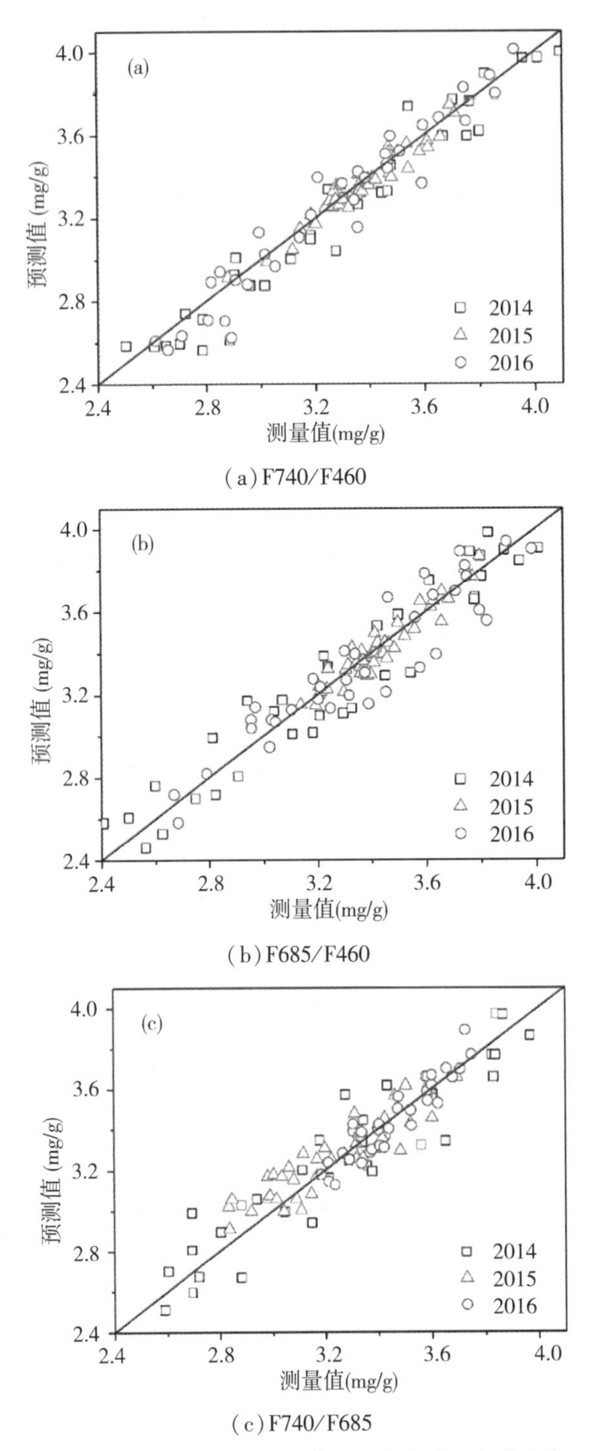

(a) F740/F460

(b) F685/F460

(c) F740/F685

图 2.12.11 基于荧光特征参数对氮含量的定量反演

接下来，进行基于荧光特征参数的氮含量定量反演分析，如表 2.12.2 所示。

表 2.12.2 基于荧光特性参数对氮含量定量反演分析

	F740/F460		F685/F460		F740/F685	
年份	R^2	RMSE(mg/g)	R^2	RMSE(mg/g)	R^2	RMSE(mg/g)
2014	0.891	0.344	0.873	0.552	0.826	0.667
2015	0.881	0.082	0.856	0.416	0.801	0.772
2016	0.865	0.341	0.848	0.661	0.804	0.962

结果显示，通过使用不同的荧光特征参数对氮含量进行定量反演，发现 F740/F460 是优于其他参数的。

③反演模型对氮含量定量反演的影响

在反演的过程中，我们选择了几种常见的模型，来探究反演模型对氮含量定量反演的影响。

④基于 BPNN 采用不同荧光特征参数对氮含量的定量反演

BPNN(Back Propagation Neural Network，反向传播神经网络)是一种常用的模型，分别采用荧光特征峰值、荧光光谱和 PCA 主成分分析与 BPNN 结合的相应模型进行反演，结果如图 2.12.12 所示。

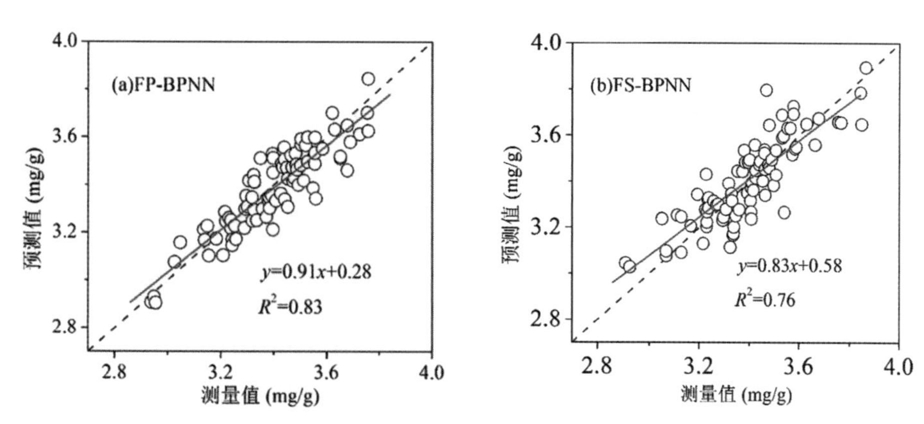

图 2.12.12 基于 BPNN 采用不同荧光特征参数对氮含量的定量反演

⑤基于 SVM 采用不同荧光特征参量对氮含量的定量反演

SVM(Support Vector Machine，支持向量机)也是一种常见的模型，图 2.12.13 是 SVM 不同反演模型的定量反演结果。

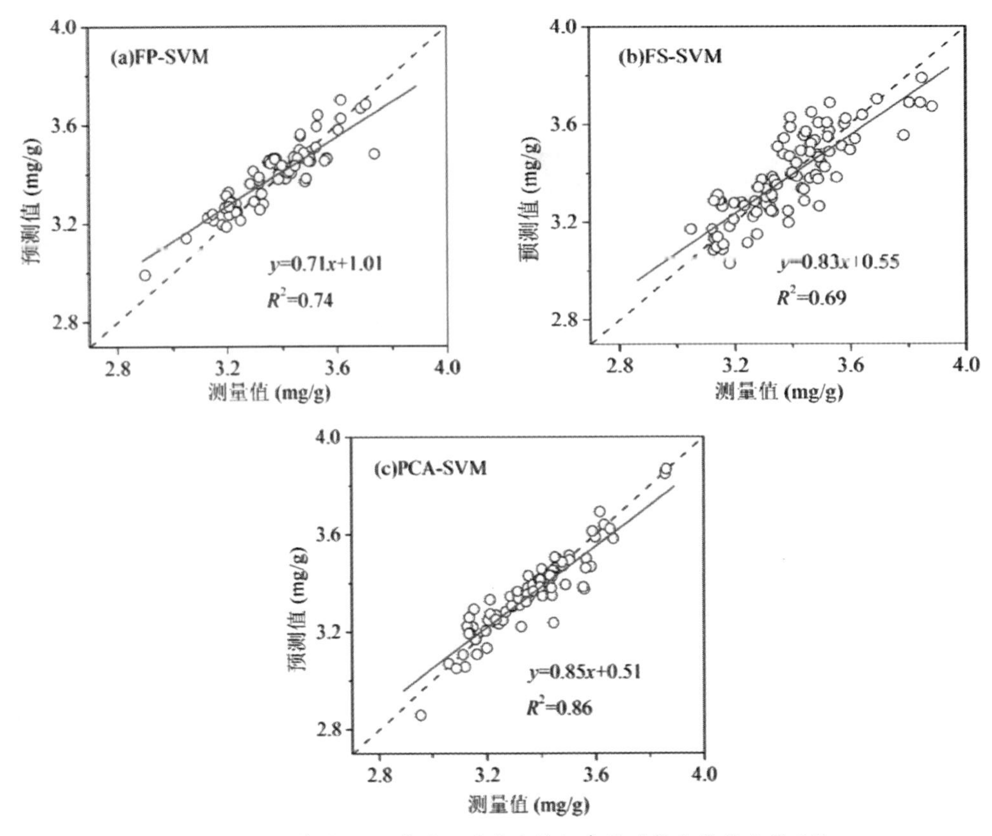

图 2.12.13　基于 SVM 采用不同荧光特征参量对氮含量的定量反演

综合这 6 种反演模型，分析不同反演模型对氮含量的定量反演，发现 PCA-BPNN 是优于其他模型的。这样也就为系统的应用提供了参考。以上这些就是我在博士期间的主要研究内容。在武大做荧光方向的，除了我们小组还有遥感院的方圣辉老师。他们主要研究瞬态荧光，也就是单波长的荧光衰减特性，需要进行暗处理。而我们所研究的是荧光光谱信息，就可以把它应用在遥感领域，运行在卫星等遥感平台上。

【互动交流】

主持人：谢谢杨健博士。下面是提问环节，大家有什么问题，可以请教杨健博士。哪位同学有问题？

提问人一：目前研制的荧光激光雷达探测距离是多少，能不能达到机载的要求呢？

杨健：目前国际上还并未出现这样一台能够同时获得空间和荧光光谱信息的荧光激光雷达，所以这套系统在国际上应该属于首例。研制系统的最终目的当然是希望能够达到机载、星载的目标，但是目前的实验主要是在我们的实验室完成的，实验室的距离最长只有 20m，系统研制还仅仅处于实验研究阶段。至于达到机载的目的，远距离的探测与探测器的性能、微弱信号的探测能力是相关的。如果要实现机载比如无人机，就要对激光器和探测设备进行简化。探测的距离要取决于激光的能量，假如激发光的能量越强的话，相应的激发荧光也就越强。但是植被的荧光强度相对于反射谱的强度还是很微弱的，机载要求的远距离微弱荧光信号检测的问题也是需要考虑的。目前国际上的荧光检测技术已经实现了星载，只有美国和日本拥有这种技术，但是他们的目的只是接收荧光信号，并没有实现荧光激光雷达的功能。

提问人二：关于氮胁迫的反演，是指通过监督分类对不同的氮含量进行监测吗？

杨健：采用激光诱导荧光技术，就是为了对农作物的氮含量进行定性和定量监测。对于一块农田，通过这种技术，定性来看，我们就可以获知农作物本身是否处于氮胁迫状态；定量地看，监测到氮含量到底多余或者缺乏多少，这样就可以采取相应的措施来应对。

提问人三：一般监测植被的光谱，都是选择在晴天观测，那么日光会不会影响到荧光的探测？

杨健：在荧光检测的过程中，我们会对它进行提取。在荧光接收时，太阳光是属于背景噪声的，提取之前会先监测背景噪声，然后将其与荧光信号进行对比，就可以去除掉。在星载的荧光技术中，就是采用这样的手段进行处理的。

提问人四：请问在氮胁迫的监测中利用了空间信息吗？

杨健：在氮胁迫监测反演分析的过程中是没有的，但是通过荧光激光雷达是可以获得的。对于氮胁迫监测，荧光光谱信息已经足够用来分析。荧光光谱和空间信息的结合是以后要做的工作，我的读博时间只有 3 年，所以做不了那么多。两者的结合就是，每一个空间点具有 xyz 的坐标，同时又具有光谱曲线。如果只有空间信息，也就是植被冠层的空间分布，氮含量的多少只表现在植株的大小上，但并不能表现出具体的含量，这样就无法进行定量的反演和研究。而如果加上荧光光谱特性，就可以进行定量的研究。

提问人五：目前的实验是对叶片的氮含量进行研究，那么能不能对植株进行反演呢？在实验室用盆栽设计不同的施氮量，荧光差异比较明显，那么如果是在野外的农作物田地里，在荧光光谱中是不是也能表现出明显的差异呢？

杨健：当然可以对植株进行反演，这可能是以后要做的工作。在实验田取好样本之后，将植被叶片样本放在冰箱里带回来，这样就可以保持其本身的物理特性不变，从而使实验叶片在实验田和实验室的样本特性是一致的。所以在野外测量不同氮含量对应的荧光光谱差异也是明显的。

提问人六：之前我们用激光雷达对植被进行扫描，发现遮挡特别严重，那么荧光激光雷达的空间探测能力怎么样呢？

杨健：激光雷达在探测植被空间状态时，上层会掩盖下层的反射信息。倾斜摄影测量从不同的角度去摄影，然后进行配准，这样工作量就比较大。而荧光激光雷达直接扫描，每一个扫描空间点都具有荧光光谱信息。荧光激光雷达具有一定的穿透能力，穿透能力的大小与激光的波长相关。为了获得整株的空间信息，现在有一种全波形激光雷达可以获取整体的空间信息，这样就可以克服高光谱遥感只可以获取植被冠层信息的缺点，从而获得垂直方向上的信息。这也是我们要把这种技术融合在激光雷达上的原因。

提问人七：植被反射光谱和荧光光谱的差异都是因为叶绿素浓度的不同引起的，为什么荧光光谱能够提前显示出变化呢？

杨健：在植被的光合系统中，由于荧光是叶绿素分子能级跃迁产生的，叶绿素浓度如果发生变化，就会直接表现在荧光光谱中，而反射谱是基于植被的物理特性的，只有叶绿素浓度的变化达到阈值，内部的物理状态才会发生变化，这时基于反射作用的反射波谱才会表现出变化。这也是荧光光谱要优于反射光谱的一个重要原因。

提问人八：为什么荧光光谱的探测范围只是到 800nm 呢？

杨健：这是因为每一种荧光物质都有自己独有的荧光特性，要确定其光谱探测范围就要首先确定荧光物质特征峰的位置。对于植被来说，内部的荧光物质主要是叶黄素和叶绿素，叶黄素对应的荧光峰在 460nm 左右，而叶绿素对应的荧光峰值主要集中在 685nm 和 740nm 两个峰。800nm 之后的光谱是可以测量的，但是对于测量植被来说，之后的光谱已经没有荧光信息，也就没有意义了，只会增加测量的难度。事实上，如果没有 ICCD 获取的连续的荧光光谱，只取特定的波段的话，我们只需要 460nm、685nm 和 740nm 这几个特征峰就可以了。

提问人九：植被内部的物理状态是指的叶绿素吗？氮含量与荧光光谱的相关性是怎么样的呢？植被类型和荧光光谱有关吗？

杨健：当植被内部的营养物质变化到达一定阈值时，光合作用相关的叶绿素以及线粒体中一些物质的浓度会发生相对变化，从而导致植被荧光发生变化。即设置不同施氮水平，使得植被叶绿素浓度存在差异，进而植被的荧光和反射光谱都会变化，通过对这种光谱的差异性进行分析实现对植被生长状态的监测。植被中每种荧光物质对应的荧光特征峰是确定的，在植被生长状态监测中，并没有考虑叶黄素的荧光特征峰，而且作为控制变量，只考虑叶绿素的两个峰。

植被内部的叶黄素和叶绿素都具有自己独特的荧光峰，其对应的波段位置基本不变，但是也可能会有几个 nm 的偏移。这种偏移是由于植被内部的特性差异造成，但是这种微小偏移并不会影响到整体的荧光特征谱。不同的植被物种内部存在一定差异，使得植被内部叶绿素释放的荧光，由于内部重吸收等作用，会在光谱形状上表现出不同。

提问人十：我们之前监测植被叶绿素 a 和氮含量会出现过饱和的状态，反射率也会出现相应的饱和，请问荧光会不会也出现这种现象？

杨健：植被在吸收氮的过程中，在没有达到标准量时，其光谱和施氮量是呈线性相关关系的，达到标准量之后，其相关关系会先持续一小段直线，再呈抛物线，最终饱和时基本呈直线。植被内部是有一些固氮物质来吸收氮的，这种固氮物质是有一定的量的，当全部用来吸收后，植被就不会再吸收多余的氮。过量饱和的情况荧光也可以测量，只是不会像未达到标准量之前那样明显。在实际的情况下，出现这种过量饱和施肥的情况下可能其表现已经能很明显地被目测出来。而在实验中，是可以按照一定的标准设计这样的实验的。

提问人十一：请问学长，荧光强度的校正是怎么样进行校正的，为什么 685nm 和 740nm 的特征峰在校正之后强度就增大了？

杨健：荧光强度的校正就类似于在反射谱的校正过程中，利用白板进行校正的过程是一样的。我们采用的是标准的卤素灯，该卤素灯的标准光谱是已知的，将已知的标准光谱和 ICCD 实际探测的光谱进行比较。通过比较发现，两者是不同的，我们认为这是探测器在各个波段的探测效率不同而引起的。这种相关变化关系我们将其设置为比例关系，也就是将两者求比值，就获得了比例因子随波段变化的强度校正模型。这样利用校正模型对 ICCD 测得的植被光谱进行校正，校正后的荧光光谱中，F685 和 F740 的相对强度就明显增强了。

5. 学术论文的写作心得

接下来我向大家分享一下科研中学术论文的写作经验。

(1)论文写作

✓ http://linggle.com

首先介绍一些常用的辅助工具。如图 2.12.14 所示，Linggle 这个网站可以在论文

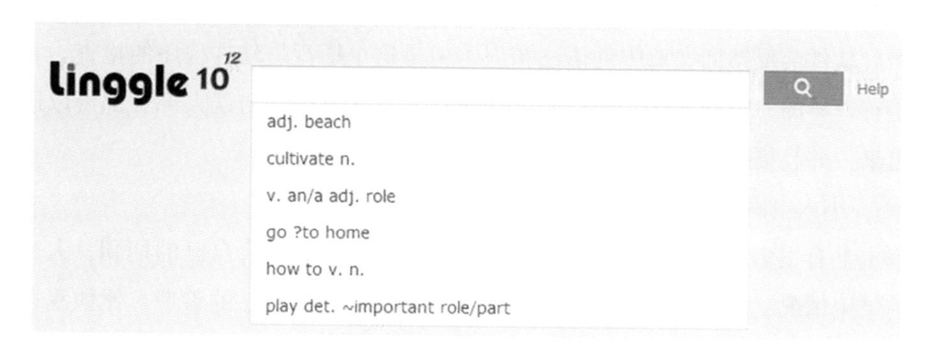

图 2.12.14　“linggle.com”网站

写作过程中用于查找词汇，检查我们用的词汇是否准确，搜索最常出现的英文语言搭配，还可以利用给出的词频进行判断，而且是免费使用的。比如查询经常在某个词前面进行修饰的形容词有哪些，名词、介词的搭配是否正确，还可以查找同义词，比较哪个词使用频率更高等。这些网站的使用说明都可以在网上查到，大家可以利用它们来帮助写作。

✓ http：//corpus. byu. edu/coca/

如图 2. 12. 15 所示，这个网站的功能也和上一个类似，它可以查找词语的使用频率等。这个网站的解释是全英文的，可能刚开始使用起来会相对吃力一点，但是表达的含义会更加准确一些。

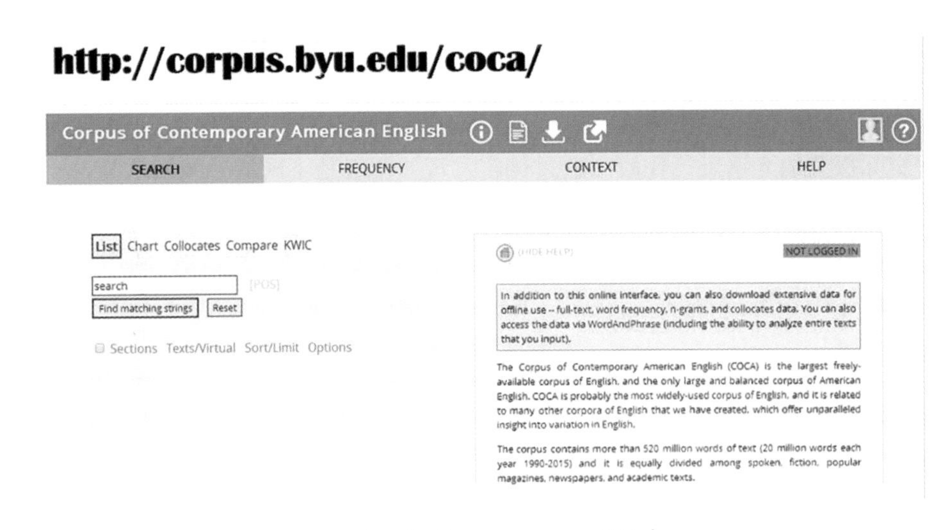

图 2. 12. 15　“corpus. byu. edu”网站

✓ lchecher 软件

如图 2. 12. 16 所示，这个软件可以用于一些基本语法的查找，我当时使用的时候是可以免费注册的，大家可以把它下载到桌面上使用。在使用的过程中，可以把整篇文章输入进去，然后软件会反馈回文章中的语法错误。但是这个毕竟是软件程序的检查，和人工的修改还是有差异的，返回的建议我们可以用来参考。文章中的错误大部分都可以通过该软件检查出来，并且提供修改建议。

✓ 小木虫网站

小木虫上有很多期刊，大家可以根据自己的方向，找到适合自己的期刊，大家可以查到稿件的录用情况、别人投稿的经验，这些都可以用来作为自己的参考。比如我自己的研究方向，就选择的是地球科学、光学和光谱分析。如图 2. 12. 17 所示。

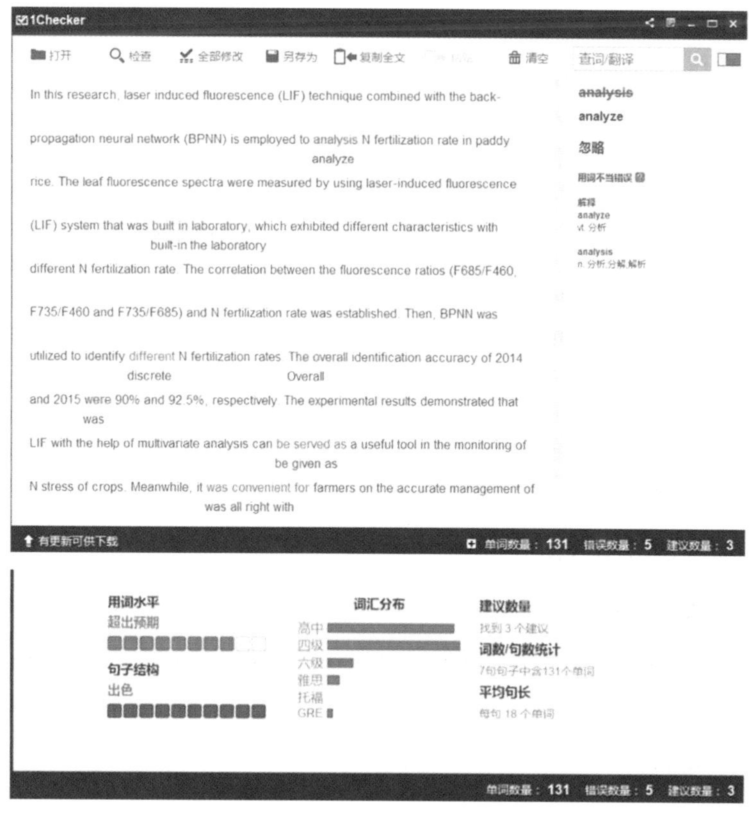

图 2.12.16 lchecher 软件

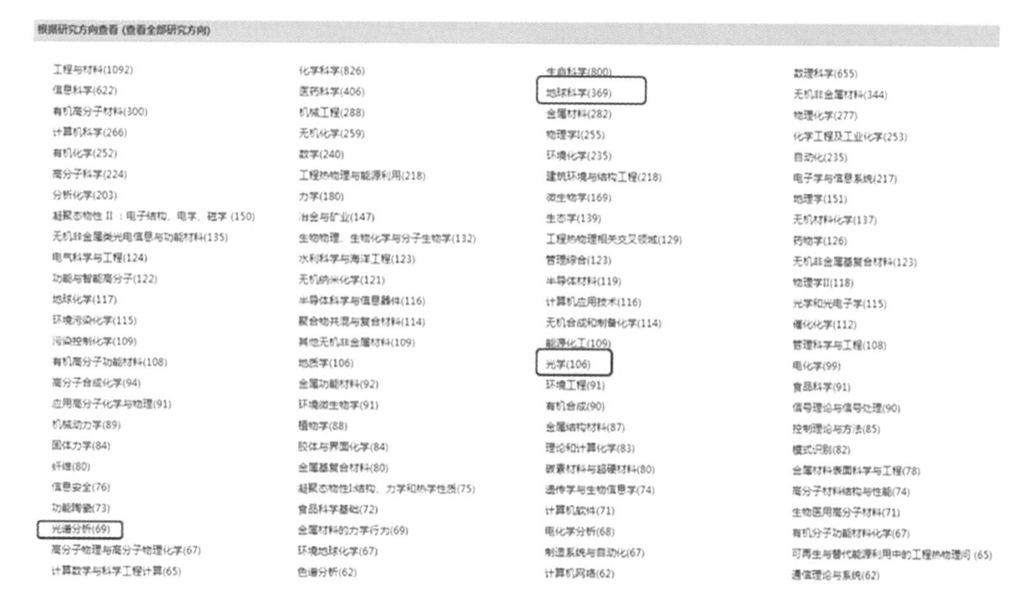

图 2.12.17 小木虫网站

(2)期刊查找

大家平常还可能碰到写好一篇文章后不知道应该投哪个期刊的问题，那么以下 3 个期刊查找网站可以给大家提供一个参考。

✓ “Journal Selector”网站

在这个网站上，我们可以将自己文章的题目或者摘要输进去，会搜索出与输入内容相关的各种期刊以及期刊的内容、录取情况和影响情况。这个网站的搜索结果会显示出所有相关的期刊，这种搜索结果的优点是可以让自己了解到没有接触过的期刊，缺点在于数量太多，需要自己进行筛选。如图 2.12.18 所示。

图 2.12.18 “Journal Selector”网站

✓ “Journalfinder”网站

这个网站同样可以根据文章标题和内容进行期刊搜索。网站会根据搜索的内容与数据库进行对比，找出匹配度高的期刊。但是搜索结果只会显示出 10 个期刊，这样就导致我们选择的余地比较小，所以我们可以将这个网址和上一个进行结合，根据期刊的内容和文章进行综合的评价。但是要注意，这个网址目前是要使用 IE 浏览器才能打开的。如图 2.12.19 所示。

✓ MedSci 梅斯

梅斯网站是中文的，相信大家应该比较熟悉。这个网站的功能和小木虫比较类似，但是它们又各有特色。如图 2.12.20 所示，在网站的工具栏里，有一个 SCI 杂志智能选择辅助系统，将文章的内容摘要输入就会搜索出相关的期刊。在期刊相关情况中，我们也可以看到别人投稿的一些经验和建议，但是可能由于这个网站使用的人比较少，所以相应的经

◆ http://iournalfinder.elsevier.com/

ELSEVIER

Send us feedback

Find the perfect journal for your article

Elsevier® Journal Finder helps you find journals that could be best suited for publishing your scientific article. Please also consult the journal's Aims and Scope for further guidance. Ultimately, the Editor will decide on how well your article matches the journal.

Powered by the Elsevier Fingerprint Engine™, Elsevier Journal Finder uses smart search technology and field-of-research specific vocabularies to match your article to Elsevier journals.

Simply insert your title and abstract and select the appropriate field-of-research for the best results.

Paper title

Enter your paper title here

Paper abstract

Copy and paste your paper abstract here

Fields of research

Optional: refine your search by selecting up to three research fields

- Agriculture
- Economics
- Materials Science and Engineering
- GeoSciences
- Humanities and Arts
- Life and Health Sciences
- Mathematics
- Physics
- Social Sciences
- Chemistry

Filter

- Limit to journals with Open Access options

FIND JOURNAL

图 2.12.19 “Journalfinder”网站

◆ http://www.medsci.cn/sci/isas new.do

图 2.12.20 “MedSci 梅斯”网站

验内容没有小木虫多。

上述 3 个网站可以为大家投稿对期刊的选择提供一些参考，接下来我向大家分享以下一些论文投稿的经验。

(3)论文投稿

在投稿的时候，我们经常会不清楚怎样设计文稿的格式。我们自己做好实验，进行结果分析，却不知道怎样在文章中展示自己的实验逻辑。具体地说，我们经常不知道怎样对文章的摘要、段落和参考文献等内容和格式进行布局。比如在 *Remote Sensing of Environment*(环境遥感)中(图 2.12.21)，我们要仔细阅读关于投稿的各项要求，关于格式、字体、行距等都有非常具体的描述。这些说明可能在刚开始投稿的时候看起来比较吃力，但是当你投过一两篇文稿之后，看起来就会比较随意了。大家在投稿的时候，最好严格地按照文章要求来写文章，这样会提升文章对审稿人的第一印象。比如我作为审稿人，当一个人的文章交给我来审阅，发现没有按照要求来写，我的第一印象就会觉得这个作者没有认真写这篇文章，这样最好的情况就是会大修，太烂的话就直接拒绝了。这就是我个人写文章和阅稿的经验，所以大家如果想提高文章的接收概率，最好严格按照要求来写。按照格式来修改可能需要花费 1~2 天的时间，但是可能会节省一个审稿周期的时间，一般是 3 个月左右。

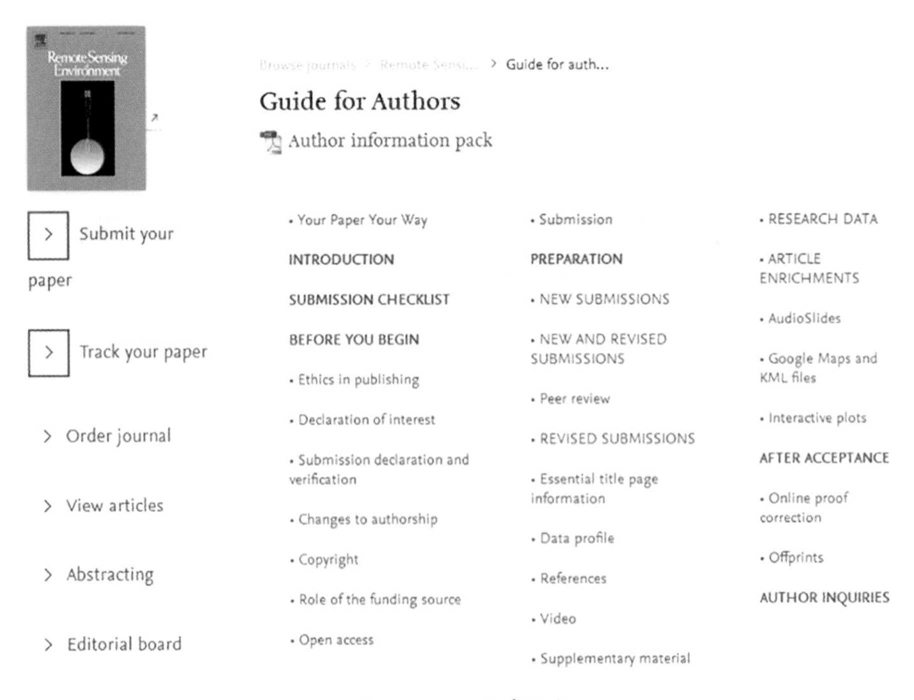

图 2.12.21　文章格式

还有在写文章时，插入参考文献最好能够使用 Endnote 或者其他软件进行操作。因为我们的文章投稿并不可能一次性就被接收，如果改动的过程用人工的话工作量就有些大，所以最好用 Endnote 来插入参考文献。一般的杂志都会给出 Endnote 的数据库，大家可以把它下载下来，这样就可以将参考文献整理好。

(4) Researchgate 学术交流

通过 Researchgate，可以接触到相同领域的研究学者，我自己就从中受益匪浅。当你发过文章之后，网站可以匹配到国际上与自己研究相关的人并推荐给你。这样就可以与他们进行联系交流，这种交流会使不同的想法相互碰撞，产生一些灵感，有助于今后的研究和学习。如果能够与领域内的大牛接触，以后你的文章也可能要经过他的审阅，那么对发表文章也有好处。如果大家有出国的意愿的话，通过这种方式也是与国外学者进行联系沟通的桥梁。

最后，提一下我个人做科研的一些感慨。我觉得做科研的第一点就是时间，因为科研就是在时间的积累上堆积起来的。每天都向科研投入的时间多一点，就能有更多的产出。我自己就是这么做的，所以我的成果可能相对多一些。另外就是对文献的掌握，我知道有一个化学院的实验室，他们对文献的要求是每周要求背一篇最新的文献，而不是只指出文献的创新点，所以他们实验室的产出成果是很高的。虽然我们没有这么高的要求，但是希望我们自己也要提高自己对文献掌握的要求。

主持人：非常感谢杨健师兄为我们带来如此精彩的报告！如果大家还有什么问题，可以私下与杨健师兄进行交流。再次感谢杨健师兄，本次活动到此结束！欢迎大家继续关注 GeoScience Café 以后的活动。

(主持人：许殊；摄影：黄雨斯；录音稿整理：赵兴敏；校对：纪艳华、许杨、陈必武)

2.13 高光谱遥感影像稀疏子空间聚类研究

（翟 晗）

摘要：高光谱遥感能够以近乎连续的波段对地观测，获取“图谱合一”的高质量影像，在诸多领域中得到了广泛应用。由于对高质量的标记样本获取具有较高的成本，聚类分析作为一种非监督的信息提取方式，在高光谱遥感影像的解译中发挥着重要作用。在GeoScience Café 第174期的报告中，翟晗博士从高光谱遥感影像本身的结构特点出发，简要介绍了高光谱遥感影像聚类分析的难点、现有的聚类方法以及应用，重点介绍了稀疏表示理论在高光谱影像聚类分析中的研究进展。

【报告现场】

主持人：各位老师、同学大家晚上好，欢迎来到 GeoScience Café 第 174 期的活动现场，首先非常感谢湖北省人民医院沈院长一行人以及杨书记、龚威老师参加本周的学术活动。本期我们邀请到的嘉宾是翟晗博士，翟晗师兄是测绘遥感信息工程国家重点实验室2016级的博士研究生，研究方向是“遥感影像信息提取与应用”，已在 IEEE TGRS、GRSL 和 RS 等国际刊物上发表 SCI 检索论文 4 篇（其中第一作者 3 篇），EI 等其他检索论文 3 篇，曾获得 2016 年武汉大学王之卓创新人才奖学金二等奖、协同创新中心学生奖学金等。本期翟晗师兄给我们带来的报告题目是“高光谱遥感影像稀疏子空间聚类研究”，下面让我们以热烈的掌声欢迎翟晗师兄。

翟晗：杨书记、龚老师，大家晚上好，本次我报告的题目是“高光谱遥感影像稀疏子空间聚类研究”。高光谱聚类作为一种非监督信息提取的方式受到广泛关注，子空间聚类由于其优良性能在高光谱聚类中占据重要作用，所以本次报告主要探讨如何利用稀疏表达理论对高光谱影像进行子空间聚类研究。

1. 高光谱遥感

首先我们来对研究的数据——高光谱遥感数据进行简单的了解：高光谱传感器能够以成百上千个光谱通道对同一覆盖地区进行成像，从而获取近乎连续的光谱波段，并且对于每个像素而言，能够以近乎连续的波段反映地表的反射特性。这种特性相对于传统的三通道自然影像以及多通道的多光谱影像优势更明显。正是由于高光谱遥感数据丰富的光谱信息，使得其对于亚类、一些微小差别的地物类的识别有独特的作用：它能够捕获一些细小类别的整段性信息，从而支持更精细的分类，而这些亚类分类在传统的多光谱数据中很难实现。例如对图2.13.1中成分相似或相同的植被和土壤的识别，是通过区分光谱上的细微差别来实现的，而提供光谱上的细微差别正是高光谱影像得到广泛关注以及应用的重要原因之一。

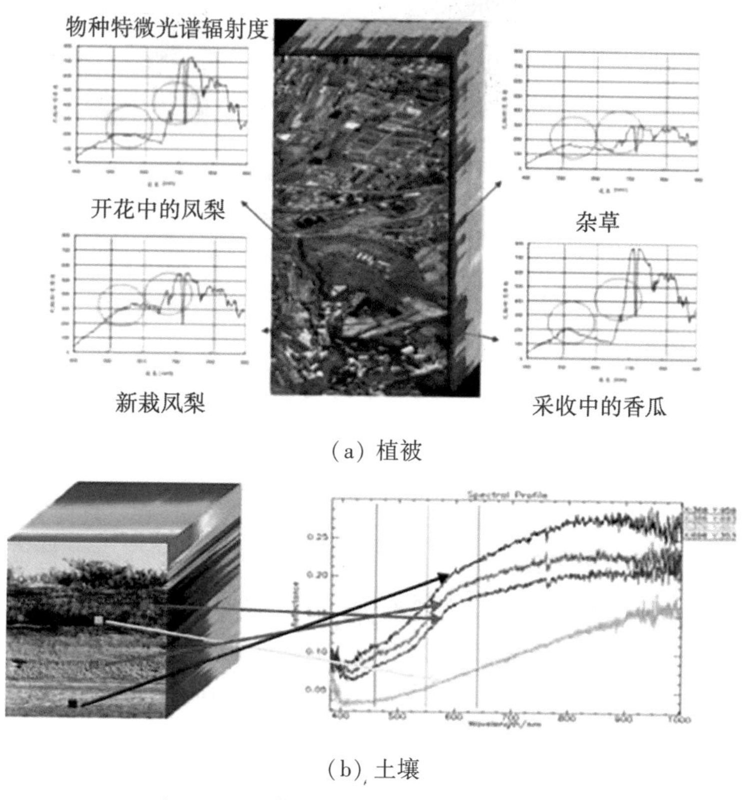

(a) 植被

(b) 土壤

图2.13.1 高光谱遥感影像特征分类示意图

那么高光谱影像有哪些应用呢？鉴于高光谱影像具有非常丰富的光谱信息，它在遥感领域获得了非常广泛的应用，如图2.13.2所示，包括土地利用地表分类，矿产探测识别，通过鉴别土壤成分的细微差别从而用于地质调查来获得土壤的有效成分、精细农林业、海洋表面的地物检测等，且这些应用已经取得了丰硕的成果，这也是支持高光谱影像继续向前发展，获得广大研究学者关注的重要原因。

传统的高光谱影像在模式识别、地物信息提取方面都是采用监督的方式，该方式通过加入一些先验知识以及训练样本信息，使得获取的结果精度可靠、有保障。传统的分类包括监督的分类、信息提取、变化检测以及面向对象的分割再分类等。分类作为地物信息提取的重要手段，图2.13.3给出了两种典型的代表，浅层分类中的支持向量机和深层分类中的深度学习，例如CNN网络以及深度置信网络等。在分类应用中，非常高的分类精度

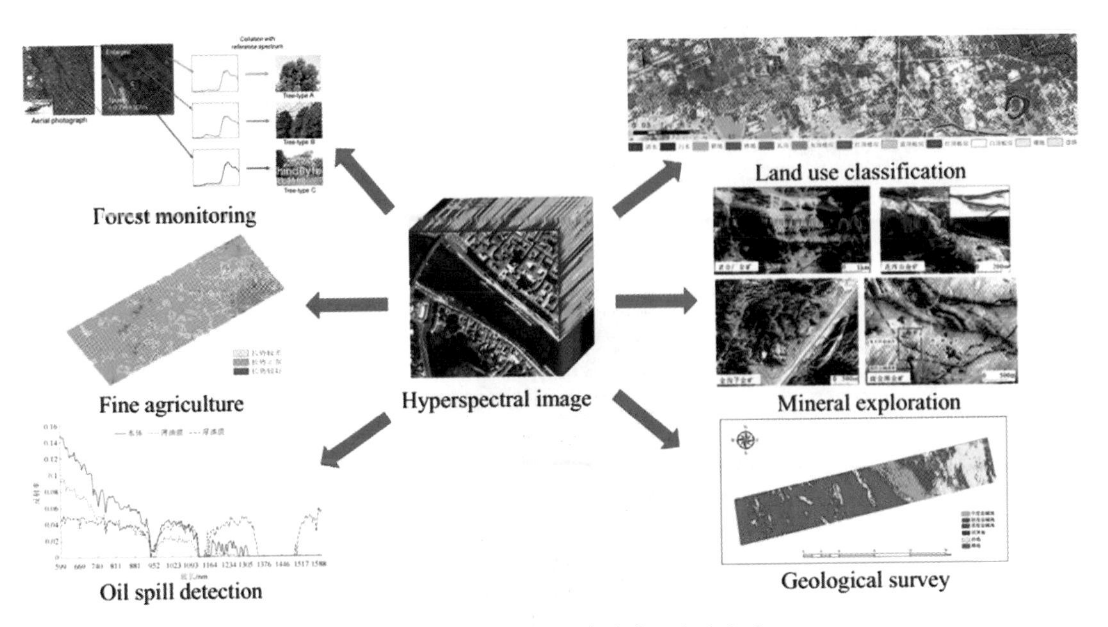

图 2.13.2 高光谱影像在遥感领域的应用

和非常好的信息提取结果往往需要丰富甚至大量的训练样本来支撑，但是在训练样本有限的情况下，随着波段数或者光谱数的不断增加，分类精度并不是一直提升的——事实上，在达到某一个临界点后，继续增加波段反而会导致分类器的性能变差，这也是高光谱影像中常说的休斯现象。上述现象反映了高光谱图像由于波段数过多，光谱信息过度冗余，从而影响了分类效果的问题。另一方面，现实生活中也很难得到足够的高质量的标记样本来进行高精度的分类——训练样本获取的成本非常高，甚至在有些情况(例如边境线上的地物训练样本)下是难以获取的，因而高光谱聚类这种完全不依赖训练样本信息的非监督分类方式受到了广泛关注。它可以完全依赖数据本身的内在结构特征、挖掘数据本身的结构属性来有效区分各个像素的归属和类别，从而得到地物的解译信息，这也是支持高光谱聚类研究向前发展的重要动机。

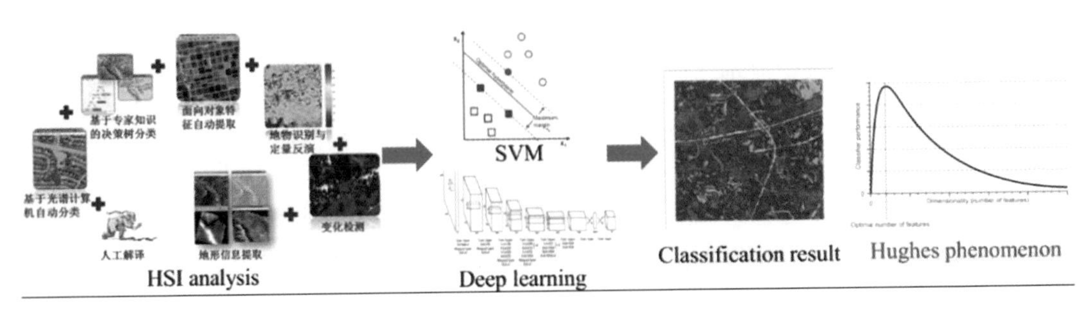

图 2.13.3 监督分类典型方法

2. 高光谱遥感影像的聚类

那么什么是高光谱遥感影像的聚类呢？高光谱遥感影像的聚类从本质上可以定义为：将高光谱像素按照一定的相似性测度，在特征空间中进行一系列的相似性划分，使得分为同一类的像素尽可能相似，而不同类的像素之间有很好的可分离性，这样的过程就是聚类。此外，它还具有完全非监督的过程(即不依赖任何先验知识和训练样本的加入)以及挖掘数据本身结构信息这两个重要特征。与先验知识无关，意味着即使没有丰富的先验知识或者非专家类的用户在获取之后也能进行很好的解译。整个聚类流程见图 2.13.4。

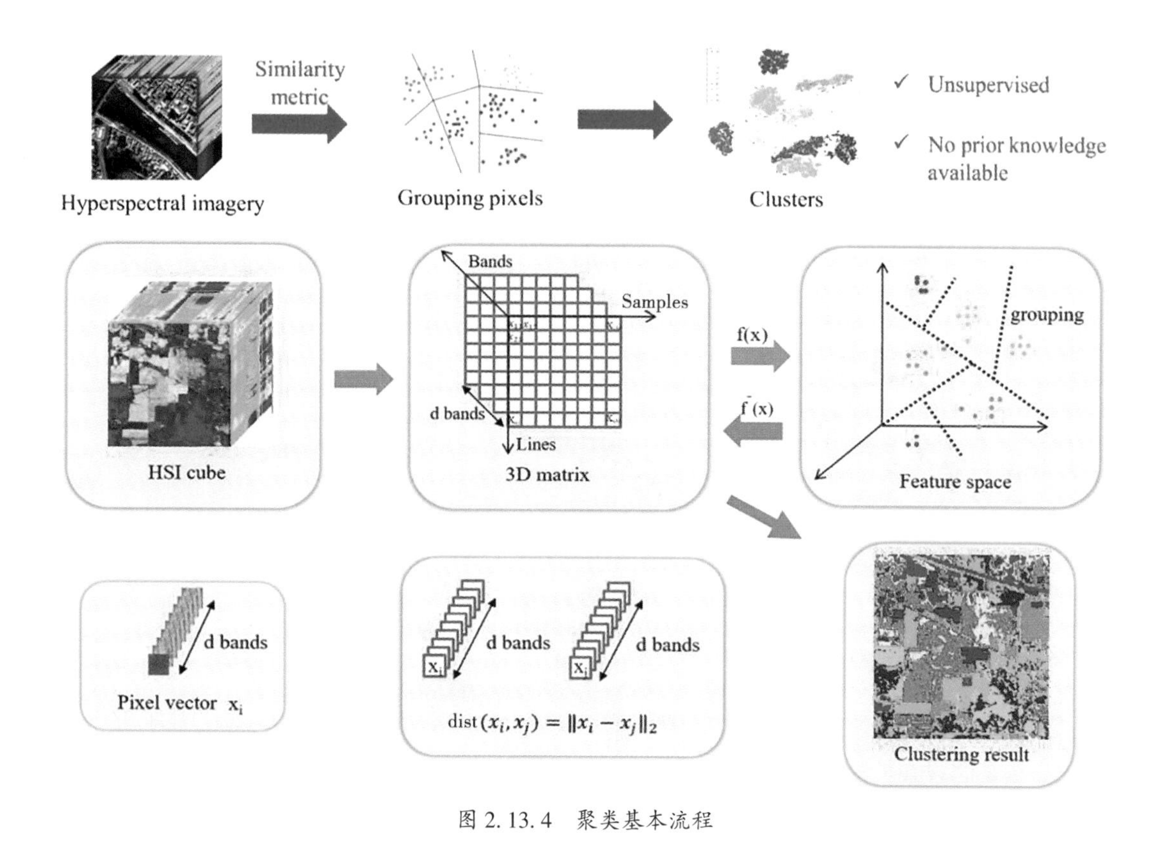

图 2.13.4　聚类基本流程

高光谱数据在进行聚类时具有非常高的挑战性，相对于传统的三波段自然影像和多通道的多光谱影像，高光谱影像具有成百上千的光谱通道，在提供丰富信息的同时，也造成了数据量的激增，光谱通道之间的信息高度冗余。在这样一个高维数据的特征空间中，其内部结构非常复杂，并且很难找到一个潜在的有规律的特征空间结构(例如相似的像素以簇的形式存在，或者符合某种特定的形状或分布规律)，这也使得传统聚类方法所建立的假设模型不能很好适应高光谱影像的内在结构，导致分类精度不高；同时由于同物异谱，异物同谱现象的存在，使得高光谱影像像素的光谱特征具有很高的异质性，例如由于成像条件、地质状况、植物本身各个化学成分含量的不同等细微差异造成同属于一个类别的地物的光谱反射曲线千差万别。这就造成了在特征空间中，这些特征点存在均一的状态，没有典型的特征可寻，使得很难对这样一个特征空间进行有效的建模，这给高光谱影像的聚类带来非常大的困扰。

根据高光谱遥感影像的机理和背景现状，可以将目前的聚类方法简单分为以下 5 种。

第一种是基于聚类中心的方法，典型的算法有 K-means、fuzzy e-means、模糊 C 均值等。以 K-means 为例，其主要思想是通过不断地迭代来寻找更新聚类中心，使得各个像素点到聚类中心距离的均方根误差最小化，得到最终的聚类效果，如图 2.13.5 所示。

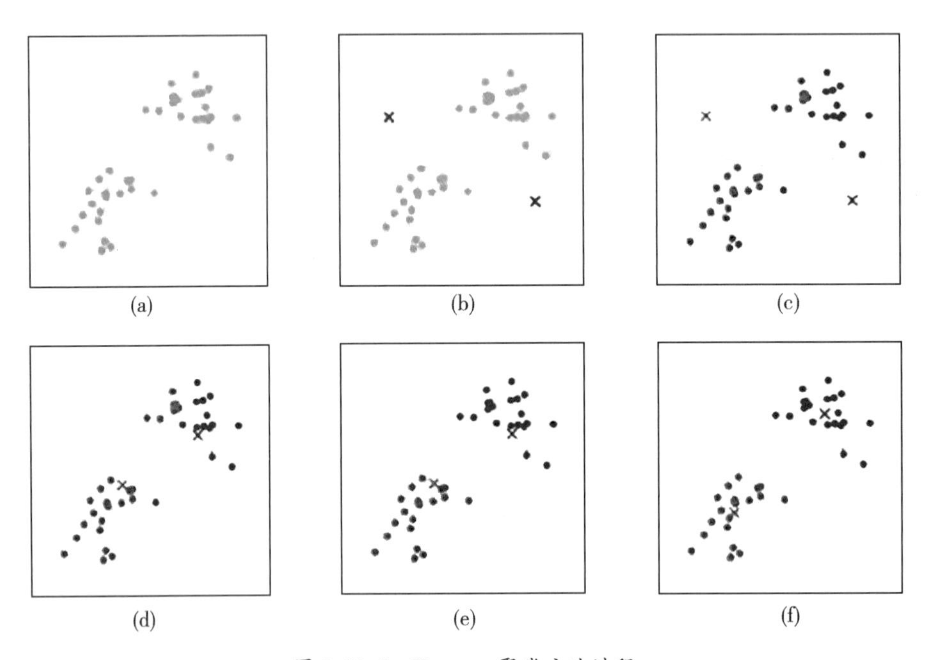

图 2.13.5　K-means 聚类方法过程

第二种是基于密度的聚类算法，典型算法如 DBSCAN、AP、CFSFDP 等。基于聚类中心的方法是假设在特征空间中，相同类别的像素以簇的形式存在，满足凸球形状。而基于密度的方法中，假设同类别的像素点密集存在集中分布，不同类型的像素点之间存在着稀疏的关系，聚类中心往往是由稀疏空间隔离开来的密集区域，它主要计算局部密度以及聚类中心之间的相对距离。综合这两个测度来进行建模，从而达到最后的聚类结果。以 AP 算法为例，权属信息 r 表示聚类中心选择一个像素作为本身类别的适合程度，传递着从聚类中心到像素之间的信息，而归属信息 A 恰恰相反，表示的是像素归属于聚类中心的适合程度，传递着像素到聚类中心的信息。通过对这两个信息的不断迭代，从而得到一个稳定状态。为了防止出现局部最小或者迭代最大，定义了衰减系数 λ，结合上一步迭代的结果进行加权求和得到新的信息进行传递。这类方法在 2006—2010 年之间得到了广泛的使用，但它也存在一些缺点，即需要人工调节的参数较多，影响较大。

AP 算法的具体步骤如下：

$$r_{l+1}(i,\ k) = s(i,\ k) - \max_{k' \neq k}\{a_l(i,\ k') + s(i,\ k')\} \tag{1}$$

$$a_{l+1}(i,\ k) = \min\langle 0,\ r_l(k,\ k) + \sum_{i \notin \{i,\ k\}} \max\{0,\ r_l(i',\ k)\}\rangle,\ i \neq k \tag{2}$$

$$a_{t+1}(k,\ k) = \sum_{i' \neq k} \max\{0,\ r_t(i',\ k)\} \tag{3}$$

$$r_{t+1}(i,\ k) \leftarrow (1-\lambda)\, r_{t+1}(i,\ k) + \lambda r_t(i,\ k) \tag{4}$$

$$a_{t+1}(i,\ k) \leftarrow (1-\lambda)\, a_{t+1}(i,\ k) + \lambda a_t(i,\ k) \tag{5}$$

第三种是仿生型模型，主要代表方法有基于人工变异网络和人工 DNA 的聚类算法，这类算法的优势是结合仿生学的结构或者生物学模型，模拟高光谱影像结构，将 DNN 变异和遗传原理应用于高光谱影像中的“同物异谱、异物同谱”现象中，从而得到有效的聚类效果。以人工 DNA 聚类为例，如图 2.13.6 所示，DNA 在进行刻画时是通过四个嘌呤来进行的，遗传变异也是嘌呤之间的变异，用这样一个过程来模拟高光谱遥感影像像素之间的“同物异谱、异物同谱”现象，效果较好，但这种仿生学的模型并不能很好地吻合高光谱内在的结构特征，对于一些数据往往会出现过平滑、区分能力不足的效果，并且它的计算复杂度较高。

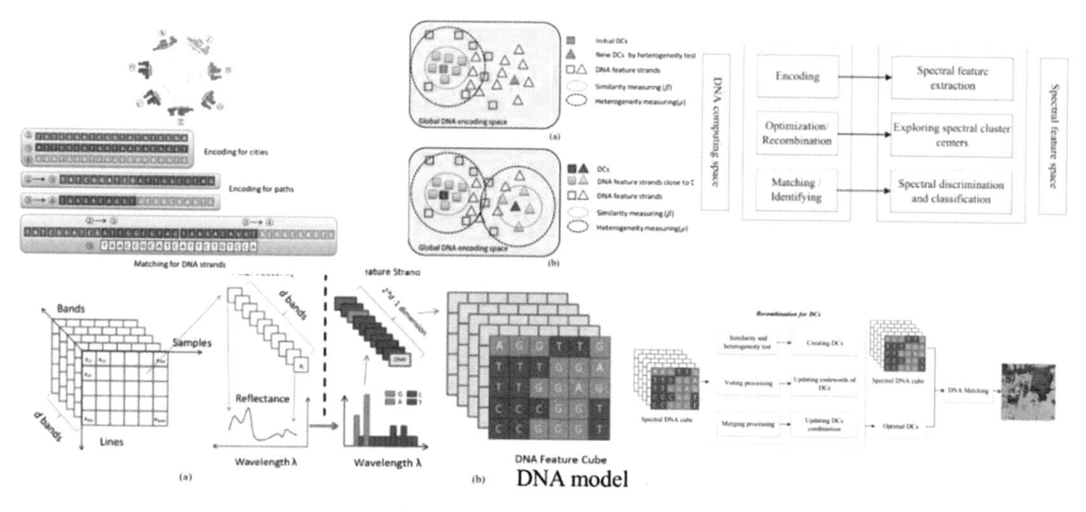

图 2.13.6 DNA 算法模型展示

(Jiao, H., Zhong, Y., & Zhang, L., 2014)

第四种是基于图的聚类，典型方法包括 SC、SCC、N-cut 等。图由于能够很好地度量相似性，在各个领域中得到广泛的应用。在聚类中，通过建立邻接、相似矩阵来刻画两两像素之间的关系，根据图的结构权重的最优化得到最终聚类结果。以 N-cut 为例，如图 2.13.7 所示，通过两个特征点之间的邻接边的权重来刻画像素间的相似度和亲和力，通过对邻接边权重进行建模，使得分割开的簇的能量达到最大化，从而得到最终的聚类结果。通过邻接矩阵刻画相邻两个像素和不相邻两个像素之间的相似程度，最小化割边寻找最终结果。

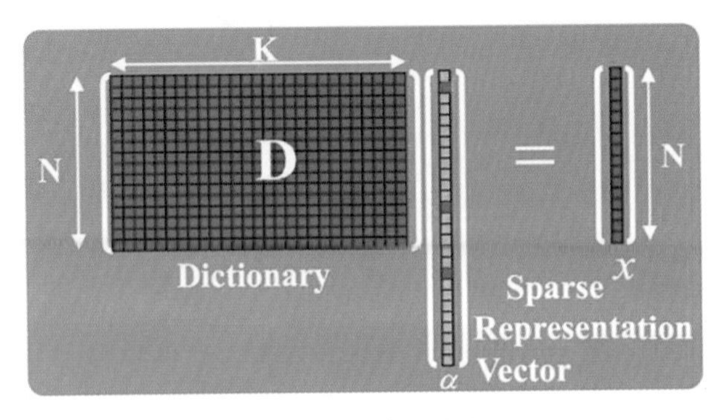

图 2.13.7 稀疏表达基本原理

3. 基于稀疏表达的子空间聚类

前四种的聚类方法都属于传统聚类方法，近些年基于稀疏表达的子空间聚类方法发展也很迅猛，典型的方法包括 SSC、S4C、L2-SSC 等。它利用数据的自表达属性和稀疏表达理论，将每个像素利用其他像素进行线性表达，并在线性表达的过程中，很好地捕获像素之间的相似性和潜在的聚类结构。在稀疏表达中，如果两个像素之间相关性非常高时，其在表达过程中的贡献值就大，而相关性弱时，贡献值就比较小。稀疏系数矩阵本身的结构就反映了内在属性，利用它建立邻接矩阵，加上谱聚类的划分，就可以得到较好的结果。

那么，什么是稀疏表达呢？它是指利用尽可能少的非 0 系数表示信号的主要信息，从而简化信号处理问题的求解过程，通过 0 范数来约束稀疏系数。0 范数是 NP-Hard 的问题，目前已有很多成熟的算法解决该问题，一类是贪婪算法，一类是松弛算法：贪婪算法是固定一个，进行穷举，依次迭代；松弛算法是将 0 范数这样一个非凸优化问题转化为凸优化问题，进行近似逼近。

稀疏表达理论是指利用数据的自表达属性将每个像素根据字典进行线性表达，其中的系数稀疏矩阵表示字典中的原子在表达原始像素的贡献程度。

稀疏子空间聚类就是利用了这样一个理论，首先利用子空间理论对高光谱遥感影像的像素进行建模，由于高光谱影像具有“同物异谱、异物同谱”现象，子空间不管光谱曲线具体表现出来的形式，对属于同一类别的像素纳入同一个子空间，利用子空间的联合模型，进行原始图像的刻画，逼近影像的内在特征空间结构。

以 SSC 算法为例，首先将每个像素按波段进行列化从而把三维的高光谱影像映射到二维空间，由于每一列代表一个光谱通道，因此行数一般远远小于列数，也就是未知量的个数远远多于方程数——这明显是个欠定的问题，难以求解。而引入研究稀疏约束，能很好地得到稳定解，将 NP-hard 的 0 范数约束凸松弛到 1 范数，1 范数的求解可以通过 ADMM 交替方向迭代算法，根据求取的稀疏系数矩阵来建立邻接矩阵，并通过对称式的 L1 引导的图方式进行聚类。那么，为什么要用对称式的方式进行建模呢？因为这可以防止在 A 像素表达 B 像素时，A 像素进行了有效表达，而 B 像素表达 A 像素时，并没有参与有效表达的现象。为了增强图内部的混合连接性，弱化图之间的连接性，对称式的建模可以起到很好的作用，A 和 B 只要在表达对方的时候有其中一方参与了表达，那么它就体现在类内邻接边的增强上，从而很好地在谱聚类分割时寻找到最小化邻接边，保证最终的聚类结果。

但这种传统的 SSC 存在很大的问题：它只是利用了高光谱影像像素之间的高相关性进行线性表达，而忽略了其包含的丰富的空间信息，以及局部邻域内相邻像素之间属性相似。根据地理学第一定律，地物的变化是一个缓慢渐变的过程，很小的局部邻域内的像素可以视为是同一类别的，那么它们在表达时的表达系数也应该是十分接近的，但传统 SSC 算法并没有体现出这种空间上邻域的语义信息，从而使得表达系数的判别能力是非常欠缺的，不能很好区分光谱相似的地物的类别；同时，由于没有融合空间信息，很难避免椒盐噪声的现象。如图 2.13.8 示例，图中包含的四种地物类型的光谱曲线非常相似，光谱曲线表现出高度混叠，即使用人眼也很难进行区分，那么在没有任何先验知识训练样本的情况下，完全依靠数据本身的结构，也很难对地物类别进行有效区分。SSC 的结果显示，大部分的类别可以进行有效区分，但是由于没有加入空间信息，能够判别的类型非常有限，同时受到噪声的影响，类内的错分、噪声非常严重，这制约了传统 SSC 算法的发展。

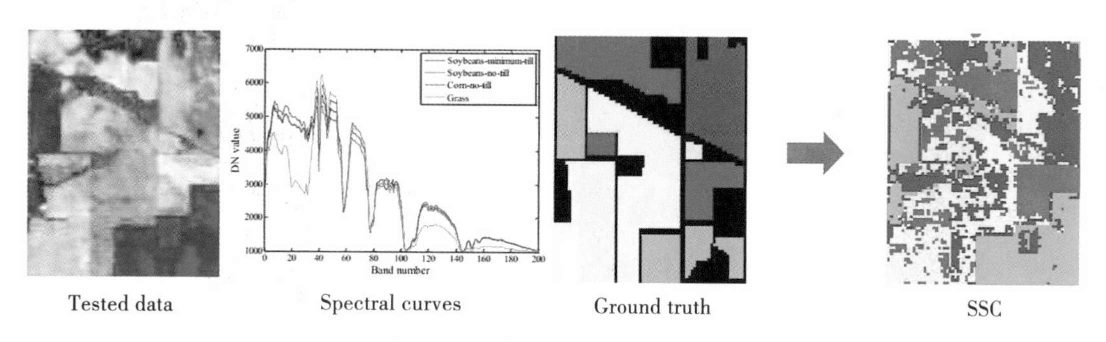

图 2.13.8　相似地物类型分类结果

（Zhang，H.，Zhai，H.，Zhang，L.，Li，P.，2016）

针对这个问题，SSC-S 算法被提出。假设局部的八邻域内像素近似属于同一类，利用局部均值对表达系数进行有效约束，缓解由于奇异值或者噪声的干扰造成的误差，加入正则项。但是这种空间信息融入方式非常简单，没有考虑到不同类别交界处边缘地区的邻域均值计算，此时的表示偏差不仅不会减小，反而会被放大。为了解决这个问题，TV 约束被提出，通过四邻域对相似性系数进行有效约束，传统 TV 的 1 范数约束由于是非平滑项，在求解过程中收敛速度很慢，因此在我们的方法中采用 2 范数近似代替，收敛速度大大提升。如图 2.13.9 所示，与传统方法结果比较，第一组测试数据为 Pavia 大学的，包含 8 种地物类别，103 个光谱通道，空间分辨率与光谱分辨率都较高，给定 ground，truth，无论从目视效果还是客观评价因子中都可以发现，经过融入空间信息后的聚类效果明显优于其他算法(包括模糊 C 均值，加入空间信息的模糊 C 均值，CFSFDP 算法，SSC，利用局部均值约束融入空间信息的 SSC，L2 约束的 SSC 算法)，在有效平滑类内噪声的同时，减少了错分的存在以及椒盐噪声的影响。如图 2.13.10 所示，第二组测试数据为 Washington DC 地区的，191 维光谱通道，地物类别间相似性较高，所得出的结论相同。

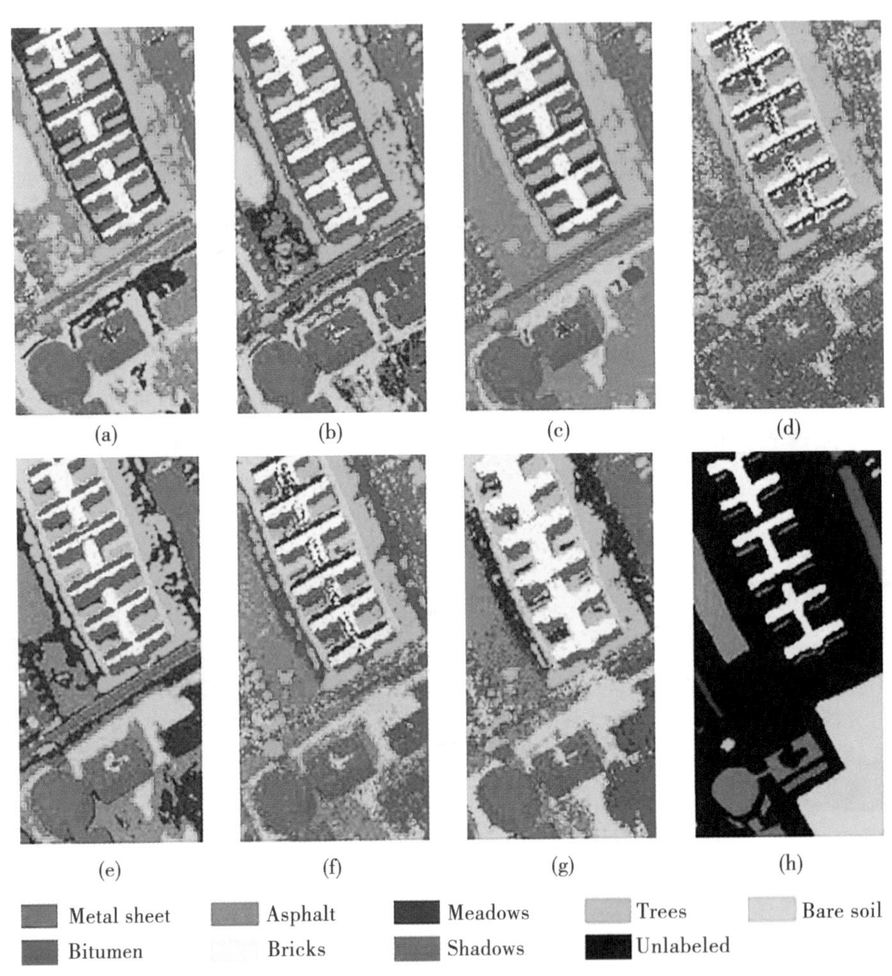

图 2.13.9 Pavia 大学聚类效果比较示意图 (a) k-means, (b) FCM, (c) CFSFDP, (d) SSC, (e) FCM_S1, (f) SSC-S, (g) L2-SSC, (h) ground truth.

稀疏表达其实是一种线性表达，而高光谱影像特征空间是十分复杂的，是个典型的非线性可分数据，利用线性表达来刻画像素间的相似性是不准确的，因此，考虑利用核映射的方式将它映射到无限维空间，使得原来非线性可分问题变成近似线性可分的问题，从而在核空间进行稀疏表达，可以很好地减少在表达过程中引入的系统误差。

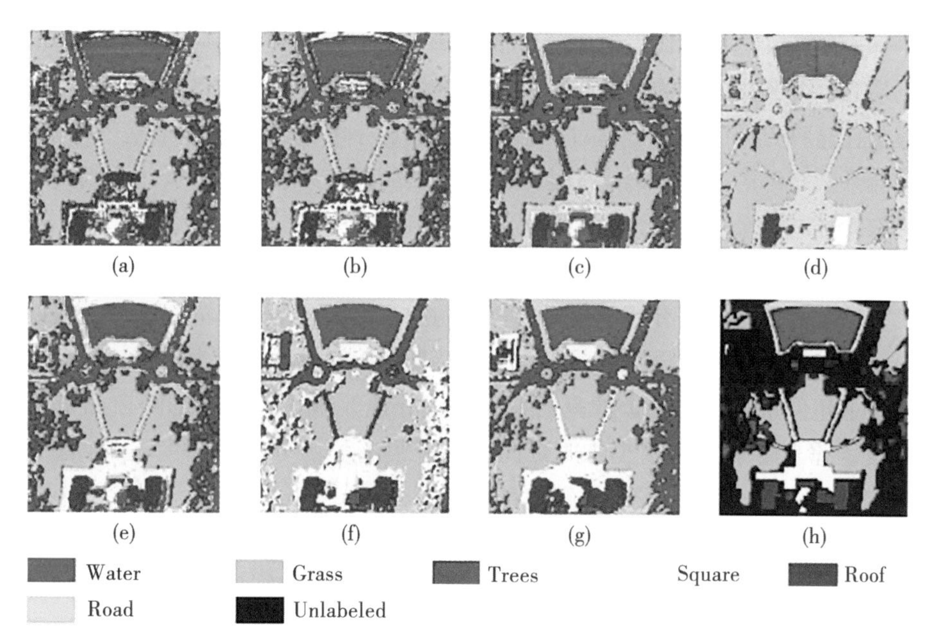

图 2.13.10 Washington DC 地区聚类效果示意图：(a) kmeans，(b) FCM，(c) CFSFDP，(d) SSC，(e) FCM_S1，(f) SSC-S，(g) L2-SSC，(h) the ground truth

(H. Zhai, H. Zhang*, L. Zhang, P. Li, A. Plaza, 2017)

4. 空谱结合与面向对象的聚类

和 SSC 方法相似，仅仅利用光谱信息、像素间的相似性进行线性表达是不够的，还可以融入空间邻域信息。不同于正则项，通过充分探索稀疏表达理论潜在的机制，引入 max pooling 来强化相关性更高的最大值，抑制最小值的干扰，改善稀疏系数矩阵的质量，保证分类结果的精度。首先在特征空间内进行稀疏表达，将稀疏表达结果进行 max pooling 融入空间信息，随后改正表达的空间误差，建立邻接矩阵，进行谱聚类分类。此方法可以很好地解决高光谱影像的非线性可分问题，且其目视解译效果以及客观评价标准都比其他方法好。(由于本篇论文尚未见刊，作者未公开结果图。)

前三种方法都是基于像素的聚类结果，在进行高光谱影像信息提取时，由于像素之间并不是独立存在的，而是在一定空间范围内成高度相关或者局部均质的区域性存在，因此这部分所有像素的本身属性可以利用一个对象来刻画。面对基于像素的固有缺陷，比如建模时只是单独对像素进行考量，没有考虑其相互之间的交互信息，因此很难摆脱椒盐噪声的影响；同时，只是提取像素级别的特征，而单一像素的刻画能力往往有限，使得其可区分度也是有限的，很难区分开光谱相似的亚类，因此引入了面向对象的方法：分割具有光谱均质性的局部区域作为目标对象，通过提取目标对象的特征来对对象进行划分，从而代替原来的逐像素划分。考虑到均值漂移，利用 mean shift 来分割均质的局部对象块，在获得对象块之后，需要考虑的是特征提取——特征提取的好坏直接影响最后聚类结果的精度。每个对象可以视为由很多个光谱相似、均质的像素构成的超像素图框，这个超像素图框里每个像素的特征都可以代表对象的特征。基于反距离加权自适应学习算法，提取超像素图框的质心，并利用质心的光谱特征来代替整个超像素集群的光谱特征来进行稀疏表达分类。但是在这种方法中，由于是对对象进行表达，字典的维度远小于基于像素的字典，得到的稀疏系数矩阵的维度也远小于原来基于像素的稀疏系数矩阵的大小，因此需要在进行分割提取特征时记录下超像素之间的位置，利用超像素质心所代表的整个对象的 label 赋值给每个像素，从而大大减小了稀疏矩阵的维度，在收敛时速度更快，大大减小了计算的复杂度。这个算法在能够有效利用对象特征的同时大大减小计算的复杂度，很好地提升地形约束。根据目视解译结果发现，引入对象特征可以很好地平滑类内椒盐噪声，由于对象质心综合了超像素之间的各个像素的特征，很好地改善了对象内部噪声和奇异点的影响，稀疏表达的表达系数偏差小、质量高，具有很高的区分度，精度优于像素级方法。(作者本部分内容尚未发表，没有详细信息。)

本次报告简要介绍了高光谱影像以及高光谱聚类的特点，针对高光谱影像这种特定的数据源聚类的发展，从其内在结构阐述了高光谱聚类的难点并且分析现有方法的优缺点，引入近年来提出的高光谱影像稀疏子空间聚类方法，重点给大家分享了几种我提出的从光谱到空谱(空间-光谱)结合、线性到非线性、像素到对象的聚类方法，并且通过实验展示了其优越性。

【互动交流】

提问人一：师兄您好，我想问一下您在做高光谱影像聚类时，一般考虑哪些特征？

翟晗：这里利用的特征只考虑了光谱信息以及空间邻域信息，并没有从多特征维度进行考量。即暂时只考虑了算法的有效性，并没有考虑到纹理信息，结构信息。但如果利用多特征，采用同样的模型，精度一定会有很大的提升。

提问人一：那如果进行求导、高阶求导等一系列的计算，会不会对聚类的精度有效提升？

翟晗：这种提升相当于只是预处理的操作，比如直接求导得到的就是它的梯度信息，只是对它的特征维度进行了丰富，并没有使算法有所提升。但是在很多情况中，也不是加入的特征越多，最后分类的效果越好，可能特征并没有有效地反映光谱相似的亚类之间的关系。

提问人二：师兄您在面向对象的 SSC 算法中的分块有什么依据吗？

翟晗：就是直接用的 mean shift，这里分块没有具体的尺度要求，只要得到的对象块足够均一即可。但是这也存在一个问题——如果块分得过于粗糙的话，在字典的稀疏表达过程中，各个原子间很难有很好的协同作用去共同逼近原始效果，使得稀疏矩阵的误差比较大；但如果划分得过于细腻，字典维度就比较大，计算复杂量很高，而 mean shift 可以自适应地选择最合适的尺度。

主持人：由于时间关系，我们的提问环节到此结束，非常感谢翟晗师兄带来的精彩的报告！同时也非常感谢各位同学的到来，希望大家继续关注我们 GeoScience Café 的后续活动。

（主持人：戴佩玉；录音稿整理：戴佩玉；校对：陈易森、韦安娜、李韫辉；摄影：龚瑜、许慧琳）

附录一　薪火相传：GeoScience Café 历史沿革

编者按：GeoScience Café 自 2009 年成立以来，已走过了 9 个春秋。她已成长为以武汉大学为中心，辐射全国的地学科研交流活动品牌。本附录记录了 GeoScience Café 在 2017—2018 年的点滴故事，并邀请了 16 位 Café 人共同分享“他/她与 Café 的故事”，串联出 Café 文化的传承。

材料一：《我的科研故事(第二卷)》新书发布会

GeoScience Café于2017年11月3日晚，在武汉大学测绘遥感信息工程国家重点实验室4楼休闲厅举办了《我的科研故事(第二卷)》的新书发布会，邀请了实验室众多老师与我们分享了Café的点点滴滴。本次发布会吸引了实验室以及其他院系的众多学生，现场互动频繁，学术氛围浓厚，并赠出多本第二卷新书。

主持人：各位老师同学大家晚上好，欢迎来到GeoScience Café第177期的报告暨《我的科研故事(第二卷)》新书发布会的现场。我是今晚的主持人李韫辉。今晚到场的老师有：杨旭书记、汪志良副书记、毛飞跃老师、关琳老师、郭波老师以及Café的logo设计人——秦雨师兄。虽然蔡列飞老师没能来到现场，不过她说要给我们Café点一百个赞。

今晚的活动分为两个部分，首先进行的是我们的新书发布会，然后是我们177期的学术交流活动。在今晚的活动期间将会有几十本新书赠出，大家可以把握机会，踊跃参与到我们的活动中来。

首先请大家和我一起通过一段视频来回顾一下Café在过去这一年里(2017年)取得的工作成果。(放视频)

附图1.1　大家一起观看视频

在过去的一年里，我们Café成功地举办了40期报告，其中不乏许多经典的报告，比如于第155期举办的学科嘉年华，我们邀请到了李德仁、杨元喜以及龚健雅三位院士，他们与我们分享了自己的科研故事；在第 165 期我们邀请的李志林教授与我们一起探讨研究生学习从技能到智慧的全面提升；第 171 期我们邀请到了 Christopher Small，他与我们分享了基于遥感的地表过程时空动态研究。在我们新推出的第二本书中，也收录了很多精彩报告，包括陈锐志老师讲述的移动地理空间计算；纽约州立布法罗分校的王乐教授讲述他自己的学术人生；还有桂志鹏老师介绍的第四范式下的 GIS，等等。除了理工学科之外，这一年 Café 也新增了很多人文社科报告，我们的影响力逐渐扩人到武大的更多学科。希望大家拿到这本新书以后，能够穿越时空，汲取我们一路走来获得的知识与智慧。

除了 Café 这些常规的学术报告以外，这一年我们也取得了许多新的活动成果。在得到嘉宾的允许下，我们增加了直播环节——从过去的新闻稿可以带领大家跨越时间，到现在的直播，让大家也可以无惧空间的阻碍。微信公众号的宣传进一步增加了 Café、实验室、武大地学的影响力和传播力，让大家不会错过任何一个有关地学的热点信息。今年(2017 年)9 月份，我们新开启了导师信息分享计划，搭建了本科生和导师之间沟通交流的平台，帮助本科生和导师之间建立更加深入的了解，帮助师生了解更多更真实的信息。我们 Café 的影响力也从这个实验室扩大到了信息学部，乃至本部的人文学科；从硕博的学术交流扩大到了本硕博的师生互动。我们线上的 QQ 群交流、微信宣传更为全国的地学学习者提供了一个无障碍的沟通交流平台。在未来，我们 Café 将会举办更多精彩的原创报告，扩大时间和地域的覆盖范围，并提供更加完善的服务方式。欢迎大家以后多多参加 GeoScience Café 的交流和分享活动。我们研究生的学术生活短暂且重要，快乐与痛苦并存。来到 Café，让我们谈笑间成就梦想！

接下来请今天到场的几位老师来和我们分享他们对 Café 的寄语。首先有请杨旭书记。

杨旭：首先祝贺《我的科研故事(第二卷)》出版。去年(2016 年)出版的第一卷我们准备了七年的时间，今年出版的第二卷我们仅用了一年的时间，而在内容上，第二卷同第一卷一样精彩。这说明 Café 团队的能力和效率在显著地增强。我看了第二卷里面的很多文章，以学术为主，不过也收录了一些谈思想方法的讲座。比如王乐教授的从武大学子到美国教授的经历分享，其中就有非常多可以借鉴的东西。我们研究生做学问，专业上的耕耘是很重要的，但方向和动力同样重要，这恰恰决定我们能走多远。在 Café，我们的老师和同学就研究的相关经历、体会、心得、思想和方法进行分享，我觉得这可能是在其他的交流中难以得到的。我们 Café 为大家提供了这些丰富多彩的信息，就如刚刚主持人讲到的，我们 Café 的作用远不止于学术交流，它甚至在于推动事业发展。我们很多学生也是因为参与了 Café 的交流，才选择了实验室，开启了人生崭新的篇章。还有很多同学参加这个活动，相互之间结识成了朋友，彼此成为人生中非常重要的相互支撑的力量。我觉得 Café 的作用和功能正在被我们的组织者和参与者一起创造。最后，我们 Café 的同学们为大家做出了很大的牺牲和奉献——这也是我感到非常欣慰的一点。这是一个非常有战斗力的，非常美丽的一个群体。我认为他们的精神之美是最让我们受到感染和感动的。说实话，做一件好事容易，但是持续地做却是不容易的。我们从 2009 年到现在，一代又一代的同学奉献到今天，我从他们的脸上看不到一点倦意。他们在为同学们服务的过程中，实现了非常重要的精神价值。我想这就是我们通常所讲的志愿服务精神：奉献、友爱、互助、进步。我们整个 Café 的团队正是秉承着这样的精神，并将它发扬光大。

附图 1.2　杨书记分享对 Café 的寄语

主持人：非常感谢杨书记对我们的谆谆教导，接下来有请汪书记来和我们讲几句。

汪志良：各位同学晚上好，其实我想讲的刚刚杨书记也都说了。我在这里再次对这本

附图 1.3　汪书记分享对 Café 的寄语

书的出版表示祝贺。同时我也对参与组织活动的所有成员表示感谢。首先，你们所做的工作以这本书的形式向大家展示出来。其次，你们产生的影响不只局限在 GeoScience Café，更在广大的研究生群体乃至全国范围内的地学学者中。因此我要代表实验室对你们所做的工作表示感谢。人生在不同的阶段有不同的目标：小学生想考好的初中，好的初中生想考好的高中、好的大学、好的研究生。在各个过程中，有不同的奋斗目标。最后，我们聚集在这里，为了一个共同的目标。从自身来说，是做好科研，往大了说，是中国梦。我们拥有这么好的一个平台，如何在这个平台上做好自己，影响和帮助他人，这是我们实验室、GeoScience Café 团队应该做也要做得好的事情。当多年后你们再拿起这本书，你会回想起这美好的时光，会珍惜和你在一起学习工作和交流的同学、同事。或许这些会影响到你以后的人生走向。再者，Café 请过许多大家和大师，他们的分享和建议会帮助你们从各方面去思考人生，定位自己的路。这本书代表了大家前一阶段的工作成果，同时我希望在座的所有人满怀感激和珍惜，面对今后的生活。谢谢大家！

主持人：接下来我们有请毛飞跃老师，也是我们 GeoScience Café 的创始人，为我们讲几句。

毛飞跃：前面两位老师都讲得很好，特别是说到我们的学术之美和交流之美。我在这里就讲一下两个感谢吧。首先是感谢我们 GeoScience Café 背后武测的深厚文化。我们有王之卓院士、李德仁院士、龚健雅院士等，还有我们的杨旭书记和汪志良副书记，大家对学术和人文都有一种共同的追求。我们在 2009 年自然而然地产生了一种想法，并有幸获得了各位老师大力且持续的支持。做这件事对我们个人来说也是一种升华，在精神上也能感受到一种美。每次和各位老师交流，都能感到思想的进步。非常感谢各位老师给了我们欣赏学术之美和人文之美的眼光。第二，就是感谢现在 GeoScience Café 的成员们。其实

附图 1.4 毛飞跃老师分享对 Café 的寄语

我已经好久没有做具体的事情了，不过我还一直享受它带来的福利：每次出去都有人对我说，GeoScience Café 做得很好，原来它当初是你创建的。我觉得现在 Café 的四个团队都做得很好，已经远远超出了我们当时做的范畴，我非常感谢他们。他们做的这些工作可以把李院士、龚院士还有杨书记等老师的精神传承下去，并且发扬光大。谢谢大家！

主持人：下面我们有请实验室的关琳老师。

关琳：谢谢大家，我是从事实验室教学管理工作的。平时我和同学们走得比较近，所以今天我也想从一些我和大家交流的小事上，来说一说我对 Café 的感受：Café 人身上到底有什么样的精神和魅力。今年(2017 年)上半年我们有一个比较大型的活动，请到了李德仁院士、杨元喜院士和龚健雅院士，三位院士为我们带来了一场“我的科研故事”的讲座。为了成功地举办这场讲座，Café 的同学从两周前开始做策划，一直到讲座开始前两个小时我们还在对流程和主持词等进行反复检查推敲。活动从七点到八点半，结束后到了我们计划吃工作餐的时间了，但是，当时没有人说要吃晚饭，大家一致说这次活动还有一些不足，我们先开总结会。从这个小事上，我看到了他们的一种忘我的奉献精神和他们对于活动精益求精的追求。这周实验室刚刚举办了学术创新奖的评比，我们要求参与者要阐述自己创新性地解决了什么问题，办法的价值和意义在哪里。在 10 个申请人的报告中，有的人讲完后评委们并没有看到价值所在。但是有一个报告非常精彩，是张翔做的——他是 Café 曾经的一届负责人——他的报告非常简洁清晰，并且整个报告的流程让我们看到了一个成熟自信的报告人。我旁听的时候就在想，是什么让张翔和其他人如此不同？我觉得其中一个原因是他在 Café 有过长时间的工作，期间经常与优秀的报告人接触，这种沉浸和锻炼让他有所得。我相信，我们 Café 的观众和组织者也都能在这个过程中收获这些点点滴滴的技巧也好，长处也好，不断地提升自己。第二，我想说 Café 给实验室带来了

附图 1.5　关琳老师分享对 Café 的寄语

什么样的惊喜和福利。因为我是从事招生工作的，以前一直想办法去宣传实验室。但是现在，我发现 Café 帮我做到了这一点，这也是我从 Café 的工作中享受到的福利。今年有一位非常优秀的来自华中师范大学的同学，他在考虑是读实验室的专硕还是另一所 985 的学硕。我在说服他的时候告诉他虽然我们的学硕指标已经用光了，但我们这里有一个很好的学术交流平台。他说，“我知道，因为我每周都来参加，我很早就向往这个地方了，我愿意来”。这是一个事例。再比如，像 Café 这样的活动是不是只在我们实验室有呢？不是的，我们今年有一个硕士，马上毕业要去滴滴公司工作。他在滴滴公司实习了三个月，滴滴每隔一或两周也有一个学术或技术的交流会，去探讨最新的科研和文章。我发现，原来这样一个好的想法，很多人都在践行。据我了解，Café 做得比滴滴公司可能更加完善，更加多元，这是我们更优秀的地方。十年树木百年树人，Café 从 2009 年到现在已经快 10 年了，我觉得它已经长成了一棵大树。我们一届届的同学来到这里，在树下谈笑风生，悉心地照顾这棵大树。我希望当这些同学离开的时候，请带走这颗种子到你们的行业、你们的城市里把它埋到那里的土壤下，最后让我们收获一片树林。谢谢！

主持人：非常感谢关琳老师对我们的寄语，下面有请我们的郭波老师。

郭波：因为我是今年刚刚到实验室工作的，我要向大家学习的地方还有很多。从我实习到工作的这几个月时间里我对 Café 的了解和接触，我感觉 Café 是我们实验室一个很有特色的品牌，从 Café 这个平台中，我学习到了很多智慧与精神，谢谢大家！

附图 1.6 郭波老师分享对 Café 的寄语

主持人：我们有请最后一位嘉宾，资环院的秦雨师兄。他的报告也收录在了我们第二卷的书中，他同时是我们 Café logo 的设计者，现在我们有请秦雨师兄。

秦雨：我参加过 Café 的活动，也做过报告。我对 Café 感触最深的就是 Café 体现了我们的科学之美和交流之美。我的研究方向是地图美学，请允许我从美学方面来谈一谈我的感受。我们做科研首先要有兴趣，要发现科研的美。在美学的角度上，从唯物主义的角度来看，这个美是从物质本身散发出来的；而唯心主义认为美是在人作为一个主观主体时，欣赏事物的过程当中发现的。以马克思主义的唯物辩证法来看，其实既存在物质本身的美，也有我们作为人发挥主观能动性去欣赏的美。这两个方面都有了，我们才能够体会到美。科学本身确实是美的，我们也要有一双能发现科学之美的眼睛。发现科学之美源于我们对科研的兴趣。兴趣从何而来呢？这就需要我们在科研的过程中经常地交流，因为思想的不断碰撞所产生的火花，更容易使大家对科学产生新的思想，而这些新的思想使大家能够更加体会到科学这种自我的不断完善和发展所产生的美感。所以我觉得 Café 这个平台通过促成大家的交流，不仅使我们的科研水平得到了提高，同时也让我们对科学的美感有了更加深刻的体会。从我自己的角度来看，其实做地学相关领域的同学知道，做理论、哲学和美学这方面的研究在我们这个大方向中相对来说是一个比较难的方向。我们私底下开玩笑都说，它是一个非常“作死”的方向——因为很难出成果。我的成果虽然出来得晚了一些，不过总算是顺利地出来了。这很大一部分要归功于 Café 上次给了我一个作报告的机会，让我对这些年的一个实践经历和研究思路有了一个比较深刻的总结。在这个总结的基础上，成果出来得就比较顺理成章，也比我预计的要顺利得多。所以在这里我非常感谢 Café 这个平台，不仅让我的学术生涯走得更加顺畅，也让我更多地发现了科研之美、科学之美以及我们的交流之美。

附图 1.7　秦雨师兄分享对 Café 的寄语

主持人：感谢各位老师和师兄对我们的寄语，接下来就是大家最期待的赠书环节。大家通过参与我们接下来进行的抽奖以及学术报告结束后的提问交流环节，都有机会得到我们赠出的《我的科研故事(第二卷)》新书一本，欢迎大家的积极参与，谢谢！

附图 1.8　抽奖赠书环节

附图 1.9　嘉宾与 GeoScience Café 团队成员合影留念

材料二：2018 年更新 GeoScience Café 活动流程和注意事项

活动流程	时间节点	经办人	需要完成的任务和注意的事项
联系报告人	至少提前两周，尤其是小长假附近	当期负责人	1. 确定报告主题和报告时间； 2. 和嘉宾确定邀请关系后，建立 qq 讨论组，包含本次负责人和两位辅助以及宣传部的联系人、Café 负责人； 3. 可以预先查看 PPT，如有必要则给予修改意见，并询问 PPT 是否可以转 pdf 后公开，如果可以，讲座之后，加上 Café 水印后上传 qq 群； 4. 邀请嘉宾协助填写嘉宾信息表； 5. 周四再次提醒嘉宾报告的时间和地点。
确定报告厅	在确定报告人之后立马执行	当期负责人	1. 四楼休闲厅（主要）：当天布置会场时要摆放桌椅，活动结束后要恢复原位； 2. 二楼报告厅（次要）； 3. 在实验室网站上预订会议室。
海报制作及发布	务必在周二晚上前完成	当期负责人	1. 务必按时完成，并发到团队群里面给大家检查错误，并立即改正（很重要）；之后再在各个 qq 群里面发布（Café1，2 群，各学院各年级群）； 2. 周二晚将海报 pdf 版发给龙腾快印，打印 7 张，A1 大小，周三中午于龙腾快印取海报并务必在周三晚上之前贴海报； 3. 在实验室网站和微信公众号中发布报告海报； 4. 和嘉宾确定海报内容与报告内容相符。
张贴海报及宣传	周三	当期所有参与人员	1. 在各个学院张贴海报； 2. 编辑 qq 宣传语，发动其他学院的同学帮忙转发； 3. 由宣传小组的同学转发宣传到各年级群。
人员安排	周四之前	当期负责人	每期报告至少有四人在场，分别负责主持、拍照、摄像和直播，Café 负责人至少有一人到场。
借设备	周五下午	当期负责人安排	1. 联系摄影协会的同学借单反； 2. 取设备，确保 Café 的单反、录音笔、摄像机、麦克风充电电池都有电。
准备酬劳和礼物等	周五下午	当期负责人安排	1. 报告嘉宾如果是学生则给以现金酬劳，嘉宾如果是老师需要准备礼物； 2. 准备书籍，一本写好赠语送给嘉宾，剩下的作为提问奖励，每本书都要盖章。

续表

活动流程	时间节点	经办人	需要完成的任务和注意的事项
买水果	活动开始前一小时	当期负责人安排	1. 根据预计的报告场面买水果，一般为9盘，如果是二楼报告厅可以增加到20盘； 2. 给嘉宾准备一瓶水。
布置会场	活动开始前一小时	当期所有参与人员	1. 摆放桌椅和水果； 2. 调试投影、电脑、麦克风(换上我们的充电电池)、录音笔、激光笔； 3. 播放宣传PPT(需要根据当期报告做修改)； 4. 提前和负责开实验室门的师傅沟通，让门常开；如果师傅不在，留一个人提前半小时开门； 5. 提前10分钟播放吉奥的宣传片(6分钟)，播放完之后放映吉奥招聘PPT，2分钟。
与嘉宾见面	活动开始前半小时	当期负责人安排	1. 给嘉宾送上水、激光笔； 2. 告诉嘉宾话筒产生杂音的消除方法，不要站得太靠后。
开始报告	活动中	当期负责人安排	1. 打开录音笔(只有当录音笔红灯闪烁时才表示正在录音。录音笔录音的同时USB连接电脑避免没电，同时采用手机同步录音)； 2. 开始拍照、摄像； 3. 主持人开场白，介绍当期嘉宾的简历； 4. 嘉宾开讲； 5. 主持人致谢，并稍微总结其报告内容； 6. 引导现场观众提问、交流； 7. 主持人谢幕。
整理会场	活动结束后	当期负责人安排	1. 全体人员合影(要有Café的背景)； 2. 给嘉宾送上纪念品，劳务表签字； 3. 整理桌椅； 4. 关掉投影仪(合影完成之后再关掉投影仪和电脑)； 5. 拿出麦克风的充电电池，换上原来的普通电池； 6. 清理果盘和垃圾。
资料整理	活动结束后	当期负责人	1. 负责人把当期的所有资料(海报、嘉宾信息表、PPT、录音、录像、照片)收集整理好，上传到网盘； 2. 对本次报告进行总结； 3. 确定写新闻稿的人，如果当期没有人可以写，则另外询问Café的同学来负责写新闻。
发布活动资料	活动结束后	当期负责人	征询嘉宾意见，请嘉宾提供可以共享的资料版本，加上GeoScience Café logo，转成pdf版本，在两个qq大群中发布。

续表

活动流程	时间节点	经办人	需要完成的任务和注意的事项
写新闻稿	下周一之前	当期负责人	1. 第一次初稿仿照之前的新闻稿写，多看几期新闻稿，注意一定要概略；字数在3000字左右； 2. 写完初稿之后给新闻小组的同学修改； 3. 发给报告人审核； 4. 在实验室网站和公众号中发布。
整理录音稿(若讨论后决定选入文集)	最好在一个月之内		1. 负责人安排人员整理录音稿； 2. 整理完之后给报告人修改； 3. 最后交给审稿人； 4. 删掉录音文件的拷贝，保证录音文件的唯一性。

材料三：GeoScience Café 文化传承

GeoCafé 永远的一分子

熊　彪

认真一想，GeoCafé 已经快 10 个年头了，做好一件事不容易，坚持 10 年把一件事做好，更是不易。感谢实验室各位老师和同学的支持，特别感谢杨主任和后面很多届团队的贡献。毛飞跃和我以及很多其他同学发起 GeoCafé 时，目的是促进年轻老师、年轻学者以及同学们的交流。现在参与主讲的主角们很多已经在学术、工作上取得显著成就，而参与这个活动的同学们也把 GeoCafé 当成校园生活的共同记忆。我们这个大家庭坚持了近 10 年，在促进交流方面取得了不错的成绩，不过还可以做得更好。希望 GeoCafé 团队在贡献自己一分力的同时，真心热爱学术交流，在交流中扩大知识面和交际圈，不断蓄积力量爬上更高峰！

祝 GeoCafé 越办越好！

遇见最美的 Café

毛飞跃

在我研究生入学之初，我以与武汉大学最聪明的脑袋相伴为荣，我满怀热情地准备深入学科的前沿思想和浓厚文化。但是，可能由于我基础太差或者经验缺乏，尽管学习了很多大牛们的高深理论，然而一时似乎对自己的科研并没有明显的帮助，我想如果能够有机会，多听一听奋战在第一线的师兄师姐的经验就好了。同时，我也渴望把自己一丁半点的想法分享给大家，并且听听大家的意见和建议。于是，2009 年 3 月我和同学们在一个“科学发展观”学习的会议上，无意中提出了建立一个学生层次的学术沙龙的建议。在实验室领导和老师的指导和支持下，我和熊彪等同学以“谈笑间成就梦想”为口号，“高调”地创建了 GeoScience Café，并且得到了同学们的喜爱和老师们的肯定。每当想起 Café 我都非常地高兴，觉得我们干了件大事。当然，个人的贡献只是沧海一粟，其实我们不过是在合适的时间、合适的地点遇见了 Café(以及一群志同道合的朋友)，而它原本就一直在那里，只是等待我们去发现它、完善它。

(1)传承与沉淀：当初的 Café 只是很有限的同学之间技术上的交流，经过了十余年的沉淀，Café 的内涵已经超出了当时的想象。我们发现 Café 总有无限的魅力，总能吸引最优秀的最有奉献精神的同学们加入它、完善它。Café 独立的精神风貌，让其成为一个激动人心的场所，将渴望和热爱科研的年轻人聚集在一起，毫无成见地对学术前沿进行构想和描绘，并鼓舞着大家克服一个又一个的困难和懈怠，以一组又一组的合作与接力，诠释、印证着那种只有追求和坚持才能呈现的精神之光。热爱 Café 的人们还将其汇聚成书，传承了思想、沉淀了文化。

(2)辩论与创新：Café 一直坚持自由、开放、创新的精神，激发了年轻人动感的灵魂，他们不用担心实际困难的烦扰，不用被世俗的看法所左右，他们对于天马行空的想法进行激情的辩论，对于他人的意见和建议更是喜闻乐见，这让很多科学难题在大家的谈笑间迎刃而解。Café 本身的发展也总是能够得到新鲜的营养，现在从报告邀请、现场报告、视频直播和整理出书环节都形成了严密、高效、灵活的章程。热心的同学们还在不断地创新，以丰富 Café 的内涵，让更多的同学从不同的途径接受到 Café 的信息和帮助。

(3)付出与收获：相对个人的付出，其实我们收获的更多。我们看着腼腆的新生们，一个个渐渐地学会了像专家那样成熟地思考，并且热烈地发表个人见解和参与讨论。我们看着 Café 团队的新成员，一个个成长为管理高手，在不断丰富 Café 内涵的同时，自己也成了师弟师妹心目中厉害的“张哥”“李姐”。我自己也将 Café 的管理经验和分享精神，用到了现在的研究团队里面，收到了很大的成效。Café 不仅促进了同学们取得学习和研究的进步，更重要的是让这些热情的年轻人具有了高尚的分享精神，并让这种精神伴随其一生。

在最美的大学，我们遇见了最美的 Café。在 Café 的谈笑声中，我们也看到了最美的自己。

GeoScience Café——见到你真高兴

陈胜华

题记：能力和经验没有固定的获取渠道，只要用心，任何一件事情，都蕴藏着丰富的价值，都可以丰富我们的事业和人生。

——杨旭老师

1. 沐浴地球信息科技咖啡厅的阳光

感谢测绘遥感信息工程国家重点实验室，以及地球信息科技咖啡厅团队，在我们离开学院那么长时间以后，还持续关注着我们的学习和成长。

回忆在地球信息科技咖啡厅的日子，无疑是一段美妙的时光。那是一段无与伦比的学习、工作经历，团结向上、锐意进取，知识和技术的交流、演讲和组织的能力训练。同学们的讨论和争辩、师长们的指导和教诲，还萦绕在耳侧。

以至于在后来的时光里，从武汉到斯图，再回国到广州，不论学习、工作有多么紧张，我都会保持读书并且做笔记的习惯，一定要在当地参加或者创办读书分享这样的交流平台，也逐渐沉淀出较为高效、稳定、知识领域全面、行业理论专业的知识分享小团队。

2. 做读书会的心得

没有及时关注到，现在的地球信息科技咖啡厅学术分享平台，已经得到了更广泛的发展。无论是作为内功的组织、内容、对听众的学术帮助，还是外在的口碑、名气、媒体关注度，地球信息科技咖啡厅无疑是得到了长足的发展和积淀。作为个体，我深刻感受到，通过地球信息科技咖啡厅养成的工作学习方法，对我影响深远。

他人的故事和阅历，丰富了我们的认知。课堂之外，我们的学习方式，不外乎两种模式：一种是自我经历和成长，另外一种就是阅读和交流。在确定学术分享主题过程中，与主讲嘉宾的沟通，为自己打开一个既相关、又有差异的新的专业领域。学习工作方法、领域技术和思路，都得到了扩充。

做读书会工作经历本身带来了工作能力的锤炼。读书交流分享，无论是学术的、商务的、公益的，为了最大化增强交流分享的影响力，都需要完备的调研、策划、准备、执行、协调、评估总结。组织有价值的交流分享，既是去服务、去奉献，本身也是巨大的收获。常言道，知识只有影响了个体行为，才算是被个体吸收，成为个体能力。参与这项组织工作，让我受益长远。

3. 交流平台的重要意义

在短平快娱乐消费的年代，做一场以学术科研、读书、阅历和洞察为主线的交流分享，实在是功在当代、利在千秋的事情。我热爱读书，我热爱喜欢读书的灵魂。地球信息科技咖啡厅的学科交流平台，让渴望知识、努力科研、喜爱读书的同学们，聚集在一起。

在商业愈浓、创业有理的现代，读书交流、知识技术分享，早就退出了第一优先阵营。但是，每次我听说有朋友从读书交流分享中，获得了灵感，解决了困惑，找到了解决办法，我都会为自己参加或者组织的读书分享，点个大大的赞。

读书交流分享，可能为组织者本身提供不了什么，但是却为渴求知识、渴望解决工作问题、思考人生的同学和朋友，带来了一次次的机会。这是交流分享的重要意义——在这里，见到你真好。

4. 我的读书治学规划

如今，离开学院有七年了，在新的岗位上学习和工作，见识了越来越多的专业人士，每个人都有自己的长处。每个人都有一些非同寻常的能力。有些人会成为伟大的科学家、诺贝尔奖获得者；有些人会成为成功的企业家；有些人会成为一位伟大的母亲。每项工作只要用心领悟，就能有所得，从而为人生增加厚度。

再次，感怀学院老师的关心和帮助，也衷心祝愿学院老师身体健康、工作顺利。

我与 Café 一起走过的日子

李洪利

不知不觉《我的科研故事》已经出版到第三卷了，Café 的小伙伴们希望我们老成员谈谈个人的心路历程。鲁迅先生讲“世界上本没有路，走的人多了，便成了路”，我想，团队文化也一样，经验积累多了，流传下来，自然而然地就形成了团队文化。下面是 3 个小故事，一定程度上体现了 Café “文化传承”的魅力。

1. 懵懂入门到接过重任

我本科来实验室听过 Café 的几次讲座，对 Café 充满了敬意，后来 2010 年底在张俊同学的推荐下，我加入了 Café 并很快上岗，开始了与 Café 的不解之缘。在经过了一段时间的学习后，毛飞跃师兄(毛哥)说他可能要出国一年，推荐我来负责 Café。我非常意外，说“啊？我啥也不会啊！恐怕难担大任”。毛哥说“我们已经暗中考察过，你热心，负责任，做事踏实，还有一个优势就是硕博连读，有足够的时间负责和传承 Café！这几点就够了，不会的都可以慢慢了解，有问题我们随时可以讨论”，后来我就硬着头皮接下了重任。我在选下一个负责人时也按这个思路，要求品质第一，有责任心和奉献精神，最好硕博连读。我在卸任之前，多方打听后，找到了张翔师弟。张翔说的第一句话同样是“虽然我很感兴趣，但是我啥也不会啊！怕做得不好”。我自然而然地对他说了毛哥对我说的话。有时历史就是如此的相似，后来大家找接班人时都基本按这个思路来执行，讲究分享和奉献精神，品质第一。

2. 吾家有“女”初成长

负责 Café 后，遇到诸多困难，比如招生难，团建不足，人员任务安排不具体和嘉宾邀请困难等诸多问题。Café 经过一段时间的发展，需要更多的人手，但是招生遇到了困难。记得有一次招新，发现只收上来了一张报名表。随后通过丰富 Café 的团建活动，如春游、秋游、欢送毕业生等，让 Café 更有“家”的感觉，慢慢凝聚力也就上来了，同时吸引了更多的新成员加入。对于人员安排，由于缺乏明确的任务分工，导致成员在自己学业和服务 Café 的时间安排和精力上容易冲突，不能合理分配。大家讨论后整理完善了每次活动必要的环节，并形成文档，并且规定每人每学期至少服务三次，一次自己当轮班负责人，一次当辅助负责人，还有一次现场参与，服务时间方面可以自己协调，后来这个规定也被保留下来并得以发展。最后是嘉宾邀请的问题，以前都是成员自己邀请熟知的师兄师姐，但是这远远不足。因此，一方面通过采纳杨旭书记的建议，多请出国开会作报告和获得国家奖学金的同学；另一方面与研会学科部共同合作科技文化节的方式来缓解嘉宾邀请的问题，后来这些嘉宾邀请渠道也渐渐保留下来。Café 在发展过程中遇到的困难远远不止这些，但是都由聪明的小伙伴们一一破解，同时这些经验也慢慢沉淀，形成了先进的团队文化。

3. 百花齐放的年代

经过了几年的积累，Café 进入了“百花齐放的年代”，邀请的嘉宾也各有特色，不仅包括学术报告，还有同学们科研中遇到的问题，比如如何演讲，如何做 PPT，如何快速记忆，第一篇 SCI 的产生，等等，报告的多元化也让 Café 在大家心中的口碑越来越好。对于精彩的报告整理成文，部分由杨书记推荐到《测绘地理信息》杂志的专栏发表。随着整理的文稿越来越多，出版文集《我的科研故事》的想法开始慢慢产生了。但因没有经验，没有先例，文集从产生想法到最后出版，历时三年之久。那时我也到了博士阶段后期，科研的任务越来越重，因此出版文集也交由张翔博士接手处理。随后，有了第一卷的经验，第二卷和第三卷很快也出来了，看着这些成果，也是感慨万千！

杨旭书记说过一代人有一代人的历史使命。毛哥他们那一代创始人团队点燃了这根“星星之火”，我们能做的就是捧在手心保护好她，让其一点点成长变大，然后再小心地传递给下一任，这大概就是传承魅力吧！现在 Café 办的越来越好，线上线下视频直播互动，团队也更专业化和精细化，相信 Café 未来能绽放更绚丽的光彩。

谨以此文来感谢曾经与我一起为 Café 战斗的小伙伴！不管你们现在身在世界的哪个地方，Café 永远是你们的“家”。

与 GeoScience Café 在一起的那些日子

张 翔

听闻 GeoScience Café 第三本文集即将付梓印刷，我的内心掀起了一阵波澜，一瞬间回想起了很多故事。

与 GeoScience Café 结缘，其实很早。2010 年，我还是华中农业大学的一名刚大三的 GIS 专业本科生。有一天，我得知自己一直关注的 GIS“大牛”蒋波涛老师将在武汉大学测绘遥感信息工程国家重点实验室作一场学术报告，我非常激动，甚至带上了他的书过去要了个签名。那天晚上实质上就开启了我人生中的第一期 GeoScience Café 活动。

2012 年考入实验室之后，一直有关注并偶尔参与 GeoScience Café 的活动，但没有深入接触。突然在 2013 年的一天，我的室友李真强告诉我，他的师兄，也就是当时 GeoScience Café 的负责人之一李洪利，正在考虑下一任的负责人人选，并且他已经向李洪利推荐了我。于是，短暂考虑并与李洪利师兄交流后，我加入了这个团队，正式走进了 GeoScience Café 大家庭。

在这段时间，我们团队一起做了很多期活动，活动方案不断更新，但每周五晚上的收获都是满满的。到现在我仍然记忆犹新的有：毛飞跃师兄讲述论文写作和图表、焦洪赞师兄介绍遗传算法与遥感图像处理、王乐老师讲述美国求学经历、曾玲琳师姐讲述留学经历、李昊师兄介绍网络服务组合、曾超师兄介绍星地多源数据融合、秦雨师兄手绘地图、参与主持第一百期李院士的报告等很多。在这期间，我更深刻地领悟到 GeoScience Café 的特殊使命和重要责任，领悟到团队协作和工作机制的重要性，也学习到了很多沟通和组织的经验。当然，最幸运的还是遇见了很多人，他们都有着渊博的知识、迷人的微笑和有趣的灵魂。

在这期间，在实验室的支持和 GeoScience Café 团队的努力下，我们孕育出了 GeoScience Café 的第一本文集。关于这本文集的命名，当时杨书记和我们在 2000 人的 QQ 群里面讨论，很多人都给出了很多精彩的名字，最终我提出的“GeoScience Café 我的科研故事”有幸被一致选中。后来，在 GeoScience Café 第一本文集公开出版的关键时刻，由于当时我还在国外学习，因此非常遗憾没有参加，只能在地球另一侧通过视频观看我们的新书发布会，GeoScience Café 团队完成得很棒。回国后，看到新书的那一刻，我热泪盈眶，为我们曾经的付出和坚持而深深感动。

在这之后，GeoScience Café 一直在发展，一直在创新。团队规模扩大了近三倍，引入了在线直播和视频记录，每次活动结束后现场总结，每月开展月会活动加强团建，扩展出了 English GeoScience Café，出版了第二本文集，传播效果和影响力都有了很多很好的成绩，我感到非常欣慰和佩服。

回望这一路，与 GeoScience Café 的相识相伴，看似偶然，其实是必然。一切的遇见，都是上天最美好的安排。与 GeoScience Café 在一起的那些日子，永生难忘。

最后，感谢实验室的大力支持和关心，这是我们事业发展的坚实后盾！感谢毛飞跃和李洪利等诸多前辈打下的良好基础，这是我们发展创新的超高起点！感谢刘梦云、郭丹、董亮、熊绍龙等曾经一起并肩奋斗的同志们，现在天各一方，希望你们一切安好！感谢肖长江、孙嘉、陈必武、许殊、龚婧、王源、秦雨、沈高云等很多师弟师妹的辛勤付出和锐意创新，正因为有了你们，我们团队和事业的发展才有了不竭动力！感谢所有关心和参与 GeoScience Café 活动的朋友们！最后，我最美好的祝福献给 GeoScience Café！

GeoScience Café：在奉献和服务中创造价值

肖长江

结缘 GeoScience Café

我与 GeoScience Café 结缘，得益于我的导师陈能成教授和师兄张翔博士。在我读研究生二年级的时候，师兄张翔博士已经是 GeoScience Café 的负责人了。那时候我经常跟着师兄去听 GeoScience Café 的报告，慢慢对 GeoScience Café 这种开放式学术交流活动产生了浓厚的兴趣，也很想加入 GeoScience Café。无独有偶，我的导师陈能成教授也建议我多参加实验室的学术交流活动，特别是有机会的话可以参加 GeoScience Café，一起组织学术活动。不久之后，在张翔师兄的推荐下，我如愿加入了 GeoScience Café。后来，由于张翔师兄要赴美国开展博士联合培养，于是就推荐我担任 GeoScience Café 团队新一届的负责人。我很感谢导师陈能成教授对我的支持，也非常感谢张翔师兄带我加入到 GeoScience Café 这个优秀的团队，很感谢实验室杨旭书记和前任负责人毛飞跃老师、李洪利博士、李娜博士等对我的信任，让我接棒张翔师兄，搭档刘梦云博士以及 GeoScience Café 的伙伴，一起为实验室的学术交流活动服务。

老带新，勠力同心

老实说，担任负责人除了激动，更多的是责任和压力。由于之前没有太多的经验，很多事情一时不知道怎么开展，很担心把活动办砸了。还好有张翔师兄的帮助，从学期活动计划制定与人员安排、联系嘉宾、活动宣传、活动场地布置、活动现场主持、活动后的新闻稿撰写与发布等，都带着我逐项地做了一遍，中间有任何的问题，也都及时给予我指导和帮助。慢慢地，随着活动的一次次开展，我也逐渐熟悉了相关流程。在 2015 年 3 月至 2016 年 1 月一年的任期内，我有幸和团队成员一起组织和举办了 25 期交流分享活动，嘉宾有国内的，也有美国、德国、西班牙等其他国家的，主题涵盖学术研究交流、找工作经验分享、创业沙龙等。其间，非常幸运和团队一起举办了 GeoScience Café 具有阶段性意义的第 100 期学术交流活动，有幸邀请到中国科学院院士、中国工程院院士、国际欧亚科学院院士、国际著名摄影测量与遥感学家李德仁教授给我们讲述"读书、思维、创新、实践，成功在于坚持不懈的努力"。这一期讲座报告厅里座无虚席，过道里也挤满了人，听众有本科生，有硕士生，有博士生，还有很多老师。从活动环节设计到现场布置，GeoScience Café 团队全体成员分工参与，确保活动顺利开展，其间杨旭书记和温智杰老师给予了我们很多指导。

我能很快融入团队并和团队成员一起开展工作，离不开诸多前辈的带领。这种老带新的举措在 GeoScience Café 团队内部已经形成了一种传统，一种文化。每次有新成员加入，都会有一位或几位老成员带着他(她)一起熟悉活动流程，交代注意事项。通过这种方式，新成员不仅能快速上手组织活动，而且还会有很强的归属感。

在服务中获得提升，在合作中收获惊喜，在分享中收获快乐

第一点是在担任负责人期间，我收获很大。特别是在和杨旭书记交流的过程中，总能学到很多做人做事的道理。杨旭书记经常指导我如何构建一个高效、融洽、充满活力的团队，也时常给大家讲 GeoScience Café 的奉献精神和服务意识，拓宽了我们看问题的角度，提升了我们看问题的层次和境界。

第二点就是和 GeoScience Café 的伙伴们一起工作的过程非常愉快，而且总能从他们身上学到很多优秀的东西。毛飞跃老师的博学健谈、李洪利博士的睿智、李娜博士的团队感染力、张翔博士的稳重儒雅，刘梦云博士的沟通能力，孙嘉博士、陈必武博士、许殊师弟的干练高效，郭丹师妹、李韫辉师妹、王银师妹、张宇尧师妹的文采，沈高云师妹的组织能力，张玲博士、熊绍龙师弟和杨超师弟的责任心，简志春师弟的创新能力，董亮、李文卓师兄、韩会鹏师弟、钟昭师妹的耐心，张闺臣师妹的英语交流能力，徐强师弟、张少彬师弟的幽默都让我印象深刻，获益良多，很幸运能和这样一个充满活力的优秀的团队一起工作。

第三点就是和武汉大学报副总编辑肖珊老师关于活动新闻稿撰写的交流，让我受益匪浅。GeoScience Café 每期活动新闻稿先由当期活动组织者撰写，然后由我初步审核和修改，之后发给肖珊老师审核，并根据反馈意见修改得到终稿，然后发布到实验室网站上。肖珊老师经常在新闻稿上做一些修改批注和点评，也经常和我们分享一些活动报道经验。在和肖珊老师交流的过程中，大家对如何撰写优秀的新闻稿有了更深的体会，学会了如何让活动报道变得有趣、有内容、有深度。在肖珊老师的指导下，GeoScience Café 新闻稿的质量不断提升，其间有几期关于科研方法及论文写作经验的分享也被肖珊老师相中登上了武汉大学报。在此，感谢肖珊老师的指导和大力支持。

在 GeoScience Café 活动的举办过程中，大家心往一处想，劲往一处使，目标只有一个，就是把活动办好。活动当期负责人遇到了什么困难，有任何疑惑，就会在 GeoScience Café 管理群里提问，群里其他人也都是知无不言，言无不尽，共同想办法解决问题。从杨旭书记，到肖珊老师，到团队成员，从管理团队到活动嘉宾都从不吝啬自己的分享。而这种分享精神，我想应该是 GeoScience Café 最核心的文化之一了。

大家庭的温暖和人文关怀

GeoScience Café 是一个温暖的大家庭。如果有人临时有事，原计划负责的活动无法参加，大家只要有时间都会主动和他(她)调换。此外，每学期 GeoScience Café 都会有一些团队建设活动来增进团队成员之间的交流，增强团队凝聚力。

于我个人而言，有几件事让我十分感动。2015 年春夏交替的时候，我由于胃部不适住院，其间 GeoScience Café 的多位小伙伴专程来中南医院探望，还带来了杨旭书记的问候，当时感觉特别温暖和感动。2017 年 9 月我来美国进行联合培养，行前 GeoScience Café 的多位小伙伴也表达了美好的祝福。2017 年 11 月，GeoScience Café 的小伙伴从国内发来了生日祝福视频，让在异国他乡的我倍感温暖和感动。

GeoScience Café 就是这样一个大家庭，一个让你感到非常温暖舒适的大家庭。这种温暖和舒适会让你毕生难忘。我想，这应该也是 GeoScience Café 的核心文化之一：人文关怀。

传　　承

在担任负责人期间，我最引以为傲的还有两件事，一件是招收了简志春、李韫辉、杨超、张玲、王银、张宇瑶、张少彬、徐强八位同学加入到 GeoScience Café 团队，这八位同学在日后的工作中都非常地积极高效，也非常地有想法，为 GeoScience Café 活动的持续和创新性的开展做出了巨大贡献。另一件就是将负责人的接力棒传给了孙嘉博士。孙嘉博士是一个非常干练、高效、有想法、考虑问题很全面的人，不仅能力强，而且很谦逊，待人真诚温和。孙嘉博士的能力在 GeoScience Café 团队内有目共睹，另外考虑到孙嘉是一名博士生，可以陪伴 GeoScience Café 更长的时间，于是我就向毛飞跃老师、李洪利博士、李娜博士、张翔博士、刘梦云博士推荐了她，经过商讨后，我们一致同意推举孙嘉博士担任下一任负责人。在征得孙嘉博士本人同意之后，我和几位前任负责人一起向杨旭书记进行了汇报，杨旭书记也欣然同意。至此，GeoScience Café 的接力棒在我这里顺利完成了交接。孙嘉博士担任负责人之后，和陈必武博士一起搭档，GeoScience Café 活动在许多方面取得了较大突破，活动形式也更加丰富多彩，其间还和武大吉奥信息技术有限公司建立了合作关系，并且 GeoScience Café 也成功升级为武汉大学校级学术社团。看到孙嘉博士和陈必武博士带领团队取得的这些成绩，我感到非常欣慰，因为我把接力棒交到了对的人手里。

虽然现在较少参与 GeoScience Café 活动的组织，但我也一直在关注着 GeoScience Café，关注着活动的每一期海报，每一期新闻稿以及微信公众号里的每一期推送。看到 GeoScience Café 活动办得越来越好，我也由衷地感到高兴。希望未来 GeoScience Café 继续秉承奉献精神和服务意识，为大家带来更多更精彩的学术盛宴。

最后感谢实验室领导和老师对 GeoScience Café 活动的支持和关怀。感谢李德仁院士、龚健雅院士、陈锐志主任、杨旭书记、吴华意副主任、龚威副主任、王志良副书记、蔡列飞副主任、关琳老师、温智杰老师和李梦瑶老师，感谢武汉大学测绘学院史振华副院长。

GeoScience Café 精神之我见

孙　嘉

从我 2014 年加入 GeoScience Café 的大家庭，到现在也快四年了。四年来，GeoScience Café 对我的影响如春风化雨、润物无声，而今已经变成了组成“我是谁”这个问题不可或缺的一部分。一个有精神的社团，像一个有灵魂的人，才能获得持久的发展。我所理解的 GeoScience Café 精神主要有以下几个方面。

第一个，一定是奉献。研究生是 GeoScience Café 组成的主体，而对研究生来说，尤其是在测绘遥感信息工程国家重点实验室这样一个学术氛围浓厚的地方，不管是老师还是学生都很大比例有学术追求，科研一定是放在工作、学习的首位。而 GeoScience Café 虽然是一个学术交流社团，所做的工作却不一定都和学术相关。我想很多工作都是这样吧，总有很多程序化的、繁琐无趣的内容要做。比如组织一期报告的 Checklist，从邀请嘉宾、准备材料、宣传，到准备各种设备、买水果、主持，再到绞尽脑汁地写新闻稿，甚至花报告时长的几倍时间听录音、整理录音稿。单是想想，这些工作可能就要吓跑一些人了吧？更不要提如果你是负责人之一，要尽量报告全勤、提前到场，在所有活动缺人的时候变成一颗螺丝钉了。这些工作，如果没有一点奉献的精神，如果在一开始就斤斤计较得失利弊，我想是很难坚持下去的。而 Café 人的身上，真的是有这种精神的，从我加入开始，师兄师姐们的言传身教就教会了我们这一点。

第二个，我想是创新。创新并不容易，其一难在对创新的追求。GeoScience Café 自 2009 年成立至今，已经有了较为系统的一套工作流程。如果只是按部就班地去做，也可以顺利地举办很多次报告，但是更大的影响力和发展就不可能了。其二难在有创新的想法。科研的过程也是类似的吧？我们可以读很多篇文献，但是发现存在的问题，想到更好的解决方法却并不容易。对 GeoScience Café 工作的创新，我想更多需要的不是灵光一现，而是其他领域或事业的类比和借鉴。比如杨旭老师建议将 GeoScience Café 集结的报告进行出版，并作为一个系列持续下去，在更大时间和空间跨度上为更多人提供帮助。许殊同学在参加很多与 GeoScience Café 无关的活动的时候，会思考 GeoScience Café 有什么可以从中学习和借鉴的地方？能不能寻求某种方式的合作？从而开始了报告的网上直播等。其三难在有支持和执行力保障创新想法的实现。GeoScience Café 的发展包含了很多从无到有的过程，比如录音稿集结成文集出版，比如微信公众号的建立、报告视频的网上发布、直播，还有最新的导师信息分享系列报告。这个方面实验室和老师们为 GeoScience Café 提供了非常有力的支持，既给了我们自由度去想象和发挥，又给了很多智力和资金的保障。如果没有这些，创新也只是空中楼阁。

第三个，是友爱。对研究生群体来说，班级的概念并不强，一般是同一位导师的所有学生组成一个小圈子进行比较频繁的交流和联系。GeoScience Café 作为一个校级社团，聚集了来自多个学部、院系、专业的同学，形成一个以“建立开放的学术交流平台”这个共同目标为纽带的小群体，大家在很多次活动中相互了解、互相学习，在玩耍中增进感情，是非常难得的际遇，我想对于毕业的同学来说也是非常珍贵的回忆。我还记得每年招新面试的场景，新加入成员和欢送毕业生的聚餐，还有春游秋游的活动。尤其印象深刻的是2016年6月份聚餐时候的惊喜蛋糕，和2017年幸晨杰师兄毕业时 GeoScience Café 和摄影协会一起为他送别的聚餐，幸师兄的发言让我们备受感动，简直要掉下泪来。

非常非常感激可以加入 GeoScience Café，在这里我结识了值得尊敬的师长，亲切有爱的小伙伴，从他们身上我学习了很多，在活动和实践中获得了心智的成长和能力的提高。GeoScience Café 大家庭的成员每年都会变化，有新的人加入，也有人离开，但是 GeoScience Café 的精神，将成为我们身上的烙印，伴着我们迎接人生的新征程。

Café 文化的过去，现在与未来

陈必武

Café 的文化是丰富而深刻的，不仅有着九年的历史沉淀，同时也不断发展着，日新月盛。

“谈笑间成就梦想”是 Café 创始时期的文化。“谈笑间成就梦想”，强调的是活泼自由的交流空间。Café 建立之初，其目的是创造一个开放、自由、活跃、及时的交流平台，学者之间的交流与收获是 Café 最大的期望。在更加自由和休闲的环境下，学者之间的交流会更加彻底和深刻。4楼休闲厅舒适而惬意的环境，水果餐点的点缀，报告后的自由交流环节都为这一目的的实现提供了支撑。更有甚者，在报告结束后，听众与嘉宾交流了不下一个小时，我想这也是轻松自由的环境促成的结果。

除了“谈笑间成就梦想”，我认为 Café 现在也强调“自主，自由，公开”的文化。自主，强调的是学生组织者的权力与责任，在活动组织形式与内容上都有着很大的决策空间，这有利于促进学生工作的积极性，从而推进创新性工作的实施，同时也让组织者有主人翁意识，成就感和归属感都能有效增强，且能从学生角度看待问题，提出符合学生需求的解决方案。自由，可以从很多方面去讲自由。自由可以指选题自由，毫无疑问，Café 自始至终欢迎多元化的主题。自由也可以指交流自由，自由的交流环境是 Café 的特色。自由也可以指 Café 内部的组织形式，征求组织同学们的意见，合理的任务安排，为同学们提供了更多自由。公开，我以为这一点是学术交流的核心精神。有些学者在交流的过程中避重就轻，对细节问题并不会做详细的解释公开，这是一个普遍的现象，Café 目前就该问题难以做有效的工作。但 Café 能在宣传工作上花更多功夫，让更多有需要的人知道，并参与讲座，也是信息的更大程度上的公开。

今后，随着 Café 子项目的丰富和本科生的加入，Café 的定位与文化也一定会革新。“多元”和“责任”，我认为是未来 Café 的新文化所在。“多元”体现在 Café 的成员组成上，本科生的加入将为 Café 定位带来更加丰富的解释。另外，英语 Café 的成立对于 Café 品牌也有着重要影响。微信公众号，优酷视频，和导师分享计划等都将为 Café 带来更多元的挑战。“责任”：随着 Café 影响力的进一步拓展，Café 越来越多地承担了同学们学术交流的需求，尤其是导师信息分享计划。这对于 Café 来说，意味着更多的责任，也说明了 Café 的重要意义。

近年来 Café 的品牌影响力越来越强，促进了国家重点实验室乃至信息学部的学术氛围。兄弟学院也纷纷建立起自己的学术平台，甚至武大校报也搭建了学术咖啡屋专栏。这说明我们的工作是绝对有价值的，是有利于老师同学们的，是值得效仿的。所以为了保持并进一步拓展 Café 的品牌影响力，我们除了需要继承优秀的 Café 文化，也要根据实际情况，实事求是，发展新的、符合实际情况的新文化。

我的收获

许　姝

自 2016 年 6 月加入 Café 以来，在与 Café 的小伙伴共同奋斗，充满着欢笑与汗水的日子里，我收获了很多。不仅仅在思想上获得了很多新的理念、知识，实践上锻炼了很多新的技能，更是在生活上收获了很多新的朋友。

每次和老师们和优秀的师兄师姐聊天，总能学到很多新的东西。印象最深的是在刚加入 Café 时听到的杨书记关于性格的“能力”和“取向”之分的论述，“取向难以改变，能力可以锻炼”。我本身是一个很内向的人，话少也不擅长讲，来 Café 前和人讲事情，一句话的问题，十句话出去，别人未必听懂。但在思想上有了认识之后，知道这种情况也是可以改变的，在 Café 的一次次主持或者月会汇报中，我带着意识锻炼自己讲话方面的能力。现在虽也不敢说有多厉害，但至少可以梳理清楚问题，在别人面前说话不胆怯，也多能让对方听懂。

还有些思想观念或者是行为，开始听并不能理解它真正的价值，但之后随着经历丰富会慢慢体会到它的意义。例如 Café 出版《我的科研故事》系列书籍，最初知道是件好事，但具体好在什么地方就缺乏实际感受。后来留心着身边的反馈，逐渐体会出三条妙处。第一条妙处是从阅读书籍后感觉有所收获的同学们中获得的。报告凝结成了文字，也集结成了册，覆盖了多个方面，更有个人的经验和心得，免去了科研尚未入门的同学东找西查前人经验的烦恼。第二条妙处是从合作公司、单位中获得的。因需要与其他公司、单位合作，介绍自己时，书一递，对方观感立即不同，不仅知道了我们日常的工作有哪些，更知道我们是有实力能成事的组织，真可谓一书抵万言。第三条妙处是在成书过程中。大家一起讨论、修改，既提高了大家的语言文字水平，也提高了团队凝聚力。

在实践上我们也是收获了很多新的能力。Café 犹如第二课堂，从这个课堂中走出的同学，会组织报告，会微信推送，会视频直播，组织、协调、沟通能力都有不同程度的提高。

不同于其他的学生组织和社团，Café 没有“小官僚”，只有相对负担更多责任的负责人和各项工作的牵头人。负责人或牵头人定位都是多承担责任、服务大家而非传统意义上颐指气使的领导。大家的事情都是商量着，讨论着，觉得有意义再去执行。Café 并没有特别明确的届的概念，即使是现在不做主力的师兄师姐也乐于参与其中，分享自己的经验，提出宝贵的意见。

在 Café 度过的日子印象深刻，所得的收获也远非这三言两语可以说完。相信每位从 Café 走出的同学都将带着宝贵的收获迈向未来，干出自己的一番天地。在此也祝愿 Café 越办越好，服务好更多人，创造出更多价值。

品牌与传承

龚 婧

在武大信息学部的研究生中提到 GeoScience Café 这个词，相信大家都不会感到陌生，“就是在每周五晚都会举办一期学术报告的那个学生组织”；越来越多的测绘遥感方向的科研工作者关注到我们，Café 正在逐渐成为测绘遥感领域学术交流的一个品牌。

正如我们的口号“谈笑间成就梦想”一样，Café 一直秉持着为科研工作者们提供自由交流、开放共享的学术交流平台的目标，坚持在每周五晚为大家带来测绘遥感领域的科研分享，嘉宾从院士大牛到青年老师再到硕博士生，其中不乏跨学科的学者受邀来到 Café。为了使更多人从我们的活动中受益，Café 相继开通了微信公众号、斗鱼直播和优酷主页，还管理着两个拥有2 000人的 QQ 群，通过不同媒介和渠道让更多的人了解到我们的活动；在常规的讲座活动之外，Café 创新性地策划并举办了导师信息分享活动，将科研学者之间的桥梁拓宽到了学生与导师之间、大众与科研工作者之间，这也使得 Café 的定位更加丰富多元。从 2009 年创办至今，这 9 年里，除了工作经验的不断积累，Café 的精神文化也在一代又一代 Café 人的努力下沉淀着，我认为，Café 的精神可以概括为自主、创新、开放，还包括志愿者精神。自主表现在实验室给了 Café 的同学们充分发挥的空间，每一次的学术交流都由学生自主举办；创新是指 Café 会在解决一个又一个难题中追求进步，两个子项目的开展、问卷调查收集听众意见、直播平台的迁移等都是创新所在；开放是指在每期报告结束，我们在征得嘉宾同意之后会将资料课件等上传至 QQ 群，并且会为每期报告写一篇学术新闻稿，使没能来到现场的人也能了解嘉宾的报告内容，促进嘉宾科研成果的进一步共享。

在 Café 内部，我们有着相对较自由、宽松的工作氛围，这里不仅是报告嘉宾展示科研成果的舞台，我们鼓励每一个成员对 Café 的工作提出批评与建议，如果有成员提出了创新性想法，Café 会给予他充分发挥的空间，并且尽可能发动所有人的力量一起去勇敢尝试。例如在招新时我们尝试了从未有过的课堂宣讲的方式，结果得到了意想不到的效果——公众号关注人数突破 3 000，有多位老师表示支持 Café 的工作并且愿意来 Café 分享他们的科研故事，许多本科生因此关注到我们并加入进来……

一个团队要能走得更远，总结与反思是必不可少的，现阶段，Café 面向的对象更多是武大和武汉兄弟院校相关学科的老师和同学，但在未来，Café 需要集结更多人的力量，邀请更多志同道合的人加入，承担起更多的责任和更重要的使命，把我们这项有意义的事业，更重要的是 Café 的精神，一代又一代传承下去。

我与 Café

郑镇奇

在本书即将要出版的时候，我收到负责编辑的同学的邮件，说是让我写一写 Café。说实话，当看到邮件内容的时候脑海里闪过了好多的画面，但是当自己开始下手写的时候却不知道该如何写，因为感觉任何语言的描写都不能表达出 Café 在大家心目中的位置。后来想到其实每个人和 Café 都有一段属于自己的故事，那我就写写我和 Café 的故事。

其实我加入 Café 比较具有戏剧性。那是去年的十月份，实验室举办 ISPRS 国际会议，当时招收了一批志愿者，我很荣幸成为了他们中的一员，参与到了 ISPRS 的志愿活动。在志愿者活动马上就要结束的倒数第二天的时候，我碰到了必武师兄，当时必武师兄在现场进行 Café 的宣传，这是我头一次与 Café 相逢。听宣传的时候感觉这个组织蛮有意思的，趁着空闲的时间和必武师兄聊了一会儿，感觉我俩一见如故，相谈甚欢，在这天结束的时候必武师兄送了我一本 Café 自己的书——我的科研故事第二卷。晚上回到学校的时候，我翻了一下必武师兄送的书，感觉这本书挺有意思的，既能通过各位大牛们的人生阅历来获得人生经验，又能根据一个个专业的知识提高自己的科研修养，完全诠释了书封面上所写的：谈笑间成就梦想。感觉完全被 Café 给圈粉了，随即我打算明天见必武师兄的时候问问他是否还招新，想成为其中的一分子。第二天见到必武师兄之后，和必武师兄提了一下，必武师兄和我说 Café 这学期已经结束纳新面试了，不过看你对 Café 这么感兴趣我可以单独面试你，如果合适的话欢迎你成为我们中的一分子。下午的时候必武师兄和我聊了很多关于 Café 的事情，最后很感谢我能够成为其中的一分子。

时光辗转，我加入 Café 差不多有一个月了，记得是在一个夜黑风高的夜晚，必武师兄联系我说要和我谈谈 Café 的管理工作，说实话当时有点小激动，寻思着自己是不是马上就要面临升职加薪迈上人生高峰赢取白富美的节奏了，但是万万没想到，必武师兄给我的竟然是我们 Café 这杆大旗。和必武师兄在信息学部的操场上转了一晚上(画风有点怪)，谈了一晚上，从他那里了解了我们 Café 的传统以及现有的小组的分工之类的，当天晚上我从必武师兄那边接过了 Café 这杆大旗，也迎来了我的合作伙伴——龚婧同学、么爽同学、史祎琳同学、于智伟同学、纪艳华同学……虽然大家都是新成员，但是在和大家不断磨合的过程中从他们身上学到了很多，也懂得了很多的道理。

白驹过隙，转眼间我也加入 Café 快一年了，在这一年里大家一起经历了很多，其中有劳累有欢乐有付出也有收获，大家也从原来的生疏不熟到现在像是一家人一样相处得其乐融融。在这里和大家说说我们这一年所做过的事情：每周进行一期讲座，大家邀请各位老师、各位师兄师姐以及其他优秀的社会精英通过讲座的形式带领大家了解最新前沿知识以及与同学们分享自己的人生感悟，大家坐在一起谈笑间成就梦想。每个月举行一次月会，大家坐在一起边吃边聊，一方面解决上个月办讲座时出现的问题，和其余同学说一下，让大家引以为戒，避免出现同样的错误，另一方面就是给 Café 本月的小伙伴过生日了；让 Café 中的每一个小伙伴在 Café 中都有一种家的感觉，我们“卖的”是情怀。我们还进行了导师信息分享会活动，让老师以及老师们的团队与同学们面对面，让大家更好地了解到老师们以及老师们团队的研究方向以及团队文化，近距离地接触老师，共商学习大事。当然在这期间我们也进行了两场野外团建活动：秋游——万圣节欢乐谷，春游——木兰天池，让大家相处得更加的亲密无间了。当然我们也进行了纳新，Café 的队伍又壮大了很多……

想说的还有很多很多，但是因为篇幅有限，就留待下本书吧。在最后的最后，想感谢一下大家。感谢杨旭老师、蔡列飞老师、关琳老师等老师们对 Café 工作的支持，跟着老师们学到了很多的东西，老师们给了我很多实用的建议，让我少走了很多的弯路。同时要感谢必武师兄、孙嘉师姐、许殊师兄等 Café 小伙伴的帮助，让我从一个刚加入什么都不懂的小白蜕变到现在可以扛起 Café 这杆大旗的负责人。真想把帮助过我的每一位的名字都写一遍，因为篇幅问题只能在这里向各位表示歉意。感谢身边的每一位，感谢有你们在我身边！

我在 Café 成长的日子

么　爽

自 2017 年 9 月加入 GeoScience Café 到现在已有半年多了，等我意识到时才发现，原来已经过了这么长时间，而 Café 就像日常般完全融入了我生活的点点滴滴中。回顾在 Café 的日子，我心怀感激，同时也倍感骄傲，Café 的文化积淀与文化传承是我在其他地方体会不到的，Café 给予我的知识与力量也是我在其他地方学习不来的。

加入 Café，我的生活丰富多彩起来，如学会微信公众号的推送，和小伙伴共同办好一场讲座，参加会议的志愿者工作等，如果没有 Café，我的研究生生活可能就是宿舍机房两点一线了。在 Café 我能感受到在其他社团中体会不到的“自我归属感”，大部分活动由我们自己完成，有了任何想法，老师们都大力支持，同伴们也都努力去实现。同时我在 Café 里结识了许多志同道合的朋友，也许专业不同，也许年级不同，但为了“让 Café 越来越好”这个共同的目标，我们一直努力加油，激烈的讨论、默契的合作、温暖的陪伴，自高考过后我才又一次感受到这样的氛围，这可能就是 Café 文化传承的力量。

文化传承在这个集体中随处可见。除了与我同一届的小伙伴，我还有上届上上届甚至是已经成为老师或者已经工作了的师兄师姐们的支持。有 Café 这个大家庭做“靠山”，面对任何工作时我都可以无所畏惧，“别怕，有我们呢！”，这一句话就可以提供给我源源不竭的力量。同时，Café 的工作模式也是文化传承的体现，我们有印象笔记这样的“活动教程”，有前辈的经验指导，有《我的科研故事》出版书的讲座记录等，就这样一步步的文化积累与传承，才有了如今交口称赞的 GeoScience Café，也才有了收获颇丰的现在的自己。

正确的道路是这样，吸取你的前辈所做的一切，然后再往前走。这是列夫·托尔斯泰能够坚持创作的秘诀，而在 Café，这一点同样被发挥得淋漓尽致。文化传承是文化创新的基础，在有了一定的文化积淀后，推陈出新也不再是什么难事。过去的 Café 办讲座写新闻稿，受众面较小，在“惠及更多人”这一美好愿望下，Café 相继推出了讲座直播、视频共享、微信公众号运营，这学期又有宣讲进课堂、导师信息分享、省图科普讲座等新活动。这些活动会在一次又一次的集中讨论中诞生、完善、落实，我尤其喜欢讨论时每个人积极发言、为 Café 发展出谋划策的样子，小伙伴们都是以最真诚的态度去对待每一次活动。在这个过程中，我能学习到师兄师姐的经验教训，能了解到每个人的新鲜想法，能得到大家的建议和指正。我们的思路在不断开阔，我们的队伍在不断壮大，我们收获的支持与感动在不断累加。Café 在进步，我也与它共同成长。今后长路漫漫，而我相信，Café 人能走得越来越坚定，越来越成功！

归来仍是 Café 人

李韫辉

三月的樱花已经落了，四月的梧桐也渐渐绿了。

转眼间，这已经是我在武大的第五年。

大三那一年的九月，我在院办公楼下面偶然看到了 GeoScience Café 的招新宣传单。抱着好奇和想结识更多朋友的心态，我也投了一份招新申请表。事实证明，这是我做过的不能说最正确，但绝对是影响了我人生轨迹的决定之一。在 Café，我收获了一个恋人，许多好友和一个在国重实验室读研的名额。

还记得第一次参加 Café 的活动，就是做一期报告的主持人并负责撰写新闻稿。看起来是很简单的任务，但是却带着一点特殊。因为这一期的主讲嘉宾是一位西班牙友人，我既不自信于自己的英语水平也不自信于自己的临场应变能力。还好讲座是以嘉宾分享为主，主持的任务并不是很重，最后还是比较圆满地完成了整个讲座。然而，在后续写新闻稿的时候我又遇到了难题。因为我从来没有写过类似的文体，而且还要面对一个多小时的英文录音。我只能硬着头皮一点点地去听录音，整理出一份录音稿的素材，再把这份素材整合成新闻稿。后来在师兄师姐们的建议和帮助下，我的首篇新闻稿顺利完成了，并且发布在了实验室的网站上。后来师姐告诉我，实验室的老师点名表扬了这篇新闻稿。自己的作品有人肯定，是一件特别让人开心的事情。

我在 Café 待了近三年，参与了很多报告和一些内部工作。我看着 Café 在这三年内的蓬勃发展，心中为其十分地骄傲和自豪。自从 Café 在 2009 年由毛飞跃师兄创建，至今已举办了 200 余场报告，其中不乏各个领域的大牛嘉宾和许多院士教授。除了常规报告以外，我们还举办了许多人文报告、就业分享会、导师信息分享会等，力求满足更多学子的需求。我们还将往期的精彩报告整理成书，目前已出版《我的科研故事》两卷，现在第三卷也马上要问世了。Café 的发展得益于每一届 Café 负责人和每一个 Café 成员的付出。在

Café，没有其他社团那种阶级的形式，比如干事就要听部长的，部长就要听会长的，师弟师妹就要听师兄师姐的。在 Café，我们每一个人都是平等的，大家都是为了 Café 这个大家庭付出。有事情我们一起讨论，好的意见不管是谁提出的我们都会采纳接受，求同存异。不仅是每一个 Café 人在付出，实验室的老师们也非常支持我们的工作。Café 的月会经常会邀请实验室的书记们、老师们和我们分享他们的建议。在这里也非常感谢老师们对我们工作的肯定和鼓励，这也是推动我们许多工作开展的巨大动力。

和 Café 共同成长了三年，我学习到了很多，包括主持讲座和负责报告的能力、撰写新闻稿和整理录音稿等，这些都是 Café 教给我的在书本上学不到的知识。“赠人玫瑰，手有余香”，其实分享这杯香浓的“coffee”，受益者不仅仅是讲座的观众，还有我们这些研磨“coffee”的人。

Café 的精神和志愿者精神其实是一样的，“奉献，友爱，互助，进步”。我们每个人都在奉献，每个人也都有收获。Café 就像一棵大树，我们每个人是一颗小小的种子。未来，在我们走向全国各地，走向各行各业时，Café 的精神应该被我们孕育在一片崭新的土壤中，长成一棵棵参天大树。此去是星辰大海，归来仍是 Café 人。

我与 Café 的两年相遇

马宏亮

结识 Café 是本科参加实验室的夏令营浏览实验室官网时，无意中发现了一个很特别的栏目，当时就被这个高大上的 GeoScience Café 吸引到了。后来经小组的师兄师姐们介绍之后才知道这是一个专注于学术报告的讲座，由于我本科也在学生会做过类似的工作，便向当时的负责人孙嘉师姐递交了报名表。一晃快两年了，回头看一下，真是收获满满呀，下面一一道来。

首先是工作上，进入这个组织之初，很多师兄师姐认真、热心的态度就感染了我，从联系嘉宾、做海报、微信推送以及主持讲座，整个下来能够感受到的是一个成熟的学术活动的组织流程，我想不管是与人打交道还是安排一个事情对于我来说都有很大的提升。记得自己第一次作为负责人及主持的报告是第 149 期，嘉宾是遥感院的彭漪老师。结识彭漪老师还是研一上学期选修方圣辉老师的定量遥感课，课当时是由方老师、龚龑老师和彭漪老师一起上的。当时上了这门课之后立马被三位老师讲课的风格吸引到了。了解到彭老师不仅讲课好而且成果很丰硕之后，课间便去邀请彭老师来 Café 做报告。就这样，彭老师作为那期的嘉宾为我们介绍了植被遥感的应用机理以及做学术的感悟，记得那期观众人数还是很多的，尽管自己当时主持有点紧张，但还是很感谢那一次的经历。后来陆陆续续负责并参加了好几期的活动，在其中或扮演任务执行者，或扮演一个负责分配任务的人，这对组织以及执行能力都是一个很大的提升。

再一个，Café 作为一个学术性的交流社团，那就是对自己学术上的帮助。还清楚地记得当时进 Café 面试时，我反问了在座的师兄师姐们，研究生应该以科研为主，那我们还来做这么多学生工作不会浪费时间吗？当时毛哥和孙嘉师姐都做了详细的解答，Café 组织活动的过程也可以和自己研究方向相近的优秀的人交流，也可以开阔自己的视野。后来证明他们是对的，科研入门自己努力是最核心的，但是与不同领域的人交流有时候能产生不一样的效果，因为这个往往是创新的一个来源。孙嘉师姐也经常说最好的效果就是作为组织者办讲座也能对自己的研究产生正向的作用。

当然，进入 Café 最大的收获还是在于认识了各种优秀的人，从刚进来认识了各种优秀的师兄师姐，到后来认识了各位可爱的师弟师妹们，从他们身上，总能发现各种各样的闪光点，我想这个是能够让人受益一生的。另外，一个具有很强凝聚力的组织肯定会有超级棒的氛围，Café 每月的月会给当月过生日的小伙伴集体过生日以及每年的春游和秋游，这也为研究生生活增加了不一样的色彩。最后，加入 Café 以后由于好几次的报告都是自己负责摄影，后来就慢慢发展成了自己的爱好(尽管现在为了大小论文不得不暂时压抑内心的躁动)，这算是一个意外收获吧。

感谢生命过程中有你们，希望 Café 越来越好！

在 Café 的日子

黄雨斯

我是 2016 年秋季加入 Café 的，很幸运能够成为 Café 中的一员。我第一次知道 Café 是实验室新生开学典礼的时候，当时是孙嘉师姐给我们介绍的 Café，当时就深深被师姐的气质与魅力所吸引，所以就决定加入 Café，和优秀的人更靠近一些。

我第一次负责 Café 的活动是第 146 期 Sarah 那一期，当时简直是一头雾水，根本不知道去哪里找资料和模板，什么时间应该完成什么事情，幸好当时我和陈必武师兄是一个机房的，他提醒了我时间点和各种需要注意的事项。还有张少彬师兄的辅助，我还记得贴海报那天我才知道需要在实验室官网和微信公众号上对活动通知进行推送，总之就是在各种急赶慢赶下完成了活动。但是也真是因为亲自负责了这么一期活动，我才真正懂得了一期活动需要做什么，应该注意什么等。之后我又负责了两期活动，协助了两期活动，就很顺利了。我想下次让我举办一次什么活动，我也不会再那么手忙脚乱了。

我对两次 Café 活动的印象最深，一次是第一次负责的第 146 期，不仅是因为这是第一次举办活动，还因为这个嘉宾比较特殊。Sarah 已经定居在美国德州了，所以我们的交流一直是通过微信的方式，她给我的印象就像是朋友一样，记得有一次聊得兴起了，她还给我分享了一张近期在一个民族特色店拍的照片。她回国前几天还问我有没有什么要代购的，想好了第二天早上告诉她，她好去给我买，真的是很不可思议，可以从学术交流延伸到生活上去。最后没让她代购东西，但是她给我带了一个苏格兰风格的斜挎包，真的是很惊喜，这个礼物话说是目前嘉宾赠给负责人最好的礼物了，真的是很开心很幸运。第二次印象深刻的是第 182 期就业场，因为这一期有 4 个嘉宾，打从开始找嘉宾到最后完成录音稿，和嘉宾的交流就很多，那段时间基本都是各种就业的信息往脑袋里塞，也知道一些游戏名词(游戏白痴的我)，现在你问我怎么找到好工作，我首先肯定说一定要去实习。还有就是活动现场超级火爆，很多人都是站着听完全程的，不可避免地当天一直忙到门卫大叔赶人，真的是很充实很刺激。

Café 近一两年改变了很多，从一开始只是负责人们管事到现在各部门各司其职，再也不用担心因为时间紧迫或者技术审美有待加强而推送丑丑的微信消息了，再也不用担心月会和春秋游会放鸽子了，再也不用奇怪 Café 的新书怎么还没出来了，再也不用忧虑去哪里找最真实的各种导师信息了等。Café 成长起来了，之前听到许殊同学提议的省图书馆的 Café 活动，我就很激动，Café 已经在福利更多人的道路上越走越远了。还有 Café 的年龄幅度也在越来越大，当得知有好几个大一新生来面试 Café 的时候，我瞬间感觉现在的大学生觉悟都好高啊，感觉已经拉开五六年的距离了，好有压力啊。不过新生的加入，确实让 Café 的活动宣传得更广，内容也贴切各种需求。

最后，感谢 Café，让我们成长，愿 Café 越办越好！

GeoScience Café——一个用心的团队

史祎琳

很荣幸可以有机会在这分享我在 Café 的经历和感悟。虽然加入 GeoScience Café 不足一年，只是贡献了很小的一份力量，更谈不上有什么经验。但 Café 于我已经成为了一个十分特殊的存在，所以也很想借此机会，来分享下自己与 Café 的故事，希望读到这篇文章的朋友可以更好地了解它。

加入 Café 是在 2017 年 9 月份招新季。加入以前，和部分同学一样，我对于 Café 的印象也只停留在“这是一个举办讲座活动的高端社团”的设定上。但是进入社团后，大家的互相关心与鼓励、Café 秋游以及每个月的生日会等，都让我看到 Café 极具人情味的一面。对于新成员，师兄师姐们总是很乐于分享自己的经验，仅仅是希望新成员可以尽量少走弯路，我觉得这也是 Café 可以一直持续办下来的原因。Café 不仅是单纯的讲座活动，是有传承的东西融在其中的。

之后加入了宣传部，开始接触 Café 微信公众号的运营。运营公众号实在是一件有趣的事，每次看到精心编辑的推文获得很高的阅读量或者公众号的关注人数越来越多，就会觉得成就感满满。去年年底，我们策划了一期留言送书活动。可能在此之前，留言反馈部分情况都不是很理想，因此并没有对这个活动抱有很高的期望。但是推送发出后，我们收到了许多朋友的反馈和对 Café 的祝福，知道我们做的事情被这么多朋友认可与支持，真的非常感动。这让我感受到，真正用心做事是可以被看到的，也让我暗自告诉自己，以后要更加重视一直关注和支持我们 Café 的朋友们的意见，努力为他们提供更多切实的服务和帮助。

随着对 Café 各项工作的逐渐深入了解，我越来越觉得将 Café 活动办好并持续办下去是面临很多实际问题的，同时也越来越发现周围同学的优秀和许多难能可贵的品质，例如做事踏实、创新力、执行力等。例如这学期初开展的招新活动，师兄创新地提出可以采取课堂宣传的方式，增加 Café 在本科生中的影响力，这是以前我们想也不敢想的。虽然实施起来比较困难，人员也不是很充足，但我们还是制订了比较详细的计划，并按部就班地实施，终于硬着头皮完成。事实证明，这种课堂宣讲方式的宣传效果出乎意料的好，也为我们的导师信息分享活动做了一下宣传。可见，做活动是需要有创新思维的，同时还要大胆尝试，不尝试就永远不知道效果如何。

就是这样一个用心的团队，让 GeoScience Café 可以成长为现在的样子，也服务到越来越多的朋友。说实话，与优秀的同学们共事是很有压力的，包括许多师兄师姐以前将 Café 的工作做得非常出色，至今也是需要仰望的存在，但这也成为了我不断督促自己、抓紧脚步追赶他们的动力。这个过程中，也更好地认识了自己，发现了自身更多的可能性，所以至今也很庆幸当初加入到 Café 中，认识了一群可爱的人，有了一段难忘又愉快的经历。我也深信着，因为有一群用心的小伙伴，GeoScience Café 一定会越走越好。

材料四：GeoScience Café的日新月异

English GeoScience Café 成立与发展记

成立于2009年的GeoScience Café，在武汉大学测绘遥感信息工程国家重点实验室的大力支持以及团队成员的默默付出下，为武大测绘学界师生提供了自由开放的学术交流平台，并在短短八年内迅速成长为一个优质品牌。

与此同时，随着中国高校国际化的建设与发展，实验室于2015年正式开始规模化接收国际留学生，与我们在美丽的东湖之滨、珞珈山下共同学习。但语言差异是学术交流的极大壁垒，留学生无法适应实验室现有的导师研究小组例会制度，学术交流与讨论的机会都非常有限。如何让这些来自世界各地的留学生融入武汉大学的校园生活，为他们提供一个自由开放的学术交流平台？如何充分利用语言文化差异，在满足留学生交流需求的同时，提升中国学子的国际交流能力？这些都是实验室在国际化道路中亟待解决的具体问题。

2017年1月20日，在实验室二楼报告厅，杨旭书记指出了召集实验室来自世界各地的留学生、创建国际化学术交流平台的必要性，并提出了成立English GeoScience Café的构想。2月22日，新学期伊始的下午，来自世界各地的社团骨干成员与实验室行政办公室的老师们第一次围坐在一起，热切讨论社团建设事宜。各位成员对即将新生的国际学术交流平台激动不已，积极建言献策并主动承担各项事务，极大地保障了第一期学术交流活动在一个月后顺利举行。

新生且带有多元文化色彩的English GeoScience Café传承了GeoScience Café的组织结构与活动形式，活动频率为每两周一次。2017年3月，在首任中英文负责人李茹和Alim的领导以及其他成员的无私奉献中，英文Café开始了国际化交流平台的第一段探索之路。在此，特别鸣谢实验室2016级硕士研究生张承康，在很短的时间内为英文Café精心设计了专属Logo。

目前，English GeoScience Café已成功举办了20期学术交流活动，涵盖地理信息系统、遥感、摄影测量、导航定位以及论文写作等诸多领域，也曾涉足政治地理学以及新闻学等人文话题。社团成员从原来的16人发展到现在的30余人，来自世界7个不同国家。截止到2018年4月初，在实验室领导和老师的鼓励与支持下，英文Café的第一本精彩汇报合集也已进入最后的修改与审核阶段，并将在一个月内与广大师生读者见面。

最后，English GeoScience Café不仅仅是一个学术交流平台，更是一个多民族多文化的温暖大家庭。除了自由开放的学术交流、英文水平的锻炼，它更让我们在自己的学习与生活中，感受和尊重世界各地的多元文化，并寻找到自己的文化自信心。

（2018年4月李茹撰写）

GeoScience Café 新媒体

GeoScience Café 依托新媒体，扩充线上传播渠道，让 Café 的品牌和文化更多地被了解，增加 Café 讲座活动的附加价值，服务更多人群。目前 GeoScience Café 的三大新媒体包括微信公众号"GeoScienceCafe"、优酷主页"GeoCafe 的自频道"和哔哩哔哩直播账号"GeoScienceCafe"。

作为 GeoScience Café 的主要新媒体之一，微信公众号"GeoScienceCafe"以"小咖"的形象活跃在大家面前，及时推送每期讲座预告、新闻稿以及 Café 相关活动动向。自 2014 年 10 月 1 日建立以来，公众号不断在功能和内容上进行完善，努力为一直关注 GeoScience Café 的朋友们提供更为便捷的线上服务。2017 年年底公众号举行了留言送书活动，也受到了朋友们的广泛支持。公众号用户量呈逐年上升趋势，从 2015 年 1 月 1 日时的 61 人，2016 年 1 月 1 日时的 305 人，2017 年 1 月 1 日时的1 282人，到 2018 年 1 月 1 日时的2 570人，截止至统计时间 2018 年 3 月 27 日，订阅用户量已达3 127人。

2016 年至今累计发出图文 294 篇，其中，达到 600 余次累计阅读量的共有 10 篇图文。最高的累计阅读量来自张祖勋院士报告的讲座预热"[张祖勋院士]传承的力量"，达3 092次。图文"[新闻稿]张祖勋：从 VirtuoZo 谈摄影测量时代的变迁"的累计阅读量也达2 516次。帮推的国际会议邀请函"[征稿]UPINLBS 2018 Call For Papers"和 GeoScience Café 的一期报告预告"GeoScience Café 第 140 期：行走的力量"，它们的累计阅读量分别达到1 125次和1 104次。(截止至统计时间 2018 年 3 月 27 日)

优酷主页"GeoCafe 的自频道"作为 GeoScience Café 的另一个新媒体，为大家提供了观看往期精彩视频的平台。GeoScience Café 活动的每期视频经嘉宾允许后，会上传至优酷主页"GeoCafe 的自频道"(http://i.youku.com/geosciencecafe)。2016 年 4 月 26 日，Café 的第一期视频上传至优酷主页。截止至统计时间 2018 年 4 月 19 日，已上传 49 个视频，视频累计播放数已达8 161次。播放量达 200 次以上的有 15 期，单期播放量最高为 678 次，为"[GeoScience Café]第 136 期 学术报告：遥感数据分析迎来'深度学习'浪潮"。此外，"[GeoScience Café]第 133 期 卢宾宾：地理加权模型——展现空间的'别'样之美"和"[GeoScience Café]第 148 期 直击就业——经验分享会"的播放量也分别达到 531 次和 422 次。

Café 直播部于 2017 年 3 月成立，是 GeoScience Café 新媒体的一个新鲜力量。Café 直播部致力于让更多的受众通过更便捷的方式来认识 GeoScience Café，了解武汉大学在测绘遥感领域的研究工作，并参与到相关主题的讨论与交流中。直播部的工作职责包括：直播器材的选购与管理、直播流程的探索与规范化、直播间的运营与维护。随着工作流程的逐渐成熟，目前已基本解决画面与音频质量问题，观众对直播质量的负面反馈相较初期已有所下降。同时，直播内容不仅限于 Café 讲座，也扩展到了实验室举办的各类会议活动，取得了较好的反响。

自 Café 在斗鱼上开播以来，至今已直播 40 余次，总时长超过 100 小时，同时在线数峰值超过 50。今后直播部将进一步优化直播质量，强化弹幕互动，现已将直播平台转移至哔哩哔哩(bilibili)网站上开展工作。

在未来的日子里，GeoScience Café 将会继续重视新媒体工作，更加注重内容的质量，努力为大家提供更完善、便捷的服务。

（2017 年 4 月史祎琳、王源撰写）

导师信息分享的发展变化

2017 年 9 月 19 日，GeoScience Café“导师信息分享”系列讲座的第一期正式上线，旨在为大家提供更加了解信息学部各个优秀研究团队的机会，也让同学们有了一次向老师们提出疑问、进行面对面交流的机会。

本着更好地为老师同学们服务的目标，我们希望扩大导师信息分享活动的影响范围，让其成为 GeoScience Café 的一个特色系列活动。为此，本学期开始我们就采取了一系列准备和宣传活动。

首先是 Café 招新时以导师信息分享为宣传重点，希望更多的本科生关注这个活动，同时在利用课间五分钟进班宣传这一环节中有多位老师都表示了参加这个活动的意愿。此外，宣传部还进行了海报制作培训，专门为导师信息分享活动设计了有别于传统讲座海报的版式。我们同样关注线上宣传，Café 微信公众号为导师信息分享特别推送了两弹，针对同学们的不同问题进行了解释和说明。其次，我们得到了实验室老师的大力支持，经关琳老师宣传后，有多位老师报名参加。经过三周的努力和各方协商，最终定在考研复试最后一天晚上举办活动。当天共有 12 位老师及其团队参加活动，同学们坐满了实验室四楼休闲厅，活动后师生积极交流，场面热烈。

随后我们对此次活动进行总结，收集师生们的反馈意见和老师的招生信息，得到了大家的一致好评。在微信公众号上，我们为此次活动设置专栏，将老师团队介绍和联系方式共享出来，方便同学们随时查看下载，帮助老师们进行长期宣传和招生。上学期我们成功举办了龚威老师团队 Lidar Team in LIESMARS 和钟燕飞老师团队智能化遥感数据提取分析与应用这两场导师信息分享活动，老师们准备充分，同学们也受益良多。本学期我们在此基础上对活动进行改进，扩大了包括研究生和本科生在内的受众面，吸引了更多的老师和同学，促进了师生之间更好的交流。这次活动仍有许多不足之处，我们会继续努力，将导师信息分享办大办好，使其成为 GeoScience Café 的“特色招牌”。

（2018 年 4 月么爽撰写）

材料五：后记

“呦呦鹿鸣，食野之苹，我有嘉宾，鼓瑟吹笙。”GeoScience Café 已经陪伴大家度过了9个年头，180多个难忘的夜晚。从业界泰斗到千人计划、长江学者，再到科研牛人、就/创业达人，他们无私地和我们分享他们成功路上的经验与汗水。这些精彩不应该仅仅留存在当晚的回忆里，如何让这些经验得到更好的传播，能够在更大的时间和空间范围中使更多的人获益？这就是《我的科研故事》系列丛书的意义所在。

《我的科研故事(第一卷)》出版于2016年10月，内容覆盖范围为GeoScience Café 第1~100期的学术交流活动，包括了5期特邀报告和24期精选报告，时间跨度为2009年到2015年5月。《我的科研故事(第二卷)》出版于2017年8月，内容覆盖范围为GeoScience Café 第101~136期学术交流活动，包括了6期特邀报告和9期精选报告，时间跨度为2015年6月至2016年7月。《我的科研故事(第三卷)》内容覆盖范围为GeoScience Café 第137~186期学术交流活动，包括了10期特邀报告和13期精选报告，时间跨度为2016年9月至2018年1月。

年轻的GeoScience Café 9年间也从未停止成长的脚步，团队规模不断地扩大，目前设立了两个部门：宣传部、团建部。宣传部的职能是扩大宣传面，提升品牌形象，主要负责Café 的微信公众号及QQ群维护。团建部的职能是增强团队内部的凝聚力，具体负责团队建设与活动组织，例如月会和素质拓展。除了每周五晚上的常规活动外，还新发起了English GeoScience Café 活动，目标人群为武汉大学的留学生群体，方便他们的生活、科研、文化交流等。

回首2017年，GeoScience Café 在原有的基础上又向前迈进了一步：

2月，全英文交流的English GeoScience Café 正式成立。

3月，GeoScience Café 成立了各个部门。

8月，GeoScience Café 微信公众号关注突破2 000人，为同学们提供丰富的第一手学术信息。

9月，GeoScience Café 迎来了新加入的15名小伙伴。

9月，GeoScience Café 举办了第一期导师信息分享活动，为本科生选择导师提供帮助。

10月，第二本文集《我的科研故事(第二卷)》出版，新书发布会吸引了超过一百名现场同学。

2018年初，我们又迎来了11位新同学的加入，不断有新鲜力量注入的同时，GeoScience Café 的各项活动也开展得越来越规范化、专业化。

“谈笑间成就梦想”，平淡的语言，将学术用直白的话语表述出来，希望可以帮助读者们更好地理解相关的研究领域，早日实现自己的科研梦想。

（2017年3月孙嘉、郝蔚琳撰写，2018年4月陈必武、龚婧修订）

附录二　中流砥柱：GeoScience Café 团队成员

编者按：在 GeoScience Café 品牌成长的背后，站着一批又一批的 GeoScience Café 团队成员。没有团队的合作和付出，必然没有今天 GeoScience Café 学术交流活动的欣欣向荣。本附录尽可能准确地记录了自成立以来，GeoScience Café 团队成员的名字和合影照片。

指导教师

陈锐志 杨 旭 吴华意 龚 威 汪志良 蔡列飞 关 琳

负责人

2009.3—2010.9：熊 彪 毛飞跃
2010.9—2011.8：毛飞跃 陈胜华 瞿丽娜
2011.9—2012.8：毛飞跃 李洪利
2012.9—2013.8：李洪利 李 娜
2013.9—2014.2：李洪利 李 娜
2014.3—2015.2：张 翔 刘梦云
2015.3—2016.1：肖长江 刘梦云
2016.1—2016.12：孙 嘉 陈必武
2017.1—2017.11：陈必武 许 殊 孙 嘉
2017.12 至今：龚婧 郑镇奇 么 爽

其他成员

2009.9—2010.8：袁强强 于 杰 刘 斌 郭 凯 陈胜华
2010.9—2011.8：焦洪赞 李 娜 张 俊 李会杰 李洪利
2011.9—2012.8：李 娜 张 俊 李会杰 刘金红 唐 涛 张 飞 李凤玲 王诚龙
2012.9—2013.8：毛飞跃 刘金红 唐 涛 张 飞 李凤玲 付琬洁 宋志娜 章玲玲 赵存洁 程 锋 刘文明
2013.9—2014.8：毛飞跃 李凤玲 付琬洁 宋志娜 章玲玲 赵存洁 董 亮 程 锋 张 翔 刘梦云 李文卓
2014.9—2015.8：毛飞跃 李洪利 李 娜 董 亮 程 锋 李文卓 郭 丹 熊绍龙 韩会鹏 孙 嘉 张闰臣 钟 昭 肖长江
2015.9—2016.8：毛飞跃 李洪利 李 娜 董 亮 李文卓 郭 丹 熊绍龙 韩会鹏 孙 嘉 张闰臣 钟 昭 肖长江 张少彬 李韫辉 张宇尧 简志春 徐 强 王彦坤 王 银 张 玲 杨 超
2016.9—2017.11：毛飞跃 李洪利 李文卓 张 翔 郭 丹 韩会鹏 肖长江 张少彬 李韫辉 张宇尧 简志春 徐 强 王 银 张 玲 杨 超 幸晨杰 刘梦云 阚子涵 黄雨斯 徐 浩 杨立扬 沈高云 陈清祥 戴佩玉 刘 璐 马宏亮 赵颖怡 雷璟晗 李传勇 王 源 许慧琳 赵雨慧 袁静文 李 茹 赵 欣

顾芷宁　张　洁　霍海荣　许　杨　金泰宇　张晓萌

2017.12 至今：毛飞跃　李洪利　张　翔　肖长江　孙　嘉　陈必武　许　殊
李韫辉　张　玲　幸晨杰　刘梦云　黄雨斯　徐　浩　沈高云
陈清祥　戴佩玉　刘　璐　马宏亮　赵颖怡　雷璟晗　李传勇
王　源　许慧琳　赵雨慧　袁静文　李　茹　赵　欣　顾芷宁
张　洁　许　杨　史祎琳　于智伟　纪艳华　王宇蝶　顾子琪
赵书珩　韦安娜　曾宇媚　杨支羽　龚　瑜　彭宏睿　黄宏智
云若岚　陈博文　崔　松　邓　玉　唐安淇　胡中华　王璟琦
邓　拓　刘梓荆　杨舒涵

孙嘉，女，测绘遥感信息工程国家重点实验室 2014 级直博生，摄影测量与遥感专业，导师为龚威教授，研究方向为多光谱激光雷达数据应用，以第一作者/通讯作者发表 SCI 论文 4 篇。于 2014 年 9 月加入 GeoScience Café。参与了 GeoScience Café 第 89 期、第 91 期、第 97 期、第 106 期、第 120 期、第 137 期、第 138 期学术交流活动的组织。联系方式：helena@ whu. edu. cn。

张翔，男，测绘遥感信息工程国家重点实验室 2014 级博士研究生，专业为地图学与地理信息系统，导师为陈能成教授。长期从事极端气象灾害、环境遥感和传感网等方面研究，已发表 6 篇 SCI 论文，获批国家发明专利 1 项，并获研究生国家奖学金、国家公派留学奖学金和武汉大学学业奖学金等。于 2013 年 9 月加入 GeoScience Café。参与多期 GeoScience Café 活动的组织，如第 70 期、第 91 期和第 100 期等。联系方式：zhangxiangsw@ whu. edu. cn。

陈必武，男，测绘遥感信息工程国家重点实验室 2015 级硕士研究生，摄影测量与遥感专业。师从龚威教授，研究方向为高光谱激光雷达，以第一作者发表 SCI 论文 1 篇，EI 论文 1 篇，国家新型实用专利 1 件。曾获国家奖学金，武汉大学优秀研究生标兵，武汉大学一等学业奖学金，武汉大学优秀学生干部，武汉大学优秀学生党员。于 2015 年 12 月加入 GeoScience Café。参与了 GeoScience Café 20 余期学术交流活动的组织。联系方式：cbw_think@ whu. edu. cn。

刘梦云，女，测绘遥感信息工程国家重点实验室 2015 级博士研究生，研究方向为室内空间认知，导师为李德仁和陈锐志教授。于 2013 年 9 月加入 GeoScience Café。参与了 GeoScience Café 第 102 期、第 108 期、第 109 期、第 131 期学术交流活动的组织。联系方式：amylmy@ whu. edu. cn。

李茹，女，测绘遥感信息工程国家重点实验室 2016 级硕士研究生，地图学与地理信息系统专业，研究方向为空间数据挖掘、网络舆情分析，导师为李锐和吴华意教授。于 2016 年 9 月加入 GeoScience Café。参与了 GeoScience Café 第 140 期、第 142 期学术交流活动的组织。联系方式：2324429456@ qq. com。

许殊，男，遥感信息工程学院 2016 级硕士研究生。研究兴趣为 GPU 在摄影测量领域的应用，导师为袁修孝教授。于 2016 年 6 月加入 GeoScience Café。参与了 GeoScience Café 第 141 期学术交流活动的组织。联系方式：xs13339987476@ 163. com。

龚婧，女，测绘遥感信息工程国家重点实验室 2017 级硕士研究生，地图学与地理信息系统专业。师从邓跃进副教授，研究方向为视觉定位。于 2017 年 9 月加入 GeoScience Café。参与了 GeoScience Café 10 余期学术交流活动的组织。联系方式：gongjing1126@ 126. com。

李传勇，男，测绘遥感信息工程国家重点实验室 2016 级硕士研究生，测绘工程专业，导师为樊红教授。于 2016 年 9 月加入 GeoScience Café。参与了 GeoScience Café 第 142 期学术交流活动的组织。联系方式：1094401269@ qq. com。

王源，男，测绘遥感信息工程国家重点实验室 2016 级硕士研究生，地图制图学与地理信息工程专业。师从吴华意教授，研究方向为时空大数据可视化与分布式计算。于 2016 年 9 月加入 GeoScience Café。参与了 GeoScience Café 第 145 期、第 149 期、第 159 期、第 179 期、第 183 期、第 184 期学术交流活动的组织。联系方式：yuan. wang@ whu. edu. cn。

黄宏智，男，测绘(院系)17 级本科生，测绘专业。于 2018 年 3 月加入 GeoScience Café。参与了 GeoScience Café 第 188 期学术交流活动的组织。联系方式：3040302493@ qq. com。

郭丹，女，测绘遥感信息工程国家重点实验室 2014 级硕士研究生，导师为樊红教授，研究方向为 GIS 软件开发、语义空间信息。于 2014 年 9 月加入 GeoScience Café。参与 GeoScience Café 第 105 期、第 107 期和第 113 期学术交流活动的组织。联系方式：191701650@ qq. com。

于智伟，男，测绘遥感信息工程国家重点实验室 2017 级硕士研究生，地图学与地理信息系统专业，师从唐炉亮教授，研究方向为时空轨迹数据挖掘，于 2017 年 9 月加入 GeoScience Café。参与了 GeoScience Café 第 181 期、第 182 期、第 188 期学术交流活动的组织。联系方式：siriusyoung@ whu. edu. cn。

张少彬，男，测绘遥感信息工程国家重点实验室 2015 级硕士研究生，摄影测量专业，研究方向为三维点云压缩，导师为杨必胜教授。于 2015 年 9 月加入 GeoScience Café。参与了 GeoScience Café 第 114 期、第 129 期、第 140 期、第 146 期学术交流活动的组织。联系方式：shaobing_ zhang@ 163. com。

秦雨，男，资源与环境科学学院 2011 级博士研究生，地图制图学与地理信息工程专业，导师为庞小平教授，研究方向为地图美学理论与地图设计。地图作品：2013 中图北斗广州市城市地图（单张图）、南北极科考系列地理底图、武汉城市群城市化与生态环境地图集、中国市售水果蔬菜农药残留地图集等。
特长：地图设计与制作、钢琴演奏、作曲。曾为 GeoScience Café 设计标志。联系方式：whuqinyu@ 126. com。

王银，女，经济与管理学院 2015 级硕士研究生，专业为人口资源与环境经济学。于 2014 年 9 月加入 GeoScience Café。参与了 GeoScience Café 第 114 期、第 127 期、第 134 期学术交流活动的组织。联系方式：unic_w@ foxmail. com。

钟昭，女，测绘遥感信息工程国家重点实验室 2014 级研究生，测绘工程专业，研究方向为地理信息系统应用与开发，导师为张晓东教授。于 2014 年 9 月加入 GeoScience Café。参与了 GeoScience Café 第 80 期、第 87 期、第 98 期、第 101 期、第 105 期、第 110 期、第 125 期学术交流活动的组织。联系方式：1114753650@ qq. com。

唐安淇，女，遥感信息工程学院 2015 级本科生，地理国情监测专业。于 2018 年 3 月加入 GeoScience Café。联系方式：1040850806@ qq. com。

张玲，女，测绘遥感信息工程国家重点实验室 2015 级博士研究生，地图学与地理信息系统专业，师从陈晓玲教授，研究方向为陆面蒸散发反演、鄱阳湖流域与湖泊水量平衡分析。本科与硕士毕业于武汉大学资源与环境科学学院。于 2015 年 9 月加入 GeoScience Café。参与了 GeoScience Café 第 119 期、第 123 期、第 136 期、第 142 期学术交流活动的组织，并参与了第 122 期、第 124 期新闻稿的修改工作。联系方式：zhangling_ gis@ whu. edu. cn。

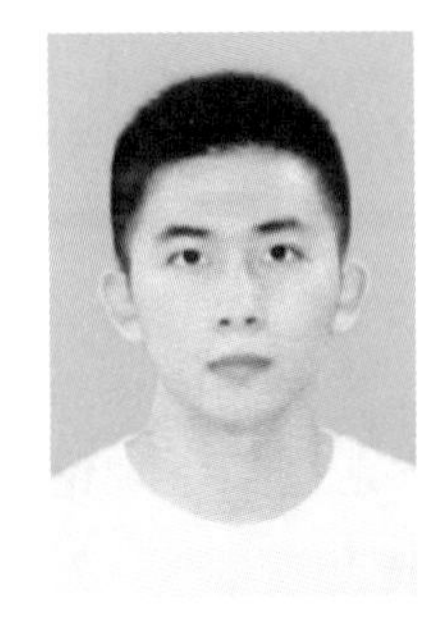

简志春，男，测绘遥感信息工程国家重点实验室 2015 级硕士研究生，地图学与地理信息系统专业，研究方向为时空数据模型与数据分析，导师为李清泉教授。于 2015 年 9 月加入 GeoScience Café。参与了 GeoScience Café 第 116 期、第 122 期、第 129 期、第 135 期学术交流活动的组织。联系方式：jianzhichun@ foxmail. com。

杨超，男，测绘遥感信息工程国家重点实验室 2015 级硕士研究生。多次参与导师科研项目，导师为王密教授，签约单位是中国电子科技集团公司第二十九研究所。于 2015 年 9 月加入 GeoScience Café。参与了 GeoScience Café 第 108 期、第 113 期、第 129 期和第 131 期学术交流活动的组织。联系方式：yc_rser@ 163. com。

陈清祥，男，测绘遥感信息工程国家重点实验室 2016 级硕士研究生，测绘工程专业。师从孙开敏副教授，研究方向为基于视觉 SLAM 的三维重建。于 2016 年 9 月加入 GeoScience Café。参与了 GeoScienceCafé 第 139 期和第 144 期学术交流活动的组织。联系方式：759662760@ qq. com。

戴佩玉，女，测绘遥感信息工程国家重点实验室 2016 级硕士研究生，测绘工程专业。师从张洪艳教授，研究方向为遥感图像超分辨率重建和时空融合。于 2016 年 9 月加入 GeoScience Café。参与了 GeoScience Café 第 143 期、第 148 期、第 160 期和第 174 期学术交流活动的组织。联系方式：15720623577@ 163. com。

黄雨斯，女，测绘遥感信息工程国家重点实验室2016级硕士研究生，摄影测量与遥感专业，师从龚威教授，研究方向为大气应用遥感，于2016年9月加入GeoScience Café。参与了GeoScience Café第146期、第166期、第171期、第182期学术交流活动的组织。联系方式：mavis_huang@whu.edu.cn。

刘璐，女，测绘遥感信息工程国家重点实验室2016级硕士研究生，专业为摄影测量与遥感，研究方向为压缩感知，导师为张洪艳教授。于2016年9月加入GeoScience Café。负责了GeoScience Café第147期学术交流活动的组织。联系方式：935503771@qq.com。

马宏亮，男，测绘遥感信息工程国家重点实验室2016级硕博连读生（2018级博士生），地图制图学与地理信息工程专业。师从陈能成教授，研究方向为遥感土壤湿度产品融合与土壤干旱应用。于2016年9月加入GeoScience Café。参与了GeoScience Café第141期、第149期、第153期、第163期、第164期、第187期学术交流活动的组织。联系方式：mhl0310@whu.edu.cn；2294875968@qq.com。

顾芷宁，女，河南信阳人，本科毕业于南京师范大学，现为测绘遥感信息工程国家重点实验室2016级硕士研究生，地图制图学与地理信息工程专业，导师为朱欣焰教授。于2016年9月加入GeoScience Café。参与了GeoScience Café第138期学术交流活动的组织。联系方式：gzn15720627121@163.com。

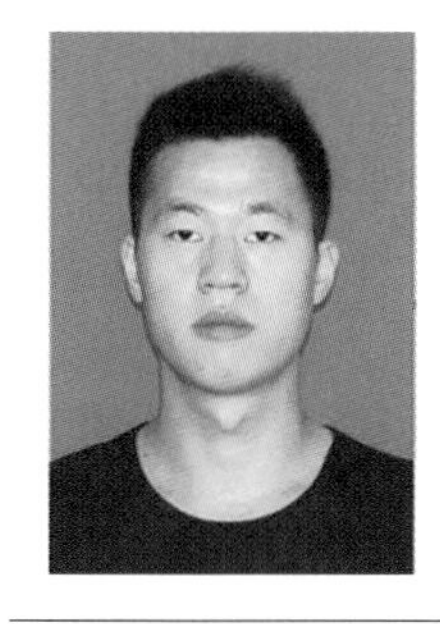

徐浩，男，测绘遥感信息工程国家重点实验室2016级硕士研究生。研究兴趣为对空对地激光遥感技术、光学与激光遥感数据处理、光学与激光空间信息定量应用等，导师为龚威教授。于2016年9月加入GeoScience Café。参与了GeoScience Café第141期学术交流活动的组织。联系方式：xiaohao190081@whu.edu.cn。

雷璟晗，女，测绘遥感信息工程国家重点实验室 2016 级硕士研究生，测绘工程专业，研究方向为大数据和 GIS 开发，导师为樊红教授。于 2016 年 9 月加入 GeoScience Café。负责了 GeoScience Café 第 139 期和第 144 期学术交流活动的组织。联系方式：zoe489@126.com。

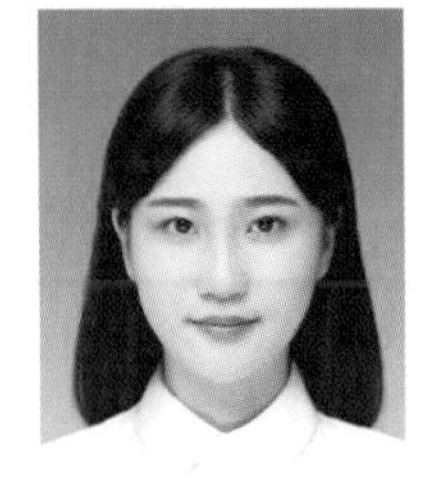

许慧琳，女，测绘遥感信息工程国家重点实验室 2016 级硕士研究生，测绘工程专业，研究方向为机器学习和模式识别，导师为张洪艳教授。于 2016 年 9 月加入 GeoScience Café。参与了 GeoScience Café 第 138 期学术交流活动的组织。联系方式：499135958@qq.com。

袁静文，女，遥感信息工程学院 2016 级硕士研究生，摄影测量专业，研究方向为辐射校正、计算机视觉，导师为王树根教授。于 2016 年 9 月加入 GeoScience Café。参与了 GeoScience Café 第 140 期和第 141 期学术交流活动的组织。联系方式：jingwenyuan@whu.edu.cn。

赵雨慧，女，测绘遥感信息工程国家重点实验室 2016 级硕士研究生，地图学与地理信息系统专业，师从朱欣焰教授，研究方向为 GIS 应用。于 2016 年 9 月加入 GeoScience Café。参与了 GeoScience Café 第 146 期和第 148 期等学术交流活动的组织。联系方式：752347843@qq.com。

云若岚，女，资源与环境科学学院 2017 本科生，地理科学类专业。于 2018 年 3 月加入 GeoScience Café。联系方式：1259887664@qq.com。

沈高云，女，测绘遥感信息工程国家重点实验室 2017 级博士研究生，测绘工程专业，研究方向为城市不透水面提取及其对城市内涝的影响。于 2016 年 9 月加入 GeoScience Café。参与了 GeoScience Café 第 145 期、第 149 期、第 155 期、第 158 期、第 176 期和第 177 期学术交流活动的组织。联系方式：1045531851@ qq. com。

纪艳华，女，遥感信息工程学院 2017 级硕士研究生，摄影测量与遥感专业，师从袁修孝教授，研究方向为数字摄影测量。于 2017 年 9 月加入 GeoScience Café。参与了 GeoScience Café 第 178 期、第 184 期学术交流活动的组织。联系方式：2528969308@ qq. com。

李韫辉，女，测绘遥感信息工程国家重点实验室 2017 级硕士研究生，地图学与地理信息系统专业，研究方向为时空数据模型与数据分析，导师为李清泉教授。于 2015 年 9 月加入 GeoScience Café。参与了 GeoScience Café 第 111 期、第 115 期、第 118 期、第 139 期学术交流活动的组织。联系方式：liyhlucky@ 163. com。

么爽，女，测绘遥感信息工程国家重点实验室 2017 级硕士研究生，地图学与地理信息系统专业，师从陈能成教授。于 2017 年 9 月加入 GeoScience Café。参与了 GeoScience Café 第 184 期、第 186 期学术交流活动的组织。联系方式：yaos64@ 163. com。

史祎琳，女，遥感信息工程学院 2017 级硕士研究生，测绘工程专业。师从卢宾宾老师，研究方向为空间统计分析。于 2017 年 9 月加入 GeoScience Café。参与了 GeoScience Café 第 183 期、第 187 期学术交流活动的组织。联系方式：shiyilin@ whu. edu. cn。

王璟琦，女，测绘遥感信息工程国家重点实验室 2017 级硕士研究生，地图学与地理信息系统专业。师从李锐教授和吴华意教授，研究方向为自然语言处理、舆情分析。于 2018 年 3 月加入 GeoScience Café。联系方式：759820285@ qq. com。

王宇蝶，女，测绘遥感信息工程国家重点实验室 2017 级硕士研究生，摄影测量与遥感专业。师从沈焕锋教授，研究方向为遥感应用。于 2017 年 9 月加入 GeoScience Café。参与了 GeoScience Café 第 179 期、第 180 期学术交流活动的组织。联系方式：ydiewang@ 163. com。

韦安娜，女，测绘遥感信息工程国家重点实验室 2017 级硕士研究生，地图学与地理信息系统专业。师从陈晓玲教授，研究方向为水环境定量遥感。于 2017 年 9 月加入 GeoScience Café。参与了 GeoScience Café 第 172 期、第 182 期学术交流活动的组织。联系方式：waingonnaa@ 163. com。

许杨，女，测绘遥感信息工程国家重点实验室 2017 级硕士研究生，摄影测量与遥感专业。师从冯炼老师，研究方向为水环境遥感。于 2017 年 3 月加入 GeoScience Café。参与了 GeoScience Café 第 170 期学术交流活动的组织。联系方式：1120058861@ qq. com。

郑镇奇，男，遥感学院 2017 级硕士，测绘专业。师从付仲良教授，研究方向是地理信息系统。于 2017 年 10 月加入 GeoScience Café。参与了 GeoScience Café 第 178 期至第 188 期的学术交流活动的组织。联系方式：909840341@ qq. com。

曾宇媚，女，测绘遥感信息工程国家重点实验室 2017 级硕士研究生，地图学与地理信息系统专业。师从吴华意教授，研究方向为基于 LUR 模型进行 PM2.5 浓度预测。于 2017 年 9 月加入 GeoScience Café。参与了 GeoScience Café 第 183 期、第 185 期学术交流活动的组织(辅助)。联系方式：1208439066@ qq. com。

幸晨杰，男，测绘遥感信息工程国家重点实验室 2011 级硕士、2014 级博士，摄影测量与遥感专业，导师为陈能成教授，ESPACE“地球空间科学与技术”中德双硕士项目 2011 级成员。研究方向为人工神经网络和机器学习在遥感中的应用，被动雷达信号处理算法。于 2015 年 5 月加入 GeoScience Café。曾为 GeoScience Café 拍摄活动图片，并参与第 124 期、第 126 期、第 134 期学术交流活动的组织。联系方式：cj. xing@ hotmail. com。

肖长江，男，测绘遥感信息工程国家重点实验室 2013 级硕博连读生，师从龚健雅院士和陈能成教授，研究兴趣包括传感网实时动态 GIS、物联网和智慧城市，以第一作者和合作者身份发表论文 18 篇(SCI 检索论文 7 篇)，授权国家发明专利 6 项，登记软件著作权 5 项。入选“地球空间信息技术跨学科拔尖创新人才培养基地”博士研究生，获优秀硕士新生奖学金、CSST 智慧城市奖学金、雷军奖学金、地球空间信息技术协同创新中心奖学金、国家公派留学奖学金等。于 2014 年加入 GeoScience Café，参与了第 93 期、第 100 期、第 109 期、第 168 期学术交流活动的组织。联系方式：geocjxiao@ 163. com。

杨舒涵，女，遥感信息工程学院 2016 级本科生，遥感科学与技术专业。专业方向为 GIS，于 2018 年 3 月加入 GeoScience Café。联系方式：1297499095@ qq. com。

龚瑜，女，第二临床学院 2016 级硕士，康复医学与理疗学专业。师从廖维靖教授，研究方向为神经康复。于 2017 年 9 月加入 GeoScience Café。参与了 GeoScience Café 第 174 期、第 175 期、第 185 期学术交流活动的组织。联系方式：gongyu@ whu. edu. cn。

胡中华，男，遥感信息工程学院 2017 级本科生，遥感科学与技术专业。于 2018 年 3 月加入 GeoScience Café。联系方式：hzh13297933656@ 163. com。

赵颖怡，女，遥感信息工程学院 2016 级硕士研究生，专业为摄影测量与遥感，研究方向主要为 LiDAR 点云数据处理，导师为胡庆武教授。于 2016 年 9 月加入 GeoScience Café。参与了 GeoScience Café 第 138 期、第 150 期、第 156 期、第 159 期、第 178 期学术交流活动的组织。联系方式：zhaoyingyi@ whu. edu. cn。

顾子琪，女，测绘学院 2014 级本科生，摄影测量与遥感专业。师从袁强强老师，研究方向为影像质量改善。于 2017 年 11 月加入 GeoScience Café。参与了 GeoScience Café 第 178 期学术交流活动的组织。联系方式：2459656152@ qq. com。

张洁，女，遥感信息工程学院 2015 级本科生，地理国情监测专业。于 2017 年 3 月加入 GeoScience Café。参与了 GeoScience Café 第 163 期、第 169 期学术交流活动的组织。联系方式：rszhangjie @ whu. edu. cn。

邓玉，女，遥感信息工程学院 2015 级本科生，遥感科学与技术专业。于 2018 年 3 月加入 GeoScience Café。参与了 GeoScience Café 月会。联系方式：1029730444@ qq. com。

崔松，男，测绘遥感信息工程国家重点实验室 2017 级博士研究生，摄影测量与遥感专业。师从钟燕飞教授，研究方向为多源遥感影像配准。于 2018 年 3 月加入 GeoScience Café。联系方式：cuisong0809@163. com。

陈博文，男，测绘遥感信息工程国家重点实验室 2017 级硕士研究生，测绘工程专业，师从龚威教授，研究方向为对地观测激光雷达。于 2017 年 3 月加入 GeoScience Café。联系方式：876837677@qq. com。

邓拓，女，测绘遥感信息工程国家重点实验室 2017 级硕士研究生，地图学与地理信息系统专业。师从唐炉亮教授，研究方向为时空大数据挖掘与车道信息提取。于 2018 年 3 月加入 GeoScience Café。参与了 GeoScience Café 第 188 期学术交流活动的组织。联系方式：dengtuo@whu. edu. cn。

刘梓荆，男，遥感信息工程学院 2017 级本科生，遥感科学与技术专业。于 2018 年 3 月加入 GeoScience Café。参与了 GeoScience Café 第 190 期学术交流活动的组织。联系方式：liuzijing32@163. com。

彭宏睿，男，测绘学院 2017 级本科生，地球物理专业。于 2017 年 9 月加入 GeoScience Café。参与了导师信息分享会等学术交流活动的组织。联系方式：2017301140010@whu. edu. cn。

● 团队合照精选

左起分别是何振轩、Prince、Shafee、Junaid、Adel、史祎琳、AhmedReda、纪艳华、包蕊娜、龚婧、李雪柔、杨舒涵、姚培昕、Prospere、王滨辉、Mohamed Freeshah、肖雨薇、黄雨斯、杨晓涵、李茹、刘山洪、郑镇奇

左起分别是 Uqba、Prospere、Junaid、李雪柔、姚培昕、肖雨薇、杨晓涵、Mohamed Freeshah、王滨辉、刘山洪、Shafee、龚婧、史祎琳、Adel、AhmedReda

左起分别是么爽、龚婧、孙嘉、李韫辉、郑镇奇、许殊、陈必武、于智伟、王源、许杨、张洁、纪艳华、史祎琳

第一排：左起分别是何斌、史祎琳、纪艳华、赵颖怡、李韫辉、沈高云、曾宇媚、么爽、王宇蝶、关琳老师、李茹、徐蕾、孙嘉、郑镇奇。第二排：左起分别是幸晨杰、许杨、许殊、许慧琳、于智伟、韦安娜、毛飞跃老师、张展、杨旭书记、徐浩、王源、陈必武、彭宏睿、龚婧

附录三　往昔峥嵘：GeoScience Café 历届嘉宾

编者按：2009 年以来，在 GeoScience Café 的讲台上，无数嘉宾指点江山、激扬文字，他们是 GeoScience Café 的核心吸引力。本附录完整收录了第 1 期到第 186 期 GeoScience Café 的所有嘉宾信息。

GeoScience Café 第 1 期(2009 年 4 月 24 日)

演讲题目：基于星敏感器的卫星姿态测量

演讲嘉宾：谢俊峰，湖北天门人，在读博士研究生，师从龚健雅院士和江万寿教授。现从事航天摄影测量及卫星定姿方面的研究。联系方式：junfeng_xie@163.com。

演讲题目：计算机软件水平考试经验谈

演讲嘉宾：胡晓光，2007 级博士生，师从李德仁院士和朱欣焰教授，主要研究方向为模式识别与 GIS 应用，发表科研论文数篇。2010 年 11 月获武汉大学“研究生国际交流与合作专项经费”资助赴美参加 ASPRS 2010 国际会议。联系方式：Michael.hu.07@gmail.com。

演讲题目：基于近景影像的建筑物立面三维自动重建方法

演讲嘉宾：张云生，2008 级博士生，师从朱庆教授，现为中南大学副教授、系副主任。主要研究方向为倾斜摄影与无人机影像处理、三维城市建模以及激光扫描数据处理等。已在国内外权威与重要学术期刊和会议发表研究论文 15 篇。在 863 项目、自然科学基金项目的资助下，开发了无人机影像快速处理软件系统、地面激光扫描数据配准软件等。联系方式：zhangys@csu.edu.cn。

GeoScience Café 第 2 期(2009 年 5 月 8 日)

演讲题目：基于等高线族分析的 LiDAR 建筑物提取方法研究

演讲嘉宾：李乐林，2006 级硕博连读生，师从江万寿教授，主要研究方向为机载激光雷达数据处理及数字城市等。在《武汉大学学报(信息科学版)》《测绘通报》《国土资源与遥感》等报纸、杂志发表论文多篇。联系方式：lilelindr@126.com。

演讲题目：一种从离散点云中准确追踪建筑物边界的方法

演讲嘉宾：程晓光，2009 级博士研究生，师从龚健雅院士，主要研究方向为极化合成孔径雷达理论，机载激光雷达点云数据处理，全波形激光雷达信息提取等。已发表 SCI、EI、CSCD、国际会议论文 9 篇。获国家发明专利 1 项。2010—2012 年在美国马里兰大学 College park 分校地理科学系联合培养。联系方式：chengxiaoguang985@163.com。

演讲题目：当文化遗产遭遇激光扫描——数字敦煌初探

演讲嘉宾：张帆，1982 年生，测绘遥感信息工程国家重点实验室青年教师，数字敦煌项目的骨干研究人员。在李德仁院士和朱宜萱教授指导下，在数字敦煌项目中做了大量的深入研究工作，取得了很好的成果。联系方式：zhangfan128@ 163. com。

GeoScience Café 第 3 期(2009 年 5 月 15 日)

演讲题目：顾及相干性的星载 SAR 成像算法研究

演讲嘉宾：邱志伟，硕士研究生，师从廖明生教授，主要研究方向为雷达遥感及图像处理。联系方式：qiuzhiwei-2008@ 163. com。

演讲题目：星载 InSAR 图像级仿真

演讲嘉宾：赵珊珊，湖北潜江人，硕士研究生，师从方圣辉教授和潘斌教授。现任福建师范大学地理科学学院助教，主要从事遥感影像应用，雷达几何原理方面的研究。联系方式：zhaoyun-1 @ 126. com。

演讲题目：基于特征提取的光学影像与 SAR 影像配准

演讲嘉宾：彭芳媛，硕士研究生，师从江万寿教授，现主要从事摄影测量与遥感的研究与应用。联系方式：pfymadeline@ 126. com。

GeoScience Café 第 4 期(2009 年 5 月 22 日)

演讲题目：基于自适应推进的建筑物检测

演讲嘉宾：袁名欢，2009 年获武汉大学测绘遥感信息工程国家重点实验室硕士学位，被评为 2009 届优秀毕业生，师从张良培教授。现任湖南师范大学资环院助教，主要从事摄影测量、GPS 的教学和研究工作。联系方式：minghuanyuan@ gmail. com。

演讲题目：基于粒子群优化算法的遥感最适合运行尺度的研究

演讲嘉宾：付东杰，2007—2009 年在武汉大学测绘遥感信息工程国家重点实验室攻读硕士学位，被评为 2009 届优秀毕业生，导师为邵振峰教授。近年来国内外核心刊物及会议上发表论文多篇，其中国际 SCI 核心刊物 4 篇。联系方式：fudongjie@ gmail. com。

GeoScience Café 第 5 期(2009 年 6 月 5 日)

演讲题目：3S 技术与智能交通——交通中心研究工作概述

演讲嘉宾：栾学晨，测绘遥感信息工程国家重点实验室 2009 级博士生，师从杨必胜教授，研究方向为城市道路网中的模式识别与多尺度建模，发表 SCI/SSCI 论文 2 篇。联系方式：xuechen. luan @ whu. edu. cn。

演讲题目：基于层次分类与数据融合的星载激光雷达数据反演

演讲嘉宾：马盈盈，2010 年 7 月毕业于武汉大学测绘遥感信息工程国家重点实验室，获工学博士学位，师从龚威教授。主要研究方向为星载激光雷达的反演方法及数据应用，先后发表科研论文数篇，参与多项科研项目。联系方式：yym863@ yahoo. com. cn。

GeoScience Café 第 6 期(2009 年 6 月 12 日)

演讲题目：LiDAR 辅助高质量正射影像制作

演讲嘉宾：钟成，博士，师从李德仁院士，主要从事激光雷达数据处理和城市三维重建研究。联系方式：zhonglxm@ 126. com。

演讲题目：基于多源遥感数据的城市不透水面分布估算方法研究

演讲嘉宾：高志宏，山西忻州人，武汉大学地图学与地理信息系统专业硕士毕业，师从廖明生教授。2012 年博士毕业于中国科学院遥感应用研究所，现为国家基础地理信息中心高级工程师，主要从事地理国情普查和监测方面的工作。联系方式：gaozhihong2007 @ gmail. com。

GeoScience Café 第 7 期(2009 年 6 月 19 日)

演讲题目：毕业生专题之飞越重洋

演讲嘉宾：黑迪，武汉大学生命科学学院本科生，去向为：Pennsylvania State University，生物专业。联系方式：http://www.renren.com/223093904(人人网主页)。

演讲题目：毕业生专题之飞越重洋

演讲嘉宾：朱春皓，武汉大学资源与环境科学学院硕士。

演讲题目：毕业生专题之飞越重洋

演讲嘉宾：胡君，武汉大学计算机学院本科生，去向为：Duke university，Computer science。联系方式：www.renren.com/321882858(人人网主页)。

演讲题目：毕业生专题之飞越重洋

演讲嘉宾：欧阳怡强，武汉大学测绘遥感信息工程国家重点实验室硕士，师从朱庆教授，去向为：University of Florida，Urban and Regional Planning，GIS for Urban and Regional Planning。联系方式：yqouyang@gmail.com。

GeoScience Café 第 8 期(2009 年 9 月 25 日)

演讲题目：Coupling Remote Sensing Retrieval with Numerical Simulationfor SPM Study

演讲嘉宾：陆建忠，2010 年毕业于武汉大学测绘遥感信息工程国家重点实验室，获理学博士学位，师从陈晓玲教授，并留校任教。主要研究方向为水环境遥感、水动力-物质输移同化模拟、地理信息系统应用平台开发等，现已公开发表学术论文 20 余篇，获国家发明专利 3 项，计算机软件著作权登记 4 项。联系方式：lujzhong@whu.edu.cn。

GeoScience Café 第 9 期(2009 年 11 月 6 日)

演讲题目：关于科研和写作的几点体会

演讲嘉宾：钟燕飞，教授，博士生导师，全国优秀博士学位论文获得者，教育部新世纪优秀人才，2011 年入选武汉大学首批"珞珈青年学者"，在国内外发表论文 50 余篇，获国家发明专利 3 项。联系方式：zhongyanfei@ whu. edu. cn。

GeoScience Café 第 10 期(2009 年 11 月 13 日)

演讲题目：摄影选材与思路

演讲嘉宾：胡晓光，2007 级博士生，师从李德仁院士和朱欣焰教授，主要研究方向为模式识别与 GIS 应用，发表科研论文数篇。2010 年 11 月获武汉大学"研究生国际交流与合作专项经费"资助赴美参加 ASPRS 2010 国际会议。联系方式：Michael. hu. 07@ gmail. com。

GeoScience Café 第 11 期(2009 年 11 月 27 日)

演讲题目：The Usefulness of Internet-based (NTrip) RTK for Precise Navigation and Intelligent Transportation Systems

演讲嘉宾：Marcin Uradzinski，博士，来自波兰共和国，2009 年进入武汉大学卫星导航定位技术研究中心博士后流动站进行博士后研究，合作导师是武汉大学前校长刘经南院士。联系方式：marcin. uradzinski@ uwm. edu. pl。

演讲题目：在读研究生因私出国手续办理

演讲嘉宾：于杰，山东威海人，2009—2012 年在武汉大学测绘遥感信息工程国家重点实验室攻读摄影测量与遥感专业博士学位，师从朱庆教授，主要研究方向为正射影像处理。联系方式：yujie2xw@ 126. com。

GeoScience Café 第 12 期(2009 年 12 月 4 日)

演讲题目：分布式空间数据标记语言

演讲嘉宾：黄亮，武汉大学测绘遥感信息工程国家重点实验室博士研究生，师从朱欣焰教授，主要从事语义位置模型和位置计算方面的研究。联系方式：plaquemine@ whu. edu. cn。

GeoScience Café 第 13 期(2009 年 12 月 11 日)

演讲题目：空间认知在中华文化区划分中的应用模型探究

演讲嘉宾：曾兴国，武汉大学资源与环境科学学院博士研究生，师从杜青运教授，主要从事地理信息科学理论与方法研究。联系方式：zengsingle@ 163. com。

演讲题目：居民地综合中的模式识别与应用

演讲嘉宾：张翔，博士，师从艾廷华教授，现为武汉大学资源与环境科学学院地图科学与地理信息工程系讲师。联系方式：xiang. zhang@ whu. edu. cn。

GeoScience Café 第 14 期(2009 年 12 月 18 日)

演讲题目：科技创新与专利入门

演讲嘉宾：麦晓明，武汉大学 2009 级硕士研究生，师从李清泉教授。曾获武汉大学 2008—2009 年度“珞珈十大风云学子”称号。本科期间就拥有 23 项专利(有 4 项专利正投入商业应用中)，是申请专利种类最全的学生。联系方式：mxm61@ 126. com。

GeoScience Café 第 15 期(2010 年 1 月 8 日)

演讲题目：专利的法律保护

演讲嘉宾：李妍辉，2012 年获得武汉大学法学博士学位，现任湖北民族学院法学院讲师，主讲环境法、刑事诉讼法等法学课程。已通过国家司法考试，获得全国司法职业资格及律师执业证。主要研究方向为国际环境法、金融法。

演讲题目：测绘遥感科学与环境法学的关系

演讲嘉宾：刘敏，2011 年获得武汉大学环境与资源保护法学硕士学位，通过国家司法考试，获得全国司法职业资格证，现就职于四川省成都市律政公证处。联系方式：429611469@ qq. com。

GeoScience Café 第 16 期(2010 年 3 月 12 日)

演讲题目：高分辨率遥感影像处理与应用

演讲嘉宾：黄昕，教授，博士生导师，师从张良培教授、李平湘教授。全国百篇优秀博士学位论文获得者，教育部新世纪优秀人才，IEEE 高级会员(Senior Member)。长期从事高分辨率、高光谱遥感影像的处理与应用研究，已在国际 SCI 刊物发表论文 50 余篇，担任国际著名刊物副主编、客座编辑及审稿人。联系方式：xhuang@ whu. edu. cn。

GeoScience Café 第 17 期(2010 年 3 月 19 日)

演讲题目：新一代航空航天数字摄影测量处理平台——数字摄影测量网格(DPGrid)

演讲嘉宾：杜全叶，武汉大学遥感信息工程学院 2007 级博士研究生，师从张祖勋院士和张剑清教授，研究兴趣包括近景摄影测量、低空摄影测量、航空摄影测量与 LiDAR 集成。联系方式：duquanye@ 163. com。

GeoScience Café 第 18 期(2010 年 4 月 1 日)

演讲题目：合成孔径雷达干涉数据分析技术及其在三峡地区的应用

演讲嘉宾：王腾，武汉大学测绘遥感信息工程国家重点实验室博士研究生，师从廖明生教授和 Fabio Rocca 教授(意大利米兰理工大学)，研究兴趣主要是雷达干涉测量、数字高程模型和数据融合。联系方式：wang. teng@ gmail. com。

GeoScience Café 第 19 期(2010 年 4 月 23 日)

演讲题目：交通时空数据获取、处理、应用

演讲嘉宾：曹晶，河南新野人，武汉大学测绘遥感信息工程国家重点实验室 2008 级博士生，师从李清泉教授和乐阳副教授，研究兴趣主要包括多源交通数据融合、时空数据挖掘和模式分析、交通状态分析和预测等。在美国华盛顿大学联合培养一年。联系方式：longrning@ gmail. com。

GeoScience Café 第 20 期(2010 年 5 月 21 日)

演讲题目：高光谱遥感影像亚像元目标探测

演讲嘉宾：杜博，2007 级博士生，师从张良培教授。主要从事高光谱遥感影像处理、智能化遥感影像处理方向的研究，曾获光华奖学金等奖励。联系方式：remoteking@ whu. edu. cn。

GeoScience Café 第 21 期(2010 年 6 月 3 日)

演讲题目：基于语义的空间信息服务组合及发现技术

演讲嘉宾：罗安，武汉大学测绘遥感信息工程国家重点实验室摄影测量与遥感专业 2008 级博士生，师从龚健雅教授和王艳东教授。主要从事智能化空间信息服务方向的研究，已在国内外学术刊物上发表学术论文多篇。联系方式：luoan86@ 163. com。

GeoScience Café 第 22 期(2010 年 6 月 11 日)

演讲题目：出国留学的利弊分析和申请过程介绍

演讲嘉宾：林立文，武汉大学遥感信息工程学院 2008 级硕士生。录取学校及专业为：Ohio State University，摄影测量与地理信息系统专业，获全额奖学金。联系方式：http：//www. renren. com/279319842/profile(人人网主页)。

演讲题目：出国留学的利弊分析和申请过程介绍

演讲嘉宾：李凡，武汉大学遥感信息工程学院 2008 级硕士生，师从方圣辉教授。录取学校及专业为：Arizona State University，地理系，获全额奖学金。联系方式：425511726(QQ)。

演讲题目：出国留学的利弊分析和申请过程介绍

演讲嘉宾：程晓光，2009 级博士研究生，师从龚健雅院士，主要研究方向为极化合成孔径雷达理论，机载激光雷达点云数据处理，全波形激光雷达信息提取等。已发表 SCI、EI、CSCD、国际会议论文 9 篇。获国家发明专利 1 项。2010—2012 年在美国马里兰大学 College park 分校地理科学系联合培养。联系方式：chengxiaoguang985@ 163. com。

GeoScience Café 第 23 期(2010 年 6 月 22 日)

演讲题目：基于动态交通流分配系数的网络交通状态建模与分析

演讲嘉宾：瞿莉，清华大学 2005 级硕博连读生，曾为麻省理工学院访问学生及博士后。在国内外著名学术刊物上发表论文多篇。研究兴趣为智能交通系统、交通数据采集、城市交通网络系统和城市交通状态分析及演化等。联系方式：qul05@ mails. thu. edu. cn。

GeoScience Café 第 24 期(2010 年 10 月 15 日)

演讲题目：高光谱影像的超分辨率重建

演讲嘉宾：张洪艳，测绘遥感信息工程国家重点实验室副教授，武汉大学“珞珈青年学者”。主要从事遥感影像重建、稀疏表达与压缩感知等方向的研究工作。在国内外学术期刊发表论著 30 余篇，并任多个国际著名期刊审稿人。联系方式：zhanghongyan@ whu. edu. cn。

GeoScience Café 第 25 期(2010 年 10 月 22 日)

演讲题目：基于多平台卫星观测的大气参数反演方法研究

演讲嘉宾：马盈盈，2010 年 7 月毕业于武汉大学测绘遥感信息工程国家重点实验室，获工学博士学位，师从龚威教授。主要研究方向为星载激光雷达的反演方法及数据应用，先后发表科研论文数篇，参与多项科研项目。联系方式：yym863@ yahoo. com. cn。

GeoScience Café 第 26 期(2010 年 10 月 29 日)

演讲题目：“中国智能车未来挑战赛”亚军团队解读“智能驾驶无人车 SmartVII 系统”

演讲嘉宾：陈龙，武汉大学-新加坡国立大学联合培养博士，曾受基金委资助赴德国 JACOBS 大学做访问学者。现为中山大学移动信息工程学院教师。一直从事道路场景感知方面的相关研究，发表论文 10 余篇(SCI/EI 检索 4/10 余篇)。联系方式：lchen@ whu. edu. cn。

演讲题目：“中国智能车未来挑战赛”亚军团队解读“智能驾驶无人车 SmartVII 系统”

演讲嘉宾：麦晓明，武汉大学 2009 级硕士研究生，师从李清泉教授。曾获武汉大学 2008—2009 年度“珞珈十大风云学子”称号。本科期间就拥有 23 项专利(有 4 项专利正投入商业应用中)，是申请专利种类最全的学生。联系方式：mxm61@ 126. com。

演讲题目：“中国智能车未来挑战赛”亚军团队解读“智能驾驶无人车 SmartVII 系统”

演讲嘉宾：张亮，测绘遥感信息工程国家重点实验室 2009 级硕士，主要方向为基于激光雷达的车辆周围环境感知。

演讲题目："中国智能车未来挑战赛"亚军团队解读"智能驾驶无人车SmartVII 系统"

演讲嘉宾：方彦军，武汉大学动力与机械学院 2009 级硕士，主要方向为无人驾驶车辆路径规划和行为决策。联系方式：zhgao@irsa. ac. cn。

GeoScience Café 第 27 期(2010 年 11 月 5 日)

演讲题目：基于 HJ-1A/B CCD 影像的中国近岸和内陆湖泊水环境监测研究——以南黄海和鄱阳湖为例

演讲嘉宾：于之锋，2012 年获博士学位，师从陈晓玲教授，现为杭州师范大学遥感与地球科学研究院讲师。主要从事水环境遥感监测研究，参编中、英文著作各 1 部，发表论文 16 篇(SCI/EI 检索 9 篇)。联系方式：zhifeng_yu@163. com。

GeoScience Café 第 28 期(2010 年 11 月 12 日)

演讲题目：遥感与 GIS 应用：从流域到湖泊——以鄱阳湖为例

演讲嘉宾：陆建忠，2010 年毕业于武汉大学测绘遥感信息工程国家重点实验室，获理学博士学位，师从陈晓玲教授，并留校任教。主要研究方向为水环境遥感、水动力-物质输移同化模拟、地理信息系统应用平台开发等，现已公开发表学术论文 20 余篇，获国家发明专利 3 项，计算机软件著作权登记 4 项。联系方式：lujzhong@whu. edu. cn。

GeoScience Café 第 29 期(2010 年 11 月 19 日)

演讲题目：GIS 技术人员的自我成长

演讲嘉宾：蒋波涛，2010 级在职博士生，师从王艳东教授。先后编、著、译多本 GIS 畅销技术著作。现为《3S 新闻周刊》资深编辑和书评专栏主持人，中科院计算所培训中心特邀培训专家，以及科学出版社特约 GIS 书籍审稿专家。联系方式：chiangbt@gmail. com。

演讲题目：矢量道路辅助的航空影像快速镶嵌

演讲嘉宾：王东亮，遥感信息工程学院 2010 级博士研究生，师从万幼川教授，肖建华教授级高工，现从事航空影像的获取和处理方面的研究，包括航空摄影飞行路线设计，航空影像智能镶嵌等，发表论文数篇。联系方式：wddlll@163. com。

GeoScience Café 第 30 期(2010 年 11 月 26 日)

演讲题目：一切“救”在身边

演讲嘉宾：救护之翼组织，是由武汉市各大高校的在校大学生志愿者自发组成的一个以传播救护知识为宗旨的公益组织，该组织依托于湖北省急救技能培训中心和武汉大学中南医院急救中心，利用业余时间进行救护知识传播。

GeoScience Café 第 31 期(2010 年 12 月 10 日)

演讲题目：赴美参加 ASPRS 2010 会议见闻

演讲嘉宾：胡晓光，2007 级博士生，师从李德仁院士和朱欣焰教授，主要研究方向为模式识别与 GIS 应用，发表科研论文数篇。2010 年 11 月获武汉大学“研究生国际交流与合作专项经费”资助赴美参加 ASPRS 2010 国际会议。联系方式：Michael. hu. 07@ gmail. com。

GeoScience Café 第 32 期(2010 年 12 月 14 日)

演讲题目：新西伯利亚交流报告会

演讲嘉宾：史振华，原武汉大学测绘遥感信息工程国家重点实验室党委副书记，现任武汉大学测绘学院副院长。联系方式：szh@ lmars. whu. edu. cn。

演讲题目：新西伯利亚交流报告会

演讲嘉宾：沈盛彧，博士生，师从吴华意教授，主要从事地理信息服务质量研究。联系方式：shshy. whu@ gmail. com。

演讲题目：新西伯利亚交流报告会

演讲嘉宾：陈喆，博士生，师从秦前清教授，主要研究方向为遥感影像处理、高性能并行计算。联系方式：airmicheal@ 126. com。

演讲题目：新西伯利亚交流报告会

演讲嘉宾：史磊，2010 级博士研究生，师从李平湘教授、杨杰教授，研究兴趣包括 SAR 影像分类，植被下地形提取等。发表 SCI/EI 源刊论文 2/5 篇。参与澳大利亚“XXIIISPRS”、俄罗斯“3S-2010”等国际学术会议。联系方式：comefromshilei@ sohu. com。

演讲题目：新西伯利亚交流报告会

演讲嘉宾：顾鑫，2009 级博士研究生，师从徐正全教授。研究领域包括信息安全、网络安全，可信云等。参加了日本“ICCSI”和俄罗斯“3s-2010”等国际学术会议。联系方式：7537174@ qq. com。

GeoScience Café 第 33 期(2011 年 3 月 11 日)

演讲题目：分享科研与写作的网络资源

演讲嘉宾：毛飞跃，测绘遥感信息工程国家重点实验室 2009 级博士研究生，师从龚威教授和闵启龙教授，主要从事云、气溶胶和太阳辐射等大气和环境遥感相关的研究，发表 SCI 论文 20 余篇。GeoScience Café 创始人之一。联系方式：maofeiyue@ whu. edu. cn。

GeoScience Café 第 34 期(2011 年 3 月 25 日)

演讲题目：“车联网”应用之“公路列车”

演讲嘉宾：周宝定，2009 级硕士研究生，师从李清泉教授、毛庆洲教授，研究兴趣包括多传感器集成、智能传感网络及车用自组网等。联系方式：bdzhou@ whu. edu. cn。

GeoScience Café 第 35 期(2011 年 4 月 15 日)

演讲题目：可视媒体内容安全研究

演讲嘉宾：孙婧，2009 级博士研究生，师从徐正全教授，研究兴趣包括多媒体安全、遥感影像安全、多媒体编解码等。

GeoScience Café 第 36 期(2011 年 4 月 22 日)

演讲题目：SIFT 算子改进及应用

演讲嘉宾：万雪，2010 级 1+4 硕博连读生，师从张祖勋院士，主要研究航空航天影像特征提取及影像匹配。在国内外学术刊物上发表学术论文多篇，曾参加 2010 年 ISPRS 巴黎分会并做相关报告。联系方式：wanxue8824@ gmail. com。

GeoScience Café 第 37 期(2011 年 5 月 6 日)

演讲题目：四位青年教师畅谈学习和科研方法

演讲嘉宾：呙维，讲师，湖北省优秀博士学位论文获得者，主要研究方向为智慧城市时空数据流计算、自然语言位置解析、机器人导航与 Kinect 实时制图等。已在国内外学术刊物上发表学术论文 20 余篇，申请发明专利 10 项。联系方式：guowei-lmars@ whu. edu. cn。

演讲题目：四位青年教师畅谈学习和科研方法

演讲嘉宾：陆建忠，2010 年毕业于武汉大学测绘遥感信息工程国家重点实验室，获理学博士学位，师从陈晓玲教授，并留校任教。主要研究方向为水环境遥感、水动力-物质输移同化模拟、地理信息系统应用平台开发等，现已公开发表学术论文 20 余篇，获国家发明专利 3 项，计算机软件著作权登记 4 项。联系方式：lujzhong@ whu. edu. cn。

演讲题目：四位青年教师畅谈学习和科研方法

演讲嘉宾：马盈盈，2010 年 7 月毕业于武汉大学测绘遥感信息工程国家重点实验室，获工学博士学位，师从龚威教授。主要研究方向为星载激光雷达的反演方法及数据应用，先后发表科研论文数篇，参与多项科研项目。联系方式：yym863@ yahoo. com. cn。

演讲题目：四位青年教师畅谈学习和科研方法

演讲嘉宾：张洪艳，武汉大学测绘遥感信息工程国家重点实验室副教授，武汉大学“珞珈青年学者”。主要从事遥感影像重建、稀疏表达与压缩感知等方向的研究工作。在国内外学术期刊发表论著 30 余篇，并任多个国际著名期刊审稿人。联系方式：zhanghongyan@ whu. edu. cn。

GeoScience Café 第 38 期(2011 年 5 月 27 日)

演讲题目：基于总变分模型的影像复原及超分辨率重建

演讲嘉宾：袁强强，2009 级博士研究生，师从李平湘教授、张良培“长江学者”特聘教授，主要从事影像复原及超分辨率重建方法的研究。武汉大学第五届“十大学术之星”。联系方式：yqiang86@gmail.com。

GeoScience Café 第 39 期(2011 年 6 月 24 日)

演讲题目：大规模三维 GIS 数据高效管理的关键技术

演讲嘉宾：李晓明，2007 级博士研究生，师从朱庆“长江学者”特聘教授，研究方向是三维 GIS 与虚拟地理环境。联系方式：lxmingster@163.com。

演讲题目：香港交流访问经历

演讲嘉宾：张云生，2008 级博士生，师从朱庆教授，现为中南大学副教授、系副主任。主要研究方向为倾斜摄影与无人机影像处理、三维城市建模以及激光扫描数据处理等。已在国内外权威与重要学术期刊和会议发表研究论文 15 篇。在 863 项目、自然科学基金项目的资助下，开发了无人机影像快速处理软件系统、地面激光扫描数据配准软件等。联系方式：zhangys@csu.edu.cn。

GeoScience Café 第 40 期(2011 年 9 月 16 日)

演讲题目：全脑奇像记忆法基础——数字信息记忆以及英语单词记忆

演讲嘉宾：刘大炜，武汉大学记忆协会常务副会长、中国记忆大师。联系方式：200731580025@whu.edu.cn。

演讲题目：全脑奇像记忆法基础——数字信息记忆以及英语单词记忆

演讲嘉宾：李凤玲，武汉大学记忆协会副会长、实用记忆法研究员。联系方式：844949545@qq.com。

GeoScience Café 第 41 期(2011 年 10 月 21 日)

演讲题目：Social Network Analysis, Social Theory and Convergence with Graph Theory

演讲嘉宾：Steve McClure，George Mason 大学博士，武汉大学测绘遥感信息工程国家重点实验室访问学者，研究兴趣包括社交网络、数据挖掘等，已在国外刊物上发表论文数篇。联系方式：smccwst@ gmail. com。

GeoScience Café 第 42 期(2011 年 11 月 12 日)

演讲题目：武汉大学第六届学术科技文化节之“博士生学术沙龙”走进“GeoScience Cafe”

演讲嘉宾：曹晶，河南新野人，测绘遥感信息工程国家重点实验室 2008 级博士生，师从李清泉教授和乐阳副教授，研究兴趣主要包括多源交通数据融合、时空数据挖掘和模式分析、交通状态分析和预测等。在美国华盛顿大学联合培养一年。联系方式：longrning@ gmail. com。

演讲题目：武汉大学第六届学术科技文化节之“博士生学术沙龙”走进“GeoScience Cafe”

演讲嘉宾：邹勤，2008 级博士研究生，师从李清泉教授，研究兴趣包括视觉组织、图像修复、三维重构等。已在国外刊物上发表论文 3 篇。美国南卡大学计算机视觉实验室访问学生。联系方式：qzou@ live. com。

演讲题目：武汉大学第六届学术科技文化节之“博士生学术沙龙”走进“GeoScience Cafe”

演讲嘉宾：常晓猛，2010 级博士研究生，师从李清泉教授，主要从事地理社交网络、时空可视分析、ITS 等方面的研究。已在国外刊物上发表论文 3 篇。美国橡树岭国家实验室和田纳西大学访问学者。联系方式：changxiaomeng@ gmail. com。

GeoScience Café 第 43 期(2011 年 12 月 2 日)

演讲题目：走进 GeoScience Café——Summary of FRINGE 2011 and International Exchange Experiences

演讲嘉宾：田馨，2007 级博士研究生，师从廖明生教授，研究兴趣包括雷达干涉测量数据处理和形变监测应用等。已在国内外期刊会议发表论文 5 篇。曾在加拿大滑铁卢大学联合培养一年半。联系方式：xintian@ whu. edu. cn。

GeoScience Café 第 44 期(2011 年 12 月 2 日)

演讲题目：走进 GeoScience Café——网络环境下对地观测数据的发现与标准化处理

演讲嘉宾：邵远征，2008 级博士研究生，师从龚健雅院士，研究兴趣包括地理空间数据共享与互操作，WebGIS 等。全今已发表学术论文 10 余篇。曾在美国乔治梅森大学从事科研工作。联系方式：yshao@ whu. edu. cn。

GeoScience Café 第 45 期(2012 年 1 月 6 日)

演讲题目：三个签约腾讯同学的经验分享

演讲嘉宾：屈孝志，2010 级硕士研究生，师从黄先锋教授。就业方向：腾讯-SOSO 地图。

演讲题目：三个签约腾讯同学的经验分享

演讲嘉宾：陈克武，2010 级硕士研究生，师从朱庆“长江学者”特聘教授、杜志强副教授。就业方向：腾讯-游戏。联系方式：kewuc@ qq. com。

演讲题目：三个签约腾讯同学的经验分享

演讲嘉宾：李超，2010 级硕士研究生，师从吴华意“长江学者”特聘教授。就业方向：腾讯-魔方工作室。联系方式：charleeli @ foxmail. com。

GeoScience Café 第 46 期(2012 年 2 月 17 日)

演讲题目：大气激光雷达算法研究和科研经验分享

演讲嘉宾：毛飞跃，武汉大学测绘遥感信息工程国家重点实验室 2009 级博士研究生，师从龚威教授和闵启龙教授，主要从事云、气溶胶和太阳辐射等大气和环境遥感相关的研究，发表 SCI 论文 20 余篇。GeoScience Café 创始人之一。联系方式：maofeiyue @ whu. edu. cn。

GeoScience Café 第 47 期(2012 年 2 月 24 日)

演讲题目：高分辨率遥感影像处理与应用

演讲嘉宾：黄昕，教授，博士生导师，师从张良培教授、李平湘教授。全国百篇优秀博士学位论文获得者，教育部新世纪优秀人才，IEEE 高级会员(Senior Member)。长期从事高分辨率、高光谱遥感影像的处理与应用研究，已在国际 SCI 刊物发表论文 50 余篇，担任国际著名刊物副主编、客座编辑及审稿人。联系方式：xhuang@ whu. edu. cn。

GeoScience Café 第 48 期(2012 年 3 月 23 日)

演讲题目：GeoScience Café——2012 年武汉大学地理信息科学技术文化节博士沙龙系列活动“LiDAR 之夜”

演讲嘉宾：魏征，2008 级博士研究生，师从李清泉教授、杨必胜教授，研究方向为车载激光扫描点云数据几何特征提取与三维重建。已在国内外刊物发表论文 3 篇。联系方式：zhengwei0628@ gmail. com。

演讲题目：GeoScience Café——2012 年武汉大学地理信息科学技术文化节博士沙龙系列活动“LiDAR 之夜”

演讲嘉宾：方莉娜，2010 级博士研究生，师从杨必胜教授，研究兴趣包括车载激光点云道路环境感知建模。已在国内外刊物发表论文 3 篇。联系方式：70492696@ qq. com。

演讲题目：GeoScience Café——2012 年武汉大学地理信息科学技术文化节博士沙龙系列活动“LiDAR 之夜”

演讲嘉宾：陈驰，2012 级博士研究生，师从杨必胜教授，研究方向为车载、机载激光扫描点云、影像融合与三维重建。申请软件著作权 2 项。联系方式：chenchi_lieqmars@ formail. com。

GeoScience Café 第 49 期(2012 年 4 月 13 日)

演讲题目：遥感影像模式识别研究暨第一篇 SCI 背后的故事

演讲嘉宾：张乐飞，2010 级博士研究生，师从张良培“长江学者”特聘教授、陶大程教授，研究兴趣包括遥感影像处理中的模式识别与机器学习问题。发表 SCI/EI 论文数篇，获 2011 年“夏坚白测绘优秀青年学子奖”。联系方式：zhanglefei. wh@ gmail. com。

GeoScience Café 第 50 期(2012 年 5 月 4 日)

演讲题目：第一篇 SCI 背后的故事——城市道路网模式识别研究

演讲嘉宾：栾学晨，武汉大学测绘遥感信息工程国家重点实验室 2009 级博士生，师从杨必胜教授，研究方向为城市道路网中的模式识别与多尺度建模，发表 SCI/SSCI 论文 2 篇。联系方式：xuechen. luan@ whu. edu. cn。

GeoScience Café 第 51 期(2012 年 5 月 21 日)

演讲题目：“第一篇 SCI 背后的故事”之传感器整合关键技术研究

演讲嘉宾：陈泽强，2008 级博士研究生，师从陈能成教授，研究兴趣包括网络地理信息系统和对地观测传感网。发表 SCI/EI 论文数篇，2011 年“王之卓创新人才奖”一等奖。在美国乔治梅森大学交流学习两年。联系方式：13871025965。

GeoScience Café 第 52 期(2012 年 6 月 1 日)

演讲题目：无人机影像的稠密立体匹配技术研究

演讲嘉宾：胡腾，2009 级博士研究生，师从龚健雅院士、吴华意“长江学者”特聘教授，研究兴趣为无人机影像的稠密立体匹配。发表 SCI/EI 核心期刊数篇。曾被授予“湖北省地震系统汶川 5・12 特大地震抗震救灾先进个人”。联系方式：huteng@ whu. edu. cn。

GeoScience Café 第 53 期(2012 年 6 月 8 日)

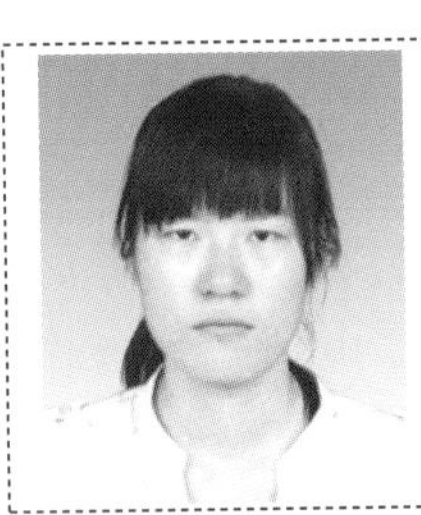

演讲题目：“第一篇 SCI 背后的故事”之高光谱遥感影像处理研究

演讲嘉宾：李华丽，2009 级博士研究生，师从张良培“长江学者”特聘教授、李平湘教授，研究兴趣为高光谱影像自动端元提取与混合像元分解。发表 SCI/EI 论文数篇，获 2011 年武汉大学“光华奖学金”。联系方式：461918882@ qq. com。

GeoScience Café 第 54 期(2012 年 6 月 21 日)

演讲题目：第四届 WHISPERS 会议感受与体会

演讲嘉宾：李家艺，测绘遥感信息工程国家重点实验室 2013 级博士研究生，师从张良培教授，已在 IEEE TGRS、ISPRS P&RS 和 IEEEJSTARS 等国际顶级刊物上发表 SCI 论文 6 篇，EI 论文 3 篇。获 2014 年武汉大学学术创新一等奖。主要研究高光谱影像分类与模式识别。联系方式：zjjerica@ 163. com。

GeoScience Café 第 55 期(2012 年 9 月 14 日)

演讲题目：参加第 21 届 ISPRS 大会和出国交流的感受与体会

演讲嘉宾：栾学晨，武汉大学测绘遥感信息工程国家重点实验室 2009 级博士生，师从杨必胜教授，研究方向为城市道路网中的模式识别与多尺度建模，发表 SCI/SSCI 论文 2 篇。联系方式：xuechen. luan@ whu. edu. cn。

演讲题目：参加第 21 届 ISPRS 大会和出国交流的感受与体会

演讲嘉宾：张乐飞，2010 级博士研究生，师从张良培“长江学者”特聘教授、陶大程教授，研究兴趣包括遥感影像处理中的模式识别与机器学习问题。发表 SCI/EI 论文数篇，2011 年“夏坚白测绘优秀青年学子奖”。联系方式：zhanglefei. wh@ gmail. com。

GeoScience Café 第 56 期(2012 年 9 月 21 日)

演讲题目：“第一篇 SCI 背后的故事”之极化合成孔径雷达(PolSAR)图像处理研究

演讲嘉宾：史磊，2010 级博士研究生，师从李平湘教授、杨杰教授，研究兴趣包括 SAR 影像分类，植被下地形提取等。发表 SCI/EI 源刊论文 2/5 篇。参与澳大利亚“XXIIISPRS”、俄罗斯“3S-2010”等国际学术会议。联系方式：comefromshilei@ sohu. com。

GeoScience Café 第 57 期(2012 年 10 月 12 日)

演讲题目：赴俄罗斯参加 GeoMIR 2012 学术交流的感受与体会

演讲嘉宾：谢潇，博士生，师从朱庆“长江学者”特聘教授，主要研究方向为视频 GIS 与突发公共事件感知控制。参加了多项国际会议，并获第五届“高校 GIS 新秀奖”、研究生国家奖学金和“王之卓创新人才”奖学金等。联系方式：xiexiaolmars@ gmail. com。

演讲题目：赴俄罗斯参加 GeoMIR 2012 学术交流的感受与体会

演讲嘉宾：曹茜，2011 级硕士研究生，导师眭海刚教授，研究方向为遥感影像目标识别。联系方式：qianc. 88@ gmail. com。

演讲题目：赴俄罗斯参加 GeoMIR 2012 学术交流的感受与体会

演讲嘉宾：黎旻懿，2012 级硕士研究生，导师为杨杰教授，研究方向为 SAR 影像几何校正。联系方式：1005359245@ qq. com。

GeoScience Café 第 58 期(2012 年 10 月 19 日)

演讲题目：这些年，我们一起走过的日子："水平集理论用于 SAR 图像分割及水体提取"

演讲嘉宾：徐川，2009 级博士研究生，师从李德仁院士、眭海刚教授，研究兴趣包括高分辨率 SAR 影像分割、目标提取与配准。参与 2012 年澳大利亚 XXII-ISPRS，2009 年 ISPRS-VII/5 等国际学术会议并做口头报告。联系方式：xc992002@ foxmail. com。

GeoScience Café 第 59 期(2012 年 10 月 26 日)

演讲题目：水环境遥感研究——以鄱阳湖为例

演讲嘉宾：冯炼，2010 级博士研究生，师从陈晓玲教授，主要从事内陆湖泊与河口海岸带水环境遥感研究。博士期间发表 SCI 论文 10 余篇，武汉大学第六届"十大学术之星"、武汉大学学术创新"特等奖"获得者。联系方式：lianfeng619@ gmail. com。

GeoScience Café 第 60 期(2012 年 11 月 2 日)

演讲题目：从地理数据的共享到地理信息和知识——兼谈学术过程中的有效沟通技巧

演讲嘉宾：吴华意，现为测绘遥感信息工程国家重点实验室教授、副主任、全国百篇优博论文作者、长江学者。主要研究领域是地理信息系统的理论与应用，研究方向有地理信息系统中的计算几何与算法、网络地理信息系统、机载激光扫描数据的处理与分析。联系方式：wuhuayi@ lmars. whu. edu. cn。

GeoScience Café 第 61 期(2012 年 11 月 23 日)

演讲题目：高光谱数据的线性、非线性与多维线性判别分析方法

演讲嘉宾：张乐飞，2010 级博士研究生，师从张良培"长江学者"特聘教授、陶大程教授，研究兴趣包括遥感影像处理中的模式识别与机器学习问题。发表 SCI/EI 论文数篇，2011 年"夏坚白测绘优秀青年学子奖"。联系方式：zhanglefei. wh@ gmail. com。

GeoScience Café 第 62 期(2012 年 12 月 7 日)

演讲题目：多成因遥感影像亮度不均匀性的变分校正方法研究

演讲嘉宾：李慧芳，博士研究生，师从李平湘教授。研究方向为遥感图像质量改善，获美国摄影测量协会(ASPRS)最佳论文 ERDAS 奖，武汉大学 2012 年研究生国家奖学金等。联系方式：huifang-lee@163.com。

GeoScience Café 第 63 期(2013 年 3 月 8 日)

演讲题目：不做沉默的人

演讲嘉宾：袁伟，演讲之家创始人、首席讲师。武汉演讲口才培训权威，湖北省物价局特聘演讲评委专家，武汉市青年创业代表，众多学员的私人演讲顾问。袁伟 2008 年创办演讲之家，培训学员数千名，为数百家企事业单位做演讲培训。联系方式：演讲之家袁伟(微博名)。

GeoScience Café 第 64 期(2013 年 3 月 15 日)

演讲题目：缔造最完美的 PPT 演示

演讲嘉宾：张志，大学副教授，PPT 专家，职业培训师，新浪微博专家，出版《说服力：让你的 PPT 会说话》《说服力：工作型 PPT 该这样做》《说服力：缔造完美的 PPT 演示》《@青春》等多部畅销著作。联系方式：秋叶语录(微博名)。

GeoScience Café 第 65 期(2013 年 3 月 29 日)

演讲题目：2013 求职分享报告

演讲嘉宾：凌宇，测绘遥感信息工程国家重点实验室 2011 级硕士研究生，师从龚健雅院士和熊汉江教授，专业为地图学与地理信息系统，拿到腾讯、华为和德邦物流三个 offer。毕业去向：德邦物流。

演讲题目：2013 求职分享报告

演讲嘉宾：欧晓玲，测绘遥感信息工程国家重点实验室 2011 级硕士研究生，师从廖明生教授。研究方向为雷达干涉测量。毕业去向：网易游戏部 HR(广州)。武汉大学 2012 年研究生国家奖学金获得者。

演讲题目：2013 求职分享报告

演讲嘉宾：孙忠芳，测绘遥感信息工程国家重点实验室 2011 级硕士研究生，研究方向为 3DGIS，师从陈静副教授。毕业去向：天津市测绘院。

GeoScience Café 第 66 期(2013 年 5 月 17 日)

演讲题目：对地观测网传感器资源共享管理模型与方法研究

演讲嘉宾：胡楚丽，测绘遥感信息工程国家重点实验室 2010 级博士生，获 2011—2012 年度"夏坚白测绘优秀青年学子一等奖"，2012 年研究生国家奖学金。博士期间共发表 SCI、EI 论文各 4 篇。研究兴趣包括对地观测传感器共享服务与集成管理、智慧城市。联系方式：1059236685@ qq. com。

GeoScience Café 第 67 期(2013 年 6 月 14 日)

演讲题目："第一篇 SCI 背后的故事"之高光谱影像分类研究

演讲嘉宾：石茜，测绘遥感信息工程国家重点实验室 2012 级博士生，获 2011—2012 年度"光华奖学金"，2012 年研究生国家奖学金。博士期间发表 SCI 论文 1 篇，EI 论文 2 篇，参与过上海 Whispers 国际学术会议。研究兴趣为高光谱影像降维、分类。联系方式：qian. shi. du@ gmail. com。

GeoScience Café 第 68 期(2013 年 9 月 13 日)

演讲题目："第一篇 SCI 背后的故事"之科研心得体会

演讲嘉宾：焦洪赞，测绘遥感信息工程国家重点实验室 2010 级博士研究生，师从张良培教授和李平湘教授。主要研究高光谱遥感图像处理、模式识别、人工智能等。读博时在国际学术期刊和会议上发表论文 6 篇，获"武汉大学创新奖学金"等多个奖励。联系方式：Hongzanj@ Sud. Whu. Edu. Cn。

GeoScience Café 第 69 期(2013 年 10 月 25 日)

演讲题目：新西伯利亚国际学生夏季研讨会交流体会

演讲嘉宾：李洪利，武汉大学测绘遥感信息工程国家重点实验室博士，师从龚健雅院士，主要研究方向为遥感图像处理。联系方式：li_hli@ 163. com。

演讲题目：新西伯利亚国际学生夏季研讨会交流体会

演讲嘉宾：李娜，武汉大学测绘遥感信息工程国家重点实验室博士，师从黄先锋教授。联系方式：296177620@ qq. com。

GeoScience Café 第 70 期(2013 年 11 月 22 日)

演讲题目：多源矢量空间数据的匹配与集成

演讲嘉宾：张云菲，测绘遥感信息工程国家重点实验室 2011 级博士研究生，师从杨必胜教授。现已发表 SCI、EI 文章各 2 篇，核心期刊 1 篇，先后获得学术新人奖、光华奖学金以及国家奖学金等奖励。主要研究多源矢量空间数据的匹配与集成。联系方式：zyfwhu@ whu. edu. cn。

GeoScience Café 第 71 期(2013 年 11 月 29 日)

演讲题目：实时 GNSS 精密单点定位及非差模糊度快速确定方法研究

演讲嘉宾：李星星，测绘学院 2010 级博士研究生，主要研究实时精密导航定位、GNSS 精密数据处理。发表 SCI、EI 论文各 10 多篇。先后荣获美国导航协会(ION) 学生论文奖，测绘科技进步一等奖，武汉大学研究生学术创新奖特等奖。联系方式：lxlq9121@ gmail. com。

GeoScience Café 第 72 期(2013 年 12 月 13 日)

演讲题目：地理空间传感网语义注册服务

演讲嘉宾：王晓蕾，实验室 2011 级博士研究生，师从陈能成教授，武汉大学 2013 年研究生国家奖学金获得者。主要研究方向为地理空间传感网。联系方式：382060711@ qq. com。

GeoScience Café 第 73 期(2014 年 1 月 3 日)

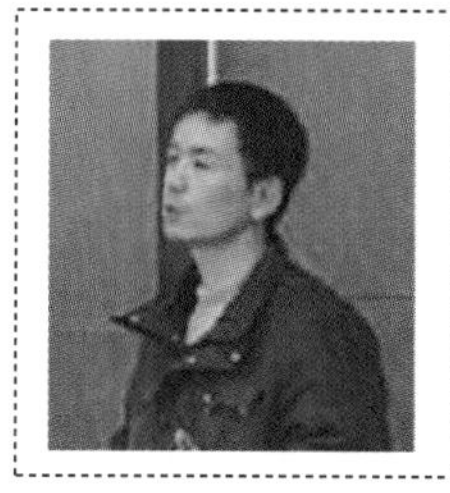

演讲题目：美国北得克萨斯大学访学经历分享

演讲嘉宾：刘立坤，测绘遥感信息工程国家重点实验室 2010 级博士研究生，2013 年 9—12 月份赴美国北得克萨斯大学地理系交流学习。联系方式：334623040@ qq. com。

GeoScience Café 第 74 期(2014 年 2 月 28 日)

演讲题目：大气激光雷达数据反演和论文写作经验谈

演讲嘉宾：毛飞跃，测绘遥感信息工程国家重点实验室 2009 级博士研究生，师从龚威教授和闵启龙教授，主要从事云、气溶胶和太阳辐射等大气和环境遥感相关的研究，发表 SCI 论文 20 余篇。GeoScienceCafé 创始人之一。联系方式：maofeiyue@ whu. edu. cn。

GeoScience Café 第 75 期(2014 年 3 月 28 日)

演讲题目：遥感影像线特征匹配研究

演讲嘉宾：陈敏，测绘遥感信息工程国家重点实验室 2011 级博士研究生，主要研究遥感影像线特征匹配。获授权国家发明专利 1 项，2014 年美国摄影测量与遥感学会(Talbert Abrams Award)、2013 年美国摄影测量与遥感学会年会最佳学生论文奖。联系方式：446230037@ qq. com。

GeoScience Café 第 76 期(2014 年 4 月 25 日)

演讲题目：地理空间数据可视化之美

演讲嘉宾：郑杰，博士研究生，师从龚健雅院士和吴华意教授。获首届天地图应用开发大赛全国特等奖，2013 年、2014 年两次获美国地理学家学会(AAG) 混搭地图比赛最受欢迎地图奖。研究方向为社交数据挖掘，大数据可视化。联系方式：40423478@ qq. com。

GeoScience Café 第 77 期(2014 年 5 月 9 日)

演讲题目：一种非监督的 PolSAR 散射机制分类法

演讲嘉宾：程晓光，2009 级博士研究生，师从龚健雅院士，主要研究方向为极化合成孔径雷达理论，机载激光雷达点云数据处理，全波形激光雷达信息提取等。已发表 SCI、EI、CSCD、国际会议论文 9 篇。获国家发明专利 1 项。2010—2012 年在美国马里兰大学 College park 分校地理科学系联合培养。联系方式：chengxiaoguang985@ 163. com。

GeoScience Café 第 78 期(2014 年 5 月 16 日)

演讲题目：机载激光雷达三维房屋重建算法与读博经验谈

演讲嘉宾：熊彪，博士研究生，硕士就读于实验室，GeoScience Café 的创始人之一。师从 George Vosselman 教授(ISPRS 杂志主编，激光雷达数据处理的先驱和奠基人)，主要从事激光雷达数据处理与三维房屋重建方面研究工作。联系方式：375457221@ qq. com。

GeoScience Café 第 79 期(2014 年 5 月 23 日)

演讲题目：高光谱遥感影像目标探测的困难与挑战

演讲嘉宾：王挺，测绘遥感信息工程国家重点实验室 2011 级博士研究生，师从张良培教授和杜博教授。已发表 SCI 检索论文 3 篇，EI 检索论文 2 篇，获 2013 年研究生国家奖学金和 2013 年王之卓创新人才奖等。研究兴趣包括遥感影像处理，机器学习等。联系方式：418574006@ qq. com。

GeoScience Café 第 80 期(2014 年 6 月 19 日)

演讲题目：2014 求职/考博经验分享报告

演讲嘉宾：刘湘泉，测绘遥感信息工程国家重点实验室硕士研究生，有着丰富的面试经历，包括腾讯游戏、威盛电子、华为 2012 实验室，等等，拿到的 offer 包括国电南瑞信息通信部、中兴通讯武汉研究所，最后选择的单位是常州市测绘院。

演讲题目：2014 求职/考博经验分享报告

演讲嘉宾：李鹏鹏，测绘遥感信息工程国家重点实验室硕士研究生，最后选择的单位是武汉市测绘研究院。

演讲题目：2014 求职/考博经验分享报告

演讲嘉宾：颜士威，计算机技术专业，师从王伟教授，研究方向为三维 GIS，拿到的 offer 包括华为、威盛电子、建设银行、渣打银行科营中心、上海同济城市规划设计院，等等，最后选择的单位是天津市测绘院。联系方式：1059834377@ qq. com。

演讲题目：2014 求职/考博经验分享报告

演讲嘉宾：朱婷婷，师从黄昕教授，研究方向为遥感影像变化监测。联系方式：530409689@ qq. com。

GeoScience Café 第 81 期(2014 年 9 月 19 日)

演讲题目：空间信息智能服务组合及其在社交媒体空间数据挖掘中的应用

演讲嘉宾：李昊，测绘遥感信息工程国家重点实验室 2011 级博士研究生，师从王艳东教授，主要研究方向为空间信息智能服务。联系方式：tigerlihao@ qq. com。

GeoScience Café 第 82 期(2014 年 9 月 26 日)

演讲题目：基于 MODIS 的农业遥感应用研究

演讲嘉宾：曾玲琳，测绘遥感信息工程国家重点实验室 2012 级博士研究生，师从李德仁院士，曾在美国国家干旱减灾中心联合培养一年。博士期间发表 SCI、EI 检索论文各 1 篇，荣获 2013 年"光华奖学金"。研究兴趣包括农作物物候提取和农作物干旱监测等。联系方式：zenglinglin@ whu. edu. cn。

GeoScience Café 第 83 期(2014 年 10 月 10 日)

演讲题目：高光谱遥感影像混合像元稀疏分解方法研究

演讲嘉宾：冯如意，测绘遥感信息工程国家重点实验室 2013 级博士研究生，师从钟燕飞教授，已发表 SCI 论文 2 篇，EI 论文 3 篇。获武汉大学优秀毕业生、2012 年武汉大学优秀研究生乙等奖学金。研究兴趣包括高光谱遥感影像分析、稀疏表达理论研究和模式识别。联系方式：569265624@ qq. com。

GeoScience Café 第 84 期(2014 年 10 月 17 日)

演讲题目：由最近点迭代算法到激光点云与影像配准

演讲嘉宾：黄荣永，遥感信息工程学院 2012 级博士。获 2011 年"光华奖学金"、2012 年测绘科技进步一等奖、2013 年国家奖学金、2014 年 3 月 ASPRS 约翰戴维森主席应用论文一等奖等。主要研究点云拼接及特征检测、光束法平差以及点云与影像配准等。联系方式：1532643106@ qq. com。

GeoScience Café 第 85 期(2014 年 10 月 31 日)

演讲题目：高光谱遥感影像分类研究

演讲嘉宾：李家艺，测绘遥感信息工程国家重点实验室 2013 级博士研究生，师从张良培教授，已在 IEEE TGRS、ISPRS P&RS 和 IEEEJSTARS 等国际顶级刊物上发表 SCI 论文 6 篇，EI 论文 3 篇。获 2014 年武汉大学学术创新一等奖。主要研究高光谱影像分类与模式识别。联系方式：zjjerica@ 163. com。

GeoScience Café 第 86 期(2014 年 11 月 5 日)

演讲题目：遥感影像火星地表 CO_2 冰层消融监测研究及法国留学经历

演讲嘉宾：武辰，测绘遥感信息工程国家重点实验室 2012 级博士研究生，师从张良培教授。已发表 SCI 检索论文 4 篇，EI 论文 3 篇，获 2012 年、2013 年研究生国家奖学金，2012 年“光华奖学金”等。主要研究多时相遥感影像变化检测，高光谱遥感影像分析等。联系方式：179461091@ qq. com。

演讲题目：遥感影像火星地表 CO_2 冰层消融监测研究及法国留学经历

演讲嘉宾：郭贤，测绘遥感信息工程国家重点实验室 2012 级博士研究生，师从张良培教授。已发表 SCI 检索论文 2 篇，EI 检索论文 2 篇，获 2013 年优秀研究生甲等奖学金、2014 年研究生奖学金。研究兴趣包括遥感影像张量表达，高分辨率遥感影像纹理分析等。联系方式：guoxianwhu@ gmail. com。

GeoScience Café 第 87 期(2014 年 11 月 21 日)

演讲题目：时空谱互补观测数据的融合重建方法研究

演讲嘉宾：曾超，师从沈焕锋教授，已在 Remote Sensing of Environment、IEEE JSTARS 等国际顶级刊物上发表 SCI 检索论文 3 篇，获发明专利 2 项以及 2013 年国家奖学金。研究兴趣为遥感影像质量改善方法。联系方式：269475236@ qq. com。

GeoScience Café 第 88 期(2014 年 11 月 27 日)

演讲题目：大牛的 GIS 人生

演讲嘉宾：吴华意，现为武汉大学测绘遥感信息工程国家重点实验室教授、副主任、全国百篇优博论文作者、长江学者。主要研究领域是地理信息系统的理论与应用，研究方向有地理信息系统中的计算几何与算法、网络地理信息系统、机载激光扫描数据的处理与分析。联系方式：wuhuayi@ lmars. whu. edu. cn。

演讲题目：大牛的 GIS 人生

演讲嘉宾：孙玉国，毕业于原武汉测绘科技大学(现武汉大学)，取得地理信息系统专业博士学位，现任四维图新总裁、高级工程师。曾获荣誉主要有夏坚白院士测绘事业创业奖励基金、2006 年测绘科技进步奖二等奖、2007 年测绘科技进步奖一等奖等。

GeoScience Café 第 89 期(2014 年 12 月 5 日)

演讲题目：高分辨率光学遥感卫星平台震颤

演讲嘉宾：朱映，测绘遥感信息工程国家重点实验室 2012 级博士研究生，师从王密教授，参与了多项 973、自然基金及国防研究项目。已发表 EI 检索论文 2 篇、学术会议论文 6 篇。2014 年获国家奖学金(B 类)。研究兴趣为高分辨率光学遥感卫星高精度几何处理。联系方式：342409785@ qq. com。

GeoScience Café 第 90 期(2014 年 12 月 12 日)

演讲题目：城市化遥感监测

演讲嘉宾：刘冲，测绘遥感信息工程国家重点实验室 2012 级博士研究生，师从邵振峰教授。读博期间已发表 SCI 论文 4 篇，获授权国家发明专利一项，曾获 2011 年王之卓创新人才奖学金和 2013 年研究生国家奖学金。研究兴趣包括城市生态环境遥感和夜光遥感等。联系方式：616563927@ qq. com。

GeoScience Café 第 91 期(2014 年 12 月 19 日)

演讲题目：TLS 强度应用

演讲嘉宾：方伟，测绘遥感信息工程国家重点实验室 2010 级博士研究生，师从李德仁院士和黄先锋教授，参与“文化遗产保护 973”等项目，已在 IEEE TGRS、PE&RS 等期刊发表 SCI 论文 3 篇。研究兴趣为三维激光扫描数据的中、低级处理、基于点云和影像的三维建模。联系方式：443552296@ qq. com。

GeoScience Café 第 92 期(2014 年 12 月 26 日)

演讲题目：中德双硕士生活一瞥

演讲嘉宾：幸晨杰，测绘遥感信息工程国家重点实验室 2011 级硕博连读研究生。2012. 10—2014. 10 赴慕尼黑工业大学攻读 ESPACE 双硕士学位，归国前完成全英文硕士学位论文及答辩，获答辩满分。主要研究数字图像处理、基于机器学习的遥感数据分析。联系方式：cjxing. chn@ gmail. com。

演讲题目：中德双硕士生活一瞥

演讲嘉宾：喻静敏，测绘遥感信息工程国家重点实验室 2012 级硕士研究生，师从吴华意教授，ESPACE 2012 级硕士研究生。2013. 09—2014. 09 获选国家全额资助联合培养硕士，赴慕尼黑工业大学攻读 ESPACE 双硕士学位。研究兴趣为地理信息的共享与服务。联系方式：727333041@ qq. com。

GeoScience Café 第 93 期(2015 年 3 月 13 日)

演讲题目：我眼中的南极

演讲嘉宾：袁乐先，（武汉大学）南极中心 2013 级博士研究生。曾于 2012 年参加中国第 29 次南极科学考察。当选 2012 年度武汉大学“十大珞珈风云学子(南极科考团队）”，并获得 2014 年度博士研究生国家奖学金。研究兴趣为卫星测高技术在极区的应用。联系方式：475476798@ qq. com。

GeoScience Café 第 94 期(2015 年 3 月 20 日)

演讲题目：多源多尺度水环境遥感应用研究与野外观测经历分享

演讲嘉宾：李建，测绘遥感信息工程国家重点实验室 2012 级博士研究生。已发表 SCI 检索论文 3 篇，EI 检索论文 2 篇；获 2010 届优秀新生奖学金，国家发明专利 3 项、软件著作权 6 项、译著中文导读 1 部。研究兴趣包括遥感水环境、国产卫星辐射特性等。联系方式：lijianxs1987@ gmail. com。

GeoScience Café 第 95 期(2015 年 3 月 27 日)

演讲题目：地基差分吸收 CO_2 激光雷达的软硬件基础

演讲嘉宾：马昕，测绘遥感信息工程国家重点实验室 2013 级博士研究生。已在国际光学刊物上发表 SCI 检索论文 2 篇、EI 检索论文 2 篇，获授权国家发明专利一项，并获得 2014 年度研究生国家奖学金。研究兴趣为大气探测及激光雷达。联系方式：673150262@ qq. com。

GeoScience Café 第 96 期(2015 年 4 月 3 日)

演讲题目：Urban dynamics in China

演讲嘉宾：Michael Jendryke is a PhD student funded by DAAD and CSC at LIESMARS, Wuhan University. He published one paper and made oral presentations. His research interests include social media, remote sensing, and big data. His email is Michael. jendryke@ rub. de

GeoScience Café 第 97 期(2015 年 4 月 17 日)

演讲题目：珈和遥感创业经验分享

演讲嘉宾：冷伟，测绘遥感信息工程国家重点实验室 2011 级硕士研究生，珈和科技有限公司 CEO。2013 年创立珈和科技有限公司，获得 PPLIVE 天使投资、“全国优秀企业”奖励。与全球领先的专业信息服务提供商 Thomson Reuters 签订合作协议，向全球发布大宗农作物气象监测报告。

GeoScience Café 第 98 期(2015 年 4 月 24 日)

演讲题目：雷达影像形变监测方法与应用研究

演讲嘉宾：史绪国，测绘遥感信息工程国家重点实验室 2012 级博士研究生。已发表 SCI 论文 4 篇(其中第一作者 3 篇)、EI 论文 1 篇。2015 年 3 月赴意大利参加雷达干涉测量领域会议 Fringe 2015 workshop 并做口头报告。

GeoScience Café 第 99 期(2015 年 5 月 8 日)

演讲题目：好工作是怎样炼成的?

演讲嘉宾：张文婷，测绘遥感信息工程国家重点实验室 2012 级硕士研究生。2014 年被阿里巴巴集团录取为产品经理实习生，经历了“千牛”“淘点点”两个团队，后通过校园招聘拿到 offer，获得产品经理职位。联系方式：1021514219@ qq. com。

演讲题目：好工作是怎样炼成的?

演讲嘉宾：罗俊沣，测绘遥感信息工程国家重点实验室 2012 级硕士研究生。求职期间，拿到网易、搜狐、搜狗和创新工场的 offer，最后选择签约网易。

演讲题目：好工作是怎样炼成的？

演讲嘉宾：王帆，测绘遥感信息工程国家重点实验室 2013 级硕士研究生。多次参与导师的重大科研项目，荣获优秀学生奖学金、研究生国家奖学金(B 类)。签约单位为河北省地理信息局质检站。

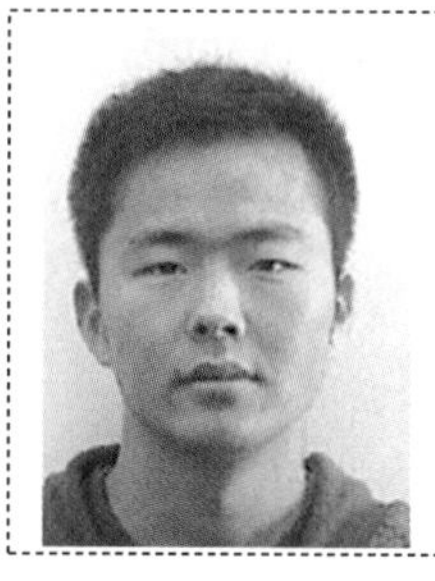

演讲题目：好工作是怎样炼成的？

演讲嘉宾：张学全，测绘遥感信息工程国家重点实验室 2012 级硕士研究生。参与了大量 GIS 工程项目，具有较强的动手能力。硕士期间发表中文核心期刊论文 2 篇，软件著作权 1 项。签约单位为中国电子科技集团第二十八研究所。

GeoScience Café 第 100 期(2015 年 5 月 13 日)

演讲题目：李德仁院士讲“成功”

演讲嘉宾：李德仁，中国科学院院士、中国工程院院士、国际欧亚科学院院士、武汉大学学术委员会主任、测绘遥感信息工程国家重点实验室学术委员会主任、摄影测量与遥感学家。2014 年带领武汉大学对地观测与导航技术创新团队，获得 2014 年度国家创新团队奖。

GeoScience Café 第 101 期(2015 年 5 月 15 日)

演讲题目：学术 PPT，你可以做得更好

演讲嘉宾：王晓蕾，2011 级博士生。已发表 SCI 检索论文 2 篇。获 2012 年度武汉大学地理信息科学技术文化节遥感专题学术报告竞赛一等奖。2014 年为培训机构进行 PPT 培训，2015 年创办微信公众号(小蕾博士 PPT)；2016 年 6 月开启 PPT 网站 xiaoleippt. yanj. cn；2016 年 7 月上线个人网站 xiaoleippt. sxl. cn。

GeoScience Café 第 102 期(2015 年 5 月 22 日)

演讲题目：美国留学感悟

演讲嘉宾：李英，2011 级博士研究生。已发表 SCI 论文 2 篇。2012 年 10 月赴美国参加学术会议并做口头报告。2013. 9—2015. 3 在美国卡内基梅隆大学计算机系联合培养。研究兴趣包括空间数据挖掘、统计建模、机器学习、生物计算等。联系方式：Lyljhappy@ 163. com。

GeoScience Café 第 103 期(2015 年 6 月 3 日)

演讲题目：从武大学生到美国教授的经历

演讲嘉宾：王乐，目前担任美国地理学会遥感委员会主席(第一位华人担任该职位)，国际遥感杂志副主编，美国纽约州立大学布法罗分校终身教授，美国国家地理分析中心研究员。发表论文 50 余篇，目前研究方向为遥感技术与理论、生态遥感、城市遥感。个人主页：http：//www. acsu. buffalo. edu/~lewang/。联系方式：lewang@ buffalo. edu。

GeoScience Café 第 104 期(2015 年 6 月 5 日)

演讲题目：来，我们谈点正事儿——遥感商业应用(创业)

演讲嘉宾：向涛，遥感信息工程学院 2005 级校友，2009 年本科毕业时创办武汉禾讯科技农业信息有限公司。研究方向为深度发掘各种卫星大数据应用，以全球农业监测预测为主，在渔业监测、石油(战略/商业)储量监测、火灾监测、港口与海运监测等遥感监测业务应用。联系方式：xt@ hexunkj. com。

GeoScience Café 第 105 期(2015 年 6 月 25 日)

演讲题目：为爱而活：音乐伴我一路前行

演讲嘉宾：陶灿，2012 级硕士研究生。已发表 SCI 检索论文一篇，研究方向 SWAT 流域模拟。2014 年与好友成立 The Flow Theory 乐队，并于 2015 年发行专辑《凝时》。联系方式：969893259@ qq. com。

GeoScience Café 第 106 期(2015 年 9 月 18 日)

演讲题目：月球重力场解算系统初步研制结果

演讲嘉宾：叶茂，2013 级博士研究生，发表 EI 论文 4 篇，2014 年 11 月至 2015 年 7 月，赴意大利罗马一大机械与航空航天工程系射电科学实验室开展行星科学的研究。研究兴趣包括行星探测器精密定轨，重力场解算及其软件系统的研制等。联系方式：609680176@ qq. com。

GeoScience Café 第 107 期(2015 年 9 月 24 日)

演讲题目：地图之美——纸上的大千世界

演讲嘉宾：秦雨，2011 级博士研究生，作为核心成员参加南北极科学考察地理底图、《武汉城市群城市化与生态环境地图集》和 2013 中图北斗广州城市地图的设计和制作。研究兴趣包括地图设计和音乐(钢琴、作曲) 等。联系方式：whuqinyu@ 126. com，ynuqinyu@ yeah. net。

GeoScience Café 第 108 期(2015 年 10 月 16 日)

演讲题目：留学达拉斯——UTD 学习生活经验分享

演讲嘉宾：罗庆，2013 级博士研究生，武汉大学 2013 级“跨学科试验区”项目入选人。2014 年受国家留学基金委资助，作为联合培养博士研究生赴美国得州大学达拉斯分校(University of Texas at Dallas) 学习一年，导师为 Daniel Griffith 教授。并在 AAG 2015 和 GeoComputation 2015 作口头报告。研究兴趣为空间统计理论研究。联系方式：290232438@ qq. com。

GeoScience Café 第 109 期(2015 年 10 月 23 日)

演讲题目：极化 SAR 典型地物解译研究

演讲嘉宾：赵伶俐，测绘遥感信息工程国家重点实验室 2012 级博士。发表 EI 论文 3 篇，SCI 论文 3 篇。兴趣为合成孔径雷达(SAR) 影像处理和应用。联系方式：742947831@ qq. com。

GeoScience Café 第 110 期(2015 年 10 月 13 日)

演讲题目：高光谱遥感影像端元提取方法研究

演讲嘉宾：许明明，2013 级博士研究生，已发表 SCI 检索论文 3 篇，EI 检索论文 2 篇。研究兴趣为高光谱遥感影像端元提取与应用。联系方式：xumingming900405@ 126. com。

GeoScience Café 第 111 期(2015 年 11 月 6 日)

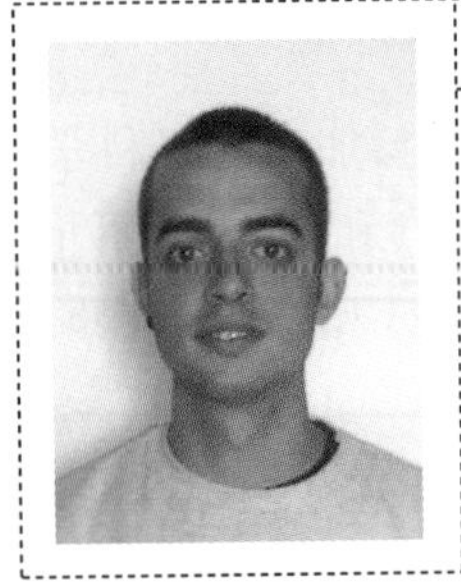

演讲题目：西班牙人眼中的中德求学之路

演讲嘉宾：Pedro, Master student to get double degree from TUM(慕尼黑工业大学) and WHU(武汉大学). He was funded by ERASMUS(欧盟伊拉斯莫交流计划). He comes from Sevilla in Spain. His research interests include satellite technology, computer vision, machine learning and physics. His Email：pedro. rodriguez@ tum. de.

GeoScience Café 第 112 期(2015 年 11 月 13 日)

演讲题目：CO_2 探测激光雷达技术应用与发展及论文写作经验分享

演讲嘉宾：韩舸，2012 级博士研究生，现任武汉大学国际软件学院教师。在国内外期刊发表论文 16 篇，其中 10 篇被 SCI 检索(第一/通讯 6 篇)，曾获光华奖学金和博士研究生国家奖学金。研究兴趣包括大气遥感、激光雷达、数据挖掘等。联系方式：udhan@ whu. edu. cn。

GeoScience Café 第 113 期(2015 年 11 月 20 日)

演讲题目：遥感影像共享时代的安全性挑战

演讲嘉宾：熊礼治，2012 级博士研究生，在国内外期刊发表论文 6 篇，其中 SCI 论文 4 篇(第一作者 2 篇)。研究兴趣包括云计算数据安全和遥感影像数据安全分发等。联系方式：444029126@ qq. com。

GeoScience Café 第 114 期(2015 年 11 月 27 日)

演讲题目：多源激光点云数据的高精度融合与自适应尺度表达

演讲嘉宾：臧玉府，男，2012 级数字摄影测量专业攻读工学博士学位。现从事无人机影像空三、密集匹配、激光点云融合、多尺度表达、自适应尺度建模等方向的科研工作。在 ISPRS 等国际刊物上发表 SCI 检索论文 5 篇(其中第一作者或通讯作者 3 篇)，其他检索论文 2 篇。联系方式：3dmapzangyufu@ whu. edu. cn。

GeoScience Café 第 115 期(2015 年 12 月 4 日)

演讲题目：水文观测传感网资源建模与优化布局方法研究

演讲嘉宾：王珂，2012 级博士研究生。已在 *Environmental Modelling & Software*、*Journal of Hydrology*、IJGIS 等国际顶级刊物上发表 SCI 检索论文 5 篇(第一作者/通讯作者 4 篇)，EI 等其他检索论文 4 篇，获国家发明专利 1 项。研究兴趣为传感网资源建模与集成管理、观测资源优化布局。联系方式：wmiller1978@ whu. edu. cn。

GeoScience Café 第 116 期(2015 年 12 月 11 日)

演讲题目：GNSS 高精度电离层建模方法及其相关应用

演讲嘉宾：任晓东，2013 级博士研究生，武汉大学“十大学术之星”，两次获得研究生国家奖学金，主持科研项目 3 项，在国内外期刊发表论文 8 篇，拥有软件著作权 1 项。研究兴趣包括 GNSS 高精度电离层建模、电离层空间环境监测、PPP-RTK 技术等。联系方式：411649845@ qq. com。

GeoScience Café 第 117 期(2015 年 12 月 18 日)

演讲题目：基于时空相关性的群体用户访问模式挖掘与建模

演讲嘉宾：樊珈珮，硕士研究生，现主要进行空间数据挖掘，Web 数据挖掘等方向的研究工作。曾在阿里安全部实习，担任数据挖掘工程师一职。联系方式：fanjiapei @ whu. edu. cn，fanjiapei1990 @ 163. com。

GeoScience Café 第 118 期(2016 年 1 月 8 日)

演讲题目：数据挖掘：数据就是财富

演讲嘉宾：严锐，武汉大学计算机学院 2014 级硕士研究生，计算机学院研究生会副主席。参与项目有湖北省地税局税务信息爬取，湖北省审计厅大数据分析，武汉市中级人民法院信息调研等。研究领域为 Web 信息搜索与挖掘，人工智能在游戏中的应用。联系方式：Yanrui1992@ qq. com。

GeoScience Café 第 119 期(2016 年 1 月 15 日)

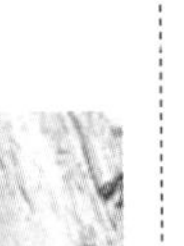

演讲题目：第四范式下的 GIS——地理服务网络

演讲嘉宾：桂志鹏，武汉大学遥感信息工程学院教师，曾任美国乔治梅森大学水/能源科学智能空间信息计算中心及 NSF 时空计算协同创新中心研究助理教授。负责研发了开放式地理信息服务网络平台——GeoResearch、GeoSquare、Geochaining，曾参与 NASA Goddard 私有云测试与选型实验、GEOSS 的核心基础设施元数据仓库 Clearinghouse 的研发及由 NSF 和 NASA 资助的基于高性能计算的沙尘暴预测模型(Dust Storm Simulation) 等多项研究与开发项目。博士论文获评 2012 年湖北省优秀博士论文，发表 SCI/SSCI 论文 8 篇以上，登记软件著作权 8 项，参与编写专著 3 部。主要研究方向包括地理信息网络服务及地理信息云计算。联系方式：zhipeng. gui@ whu. edu. cn。

GeoScience Café 第 120 期(2016 年 3 月 4 日)

演讲题目：基于低秩表示的高光谱遥感影像质量改善方法研究

演讲嘉宾：贺威，测绘遥感信息工程国家重点实验室 2014 级博士研究生。参与多项自然科学基金研究项目，发表 SCI 论文 4 篇，EI 论文 1 篇，获得 2014 年 IEEE GARSS 学生论文竞赛三等奖，2014 年国家奖学金以及 2015 年武汉大学博士研究生自主研究项目资助。研究兴趣包括遥感影像质量改善、高光谱解混以及低秩表示等。联系方式：weihe1990@ whu. edu. cn。

GeoScience Café 第 121 期(2016 年 3 月 11 日)

演讲题目：计算机视觉优化方法在遥感领域的应用——以鱼眼相机标定和人工地物显著性检测为例

演讲嘉宾：张觅，遥感信息工程学院 2015 级博士研究生，发表学术论文 3 篇(中文核心 1 篇、ICIA、CVPR 会议论文各 1 篇)，申请国家专利一项，参与多项科研项目，获 2015 年博士研究生国家奖学金。2015 年 6 月受邀参加在美国波士顿举办的 CVPR 并作展报。研究兴趣包括变化检测、基于影像的三维重建、全景影像匀光匀色等。联系方式：mizhang@ whu. edu. cn。

GeoScience Café 第 122 期(2016 年 3 月 18 日)

演讲题目：城市出租车活动子区探测与分析

演讲嘉宾：康朝贵，武汉大学遥感信息工程学院教师。本科毕业于南京大学地理信息科学系，博士毕业于北京大学遥感与地理信息系统研究所，曾在麻省理工学院感知城市实验室留学访问一年(2012 年 9 月—2013 年 9 月)。在 IJGIS、*Physica A: Statistics and its Applications* 等国际知名学术期刊发表论文 10 余篇。曾获北京市/北京大学优秀博士毕业生、美国地理学家学会 GIScience 奖学金、全国高校 GIS 新秀等荣誉与奖励。

GeoScience Café 第 123 期(2016 年 3 月 25 日)

演讲题目：学习科研经历分享

演讲嘉宾：申力，武汉大学遥感信息工程学院教师，博士毕业于萨斯喀彻温大学，曾获 2013 年国家优秀自费留学生奖金；发表 SCI 论文 6 篇，主持并参与多项国内外科研项目。研究兴趣包括自然地理、人文地理、空间信息方法等。联系方式：shenli1986@ whu. edu. cn。

GeoScience Café 第 124 期(2016 年 3 月 31 日)

演讲题目：天空之眼：高分辨率对地观测

演讲嘉宾：汪韬阳，武汉大学遥感信息工程学院讲师，高分辨率对地观测系统湖北数据与应用中心总工程师助理；参与国家测绘局直属局地理国情监测基准底图制作、资源三号西部无图区 DSM 重新生产等多个项目；发表 SCI 论文 4 篇，EI 论文 4 篇。研究兴趣为卫星遥感影像几何处理、星载光学、SAR 影像的区域网平差；星载光学、SAR 影像几何质量评估；卫星视频影像几何处理等。联系方式：wangtaoyang@ whu. edu. cn。

GeoScience Café 第 125 期(2016 年 4 月 8 日)

演讲题目：我在武大玩户外

演讲嘉宾：屈猛，资源与环境科学学院 2015 级硕士研究生，2015 “十大珞珈风云学子”候选人之一。曾任武汉大学自行车协会会长，本科期间曾骑行去过湖北省内的大部分地市，以及海南岛和怒江峡谷等地；徒步随藏民半个月转梅里雪山；从武汉出发徒步走到嘉峪关。回校复学后考取资源与环境科学学院的研究生。现主要从事极地遥感方面的研究，侧重于冰山参数及其时空分布特征的分析。联系方式：mango@ whu. edu. cn。

GeoScience Café 第 126 期(2016 年 4 月 15 日)

演讲题目："最强大脑"的圆梦之旅

演讲嘉宾：袁梦，武汉大学全脑学习研究中心研究员，东方巨龙教育记忆培训高级讲师，毕业于华中师范大学，于 2011 年获得"世界记忆大师"称号。她在 2016 年 2 月播出的江苏卫视"最强大脑"节目第三季中成功完成"看见你的声音"挑战。

GeoScience Café 第 127 期(2016 年 4 月 22 日)

演讲题目：面向 3D GIS 的高精度全球 TIN 表面建模及快速可视化

演讲嘉宾：郑先伟，测绘遥感信息工程国家重点实验室博士，主要从事网络环境下空间信息高效可视化(虚拟地球）研究，研究兴趣包括多源多尺度地理信息融合，面向 3D GIS 的室内外数据高精度建模、处理和一体化融合可视化。已发表第一作者 SCI 检索论文 2 篇，EI 检索论文 2 篇，获国家发明专利 2 项，软件著作权 1 项，及 2015 年空间信息协同创新中心奖学金。联系方式：zhengxw104@ 163. com。

GeoScience Café 第 128 期(2016 年 5 月 6 日)

演讲题目：基于 MODIS 观测的大西洋马尾藻时空分布研究

演讲嘉宾：王梦秋，女，湖北武汉人，博士研究生，师从胡传民教授，主要研究方向为海洋光学及海藻和浮游植物的监测。曾在南佛罗里达大学海洋学院交流学习，师从 Prof. Chuanmin Hu。联系方式：Mengqiu@ mail. usf. edu。

GeoScience Café 第 129 期(2016 年 5 月 13 日)

演讲题目：人文筑境——珞珈山下的古建筑

演讲嘉宾：颜会闾，男，城市设计学院建筑系硕士研究生，师从王炎松教授。曾获武汉大学 2014 年度"十大珞珈风云学子"；曾一年内在不同建筑竞赛中连获七项全国大奖；获得 2013 年、2014 年度研究生国家奖学金；在核心期刊《华中建筑》《建筑与文化》中均有论文发表。联系方式：944977223@ qq. com。

GeoScience Café 第 130 期(2016 年 5 月 20 日)

演讲题目：网络约束下的时空数据分析

演讲嘉宾：佘冰，男，2011 级博士研究生，师从朱欣焰教授，主要研究方向为时空数据挖掘与分析，地理信息检索与位置描述定位。以第一作者或通讯作者发表 5 篇 SCI、SSCI、EI 检索期刊论文，在 ISPRS、AAG 多个国际会议上做过口头报告。联系方式：coolnanjizhou@ 163. com。

GeoScience Café 第 131 期(2016 年 5 月 27 日)

演讲题目：移动地理空间计算——从感知走向智能

演讲嘉宾：陈锐志，测绘遥感信息工程国家重点实验室教授，武汉大学"千人计划"引进教授，曾任诺基亚工程经理，芬兰大地测量研究所导航定位部主任，美国得州农工大学讲席教授，全球华人定位与导航协会主席(2008)。研究兴趣主要为移动地理空间计算、导航定位及室内空间认知。联系方式：ruizhi. chen@ whu. edu. cn。

GeoScience Café 第 132 期(2016 年 6 月 3 日)

演讲题目：武大吉奥云技术心路历程——三年走向高级研发经理

演讲嘉宾：杨曦，吉奥资深架构师和产品经理，曾任 GeoSurf 产品经理，主持武大吉奥国家电网 GIS 平台选型并顺利让公司成为唯一的国产 GIS 平台。目前在研发中心主持工作，主要参与云平台和大数据研发。先后获得测绘科技进步二等奖(GeoGlobe)、测绘工程奖(徐州等)等奖励。联系方式：yangxi@ geostar. com. cn。

GeoScience Café 第 133 期(2016 年 6 月 17 日)

演讲题目：地理加权模型——展现空间的"别"样之美

演讲嘉宾：卢宾宾，博士毕业于爱尔兰国家地理计算中心(爱尔兰国立大学梅努斯分校)，师从 Martin Charlton、Stewart Fotheringham 教授和 Paul Harris 博士，在 IJGIS、*Journal of Statistical Software* 等国际期刊发表论文 6 篇，R 函数包 GWmodel 开发者。研究方向主要为地理加权建模，空间异质性及空间统计。联系方式：binbinlu @ whu. edu. cn。

GeoScience Café 第 134 期(2016 年 6 月 23 日)

演讲题目：从计算机博士到电台台长——旅美华人学者的人文情怀

演讲嘉宾：苏小元，博士。苏小元博士是 IEEE 的高级会员，诸多国际顶级学术期刊的审稿人，并作为美国“计算机行业的杰出人才”移民；在美国著名的上市公司工作近六年之后，他全职创办了西雅图中文电台，影响了美国、中国以及世界各地的华人社区。联系方式：crsradio@ gmail. com。

GeoScience Café 第 135 期(2016 年 6 月 24 日)

演讲题目：考博 & 就业专场——经历交流会

演讲嘉宾：冯明翔，博士研究生，师从萧世伦教授。本科与硕士就读于长安大学地质工程与测绘学院，研究兴趣为城市交通。联系方式：mc_feng1228@ 163. com。

演讲题目：考博 & 就业专场——经历交流会

演讲嘉宾：刘文轩，博士研究生，师从吴华意教授，本科毕业于西北师范大学数学系，硕士就读于华中科技大学软件学院，2015 年考博到测绘遥感国家重点实验室学习。研究兴趣为机器学习和遥感影像检索。联系方式：liuwenxuan@ whu. edu. cn。

演讲题目：考博 & 就业专场——经历交流会

演讲嘉宾：马志豪，硕士研究生，师从王伟教授。曾参与太原市国土资源局勘测中心项目：国家 863 计划智慧城市二期课题八关键技术研究；福州市科技项目：城市智慧排水管控平台关键技术研究。研究兴趣为云计算与机器学习。联系方式：50530064@ qq. com。

GeoScience Café 第 136 期(2016 年 7 月 1 日)

演讲题目：遥感数据分析迎来“深度学习”浪潮

演讲嘉宾：张帆，2014 级博士研究生，师从许妙忠教授与张良培教授。研究兴趣为深度学习在遥感领域的应用，主要包括高分辨率遥感影像场景识别和目标探测等。联系方式：rszhang@ whu. edu. cn。

GeoScience Café 第137期(2016年9月23日)

演讲题目：GNSS-R 的相关研究进展

演讲嘉宾：班伟，测绘学院2013级博士研究生，师从张小红、余科根教授。参与多项自然科学基金研究项目，发表2区SCI论文2篇。获得2015年国家奖学金奖，2013年熹光奖学金，乐群学术之星以及2015年国家自然科学基金等项目资助。主要研究方向为GNSS遥感。联系方式：banwei@ whu. edu. cn。

GeoScience Café 第138期(2016年10月14日)

演讲题目：导航与低轨卫星精密轨道确定

演讲嘉宾：郭靖，卫星导航定位技术研究中心博士后，师从刘经南院士、赵齐乐教授。主要研究方向为精密轨道确定、时变重力场反演。已在 *Journal of Geodesy*、*GPS Solutions* 等刊物发表SCI论文6篇，EI论文多篇。获第四届中国卫星导航学术年会优秀论文、青年优秀论文一等奖，2015年国家自然科学基金青年基金资助。联系方式：jingguo@ whu. edu. cn。

GeoScience Café 第139期(2016年10月21日)

演讲题目：全景及正射影像拼接研究

演讲嘉宾：李礼，遥感信息工程学院2016级博士研究生。已在国际顶级刊物 *ISPRS Journal* 上以第一作者发表SCI检索论文1篇，在审SCI期刊3篇，EI等其他检索论文4篇；非第一作者期刊会议论文若干，申请专利等若干项。研究兴趣为影像拼接、SLAM和影像分割解译。联系方式：805278590@ qq. com。

GeoScience Café 第140期(2016年10月28日)

演讲题目：行走的力量

演讲嘉宾：勾佳琛，勾佳琛是一位敢于挑战自己的人。他曾单人单车骑行滇藏线2100km，也曾三个半小时内完成了第一次马拉松。今年刚刚结束了在新西兰为期一年的荒野求生。有2014年单人单车滇藏线2100km和2015年无锡马拉松3h36min56s的记录。并获2016年打工旅行《武汉晚报》报道。联系方式：981421328@ qq. com。

GeoScience Café 第 141 期(2016 年 11 月 4 日)

演讲题目：基于卫星遥感的区域及全球尺度土地覆盖监测

演讲嘉宾：宋晓鹏，美国马里兰大学地理科学系博士后，2008 年获北京大学学士学位，2015 年获马里兰大学博士学位。主要研究方向为全球土地利用和土地覆盖变化。参与、主持多项由 NASA、USGS 和摩尔基金会资助的科研项目。研究成果已发表在 *Remote Sensing of Environment* 和 *Nature Climate Change* 等期刊上，并受 NASA 地球观测室、《华盛顿邮报》和 National Public Radio 等媒体采访。联系方式：xpsong@ umd. edu。

GeoScience Café 第 142 期(2016 年 11 月 11 日)

演讲题目：土壤湿度反演与水文数据同化

演讲嘉宾：雷芳妮，武汉大学资源与环境科学学院 2013 级博士研究生，曾获国家奖学金；并以联合培养方式赴美国农业部水文与遥感实验室学习 18 个月；于 *Advances in Water Resources* 等国际期刊发表 SCI 论文 3 篇。研究兴趣包括微波土壤湿度反演、水文数据同化。联系方式：leifangni@ whu. edu. cn。

GeoScience Café 第 143 期(2016 年 11 月 18 日)

演讲题目：联合 GPS 和 GRACE 数据探测冰川质量的异常变化

演讲嘉宾：张豹，武汉大学测绘学院 2013 级博士研究生。主要研究方向为 GNSS 气象学、地表质量平衡的定量评估等。曾获得武汉大学学术创新奖一等奖、国家奖学金；2015 年及 2016 年分别于香港理工大学学习、香港中文大学工作；于 *Journal of Geodesy* 等国际期刊发表 SCI 论文 6 篇。联系方式：sggzhb@ qq. com。

GeoScience Café 第 144 期(2016 年 11 月 25 日)

演讲题目：室内导航定位技术与智能位置服务

演讲嘉宾：柳景斌，武汉大学测绘遥感信息工程国家重点实验室博士生导师，“青年千人计划”学者。主要研究方向为室内外无缝定位导航与智能位置服务，发表 SCI/EI 收录论文 50 篇，获 2 项国际专利授权和 1 项软件著作权，研究成果曾被导航领域顶级杂志 *GPS World* 封面报道。同时担任 JGR 等国际学术期刊审稿人，英国 The Leverhulme Trust 等基金资助机构评审专家。联系方式：jingbin. liu@ whu. edu. cn。

GeoScience Café 第 145 期(2016 年 12 月 2 日)

演讲题目：北极海冰遥感研究进展及“七北”海冰现场观测

演讲嘉宾：季青，中国南极测绘研究中心 2012 级博士研究生。已在国际期刊 *Scientometrics* 上以第一作者发表 SCI 检索论文 1 篇，EI 检索论文 3 篇。曾获武汉大学学术创新奖。受 2016 年国家自然科学基金-青年基金项目资助。研究兴趣包括极地海冰遥感、文献计量统计等。联系方式：jiqing@ whu. edu. cn。

GeoScience Café 第 146 期(2016 年 12 月 8 日)

演讲题目：The Life of A Surveyor in Texas

演讲嘉宾：Sarah Yang，R. P. L. S.，得州注册职业土地测量师。1991 年武汉测绘科技大学航测与遥感专业本科毕业生，2000 年赴美，2009 年通过美国得克萨斯州的实习测量师专业考试，2015 年通过考试正式取得注册土地测量师执照，成为第一个来自中国大陆的在得州注册的专业土地测量师。联系方式：syang@ landtech-inc. com。

GeoScience Café 第 147 期(2016 年 12 月 16 日)

演讲题目：遥感影像的空-谱联合先验模型研究

演讲嘉宾：李杰，国际软件学院教师，毕业于武汉大学测绘遥感信息工程国家重点实验室，在 IEEE TGRS、*Signal Processing* 等国际刊物上发表 SCI 检索论文 5 篇(其中第一作者 3 篇)，EI 检索论文 4 篇，发明专利 1 项，主持中国博士后科学基金 1 项，主要研究兴趣为遥感影像质量改善。联系方式：107561220@ qq. com。

GeoScience Café 第 148 期(2016 年 12 月 23 日)

演讲题目：直击就业——经验分享会
互联网实习与面试，轻松应对

演讲嘉宾：杨龙龙，测绘遥感信息工程国家重点实验室 2014 级硕士研究生，导师为朱欣焰教授。拿到阿里巴巴支付宝国际事业部 offer，百度定制化广告技术部 sp offer。研究兴趣为 WebGIS、HTML5、APP。联系方式：zivyang@ gmail. com。

演讲题目：个人 Job Hunting 经验分享

演讲嘉宾：高露妹，2014 级测绘遥感信息工程国家重点实验室研究生。导师为王艳东教授。研究兴趣为大数据挖掘。顺利拿到三个 offer。联系方式：807356461@ qq. com。

演讲题目：腾讯对产品经理的要求与标准

演讲嘉宾：李琰，遥感信息科学学院 2014 级硕士研究生。导师为秦昆教授。本科获国家奖学金，硕士保送遥感院。研一修完学分，排名专业第一。本科四年校级优秀学生干部、武汉大学文化艺术协会副主席、遥感信息工程学院研究生会副主席。研究兴趣为 GIS 应用、摄影、心理学。联系方式：Limyoona@ qq. com。

演讲题目：求职经验在这里

演讲嘉宾：刘飞，测绘遥感信息工程国家实验室 2015 级研究生。导师为眭海刚教授。研究兴趣为利用高分辨率遥感进行房屋和道路提取、利用倾斜影像点云进行房屋地震损毁评估、GIS。9 月中旬开始找工作，参加过多个公司的笔试和面试，最终拿到科大讯飞、南京 28 所和长光卫星 offer。联系方式：739080567@ qq. com。

GeoScience Café 第 149 期(2016 年 12 月 29 日)

演讲题目：基于遥感光谱数据的植被生长监测

演讲嘉宾：彭漪，遥感信息工程学院教师。2006 年和 2008 年分别获武汉大学学士学位和硕士学位，2012 年获美国内布拉斯加大学博士学位。2012—2013 年期间，担任美国马里兰大学地理科学系初级研究员。主要研究方向为定量环境遥感，近期的主要研究方向为利用遥感光谱数据来监测农作物的生长发育情况和健康状态，以辅助精细农业。在 *Remote Sensing of Environment*, *Agricultural and Forest Meteorology* 等杂志发表 SCI 论文 18 篇。联系方式：ypeng@ whu. edu. cn。

GeoScience Café 第 150 期(2017 年 1 月 6 日)

演讲题目：美国联合培养留学感悟

演讲嘉宾：张磊，测绘遥感信息工程国家重点实验室 2013 级博士研究生，导师为邵振峰教授。2014 年 11 月至 2016 年 11 月赴美国印第安纳州立大学地理系联合培养，在校期间导师为 Prof. Qihao Weng。已发表 SCI 论文 3 篇，EI 检索论文 2 篇，发明专利 2 项。主要研究方向为遥感影像分类、长时间序列影像分析。联系方式：zhanglei1990@ whu. edu. cn。

GeoScience Café 第 151 期(2017 年 3 月 3 日)

演讲题目：聚类分析和灭点提取研究

演讲嘉宾：鲁小虎，遥感信息工程学院 2014 级硕士研究生，已在 WACV、ICPR、ICIP、ISPRS 和 ICIA 等国际会议上以第一作者发表会议论文 5 篇，获得 2015 年中航四维奖学金，2016 年研究生国家奖学金，并获专利 3 项。联系方式：1151452870@ qq. com。

GeoScience Café 第 152 期(2017 年 3 月 10 日)

演讲题目：InSAR 对流层延迟校正及大气水汽反演

演讲嘉宾：唐伟，测绘遥感信息工程国家重点实验室 2013 级博士研究生。发表 SCI 论文 3 篇，EI 论文 2 篇。2015 年中国·武汉第 42 届国际横渡长江中，成功横渡长江。主要研究方向为 InSAR 大地测量。联系方式：weitang@ whu. edu. cn。

GeoScience Café 第 153 期(2017 年 3 月 17 日)

演讲题目：面向干旱监测的多传感器协同方法研究

演讲嘉宾：张翔，武汉大学测绘遥感信息工程国家重点实验室 2014 级博士研究生。主要研究方向为环境遥感、农业和城市干旱以及地理空间传感网。已发表 SCI 期刊论文 6 篇，授权国家专利 1 项。获研究生国家奖学金、国家公派留学奖学金和协同创新中心学生奖学金等。联系方式：zhangxiangsw@ whu. edu. cn。

GeoScience Café 第 154 期(2017 年 3 月 24 日)

演讲题目：一个中国背包客眼中的伊斯兰世界

演讲嘉宾：桂祎明，历史学院考古与博物馆学专业 2013 级本科生。在 2015 年到 2016 年间，他曾用一个月的时间横跨俄罗斯，之后完成了中亚—伊朗—高加索、老挝、越南、印度、巴基斯坦和阿富汗的旅行，并赴埃塞俄比亚进行实习调研。四年间他用完了一本护照。联系方式：gui_yiming@ 126. com。

GeoScience Café 第 155 期(2017 年 3 月 31 日)

演讲题目：学科嘉年华博士学术沙龙
热膨胀对 GNSS 坐标时间序列的影响研究

演讲嘉宾：王锴华，2015 级博士研究生，入选地球空间信息技术协同创新中心跨学科拔尖创新人才计划，已在测绘学报等以第一作者发表论文 5 篇、会议论文 2 篇，并在 ISGG 国际会议上做口头报告，获计算机软件著作权 1 项。曾获武汉大学研究生国家奖学金、熹光励志奖学金。

演讲题目：基于智能手机端的稳健 PDR 方案

演讲嘉宾：旷俭，2016 级博士研究生，研究方向为室内定位与行人导航。目前主要从事基于智能手机端和基于脚上安装惯性器件的行人航迹推算算法研究、室内环境磁场特征匹配算法研究，以及多源信息融合算法研究。

特邀嘉宾：李德仁院士，历任武汉测绘科技大学校长、测绘遥感信息工程国家重点实验室主任。现任中国测绘学会副理事长、中国 GIS 协会顾问、国家航天专家组成员、国家遥感中心专家组成员、总参科技顾问、高分重大科技专项专家组副组长。同时，在国际上还担任过亚洲 GIS 协会创会会长，国际摄影测量与遥感学会第三、六专业委员会主席，瑞士苏黎世理工大学客座教授，澳大利亚昆士兰工大客座教授等兼职。

特邀嘉宾：杨元喜院士。大地测量专家，北斗卫星导航系统副总设计师。1991 年获中国科学院测量与地球物理研究博士学位。2007 年当选为中国科学院院士。中国导航应用管理中心研究员。曾任郑州测绘学院教授、博士生导师；国际大地测量协会(IAG)第四委员会秘书；《测绘学报》常务副主编；中国科协科普委员会副主任；国家自然科学基金委员会咨询专家；北斗卫星导航系统重大专项专家委员会委员；十二届全国政协委员。

特邀嘉宾：龚健雅院士。测绘与地理信息学家，现任武汉大学遥感信息工程学院院长。1992 年于武汉测绘科技大学获博士学位。2011 年当选中国科学院院士。国家杰出青年基金获得者、教育部“长江学者”特聘教授、973 项目首席科学家、国家自然科学基金创新群体学术带头人、国家测绘局科技领军人才、国务院第六届学科评议组测绘学科组召集人，国际摄影测量与遥感学会第六委员会主席。

GeoScience Café 第 156 期(2017 年 4 月 7 日)

演讲题目：独爱那一抹绿

演讲嘉宾：王美玉，华中农业大学资源与环境学院 2014 级本科生。从 2014 年 11 月加入绿色协会以来，就一直从事环保公益活动，参加过第八届国际青年能源与气候变化峰会，曾任第十届湖北省大学生绿色营领队，现任华中农业大学绿色协会会长。联系方式：2089853457@ qq. com。

GeoScience Café 第 157 期(2017 年 4 月 14 日)

演讲题目：美国宪法的诞生

演讲嘉宾：赵辛阳，历史学院美国史专业 2015 级博士研究生，独立翻译了戈登·S. 伍德的《美国革命》以及西蒙·吉坎迪的《奴隶制与品位文化》。联系方式：historyzxy@ 163. com。

GeoScience Café 第 158 期(2017 年 4 月 20 日)

演讲题目：科学成像技术研讨会

演讲嘉宾：凌云光技术集团，成立于 1996 年，在职员工达 1200 人，年产值逾 13 亿。集团聚焦于科学图像、机器视觉、交通与 3D 技术，并向用户提供视觉与图像产品、解决方案及服务。该集团曾研发推广了国内首款机器视觉平台软件，开发过数十款高端数字相机及成像组件。目前已拥有多种国际顶尖的成像器件资源，包括 X 射线、高分辨率、高速、高灵敏、红外、光谱、3D 等。

GeoScience Café 第 159 期(2017 年 4 月 28 日)

演讲题目：旧体诗词的音乐性漫谈

演讲嘉宾：范云飞，哲学学院国学专业 2014 级硕士研究生。曾获 2015 年“全球华语短诗大赛”一等奖(旧体组)、2016 年“全球华语短诗大赛”之“十大年度诗人”荣誉称号(旧体组)以及 2015—2016 国家奖学金。研究兴趣包括出土文献、中国古代礼仪制度等。联系方式：1277854147@ qq. com。

GeoScience Café 第 160 期(2017 年 5 月 5 日)

演讲题目：从 RocksDB 到 NewSQL——商业数据库的发展趋势

演讲嘉宾：王德浩，测绘遥感信息工程国家重点实验室 2014 级硕士研究生，对 RocksDB、MongoDB 源码有较深入的研究。在阿里巴巴数据库团队实习期间，定位并修复了一个 RocksDB 深层次的 bug，提交给 Facebook 官方，为 RocksJava 增加 singleDelete 接口。联系方式：262730936@ qq. com。

GeoScience Café 第 161 期(2017 年 5 月 12 日)

演讲题目：心理学与生活

演讲嘉宾：陈维扬，哲学学院心理学系 2015 级博士研究生，研究方向为文化社会心理学，研究兴趣包括历史表征、常人视角的社会变迁等。联系方式：793847593@ qq. com。

GeoScience Café 第 162 期(2017 年 5 月 19 日)

演讲题目：高光谱遥感影像的测度学习方法研究

演讲嘉宾：董燕妮，测绘遥感信息工程国家重点实验室 2014 级博士研究生。师从张良培教授、杜博教授。已在 IEEE TGRS、ISPRS 和 IEEE JSTARS 等国际刊物上发表 SCI 检索论文 6 篇(其中第一作者 5 篇)，EI 等其他检索论文 2 篇。获得武汉大学光华奖学金、协同创新中心学生奖学金等。联系方式：dongyanni@ whu. edu. cn。

GeoScience Café 第 163 期(2017 年 5 月 26 日)

演讲题目：时序遥感分析——算法和应用

演讲嘉宾：傅鹏，美国印第安纳州立大学在读博士生。2012 年获华中农业大学地理信息系统专业学士学位，2014 年获印第安纳州立大学地理学硕士学位。研究方向为城市遥感，具体包括多源数据融合、时序影像分析以及地表不透水层估算等。目前是国际地球观测组-全球城市观测与信息项目成员。研究获得 ASPRS，IndianaView 以及印第安纳州立大学研究基金的支持。成果已在 *Remote Sensing of Environment* 和 *Remote Sensing* 等期刊上发表，发表 SCI 论文(含合作者)12 篇。联系方式：pfu@ sycamores. indstate. edu。

GeoScience Café 第 164 期(2017 年 6 月 2 日)

演讲题目：资源环境时空连续遥感监测方法与应用

演讲嘉宾：沈焕锋，武汉大学资源与环境科学学院教授，博导。主要研究方向为影像质量改善、数据融合与同化、资源环境遥感等。主持科技部重点研发计划(1 项)、国家自然科学基金(5 项)等系列科研项目，在包括 IEEE TIP、IEEE TGRS、RSE、JGR 等在内的国际期刊发表 SCI 论文 80 余篇，SCI 他引 1000 余次。联系方式：shenhf@ whu. edu. cn。

GeoScience Café 第 165 期(2017 年 6 月 2 日)

演讲题目：研究生学习是从技能到智慧的全面提升

演讲嘉宾：李志林，香港理工大学土地测量及地理资讯学系地理信息学首席教授，“杰出青年基金”获得者、国家“千人计划”入选者。国际摄影测量与遥感学会顾问委员会委员，曾任国际制图学会副主席(2007—2011)、中国测绘学会名誉副理事长(2007—2011)。李志林从事教学科研30多年，先后出版英文专著2部、中文专著1部、在国际期刊上发表论文120多篇。同时也是国际摄影测量与遥感学会丛书主编、多个国际权威杂志的编委或亚洲区主编。联系方式：zl. li@ polyu. edu. hk。

GeoScience Café 第 166 期(2017 年 6 月 9 日)

演讲题目：洪涝事件信息建模与主动探测方法研究

演讲嘉宾：杜文英，测绘遥感信息工程国家重点实验室2013级博士，已在IEEE JSTARS 和 *Remote Sensing* 等国际学术期刊上发表SCI检索论文4篇，获批国家发明专利2项，在读期间获得地球空间信息技术协同创新中心优秀学生奖学金和多次优秀研究生奖学金等，并且获得2017年“优秀毕业研究生”荣誉称号。联系方式：duwenying@ whu. edu. cn。

GeoScience Café 第 167 期(2017 年 6 月 10 日)

演讲题目：经济学研究方法兼谈夜光遥感数据在经济学中的应用

演讲嘉宾：范子英，上海财经大学公共经济与管理学院教授、博士生导师，中国公共财政研究院副院长，主要研究领域为公共财政学、发展经济学、区域经济学。上海市“曙光学者”，教育部“长江学者”青年学者，第五届“黄达-蒙代尔经济学奖”获得者。近年来，在《经济研究》、*Ecological Economics* 等期刊上发表论文40余篇，出版学术专著2部；主持国家自然科学基金，亚洲开发银行项目等各类课题20余项。联系方式：fan. ziying@ mail. shufe. edu. cn。

GeoScience Café 第 168 期(2017 年 6 月 16 日)

演讲题目：基于无人机遥感的区域供暖管网热能泄漏检测

演讲嘉宾：王心宇，2016级博士，博士期间发表SCI论文1篇。研究兴趣为高光谱混合像元分解。

演讲题目：基于无人机遥感的区域供暖管网热能泄漏检测

演讲嘉宾：卢雲成，测绘遥感信息工程国家重点实验室 2016 级硕士研究生，研究兴趣为无人机及其应用。本科期间参加大学生电子设计大赛获得全国一等奖，硕士期间参加大疆全球无人机开发者大赛获得团体第三名。

演讲题目：基于无人机遥感的区域供暖管网热能泄漏检测

演讲嘉宾：贾天义，2016 级测绘工程专业硕士生，研究兴趣为影像融合、农业遥感应用。

演讲题目：基于无人机遥感的区域供暖管网热能泄漏检测

演讲嘉宾：徐瑶，2016 级测绘工程专业硕士生。研究兴趣为热红外影像目标探测。

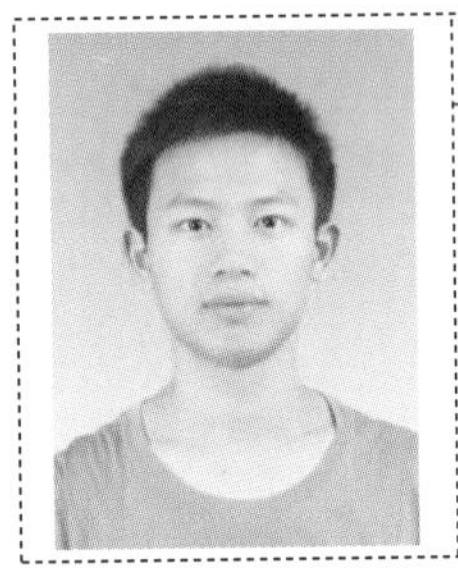

演讲题目：基于无人机遥感的区域供暖管网热能泄漏检测

演讲嘉宾：向天烛，武汉大学测绘遥感信息工程国家重点实验室 2015 级博士，发表 SCI、EI 等检索论文若干。研究兴趣为图像配准与拼接等。

GeoScience Café 第 169 期(2017 年 6 月 23 日)

演讲题目：荧光激光雷达及其对农作物氮胁迫定量监测的研究

演讲嘉宾：杨健，测绘遥感信息工程国家重点实验室 2014 级博士研究生，师从龚威教授。主要研究方向为新型遥感探测设备研制及其定量监测应用。已在 *Optics Express*、*RSC Advances*、IEEE GRSL 等国际刊物上发表第一作者 SCI 检索论文 12 篇，EI 等其他检索论文 3 篇。荣获 2015 年武汉大学博士研究生国家奖学金，获 2016 年武汉大学学术创新一等奖，获 2016 年武汉大学测绘遥感信息工程国家重点实验室科技创新团队奖。联系方式：wind_yang@ foxmail. com。

GeoScience Café 第 170 期(2017 年 9 月 19 日)

演讲题目：LiDAR Team Research Report

演讲嘉宾：史硕，副研究员。主要从事多/高光谱遥感，荧光遥感，激光与光学遥感硬件技术与应用方法研究。主持国家自然科学基金 2 项，在 ISPRS、OE 等著名期刊发表 SCI 论文 20 余篇，获授权国家专利 6 项。联系方式：shishuo@ whu. edu. cn。

演讲题目：LiDAR Team Research Report

演讲嘉宾：毛飞跃，副教授。主要从事气溶胶、云和太阳辐射等大气遥感探测的研究。主持了国家自然科学基金等国家项目，在 RSE、JGR 和 OE 等著名期刊发表 SCI 论文 30 篇。联系方式：maofeiyue@ whu. edu. cn。

GeoScience Café 第 171 期(2017 年 9 月 23 日)

演讲题目：基于遥感的地表过程时空动态研究

演讲嘉宾：Christopher Small，美国哥伦比亚大学 Lamont Doherty 地球实验室的教授，同时兼任 *Remote Sensing of Environment* 杂志副主编。本报告中，Small 教授介绍了自己团队的遥感地表过程研究，并由此较为全面地介绍了 Lamont Doherty 地球实验室的研究领域。注：哥伦比亚大学为美国的常春藤盟校之一，在 2017 年 US NEWS 颁布的美国大学排名中位列第 5。联系方式：small@ LDEO. columbia. edu。

GeoScience Café 第 172 期(2017 年 9 月 28 日)

演讲题目：ISO/TC 211 Standardization initiative on geographic information ontology

演讲嘉宾：Prof. Jean Brodeur，ISO/TC 211 第七工作组组长；ISO/TC 211-OGC 联合咨询组(JAG)联合主席；OGC 架构委员会委员；加拿大 Laval 大学测绘学院、测绘研究中心教授；加拿大标准委员会 ISO/TC 211 委员会主席；加拿大标准委员会测绘标准委员会副主席；ISO/TC 211 加拿大代表团团长。参与 ISO/TC 211 遥感与地理信息领域的多项标准的制定与编制工作。主要研究方向为：地理信息、共享与互操作、地理信息语义网络、地理信息本体研究等。

演讲题目：ISO/TC 211 WG6 Imagery

演讲嘉宾：C. Douglas O'Brien，IDON 科技公司董事长，远距离通讯和地理空间信息学专家。ISO/TC 211 第六工作组组长。过去 40 年，O'Brien 在空间数据标准化上有非常积极的贡献，尤其是 International Organization for Standardization（ISO）和 International Hydrographic Organization（IHO）中的地理信息标准。他是 ISO TC 211 WG6 on Imagery 的召集人。负责管理 Imagery，Gridded 和 Coverage 数据的标准。O'Brien 还是加拿大国家通用标准委员会的主席，加拿大国家地理信息委员会成员。

GeoScience Café 第 173 期(2017 年 9 月 29 日)

演讲题目：RSIDEA 研究组导师信息分享会

演讲嘉宾：钟燕飞，武汉大学教授，博士生导师，遥感影像信息处理研究室主任，RSIDEA 研究组负责人。先后主持国家自然科学基金(4 项)、国家重点研发计划课题、国家 863 计划课题、装备部基金、前沿创新项目等。担任 3 个国际 SCI 期刊 IEEE JSTARS、IJRS、RS 副主编/编委。联系方式：zhongyanfei@ whu. edu. cn。

演讲题目：RSIDEA 研究组导师信息分享会

演讲嘉宾：赵济，中国地质大学(武汉)计算机学院特任副教授，硕士生导师，主要从事高分辨率遥感影像处理、概率图模型等模式识别与机器学习方法以及遥感影像地学应用等方面的研究工作。发表 SCI/EI 论文十余篇，作为研究骨干参与国家重点基础研究发展计划(973)课题、国家自然科学基金、国家发改委项目等科研项目。联系方式：zhaoji2015@ gmail. com。

演讲题目：RSIDEA 研究组导师信息分享会

演讲嘉宾：马爱龙，武汉大学测绘遥感信息工程国家重点实验室博士后，2017 年毕业于武汉大学并获得摄影测量与遥感博士学位。主要研究演化计算理论及其遥感应用，研究方向包括遥感影像监督、半监督分类、聚类；多目标优化、模因优化算法；人工 DNA 计算等。在 *IEEE Transactions on Geoscience and Remote Sensing*，*Remote Sensing* 等遥感影像处理领域权威期刊发表 SCI/EI 论文 10 篇。作为研究骨干参与国家重点基础研究发展计划(973)课题、国家自然科学基金优秀青年基金、军委装备部前沿科技创新等科研项目。联系方式：425380288@ qq. com。

演讲题目：RSIDEA 研究组导师信息分享会

演讲嘉宾：曹丽琴，武汉大学印刷与包装系讲师。2009 年于武汉大学测绘遥感信息工程国家重点实验室获工学博士学位后留校任教，主要从事城市环境遥感，研究方向包括地标温度反演，城市热岛，城市不透水面等。参与编写专著 1 部，发表 SCI/EI 论文 10 余篇。主持自然科学青年基金 1 项，中央高校科研基金 1 项，横向项目 1 项，参与国家重点研发计划 1 项，973 计划项目 2 项，863 项目 1 项，湖北省优秀青年基金 1 项。联系方式：clq@ whu. edu. cn。

GeoScience Café 第 174 期(2017 年 10 月 9 日)

演讲题目：高光谱遥感影像稀疏子空间聚类研究

演讲嘉宾：翟晗，武汉大学测绘遥感信息工程国家重点实验室 2016 级博士研究生，师从李平湘教授、张良培教授、张洪艳教授。已在 IEEE TGRS、GRSL 和 RS 等国际刊物上发表 SCI 检索论文 4 篇(其中第一作者 3 篇)，EI 等其他检索论文 3 篇。曾获得 2016 年武汉大学王之卓创新人才奖学金二等奖、协同创新中心学生奖学金等。联系方式：609239152@ qq. com。

GeoScience Café 第 175 期(2017 年 10 月 20 日)

演讲题目：如何高效学习演讲

演讲嘉宾：袁伟，演讲之家创始人，武汉市青年创业代表，湖北省物价局特聘演讲评委专家，专注于演讲培训行业近 10 年。曾在武汉大学、华中科技大学等几十所高校做巡回演讲，全国巡回演讲培训超过 500 场次。在近百家企业做过内训，培训学员成千上万。曾被多家媒体报道，包括《中国青年报》《楚天都市报》《新华网》《新浪财经》《搜狐财经》等。联系方式：278286337@ qq. com。

GeoScience Café 第 176 期(2017 年 10 月 23 日)

演讲题目：创客苏铭彻：“硅谷精神”中的教育理念——人工智能工程师求学新概念

演讲嘉宾：苏铭彻，硅谷科技教育公司 BitTiger 联合创始人。毕业于 CMU 机器人研究所，硅谷旅美科协分会副会长，曾就职于 WalrmartLabs 和 Groupon。曾帮助数百位中国学生成功留学北美，百余名留学生成功步入硅谷职场。联系方式：Mingchesu@ gmail. com。

GeoScience Café 第 177 期(2017 年 11 月 3 日)

演讲题目：基于关联基元特征的高分辨率遥感影像场景分类

演讲嘉宾：祁昆仑，武汉大学测绘遥感信息工程国家重点实验室 2011 级博士，现在中国地质大学(武汉)信息工程学院做博士后。已在 RS、IEEE GRSL、TGIS 等国际期物发表 SCI/SSCI 检索论文 4 篇，EI 检索论文 2 篇，研究方向是高分辨率遥感影像表达与分类。联系方式：qikunlun@ cug. edu. cn。

GeoScience Café 第 178 期(2017 年 11 月 17 日)

演讲题目：多模态影像特征匹配及误匹配剔除

演讲嘉宾：李加元，遥感信息工程学院 2015 级博士研究生，师从胡庆武教授。研究方向为遥感图像处理以及三维重建。目前以第一作者身份发表 SCI 期刊论文 10 篇，《测绘学报》论文 1 篇及《中国图象图形学报》论文 1 篇。曾多次获得国家奖学金，在海达数云公司实习近两年，负责室内测图算法研究。联系方式：397744657@ qq. com。

GeoScience Café 第 179 期(2017 年 11 月 24 日)

演讲题目：背后的故事——我国首套数字摄影测量系统

演讲嘉宾：张祖勋，中国工程院院士，国际欧亚科学院院士，摄影测量与遥感学家，武汉大学教授、博士生导师，全国高等学校先进科技工作者，国家级有突出贡献中青年专家。张院士长期从事摄影测量与遥感的教学和研究工作，在航空(天)影像测图自动化方面取得了国际一流的研究成果，获得国家自然科学二等奖、国家科技进步二等奖等多项国家和省部级奖励。

GeoScience Café 第 180 期(2017 年 12 月 1 日)

演讲题目：新西伯利亚“3S”见闻与“一带一路”

演讲嘉宾：汪志良，测绘遥感信息工程国家重点实验室党委副书记。

演讲题目：新西伯利亚“3S”见闻与“一带一路”

演讲嘉宾：康一飞，遥感信息工程学院 2014 级博士研究生，指导老师为潘励教授，研究方向为含云数字正射影像制作。

演讲题目：新西伯利亚“3S”见闻与“一带一路”

演讲嘉宾：安凯强，测绘遥感信息工程国家重点实验室 2015 级硕士研究生，指导老师为眭海刚教授，研究方向为极化 SAR 变化检测。

GeoScience Café 第 181 期(2017 年 12 月 8 日)

演讲题目：无人机影像实时处理与结构感知三维重建

演讲嘉宾：肖雄武，测绘遥感信息工程国家重点实验室 2014 级博士研究生。导师为李德仁院士和郭丙轩教授。研究方向为摄影测量与计算机视觉、图形图像处理、SLAM 与人工智能。2016—2017 年，曾在美国加州大学欧文分校公派留学。作为主力人员，参与多项国家重大科研项目。获得博士研究生国家奖学金、国家公派留学奖学金、王之卓创新人才奖等奖励，优秀研究生标兵、优秀学生干部等荣誉称号。目前已在 ISPRS、*Remote Sensing*、《测绘学报》等刊物发表论文 15 篇，申请专利 1 项。联系方式：xwxiao@ whu. edu. cn。

GeoScience Café 第 182 期(2017 年 12 月 15 日)

演讲题目：直击就业——就业经验分享

演讲嘉宾：袁鹏飞，测绘遥感信息工程国家重点实验室 2015 级硕士研究生，导师为杨必胜教授。拿到滴滴、百度、腾讯、DeepMotion 等多家互联网公司的实习和校招 offer。最终签约百度 IDG 部门。联系方式：pfyuan1991@ foxmail. com。

演讲题目：直击就业——就业经验分享

演讲嘉宾：杨羚，遥感信息工程学院 2015 级硕士研究生，导师为王树根教授。曾在滴滴实习，秋招拿到了腾讯产品经理的 offer。联系方式：yangling@ whu. edu. cn。

演讲题目：直击就业——就业经验分享

演讲嘉宾：贾天义，测绘遥感信息工程国家重点实验室 2016 级硕士研究生，导师为钟燕飞教授。秋招过程中，他的求职进程虽并不像“offer 收割机”们那么顺利，但最终如愿签约中国电子科技集团第十四研究所。联系方式：ttianyi12@ 126. com

演讲题目：直击就业——就业经验分享

演讲嘉宾：王若曦，测绘遥感信息工程国家重点实验室 2015 级硕士研究生，导师为陈晓玲教授。秋招拿到腾讯游戏、网易游戏 offer。最终签约腾讯游戏。联系方式：rxwang@ whu. edu. cn。

GeoScience Café 第 183 期(2017 年 12 月 29 日)

演讲题目：使用科学计量学探索科研之路

演讲嘉宾：胡凯，测绘遥感信息工程国家重点实验室 2013 级博士研究生，已在 *Scientometrics*、*Plos One*、*Remote Sensing*、《武汉大学学报(信息科学版)》等期刊上发表 SCI 检索论文 4 篇，EI 检索论文 1 篇。研究兴趣包括地图服务内容质量评价、科学计量学与文本挖掘等。联系方式：250419759@ qq. com。

GeoScience Café 第 184 期(2018 年 1 月 5 日)

演讲题目：CorelDRAW 竟有这种操作——学长的地图设计学习笔记

演讲嘉宾：秦雨，武汉大学地图制图学与地理信息工程专业博士，研究领域为地图美学与地图可视化设计。在校期间曾参与多部地图集的设计工作，有着较为丰富的地图设计经验。是 GeoScience Café 活动 Logo、活动海报，以及《我的科研故事》系列丛书的封面设计者。爱好音乐，作有原创纯音乐专辑《珞珈赋》等。联系方式：whuqinyu@ 126. com。

GeoScience Café 第 185 期(2018 年 1 月 12 日)

演讲题目：信息革命的传播学解释

演讲嘉宾：李小曼，中国儿童安全与发展保障研究所主任，武汉大学公共管理学科社会保障专业博士后，武汉大学新闻与传播学院副教授、博士。主持研发自主知识产权(智能产品项目)：中国儿童成长安全体验教育系统，出版著作《中国十五大传媒集团产业报告》(人民出版社)，承担参与国家省部级科研项目 20 余项，发表相关论文与咨询报告 30 余篇。

GeoScience Café 第 186 期(2018 年 1 月 14 日)

演讲题目：空间数据挖掘与空间大数据探索与思考

演讲嘉宾：卢萌，国内空间大数据先驱者之一，参与和主持过多个国家级和省部级大型项目。研究方向为空间大数据、空间统计学、并行计算、可视化。目前在 ESRI 中国担任大数据首席架构师的职务。主要研究方向是传统 GIS 领域中的空间分析、空间统计、高级地理处理等核心技术和算法，行业性数据分析与挖掘、大数据项目架构、设计以及技术实现。目前在公司内部负责大数据相关技术以及空间数据挖掘和空间分析、空间数据处理与应用核心算法的研究与应用，同时致力于在 GIS 界对并行计算与空间大数据挖掘技术进行推广与普及。目前在个人技术博客和公众号(虾神 daxialu)编写连载了国内第一套空间统计的系列入门简介《白话空间统计》，在互联网上的阅读量超过了百万人次。联系方式：allenlu2008@ 163. com。